普通高等教育"十二五"电子信息类规划教材

电子测量原理与应用

上 册

古天祥 詹惠琴 习友宝 古 军 何 羚 编著

机械工业出版社

本书采用了一种全新的体系结构,根据电子信息技术研究的基本对象——信号和系统,把电子测量的基本内容划分为"信号的测量"和"系统的测量"两大部分。本书分为上、下两册。上册包含了电子测量总论、测量误差理论和信号的测量,讲述电子测量的基本原理和测量误差理论;讨论了信号的时间与频率、信号的幅度(电压、电流和功率)、信号的波形(时域特性)、信号的频谱(频域特性)和数字信号等的测量。下册包含了系统的测量,主要讨论了测量系统的基本特性,系统测量用的信号源,元器件特性参数、集成电路、线性系统特性及网络分析等的测量。

本书根据科学性、先进性和实用性的原则精选内容,全面阐述了电子测量的基本原理,阐述中力求思路清晰、概念准确、语句流畅、可读性好,以便于教学和自学。

电子测量技术是广泛应用于各个学科专业的一门通用技术。本书适用面广,可作为高等院校电子信息等专业的教材,以及各工程技术专业学生自学的读本,也可作为广大科研和工程技术人员的参考书。

(编辑邮箱：jinacmp@163.cm)

图书在版编目（CIP）数据

电子测量原理与应用. 上册/古天祥等编著. —北京：机械工业出版社，2014.4（2025.1重印）
普通高等教育"十二五"电子信息类规划教材
　ISBN 978-7-111-46023-7

Ⅰ.①电⋯　Ⅱ.①古⋯　Ⅲ.①电子测量技术-高等学校-教材
Ⅳ.①TM93

中国版本图书馆CIP数据核字（2014）第037828号

机械工业出版社（北京市百万庄大街22号　邮政编码100037）
策划编辑：吉　玲　责任编辑：吉　玲　张利萍　卢若薇
版式设计：霍永明　责任校对：纪　敬
封面设计：张　静　责任印制：张　博
北京建宏印刷有限公司印刷
2025年1月第1版第4次印刷
184mm×260mm・24印张・600千字
标准书号：ISBN 978-7-111-46023-7
定价：59.80元

电话服务　　　　　　　　　网络服务
客服电话：010-88361066　　机 工 官 网：www.cmpbook.com
　　　　　010-88379833　　机 工 官 博：weibo.com/cmp1952
　　　　　010-68326294　　金 书 网：www.golden-book.com
封底无防伪标均为盗版　　　机工教育服务网：www.cmpedu.com

前　言

　　人类赖以生存和发展的三种基本资源是物质、能量和信息。物质是基础，信息来源于物质运动，但不等同于物质，也不具备能量。信息进行传输、存储和处理必须有载体，信息可用物质来载负，也可用能量来载负。以前，人们利用信息基本上是基于物质资源，信息的载体是物质的（竹扁、纸质的书信）、信息的传输靠人力（信使、邮政、投递）、信息处理用质料工具（算盘、计算尺）并由人工操作，手段落后，速度慢、效率低。

　　18世纪中，人类开始了利用能量资源来驱动动力工具的研究，大大扩展了人的体力。19世纪末和20世纪初，人类又开始了利用能量资源来传输信息的研究。一切电磁波（包括激光、X射线等）都具有能量，在空间传播不需要介质。信息以具有能量的电磁波信号为载体，可实现信息的远距离快速传输。

　　20世纪中以来，无线通信、广播、电视、雷达等的蓬勃发展和广泛应用，大量的、各种各样的无线电技术参数需要测量，促进了电子测量技术的发展。成都电讯工程学院（电子科技大学的前身）于1959年首次开出了"无线电测量"课程（"电子测量"课程的前身）。课程内容是按无线电参量测量的门类划分章节，并以此构成全书的主线，以后出版的《电子测量》教材大多沿用了这样的体系结构。

　　在电子科学技术的发展历程中，人们对信息的获取、传输、处理和显示等各个技术环节进行了大量深入的研究，形成了测量、通信、控制、计算机、信号处理、信息显示电子元器件及微电子技术等专业学科。虽然电子信息科学技术的各专业学科的研究方向各不相同，但就其基本研究对象而言，都可归结为对信号和系统的研究，作为电子信息科学技术的一个分支，电子测量技术及仪器学科也不例外。

　　本书把各种门类的被测量按信号和系统分类，事实也是按被测对象的属性划分的：信号特性参量为带有能量的有源量；系统的特性参量本身为无源量。被测对象的有源与无源特性，决定了测量系统的组成原理和功能结构的不同。对测量信号（有源量）的测量系统，不需要主动向被测对象提供激励，而是接受被测对象激励（能量）的被动式测量系统。对系统参数（无源量）的测量，测量系统必须主动向被测对象提供激励（能量）才能进行测量，它是一个主动式的测量系统。

　　本书讨论的"信号的测量"部分，以最常见、最广泛应用的电信号为重点，讲述了信号的频率、幅度、波形、频谱等基本参数的测量。讨论每种信号参数的测量时，根据被测信号的属性和特点（如静态、稳态与动态，周期性与非周期性等），讲述测量原理（如直接比较与间接比较）、观测方法（如时域与频域），以及测量技术（模拟式和数字式）。

　　本书讨论"系统的测量"，不是以某专业领域的专门系统为基本对象，而是以构造这些系统所需的最通用、最基本的元件、器件、电路和网络等部件的测量为基本对象。此外，也讨论测量系统基本特性的测量。在研究系统测量时，根据系统所处的状态，讲述系统在静态、稳态和动态下的性能及所采用的时域测量和频域测量方法。

本书内容分为三篇12章：第1篇（共2章）电子测量总论及测量误差理论，电子测量总论在介绍了电子测量基本概念的基础上，讲述了电子测量的原理和分类，介绍了本书的体系结构。此外，本篇另一个重要内容是讨论了测量误差、测量数据处理和测量不确定度等；第2篇（共5章）信号的测量，讲述了信号的时间与频率、信号的幅度（电压、电流和功率）、信号的波形（时域特性）、信号的频谱（频域特性）和数字信号的测量等内容；第3篇（共5章）"系统的测量"，讲述了测量系统基本特性、系统测量用的信号源、元器件特性参数、集成电路、线性系统特性及网络分析等测量的内容。此外，本书加强了练习与思考的内容。考虑到不少学校和专业设置有"智能仪器"、"虚拟仪器"和"自动测试系统"等课程，以及本书的篇幅所限，有关这部分的内容未列入本书编写范围。笔者认为，本书对体系结构和各章内容做这样的安排，有利于读者对电子测量的对象有一个更深刻的认识，对电子测量的基本内容有一条更清晰的主线，对电子测量原理和方法有一个更完整的概念，对电子测量与电子信息科学技术之间的关系有一个更全面的了解。

本书根据先进性和适用性的原则精选内容，讲述中注重交待整体思路和基本概念，行文中力求做到逻辑性强和可读性好。由于电子测量内容十分丰富，加之为了便于读者自学，本书的文字表述比较详实，需用较多篇幅，因此把全书分为上、下两册出版。上册包含第1、2篇内容，下册包含第3篇内容。本书建议教学学时数64学时，各校可根据自己的情况增减学时。在教学内容处理上，上册包含了电子测量最基本的内容，可重点讲述，学时较少时，下册内容可少讲或者不讲。

本书由古天祥编写第1章，詹惠琴编写第2、8、10、11章，习友宝编写第4、5章，古军编写第3、7、9章，何羚编写第6、12章。全书由古天祥、詹惠琴统稿。

本书编写中认真学习和参考了国内外同行专家学者的有关教材、专著和论文，并在书中有所引用。此外，本书编写过程中，得到机械工业出版社王保家和吉玲的支持，在此，一并谨致以诚挚的感谢！尽管编者对本书内容和文字做了仔细的推敲和校订，但在编写过程中，由于编者水平有限，书中难免存在一些疏漏之处，殷切希望读者批评指正。

编 者

目 录

前言

第1篇 电子测量总论及测量误差理论

第1章 电子测量总论 … 3
- 1.1 测量和计量的基本概念 … 3
  - 1.1.1 测量 … 3
  - 1.1.2 计量 … 8
- 1.2 电子测量概述 … 14
  - 1.2.1 电子测量的意义 … 14
  - 1.2.2 电子测量的特点 … 15
  - 1.2.3 电子测量的定义 … 16
- 1.3 电子测量原理及基本技术 … 17
  - 1.3.1 测量的量值比较原理 … 17
  - 1.3.2 测量的信息获取原理 … 25
- 1.4 电子测量的分类 … 33
  - 1.4.1 概述 … 33
  - 1.4.2 有源量（信号）测量和无源量（系统）测量 … 34
  - 1.4.3 直接测量、间接测量和组合测量 … 35
  - 1.4.4 静态、稳态和动态测量 … 37
  - 1.4.5 时域、频域及时频域测量 … 39
  - 1.4.6 模拟量测量和数字量测量 … 41
  - 1.4.7 随机测量技术 … 43
- 1.5 本书的体系结构及学习要点 … 44
  - 1.5.1 本书的体系结构 … 44
  - 1.5.2 本书的学习要点 … 45
- 本章小结 … 45
- 思考与练习 … 47

第2章 测量误差、测量数据处理和测量不确定度 … 48
- 2.1 测量误差 … 48
  - 2.1.1 测量误差概述 … 48
  - 2.1.2 系统误差的分析和处理 … 56
  - 2.1.3 随机误差的分析与处理 … 60
  - 2.1.4 粗大误差的判断与处理 … 72
- 2.2 测量数据的处理 … 74
  - 2.2.1 有效数字处理 … 75
  - 2.2.2 直接测量的误差及数据处理——等精度测量与不等精度测量的数据处理 … 78
  - 2.2.3 间接测量的误差及数据处理——测量误差的合成与分配 … 83
  - 2.2.4 组合测量的误差及数据处理——曲线拟合与回归分析 … 90
- 2.3 测量不确定度 … 101
  - 2.3.1 概述 … 101
  - 2.3.2 测量不确定度的评定步骤 … 105
  - 2.3.3 各分量的标准不确定度的评定 … 107
  - 2.3.4 合成标准不确定度的计算 … 110
  - 2.3.5 扩展不确定度的评定 … 114
  - 2.3.6 自由度 … 116
  - 2.3.7 测量结果及其不确定度的表示与报告 … 119
  - 2.3.8 测量不确定度的评定实例 … 121
- 本章小结 … 122
- 思考与练习 … 125

第2篇 信号的测量

第3章 信号的时间与频率的测量 … 138
- 3.1 概述 … 138
  - 3.1.1 时间、频率的基本概念 … 138
  - 3.1.2 时间和频率的基准 … 140
  - 3.1.3 时频测量的特点 … 141
- 3.2 频率测量原理与方法综述 … 142
  - 3.2.1 频率测量方法分类 … 142
  - 3.2.2 间接比较法 … 143
  - 3.2.3 直接比较法 … 145
- 3.3 时间（频率）的数字化测量技术及电子计数器原理 … 146
  - 3.3.1 时间和频率的数字化测量 … 146

3.3.2 电子计数器的组成原理 ………… 148
3.3.3 电子计数器的分类及主要
      技术指标 …………………… 150
3.4 通用计数器的测试功能 …………… 151
   3.4.1 通用计数器的整机框图 …… 151
   3.4.2 通用计数器的测试功能 …… 152
3.5 时间和频率的测量误差 …………… 157
   3.5.1 测量误差的来源分析 ……… 157
   3.5.2 测量误差分析 ……………… 163
3.6 高分辨力的时间和频率测量技术 … 166
   3.6.1 多周期同步法 ……………… 166
   3.6.2 模拟内插法 ………………… 167
   3.6.3 时间-电压变换法 …………… 169
   3.6.4 游标法 ……………………… 169
   3.6.5 时延法 ……………………… 171
   3.6.6 平均法 ……………………… 172
3.7 提高测量频率上限的方法 ………… 173
   3.7.1 变频法 ……………………… 173
   3.7.2 置换法 ……………………… 174
   3.7.3 预分频法 …………………… 174
3.8 调制域测试技术 …………………… 175
   3.8.1 调制域分析的特点 ………… 175
   3.8.2 调制域测量的基本原理 …… 175
   3.8.3 调制域分析仪的应用 ……… 176
本章小结 …………………………………… 179
思考与练习 ………………………………… 180

第4章 信号幅度的测量 …………… 183
4.1 概述 ………………………………… 183
   4.1.1 信号幅度测量的意义和特点 … 183
   4.1.2 电压测量的方法和分类 …… 184
4.2 电压的模拟式测量 ………………… 187
   4.2.1 交流电压的特征参量 ……… 187
   4.2.2 交流-直流（AC-DC）转换
         原理 ………………………… 189
   4.2.3 模拟式交流电压表 ………… 192
   4.2.4 交流电压表的响应特性及
         误差分析 …………………… 195
   4.2.5 交流电压的模拟测量小结 … 197
4.3 电压的数字化测量 ………………… 198
   4.3.1 DVM 的组成及主要性能指标 … 198
   4.3.2 A-D 转换原理 ……………… 200
   4.3.3 电流、电压、阻抗变换技术及
         数字多用表 ………………… 206
   4.3.4 数字电压表的误差分析及自动

   校准技术 …………………… 208
4.4 电流的测量 ………………………… 213
   4.4.1 概述 ………………………… 213
   4.4.2 直流电流的测量 …………… 214
   4.4.3 交流电流的测量 …………… 216
4.5 功率的测量 ………………………… 220
   4.5.1 功率的定义和表征 ………… 220
   4.5.2 功率测量技术及仪器 ……… 223
本章小结 …………………………………… 231
思考与练习 ………………………………… 233

第5章 信号波形测量 ……………… 237
5.1 概述 ………………………………… 237
   5.1.1 波形测量 …………………… 237
   5.1.2 示波器的组成 ……………… 237
   5.1.3 示波器的分类 ……………… 238
   5.1.4 示波器的发展 ……………… 239
5.2 信号波形的模拟测量原理 ………… 239
   5.2.1 阴极射线示波管 …………… 239
   5.2.2 阴极射线示波管波形显示的
         基本原理 …………………… 241
5.3 模拟示波器 ………………………… 245
   5.3.1 通用示波器的基本构成 …… 245
   5.3.2 主要技术指标 ……………… 246
   5.3.3 通用示波器的 Y 通道
         （垂直系统） ……………… 248
   5.3.4 通用示波器的 X 通道
         （水平系统） ……………… 251
   5.3.5 示波器的多波形显示 ……… 257
5.4 采样示波器 ………………………… 261
   5.4.1 采样示波器的基本原理 …… 261
   5.4.2 采样示波器的组成及工作原理 … 263
5.5 数字存储示波器 …………………… 267
   5.5.1 数字存储示波器的组成和原理 … 267
   5.5.2 波形数字化——采样与量化 … 270
   5.5.3 波形存储 …………………… 276
   5.5.4 触发与时基 ………………… 278
   5.5.5 波形显示与处理 …………… 286
   5.5.6 数字存储示波器的主要技术
         指标 ………………………… 291
5.6 示波器的基本测量技术 …………… 295
   5.6.1 示波器的选用 ……………… 295
   5.6.2 用示波器测量电压 ………… 295
   5.6.3 用示波器测量时间和频率 … 297
   5.6.4 用示波器测量相位 ………… 298

本章小结 …………………………………… 300
思考与练习 ………………………………… 301

第6章 信号频谱的测量 …………………… 306
6.1 概述 …………………………………… 306
6.1.1 信号频谱分析的意义 ……………… 306
6.1.2 信号的时域与频域 ………………… 306
6.1.3 常见信号的频谱 …………………… 307
6.1.4 频谱仪的分类 ……………………… 310
6.2 周期信号的频谱测量 ………………… 311
6.2.1 扫频式频谱分析原理 ……………… 311
6.2.2 外差式频谱分析仪 ………………… 312
6.3 动态瞬变信号的频谱测量 …………… 320
6.3.1 FFT分析仪原理 …………………… 320
6.3.2 全数字中频的实时频谱分析 ……… 324
6.3.3 矢量信号分析 ……………………… 329
6.4 频谱仪的技术指标 …………………… 334
6.4.1 外差式频谱仪的主要指标 ………… 334
6.4.2 FFT分析仪的主要技术指标 ……… 336
6.4.3 外差式频谱仪和FFT分析仪的比较 …………………………… 337
6.4.4 频谱仪各参数间的联动关系 ……… 337
6.5 频谱仪的应用 ………………………… 339
6.5.1 脉冲信号的测量 …………………… 339
6.5.2 相位噪声的测量 …………………… 340
6.5.3 非线性测量 ………………………… 341
6.5.4 信道功率测量 ……………………… 344
6.5.5 调制度测量 ………………………… 345
本章小结 …………………………………… 346
思考与练习 ………………………………… 347

第7章 数字信号的测量 …………………… 349
7.1 概述 …………………………………… 349
7.1.1 数字信号的基本概念 ……………… 349
7.1.2 数字信号的特点 …………………… 350
7.2 数字信号测量的基本原理 …………… 351
7.2.1 信号采集 …………………………… 351
7.2.2 触发识别 …………………………… 353
7.2.3 数据存储 …………………………… 355
7.2.4 数据显示 …………………………… 356
7.3 逻辑分析仪及应用 …………………… 358
7.3.1 逻辑分析仪简介 …………………… 358
7.3.2 逻辑分析仪的应用 ………………… 363
本章小结 …………………………………… 368
思考与练习 ………………………………… 368

部分习题参考答案 …………………………… 370
参考文献 ……………………………………… 373

第1篇　电子测量总论及测量误差理论

引　言

本篇包含电子测量总论和测量误差两部分。"电子测量总论"部分阐述测量学科的丰富内涵。在介绍测量、计量的基本概念的基础上，阐述了电子测量的意义、内容、特点及应用，重点讨论了电子测量原理及基本技术。本篇将分别从信息获取的广义概念和量值比较的狭义概念上，阐述电子测量的基本原理；从实现电子测量原理的变换、比较、处理和显示等环节中，阐述电子测量的基本技术。

本篇分别从不同角度讨论电子测量的分类。从被测对象（信号与系统）的属性，讲述有源量与无源量测量的特点。从电子测量方法，概述了直接测量、间接测量与组合测量；从被测对象所处的状态，讨论了静态、稳态和动态测量；从被测对象分析的角度，介绍了时域、频域、随机域和数域测量；从采用的技术，分别讲述了模拟测量和数字测量等。最后，介绍了本书的体系结构和内容安排。

"测量误差理论"部分包括测量误差、数据处理和不确定度评定三部分内容。"测量误差"部分阐述了测量误差的基本概念、来源、表示及分类，分别阐述了系统误差、随机误差、粗大误差的性质、特点及识别方法。使读者正确认识误差性质，分析误差产生原因及其发生规律，认识测量结果中存在的各种性质的误差，寻求减少或消除测量误差的方法，正确进行测量数据处理，使测量结果更接近于真值。

"测量数据处理"部分根据采用的测量方法，按直接测量、间接测量和组合测量三种情况来分类讲述测量数据的处理。直接测量讨论了等精度和不等精度的重复测量下的数据处理，间接测量讨论了误差的合成与分配，组合测量讨论了曲线拟合和回归分析。本书力求以一条清晰的思路来阐述这部分内容。

不确定度评定部分在讲述了不确定度基本概念的基础上，重点讨论了不确定度的评定方法，包括各分量的标准不确定度、合成标准不确定度和扩展不确定度等评定方法，结合重点实例进行了讲述，使读者能掌握和应用这部分内容。

本篇欲达到以下目的：

1) 从电子测量的基本对象——信号和系统出发，用一条清晰的主线把测量学科所涉及的广泛、丰富的内容串连起来，构造一个较完整的体系。本书的基本内容，将按照被测对象属有源量和无源量的基本属性，划分为信号（有源量）的测量和系统（无源量）的测量两大部分。使读者在深刻认识了被测对象的基础上，能够对电子测量原理、方法、技术及仪器有一个较系统的、完整的了解。从而深刻地领会测量学科的丰富内涵，清晰地建立起关于电子测量的总体概念。

2) 了解电子测量学科与其他学科之间互相依存、相辅相成的关系。电子测量是测量学和电子学相结合的产物。"电子测量"课程与电子技术基础课程关系十分密切。它建立在模拟与数字电路、信号与系统、微机及接口等先修技术基础课程之上，综合应用了电子、计算机、通信与控制等学科专业知识。其特点是：综合性强、应用面广、实践性突出。通过本课程的学习，读者不仅能够掌握一门通用技术，而且还可以开拓思路，培养综合应用与实践的能力。

3）在学习以后各章的各种参量测量技术中，读者应当从测量原理、误差分析和实际应用三个方面去深入理解和掌握其内容。本篇关于电子测量原理方法、仪器系统及其基本技术等内容，根据被测对象的特点，从电子测量的整体上对共性问题进行了讨论，并对测量误差及数据处理的基本理论和实际应用进行了系统讲解。本篇的内容对读者学习本书后面的两篇内容，掌握信号与系统的各种参量的测量技术会有较大的帮助。

第 1 章　电子测量总论

1.1　测量和计量的基本概念

1.1.1　测量

1. 测量的意义

什么是测量？虽然并非每一个人都能给出一个明确的科学定义，但是每个人都能深深感受到它的存在，并或多或少对它有一定的了解。在日常生活中，买东西要称重量，做衣服要量尺寸，安排工作需计时间，生病了要测体温……，以及在家庭中常用的水表、电表、气表、空调机、洗衣机、电冰箱、电饭锅等，都需要对电压、电流、电能、温度、湿度、流量、水位等物理量进行测量。可见，人们随时随地都离不开测量。

建立在严格数量观念之上的自然科学，就更加离不开测量了。物理学、化学、生物学、医学是建立在实验之上的科学。为了揭示科学的奥秘，人们用实验的方法去认识客观世界。用测量的手段获取实验数据，再对测量数据进行归纳和演绎就可得到科学的理论，使感性认识上升到理论阶段。科学定律是定量的定律。为了解释一个现象或验证一个理论，也必须通过大量的实验和精确的测量，通过对数和量关系的分析推断，才能得出科学的结论。近代自然科学是从有了实验与测量之后才真正形成的。俄国著名科学家门捷列夫说："没有测量，就没有科学"。

现代信息科学技术的三大支柱是：信息获取技术（测试技术）、信息传输技术（通信技术）、信息处理技术（计算机技术）。在这三大技术中，信息获取（测试）是首要的，是信息的源头。没有获取到信息，传输和处理就是无源之水、无米之炊。

在现代化的工业生产中，处处离不开测量。现代制造业建立在标准化与互换性的基础上，互换性的先决条件是零部件必须具有一定的精度，而精度取决于制造水平，并由测量水平来确定。测量是精细加工的基础，没有测量也就没有现代化的制造业。为了检查、监督和控制产品质量，必须在生产过程中对各道工序的产品参数进行测量，以便进行在线实时监控。生产水平越是高度发达，测量的规模就越大，需要的测量技术与仪器也越先进。

在高新技术和国防现代化建设中则更是离不开测量。例如，在航空航天领域，作为现代尖端科学技术之一的火箭发动机，从开始设计到样机试飞，中间要进行成百上千次试验。火箭发动机的地面试车台就是一套完整的综合测量系统，为了研究发动机的强度，需要有数百个应变片和测振传感器；为了研究燃料工作的情况，需要测量发动机工作时有关部位的压力、流量、温度及转速等。新型火箭的设计，需要测试火箭高速飞行中受气流冲击作用下的性能，通过风洞试验测定箭身、箭翼的受力和振动分布情况，以验证和改进设计，仅此一项就要用到上千块应变片和相应的测量电路及仪器。而航天飞行中需要监测的参数有：飞行参数、导航参数、运载火箭及发动机参数、座舱环境参数、航天员生理参数、飞行器结构参数等七大类五千多个参数。

在医学生物领域，心电图机、CT扫描仪、磁共振成像设备、动态心电血压测试系统、多普勒脑血管测量仪、超声诊断设备等现代诊断治疗仪的出现，使人类诊断疾病的效率、准确性和可靠性大大提高，增强了人类战胜疾病的能力。

在农业、气象、环境、勘探等各学科研究中也都要应用测量技术。总之，测量技术已渗透到人类生活的各个领域，其应用的广泛性和重要性已越来越为人们所认识。

2. 测量的定义

现在再回到"什么是测量"的问题上来。关于测量的科学定义，下面将从狭义和广义两个方面进行阐述。

（1）狭义测量的定义

测量是为了确定被测量的量值而进行的一组操作。在进行这组操作的过程中，人们借助专门的设备，把被测量直接或间接地与同类已知单位进行比较，取得用数值和单位共同表示的测量结果。

测量结果，即被测量的量值 x 可表示为

$$x = \{x\} \cdot x_0$$

式中，x 为测量结果；$\{x\}$ 为测量数值；x_0 为测量单位。

被测量，是指作为测量对象（测量客体）的特定量。

测量结果，是指通过测量所得到的赋予被测量的量值。

为了准确理解测量的基本概念，先对测量定义中的量和量值术语作一说明。

量，人们把事物（现象或状态，物体或物质等）可定性区别和定量确定的属性，称之为（可测量的）量。"量"可指广义量或特定量。广义量如长度、电阻等；特定量如某根棒的长度，某根导线的电阻等。

量值，量都是可测量的，并用量值来表示。量值一般是由一个数乘以测量单位所表示的特定量的大小，如 5.34mV、−40.2℃ 等。它是一个要用数值和单位共同表示的量，即量值 = 数值 × 单位。

（量的）**数值**，它是在量值表示中用以单位相乘的数字。一个数值可以用量值除以单位的形式来表示，即数值 = 量值/单位，$\{x\} = x/x_0$。

（测量）**单位**，为了定量表示同种量的大小，人们共同约定的一个特定参考量，它有名称、符号和定义，其数值为1。人们把"数值等于1的量"作为单位的定义。

上面关于测量的定义采用了传统的、经典的表述方法，较完整地阐明了测量的内涵。它表明：

① 测量的对象是被测客体中的相应的量值，测量的目的是对被测对象有一个定量的认识。

② 一组操作（手动的或自动的）就是一个实验过程，测量必须是通过实验过程去认识对象，说明了测量本身的实践性。

③ 从测量结果的表达式可得 $\{x\} = x/x_0$。它说明测量是通过比较来确定被测量的数值，比较可采用直接或间接的方法进行，比较通常需要用专门的设备（测量仪器）才能实现。

④ 测量需要有同类已知单位作标准。某种类型的被测量必须有明确的定义，且其量值的标准已建立的前提下，对该类量的测量才可能实施。

⑤ 测量结果最终需要给测量的主体（人）表示出来，表示的内容包括数值（大小及符号）和单位（标准量的单位名称）。

量值比较是狭义测量的最基本的原理，关于测量的比较原理将在后面详细阐述。

(2) 广义测量的定义

测量是为了获取被测对象的信息而进行的实践过程。在这个过程中，人们借助专门的设备去感知和识别有关的信息，取得关于被测对象的属性和量值的信息，并以便于人们利用的形式表示出来。信息获取的基本原理如图1-1所示。

图1-1 信息获取的基本原理

所谓某事物的信息，即该事物（系统）的运动状态及其变化方式。世间万事万物，无不在运动。事物运动的状态也总会随着时间和空间的推移依照某种方式发生变化或转移，这就是说，世界随时随地产生着巨量的信息。人们要认识世界，首先必须获取事物的信息。

广义测量原理可以从信息获取过程来说明，即从信息的感知和识别两个环节来说明。信息获取的首要环节是信息的感知。信息感知的原理是通过感知系统与产生信息的源事物之间的相互作用，把源事物信息转化为以某种物理量形式表现的信号。所以，感知的实质是信息载体的转换，是获取信息的必要前提。但是，仅仅感知出信息还不够，还必须有能力识别所感受到的信息是有用的还是无用的（甚至是有害的）。如果是有用信息，还要用有效的方法把这种有用信息同其他（无用或有害）的信息分离开来，再判明它属于哪一类信息；如果是有害信息，则要找到有效的方法对它进行抑制或消除。有用信息识别的基本原理是与标准样板进行比较，判断出信息的属性和数量。为了对感知的信息进行定性区分和定量确定，建立信息类别相似性的表示和信息量值的度量是信息识别的主要任务。

广义地讲，测量不仅对被测的物理量进行定量的测量，而且还包括对更广泛的被测对象进行定性、定级的测量。例如故障诊断、无损探伤、遥感遥测、矿藏勘探、地震源测定、卫星定位等。而测量结果也不仅仅是由量值和单位来表征的一维信息，还可以用二维或多维的图形、图像来显示被测对象的属性特征、时序关系、空间分布及拓扑结构等。

3. 测量的组成

(1) 测量的基本要素

从测量的定义可知，测量要有对象（测量的客体），测量要由人（测量主体）来实施，测量需要专门的仪器设备（硬件）作工具，测量要有理论和方法（软件）作指导，测量总是在一个特定的环境中进行的，因此构成测量的基本要素是：被测对象、测量仪器、测量技术、测量人员和测量环境。

图1-2是测量的基本要素示意图。图中，测量的对象是从被测的客体中取出的信息；测量仪器系统包括测量器具与标准器；测量技术是根据被测对象和测量要求采用的测量原理、方法及相应技术措施；测量人员是获取信息和实施测量的主体；测量环境是测量所处空间的一切物理和化学条件的总和，是测量结果的影响因素。五个基本构成要素之间的连线，表示互相之间的一种联系或

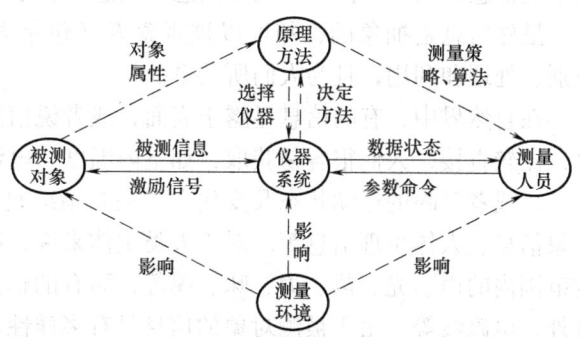

图1-2 测量的基本要素示意图

影响。实线表示两者之间有物理上的硬连接，传递着信号，连线的箭头表示信号的流向；虚线表示了一种软连接，虽然两者之间没有物理上的连接，而它们之间却传递着某种信息或施加有某种影响。

这里特别要说明的是仪器系统与被测对象之间、仪器系统与测量人员之间的信息传递。被测对象向仪器系统提供被测信息，这是必需的基本信号通道；仪器系统是否向被测对象提供激励信号则视被测对象情况而定。如果被测对象是无源的，则需要激励。测量人员通过测量仪器系统来获取被测对象的信息。测量人员与仪器系统之间的联系（人机对话）主要发生在测量实施阶段，将在下面阐述。

（2）测量过程——基本要素之间的互动关系

测量过程是测量的主体（测量人员）获取测量客体（被测对象）的量值信息的过程。在这个过程中，测量的主体（测量人员）根据测量任务的要求、被测对象的属性和特点及现有仪器设备状况，拟定合理的测量方案，选择测量仪器，组建测量系统。根据所采用的测量技术（决定原理、方法及相应的技术措施），制定出测量策略（测量算法）和操作步骤（测量程序），对仪器和系统实施测量操作（发控制命令），按照一定的逻辑和时序完成测量过程，取得测量数据，分析测量误差并显示出测量结果。整个过程的流程图如图1-3所示。

（3）被测对象——信息

狭义地讲，测量是量值的获取，被测对象是各种被测量，包括物理量、化学量、生物量等；广义地讲，

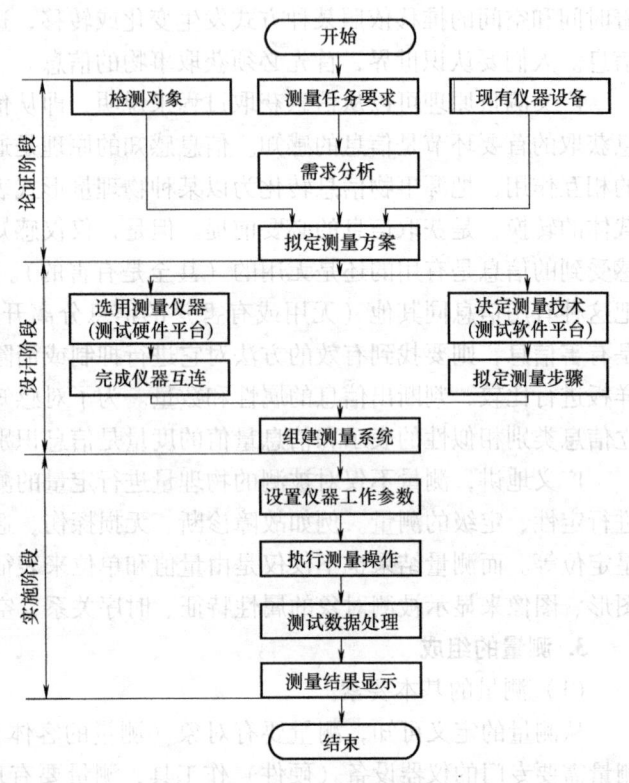

图1-3 测量过程的流程图

测量是信息的获取，被测对象是信息，信息反映了事物的运动状态及其变化方式。

虽然信息是抽象的，却可以被观察者（包括人、生物以及人造的仪器设备）所感知、识别、处理和利用，且为人们所共享。

在自然界中，有的信息显露于表面，或者说信息反映的运动状态及变化方式关系比较简单，比较直接，人们很容易获取，如室内温度、电池电压、心跳速率；而有的信息却隐藏于深处，或者反映的运动状态及变化方式关系错综复杂，不易简单、直接获取，如矿藏信息、气象信息、人体生理信息等。对于人类主体来说，有的信息形态人体五官可直接感知，如一定范围内的声、光、热、力、味、嗅等，而有的信息形态人体五官不能直接感知，如超声、红外、电磁波等。由于被测对象的信息具有多样性、复杂性，所以测量的首要任务是根据被测对象采用相应的测量原理，制定出相应的测量方法，选用相应的测量仪器或传感器，把深埋的信息挖掘、提取出来，或把自然界中人体五官不能感知的信息捡拾出来。

(4) 测量仪器系统——量具和仪器

测量需要借助专门的设备，这类设备包括量具、测量仪器、测量系统及附件等。

量具是按给定的量值复制某一物理量的器具。例如，砝码、尺子、量杯、标准电阻、标准电池、石英晶体振荡器等，是一个以固定形态体现测量单位的已知量。

在测量中，除少数的量具（如尺子、量杯等）可以直接参与比较外，大多数量具都需要借助于专门的比较设备才能进行比较，例如标准砝码、标准电阻、标准电池，需要借助于天平、电桥、电位差计等比较仪才能与被测量进行比较。大多数量具的测量范围不宽，此外，还有不少参量（如速率、效率、功率、高频电压和非线性失真等）无法制作成实物量具。因此，在实际测量中，这类量具很少单独地使用，而是广泛地通过各种测量仪器，来完成间接的或直接的比较。

测量仪器是单独或连同辅助设备一起，用以进行测量的器具。测量仪器通常能完成感知、变换、比较、处理和显示等基本测量功能，它是测量主体获取测量客体（被测对象）量值信息的有力工具。测量主体（人）是通过五官（视觉、听觉、触觉、嗅觉等）来感知外部事物信息的，它们在敏感域、灵敏度、分辨力、客观性（线性度）和响应速度等方面具有很大的局限性，而测量仪器感知信息的能力却远比人的感知能力高成千上万倍。借助于测量仪器，把被测量转换为测量的主体（人）的五官能直接感觉的形式，如指针偏转、耳机的声音、显示器或显示屏上的数码或图像等。

测量系统是为执行一定的测量任务组合起来的全套测量器具和其他设备。相对于测量仪器来说，测量系统往往含有由多台设备组成、能进行多功能和综合性测量的概念。

(5) 测量的主体

测量人员是获取信息的主体，他主宰了测量过程中的一切活动。测量所实施的一组操作或由测量主体（测量人员）的直接参与下手动完成，或由测量主体交给智能设备（计算机等）自动完成，但测量策略、软件算法、程序编写需由测量人员事先设计好，再交付给智能设备执行。

测量过程的实施需借助于仪器系统的人机对话功能。在启动测量前，通过人机对话功能完成仪器系统的各种工作参数的设置，如功能、频段、量程等参数的选择与置入；在测量进行中，发布各种工作指令，如启动、停止等命令，实时查询仪器的工作状态；在测量结束后，读取测量结果，并记录、存储、显示和打印出测量结果。

(6) 测量技术

测量中所采用的原理、方法和技术措施，总称为测量技术。

测量原理，是测量的科学基础。例如，应用于温度测量的热电效应，应用于压力测量的压电效应，应用于某电参量测量的仪器组成原理等。

测量方法，是指在实施测量中，所采用的按类别概括说明的一组合乎逻辑的操作顺序。例如，直接测量和间接测量，时域测量和频域测量等方法。

测量程序（有时被称为测量步骤），是指实施特定的测量中，根据给定的测量方法，说明的一组具体操作步骤。

被测对象的种类繁多，其性质又有千差万别，必然导致采用的测量技术很不相同，如被测量中有电量与非电量的区别，电量中又有参数类型、幅值大小、频率范围、瞬变与缓变、有源与无源、模拟与数字等差别，这些差别均有可能要求采用完全不同的测量技术。

此外，即使对于同一测量对象，一般有多种测量技术可供选择。当然，某一种测量技术也可用于多种不同的测量对象。

(7) 测量环境

在测量的基本要素（见图1-2）中，测量环境是测量中客观存在的一个影响因素。测量环境是指测量过程中人员、对象和仪器系统所处空间的一切物理和化学条件的总和。它包括温度、湿度、重力场、电磁场、辐射、化学气雾和粉尘、霉菌以及有关电磁量（工作电流、电压、频率、源阻抗、负载阻抗、地磁场、雷电等）的数值、范围及其变化。

环境对测量的影响表现在下列三个方面：

1) 环境对被测对象的影响。某些被测对象（如器件、电路或系统）的特性对环境变化较为敏感或非常敏感，因此，原则上测量应在被测对象的正常或额定工作环境下进行。

2) 环境对仪器系统的影响。环境可能直接或间接地影响到仪器的某个工作特性，进而影响测量结果。

3) 环境对测量人员的影响。高温、严寒、潮湿、闷气、嘈杂、照明不适当等不良工作环境，会对测量人员的身心产生不良影响，从而引起不同程度的人身误差乃至差错。

总之，测量环境以及工作条件变化均对测量结果有影响。不是被测量，但对测量结果有影响的量，称为影响量。例如，用来测量长度的千分尺的温度，交流电压幅值测量中的频率等，均为影响量。

忽视测量环境，常会导致测量误差过大，甚至产生差错，有时甚至可能对人员、测量对象或仪器系统造成损伤或破坏。应当重视测量环境，采取适当的控制措施，尽量减少由于环境影响而产生的误差。为此，除采取恒温、恒湿、稳压和防振等常规措施外，还要有抗干扰、防噪声的措施，如接地、屏蔽、隔离、滤波等。在进行测量之前，应充分考虑环境对测量的影响，仔细阅读测量系统的有关环境要求，力求使环境因素对测量系统产生的影响降至最低。

1.1.2 计量

1. 计量的定义和意义

本节将讨论与测量有密切联系的另一个重要的基本概念——计量。

(1) 计量的定义

一个被测量是否可以测量，必须满足两个基本的前提条件：①被测量必须有明确的定义。②测量标准必须建立，并被大家公认。这两个条件并不是自然地就能被满足的，并非所有的量都有明确的定义。像长度、时间和质量等是可以而且已被明确定义了的量，因而它们是可测的；而有些量，诸如环境的"舒适度"、人的"智力"等，至今也没有一致公认的定义和标准，无法进行定量比较，因而在上述意义上从狭义测量的观点来看，是不可测的。所以，要具有可测性，首先必须对单位已知量进行严格的科学定义，并建立起大家公认的标准体系。

对于已经有了明确定义的同一量，它在不同的地方，用不同的测量手段测量时，所得的结果应当是一致的。为此必须做到，在不同的地方、不同的仪器所用的单位已知量必须严格一致。于是需要在一个国家、甚至于全世界的范围内，有统一的单位，以及体现这些单位的基准、标准和用这些基准和标准来校准的测量器具，并用法律或条约形式固定下来，从而形成了与测量有联系而又有区别的新概念，这就是计量。

计量是实现单位统一、量值准确可靠的活动。它是利用技术和法制手段实施的一种特殊形式的测量，即把被测量与国家计量部门作为基准或标准的同类单位量进行比较，以确定合格与否，并给出具有法律效力的《检定证书》。计量的三个主要特征是：统一性、准确性和法制性。它包含了为达到统一和准确所进行的全部活动，如单位的统一、基准和标准的建立、量值的传递、计量监督管理、测量方法及其手段的研究等，因此，也可以说计量学是研究测量、以实现单位统一和量值准确可靠的科学。

计量按具体内容可分为科学计量、法制计量、工程计量三个部分。科学计量的任务是研制和建立计量基准装置，保证量值传递的溯源，为法制计量和工程计量提供科学与技术的基本保障。法制计量的任务是对关系国计民生的重要计量器具和商品计量行为由政府计量行政主管部门依法进行监管，从法制上确保相关的单位统一和量值准确。工程计量的任务是为全社会的其他测量活动进行量值溯源，提供计量校准、检测服务。它是各种工程、工业、农业中的实用计量。

（2）计量与测量的关系

计量与测量是有密切联系但又有区别的两个概念。测量的对象是被测未知量，它是用被测未知量和同类已知的标准单位量比较，以确定被测量的量值。这时认为被测量的真实数值是存在的，测量误差是由测量仪器和测量方法等引起的。由于人们在测量过程中所使用的仪器直接或间接地体现了已知量，为了保证测量结果的准确性，必须定期对仪器进行检定和校准，这个过程就是计量。计量是用法定标准的已知量与同类的未知量（如受检仪器）比较，这时标准量是准确的、法定的，而认为测量误差是由受检仪器引起的。计量的任务是确定测量结果的准确性和可靠性。

从上面的讨论可以看出，测量发展的客观需要才出现了计量，测量数据的准确可靠，需要计量予以保证，计量是测量的基础和依据，没有计量，也谈不上测量。测量又是计量联系实际应用的重要途径，可以说没有测量，计量也将失去价值。计量和测量相互配合，才能在国民经济中发挥重要作用。

（3）计量的意义

计量是研究测量的科学，是所有科学赖以发展的支撑。从人们的日常生活、工业、商贸、医疗，到尖端科学和高新技术领域，计量时时刻刻都得到实际的应用。计量工作是国民经济中一项极为重要的技术基础工作，它在工农业生产、科学技术、国防建设以及人民生活等各个方面起着技术保证和技术监督的作用。

计量科学处于整个科学技术体系的最前沿。在航天、航空、航海、导航、采矿、地震、电力、石化、轻纺、运输、气象、通信等方面都突显出计量的重要保证作用。任何工业产品、商业交易、科技成就、科学实验的背后不可能没有计量的支撑。可以说，没有计量的技术保证，寸步难行。

在经济社会中，计量在维护正常的经济、市场秩序，保证公平的交易，打破技术性国际贸易壁垒，提高产品质量，正确评定科技水平等方面，起着重要的技术监督作用。计量涉及各经济领域，并与人民的生活安全息息相关。老百姓的柴、米、油、盐、酱、醋、茶，在市场交易中涉及商用衡器（如电子计价秤）的准确与否；家中的水表、电表、气表及燃油、燃气（煤气）计量、出租车计程、电信计时，关系到诚信、公平、公正；表征人的生命现象的血压、血球、心律脉搏、心、脑、血管等生理指标监测，医疗仪器的计量，涉及人们身体健康，关系到人类的生命安全；材料拉力、结构应力的准确计量，关系到工程质量的百年大计；飞机、火车、电梯、锅炉、电站的运行监测，关系到安全生产；对有毒、有害气体、粉尘、大气、水质污染、电离辐射等监测，为人类的生存而创造良好的生态环境；煤炭、石油、矿石、地下水、温泉、熔岩、风能、热能、海浪等的勘测，使自然资源合理开发、利用和保护，人类有可持续发展的空间；总之，计量的技术监督对建设一个公平、公正、和谐的社会有着重要作用。

2. 计量标准和计量器具

（1）标准（或基准）的定义

为了定义、实现、保存或复现量的单位或量值，用作参考的计量器具（实物量具、测量仪器、参考物质或测量系统），称之为标准或基准。在国家计量技术规范 JJG 1001—1998 中，计量器具的定义等同测量仪器，即指的是可单独地或联同辅助设备一起，用以确定被测对象量值的器具。

作为体现某一基本测量单位的测量标准，具有的特性是：要根据严格科学理论定义，并符合或最接近测量单位定义所依据的基本原理；要用当代最先进的科学技术、最高的加工工艺水平，并以最好的精确度和稳定度制作成计量器具，以保持计量特性长期不变。

计量器具与普通的测量器具的区别，主要在于预定的用途不同，计量器具是进行量值传递、保障量值准确可靠的物质技术基础，是国家法定计量单位和国家计量基准单位量值的物化体现。因此，作为计量器具，必须符合一定规范的计量学特性，能以规范的准确度复现、保存并传递计量单位量值。

（2）计量器具按结构特点分类

计量器具按结构和功能可划分为实物器具、计量仪器和计量装置。

1）实物器具（简称量具）是具有固定形态用来复现或提供给定量的一个或多个已知值的计量器具。例如：砝码、量块、量杯、量器、标准电阻、标准信号发生器、标准物质等。

2）计量仪器（仪表）是指将被测量值转换成可直接观察的示值或等效信息的计量器具。例如电流表、压力计、水表、温度计、干涉仪、天平、直流电位差计等。计量仪器与量具不同，它本身并不复现或提供已知值，而是通过转换和比较得到的指示值或等效信息。它可以直接测出被测对象的量值，属于一种主动式计量器具。从结构和功能上说，计量仪器与普通测量仪器是相同的，而它们的主要区别在于预定的用途不同。

3）计量装置亦称测量系统，它是为确定被测量值所必需的计量仪器和辅助设备的总体。例如阻抗计量装置、温度计校准装置、电表检定装置等。计量装置的辅助设备一般有三种作用：一是将被计量的量或影响量保持于某个适当的数值上，如恒温箱、测量夹具；二是便于进行计量操作，如夹具、读数放大镜等；三是改变计量范围或灵敏度，如放大器、衰减器等。

（3）计量器具按计量用途分类

按照技术特性及用途，计量器具可分为计量基准器具、计量标准器具（包括标准物质）和计量工作器具。

1）计量基准器具。计量基准器具简称计量基准，它是在特定计量领域内复现和保存计量单位，并具有最高计量特性的计量器具，是统一量值的最高依据。根据目的、性质和使用条件，计量基准可分为国际计量基准、国家计量基准（主基准）、副基准和工作基准。

① 国际计量基准是经国际协议承认的、具有当代科学技术所能达到的最高计量特性的计量基准，是给定量的所有其他计量器具在国际上定度的最高依据，也是溯源的最终点。国际基准一般由国际计量局（BIPM）负责建立，作为统一国际量值的依据。

② 国家计量基准（主基准）是本国科学技术所能达到的最高计量特性的计量基准，是给定量的所有其他计量器具在国内定度的最高依据。国家基准必须是国家承认的，是经本国政府的计量主管部门批准，作为统一全国量值最高依据的计量器具，这就确定了它的法定地位。国家基准标志着一个国家科学计量的水平，它能以国家最高的准确度复现和保存给定的计量单位，而所有计量器具进行的一切测量均可追溯到国家基准上。

③ 副基准是由国家基准（主基准）直接校准或比对来定值的计量标准，其地位仅次于国家基准。一旦国家基准损坏时，副基准可用来代替国家基准。平时副基准用以代替主基准向下传递基本测量单位的量值标准，或代替主基准参加国际对比，以确定各国主基准的精度。这样可保证主基准不致因经常使用和搬动而降低精度。国家基准和副基准绝大多数均设置在国家计量研究机构中。

④ 工作基准是指经与国家计量基准或副基准比对，并经国家鉴定，实际用以检定计量标准的计量器具。设置工作基准的目的是，不使国家基准和副基准由于频繁使用而降低其计量特性或遭受损坏。工作基准一般设置在国家计量研究机构中，也可视需要设置在省级或部门的计量技术机构中。

综上所述，计量基准的特点是：唯一性，对每一个测量参数来说，全国只能有一个；准确性，运用最新科学技术成就研制出来的，具有当代（本国）的最高精确度；稳定性，具有最佳的稳定度，计量特性长期不变，具有良好的复现性；权威性，它经国家鉴定和政府主管部门批准，作为统一全国量值的最高依据，具有法制性。

2）计量标准器具。计量标准器具简称计量标准，是指准确度低于计量基准，用于检定其他计量标准或计量工作器具的计量器具。它是将计量基准的量值传递到计量工作器具的一类计量器具。计量标准是量值传递的中间环节，也是量值传递过程中的重要环节。

计量标准器具可按准确度等级和法律地位进行分类。由于一般计量工作器具的准确度与计量基准器具准确度相差很大，用一个等级计量标准把计量基准的量值直接传递到计量工作器具，是难以完全做到的，所以多数计量标准都根据需要分成若干个等级。例如，标准砝码划分为 5 个等级。

标准器具按法律地位可分为三类：

① 社会公用计量标准，是指县以上地方政府计量部门建立的，作为统一本地区量值的依据，并对社会实施计量监督具有公证作用的各项计量标准。

② 部门使用的计量标准，是由省级以上政府有关部门组织建立的，统一本部门量值依据的各项计量标准。

③ 企事业单位使用的计量标准，是企业、事业单位组织建立的，作为本单位量值依据的各项计量标准。

我国《计量法》严格规定了建立计量标准器具的法定程序，每一级计量标准器具须经上级计量行政部门主持考核合格后使用。高等级的计量标准器具可检定或校准低等级的计量标准。所有计量标准器具都可检定或校准计量工作器具。

3）计量工作器具。计量工作器具也称为普通计量器具或测量仪器，用于日常的测量工作而不是用于检定或校准工作的计量器具。国民经济各部门和科学技术各领域中都使用着大量的计量工作器具（测量仪器），以满足各种目的而进行的测量的需要。计量工作器具的数量巨大，占计量器具总数的绝大多数。计量器具是属于标准的还是属于工作的，仅仅取决于使用目的，即在同一单位内，两台同样的计量器具由于用途不同，一个作为计量标准器具用，一个作为计量工作器具用。但在计量管理上有着严格的规定，在现实生活中，尽管有的计量工作器具其准确度超过某些计量标准，按规定也不得用作检定其他计量器具的标准，只能用作测量。为了保证测量结果的准确可靠，计量工作器具通常要定期或及时地进行检定或校准。对用于贸易结算、安全防护、医疗卫生、环境监测四个方面的计量工作器具，由于这些领域的特殊重要性，各国通常都根据计量法，以行政方式指定其中若干主要计量器具为实施强制性检定的对象。

3. 量值的传递和溯源

（1）量值传递与量值溯源的定义

1）量值传递。它是指通过对测量器具的检定或校准，将国家基准所复现的单位量值，通过各等级计量标准传递到计量工作器具，以保证对被测对象量值的准确一致。

量值传递强调"建立起来，传递下去"，它是计量部门主动做的事情。量值传递通过检定或校准的手段，严格按计量器具检定系统表自上而下进行。

我国现行量值传递体系是依据国家行政区划和中央有关部委为基础的，从国家计量基准开始，逐级将量值传递到计量工作器具，最终传递到产品。量值传递系统的各级计量技术机构应在组织管理、仪器设备、检定人员、技术文件、环境条件等方面满足量值传递的要求，保证量值准确一致。承担量值传递的计量技术机构必须经国家计量主管部门授权。

2）量值溯源。它是指通过一条具有规定不确定度的不间断的比较链，使测量结果或测量标准的值能够与规定的参考标准（通常是与国家测量标准或国际测量标准）联系起来的特性。

量值溯源是通过比较链进行的。比较链是指与基准、副基准、工作基准、标准等相比较的环节，通过检定、校准、比对等形式，将测量结果与基准的量值相联系，达到溯源的目的。这条不间断的比较链称为溯源链。溯源性一般通过溯源等级图来表达。

量值溯源是对测量器具的基本要求，不论测量器具如何精密，测量重复性如何好，但如果所进行的测量不能溯源到国家基准或国际基准时，这种测量就没有多大实用意义。因此测量器具必须通过校准或其他溯源方式确定准确的量值后，使用才会有效，即达到溯源性要求。

对一个计量技术机构而言，将本单位的最高计量标准或测量设备送到具有资格的上一级计量技术机构去检定或校准，则称为溯源；而上一级计量技术机构的计量标准又必须向高一级的标准进行溯源，直至往上追溯到国家基准。各国的国家基准，经过一段时间与国际计量局保存的国际基准进行比对，从而实现全世界的量值统一。

（2）国家溯源等级图（国家计量检定系统表）

国家溯源等级图也称为"国家计量检定系统表"，在我国有其明确的法制地位，《中华人民共和国计量法》中第十条明确规定："计量检定必须按照国家计量检定系统表进行。国家计量检定系统表由国家计量行政部门制定……。"国家溯源等级图基本上按各类计量器具分别制定，我国每一项国家计量基准对应一种等级图，它以文字加框图构成。

制定国家溯源等级图的主要目的是确定我国某类计量器具的量值传递体系，指导计量检定，既确保被检计量器具的准确度，又考虑到量值传递的经济性、合理性。它可作为建立计量测量标准，制定检定规程的依据。

溯源等级图是一种代表等级顺序的框图，用以表明计量器具的计量特性与给定量的基准之间的关系。它说明了给定型号计量器具所用的比较链，以此作为其溯源性的证据，如图

1-4 所示。

国家溯源等级图内容包括：测量设备或基准、标准的名称、测量范围、准确度等级、测量不确定度或最大允许误差、检定方法或手段。检定方法（测量方法）——进行测量时所用的按类别叙述的一组操作逻辑次序（比较方法和手段），如替代法、微差法、零位法、直接测量法、间接测量法、组合测量法。一般按相应的计量检定规程中规定的方法来进行。

（3）量值传递与量值溯源的区别

量值传递是按照计量检定系统表将计量基准所复现的量值科学、合理、经济、有效地逐级传递下去，以确保全国的计量器具的量值，在一定允差范围内有可比性，准确一致。量值溯源是通过不间断的比较链，使测量结果能够与国家或国际的标准联系起来。量值溯源与量值传递的目的都是一致的，即实现测量结果在误差的范围内统一，而且是统一到国家基准上。因此，量值传递与量值溯源，本质上没有多大差别。但从术语的含义和使用的方式看，存在以下区别：

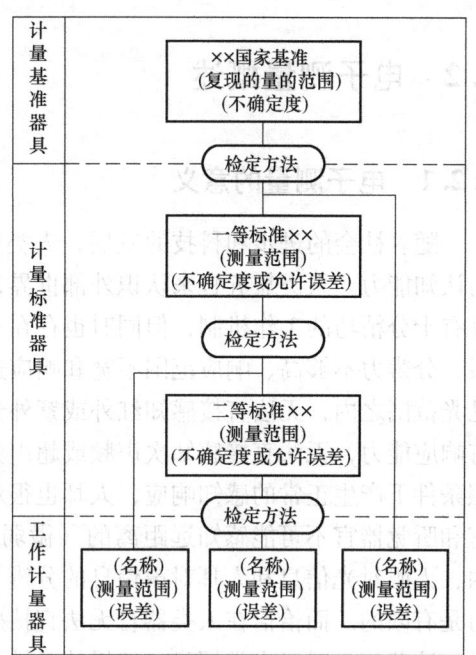

图 1-4 溯源等级图

① 量值传递是强调从国家建立的基准或最高标准向下传递；量值溯源是强调从下至上寻求更高的测量标准，追溯求源直至国家或国际基准，是量值传递逆过程。量值传递体现强制性，量值溯源体现自发性。量值溯源是用户的一种自主行为。

② 量值传递有严格的等级，层次较多，中间环节多，容易造成准确度损失；量值溯源不按严格的等级，中间环节少。根据用户自身的需要，可以逐级溯源，也可以越级溯源，因此，不受等级的限制。与量值传递相比，它给用户提供一种开放性的、平等的量值保证体系。

③ 两种传递方式不一样。在量值传递的方法中强调"通过对计量器具的检定或校准"这两种方式；而在量值溯源的方法中要用连续不间断的"比较链"。由于"比较链"没有特别指出哪种方式，实际上是承认多种方式。

量值溯源与量值传递的区别见表 1-1。

表 1-1 量值溯源与量值传递的区别

	量 值 溯 源	量 值 传 递
目的	使测量结果保持准确，使测量器具与国家测量基准的量值相联系	
手段	通过比较链	通过检定或校准
特点	方式多样化，灵活	方式单一，不灵活
性质	单位自愿行为	政府法制行为
途径	自下而上	自上而下
等级要求	可越级溯源	强调逐级传递
关注点	"数据"的准确性	"器具"的准确性

1.2 电子测量概述

1.2.1 电子测量的意义

随着社会的进步和科技的发展,人类借助外部力量(科学技术能力)来不断增强自己的认知能力。人类靠五官来认识外部世界,虽然人类的感觉器官在感知外部事物的信息方面具有十分精巧的工作机制,但同时也存在一些天然的缺陷,这主要表现在敏感域和灵敏度有限、分辨力不够高、响应范围不宽和响应速度不够快。例如,人的视觉器官的敏感域只在可见光范围之内,无法直接感知红外或紫外光范围的各种信息;听觉器官只对声频范围的信息有响应能力,无法直接感知次声频或超声频范围的信息。在灵敏度方面,人眼很难在微弱光照条件下产生正常的感知响应,人耳也很难在微弱声场中保持良好的感知特性,人的视觉器官和听觉器官不可能感知远距离的(微弱刺激的)事物的信息。即使在正常的敏感域范围内,人眼对光信息和人耳对声信息的分辨力也是很有限的,也就是说,人直接感知信息的能力是有限的。而恰恰在人类器官无法直接感知的领域内,存在着非常丰富的、从未认识的信息,这些信息对于人类探索自然界的奥妙具有重要的意义。

在测量科学技术领域,不断研究新的测量技术和开发出新的测量仪器,使人类具有更敏锐的观察能力、更广阔的感知能力、更精细的分辨能力、更准确的识别能力和更丰富的表现能力。人们为此作出了巨大的努力,促进了测量科学技术的发展。要使人类认识世界的能力有一个突飞猛进,如果只停留在以物质和能量为研究对象的传统的、经典的科学技术领域,已很难获得突破性的进展。前面已指出,测量科学的任务是获取信息,研究的对象是信息,它已成为新兴的信息科学的一个重要分支。今天,只有借助于信息科学技术的手段,测量科学才能蓬勃发展,并居于科学技术发展的前沿。

众所周知,处理信息最有效、最成熟的是电子科学技术。利用电磁波或电子作信息载体的电子信息技术,在处理信息上有着巨大的优越性,并成功地应用于电子测量技术之中。它的优势如下:

(1) 具有极快的速度

电子的电荷量 q 最小,而荷质比 (q/m) 相当大,故电子运动可达很高的速度和加速度(电子在足够的加速电压作用下其速度可达每秒 10 万公里以上;电磁波的传播速度可达每秒 30 万公里的光速)。利用电磁波和电子运动来工作的电子设备,从根本上来说就具有极高的信息传播与处理速度。

(2) 具有极精细的分辨能力和很宽的作用范围

例如电压分辨力达纳伏,时间分辨力达皮秒,功率的有效作用范围(最大值与最小值之比)可达 $10^{15} \sim 10^{18}$,因此利用电子技术获取信息可以有很宽的感受域和很高的分辨能力。

(3) 极有利于信息传递

由于电磁波的光速传播和数据的海量存储能力,无论是信息在空间中的传递(通信)或是信息在时间上的传递(存储),都十分快速、方便、可靠。利用电磁波的远距离传输和远距离作用的性能,可实现远距离测量,即遥测。

(4) 极为灵活的变换技术,有利于信息的获取

在传统的测量技术中,测量长度(或距离)只能用各式各样的尺子(卷尺、杆尺、卡

尺等）；测量重量只能用各种磅秤、杆秤、弹簧秤或天平；测量时间只能用各类钟表。人们不能用测量重量的技术和仪器（例如天平）去量长度；反之，不能用尺子去称重量，也不能用钟表去量重量或长度。但是，利用电子技术灵活变换的手段，像这样似乎是十分荒谬的替换，在电子测量中不仅是可能的，甚至是常见的。雷达就是用了相当于钟表测时间的方法去测出了飞机的距离。电视和电话借助电磁波的快速、远距离的传输能力，通过光－电－光和声－电－声的变换，实现了人类千里眼、顺风耳的梦想。

(5) 巨大的信息处理能力

具有加、减、乘、除、对数、指数、平方、开方等各种模拟与数字的运算处理功能的电子线路，可对信号进行各种处理。特别是电子数字计算机具有十分强大的算术、逻辑运算能力，可完成各种更为复杂的数字信号的处理功能。

测量科学是研究信息的科学，它与电子科学技术结合应当是很自然的事情。事实上，20世纪30年代，便开始了测量科学与电子科学的结合，开始了测量技术的电子化，后来便产生了电子测量技术，这是测量科学技术前进中的一个最具代表性的里程碑，使测量技术与电子信息科学技术一样突飞猛进和同步发展，而测量学科成为一个既有悠久历史、又是朝气蓬勃的学科。

1.2.2 电子测量的特点

电子测量是测量学与电子学的结晶。由于采用了电子技术来进行测量，与其他测量相比，电子测量具有以下几个明显的特点：

(1) 测量频率范围宽

被测信号的频率范围除测量直流外，测量交流信号的频率范围低至 10^{-6} Hz 以下，高至 THz（$1THz = 10^{12}Hz$）。在不同频率范围内，例如，在直流、低频、高频和微波范围内，所采用的测量方法和使用的测量仪器都不相同。

(2) 量程范围宽

测量范围的上限值与下限值之间相差很大，仪器具有足够宽的量程。如数字式万用表对电阻的测量小到 $10^{-5}\Omega$，大到 $10^8\Omega$，量程达到 13 个数量级；电压测量由纳伏（nV）级至千伏（kV）级电压，量程达 12 个数量级；而数字式频率计，其量程可达 17 个数量级。

(3) 测量准确度高

电子测量的准确度比其他测量方法高得多。例如，用电子测量方法对频率和时间进行测量时，可以使测量准确度达到 $10^{-13} \sim 10^{-14}$ 的数量级。这是目前在测量准确度方面达到的最高指标。采用电子测量技术，长度测量和力学测量的最高精度均达 10^{-9} 量级。

(4) 测量速度快

由于电子测量是通过电子运动和电磁波传播进行工作的，具有其他测量方法通常无法类比的高速度。这也是它广泛地用于各个领域的重要原因。像火箭、卫星、宇宙飞船等各种航天器的发射和运行，没有快速、自动与实时地测量和控制，绝对是不可能的。

(5) 易于实现遥测

电子测量可以通过电磁波进行信息传递，很容易实现遥测、遥控。例如，对于遥远距离或环境恶劣的、人体不便于接触或无法到达的区域（如人造卫星、深海、地下、核反应堆内等），可通过传感器或通过电磁波、光、辐射的方式进行远距离非接触式的测量。

(6) 易于实现测量过程的自动化和测量仪器智能化

由于大规模集成电路和微型计算机的应用，使电子测量出现了崭新的局面。例如在测量过程中能够实现程控、遥控、自动转换量程、自动调节、自动校准、自动诊断故障和自动恢复，对于测量结果可进行自动记录、自动进行数据运算、分析和处理。

电子测量的一系列优点，使它广泛应用于科学技术的各个领域。现在，电子测量技术（包括测量理论、方法、仪器和系统等）已成为电子科学领域一个发展迅速的重要分支。

1.2.3 电子测量的定义

从广义上说，电子测量是泛指以电子科学技术为手段对信号和系统进行的测量，即以电子科学技术理论为依据，以电子测量仪器和设备为工具，对信号和电系统进行的测量。从狭义上讲，电子测量则是利用电子技术对电子学中有关的电量和非电量所进行的测量。

电子测量的基本对象和基本工具都是电信号和电系统。

1) 电子测量的基本对象是未知的信号与系统。在获取被测对象信息的过程中，各种信息要变换成某种能量形式的信号，才便于传输、处理和利用，也才便于测量。信号中蕴含着信息，但不是信息的本身，必须对信号进行测量后，才能从信号中提取出信息。在各种信号中，电信号最便于变换、传输、存储、处理、再现和利用，因而获得最广泛的应用。所以，电子测量的基本对象是电信号。信号的测量内容包括信号幅度（电压、电流、功率、电场强度）、信号频率（周期、相位、时频）、信号波形（时域测量）、信号频谱（频域测量）、信号特征（调幅、调频、失真等参数）等。

信号与系统是紧密相关的。信号的产生、变换、传输、处理、存储和再现都需要一定的物理装置，这种装置通常就称为系统。一定物理形式的信号往往要依附于一定的物理系统才能存在，电信号要依附于电系统（电路与电网络）。而系统的性能决定了它对信号进行加工的质量。因此电系统也是电子测量的基本对象。系统的测量内容包括元件阻抗参数（R、L、C、D、Q 等）、半导体器件及集成电路参数、电路网络参数（增益、灵敏度、频率特性、通频带、微波 S 参数）。

2) 电子测量的基本工具是已知的信号与系统。为了获取被测对象的信息，在对各种物理量的信号进行测量时，需用到各种测量装置和仪器，去完成信息感知和信号识别的任务。即用一个特性标准的、已知的系统——测量系统，才能精确地、不失真地获取被测对象的信息。

被测对象分为有源量和无源量两大类，信号参量是有源的，系统参量是无源的。如果被测对象本身是无源的，对它的测量必须在一定信号的激励下才能进行，这个信号称为测试信号。当对系统进行测量时，要用一个已知的测试信号（测量用信号）去激励一个未知的被测系统，通过测量仪器（一个已知的系统）对被测系统响应的观测，求得该系统的固有特性，获取到它的有关信息。关于无源参量的测量将在后面阐述。

已知信号和已知系统是进行电子测量的基本手段，而各种信号源和测量仪器成为电子测量中不可少的基本工具。熟悉各类测量信号源和测量仪器的原理和使用是电子测量的一项基本任务。

3) 电子测量的基本工作机理是信号与系统的相互作用。在电子测量中，信号与系统是紧密相关的。测量过程，是信号与系统互相作用的过程，即信号按一定的规律作用于系统，系统在输入信号的作用下，对信号进行"加工"，并输出"加工"后的信号。通常将输入信号称为系统的激励，而将输出信号称为系统的响应。测量的结果，是信号与系统互相作用的结果，即为了正确地描述或反映被测的物理量，实现所谓的"不失真测量"，根据测量的要求和被测信号的特性，选择与之匹配的测试系统特性，以获得最好的测量结果。

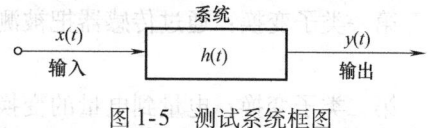

图1-5 测试系统框图

一个系统与其输入、输出之间的关系可用图1-5表示，其中 $x(t)$ 和 $y(t)$ 分别表示输入量与输出量，$h(t)$ 表示系统的传递特性。三者之间一般有如下的几种关系：

① 已知系统的传递特性 $h(t)$ 和输出量 $y(t)$，来推知系统的输入量 $x(t)$。这就是用测量系统来测未知输入量的测量原理。

② 已知系统的输入量 $x(t)$ 和输出量 $y(t)$，求系统的传递特性 $h(t)$。这通常用于对被测系统的特性测量或故障诊断，以及对测量系统的性能检定。

③ 若已知输入量 $x(t)$ 和系统的传递特性 $h(t)$，则可综合出系统的输出量 $y(t)$。这种方式可用于信号的产生、频率或波形的合成、电压或功率分配、多级系统的组建等。

1.3 电子测量原理及基本技术

1.3.1 测量的量值比较原理

狭义测量最基本的原理是比较，测量是通过量值比较来取得一个定量的认识。在测量中进行量值比较采用的两种基本方法是直接比较法和间接比较法。天平和弹簧秤分别是两种方法的典型代表，其原理可以用图1-6来说明。图1-6a所示的天平称重，是将被测物体的质量与同类标准（砝码）的质量，通过天平的直接比较完成的，测量结果从所加砝码值获得；图1-6b所示的弹簧秤称重，被测重物与标准砝码的比较测量是间接进行的，测量结果是从度盘上获得的。弹簧秤在出厂前已经用标准砝码进行了度盘刻度的标定和校准，刻度是事先与标准量进行比较的结果。

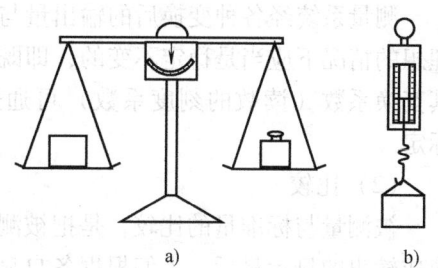

图1-6 测量的比较原理
a) 天平直接比较 b) 弹簧秤间接比较

1. 间接比较法

间接比较法是电子测量技术及仪器中最常用的一种原理方法，它的实现原理基于两种技术：变换和比较。下面将分别说明。

（1）变换

电子测量中常常把被测的未知量经过一系列的变换后，最后变换成人（测量主体）能直接感知的一种量值表示形式（指示器的偏转角），如图1-7所示。

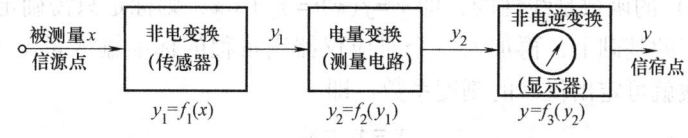

图1-7 偏转法（直读法）测量原理

为了实现上述变换，在测量过程中通常要经过三种类型的子变换：

第一类子变换：通过传感器把被测非电量 x 转换成电量 y_1，即

$$y_1 = f_1(x) \tag{1-1}$$

第二类子变换：电量到电量的变换，电量 y_1 可能再经多次变换，被转换成为一种可供指示器直接利用的电量 y_2，即

$$y_2 = f_2(y_1) \tag{1-2}$$

第三类子变换：电量到非电量的变换，y_2 是一个能直接驱动仪表指针偏转或者供显示直接使用的电量，经显示器把电量变成测量主体（人）能直接感知的显示非电量 y，它是第一类子变换的逆变换。指示器的示值为

$$y = f_3(y_2) \tag{1-3}$$

故示值 y 按被测量 x 进行刻度，为

$$y = f_3\{f_2[f_1(x)]\} = f(x) \tag{1-4}$$

式（1-4）为整个测量过程中所完成的从被测的未知量到可观察的显示量的总变换。

对于实际的测量系统，式（1-4）表示的函数关系可用多项式表示，即

$$y = f(x) = \sum_{i=0}^{n} s_i x^i = s_0 + s_1 x + s_2 x^2 + \cdots + s_n x^n \tag{1-5}$$

式中，s_0，s_1，s_2，$\cdots$，s_n 为常量，它们是测量仪器的变换系数。

测量系统经各种变换后的输出量与输入量之间应保持一个确定的函数关系。这种关系在理想的情况下应当是稳定不变的，即既不因环境的影响而改变，也不随时间的推移而变化。其变换系数（读数的刻度系数）可通过理论分析加以确定，但最后都要通过实验方法来标定。

（2）比较

被测量与标准量的比较，是把被测量与标准量各自单独地通过上述的变换过程，分别变换成输出的显示量后，人们根据各自显示的读数值进行比较。比较是间接的，一方面是因为被测量与同类标准量不是以原来的参量形式直接比较，而变成了其他量后来比较；另一方面被测量与标准量的比较，不是在两者同时对仪器作用下通过一次测量过程来完成，而是分别对标准量和被测量单独地进行两次测量操作，再从两次测量结果的对比完成比较功能的。间接比较分两步进行，首先，对标准量测量，以确定仪器变换系数 s 的刻度值，这个过程叫做标定或校准；然后，再对未知量测量，并从已标定的刻度上读取测量结果。这就是一个间接比较的过程，这种比较是非同时的，甚至可能是通过时间相隔甚久的先后两次测量操作完成的。

1）标定（输入标准量）。所谓"标定"（或"校准"、"校正"）就是在规定的条件下，通过试验建立仪表或系统输入量（被测量）x 与输出量（指针偏转角）y 之间的关系，即确定系数 s_0，s_1，s_2，$\cdots$，s_n 之值。

如果式（1-4）的函数是线性的，即 $y = f(x) = s_0 + s_1 x$，则标定只需确定系数 s_0、s_1，其方法是在零位校正的基础上，再加入一个对应仪器满量程的标准输入量 x_m 进行校正，通过两点所决定的直线就可定出仪器的刻度系数。即

令　$x = 0$　　　　　　　　　　$y = y_0 = s_0$

令　$x = x_m$　　　　　　　　　$y = y_m = s_1 x_m + s_0$

故变换系数　　　　　　　　　$s_1 = \dfrac{y_m - y_0}{x_m}$　　$s_0 = y_0$

2)测量(输入未知量)。设被测量为 x,则

$$y = y_x = s_1 x + s_0 = \frac{y_m - y_0}{x_m} x + y_0$$

或者写成

$$x = \frac{y_x - y_0}{y_m - y_0} x_m \tag{1-6}$$

综上所述,为了进行间接比较,广泛使用了各种变换技术,把被测量变换成人眼可见的显示量。如果是指针式仪器,需要把各种类型的被测量最终变换成指针的偏转角;如果是数字式仪器,则需采用各种变换技术,要最终变换成供数字显示器显示的数字量。

2. 电子测量中的变换技术

(1)变换的作用

在电子测量中,广泛应用了各种变换技术。这有两方面的原因:

1)某些被测量不便于直接比较,或者无法直接观测而采用了变换。例如,雷达测量飞机的距离,由于不便于直接用尺子去度量,采用了把距离变换成时间,通过直接测量电脉冲来回传输的时间来测得距离($S=vt$)。变换是实现间接测量的基本环节。又如,弹簧秤中靠弹簧的变换功能实现了重量的间接测量。本节讨论电子测量中的各种变换技术,其作用如同弹簧一样,是间接测量的基础。

2)为了获得更高的识别分辨力和精度、更快的速度、更宽的量程而采用变换技术。例如,各种非电物理量(例如长度、重量等)变成电量之后,测量分辨力和精度才获得了大幅度的提高。而许多电参量(如电压、阻抗、相位等)变换成频率量来测量,可获得更高的测量精度(因为目前频率测量具有最高的精度)。

(2)变换的类型

灵活的变换技术是电子测量最具特色的和最广泛使用的技术,变换的类型十分广泛,下面仅对其中最常用的几种变换作概略的介绍。

1)量值变换。

量值是指电压、电流、功率、阻抗、时间等电参量的幅值大小,量值变换即指把它们的幅值按比例地增大或缩小。把量值处于难以测量的边缘状态(太小或太大)的被测量,按某一已知比值变换为量值适中的量进行测量。通过量值变换,可扩展测量范围,提高测量分辨力和精度。在电子测量中量值变换是最常用的一类变换,如信号幅度的放大与衰减、阻抗变换等。

2)频率变换。

频率变换的方式很多,常用的有检波、斩波、变频、倍频、分频、采样等。频率合成是频率变换技术的一个典型应用,它把一个(或少量几个)高稳晶振频率源 f_g 经过一系列综合的加、减、乘、除四则运算,在一定频率范围内获得许多离散的点频输出。它可做成频率精密可调、稳定度极高的高质量信号发生器。

频率变换广泛用于示波器、电压表、相位计、阻抗测试仪、电子计数器、网络分析仪、时域反射计、波形分析仪等仪器中。

3)波形变换。

整形、限幅、微分、波形合成等波形变换广泛用于电子测量技术中,例如多波形函数发生器是它的典型应用例子。

4）电参量变换。

在电子测量中，常将被测参量作必要的变换以便于进行测量，参量变换形式很多，常见的有 A/V/Ω 变换、V/F 及 F/V 变换、V/T 及 T/V 变换、A-D 及 D-A 变换、网络参数变换等。

5）非电参量变换。

非电变换是泛指其他多种形式的非电物理量与电学量之间的变换。事实上，非电参数变换就是能量形式的变换，传感器就是能量变换器，一般分为参量变换器及电动势变换器两大类。参量变换器是将各种物理量变换成电阻、电感、电容参量等。电动势变换器是将各种物理量变换成电动势、电流等电量的变换器，即把机械量、热能、压力、光通量、离子浓度等物理量变换成电压、电流。以上的能量变换均是将非电量变换成电量。

事实上，电子测量中更离不开从电量变换成非电量的一大类能量逆变换。在各种显示器中，需要进行这种变换，它们把以电量形式表示的测量结果，变换成了人的视觉直接感知的机械量、光学量等非电物理量，如指针的偏转、发光的数码、字符和图像等。

3. 直接比较法

（1）直接比较测量原理

1）组成结构。被测量与标准量直接进行比较的原理，如图 1-8 所示。它是一个双输入通道对称的差动式结构，其中包括：

① 一个具有比较功能的电路，比较结果由输出状态表示。要求比较器的范围宽、灵敏度和分辨力高。

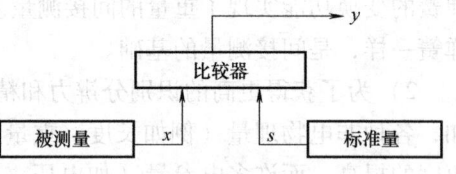

图 1-8 量值比较原理图

② 一个与被测量同类的可变标准量参与比较，要求标准量准确且可细微调节。

2）比较方式。比较功能可由运算功能来实现，有两种方式：

① 差值运算比较 $\qquad x - s = y$

若测量过程中调节标准量 s，使 $y=0$（电路平衡、指示器为零），则 $x=s$。

② 比例运算比较 $\qquad \dfrac{x}{s} = y$

若调节标准量 s，使 $y=1$（电路平衡，指示器为零），则 $x=s$。

（2）差值示零的平衡调节

1）零示法原理。直接比较的典型方法是在测量过程中调节可变标准 s，使 $s=x$，s 与 x 二者的效应互相抵消，即差值比较器的输出为 0，或者测量系统达到一个平衡状态，比例比较电路的输出为 1，此时标准量的数值等于被测量的数值。天平称重和电压测量的零示法是直接比较法的一个典型例子，如图 1-9 所示。

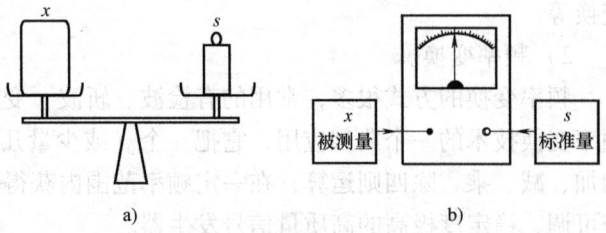

图 1-9 直接比较（零示法）原理图
a）天平 b）电压比较

2）实现直接比较法的典型结构。双通道对称的差动结构，是实现直接比较的一种典型结构，其组成如图 1-10a 所示。其结构特点是具有两个独立的、特性相同的正向变换通道，其中一个通道加被测量,另一个通道加标准量。两通道的变换器输出的信号分别为 $u_x = K_1 x$ 和 $u_s = K_2 s$,它们经过减法比较或比例比较,比较器的输出再经 K_3 变换,最后由指示器显示出比较的结果 y。比较器的输出为 $\Delta u = u_x - u_s$(差值比较)或 $m = \dfrac{u_x}{u_s}$(比例比较),当差值 $\Delta u = 0$ 或比值 $m = 1$ 时,$u_x = u_s$ 或 $k_1 x = k_2 s$,则

$$x = \frac{k_2}{k_1} s \tag{1-7}$$

当两通道性能相同即 $k_1 = k_2$ 时,则 $x = s$。

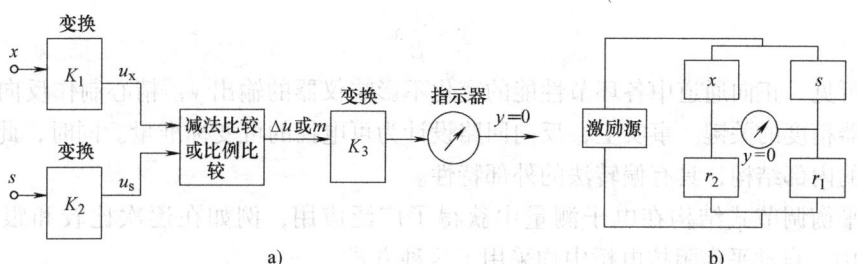

图 1-10 比较测量的差动结构
a) 双通道对称输入结构 b) 对称桥式结构

对称差动的桥式结构也是比较测量中的一种常见的典型结构,如图 1-10b 所示。图中 x 为被测量,s 为标准量,r_1 和 r_2 通常为与 x 和 s 同类的参考量。当电桥处于平衡时,指示器的示值 y 为零,则有

$$\frac{x}{r_2} = \frac{s}{r_1} \quad \text{或} \quad x = \frac{r_2}{r_1} s \tag{1-8}$$

当 $r_1 = r_2$ 时,$x = s$。

在比较测量中,当两输入通道 $K_1 = K_2$ 时,为对称结构的差动测量。它有利于减小由于仪器的部件性能和环境条件的变化所引入的误差,这是因为仪器部件性能和环境条件的变化,对于两个通道出现 ΔK_1、ΔK_2 和漂移的影响基本相同而相互抵消。所以,对称的差动式结构在比较测量中广泛采用。

3)自动平衡调节的反馈比较结构。比较测量的另一个典型结构是闭环反馈的自动平衡式结构。在测量仪器中为了实现自动比较,常采用闭环反馈比较的平衡式结构,其基本原理如图 1-11 所示。

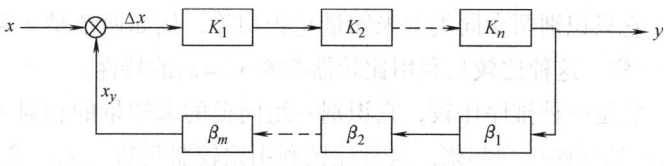

图 1-11 反馈比较式(平衡式结构)

环路有正反两个变换通路:正向变换通路由正向变换系数为 K_1,K_2,…,K_n 的 n 个环节组成,反向变换通路由反向变换系数为 β_1,β_2,…,β_m 的 m 个环节组成。反向回路的输出 x_y 与输入量 x 进行比较,它们的偏差 Δx 加到正向回路的输入端。仪器的输出为 y,于是

$$y = (K_1 K_2 \cdots K_n)\Delta x = K\Delta x$$

式中，$\Delta x = x - x_y$ $x_y = (\beta_1 \beta_2 \cdots \beta_m)y = \beta y$ $k = \prod_{i=1}^{n} k_i$ $\beta = \prod_{j=1}^{m} \beta_j$

联立求解以上方程组可得

$$y = \frac{K_1 K_2 \cdots K_n}{1 + (K_1 K_2 \cdots K_n) \cdot (\beta_1 \beta_2 \cdots \beta_m)} x = \frac{K}{1 + K\beta} x \tag{1-9}$$

当正向通道总的变换系数 K 相当大时，Δx 仅是输入量 x 的很小一部分，因而正向通道成为了只是高灵敏发现和放大偏差 Δx 的环节。当 $K\beta \gg 1$ 时，有

$$y \approx \frac{1}{\beta} x \tag{1-10}$$

由此可见，正向通道中各环节性能的变化不影响仪器的输出 y，精心制作反向回路是保证整个仪器精度的关键。事实上，反向回路设计为可电控的可变标准量。同时，此方法具有差动比较的内部结构，具有偏转法的外部特性。

自动平衡调节式结构在电子测量中获得了广泛应用，例如在逐次比较和跟踪比较的 A-D 转换中、自动平衡阻抗电桥中均采用了这种方式。

4. 电子测量中的比较技术

量值比较的基础是比较器所进行的比较，如同天平称重所完成的功能。比较器是把未知量和同一种类型的标准量进行直接比较，天平是对重量进行比较，它是一个重量的比较器具。在电子测量中，常见有电压、阻抗、频率、相位等类型的电量，相应地有电压比较器、阻抗比较器、频率比较器和相位比较器等。下面将分别对这几类电量比较器作简略介绍。

（1）比较的基本概念

被测量与标准量进行比较的原理框图如图 1-12 所示。图中被测量为 x、标准量为 s、比较器输出为 y。假设比较结果 y 为逻辑值输出，即有 y_L 和 y_H 两种逻辑值，当 $x < s$ 时，$y = y_L$；当 $x > s$ 时，$y = y_H$；当 $x = s$ 时，y 输出发生变化的转折点，即输出一个跃变信号。

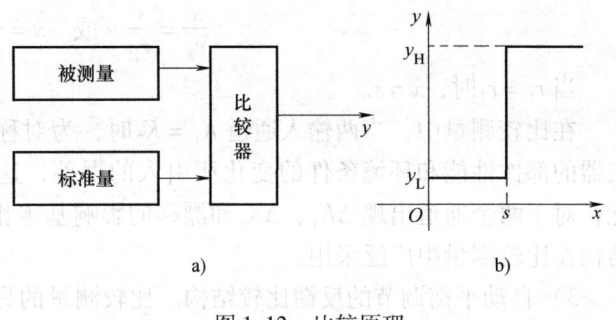

图 1-12　比较原理
a) 框图　b) 比较特性

测量中使用比较器可进行五种不同层次的比较：

1）标量比较。它只识别两个同类的未知量是否相等，例如两个炉子温度是否相同，两个物体的颜色是否一样。这种比较只利用比较器判断 $x_1 = x_2$ 的特性。

2）矢量比较。它是一种排序比较，它识别一组同类的未知量的相对大小，并按照由大到小（或由小到大）的顺序排列起来。这种比较利用比较器判断 $x_1 < x_2$ 或 $x_1 > x_2$ 的功能，它能比较两个量的大小，并给出方向或符号。

3）差值比较。它利用具有减法运算功能的比较电路，取出两个未知量之间的间隔大小（差值）$\Delta = x_1 - x_2$，并对差值进行比较。这是测量技术中常用的对两个未知量间隔的测量，这类测量不需说明这些量的零参考点。

4）比例比较。它选择某个点作为零水平参考点，将每次测量值除以参考值，确定它们的

相对大小,可利用具有除法运算功能的电路完成比例比较。例如,在一组测量值 $x_1, x_2, \cdots, x_n$ 中以最大测量值 x_m 作参考,进行比例比较 x_i/x_m,即归一化测量,所得的测量最大值为 1(或 100%),所有其他的值均小于 1。这类相对测量在测量中也是常见的。

5)量化比较。被测未知量与标准单位量比较,确定它是该单位的若干倍或是若干分之一。这就是一种基本测量所进行的比较。这里需要提供一个标准参考系统(国际单位制 SI 正是这类参考系统),每个被测物理量与各自的标准参考量相比较,其结果是非常明确的而无任何自由度的量值。各类 A-D 转换器是基于量化比较的典型部件。

上述五种层次的比较中,第 1)、2)两种常用于定性测量,第 3)种常用于定级测量,第 4)、5)两种常用于定量测量。

(2)电子测量中的典型比较技术

1)电压比较。

① 电平比较。比较器可进行两个模拟电压的大小的比较,它用输出的逻辑电平表示比较的结果,原理与图 1-12 相同。各种差动型及求和型的电平比较器广泛应用于测量电路中。

② 差值型比较。如果需要对两个电压的差值 y 进行测量,应当采用能输出模拟差值电压的减法运算放大器代替电压比较器,因为比较器输出的是逻辑电平而不是模拟差值电平值。

③ 比例型比较。具有除法或比例运算功能的电路或部件,也可完成被测量与标准量的比较。例如,双积分式 A-D 转换器中,被测电压 U_x 与标准电压 U_s 之间具有如下关系:

$$\frac{U_x}{U_s} = \frac{T_2}{T_1} \quad \text{或} \quad U_x = \frac{T_2}{T_1} U_s \tag{1-11}$$

式中,T_1 为第一次积分(采样)期时间;T_2 为第二次积分(比较)期时间。

式(1-11)表明,双积分 A-D 转换器具有比例运算的比较功能。此外,电桥电路也具有这样的功能。

2)阻抗比较。电桥电路具有对称差动的电路结构,可以十分方便地实现差值检测和比例比较的功能。它是一种阻抗的电量天平,可对阻抗类电参量(如电阻、电容、电感等)进行直接比较,或者把这些电量的微小变化量(差值)检测出来,并转换成相应的电压或电流的变化量输出。电桥电路具有灵敏度高、测量范围宽、温度补偿容易实现、零点调节方便等优点。它是电量测量技术中广泛应用的一种电路。

比例臂电桥和有源电桥如图 1-13a、b 所示,电压比较式和电流比较式变压器电桥如图 1-13c、d 所示。当电桥平衡时,根据电路平衡条件有

$$Z_x = \frac{Z_2}{Z_1} Z_s \quad \text{或} \quad Z_x = \frac{N_2}{N_1} Z_s \tag{1-12}$$

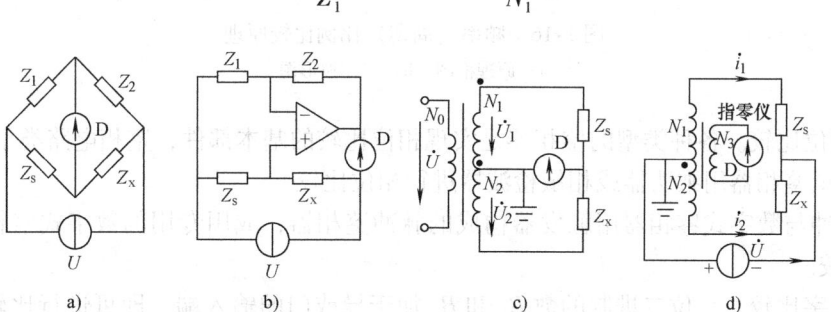

图 1-13 电桥电路

a)比例臂电桥 b)有源电桥 c)电压比较式电桥 d)电流比较式电桥

可见，Z_x 与 Z_s 成正比例关系，比例系数为 Z_2/Z_1 或 N_2/N_1。当 $N_2 = N_1$ 或 $Z_2 = Z_1$ 时，$Z_x = Z_s$。

3）频率（时间）比较。

① 时间或频率的差值比较。用 RS 触发器可实现时差比较的原理，如图 1-14 所示。

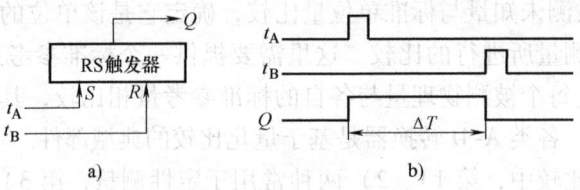

图 1-14　时间差值比较原理
a）原理框图　b）时间关系图

用混频器的频率减法功能作频率比较器的实例，如图 1-15 所示。

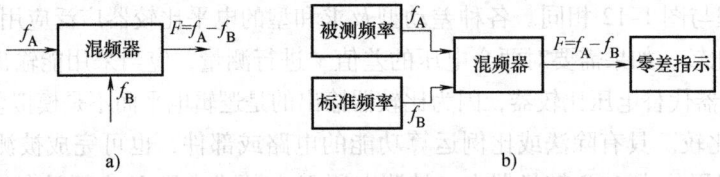

图 1-15　差频比较原理及应用
a）混频器实现差频比较功能　b）差频比较法在频率测量中的应用

② 时间和频率的比例比较。用一个门电路可以实现两个脉冲信号频率（或周期）的数字式比例运算功能。如果用周期 T_B 的脉冲形成开门时间，让频率为 f_A 的脉冲通过门电路，则输出用脉冲数表示的比值为 $N = \dfrac{f_A}{f_B}$（或 $\dfrac{T_B}{T_A}$），如图 1-16 所示。电子计数器采用了这种比较方式。

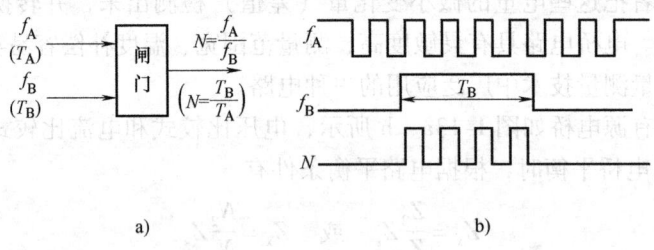

图 1-16　频率（周期）比例比较原理
a）原理框图　b）工作波形图

4）相位比较。各种类型的鉴相器是实现相位比较的基本部件，鉴相电路类型如下：

① 模拟鉴相器用乘法器或相敏检波器进行相位比较。

② 脉冲与数字式鉴相器用触发器构成的脉冲鉴相器，或用专用的数字式鉴相器芯片进行相位比较。

5）数字比较。一位二进制的数 B_1 和 B_2 加于异或门的输入端，即可进行比较。多位二进制数 N_1 和 N_2 比较，可由多个异或门构成数字比较器。多位数字比较器已做成专用集成电路芯片。

1.3.2 测量的信息获取原理

测量是研究如何获取被测对象信息的一门科学。为了深入理解现代测量原理，我们分析一下信息获取过程，亦即测量人员（测量主体）获取被测对象（测量客体）有关信息的过程。为此，本节中将主要阐述以下基本问题：信息的含义是什么？为什么信息可以被获取？信息获取是怎样的过程？信息获取过程中采用了哪些基本方法？这些方法的实现途径是什么？信息获取的限制因素及其克服措施是什么？

1. 信息的概念

（1）信息的特性

信息又可分为自然信息和社会信息两大类。本书限于讨论自然信息，这类信息主要来自于自然界、生产过程或科学实验中。它们具有以下一些重要性质：

1）信息是对事物运动状态和方式的描述。信息来源于物质运动，又不等同于物质。

2）信息可以被感知。它可以由人的感官直接感知，也可通过各种探测器间接感知。

3）信息载体和形态可以转换。可以从一种形态转换为另一种形态，如语言、文字、图像等表示的信息，可以转换成计算机代码及广播、电视等电信号表示的信息，而电信号和代码又可以转换成语言、文字、图像等。

4）信息可以存储。人用脑神经细胞可存储信息，机器用存储设备也可存储信息。

5）信息可以传输，人与人之间的信息传输依靠语言、表情、动作；社会信息的传输借助报纸、杂志、广播、电视；工程中的信息则借助机械、光、声、电等信号载体传输。

6）信息可以被复制，可以被共享。由于信息可以脱离原事物而相对独立地存在并负载于其他载体，因此可以被无限复制、传播或分配给众多的客户，为大家所共享。

（2）客体的实有信息——客观信息

某事物客体所具有的信息，是指该客观存在的事物的运动状态及其变化方式的自我表述或自我显示。这里所说的"事物"，是指被测对象——外部世界的物质客体；"运动"泛指一切意义上的变化，包括机械、物理、化学、生物的运动，例如物体的空间位移、物理量随时间的变化等。"运动状态"是指事物在特定时空中所处的状态和所展示的属性。"运动状态的变化方式"，则是指事物运动状态随时空的变化过程。"表述"或"显示"，即运动状态及其变化方式都要以某种形式特征表示出来。"自我"表述或显示，这就是说，客体论的信息是一种客观的存在，不以主体的存在与否为转移，或者无论是否被其主体感受到，都丝毫不影响它的"自我表述"或"自我显示"。

任何事物都具有一定的内部结构，同时处在一定的环境之中，且在外部有着某种相关联的表现。正是这种内部结构和外部环境两者综合作用，决定了事物的具体运动状态和状态变化方式。因此，要认识一个事物，唯一办法就是要通过各种可能的途径来获得关于该事物的信息，即获得关于该事物运动的状态及其变化方式。为获得一个事物的全部信息，就要同时了解这个事物的内部结构和外部联系及其变化方式。但在有些场合，由于事物的复杂性，人们很难了解它的内部结构状况，这时就只能把它看作一个"黑箱"，并只能通过它的外部联系（如输入/输出关系等外部行为）的状态及其变化方式来把握该事物的信息了。

（3）主体认识论的信息——主观信息

主体关于某事物的认识论层次信息，是指主体所感知或表述的关于该事物的运动状态及其变化方式，包括状态及其变化方式的形式、含义和效用。

信息的客体论层次与主体认识论层次之间有着本质的联系，两者所关心的都是"事物的运动状态及其变化方式"。但是，它们之间在出发点上又有原则的区别，前者从"事物"本身的角度出发，就"事"论事；后者是从"主体"的角度出发，就"主体"来论事。客体论层次信息要转化为认识论层次信息，关键在于引入主体这一条件。

由于引入了主体这一条件，主体认识论层次的信息就具有了比客体论层次信息丰富得多的内涵。这是因为作为认识的主体：它具有感觉的能力，能够感觉到信息的外在形式；它也具有理解能力，能够理解信息的内在含义；它还具有目的性，因而能够判断信息对其目的而言的价值。而且，对于人类主体来说，"事物的运动状态及其变化方式"的外在形式、内在含义和效用价值这三者之间是相互依存不可分割的。因此，在主体认识论层次上来研究信息时，"事物运动状态及其变化方式"就不像在客体论层次上那样简单了，它必须同时考虑到形式、含义和效用三个方面的因素。人们研究信息科学，总是希望利用信息为人类（认识主体）服务。测量主体获得的信息，也希望是认识层次的。因此，与认识主体相联系的认识论层次信息将受到特别的关注。

测量的目的是，测量主体要获得测量客体的信息，要把客体实有的信息转化为主体认识论层次的信息。

(4) 全信息——语法信息、语义信息、语用信息

人们（测量主体）只有在感知了"事物运动状态及其变化"的形式，理解了它的含义，判明了它的价值，才算真正掌握了这个事物的主体认识论层次信息，并作出正确的判断和决策。

在信息科学中，从信息的性质出发，可分为语法信息、语义信息、语用信息，它们是构成全信息的三个层次。所谓全信息，是同时考虑了事物运动状态及其变化方式的外在形式、内在含义和效用价值的主体认识论层次信息。这里，把仅仅计及其中的形式因素的信息部分称为"语法信息"，把计及其中的含义因素的信息部分称为"语义信息"，把计及其中效用因素的信息部分称为"语用信息"。换言之，主体认识论层次的信息乃是同时计及语法信息、语义信息和语用信息的全信息。

语法信息层次不考虑信息的含义和效用，它是最简单、最基本、最抽象的层次；语用信息则是最复杂、最实用的层次；语义信息居于其中。

2. 测量信息获取的原理框图

(1) 测量的信息获取过程分析

为了深入理解测量原理，把构成测量的几个基本要素：测量对象、测量仪器、测量技术、测量人员和测量环境看成一个广义的测量系统，这样一个复杂测量系统的工作机制，可从信息运动的观点来进行分析，把整个系统的工作过程看作一个信息过程，弄清这个信息过程中各个环节的作用、这些环节之间的逻辑关联和数量关系，从而建立起一个反映该系统工作过程的信息模型。如果这个信息模型明确了，这个测量系统的工作机制也就清楚了。

测量过程中信息运动的路径是从被测对象（信源）经测量仪器到测量人员（信宿），信息运动过程常常包含着许多子过程，而且在整个信息运动过程中还贯穿着各种信息转换。此外，信息运动过程中还要受到外界和内部的环境的影响，因此，这一信息的运动是一个复杂的过程。用信息科学的方法来分析测量中信息的过程，抓住了信息过程各环节所体现的功能（而不是复杂的具体结构），建立完整的信息模型，就能清晰地了解和把握住测量的工作机制，深入理解测量原理。

(2) 信息获取的原理框图

下面从广义的测量原理，即信息获取的基本原理中来阐述测量信息的过程。测量（信息获取）原理图如图 1-17 所示。在测量仪器和系统中，整个测量功能由感知和识别两大环节组成。感知功能主要由各种传感器或敏感器完成，它们把被测对象的信息变成信号（语法信息），然后再经若干子环节的电信号变换（信号调理），变成了便于进行比较的规范化信号。测量中是否需要对被测对象施加激励，视被测对象的情况而定。

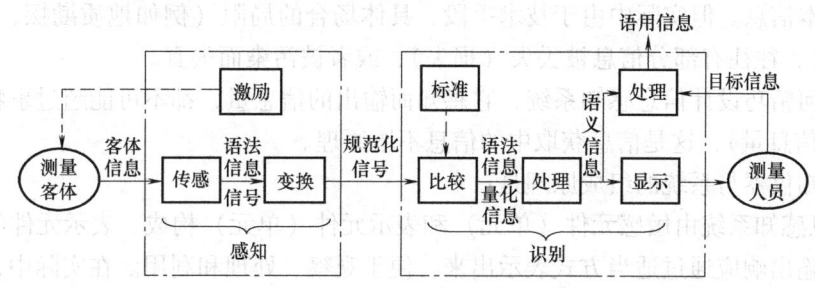

图 1-17　测量（信息获取）原理图

识别功能由比较、处理、显示等子功能部件完成。比较的目的是根据标准量来对被测量进行定量，给出一个数量的概念。通过比较之后获得的量值信息仍是语法信息。处理功能环节除了帮助完成比较外，主要承担把语法信息转换为测量主体能直观理解的语义信息。显示的基本功能是把人眼不可见的信息转化成为可见的信息，它是测量信息识别中的一个不可少的环节。

3. 信息的感知

(1) 感知的基本原理

信息获取的首要环节和必要前提是对信息的感知，即对"事物运动状态及其变化方式"的敏感性和知觉力。信息感知的基本机制在于要有某种组织或器官能够灵敏地感受到被测对象运动的状态及其变化的方式，也就是说，某种组织或器官能够在被测对象运动状态及其变化方式的作用刺激下，产生相应的响应输出，而且这种刺激与响应的关系应满足一定的条件，即感知器件要求具有一定的敏感域（感受域）、灵敏度（敏感度）和保真度（可信度），以完成信息感知的任务。

信息感知是感知事物运动的状态及其变化方式，感知过程只利用"事物运动状态及其变化方式"的形式方面，例如，电信号的幅度、频率、相位和波形，声音振动的频率和幅度，光波的波长和强度等。它的技术本质是信息（事物运动状态及其变化方式）载体转换，通常是把客体信息的形式特征变换成用某些其他物理量的形式表现出来，这些物理量就是信号，如图 1-18 所示。信息感知的结果是把客体论层次的信息转换为主体认识论层次的语法信息。

图 1-18　信息感知原理框图

信息感知之所以能在实际中实现出来，归根结底是因为测量要获得的是事物运动的状态及其变化方式而不是事物本身。信息可以脱离它的源事物而负载于它事物，即信息可以实现载体转移。这是信息可以被感知、被转移、被变换、被获取的根据。否则，信息的感知、转移、变换和获取就会等同于产生该信息的源事物的实物感知、转移、变换和获取，就不会有信息科学和测量科学了。

对于人类主体来说，信息感知的功能是人的感觉器官来承担的。由于人的感官（视觉、听觉、触觉、嗅觉等）在敏感域、灵敏度、分辨力和客观性等方面是有限的，因此，根据信息感知的原理去研制具有更优异性能的人工感知的仪器与系统，扩展和完善人类感知信息的能力，是测量科学的一项根本的任务。

由于具体事物运动状态及其变化速度的有限性，信息感知在理论上有可能做到不丢失本体信息的基本信息。但实际中由于技术手段、具体场合的局限（例如地质勘探、无损探伤、疾病诊断等），往往有部分信息被丢失（损失），或者被污染而失真。

无论如何精巧设计信息感知系统，它感知而输出的信息量，都不可能超过事物本体信息量（输入的信息量），这是信息获取中的信息不增原理。

信息感知仪器与系统的组成原理是：

1）信息感知系统由敏感元件（单元）和表示元件（单元）构成。表示元件的任务是把敏感元件的输出响应通过适当方式表示出来，便于观察、处理和利用。在实际中，通常采用把敏感元件与表示元件两个功能合二为一的装置，称为传感器。例如在弹簧秤中，弹簧便是一个敏感元件，对所作用的力敏感，产生的响应是位移，指针和刻度盘则是辅助的表示元件，它们共同组成了一个力传感器。

2）被观测的信息通过敏感元件转换成某种形式的物理量，再经表示元件把转换结果以一种可用物理量形式表示出来。由于电信号和光信号的处理技术已经比较成熟（特别是电信号的变换、处理十分方便、灵活），表示元件把敏感元件的输出响应转换成物理量，通常是采用电信号或光信号。从这个意义上讲，表示元件可称为"换能器"。

3）鉴于"事物的运动状态及其变化方式"（信息）的无限多样性，不应该也不可能设想制造出一种万用的敏感元件，它对任何事物的运动状态及其变化方式都高度地敏感。也就是说，敏感元件具有针对性（专用性）、多样性。

4）在复杂的情况下，所关心的被测对象的运动以某种复合的方式表现其信息：可视的、可闻的、可嗅的……那么感知这些信息就需要采用多种传感器，并对其中各种传感器的输出表示进行适当的综合或融合，以更有效、更真实地获取信息。

（2）感知的基本技术——传感器与敏感器

自然界中的大量信息是以非电量的形式表示出来的，传感器是感知各种非电信息并把非电量转换为电量输出的器件或装置，它是非电系统与电系统之间的接口，本质上是完成信息载体的转换。这种转换的机理是遵循某个物理定律或运用某种物理效应，使被观测量与转换的输出量之间具有确定的函数关系。

传感器根据转换的效应可分为物理型、化学型和生物型三大类。化学传感器是利用电化学反应原理，把无机和有机化学物质的成分、浓度等转换为电信号的传感器。生物传感器是利用生物活性物质选择性识别、测定生物和化学物质的传感器。这两类传感器广泛应用于化学工业、环保监测和医学诊断。本书只简略介绍物理型传感器。

按构成原理物理型传感器可分为物性型传感器和结构型传感器。物性型传感器是利用其转换元件的物理特性变化实现信号转换，例如热敏电阻、光敏电阻等。结构型传感器是利用其转换元件的结构参数变化实现信号转换，例如变极距型电容传感器、变气隙型电感传感器等。

根据能量观点物理型传感器又可分为能量转换型和能量控制型两类。前者将非电能量转换为电能量，不需要外激励源，故又称为有源传感器或换能器。压电式、磁电式传感器和热电偶等就属于这一类。另一类传感器需要外部激励源供给能量，故又称无源传感器。这类传感器本身不是一个换能器，被测非电量仅对传感器中的能量起控制或调节作用。电阻式、电感式和电容式传感器都属于这一类。

按传感器与被测对象的耦合方式可分为接触式和非接触式两种。按输出信号表示形式物理型传感器又可分为模拟式和数字式两类，这里不再赘述。

4. 信息的识别

（1）识别的基本原理

信息的识别是在信息感知的基础上进行的，它的任务是对所感知的信息作出判断：所感知的信息是否是所需要的信息？如果是所需要的信息，究竟是属于哪一类信息（定性）？其数量是多少（定量）？识别的具体任务是：

1）识别是把感知的语法信息（信号形式）转换成人们能够理解的语义信息。就信息感知本身而言，它只是感受到了"事物运动状态及其变化方式"的形式化方面，并不理解事物运动状态及其变化方式的逻辑含义和它的效用价值。因此，信息感知过程对于它所感受的信息而言，实在是有"感"而无"知"，还并不知道它们的内容和价值。识别要在一定程度上解决"知"的问题。即通过识别，要把语法信息上升为语义信息，有时甚至上升为语用信息。

2）识别（分类）的基本原理是形式特征的比较。由于识别是在感知的基础上展开的，而感知系统输出的又是语法层次的信息，因此信息识别（特别是简单的信息识别）只能是基于语法信息的识别。而这种层次上的信息识别的基本工作原理只能是类比，即将所感知的事物运动状态及其变化方式的形式与特定的"样板"进行比较（在测量中的测量标准属于这种"样板"）。由于信息的类别不同，其形式特征也不相同，根据它们之间的差别来判断该信息所应归属的类别或数量的大小。理论上信息总是可以分辨（识别）的。识别的原则是：相似而认同，相异而拒斥。因此，建立信息类别相似性的表示和度量是信息识别的重要任务。

3）为了使基于比较的信息识别能够有效地实现，往往不是原封不动地把信息感知系统输出的语法信息与相应的模拟样板（标准样本）进行比较，而是把能够表征这个语法信息的一组形式化参量（特征）提取出来与相应的特征模板进行比较。这正是现代模式识别理论（识别论）所研究的基本问题。模式识别也是语法信息的识别，一般来说，规则的模式识别问题可以用数学方法进行严格的描述和分析。但是，大多数模式识别问题却不可能完全用解析的方法求解，而必须在求解过程中借助于启发式的算法进行推断，或者通过大量示例训练的基于神经网络的模式识别方法。

4）被测对象的信息是非常丰富的。测量主体根据一定的目的和要求，从对象中获取有限的、感兴趣的某些特定的信息，而并非企图获取该事物的全部信息。这就要求用最简捷的方法，善于从信号中提取有用的信息，因此识别过程中往往需要对感知的语法信息进行相应的处理。

由于识别环境存在固有干扰，待识别的信息天然不理想，理论方法不完备和信息类别相似性的表达不完善，因此，无论怎样精巧地设计信息识别系统，完全无差错的识别是不现实的（误差存在的绝对性）。

（2）识别的基本技术

识别的基本方法是比较，识别离不开各种变换和处理技术，识别的结果要显示出来。因此，在识别过程中要综合地使用信号的比较、变换、处理和显示技术。关于电子测量中的变换和比较技术前面已阐述，下面将对信息识别中的处理和显示环节作简要说明。

1) 信息识别中的处理技术。信息处理泛指为了各种目的而对信息所进行的变换和加工。例如为了提高信息传递的抗干扰性而进行的检错和纠错编码处理，为了提高信息传递的有效性而进行的信息压缩编码和解压处理，为了有效载荷信息而进行的调制与解调处理，为了改善信息的安全性而进行的信息加密和解密处理，以及为了在已有信息的基础上产生更深层信息而进行的信息再生等。总之，信息处理是一类信息操作的总称，针对不同的目的和不同的背景，存在着各种不同的具体的信息处理手段和技术。

在电子测量中，信息识别中的处理技术常用于以下几方面：

① 通过处理把感知的语法信息转换为人们能理解的语义信息。

② 从信号中提取有用信息的特征参数，例如从交流信号中提取有效值等。

③ 对被测信号分析处理，如谱分析等。

④ 抑制无用或有害信息的处理，信噪分离，提高信噪比，如滤波等。

⑤ 减少测量误差的数据处理，如系统误差修正和随机误差统计处理等。

⑥ 信息表示方式变换处理，如时域到频率的变换。

信号运算与处理是电子测量中的基本技术，信息处理的内容十分丰富，处理方法和处理难度差异也可能很大。事实上，信息处理也是分层次的，大体上说，浅层的信息处理（如现在广泛应用的类比、匹配、识别、压缩、纠错、加密等）基本上属于对信息的形式化关系所作的变换或处理，仅仅利用了语法信息的因素。例如，在测量交流电压的平均值、峰值、有效值时，需要对信号进行加、减、乘、除、平方、开方、平均、取绝对值、峰值等运算与处理。深层信息处理（特别是直接与认知、优化、决策等相联系的信息处理）的目的是为了要从原始信息中获得相关的"知识"，因此，不仅要利用语法信息的因素，而且必须考虑和利用全信息的因素。信息处理的层次越深，就越是要充分利用全信息的因素。现行电子仪器及测量系统的信息处理技术基本上还是基于语法信息的浅层处理技术，正在向着利用全信息的智能化深层处理发展。

电子技术中的运算处理电路分为模拟运算电路和数字运算电路两大类。如今，以微处理器为代表的数字技术在仪器中的广泛应用，可对数字信号进行各种高精度的数学运算与处理，有取代模拟运算电路的趋势。然而，模拟运算电路具有运算实时性强的优势，在测量技术中它不可能被数字运算完全取代。自然界大多数的被测模拟量，它们被转换成模拟的电信号后往往需要先进行一些实时的模拟运算与处理，提高了信号质量或规范了信号参数后，才便于测量。例如，用模拟滤波器消除测量信号中的噪声，用对数放大器扩展仪器动态工作范围等。

2) 信息识别中的显示技术。显示的基本功能是把人眼不可见的信息转化成为可见的信息，它是信息识别中的一个不可缺少的环节。

现代测量技术是将各种非电量的信息（如声、光、热、力、气等）通过传感器变成电信号（语法信息），再经电量的各种变换或处理，获得用电量（模拟量或数字量）表示的测量结果（语义信息）。人的五官不能直接识别电量，因此以后还要由显示器件转换为人类视觉可识别的信息，即由电量形式的语义信息转换为非电形式的语义信息。

人类通过眼、耳、鼻、舌、身从外部世界获取的信息中，视觉信息占所有获得信息的70%以上。听觉、嗅觉、味觉、触觉等各种信息总和还不足30%。可见，最大量、最丰富的信息是由眼睛获得的。视觉信息不仅数量最大,而且准确、及时、可靠。人们从测量仪器获得的测量信息也主要用视觉观测到。因此,测量仪器归根结底要将测量信息转换为视觉信息。这种将不可见的信息转化为视觉信息再由人来观测的过程称之为"显示"。这种转化与表达信息的技术称之为"显示技术"。

为了将各种信息转化为视觉可以接受的信息,自然联想到了光。视觉信息以光为载体,因此需要将电子仪器的电信号转换为光信号,现代显示的最大特点是光学与近代科学成就相结合,实现光与电的转换。显示器件事实上也就是将电信号转换为文字、图形、图像之类可见光信号的电光转换器件。显示技术追求的目标是清晰、准确、实时、直观、方便、节能、携带信息量大,甚至彩色化、立体化等。

早期测量信息显示主要靠机械结构实现的指针、度盘、刻度尺等模拟式仪表显示器。数字化测量技术使获得的信息更准确,更易传输、处理和识别。被测量的信息可以直接由数字显示,测量分辨力和精度不受显示器件的限制,因而数字显示成为信息显示的一个重要形式。但是仅仅依靠数字显示远不能将纷杂的信息表示清楚,进而又发展了字符、文字显示。这种显示与数字显示合在一起用途最广、用量最大。随着仪器功能的增强,操作也更加复杂,为方便仪器的使用,要求人机对话友好,显示信息更丰富,因此人们希望能用图形、图像进行图形化显示。这种可视化的显示方式形象生动,显示的图形色彩丰富,显示的图像可以实时活动,具有虚拟化和三维立体效果。

文本、声音、图形、图像都可以承载信息。常见的信息媒体主要有:文本媒体、声音媒体、图形媒体和图像媒体等。本来人们不能觉察或者不能充分表示的信息,嫁接到这些形式的媒体后就容易被人感觉出来,或者能丰富地表现出来。如果只利用一种媒体来表示信息,这种信息就叫做单媒体的信息;如果同时利用多种媒体按照一定的技术规则来表示信息,这种信息就叫做多媒体信息。要把各种媒体信息显示出来,就需要相应的显示设备,例如数码管、液晶屏、CRT 等。此外,测量系统中的显示设备(或称为输出设备)除光电显示器外,还可通过电能表、打印机、绘图仪等多种机电式设备来显示。

显示技术的成果体现在显示器件上。显示器件向着大信息量、平板化、彩色化、低电压、微功耗、实时显示方向发展。显示器件种类繁多,它们各具特色,各自有其不同的发生、发展轨迹,各有不同的应用领域。

(3) 信息识别中不同层次处理的实例

下面仅对语法信息转换为人们能理解的语义信息的识别处理过程作简要的说明。

信息感知环节所提供的语法信息,是信息感知系统对客体论信息的摹写,它是以某些物理量的形式(例如电参量或信号波形)来反映外部客体的"运动状态及其变化方式",是一种原材料式的信息。这些信息必须经过处理,把语法信息加工成语义信息,再通过显示器显示出来,成为主体能直接感知的和能理解的语义信息。加工处理的原理是把感知的语法信息中的有用响应,与主体的先验信息(例如经过事先比较获得的静态特性)综合处理,获得语义信息。关键在于这个处理过程中有了主体这一因素,才能把语法信息上升成为主体所理解的关于该类事物的"运动状态及其变化方式",即语义信息。例如,通过心电图机获得的心电图,或者用超声波机获得的 B 超图像,是一种一般人不能理解的语法信息,还必须经过有经验的医生处理后,才能转换成为有病或无病、疾病的类型或程度的信息(语义信息)。这种处理要求的智能化程度很高,一般还需由专家(医生)所具有的丰富的先验信息和复杂的识别能力才能完成,或者用一个人工智能的专家系统才能完成。

各种测量系统中对处理功能的需求可能很不相同，处理内容和复杂程度差异也很大，处理的方法也可能很不一样，为了进一步说明对信息的识别过程及不同层次的处理，下面结合三个具体例子来说明。

1）人工处理。图 1-19 为一个模拟式的交流电压表原理框图，它测量交流电压的有效值。交流电压表的工作原理是被测交流电压经峰值检波器变换成直流电压（AC-DC 电压变换），然后经直流电压放大（幅度变换）和电压转换为电流输出（电压-电流变换），去驱动电表指针偏转（电流-指针偏转角的变换），整个过程经历了四次变换，把一个被测的交流电压的幅值按比例地转换成了人眼可见的指针偏转的大小。

从信息运动过程来看，客体的信息已经是一个电信号（语法信息），它经历了四次变换（信息载体的转移）之后，仍是语法信息。这种信息不经比较和处理，不上升为语义（表明属性和数量概念）信息，测量主体是不能理解的。然而，图 1-19 所示

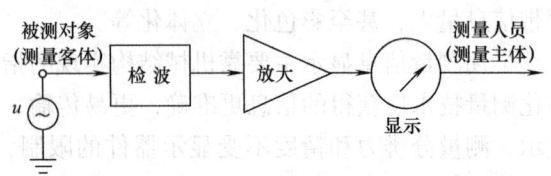

图 1-19　交流电压表原理框图

交流电压表测量过程中似乎没有比较和处理信息识别环节，那么这一个不可缺少功能是怎样完成的呢？

事实上，从被测交流电压感知的语法信息上升为语义信息是在测量之前已事先由人工完成的。生产厂商在电压表出厂前进行了标定工作和表盘刻度，已向用户（未来的测量主体）做了标注式的说明（数量的单位），因此人们使用电压表时能完全理解电表指针偏转所表示的被测对象有关电压大小信息的确切含义了。

2）自动化处理。作为自动处理的例子，图 1-20 表示了一个典型的数据采集系统，被测对象温度、压力、流量、转速、水位等物理量通过相应不同的传感器均转换成为电压信号 $u_1 \sim u_5$，再经过相应的信号调理后的模拟电压 $U_1 \sim U_5$ 加到多功能切换开关，分别从第 1～5 通道输入，模拟开关按通道号的顺序分时地接入采样/保持（S/H）电路和模-数（A-D）转换器，由 A-D 转换器完成各模拟电压的量化（比较）工作，依序地获得相应被测对象的数字信号 $N_1 \sim N_5$。

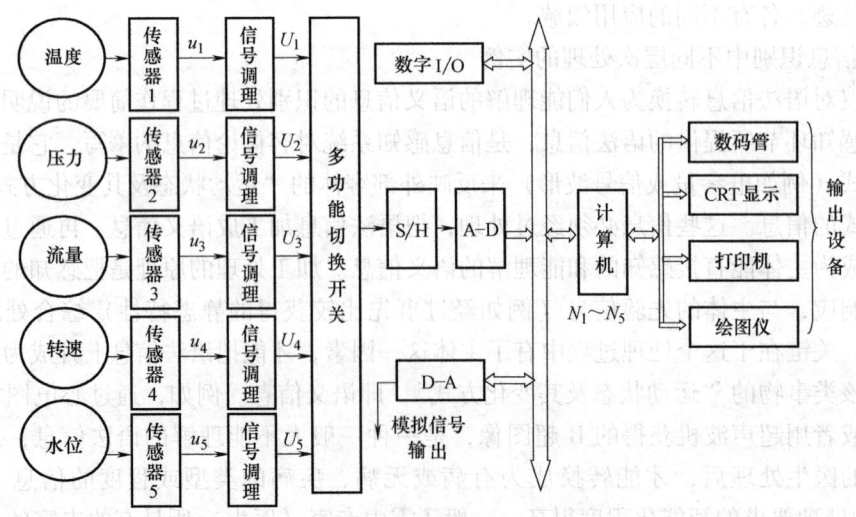

图 1-20　数据采集系统原理图

从传感器对各被测对象感知出的信号 $u_1 \sim u_5$,到 A-D 转换器转换出的数字信号 $N_1 \sim N_5$,均为语法信息,这些信号仍是原始的数据信息,人们一般还不能确切理解其意义,如果测量主体结合有关的先验信息用计算机对 $N_1 \sim N_5$ 进行综合处理,变成语义信息,送给输出设备,就会成为测量主体最终要获得的测量信息。

从语法信息转换成语义信息,处理时需要的先验信息有:被测对象使用通道的信息,例如第一通道加入温度物理量,故 N_1 为温度值;有关传感器、调理电路、A-D 转换器等部件的变换特性的信息,才能定出 N 的单位量。有了这些信息,才能进行坐标变换、量纲转换、误差修正及线性化等处理工作,主体可把这些处理工作交给计算机来完成。这样,显示器上最终给主体显示的信息才是可见的、能理解的、准确和可靠的语义信息。

3) 智能化处理。这里的智能是指机器智能,就是人所赋予机器的一种智能,即机器在一定的环境下针对一定的问题、为了一定目的,而成功地获得、处理和利用信息来解决问题,达到预定目的的能力。智能包含信息、知识、策略和行为四个要素,具有获取有用信息、由信息生成知识(认识)、由知识和目的生成策略(决策)以及实施策略取得效果(施效)四个方面的能力。

通常说的智能仪器远未达到上述要求。要使机器具有较高级的学习与决策的智能,往往需要一个复杂的信息处理系统。图 1-21 表示一个有学习与决策环节的模型,它具有将语法信息转换为全信息的能力。正是具有这样的能力,它才能理解所收到的语法信息的正确含义,并且还能判断这个语法信息对

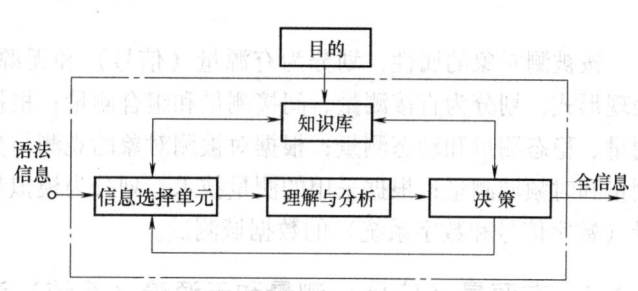

图 1-21 学习与决策环节的模型

于实现测量系统的目的具有什么样的效用,于是就能产生有用的决策,进而确定应当去选择(获取)什么样的新信息,也就是说具有学习的能力。从根本意义上说,学习能力是建立在全信息利用的基础上的。

图 1-21 具有学习与决策能力的关键在于有一个知识库和一个理解子系统。知识库存有大量的语法信息与语义信息之间的对应关系,就像一部大词典,它把各种各样的字(相当于语法信息)与相应字义(相当于语义信息)对应起来。因此,每种语法信息(由"信息选择单元"送到知识库)都在这里得到了解释。但是,在多数情况下,一种语法信息可能得到多种不同的解释,正像一个字具有多种字义一样。因此,需要有一个很强的"理解子系统"来判定哪种解释更合理、更有用。

在现代电子测量技术中,有些复杂的测量任务要求测量仪器或测量系统具有较高的智能化处理能力,但目前离机器智能化水平还有相当的差距。

1.4 电子测量的分类

1.4.1 概述

电子测量的基本对象是信号和系统。实际中被测对象又可细分为许多种类,例如各种信

号和系统中又有参数类型、幅值大小、频率范围、缓变与瞬变、有源和无源、分布和集中、模拟和数字等的区别,这些千差万别的对象,有可能要求采用完全不同的测量技术和方法。

本书以被测对象的几种最基本、最主要的分类方法,来阐述测量技术和测量方法,如图1-22所示。

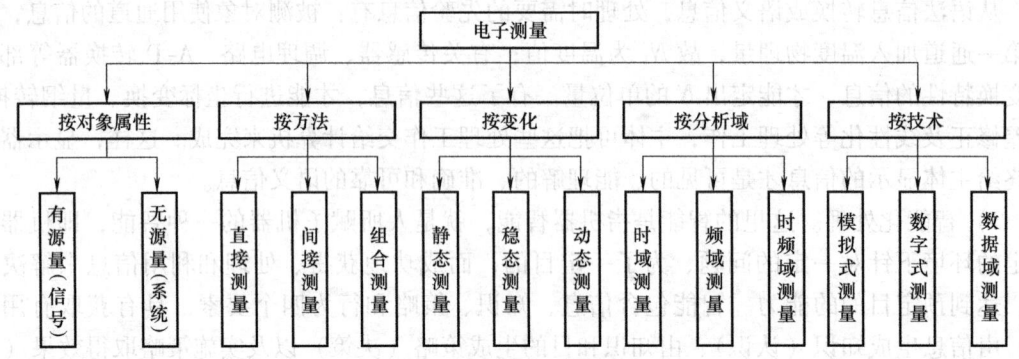

图1-22 电子测量的分类

按被测对象的属性,划分为有源量(信号)和无源量(系统)测量;根据被测对象的表现形式,划分为直接测量、间接测量和组合测量;根据被测对象的状态变化,划分为静态测量、稳态测量和动态测量;根据对被测对象的观测与分析的方法,划分为时域测量、频域测量和时频域测量;根据采用的测量技术,划分为模拟量的模拟式测量、数字式测量和数字量(数字信号和数字系统)的数据域测试。

1.4.2 有源量(信号)测量和无源量(系统)测量

1. 有源量和无源量

按被测对象的属性划分为信号和系统两大类,这两类对象按被测量的属性分为有源量和无源量。在各种分类法中,它是最基本、最本质的一种分类方法。信号是有源量,有源量是指一个携带能量的物理量,如力、电场、磁场、光强、压力等。有源量能将有关量值信息以能量的形式主动地提供出来,传送至传感器或测量仪器,通过仪器的自身响应,取得被测量的有关信息,测量中不需另外的辅助激励源。系统的特性参数是无源量。无源量是被动的,它不能主动提供出能量,无法去直接驱动传感器和测量仪器,被测量的有关信息隐含在事物本身的内部结构中,只有在被测对象受到外部的适当激励时,它才在被动产生的响应中显露其固有的特性,通过测量其响应来获取到相关的信息。例如,一个电阻器只有加上电压或电流时,才能表现出它的电阻值。为了测量放大器的放大能力,必须先在放大器的输入端加上适当的电信号,然后测出放大器输入端和输出端的信号幅度。系统的特性,如物体的质量、弹簧的弹性、桥梁的应变、元件的阻抗、网络的参数、物体的颜色、地质结构等,均属无源量。

在电子测量中,信号特性参量为常见的有源量,主要包含信号的电压、电流与功率、频率与波长、周期与时间、波形与频谱等;系统特性参数为常见的无源量,包括集总与分布参数系统的特性,例如,电阻、电感、电容、品质因数、阻抗、导纳、固有谐振频率、截止频率、上升时间、延迟时间、介电常数、磁导率、驻波比、反射系数、散射系数、增益、衰减以及单位阶跃响应或单位冲激(脉冲)响应与传递函数等。

2. 有源量（信号）的测量

对有源量的测量，可把被测的有源量作为一个未知的信号，去激励一个功能已明确定义、性能已预先知道的系统（测量系统），通过系统的响应求得被测参量的量值，所以，这类测量又叫信号的测量，其测量方法如图 1-23 所示。

在有源量的测量过程中，不需要从外部向被测对象施加能量，恰恰相反，测量系统还要靠被测对象的能量来驱动，

图 1-23 有源量（信号）的测量

才能完成测量过程，故图 1-23 所示的测量系统叫被动式测量系统。

3. 无源量（系统）的测量

对无源量的测量，要用已知的有源信号（频率、幅度、波形等已知的测量用信号源）去激励无源的被测系统，然后从被测系统输出端得到包含被测系统特性的响应，此时无源量实际上已经转换为有源量，再按照有源量的测量方法对响应进行测量。如果激励与响应之间的关系，唯一地由被测系统的某些特性参量决定，那么就能求得无源参量的量值。这类测量又称为系统的测量，其测量方法如图 1-24 所示。

在无源量的测量过程中，需要从外部向被测对象施加能量，测量无源量的测量系统，必须具有主动提供激励的能力，故按图 1-24 构成的测量系统叫主动式测量系统。

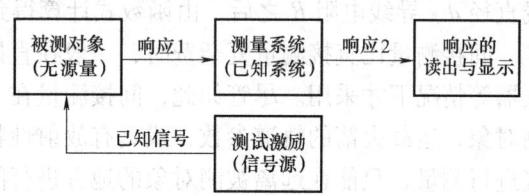

4. 电子测量按被测对象属性的分类

在有源量的测量中，信号是未知的被测对象，系统为已知的测量系统；在无源量的

图 1-24 无源量（系统）的测量

测量中，信号为已知的测量信号，系统为未知的被测对象。从图 1-23 和图 1-24 可见，有源量测量系统（被动式测量系统）和无源量测量系统（主动式测量系统）两者功能结构上最显著的区别在于，前者不需要测试激励信号源，而后者必须有测试激励信号源。

被测对象的有源与无源特性决定了测量系统的组成方法和功能结构。因此，在电子测量仪器中，电压表、电流表、功率计、频率计、示波器、频谱仪、逻辑分析仪等仪器，采用了图 1-23 所示的功能结构和信号的测量方法；而 RLC 测试仪、阻抗分析仪、网络分析仪、频率特性测试仪（扫频仪）、晶体管特性图示仪等仪器，采用了图 1-24 所示的功能结构和系统的测量方法。前大类仪器中不含激励信号源，后大类仪器中均包含有激励信号源。

1.4.3 直接测量、间接测量和组合测量

被测信号的物理表现形式很多，可分为电量与非电量两大类，而作为电子测量主要对象的电参量中，又有许多不同类型的量。在本章前面部分已作了介绍。在众多被测参量之中，有的量可以用相应的仪器直接测量出来，而有的量则要用间接的方法才能测量出来。被测参量类型不同，采用的测量方法也不同。根据被测量的表现形式，从方法论的角度来分类，电子测量可分为直接测量、间接测量和组合测量三种类型。

1. 直接测量

直接测量是指用已标定的仪器，直接地测量出某一待测未知量的量值的方法，例如用电压表直接测量电压。直接测量并不意味着必须用直读式仪器进行测量，许多比较式仪器

（例如电桥、电位差计等），是将未知量与同类标准的量在仪器中进行比较，从而获得未知量的数值。虽然不能直接从仪器度盘上获得被测量的值，但因进行测量的对象就是被测量本身，所以仍属于直接测量。

直接测量法是通过测量后从仪器直接获得被测量的数值的方法。直接测量的优点是测量过程简单快速，它是一般测量中普遍采用的一种方式。

2. 间接测量

某未知量 y，当不能对它进行直接测量时，可以通过对与未知待测量 y 有确切函数关系的其他变量 x（或 n 个变量 $x_1, x_2, \cdots, x_n$）进行直接测量，然后再通过函数

$$y = f(x) \quad \text{或} \quad y = f(x_1, x_2, \cdots, x_n) \tag{1-13}$$

计算出待测量 y，这种测量称为间接测量。

例如，在直流电路中，电功率 P 的测量，可直接测出负载的电流 I 和电压 U，再根据功率 $P = IU$ 的函数关系，便可间接地求得负载消耗的电功率 P。虽然测量中间量 I 和 U 均采用了直读式仪器进行直接测量，但对待测量 P 来说，是通过间接测量获得的。又例如，测导线的电阻率 ρ，它与相关参数有下面的函数关系：$\rho = \dfrac{\pi d^2 R}{4l}$，则通过直接测量导线长度 l、导线直径 d、导线电阻 R 之后，由函数式计算得到 ρ，故 ρ 为间接测量。

间接测量比直接测量复杂费时，一般在直接测量很不方便、误差较大或缺乏直接测量的仪器等情况下才采用。尽管如此，间接测量在工程测量中是很有用的。例如，在遥测中的被测对象，运载火箭的轨道参数，或具有放射性物体的参数等，人们不可能或不适于对它们直接进行测量，只能在远离被测对象的地方进行间接测量。

3. 组合测量

组合测量是在一系列直接测量的基础上，通过对多次直接测量的组合，从获取的联立方程组求解，而获得测量结果的一种测量方法。

例如，设某一系统特性为 $y = \sum\limits_{i=0}^{n} a_i x^i = a_0 + a_1 x + a_2 x^2 + \cdots + a_n x^n$ \hfill (1-14)

欲测量系统的参数 a_i，可在系统输入端加入不同的标准输入值 $x_0, x_1, x_2, \cdots, x_m$，系统则有相应的输出响应值 $y_0, y_1, y_2, \cdots, y_m$。这样获得 $m+1$ 个方程组，则有

$$\begin{aligned} y_0 - (a_0 + a_1 x_0 + a_2 x_0^2 + \cdots + a_n x_0^n) &= 0 \\ y_1 - (a_0 + a_1 x_1 + a_2 x_1^2 + \cdots + a_n x_1^n) &= 0 \\ &\vdots \\ y_m - (a_0 + a_1 x_m + a_2 x_m^2 + \cdots + a_n x_m^n) &= 0 \end{aligned} \tag{1-15}$$

只要方程式的数量 m 等于或大于待求量的个数 n，可以求出各待求量 a_i 的数值，这种方法叫组合测量或联立测量。

例如，某一热敏电阻器的电阻值 R_t 与温度 t 间的关系为

$$R_t = R_{20} + \alpha(t-20) + \beta(t-20)^2 \tag{1-16}$$

式中，α、β 为电阻的温度系数；R_{20} 为电阻在 20℃ 时的阻值；t 为测量时的温度。

当 R_{20}、α、β 都为未知时，为了测出电阻的 α、β 与 R_{20} 值，采用改变测量温度的办法，可在三种温度 t_1、t_2 及 t_3 下，分别测得对应的电阻值 R_{t1}、R_{t2} 及 R_{t3}，然后代入式（1-16），得到一组联立方程，解此方程组后，便可求得 α、β 和 R_{20}。

根据所采用的测量方法不同，测量误差的数据处理方法也有所不同，可以分为直接测量

的数据处理、间接测量的数据处理和组合测量的数据处理。有关内容将在第2章的测量数据处理中讲述。

1.4.4 静态、稳态和动态测量

1. 静态测量、动态测量与稳态测量的基本概念

根据被测的物理量是否随时间变化,可将它们分成静态量和动态量。所谓静态量是指那些不随时间变化的(静止的)或随时间缓慢变化(准静态的)的物理量,对这类物理量的测量称之为静态测量;反之,动态量是指随时间不断变化的物理量,对它们的测量相应地称之为动态测量。在工程测量中常常遇到动态量的测量。例如,高层建筑承受大风的瞬时冲击力的监测;为确保安全飞行,对飞机航行中机翼摆动强度的动态力监测;火箭飞行中弹道轨迹和发动机的瞬时温度、爆发压力、燃料流量及推力的检测等均属动态量测量的例子。在工业自动化、农业现代化、军事工程、航天技术、资源探测、海洋开发、医疗诊断、环境监测等领域内,常常遇到瞬时温度、速度、动态流量、形变以及冲击加速度、爆发力等动态参数的测量。现代科学需要先进的动态测量技术,动态测量技术已广泛地应用于各个领域。

在自然界中,有一大类随时间变化的被测量,其变换规律是周期性的,且其性能是十分平稳的。对于这类处于稳态下的周期性交替变化的物理量的测量,称为稳态测量。

过去对信号和系统的研究和实验大多是在静态、准静态或稳态下进行的,其性能用静态或稳态的特性参数来描述。这对于观测快速变化的信号和系统的动态性能来说,静态或稳态测量技术已远远不能满足需要了。

现代动态测量技术不同于传统的静态、稳态测量技术,测量速度是首要考虑的问题。它要求实时地显示与记录某些信号和系统的动态变化过程,提取能描述其动态特性的动态特征参数。现代动态测量技术,包括高速信号采集、快速信号变换与传输、实时信号分析与处理等技术,实现快速地、实时地、准确地采集与记录相关的动态实验数据,并及时完成实验结果的分析与处理。

1)由于动态测量的被测对象是随时间不断变化的量,对测量系统的工作有严格的时限要求。必须掌握测量系统本身的动态响应特性和动态性能指标,通过动态数学模型研究,进行动态性能的测量、校准和补偿,以拓宽系统的频带,改善系统的动态特性。静态测量中重点分析测量数据的静态误差,而在动态测量中则要分析测量的动态误差。必须研究动态误差的产生,动态误差的修正和补偿,动态标定及其实验数据处理等。

2)静态、稳态测量时是不考虑时间变量的,而动态测量时必须考虑时间变量,输出信号与输入信号是瞬时值的对应关系,即要求输出信号波形不失真地复现输入波形。所以,从时域来观察信号和系统的动态性能,即时域测量方法是一个基本的方法。此外,对动态信号和动态系统的特性测量,也可在频域内进行,即测量信号的频谱和系统的频率响应。

2. 静态、稳态和动态测量的基本方法

静态、稳态和动态的概念,也可从电子测量中的激励信号的特征上来区分。在电子测量中,系统受到不同的信号激励时将处于不同的状态,因此,讨论系统诸量之间的关系就应该有不同的分析方法,并以此作为选用测量方法的依据。在电子技术中,最基本的电信号有五种类型:直流信号、正弦信号、脉冲信号、随机信号和数字信号。根据激励信号和系统状态的不同,电子测量技术可分为静态(直流)测量技术、稳态(交流)测量技术、动态(脉冲)测量技术、随机(噪声)测量技术和数字(逻辑)测量技术五大类。下面主要从测量

信号的变化特点上来阐述静态、稳态和动态测量。

(1) 静态（直流）测量技术

静态测量，是指被测量的值在测量期间被认为是恒定的测量。当被测对象的状态处于静止不变（或缓变）的状态下，测量系统对应于一个直流（或缓变）的输入激励信号。由于输入的被测量不随时间变化，测量系统也处于静止不变的状态，即使系统有惯性、时延、阻尼等也不起作用，此时测量原理、方法、手段最简单，测量过程不受时间限制，测量系统的输出与输入二者之间为简单的一一对应关系的静态特性。静态特性的测量是在最简单的静态或准静态下进行的，基本测量方法是量值的比较，而测量精度也最高。

(2) 稳态（交流）测量技术

稳态测量，是指被测量处于稳定的、周期性变化状态下所进行的测量。一个波形（幅度、频率和相位）恒定不变的周期性（正弦或非正弦）交流信号，可看成一个处于稳定状态的信号，对于这类信号的测量称为稳态测量。这种周期性的交流信号是电子测量的一个基本对象，故稳态测量俗称交流测量。事实上，电子计数器、交流电压表、通用示波器、采样示波器、外差式频谱仪等电子测量仪器，均只适宜测量这类处于稳定状态的周期性交流信号，而不适宜测量非周期性或单次瞬变信号。这类仪器测量出交流信号的频率、周期、相位、电压、波形、频谱等均属稳态量。稳态测量是电子测量中最常见、最大量的一种测量。

变化的电信号（最简单的周期性信号是正弦信号）激励下的被测系统，是处于稳态下的系统，然后观测在此激励下系统的输出响应，可以测线性系统的稳态参数，稳态参量是指系统的阻抗、增益或损耗、相移、群延迟和非线性失真度等，以激励信号的频率为变量对被测线性系统的输出响应进行测量，可在频域内研究被测系统的稳态参量随频率变化的情况。正弦测量必须待被测系统达到稳定状态时进行测量，亦是一种最常见的稳态测量。

稳态测量基本上不考虑时间，响应的读数及稳态参量均与时间无关，它可看成是准静态测量（静态测量也可看作信号频率为零（直流）的稳态测量，即可看作稳态测量的特例）。因此，对稳态参量不从时域上去研究，而是从频域上去研究它们随频率的变化情况。

(3) 动态（脉冲）测量技术

动态测量，是指为确定被测量的瞬时值，或被测量的值在测量期间随时间（或其他影响量）变化所进行的测量。自然界存在大量瞬变冲激的物理现象，如力学中的爆炸、冲击、碰撞等，电学中的放电、闪电、雷击等，对这类量进行测量，称为动态测量和瞬态测量，两者基于相同的测量技术，本书表述中不加以严格区分。动态或瞬态测量技术有两种对象：一种是测量有源量（信号），测量幅值随时间呈脉冲形或阶跃形变化（突变、瞬变）的电信号；另一种是测量无源量（系统），是以最典型的脉冲或阶跃信号作被测系统的激励，观察系统的输出响应（随时间的变化关系），即研究被测系统的动态或瞬态特性。无论是测量有源量或无源量，均是脉冲型的激励与响应，脉冲测量是一种动态测量。此外，它是以时间为变量对线性系统进行测量，也就是说，在时域内研究被测信号和系统的动态或瞬态响应情况，即非周期现象的测量常采用时域测量技术。

在研究动态或瞬态测量时，常用到实时测量技术。所谓实时测量，是指以高于被测量变化的测量速度，对随时间、空间变化的被测量，及时地采集所需的原始数据的测量。

3. 电子测量中常见的动态测量问题

在电子测量的时域测量和频域测量中，常见的动态信号有两种：①幅值随时间变化的信号；②频率随时间变化的信号。

第一种动态信号主要是指非周期的、幅值瞬变或跃变信号。这类信号的时域特征波形，只有数字存储示波器、动态信号采集系统等才适宜观测。至于常见的周期性信号，特别是正弦波信号，虽然信号值随时间是变化的，但它是周期性重复出现的，所以可以用稳态测量方法，即用普通的模拟示波器就能观测。第二种动态信号主要指正弦波扫频信号或频率瞬变的周期性信号。在频域测量中的扫频测量技术，使用的正弦扫频信号，是一种常见的动态信号，当被测系统（例如谐振回路）或者测量系统（例如外差式频谱仪）是一个窄带系统时，都应当充分考虑在扫频测量中的动态响应特性对测量结果的影响。

1.4.5 时域、频域及时频域测量

各种变化的被测量的特征，既可用幅度与时间的函数来描述，也可用幅度与频率的函数来描述。在电子测量中，观测变化的被测量的方法，相应地可划分为时域测量和频域测量两大类。此外，还有用频率与时间的函数来描述，所谓的时频域或调制域测量，其基本内容将在第3章中讨论，本节不再讨论。

1. 频域测量技术

频域测量是以获取被测信号和被测系统在频率领域的幅度特性和相位特性为目的的，采用测量被测对象的复数频率特性（包括幅度－频率特性和相位－频率特性）的方法，以得到信号的频谱和系统的频率响应函数。

在频域测量技术中，无论是分析信号的频谱成分还是测量系统的频率响应，常常是基于正弦波测量技术。由于正弦信号只需用三个参量（频率、幅度、相位）表示，所以讨论的问题十分简单，同时，正弦信号具有波形不受线性系统的影响的特点，在用正弦信号激励线性系统时，系统内的所有电压和电流都是具有同一频率的正弦波，只是彼此之间的幅度和相位可能有所差别。测量一个系统的响应，只需要测量响应的幅度和相位，需要测量的参数也较少，易于实现。而分析一个复杂的信号，根据傅里叶理论，它也可以用许多不同频率、幅度和相位的正弦信号成分来表示。因此，正弦测量技术是出现最早、使用最普遍的传统经典测量技术。在频域测量中，正弦测量必须待被测系统达到稳定状态时进行测量，故正弦测量是一种稳态测量。

正弦测量有两种基本方法：

（1）正弦波点频法

它在指定测量的频段内按预定的频率间隔逐点地改变测量信号频率，即输出一个固定频率，并在这个频点上完成一次测量，然后再改变成下一个频率，在新的频点再进行一次测量，这样逐点地测得数据，直到完成指定频段内的测量。点频法是经典的、手动式的测量方法。

（2）正弦波扫频法

它在测量频段内，使测量的正弦信号的频率随时间按一定规律（例如频率随时间线性变化）扫动，即实现信号频率自动扫描。被测系统在扫频（无间隔的点频）信号的激励下，其输出响应的幅度是与被测系统幅频特性对应变化的包络信号，检测并显示这个包络信号，即获得被测系统的幅频特性。扫频法具有简捷、直观、快速、自动的优点，它在频域测量中得到了广泛应用。

频域测量的主要对象是频谱和网络的测量。频谱分析仪是频域测量中的一种极为重要的仪器，它能对信号进行频谱分析，并广泛用于测量信号电平、频率和频率响应、谐波失真、

互调失真、频率稳定度、频谱纯度、调制指数和衰减量等。此外，正弦波测量技术进行网络分析时，可以测量一个系统的灵敏度、增益、衰减、阻抗、无失真输出功率、谐波分析、延迟失真、噪声系数、幅频特性和相频特性等多种参数。网络分析仪是这类测量仪器的典型代表。

2. 时域测量技术

时域测量是以获取被测信号和系统在时间领域的特性为目的，采用测量被测对象的幅度-时间响应特性的方法，以得到信号波形和系统的瞬态响应（阶跃响应或冲激响应）。

在时域测量中，信号波形的采集和分析、系统瞬态特性的测量和分析是最根本的任务，常用的测试信号和待测信号是脉冲及阶跃信号，因而也把时域测量称为脉冲测量。时域测量是研究信号随时间变化和分析一个系统的瞬态过程的重要手段。

在时域内，表征信号和系统的主要动态参量有上升时间 t_r、下降时间 t_d、冲量 δ 和平顶下降 Δ 等。由于实际的任何线性系统都存在着惯性，因而在时间上输出响应的幅度往往跟不上输入激励的变化，使输出响应的建立有一个过渡过程。一个系统的上升时间的大小，反映了该系统的惯性大小。系统惯性越小，输出响应的幅度越能跟随输入幅度的快速变化，即动态性能好。从频域的观点来看，系统惯性小就是系统的高频传递性能好。系统响应的冲量是由于系统存在振荡回路引起的，如果振荡回路的阻尼较小，将引起输出信号的严重失真。一个系统的平顶下降 Δ 的大小，在频域中反映了该系统的低通能力，Δ 越小，低通能力越强。所以，动态特性也可通过频域测量结果来描述。

时域测量的优点在于，通过观察时域特性来调整被测系统时，能比频域测量更直接、更快速地获得瞬态响应。在某些系统中，不同的元器件可能对瞬变响应产生不同的影响，故观测和分析瞬态响应就可以重新调节这些元器件的数值，或者判断出有缺陷的元器件。另外，还能很方便地觉察到系统输出信号出现的过冲现象。

持续时间极短的单脉冲或上升时间足够快的阶跃信号，频谱相当丰富，具有近于连续的频谱。如果用这样的单个脉冲或单次阶跃函数作激励信号，可以向被测系统提供几乎全部频谱，有可能对被测系统作出全面的描述。它相当于包含了频域测量（正弦波测量）中几乎所有的频率。

周期性的方波或脉冲波只包含基波和各次谐波的频率成分，没有连续平滑的频谱。如果用这种信号激励被测系统，要观察基频以下的低频响应和两次谐波频率之间的细节，都是不可能的。如要观察系统的低频段细节，必须使方波或脉冲列的各谐波频率分量尽可能地密集，即脉冲重复频率足够低。低频方波和阶跃函数的频谱低端有较大的能量，能清晰地显示出被测系统中与低频截止有关的现象。对于宽频带系统来说，又要同时测量到系统的高端的截止频率时，必须使用宽度很窄的脉冲信号；但过窄脉冲不能保证具有足够的低频分量，故必须尽量地加大脉冲幅度。然而，脉冲幅度过大会超出系统的线性范围（引起过载）。被测系统的频带越宽，这一矛盾越突出。

3. 频域测量和时域测量比较

频域测量和时域测量是测量信号和系统性能的两种方法，是从两个不同的角度去观测同一个被测对象，其结果应该是一致的。从理论上讲，时域函数的傅里叶变换就是频域函数，而频域函数的傅里叶逆变换也就是时域函数。频域分析和时域分析是能互译的。

为了解决不同问题，需要掌握信号的不同特征。例如，评定电动机振动强度，需用振动幅度的均方值作判据，若在时域测量中获得振动幅度的采样值，能很快求得均方值；而欲寻找振源时，则需掌握振动信号的频率成分，这就要采用频域测量。

从时域测量观点来看，时域波形直观，对复杂信号的认识十分快速方便。从频域测量观点来看，频谱能细致表现信号的结构，且测量精确度高。随着计算机技术的发展，使用采样测量技术，获得系统响应的离散时间函数，然后利用计算机的高速运算功能，通过离散傅里叶变换，直接将时域测量结果转换为频域结果，可同时快速地获得时域和频域两种特性，这是现代电子测量技术的一个重要方法。

另一方面，在频域和时域测量技术中，激励信号不同，检测响应的仪器结构原理也大不一样，两者各有特点而又各有不足的地方。例如，外差式扫频频谱分析仪不能反映被测信号的相位，对于一个含有基波和二次谐波的信号，仅能测量出它的基波和二次谐波的振幅，对于各自的相位关系则一无所知。然而，在电子示波器显示的合成时域波形图上，却能一目了然地看出二次谐波相对基波相位移动而产生的波形变化。

然而，频谱分析仪却能精确测量各谐波振幅，从而计算出非线性失真度；而示波器要进行准确定量的测量是比较困难的，对非线性失真度低于 10% 以下信号的测量就更困难了。又例如，虽然脉冲测量技术速度快，但对过载（器件饱和或截止）而引起的失真则难于发现。因为是脉冲激励，在过载的情况下，系统输出波形仍可能是十分理想的脉冲图形。此时，若用正弦测量技术，则输出响应的失真是很容易发现的。但正弦测量技术中，要以频率为变量在一个指定的频率范围内（多个频率点上）进行测量，如果用点频法变换信号频率，要在状态稳定下测量，测量周期长、速度慢，在精密测试中尤其如此。

1.4.6 模拟量测量和数字量测量

1. 模拟量和数字量

电子测量中的被测量，就其表现形式来看，可以划分为模拟量和数字量两种。模拟量的表示形式是"连续的"，数字量的表现形式是"不连续的"（离散的）。因此，在电子测量中所遇到的电信号，也就有模拟信号和数字信号的区别。模拟信号指时间上和幅值上均是连续变化的信号，常见的正弦信号便是一个典型的模拟信号。数字信号则是时间上离散而且幅值上也离散（已被量化）的信号，它可以用一串脉冲或状态（0 或 1）序列来表示。

模拟量和数字量之间可以相互转换，即模拟量（模拟信号）转换成数字量（数字信号），称为模-数转换（A-D 转换）；或者数字量（数字信号）转换成模拟量（模拟信号），称为数-模转换（D-A 转换）。A-D 转换主要包括采样、量化、编码等过程；反之，D-A 转换主要包括解码、滤波等过程。

2. 模拟量的测量技术

模拟量的测量分为模拟式测量技术和数字式测量技术两大类。

（1）模拟式测量技术

电子测量中的被测量，绝大多数为模拟量。模拟量的模拟式测量技术采用模拟变换技术，把输入的一种模拟量变换成另一种模拟量，或者直接采用模拟比较技术，即一个待测模拟量和一个已知模拟量进行比较，来获得测量结果。而测量结果也是从模拟显示器上读得，即根据指针在刻盘上所指示的位置，或者电子射线在荧光屏上的偏转距离来读出。指针或电子射线的偏转量，本身也是连续变化的模拟量。由此可见，在模拟测量过程中，采集、存储、变换、传输、处理、输出的各种量均是模拟量或模拟信号。

(2) 数字式测量技术

数字式或数字化测量技术则是基于数字技术来完成对模拟量的测量。它利用数字电路的各种逻辑功能，诸如数字计数、存储、比较、运算、逻辑判别、时序控制等，实现数字化测量。数字式测量仪器中传输、变换、控制、处理及输出的信号均为数字信号。然而绝大多数的输入被测量为模拟量，所以实现数字测量的一个先决条件，是将被测模拟量转换成数字量。

数字式测量仪器主要包括信号调理电路、A-D 转换器、控制逻辑电路和数字显示器等部件，如图 1-25 所示。信号调理电路把被测量变换成为一个幅值适当的量；A-D 转换器将调理后的模拟量转换成数字量，并将数字结果送往显示器进行数字显示；数字逻辑控制电路完成整机工作过程的控制。

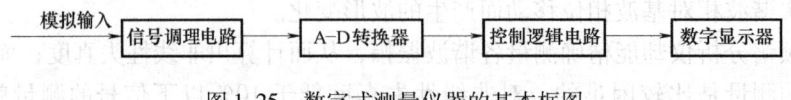

图 1-25　数字式测量仪器的基本框图

A-D 转换器是任何一台数字式仪器不可缺少的关键部件。一般来说，数字测量的分辨力和精度主要取决于 A-D 转换器。

3. 数字量的测量技术

(1) 数字量测量的基本概念

数字量测量技术又称数据域测量技术，它是一门研究对数字系统进行高效故障寻迹的科学。和传统的模拟量测量技术一样，数字量测量技术仍然是从研究被测系统的激励 - 响应关系出发，测量被测系统的工作性能。所不同的是，在数字式测量技术中，被测量的对象是数字逻辑电路或工作于数字状态下的数字系统，其激励信号不是正弦信号之类的模拟信号，而是二进制码的数字信号。

数据域测量的目标有两个：一是确定系统中是否存在故障，称为合格/失效测试，或称故障诊断；二是确定故障的位置，称为故障定位。

(2) 数字系统测量的基本方法

对数字系统进行测量的基本方法是，在输入端加激励信号，观察由此产生的输出响应，并与预期的正确结果进行比较，一致则表示系统正常；不一致则表示系统有故障。一般有穷举测量法、结构测量法、功能测量法和随机测量法。

穷举测量法是对输入的全部组合进行测量。如果对所有的输入信号，输出的逻辑关系是正确的，则判断数字电路是正常的，否则就是错误的。穷举测量法的优点是能检测出所有故障，缺点是测量时间和测量次数随输入端数 n 的增加呈指数增加，需加 2^n 组不同的输入才能对系统进行完全测量。显然当 n 较大时，穷举测量法是行不通的。

解决的办法是从系统的逻辑结构出发，考虑可能发生哪些故障，然后针对这些特定故障生成测量码，并通过故障模型计算每个测量码的故障覆盖，直到所考虑的故障都被覆盖为止，这就是结构测量技术。结构测量法针对故障，是最常用的方法。

功能测量不检测数字电路内每条信号线的故障，只验证被测电路的功能，因而较易实现。目前，LSI、VLSI 电路的测量大都采用功能测量，对微处理器、存储器等的测量也可采用功能测量法。

随机测量法采用随机测量矢量产生电路，随机地产生可能的组合数据流，将此数据流加到被测电路中，然后对输出进行比较，根据比较结果，可知被测电路是否正常。随机测量法不能完全覆盖故障，只能用于要求不高的场合。

数据域的测量一般分为三个阶段进行：测量生成、测量评价和测量实施。

测量生成阶段产生满足故障覆盖要求的测量图形或测量码；测量评价阶段评价产生的测量图形的有效性；测量实施阶段则利用测量仪把测量码加到实际的被测电路中，同时检测电路响应，通过分析和比较给出测量结果。

（3）数字系统的测量系统

图 1-26 为 LSI 测量系统的简化框图。

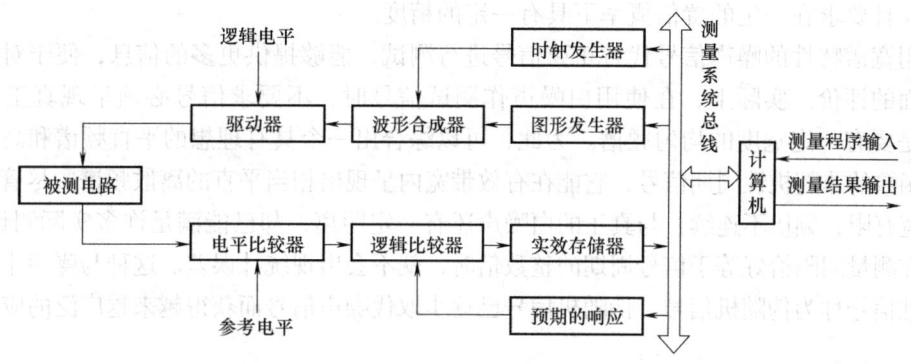

图 1-26　LSI 测量系统的简化框图

利用该系统进行测量的过程如下：首先由输入设备输入测量程序，计算机将测量条件经测量系统总线送往各测量部件；图形发生器按程序要求产生测量图形；测量图形和时钟脉冲一起送到波形合成器，形成所需时序的测量信号并加到驱动器，使之放大到被测电路需要的电平值；放大后的信号加到被测电路，使其输出响应在电平比较器中与参考电平进行比较；然后再与预期的响应进行逻辑比较得到的实效数据存入实效存储器内，由计算机进行分析处理，最后输出测量结果。

数据域测量的主要设备有逻辑笔和逻辑夹、逻辑分析仪、特征分析仪、激励仪器、微机及数字系统故障诊断仪、在线仿真仪、数据图形产生器、微型计算机开发系统等。

1.4.7　随机测量技术

随机测量技术是认识含有不确定性的事物的重要手段。不确定性广泛存在于万事万物中。一方面，由于人们对事物内部细微结构的复杂性的认识不断深化，研究的对象不断从宏观进入微观，被描述的事物也很难用几个简单变量来确定其运动状态，因而，认识总是带有统计的性质。另一方面，事物总生存于一定环境之中，要受到各种外界因素的干扰，这些干扰也使事物运动存在着不确定性。总之，用统计的观点去研究客观事物带有越来越普遍的意义。

最普遍存在、最典型的随机信号是各类噪声。所以随机测量技术又称为噪声测量技术。由于噪声是一种与时间因素有关的随机变量，对噪声的研究使用概率统计方法，故又把这类测量称为统计测量技术。它主要包括下述三个内容：

1）噪声信号统计特性的测量，如时域中的均值、方均根值，频域中的频谱密度函数、功率谱密度函数等。

2）将已知特性的噪声作激励源对被测系统进行统计性测量，研究被测系统的特性。

3) 在背景噪声信号不可忽略时对信号、特别是微弱信号的精确测量。

噪声信号的种类很多，通常是按概率密度和功率谱密度的形状来分类。其中最重要的是高斯噪声和白噪声。具有钟形分布的噪声称为高斯噪声；在所有频率下（理论上应为 $-\infty<\omega<\infty$）具有等功率密度的噪声称为白噪声。

噪声的测量属于统计量的测量。一个系统的噪声电平常用噪声系数来表征。由于噪声是随机产生，频带很宽，而实际测量系统的频带有限，测试时间也有限，故使噪声测量的结果存在一个统计误差。此外，一切量值的测量精度和灵敏度，最终都要受到被测对象和测量仪器的背景噪声的限制。在雷达、宇航、卫星通信等技术中，要从背景噪声中把有用信号检测出来，而且要求在一定的置信概率下具有一定的精度。

利用宽谱特性的噪声信号代替正弦信号进行测试，能够提供更多的信息，便于对系统作出更全面的评价。实际上，在使用白噪声作测试信号时，不要求信号必须呈现真正的随机性，而是要有一定宽度的均匀频谱。为此，可以综合出一个具有理想的平直频谱和高斯型概率密度函数的非随机性周期信号，它能在有效带宽内呈现出相当平直的离散频谱。尽管这样的信号带宽有限，频谱不连续，与真正的白噪声还有一定距离，却已能满足许多实际测量需要。特别是在测量间隔恰好等于信号周期的整数倍时，就不会出现统计误差。这种与噪声十分相似的周期性信号称为伪随机信号。伪随机信号已逐步取代噪声信号而获得越来越广泛的应用。

1.5 本书的体系结构及学习要点

1.5.1 本书的体系结构

电子测量包含的内容十分广泛，被测电信号和电系统的参数种类繁多，本书从电子测量的基本对象——信号和系统的属性出发，即从有源量和无源量出发，把电子测量的内容划分成信号测量和系统测量两大部分，构成了如图 1-27 所示的体系结构。

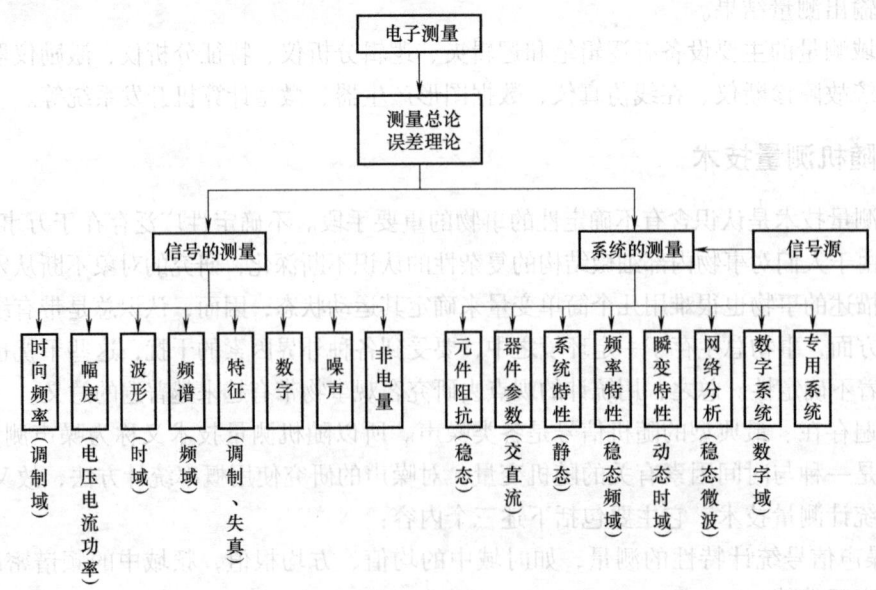

图 1-27　电子测量的体系结构

（1）信号的测量

信号的特性参量为常见的有源量，主要包含信号时频（周期与时间、频率与波长）测量、信号幅值（电压、电流和功率）测量、信号波形（时域）测量、信号频谱（频域）测量和数字逻辑信号测量。此外，还有信号特征参数、噪声信号和非电量信号等测量，鉴于篇幅，这部分内容本书不做讨论。

（2）系统的测量

系统的特性参数为常见的无源量，所以系统测量必须用信号源。系统测量主要包括元件阻抗参数（电阻、电感、电容、损耗、品质等）、器件（半导体分立器件、模拟集成运放和数字集成逻辑芯片）参数和功能的测量，系统静态特性曲线及其参数的测量，电路频率特性（稳态）、系统特性（动态）测量，网络参数（稳态）测量和数字系统（数域）测量等。

1.5.2 本书的学习要点

读者在学习有关各种参数测量时，可从原理、方法和技术几个方面去把握其要点。

（1）测量原理

本书涉及的各章内容中，对被测参数的测量，均采用比较测量的原理，它们可分成间接比较和直接比较两种测量原理，例如，频率、电压、阻抗等各章的内容中，均有基于间接比较和直接比较两种原理的测量技术及仪器。建议读者可结合各章的具体内容来深入理解电子测量原理。

（2）测量方法

本书关于各种参量的测量方法中，根据被测信号的属性和系统在测量时所处的状态，从静态、稳态和动态的观点，用时域、频域和时频域的方法，理解所采用的各种测量方法的内涵。例如，电压、阻抗等参量测量中，根据激励信号的不同，即为直流、交流（正弦）和脉冲（阶跃）信号源，分别采用静态、稳态和动态测量方法。又如，模拟示波器和数字示波器均属时域测试仪器，但前者适宜周期性稳态信号的测量，后者不仅适用于稳态信号，且也适用于非周期性动态信号的测量。外差式频谱仪和 FFT 分析仪均是频域测试仪器，但前者仅适宜对周期性的稳态信号进行非实时分析，后者则可对瞬变的动态信号进行实时分析。

（3）测量技术

各类参数早期采用模拟式测量技术，随着科学技术的发展，目前广泛采用了数字式测量技术，仪器实现了数字化。例如，频率、电压、阻抗、波形等参数，全面实现了数字化测量，并且出现了数字频率计、数字多用表、数字式阻抗仪、数字示波器、数字合成信号源等数字化仪器，它们的性能指标，或是性价比均优于模拟式仪器，并且有取代传统模拟式仪器的趋势，所以重点应当掌握各类参数的数字式测量技术，同时，书中也介绍了各种传统的模拟式测量技术，使读者能拓宽思路，对各类参数的测量技术有全面系统的了解。

本 章 小 结

科学的进步和生产的发展，与测量理论、技术、手段的进步和发展相互依赖、相互促进。测量技术水平表征了一个历史时期、一个国家的科学技术水平。"没有测量，就没有科学"，也就没有现代文明。

电子测量是指利用电子科学技术手段对信号与系统进行的测量，它是测量学和电子学的结晶，它处于信息源头的地位，是电子信息科学技术十分重要且发展迅速的一个分支。

计量是为了保证量值的统一和准确一致的一种测量，即是一种特殊的测量。它具有统一性、准确性和法制性三个主要特征。计量是测量的基础和依据，测量又是计量联系实际应用的重要途径。测量和计量是相辅相成的。

广义地说，测量是研究信息获取的科学，它包括信息的感知和识别。感知的实质是信息载体的转换，把被测对象的有关信息，变换成了用某种物理量形式表现的信号。传感器技术是信息感知技术的典型代表，它把各种类型的非电信息转换成了电信号。识别是通过对感知出的信号的分析比较，从信号中提取出有关信息，因而，测量主体获得了对被测对象的定性和定量的认识。通过识别，特别是在识别中通过测量主体的加工处理，可把从测量中获取的语法信息上升为语义信息甚至语用信息。识别通常是在电信号领域内进行的，电子科学技术是信号识别的最有力的工具。

狭义地说，测量是为了确定被测对象的量值而进行的比较。比较可采用直接的或间接的方法进行。直接比较是用一个比较装置把被测量与同类标准量进行比较。实行直接比较的装置，如同天平一样，应具有平衡对称的差动结构和指示平衡（无差异）的检测功能。如果比较装置处于两者无差异的平衡状态，则可从标准量得到被测量值的大小。间接比较首先是把被测量经过一系列变换，最终变成为一个测量主体感官能有效感知（可见的）和识别的（可理解的）可用量；然后再把标准量也经过一系列完全相同的变换，获得同样的可用量。如果两者经历完全相同的变换过程之后，最终显示出的可用量相等，则标准量之值即为被测量之值。

各种参数的变换、比较、处理和显示技术是实现测量的基本技术。

变换技术是间接比较的基础，测量中的变换可分为非电-电、电-电和电-非电三类子变换。本章重点讨论第二类子变换，即电量与电量之间的变换，包括电信号的量值、频率、波形、参量等变换技术。这些电量变换器在间接测量中的作用，如同弹簧秤中实现机械量之间变换的弹簧一样。各种电参量的变换器是电量的"弹簧"。

两个同类量之间的比较器技术是直接比较的基础。如同用天平对重量进行直接比较一样，对某类电量的直接比较，也需要该类电量的"电天平"（比较器）。本章系统地介绍了电压、阻抗、频率（时间）、相位等基本电量的比较器，它们是实现电量直接比较的基本功能部件，是直接比较测量的基础。

电子测量中的信号处理技术，采用各种模拟运算电路和数字逻辑运算电路，特别是应用微型计算机软件进行的数字信号处理，在电子测量中获得了广泛的应用，它在测量智能化、虚拟化中的应用越来越广泛。

本章根据电子测量的基本对象——信号与系统的特点，系统地阐述了电子测量的基本方法。为了测量有源的电参量和无源的电参量，可分别采用有源测量和无源测量方法；为了实现对各种类型物理量的测量，可采用直接测量、间接测量和组合测量方法；根据信号随时间变化的特点，相应地有静态、稳态和动态测量；当需要了解被测对象的时域或频域特性时，可采用时域、频域测量；对模拟量和数字量的测量，分别有模拟式测量技术、数字式测量技术和数据域测量技术。各种测量方法适用于各种不同的被测对象或不同的测量要求，它们各有其应用范围和技术特点。本书各章节内容的安排，考虑被测对象的基本特征，划分为信号的测量和系统的测量两大部分。信号的测量包括信号的频率、幅度、波形和频谱等基本特征参量的测量；系统的测量包括元器件、电路与系统性能参数的测量，即各种基本电参量

（电压、频率、阻抗）的静态（直流）或稳态（交流）测量，时域测量（时间、波形测量）、频域测量（信号频谱和网络分析）、数字式测量（模拟信号和系统）、数据域测量（数字信号和系统）等。

思考与练习

1-1 简述测量的重要性。
1-2 试述测量的定义。什么是量值？"一组操作"的含义是什么？
1-3 测量的组成要素是什么？它们在测量中有何作用？
1-4 什么是计量？它有何重要性？计量与测量的关系如何？
1-5 试述标准的定义和分类，标准有何特点？
1-6 测量标准是如何传递的？简述量值溯源体系的组成。
1-7 为什么说电子测量技术是测量技术发展中的一个重要标志？
1-8 试述电子测量的主要特点。
1-9 为什么说能把电子测量归结为对电信号和电系统的测量？其主要内容有哪些？
1-10 测量的量值比较方法有哪些？间接比较法和直接比较法各有何特点？
1-11 间接比较测量的含义是什么？它的基本结构是什么？采用的基本技术方法是什么？试举例说明。
1-12 直接比较测量的含义是什么？直接比较的基本结构有哪些？请举例说明之。
1-13 试说明变换技术在测量中的作用，电子测量中通常使用了哪些变换技术？
1-14 试说明比较技术在测量中的作用，比较有哪些类型？电子测量中常用了哪些比较技术？
1-15 信息的含义是什么？什么是全信息？
1-16 信息获取的过程如何？它包括哪些基本过程？
1-17 试述信息感知的原理？信息感知的依据是什么？它在信息获取过程中的作用如何？
1-18 试从信息感知的意义、作用，分析说明传感器在测量中的重要地位。
1-19 试述信息识别的原理。识别的基本技术有哪些？它们的作用如何？
1-20 举例说明测量信息获取的基本过程包含了哪些基本环节，各环节完成了哪些功能？
1-21 试述信息处理在测量中的重要性，测量中常用到哪些信号处理技术？
1-22 怎样划分被测对象的有源和无源？试举例说明之。
1-23 信号有何特点？作为被测对象，如何对它进行分类？
1-24 试述系统的基本概念，作为被测对象，如何对它进行分类？
1-25 什么是主动式测量系统与被动式测量系统？
1-26 什么叫直接测量、间接测量和组合测量，请举例说明之。
1-27 什么是频域测量？它的基本内容和测量方法是什么？
1-28 什么是时域测量？它的基本内容和测量方法是什么？
1-29 试比较频域和时域测量的特点。
1-30 简述静态、稳态和动态测量的基本概念。它们各自采用什么方法和仪器？为什么要重视动态测量？
1-31 什么是静态、稳态和动态信号和系统？请举例说明之。
1-32 数字式（数字化）测量技术和数据域测量技术的测量对象是什么？它们的基本内容和测量方法是什么？

第 2 章　测量误差、测量数据处理和测量不确定度

2.1　测量误差

2.1.1　测量误差概述

1. 测量误差的基本概念

（1）测量误差的定义、研究的意义和目的

1）测量误差的定义。人们在进行测量时，常借助各式各样的仪器设备、按一定的方法、在一定的环境条件下通过测量人员的操作，得出被测量的量值。由于在测量过程中各种因素的影响，例如，测量器具的不准确，测量对象的不稳定，测量方法的不完善，测量环境的不理想，测量人员素质和经验的局限等，使所得测量结果与被测对象的真实量值（真值）不一致，存在一定的差值，这个差值就是测量误差。

2）研究的意义。实践证明，测量误差是客观存在的。测量误差自始至终存在于一切测量过程之中，有测量必存在误差，这是人们普遍认可的误差公理。随着测量科学技术的发展，可以使测量误差越来越小，但使其等于零是不可能的。测量误差虽然是不可避免的，但又是可以控制的。测量误差必须加以控制，因为误差未受控制，对误差大小不了解，或者误差超过了一定的限度，那么，该项测量工作及其测量结果将失去意义，不但没有利用价值，甚至带来危害。

显然，测量误差的存在会影响人们对客观事物认识的准确性，为此有必要对测量误差进行深入的研究，以寻求尽量减小测量误差的方法并准确判断测量结果的可靠程度。因此，无论在理论上还是在实践中，研究测量误差都有现实的意义。

3）研究的目的。学习本章的目的在于：

① 正确认识误差的性质，分析产生误差的原因，寻求减少产生误差的途径。

② 正确处理实验数据，合理选择计算方法，以便获得更准确、更可靠的测量结果。

③ 优化设计测量方案，合理选择测量条件、测量方法和测量仪器，从而能够尽量在较经济的条件下，得到预期的测量结果。

（2）测量误差的来源

从上一章 1.1.1 节中关于测量基本要素的讨论中不难看出，测量误差来自以下五个方面：

1）仪器误差。仪器误差是由于测量仪器及其附件的设计、制造、检定等环节不完善，以及仪器使用过程中的老化、磨损、疲劳等因素而使仪器带来的误差。例如，仪器仪表的零点漂移、刻度的不准确和非线性，以及数字仪器的量化误差等都属于仪器误差。

2）影响误差。影响误差是指由于各种环境因素（温度、湿度、振动、电源电压、电磁场等）与测量要求的条件不一致而引起的误差。影响误差常用影响量来表征。所谓影响量，

是指除了被测量的量以外，凡是对测量结果有影响的量，即测量系统输入信号中的非被测量值信息的参量。

3) 理论误差和方法误差。由于测量原理带来的（如数字化测量的量化误差），或者由于测量计算公式的近似，致使测量结果出现的误差称为理论误差。由于测量方法的不合理（如用低输入阻抗的电压表去测量高阻抗电路上的电压）而造成的误差称为方法误差。这类误差通常以系统误差的形式出现。

4) 人身误差。人身误差是由于测量人员感官的分辨能力、反应速度、视觉疲劳、固有习惯、缺乏责任心等原因，而在测量过程中使用操作不当、现象判断出错或数据读取疏失等引起的误差。

5) 测量对象变化误差。测量过程中由于测量对象本身的变化而使得测量值不准确，如引起动态误差等。

2. 测量误差的表示方法

在测量领域，某给定特定量（确定的、特殊的、规定的量）的测量误差，根据其表示方法不同，可分为绝对误差、相对误差和引用误差等。

（1）绝对误差

1) 绝对误差的定义。绝对误差 Δx 定义为，由测量所获得的结果减去被测量的真值。即

$$\Delta x = x - A_0 \tag{2-1}$$

式中，x 为测量所获得的结果，即由测量所得到的赋予被测量的值，如测得值、示值、标准量具的标称值、标准信号源的标定值、计算近似值等测量结果；A_0 为真值（如理论真值、约定真值）。

2) 真值 A_0。真值是与给定的特定量定义一致的值。对于测量而言，人们把一个量本身所具有的真实大小认为是被测量的真值。在一定的时间和空间条件下，某被测量的真值是客观存在的确定数值。真值虽然客观存在，但要通过测量来获得被测量的真值都是极其困难的。当对某一量的测量不完善时，通常就不能获得真值。因为只有"当某量被完善地确定并能排除所有测量上的缺陷时，通过测量所得到的量值"才是量的真值。完善的测量是不可能的，一般说来，真值不可能确切获知，它是一个理想的概念。

3) 约定真值 A。严格地说，真值虽然不能确切地获知，然而，在某些情况下，人们约定俗成，把某些相对意义上来说接近于真值的值，用于替代真值，因此是可知的。从实用的角度，真值获知的形式有：

理论真值： 理论真值往往在定义和公式表达中给出。如，平面三角形内角和为 180°，四边形内角和是 360°等。理论真值仅在个别情况下获知。

约定真值 A（相对真值）：指对于给定目的具有适当不确定度的、赋予特定量的值，有时该值是约定采用的。在实际测量中，通常用下列量值作为约定真值。

① 被测量的实际值：例如，某砝码名义上标注为 1kg，标定的实际值为 1.002kg。可把 1.002kg 当作约定真值。

② 已修正过的多次测量的算术平均值：误差理论指出，在通过修正后已排除系统误差的前提下，当测量次数足够多时，测量结果的算术平均值很接近于真值，因而可将它视为被测量的真值，即可作为约定真值。

与绝对误差的绝对值大小相等，但符号相反的量值，称为修正值，用 C 表示，$C = -\Delta x =$

$A-x$,测量仪器的修正值可以通过上一级标准的校准给出。由于修正值也含有误差,故测得值在修正之后,仍然不是真值。在日常测量中,利用某仪器的修正值 C 和该已测仪器的示值 x,可求得被测量的实际值为

$$A = x + C \tag{2-2}$$

③ 计量标准器具所复现的量值:高一级标准器具允许误差为低一级标准器具或普通计量仪器(被测对象)允许误差的 1/10~1/3 时,高一级标准器具所复现的量值可作为约定真值。

④ 计量学约定真值:尽管约定真值的"真"是相对的,本身存在一定的不确定度。然而,正是我们承认了约定真值的可知性,使得在计量学中实际应用成为可能。此时,约定真值与真值之差对特定的目的来说,可忽略不计。

【例2-1】 标称值为 10g 的二等标准砝码,经检定其实际值为 10.003g,该砝码的标称值的绝对误差为多少?

解:$\Delta x = x - A = (10 - 10.003)g = -0.003g = -3mg$

量具(砝码、标准电池、标准电阻等)的标称值,也就是其示值 x。约定真值 A 就是砝码实际值 10.003g。Δx 也表示 10g 砝码示值误差为 $-3mg$。

【例2-2】 用 2.5 级电压表测量某电压值为 1.60V,用另一只 0.2 级精密电压表测得电压值为 1.593V,求该电压值的绝对误差。

解:$\Delta x = x - A = (1.60 - 1.593)V = 0.007V$

x 为 2.5 级电压表所指示的数值 1.60V;实际电压只有 1.593V(在 0.2 级标准表上读得为约定真值 A),故 Δx 为 0.007V。

4)绝对误差的特点。

① 绝对误差有单位,其单位与测得结果相同。

② 绝对误差有大小(值)和符号(±),表示测量结果偏离真值的程度和方向。

③ 绝对误差不是对某一被测量而言,而是对该量的某一给出值来讲。如:砝码的误差为 0.002g(错误);10g 砝码的误差(或示值误差)为 0.002g(正确)。

(2)相对误差

对于同种量,如果给出量值相同,用绝对误差就足以评定其准确的程度。例如,两个测量示值均为 10V 的电压,其示值误差一个是 0.01V,另一个是 0.02V,显然,前者绝对误差小,准确度高;后者绝对误差大,准确度低。然而,对于不同给出量值,用绝对误差难以比较它们准确度的高低。例如,有两个电压,其示值误差都是 0.01V,如果它们的测量示值分别为 5V、50V,则尽管误差相同,但对 5V 电压而言,该绝对误差占给出值的 0.02%,对 50V 电压而言,仅占了 0.002%。很明显后者的准确度高。因此,为了评价测量的准确度,反映其测量品质的优劣,有必要引入误差率即相对误差的概念。

1)相对误差的定义。相对误差(γ)定义为绝对误差与被测量的真值(或约定真值)之比。即

$$\gamma = \frac{\Delta x}{A_0} = \frac{\Delta x}{A} \tag{2-3}$$

式中,A_0(或 A)不为零,且 Δx 与 A_0(或 A)的单位相同,故相对误差 γ 无量纲。

示值相对误差定义为绝对误差与被测量的示值之比。即

$$\gamma_x = \frac{\Delta x}{x} \tag{2-4}$$

相对误差一般用百分数（%）表示，也可表示为数量级 $a \times 10^{-n}$ 的形式。

【例2-3】 有一测量范围为 0~20V 的电压表，在示值为 10V 处，其实际值为 10.20V，则该电压表示值 10V 处的相对误差为

$$\gamma = \frac{10.00V - 10.20V}{10.20V} \approx \frac{10.00V - 10.20V}{10V} = -2\% \text{（或} -2 \times 10^{-2}\text{）}$$

2) 相对误差的特点。

① 相对误差表示的是给出值所含有的误差率；绝对误差表示的是给出值减去真值所得的量值。

② 相对误差只有大小和正负号，而无计量单位（无量纲量）；而绝对误差不仅有大小、正负号，还有计量单位。

(3) 引用误差

实际工作中，不难发现，在仪表的一个量程的分度线内，当绝对误差保持不变，相对误差将随着被测量的量值减小而增大，即各个分度线上的相对误差是不一致的。为了便于划分这类仪表的准确度级别，取某一被测量的量值为特定值。这个特定值一般称为引用值。由此引出引用误差的概念。

1) 引用误差的定义。引用误差（γ_N）是计量仪器的绝对误差与其特定值（x_N）之比，即

$$\gamma_N = \frac{\Delta x}{x_N} \tag{2-5}$$

特定值 x_N，也称为引用值，它可以是测量仪器的量程（量程为测量范围的上限值与下限值之差）或标称范围的最高值（或上限值）。

通常引用值取为满量程，即 $x_N = x_m = x_{max} - x_{min}$。这样，引用误差又叫满度相对误差 $\gamma_m = \frac{\Delta x}{x_m}$，由于仪表测量范围内，各点测量的绝对误差 Δx 可能是不相同的，取绝对误差的绝对值最大者 $|\Delta x|_{max} = \Delta x_m$，则得最大引用满度相对误差，简称引用误差。

$$\gamma_m = \frac{|\Delta x_{max}|}{x_{max} - x_{min}} = \frac{\Delta x_m}{x_m} \tag{2-6}$$

引用误差 γ_N 一般用百分数（%）表示，也可以用 $a \times 10^{-n}$ 表示，引用相对误差是一种简化计算和方便使用的相对误差。对于某一确定的仪器仪表，它的最大引用相对误差也是确定的，即在该量程内的所有测量点的绝对误差 Δx_i 满足 $|\Delta x_i| \leq \Delta x_m = \gamma_m |x_{max} - x_{min}|$，这就为计算和划分仪器的准确度等级提供了方便。

2) 引用误差的应用。引用相对误差在实际测量中具有重要意义，其主要用途有：

① 标定仪表的准确度等级。

我国电工仪表的准确度等级就是按满度相对误差 γ_m 之值进行划分的，γ_m 是仪表在工作条件下不应超过的最大引用相对误差，它反映了该仪表的综合误差大小。我国电工仪表准确度等级共分七级：0.1, 0.2, 0.5, 1.0, 1.5, 2.5, 5.0，见表 2-1。如仪表为 S 级，则其最大引用误差为 $S\%$，即最大引用误差区间为 [$-S\%$, $S\%$]，简写为 $\pm S\%$。

表2-1 电子仪表准确度等级

等 级	0.1	0.2	0.5	1.0	1.5	2.5	5.0
$\pm S\%$	0.1%	0.2%	0.5%	1.0%	1.5%	2.5%	5.0%

【例 2-4】 某电流表的量程为 100mA，在量程内用待定表和标准表测量几个电流的读数见表 2-2。试根据表中测量数据大致标定该仪表的准确度等级。

表 2-2 例 2-4 的电流表读数

待定表读数 x/mA	0.1	20.0	40.0	60.0	80.0	100.0
标准表读数 A/mA	0.0	20.3	39.5	61.2	78.0	99.0
绝对误差 Δx/mA	0.1	-0.3	0.5	-1.2	2.0	1.0

解： 由 $\Delta x = x - A$ 计算出各点的 Δx_i，见表 2-2。因为 $\Delta x_m = 80\text{mA} - 78\text{mA} = 2\text{mA}$ 且 $x_m = 100\text{mA}$，由式 (2-6) 求得该表的最大满度相对误差为

$$\gamma_m = \frac{\Delta x_m}{x_m} \times 100\% = \frac{2}{100} \times 100\% = 2\%$$

所以该表大致可定为 2.5 级表。当然，在实际中，标定一个仪表的准确度等级是需要通过大量的测量数据并经过一定的计算和分析后才能完成的。

② 检定仪表是否合格。

【例 2-5】 检定一个 1.5 级 100mA 的电流表，发现在 50mA 处的误差最大，为 1.4mA，其他刻度处误差均小于 1.4mA，问这块电流表是否合格？

解： 由式 (2-6) 求得该表的最大满度相对误差为

$$\gamma_m = \frac{\Delta I_m}{I_m} \times 100\% = \frac{1.4}{100} \times 100\% = 1.4\% < 1.5\%$$

所以这块表是合格的。实际中，要判断该电流表是否合格，应在整个量程内取足够的点进行检定。

③ 合理地选择多量程仪表的量程。由式 (2-6) 可知，满度相对误差实际上给出了仪表各量程内绝对误差的最大值，即

$$\Delta x_m = \gamma_m x_m \tag{2-7}$$

若某仪表的等级是 S 级，那么测量的最大绝对误差通常取

$$\Delta x_m = x_m \cdot S\% \tag{2-8}$$

一般来讲，测量仪器在同一量程不同示值处的绝对误差实际上未必处处相等，但对使用者来讲，在没有修正值可以利用的情况下，只能按最坏的情况来处理，即认为仪器在同一量程各处的绝对误差是个常数且等于 Δx_m，这种处理叫做误差的整量化。

由式 (2-4) 和式 (2-8) 可知，测量的最大示值相对误差为

$$\gamma_{x\max} = \frac{\Delta x_m}{x} = \frac{x_m}{x} S\% \tag{2-9}$$

由式 (2-8) 可知，当一个仪表的等级 S 确定后，测量中的最大绝对误差与所选仪表量程的上限 x_m 成正比。在测量中，量程的选择总是要满足 $x \leq x_m$，但所选仪表量程的满刻度值不应比测量值 x 大太多。由式 (2-9) 知，因 $x \leq x_m$，可见当仪表 S 选定后，x 越接近 x_m 时，测量中相对误差的最大值越小，测量越准确。因此，在用多量程仪表测量时，应合理地选择量程，一般情况下应尽量使被测量的示值在仪表满刻度的三分之二以上 $\left(x > \frac{2}{3} x_m\right)$。

【例 2-6】 某 1.0 级电流表，测量范围为 0 ~ 100mA，求测量值分别为 $x_1 = 100\text{mA}$，$x_2 = 80\text{mA}$，$x_3 = 20\text{mA}$ 时的绝对误差和示值相对误差。

解： 由式 (2-8) 得最大绝对误差为

$$\Delta x_m = x_m \cdot S\% = (100 - 0) \times (\pm 1.0\%) = \pm 1\text{mA}$$

前面说过，绝对误差是不随测量值改变而变化的。$\Delta x = \Delta x_m = \pm 1\text{mA}$。而测得值分别为 100mA、80mA、

20mA 时的示值相对误差是各不相同的,分别为

$$\gamma_{x1} = \frac{\Delta x_m}{x_1} \times 100\% = \frac{\pm 1}{100} \times 100\% = \pm 1\%$$

$$\gamma_{x2} = \frac{\Delta x_m}{x_2} \times 100\% = \frac{\pm 1}{80} \times 100\% = \pm 1.25\%$$

$$\gamma_{x3} = \frac{\Delta x_m}{x_3} \times 100\% = \frac{\pm 1}{20} \times 100\% = \pm 5\%$$

可见,在同一量程内,测得值越小,示值相对误差越大。由此可知,测量结果的准确度通常低于所用仪表的准确度。只有在示值与满度值相同时,二者才相等。

④ 合理选择仪表的准确等级。

在选用仪表时,不要单纯追求仪表的级别,而是要根据被测量的大小,兼顾仪表的级别和测量上限,合理地选择仪表。

【例 2-7】 欲测量一个 10V 左右的电压,现有两块电压表,其中一块量程为 100V、1.0 级,另一块量程为 15V、2.5 级,问选用哪一块表好?

解:用 1.0 级量程为 100V 的电压表测量 10V 电压时,最大相对误差为

$$\gamma_1 = \frac{\Delta x_{m1}}{x} \times S_1\% = \frac{100}{10} \times 1.0\% = 10\%$$

用 2.5 级量程为 15V 的电压表测量 10V 电压时,最大相对误差为

$$\gamma_2 = \frac{\Delta x_{m2}}{x} \times S_2\% = \frac{15}{10} \times 2.5\% = 3.75\%$$

计算表明,测量 10V 电压后者的误差小于前者,所以应选用 2.5 级量程为 15V 的电压表。由此说明,如果选择合适的量程,即使使用较低等级的仪表进行测量,也可以取得比高等级仪表高的准确度。

3. 测量误差的分类及影响

(1) 测量误差的分类

根据测量误差的性质,测量误差可分为系统误差、随机误差、粗大误差三类。

1) 系统误差。系统误差是指在同一测量条件(指同样测量环境、人员、技术和仪器)下,多次重复测量同一量时(等精度测量),测量误差的绝对值和符号都保持不变,或在测量条件改变时按一定规律变化的误差,称为系统误差,简称系差。前者为恒值系差,后者为变值系差。例如零位误差属于恒值系差,测量值随温度的变化而产生的误差属于变值系差。

系统误差是由固定不变的或按确定规律变化的因素造成的,这些因素主要有:

① 测量仪器方面:设计原理的缺点,零件制造偏差和安装不当,电路和元器件性能不稳定,刻度偏差及零点漂移等。

② 环境方面:实际测量环境条件(温度、湿度、大气压、电磁场和电源电压等)与仪器要求的条件不一致,测量过程中温度、湿度等按一定规律变化等。

③ 测量方法:采用近似的测量方法或近似的计算公式等。

④ 测量人员方面:由于测量人员的个人特点,在刻度上估计读数时,习惯偏于某一方向;动态测量时,记录快速变化信号有滞后的倾向。

在我国新制订的国家计量技术规范(JJF 1001—1998《通用计量术语及定义》)中,参照并采用了 1993 年几个国际权威组织提出的系统误差(ε)的定义是:在重复性条件下,对同一被测量进行无限多次测量所得结果 $x_1, x_2, \cdots, x_n (n \to \infty)$ 的平均值 $\bar{x}_\infty$(数学期望)与被测量的真值 A_0 之差。即

$$\varepsilon = \bar{x}_\infty - A_0 \tag{2-10}$$

式中
$$\bar{x}_\infty = \frac{x_1 + x_2 + \cdots + x_n}{n} = \frac{1}{n}\sum_{i=1}^{n} x_i \quad (n \to \infty) \tag{2-11}$$

式（2-10）表明，在去掉随机因素（随机误差）的影响后，即按式（2-11）进行平均之后，平均值 $\bar{x}_\infty$ 偏离真值 A_0 的大小就是系统误差，即系统误差表明了一个测量结果偏离真值或实际值的程度。系差越小，测量就越正确。所以，系统误差经常用来表征测量准确度的高低。

需要说明的是，由于上述技术规范定义中的测量是在重复性条件下进行的，即测量条件不改变，故这里的 ε 是定值系统误差。此外重复测量实际上只能进行有限次（无限多次测量一般做不到），测量的真值也只能用约定真值代替，所以式（2-10）表达的是一个理想的定义，实际中的系统误差也只是一个近似的估计值。

2）随机误差。随机误差是指在同一测量条件下，多次重复测量同一量值时（等精度测量），每次测量误差的绝对值和符号都以不可预知的方式变化的误差，称为随机误差或偶然误差，简称随差。

随机误差主要是由对测量值影响微小但却互不相关的大量因素共同造成的。这些因素主要是：①测量器具方面：仪器电路、元器件产生的噪声，零部件配合的不稳定，摩擦、接触不良等；②环境方面：温度的微小波动，湿度和气压的微量变化，光照强度变化，电源电压的无规则波动，电磁干扰、振动等；③测量人员方面：感官和操作的无规律的微小变化而造成读数呈现随机性的变化等。

在我国新制订的国家计量技术规范（JJF 1001—1998《通用计量术语及定义》）中，随机误差的定义是：随机误差（δ_i）是测量结果 x_i 与在重复性条件下，对同一被测量进行无限多次测量所得结果的平均值 $\bar{x}_\infty$（数学期望）之差。即

$$\delta_i = x_i - \bar{x}_\infty \tag{2-12}$$

随机误差是测量值与数学期望之差，它表明了测量结果的分散性，经常用来表征测量精密度的高低。随差越小，精密度越高。

因为在实际中测量次数有限，不可能进行无限多次测量，因此，实用中的随差只是一个近似的估计值。

3）粗大误差。在一定的测量条件下，测量值明显偏离实际值所形成的误差，称为粗大误差，简称粗差，又称疏失误差。产生粗差的原因有：

① 测量操作疏忽和失误：如测错、读错、记错以及实验条件未达到预定的要求而匆忙实验等。

② 测量方法不当或错误：如用普通万用表电压档直接测高内阻电源的开路电压，用普通万用表交流电压档测量高频交流信号的幅值等。

③ 测量环境条件的突然变化：如电源电压突然增高或降低，雷电干扰、机械冲击等引起测量仪器示值的剧烈变化等。这类变化虽然也带有随机性，同时带有奇异性，属于小概率事件，由于它造成的示值明显偏离实际值，因此将其列入粗差范畴。

测量中发现了粗大误差，含有粗差的测量值称为坏值或异常值，由于坏值不能反映被测量的真实情况，数据处理时应将其剔除。在剔除粗差后，这样要估计的误差就只有系统误差和随机误差两类。在任何一次测量中，系统误差和随机误差一般都是同时存在的，而且两者之间并不存在绝对的界限。系差和随差之间在一定条件下是可以相互转化的，对某一具体误差，在 A 场合下为系差，而在 B 场合下可能为随差，反之亦然。例如，尺子的刻度误差，

对于批量制造的尺子来说是随机误差,但将其中一把尺子作为标准去测量某长度时,则刻度误差就会产生测量结果的系统误差。由于人们对误差来源及其变化规律认识不足或受测试条件所限时,就有可能把以往认识不到的某项系统误差归为随机误差;反之,也可能把随机误差当成系统误差。掌握误差的性质和特点很重要,因为不同类型的误差要采取不同的处理方法。

(2) 测量误差对测量结果的影响

1) 正确度、精密度和准确度。由测量误差的性质讨论可知,系统误差是一种固有误差,表明了一个测量结果偏离实际的程度。在误差理论中,一般用正确度来表示系统误差的大小。系统误差越小,则正确度越高,即测量值与实际值符合的程度越高。

随机误差具有单峰性和对称性,在多次测量时,它的测量值虽呈现分散而不确定,但总是分布在平均值附近。测量值的分散程度表明了测量的精密程度,表明了测量的重现性能。因此用精密度来表示随机误差的影响。精密度越高,表示随机误差越小。

准确度用来反映系统误差和随机误差的综合影响。准确度越高,表示正确度和精密度都高,意味着系统误差和随机误差都小。准确度表明了在同一条件下用同一方法对同一被测量进行多次测量时各测量值的复现程度。数值越集中,复现度则越高。

正确度、精密度与准确度的概念也可用图 2-1 所示的射击打靶的实例来说明。子弹着靶点有三种情况:图 2-1a 为系统误差小,随机误差大,即正确度高,精密度低;图 2-1b 为系统误差大,随机误差小,即正确度低,精密度高;图 2-1c 为系统误差和随机误差都小,即准确度高。

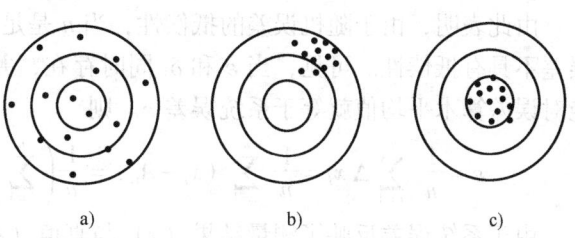

图 2-1 射击误差示意图

2) 各类误差对测量结果的综合影响。系统误差、随机误差和粗大误差三者同时存在的情况下,其分布情况可用图 2-2 所示的数轴图来表示。图中 A_0 表示真值,小黑点表示各次测量值 x_i,$\bar{x}$ 表示 x_i 的平均值,δ_i 表示随机误差,ε 表示系统误差,x_k 表示粗大误差产生的坏值,它远离平均值($\bar{x}$ 远离真值 A_0)。

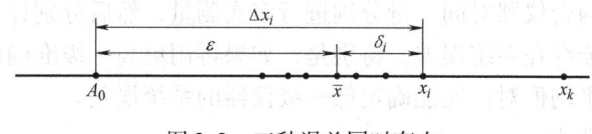

图 2-2 三种误差同时存在

在处理测量数据时,首先必须剔除坏值,因为坏值将严重影响平均值(测量结果)。这样要考虑的误差就只有系统误差和随机误差。这时,将式(2-10)和式(2-12)等号两边相加,得

$$\varepsilon + \delta_i = (\bar{x}_\infty - A_0) + (x_i - \bar{x}_\infty) = x_i - A_0 = \Delta x_i$$

各次测量值的绝对误差等于系统误差和随机误差的代数和。

如果系统误差和随机误差都较小,测量值就会接近于真值 A_0,测量的准确度越高。在《通用计量术语及定义》(JJF 1001—1998)中,测量准确度的定义为:"测量结果与被测量的真值的一致程度"。准确度高,表示正确度和精密度均高,意味着系统误差和随机误差都小。由于真值难于获得,故准确度是一个定性概念。

2.1.2 系统误差的分析和处理

1. 系统误差的特征

从系统误差的起因和来源可知,系统误差具有如下特征:

1)确定性:系统误差是一个确定的(非随机性质的)函数,它是固定不变的,或服从确定的函数规律变化的,其变化规律有线性变化的、周期变化的和复杂规律变化的等几种。

2)重现性:在测量条件完全相同时,重复测量时系统误差可以重复出现。

3)不具抵偿性:在多次重复测量同一量值时,各次测量出现的系统误差不具有抵偿性。

4)可修正性:由于系统误差的确定性和重现性,就决定了它的可修正性。

实际测量中,系统误差和随机误差同时存在,测量误差为 $\Delta x_i = \varepsilon + \delta_i$。在多次重复测量时,当测量次数 n 足够大时,并考虑到系统误差不变的情况下,Δx_i 的算术平均值为

$$\frac{1}{n}\sum_{i=1}^{n}\Delta x_i = \frac{1}{n}\left(n\varepsilon + \sum_{i=1}^{n}\delta_i\right) = \varepsilon \tag{2-13}$$

由此表明,由于随机误差的抵偿性,当 n 是足够大时,δ_i 的算术平均值趋于 0,而系统误差不具有抵偿性。可见,当 ε 和 δ_i 同时存在,并在重复测量次数 n 足够大时,各次测量绝对误差算术平均值就等于系统误差 ε。则

$$\varepsilon = \frac{1}{n}\sum_{i=1}^{n}\Delta x_i = \frac{1}{n}\sum_{i=1}^{n}(x_i - A_0) = \frac{1}{n}\left(\sum_{i=1}^{n}x_i - nA_0\right) = \frac{1}{n}\sum_{i=1}^{n}x_i - A_0 = \bar{x} - A_0 \tag{2-14}$$

由于系统误差反映了测量结果 ($\bar{x}$) 与真值 (A_0) 之间存在的固定误差,有时又不容易被发现,所以更要重视研究系统误差。

2. 系统误差的发现方法

(1) 不变的系统误差

常用校准的方法来检查恒定系统误差是否存在,通常用标准仪器或标准装置来发现并确定恒定系统误差的数值,或依据仪器说明书上的修正值,对测量结果进行修正。

还可用实验比对法来判断是否存在不变的系统误差,即改变产生系统误差的条件进行不同的测量。例如,用两台仪器对同一量分别进行多次测量,然后分别计算平均值,若两个平均值相差较大,则可能存在系统误差。特别是,如果再用更高一级准确度等级的测量仪表进行同样的测试,通过平均值对比便能确定低一级仪器的系统误差。

(2) 变化的系统误差

1) 残差观察法。残差定义为测量值与 n 次测量值的算术平均值之差,$v_i = x_i - \bar{x}$。因为真值通常不可得,所以在计算时以算术平均值来代替真值,以残差 v 来代替真误差。

残差观察法是将所测得的数据及其残差 v_i 按测得的先后次序列表或作图,观察各数据的残差值的大小和符号的变化情况,从而判断是否存在变值系统误差及其变化规律。但此方法只适用于系统误差比随机误差大的情况,如图 2-3 所示。图中表示出了几种不同类型的系统误差。

2) 残差核算法。当系统误差比随机误差小时,如图 2-3a 所示,就不能通过观察来发现系统误差,此时就要通过一些判断准则对残差进行核算来发现系统误差。这些判断准则实质是检验误差的分布是否偏离正态分布,常用的有马利科夫判据和阿贝 – 赫梅特判据。

① 马利科夫判据。它是判别有无累进性系统误差的常用方法。把 n 个等精度测量值所

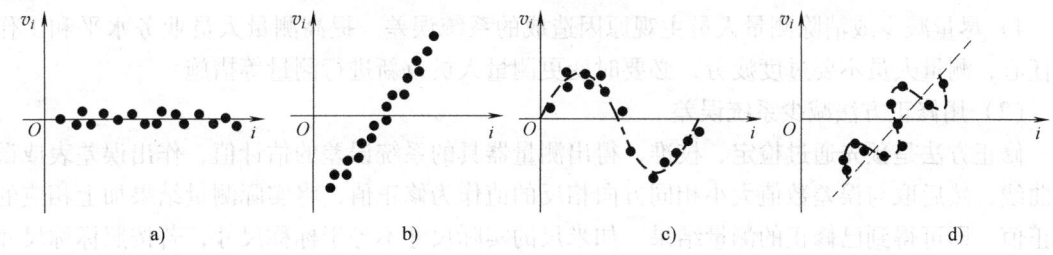

图 2-3 残差观察法

a) 无明显系数误差 b) 存在线性变化误差 c) 存在周期性误差 d) 同时存在线性及周期性误差

对应的残差按测量先后顺序排列,把残差分成两部分求和,再求其差值 D。测量次数 n 有可能是偶数,也有可能是奇数。

当 n 为偶数时,$$D = \sum_{i=1}^{n/2} \nu_i - \sum_{i=n/2+1}^{n} \nu_i$$

当 n 为奇数时,$$D = \sum_{i=1}^{(n+1)/2} \nu_i - \sum_{i=(n+1)/2}^{n} \nu_i \tag{2-15}$$

若测量中含有累进性系差,则前后两部分残差和明显不同,D 值应明显异于零。所以马利科夫判据为:若 D 近似等于零,则上述测量数据中不含累进性系差,若 D 明显地不等于零(与 ν_i 值相当或更大),则说明上述测量数据中存在累进性系差。

② 阿贝－赫梅特判据。通常用此判据来检验周期性系差的存在。判断的基本思路是,如果存在周期性系差,相邻两个残差的符号应基本相同;否则,相邻两个残差的符号应是随机的。此判据的方法是首先把测量数据按测量顺序排列好,求出对应的残差,依次两两相乘,然后求其和的绝对值,再与此列数据求出的标准方差相比较,得

$$\left| \sum_{i=1}^{n-1} \nu_i \nu_{i+1} \right| > \sqrt{n-1} \cdot s^2 \tag{2-16}$$

若式(2-16)成立,则可认为测量中存在周期性系统误差。进行判断时应注意的是,应在排除累进性系差后,只有周期性系差是测量的主要误差来源时,该判据才有效。标准方差计算见本章后面式(2-39)。

对于存在变值系差的测量数据,原则上应舍弃不用。但其剩余误差的最大值明显地小于测量允许的误差范围或仪器规定的系统误差范围,其测量数据可以考虑使用。若连续测量,需密切注意误差变化情况。

3. 系统误差的削弱或消除方法

(1) 从产生系统误差根源上采取措施

测量仪器、测量方法或原理、测量环境以及测量人员等都可能造成系统误差。测量前,应尽量发现并消除产生系统误差的来源,或设法防止测量受这些误差来源的影响,这是消除或减弱系统误差最根本的方法。

1) 在测量中,测量原理和测量方法应当正确。

2) 所选用仪器仪表的准确度、应用范围等必须满足使用要求,必须对测量仪器定期检定和校准,注意仪器的正确使用条件和方法。

3) 注意周围环境对测量的影响,特别是温度的影响,精密测量要采取恒温、散热、空调等措施。为避免周围电磁场及振动的有害影响,必要时可采用屏蔽或减振措施。

4）尽量减少或消除测量人员主观原因造成的系统误差。提高测量人员业务水平和工作责任心，测量人员不要过度疲劳，必要时变更测量人员重新进行测量等措施。

（2）用修正方法减少系统误差

修正方法是预先通过检定、校准，得出测量器具的系统误差的估计值，作出误差表或误差曲线，然后取与误差数值大小相同方向相反的值作为修正值，将实际测量结果加上相应的修正值，即可得到已修正的测量结果。如米尺的实际尺寸不等于标称尺寸，若按照标称尺寸使用，就要产生系统误差。因此，应按经过检定得到的尺寸校准值（将标称尺寸加上修正值）使用，即可减少系统误差。值得注意的是，修正不可能很理想完善，修正值本身也有误差，因此系统误差不可能完全消除。

（3）采用一些专门的测量方法

1）替代法。替代法又称置换法，它在测量条件不变的情况下，用一已知的标准量去替代未知的被测量，通过调整标准量而保持替代前后仪器的示值不变，于是标准量的值等于被测量。图 2-4 是替代法的测量原理，如果用一个可变标准量 s 替代被测量 x 后，使仪器指针的偏转与 x 的偏转相同，则 $x = S$。由于替代前后整个测量系统及仪器的示值均未改变，因此测量中仪器的系统误差对测量结果不产生影响，测量准确度主要取决于标准已知量的准确度及仪器指示的灵敏度。

2）交换法。通过交换被测量和标准量的位置，从前后两次换位测量结果的处理中，削弱或消除系统误差。利用此方法可以检查仪器系统本身的某些误差，它特别适用于平衡对称结构的测量装置，并通过交换法可检查其对称性是否良好。

交换法原理如图 2-5 所示。测量步骤如下：

① 当开关置于"1"位置时，调节标准量 s 为 s_1，使指示为零，则有 $K_1 x = K_2 s_1$；

② 当开关置于"2"位置时，调节标准量 s 为 s_2，使指示为零，则有 $K_2 x = K_1 s_2$；

③ 上面两式相乘、开方有

$$x = \sqrt{s_1 s_2} \approx \frac{1}{2}(s_1 + s_2) \tag{2-17}$$

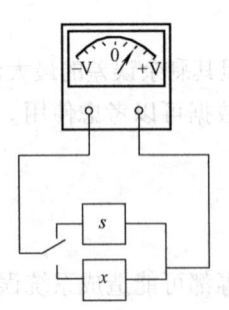
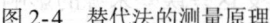
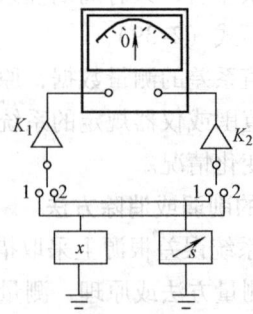

图 2-4　替代法的测量原理　　　　图 2-5　交换法测量原理——参数测量

式（2-17）表明，交换法消除了前置变换电路的变换系数 K_1、K_2 误差对测量结果的影响。

3）零示法。将被测量与已知标准量相比较，当二者的效应互相抵消时，指零仪器示值为 0，达到平衡，这时已知量的数值就是被测量的数值。电位差计是采用零示法的典型例子。

图 2-6 是电位差计的原理电路。E_B 是稳定的标准电源，E_x 是被测电源，R_B 是标准电阻，A 是平衡指示器（常用检流计）。调节 R_1 和 R_2 的电阻分压值，使 $I_A = 0$，则被测量为

$$U_x = U_B = \frac{R_2}{R_B} E_B \tag{2-18}$$

零示法的优点是：①在测量过程中只需判断电流计 A 有无电流，不需要读数。因此只要求它具有足够的灵敏度，而对测量的准确度没有太高的要求。②在测量回路中没有电流，导线上无电压降，因此误差很小。

零示法的测量准确度主要取决于标准量，需要稳定而准确的直流电源 E_B 及标准电位器 R_B。可见，零示法是减小测量误差的一种较好的方法。

4）微差法。将被测量 x 与标准量 B 比较时，只要求二者接近，而不必完全抵消，其差值 δ 可由小量程电压表测出，如图 2-7 所示。设 $x > B$，其微差量 $\delta = x - B$，或被测量 $x = \delta + B$。

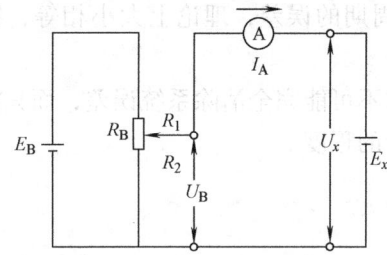

图 2-6 电位差计的原理电路

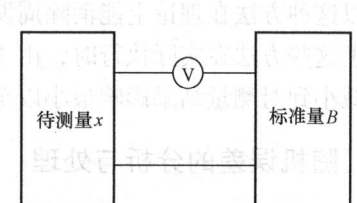

图 2-7 微差法原理框图

绝对误差 $Dx = DB + D\delta$

相对误差 $\dfrac{\Delta x}{x} = \dfrac{\Delta B}{x} + \dfrac{\Delta \delta}{x} = \dfrac{\Delta B}{B+\delta} + \dfrac{\delta}{B+\delta} \dfrac{\Delta \delta}{\delta}$

因为 $B + \delta \approx B$，并令 $\gamma_\delta = \dfrac{\Delta \delta}{\delta}$，得

$$\gamma_x = \frac{\Delta x}{x} \approx \frac{\Delta B}{B} + \gamma_\delta \frac{\delta}{B} \tag{2-19}$$

式中，$\dfrac{\Delta B}{B}$ 为已知标准量的相对误差，很小；γ_δ 为测微差值所用电压表 V 的示值相对误差；$\dfrac{\delta}{B}$ 为微差与标准量之比，称为相对微差。由于 $\delta \ll B$，故相对微差 $\dfrac{\delta}{B}$ 很小，由式（2-19）可见，将 $\dfrac{\delta}{B}$ 与仪表的误差 γ_δ 相乘，使 γ_δ 对测量误差 γ_x 的影响大大减弱。测量误差 γ_x 主要由标准量的相对误差 $\dfrac{\Delta B}{B}$ 决定。

由于标准量不需与被测量完全抵消，在测量过程中标准量不必仔细地调节，微差法比零示法更容易实现，而且仪表可以直接读数，比较直观。

【例 2-8】 用微差法测量 24V 直流稳压电源输出电压 U_o，其原理图如图 2-8 所示。图中电压表 V 用于测量 U_o 与 E_B 之间的微差电压，E_B 为标准直流电压源，调节其输出 $E_B = 24V$，准确度为 ±0.1%，由于 U_o 接近 E_B 时，选用量程为 0.1V 准

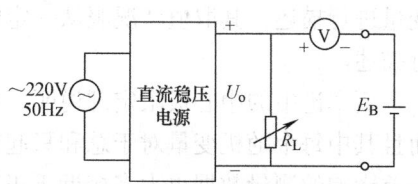

图 2-8 用微差法测量直流稳压电源输出电压的原理图

确度等级为 $S=2.5$ 的电压表 V。若用电压表测出微差电压 $U_\delta=0.05\text{V}$，由式（2-9）得出，电压表示值的相对误差为

$$\gamma_\delta = \pm S\% \times \frac{x_m}{x} = \pm 2.5\% \times \frac{0.1}{0.05} = 5\%$$

由式（2-19）求得测量值的相对误差为

$$\gamma_x = \frac{\Delta U_o}{U_o} \approx \frac{\Delta E}{E_B} + \gamma_\delta \frac{U_\delta}{E_B} = \pm \left(0.1\% + 5\% \times \frac{0.05\text{V}}{24\text{V}}\right) = \pm 0.11\%$$

可见，其误差主要取决于标准量 E_B 的准确度，而测量仪表所引起的误差很小（只有 $\pm 0.01\%$）。

5）对称测量法。对称测量法是减小线性系统误差的有效方法。被测量随时间的变化线性增加时，若选定整个测量时间范围内的某时刻为中点，则对称于此点的各对系统误差的算术平均值作为测量值，即可减小线性系统误差。

6）半周期法。对周期性误差，可以相隔半个周期进行一次测量，取二次读数的平均值，即可有效地减小周期性系统误差。因为相差半周期的误差，理论上大小相等，符号相反，所以这种方法在理论上能消除周期性误差。

以上这些方法在实际执行时，由于多种原因通常不可能完全消除系统误差，而只能将系统误差减小到对测量结果影响最小以至可以忽略不计的程度。

2.1.3 随机误差的分析与处理

1. 随机误差的统计特性

（1）随机误差的性质和特点

在测量中，测量误差往往由众多对测量影响微小而又互不相关的因素共同影响而产生，这些因素往往是无法避免和控制的，如外界条件（温度、湿度、气压、电源电压等）的微小波动，半导体内的量子噪声、电阻的热噪声、空间电磁场干扰、大地轻微振动、仪器零部件配合的不稳定性、测试人员感觉器官的各种无规律变化等。这些因素的数量非常多，每个因素所引起的误差又非常微小，这些微小的误差分量合在一起构成了测量的随机误差。

大量实验证明，随机误差服从以下统计特性：

1）对称性：绝对值相等的正误差与负误差出现的概率相同。
2）单峰性：绝对值小的误差比绝对值大的误差出现的概率大。
3）有界性：绝对值很大的误差出现的概率接近于零，即误差的绝对值不会超过一定界限。
4）抵偿性：当测量次数 $n\to\infty$ 时，全部误差的代数和趋向于零。

（2）随机误差的分布形式

随机误差是随机出现的，经过大量的测量之后，随机误差的分布服从概率统计规律，因此，对随机误差的分析以概率统计理论为基础。根据概率统计理论，随机误差可以利用随机变量进行描述，其取值状况服从一定的分布函数，各取值点概率可用一定的概率密度函数进行描述。

概率论中的中心极限定理说明，只要构成随机变量总和的各独立随机变量数目足够多，而且其中每个随机变量对于总和只起微小的作用，则可认为随机变量服从正态分布，受随机误差影响的测量数据也大多接近于正态分布。如果影响随机误差的因素较少或某项因素起明显作用，即不满足中心极限定理时，随机误差可能呈现非正态分布，如均匀分布、三角分布、t 分布、梯形分布及反正弦分布等。

1) 测量误差的正态分布。正态分布也就是高斯概率分布,是极为重要的函数。因为自然界非常多的随机现象都可用高斯概率密度的随机变量来表征。正态分布具有两大特点:一是正和负误差出现的概率相等,即概率分布曲线左右对称;二是大误差出现的概率小,小误差出现的概率大,概率分布曲线呈现"钟"形。随机误差(变量 δ)的正态分布函数式为

$$y = \varphi(\delta) = \frac{1}{\sigma\sqrt{2\pi}} e^{-\frac{\delta^2}{2\sigma^2}} \tag{2-20}$$

式中,σ 是随机变量的标准偏差(常数);$\delta = x - M(x)$ 是随机误差,等于测量值 x 与期望值 $M(x)$ 的偏差;期望值 $M(x)$ 是无穷多次 x 测量值的平均值。若把 $\delta = (x - M(x))$ 代入式(2-20),即可得出随机变量 x 的概率分布函数式为

$$y = \varphi(x) = \frac{1}{\sigma\sqrt{2\pi}} e^{-\frac{(x-M(x))^2}{2\sigma^2}} \tag{2-21}$$

式(2-20)和式(2-21)的函数曲线分布如图 2-9 所示,图 2-9b 是图 2-9a 中曲线向右平移 $M(x)$ 后的结果。

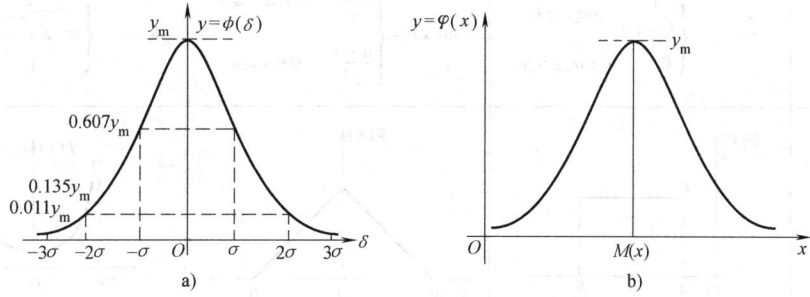

图 2-9 随机误差的正态分布曲线
a)随机误差的概率密度曲线 b)测量值的概率密度曲线

概率密度曲线下的面积是概率值。由于随机变量的所有量值出现概率的总和必然等于 1,所以分布曲线下的总面积等于 1。即

$$p\{-\infty \leq x \leq \infty\} = \int_{-\infty}^{\infty} \varphi(x) dx = 1 \tag{2-22}$$

可以证明正态分布的均值 $\bar{x}$ 和方差 $D(X)$ 分别为

$$\bar{x} = \int_{-\infty}^{\infty} x\varphi(x) dx = \int_{-\infty}^{\infty} x \frac{1}{\sigma\sqrt{2\pi}} e^{-\frac{(x-M(x))^2}{2\sigma^2}} dx = M(x) \tag{2-23}$$

$$D(X) = \int_{-\infty}^{\infty} (x - M(x))^2 \varphi(x) dx = \int_{-\infty}^{\infty} (x - M(x))^2 \frac{1}{\sigma\sqrt{2\pi}} e^{-\frac{(x-M(x))^2}{2\sigma^2}} dx = \sigma^2(x) \tag{2-24}$$

图 2-9 分布曲线的形状与标准偏差 σ 有关,因为概率密度曲线下的总面积是不变的,等于 1,在 σ 大时,曲线矮而胖;在 σ 小时,曲线高而瘦。前者表明误差的离散度大,测量的精密度较低;后者表明误差小而集中,测量的精密度较高。

在图 2-9a、b 中函数 y 的取值是,当 $\delta = 0$ 或 $x = M(x)$ 时,y 为最大值 $y_m = \frac{1}{\sigma\sqrt{2\pi}}$。容易证明,当 $\delta = \pm\sigma, \pm 2\sigma, \pm 3\sigma$ 时,函数 y 值分别等于 $0.607y_m$、$0.135y_m$、$0.011y_m$。

在误差处理中,通常只关心以其期望为中心左右对称的区间 $[M(x) - a, M(x) + a]$

内的取值概率，所以有

$$P\{M(x)-a\leq x\leq M(x)+a\} = \int_{M(x)-a}^{M(x)+a}\varphi(x)\mathrm{d}x = 2\int_{M(x)}^{M(x)+a}\varphi(x)\mathrm{d}x \tag{2-25}$$

对于期望为0的随机变量，式（2-25）变为

$$P\{-a\leq x\leq a\} = \int_{-a}^{a}\varphi(x)\mathrm{d}x = 2\int_{0}^{a}\varphi(x)\mathrm{d}x \tag{2-26}$$

2）测量误差的非正态分布。如果影响随机误差的因素较少或某项因素起明显作用，即不满足中心极限定理时，不满足正态分布，随机误差呈现非正态分布。常见的非正态分布有均匀分布、三角分布、反正弦分布等。其中均匀分布的应用仅次于正态分布。为节省篇幅，把这三种分布的概率密度函数、数学期望、标准偏差和适用条件列于表2-3中。可以看出，这三种分布都是有界的。

表2-3 几种常见非正态分布

分布类型	均匀分布	三角分布	反正弦分布
概率密度函数	$\phi(x)=\begin{cases}\dfrac{1}{b-a} & a\leq x\leq b \\ 0 & x<a, x>b\end{cases}$	$\phi(x)=\begin{cases}\dfrac{a+x}{a^2} & -a\leq x\leq 0 \\ \dfrac{a-x}{a^2} & 0\leq x\leq a\end{cases}$	$\phi(x)=\begin{cases}\dfrac{1}{\pi\sqrt{a^2-x^2}} & |x|\leq a \\ 0 & |x|>a\end{cases}$
概率密度曲线	（矩形分布曲线图，区间 $[a,b]$）	（三角形分布曲线图，区间 $[-a,a]$）	（反正弦分布曲线图，区间 $[-a,a]$）
数学期望	$\dfrac{a+b}{2}$（若 $a=-b$，则为0）	0	0
标准偏差	$\dfrac{b-a}{2\sqrt{3}}$（若 $a=-b$，则为 $\dfrac{b}{\sqrt{3}}$）	$\dfrac{a}{\sqrt{6}}$	$\dfrac{a}{\sqrt{2}}$
适用条件及应用举例	仪器中的刻度盘回差、调谐不准确及仪器最小分辨力引起的误差等；在测量数据处理中，"四舍五入"的截尾误差；当只能估计误差在某一范围 $\pm a$ 内，而不知其分布时，一般可假定该误差在 $\pm a$ 内均匀分布	两个具有相同误差限的均匀分布的误差之和，其分布服从三角分布。如在各种利用比较法的测量中，作两次相同条件下的测量，若每次测量的误差是均匀分布，那么两次测量的最后结果服从三角分布	若被测量 x 与一个量 θ 成正弦关系，即 $x=a\sin\theta$，而 θ 本身又是在 $0\sim2\pi$ 之间均匀分布的，那么 x 服从反正弦分布。如圆形刻度盘偏心而致的刻度误差，与具有随机相位的正弦信号有关的误差等

（3）随机误差的数字特征

表征随机误差分布特性的数值叫做随机误差的数字特征。

随机误差及其影响下的测量数据都服从一定的统计分布规律，并可以利用概率论和数理统计的方法研究其分布规律。但是在实际应用中，准确地确定概率密度函数是很困难的，而由于随机误差本身具有的特性，通常只需要某些数字特征即可说明该误差的基本状况。在大多数场合，这样的说明能够满足工程的需求。常用的数字特征包括数学期望（均值）、方差和标准偏差，它们分别表明了随机误差分布的某种特征信息。

1) 数学期望。

① 离散变量的数学期望。设测量值 X 为一个函数随机变量，其 m 个可能出现的离散的取值是 x_1, x_2, …, x_m，这些量值出现的概率分别为 p_1, p_2, …, p_m，如果重复测量次数 n 非常大（理论上 $n\to\infty$），则 x_1 值出现 $n_1(=np_1)$ 次，x_2 值出现 $n_2(=np_2)$ 次，x_m 出现 $n_m(=np_m)$ 次。于是，测量值 X 的数学期望 $M(x)$（或用 $\bar{x}_\infty$ 表示）为

$$M(x)=\frac{1}{n}(np_1x_1+np_2x_2+\cdots+np_mx_m)=\sum_{i=1}^m x_ip_i \quad \text{当 } n\to\infty \text{ 时} \qquad (2-27)$$

由概率论的贝努里定理可知：事件发生的频度 n_i/n 依概率收敛于事件发生的概率 p_i，即当测量次数 $n\to\infty$ 时，可以用事件发生的频度代替事件发生的概率。这时，被测量 X 的数学期望为

$$M(x)=\sum_{i=1}^m x_ip_i=\sum_{i=1}^m x_i\frac{n_i}{n} \quad \text{当 } n\to\infty \text{ 时} \qquad (2-28)$$

若不考虑测量值相同的情况，即当对一个被测量 X 进行 n 次等精度测量时，获得 n 个测试数据 $x_i(i=1, 2, \cdots, n, x_i$ 可相同），取得 x_i 的次数都计为 1，代入式 (2-28) 则可得被测量 X 的数学期望为

$$M(x)=\sum_{i=1}^n x_i\frac{1}{n}=\frac{1}{n}\sum_{i=1}^n x_i \quad \text{当 } n\to\infty \text{ 时} \qquad (2-29)$$

可见，被测量 X 的数学期望就是当测量次数 $n\to\infty$ 时，各次测量值的算术平均值 $\bar{x}_\infty$。

② 连续变量的数学期望。若测量值 X 为一个连续变量，即它的取值在区间内是连续的，这时由于可能的取值是无穷多个，对应于某个取值的概率趋近于零，因此需要用到概率密度的概念。该测量值 X 落在区间 $(x, x+\Delta x)$ 内的概率为 $p(x<X<x+\Delta x)$，当 Δx 趋近于零时，若 $p(x<X<x+\Delta x)$ 与 Δx 之比的极限存在，就把它称为测量值 X 在 x 点的概率密度，记为 $\varphi(x)$，即

$$\varphi(x)=\lim_{\Delta x\to 0}\frac{p(x<X<x+\Delta x)}{\Delta x}$$

则测量值 X 的数学期望为

$$M(x)=\sum_i x_i\varphi(x_i)\Delta x=\int_{-\infty}^{\infty}x\varphi(x)\mathrm{d}x \quad \text{当 } \Delta x\to 0 \text{ 时} \qquad (2-30)$$

比较数学期望的计算公式即式 (2-27) 和式 (2-30) 可见，测量值由离散值变为连续值时，只不过将多项求和变成积分，并将每种取值的概率 p_i 换成 $\varphi(x)\mathrm{d}x$，计算方法没有改变。

数学期望简称期望，它体现了随机变量的分布总是围绕着一定的中心。在随机误差的研究中，测量结果总是围绕着真值分布的，因此作为随机变量的测量结果，其期望就是被测量真值。在统计学中，期望与均值是同一个概念。而在误差理论中，由随机误差的抵偿性，对无穷多次重复测量的结果取平均值即可得到其期望值，也就是真值。当然，实际应用中无限多次测量是做不到的，因此测量结果的期望也只能是估计值。

③ 数学期望的性质。数学期望运算的简单性质见表 2-4。

2) 方差和标准差。

① 离散变量的方差。测量值的数学期望只反映了测量值平均的情况。但在实际测量中，还需要知道测量数据的离散程度，反映测量值的离散程度通常用测量值的方差 $\sigma^2(x)$ 来表示。

若离散值可能的取值数目为 m 种，当测量次数 $n\to\infty$ 时，第 i 种取值的概率为 p_i。这

时，测量值的方差定义 $D(x)$ 为

表2-4 数学期望的性质

序号	表达式	说明
1	$M(c) = c$	常数 c 的数学期望等于常数
2	$M(x+c) = M(x) + c$	随机变量与常数之和的数学期望，等于随机变量的数学期望与该常数之和
3	$M(cx) = cM(x)$	常数与随机变量之乘积的数学期望，等于该常数与随机变量数学期望之乘积
4	$M(x+y) = M(x) + M(y)$ $M(x_1 + x_2 + \cdots + x_n) = M(x_1) + M(x_2) + \cdots + M(x_n)$	两个（或有限多个）随机变量之和的数学期望，等于它的数学期望之和，而与随机变量之间独立与否无关
5	$M(xy) = M(x) \times M(y)$ $M(x_1 x_2 \cdots x_n) = M(x_1) \times M(x_2) \times \cdots \times M(x_n)$	两个（或有限多个）独立随机变量之积的数学期望，等于它们数学期望之积（注意各个随机变量之间应不相关）

$$D(x) = \sigma^2(x) = \sum_{i=1}^{m} [x_i - M(x)]^2 p_i \tag{2-31}$$

若每个测量值只得到一次，或者对每次测量结果单独统计，认为 n 次测量得到 n 个测量值，而不考虑这些测量值中有无相同的情况，当测量次数 $n \to \infty$ 时，用测量值出现的频率 $1/n$ 代替概率 p_i，则可得测量值的方差为

$$D(x) = \sigma^2(x) = \frac{1}{n} \sum_{i=1}^{n} [x_i - M(x)]^2 \quad \text{当} \ n \to \infty \ \text{时} \tag{2-32}$$

由式（2-31）及式（2-32）可见，测量值的方差用来描述测量值的离散程度。在两式中，不用 $[x_i - M(x)]$ 来进行平均，而取它的平方值来平均，这是因为取平方后再进行平均才不会使正负方向的误差相互抵消，以致不能判断离散的程度。同时采用平方后再平均的方法，能使个别较大的误差经过平方后在和式中占的比例更大，这就使方差对较大的误差反应比较灵敏。

② 连续变量的方差。若测量值 X 为连续的，其方差定义为

$$D(x) = \sigma^2(x) = \int_{-\infty}^{\infty} [x - M(x)]^2 \varphi(x) dx \tag{2-33}$$

③ 标准偏差。由于实际测量中，误差 δ 都是带有单位的量，方差是相应单位的平方，使用不甚方便，为了与随机误差的单位一致，引入了标准偏差的概念。方差的算术平方根（正平方根）$\sigma(x)$ 叫做标准偏差 $S(x) = \sqrt{D(x)} = \sqrt{M(x - M(x))^2}$（又叫标准差或方均根差）。$\sigma(x)$ 越小，测量值越集中，因此它是用来描述测量值与其数学期望 $M(x)$ 的分散程度，即随机误差的大小。

值得注意的是，由于随机误差本身是随机变量，所以不能用任意一次测量的随机误差 δ_i 来描述测量结果的离散性，而只能以统计的方法，用 $\sigma^2(x)$ 或 $\sigma(x)$ 及它们的估计值来描述。在相同条件下对被测量进行无穷多次测量，可由式（2-29）和式（2-32）求得被测量的数学期望和标准偏差 $M(x)$ 及 $\sigma(x)$，通常把它们称为被测量总体的数学期望和标准偏差。

在用到标准偏差时还应该注意，被测量总体的标准偏差亦代表了测量列中单次测量的标准偏差。事实上，某一测量的测量系统和测量条件确定后，它的标准偏差就客观上确定了，

所以反映单次测量值的误差分散性的标准偏差和总体误差的标准偏差是一致的，但是却不能根据这一次测量值求出来。这里所谓的单次是指标准偏差是根据非常多（理论上是无穷多）个单次测量值求得的，或者说根据某个单次测量相同条件下的非常多个测量数据求得的。它用来描述大量单次测量值的离散性，而不是说只进行过一次测量就可以求得标准偏差。

④ 方差运算的性质。方差运算的简单性质见表 2-5。

表 2-5 方差运算性质

序号	表达式	说明
1	$D(x) = M(x^2) - M^2(x)$	随机变量的方差等于该随机变量平方的数学期望与该随机变量数学期望的平方之差
2	$D(c) = 0$	常数的方差为零
3	$D(x+c) = D(x)$	随机变量与常数之和的方差，等于随机变量的方差
4	$D(cx) = c^2 D(x)$	随机变量与常数之乘积的方差，等于随机变量方差与该常数的平方之乘积
5	$D(x+y) = D(x) + D(y)$ $D(x_1 + x_2 + \cdots + x_n) = D(x_1) + D(x_2) + \cdots + D(x_n)$	独立随机变量之和的方差等于它们各自的方差之和
6	$D(x+y) = D(x) + D(y) + 2\mathrm{cov}(x, y)$ $D(x_1 + x_2 + \cdots + x_n) = D(x_1) + D(x_2) + \cdots + D(x_n) + 2\sum_{i=1}^{n-1}\sum_{j=i+1}^{n} \mathrm{cov}(x, y)$	两个或有限多个任意随机变量之和的方差，等于它们各自的方差以及它们的协方差两倍之和
7	$D(x \cdot y) = D(x) \cdot D(y) + D(x)M^2(y) + D(y)M^2(x)$	两个独立随机变量乘积的方差为方差的乘积加上每个量的方差与另一个量的期望的平方之积

2. 有限次测量的数学期望和标准偏差的估计值

（1）有限次测量的数学期望的估计值——算术平均值

前面所讨论的被测量的数字特征都是在无穷多次测量的条件下求得的，但是在实际测量中只能进行有限次测量。本节讨论如何根据有限次测量结果估计被测量的数学期望和标准偏差。

实际进行等精度测量时，测量次数 n 为有限次，各次测量值为 $x_i (i=1, 2, \cdots, n)$，规定使用算术平均值 $\bar{x}$ 为数学期望的估计值，并作为最后的测量结果。即

$$\bar{x} = \frac{1}{n}\sum_{i=1}^{n} x_i \tag{2-34}$$

可以证明，算术平均值是数学期望的一致估计值和无偏估计值，即算术平均值具有一致性和无偏性。

所谓估计的一致性就是从概率意义上说，如果给的样本容量（这里指测量值个数 n）较小，即 n 为有限值时，每个估计值 $\bar{x}$ 都可能或多或少地随机波动而偏离被估计值，$\bar{x}$ 也是一个随机变量，但 $\bar{x}$ 总是围绕 $M(x)$ 摆动，随着测量次数的增加，$\bar{x}$ 更趋近于被估计值 $M(x)$。但只要 n 无限增大，$\bar{x}$ 就一定等于被估计值 $M(x)$，具有一致性。所谓估计的无偏性，就是说每个估计值都可能不够准确，但无穷多个估计值的平均值即数学期望恰好等于被估计值。若估计值 $\bar{x}$ 的数学期望等于 $M(x)$，则称 $\bar{x}$ 为 $M(x)$ 的无偏估计值，这种估计叫无偏估计。

不难看出，n 次测量值的算术平均值 $\bar{x}$ 作为 $M(x)$ 的估计值是符合这两个原则的。由式 (2-34) 可得，当 $n \to \infty$ 时

$$\bar{x} = \frac{1}{n} \sum_{k=1}^{n} x_k = M(x) \tag{2-35}$$

即 x 的算术平均值在 $n \to \infty$ 时确实等于被估计的数值 $M(x)$，所以符合估计的一致性和无偏性原则。

(2) 算术平均值 $\bar{x}$ 的分布及标准偏差

$\bar{x}$ 的摆动幅度比单个测量值 x_i 小。若被测量的总体中，各测量值由于随机误差的影响分布在 $M(x)$ 附近，分散程度用 $\sigma(x)$ 来描述。由于平均值含有随机误差，那么对 n 次测量值求算术平均值后，$\bar{x}$ 必然分布在 $M(x)$ 附近，但是由于在求解平均的过程中，随机误差在很大程度上会相互抵消，所以 $\bar{x}$ 的分布就相对集中了，即 $\sigma(\bar{x})$ 比 $\sigma(x)$ 变小了。

无论被测量总体是什么形状，随着 n 的增加，$\bar{x}$ 的分布形状都越来越趋近于正态分布。也就是说，当被测量总体原来就是正态分布时，平均值的分布是一个分散程度更小的正态分布；若被测量总体不是正态分布，那么随着样本量 n 的加大，样本平均值 $\bar{x}$ 的分布逐渐变形而趋近于一个正态分布。图 2-10 表示了被测量总体和平均值的分布曲线。可以看出，测量值 x 和测量平均值 $\bar{x}$ 都以正态分布的形式分布于真值（数学期望）附近，由于 $\sigma(x) > \sigma(\bar{x})$，前者曲线平坦，离散程度大，精密度低；后者曲线尖锐，离散程度小，精密度高。

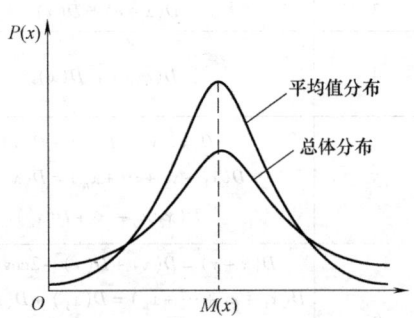

图 2-10 总体和平均值的分布曲线

下面计算 n 次等精度测量 $x_i (i = 1, 2, \cdots, n)$ 的算术平均值 $\bar{x}$ 的方差 $\sigma^2(\bar{x})$。因为是等精度测量，并假定 n 次测量是独立的，那么这一系列测量就具有相同的数学期望和方差，又根据概率论中"几个相互独立的随机变量之和的方差等于各个随机变量方差之和"的性质，进行下面推导。

$$\sigma^2(\bar{x}) = \sigma^2 \left(\frac{1}{n} \sum_{i=1}^{n} x_i \right) = \frac{1}{n^2} \sigma^2 \left(\sum_{i=1}^{n} x_i \right) = \frac{1}{n^2} [\sigma^2(x_1) + \sigma^2(x_2) + \cdots + \sigma^2(x_n)]$$

$$= \frac{1}{n^2} n \sigma^2(X) = \frac{1}{n} \sigma^2(X)$$

则

$$\sigma(\bar{x}) = \frac{\sigma(X)}{\sqrt{n}} \tag{2-36}$$

式 (2-36) 说明，n 次测量值的算术平均值的方差为总体或单次测量值的方差的 $1/n$，或者说算术平均值的标准偏差为总体或单次测量值的标准偏差的 $1/\sqrt{n}$。这是由于随机误差的抵偿性，在计算 $\bar{x}$ 的求和过程中，正负误差可以相互抵消；测量次数越多，抵消程度越大，平均值离散程度越小，这是采用统计平均的方法减弱随机误差的理论依据。所以，用算术平均值作为测量结果，减少了随机误差。

(3) 有限次测量数据的标准偏差的估计值——贝塞尔公式

由于在有限次测量条件下，利用算术平均值代替数学期望（真值），因此，用残差代替绝对误差。残差的定义是

$$\nu_i = x_i - \bar{x} \tag{2-37}$$

这样就无法根据方差（$n\to\infty$）的定义［见式（2-32）］确定测量结果的方差，只能根据有限次测量数据来估计测量值的标准偏差。根据残差的定义和方差的性质有

$$\sigma^2(\nu) = \sigma^2(x_i - \bar{x}) = \sigma^2(x_i) - \sigma^2(\bar{x}) = \sigma^2(x) - \frac{1}{n}\sigma^2(x) = \frac{n-1}{n}\sigma^2(x)$$

根据方差的定义以及残差的数学期望为 0（因为很显然残差的代数和为零），有

$$\sigma^2(x) = \frac{n}{n-1}\sigma^2(\nu) = \frac{n}{n-1}\frac{1}{n}\sum_{i=1}^{n}[\nu_i - M(\nu_i)]^2 \tag{2-38}$$

$$= \frac{1}{n-1}\sum_{i=1}^{n}\nu_i^2 = \frac{1}{n-1}\sum_{i=1}^{n}(x_i - \bar{x})^2$$

则

$$\hat{\sigma}(x) = s(x) = \sqrt{\frac{1}{n-1}\sum_{i=1}^{n}(x_i - \bar{x})^2} \tag{2-39}$$

式（2-39）称为贝塞尔公式。虽然贝塞尔公式是根据方差的定义得出的，仍需满足 $n\to\infty$ 的条件，但可以证明 n 为有限值时，其标准差通常称为实验标准偏差，用符号 $\hat{\sigma}(x)$ 或 $s(x)$ 表示。

需要说明的是，用贝塞尔公式得到方差的无偏估计 $\hat{\sigma}^2(x)$，但得到的实验标准偏差 $\hat{\sigma}(x)$ 并不是 $\sigma(x)$ 的无偏估计。贝塞尔公式是确定单次测量标准偏差估计值最主要的方法。同理，也可用 $s(\bar{x}) = s(x)/\sqrt{n}$ 作为测量平均值标准偏差的估计值。

（4）计算标准差的其他方法

计算标准差 $s(x)$ 的方法有很多，除最常用的贝塞尔公式外，还有极差法、最大残差法和残差平均法（彼得斯法），见表2-6。表中分别列出了三种方法的 $s(x)$ 的计算公式。计算公式中所用的系数、相应的自由度之值可根据测量次数从表中查出。

表2-6 其他三种标准差 $s(x)$ 的计算方法

	$s(x)$ 计算公式	$s(x) = \frac{1}{d_n}(\max x_i - \min x_i)$ 极差：最大值与最小值之差									
极差法	测量次数 n	2	3	4	5	6	7	8	9	10	15	20
	极差法系数 d_n	1.13	1.64	2.06	2.33	2.53	2.70	2.85	2.97	3.08	3.47	3.73
	自由度 ν	0.9	1.8	2.7	3.6	4.5	5.3	6.0	6.8	7.5	10.5	13.1
	$s(x)$ 计算公式	$s(x) = C_n \cdot \max_n |x_i - \bar{x}| = C_n \cdot \max_n |\nu_i|$ 最大残差：绝对值最大的残差									
最大残差法	测量次数 n	2	3	4	5	6	7	8	9	10	15	20
	最大残差系数 C_n	1.77	1.02	0.83	0.74	0.68	0.64	0.61	1.59	0.57	0.51	0.48
	自由度 ν	0.8	1.8	2.7	3.6	4.4	5.0	5.6	6.2	6.8	9.3	11.5
残差平均法	$s(x)$ 计算公式	$s(x) = \frac{1.253}{\sqrt{n(n-1)}}\sqrt{\frac{\pi}{2}}\sum|\nu_i|$ 残差平均法：由俄罗斯天文学家彼得斯提出，又称彼得斯法									
	测量次数 n	2	3	4	5	6	7	8	9	10	15	20
	自由度 ν	0.9	1.8	2.7	3.6	4.5	5.4	6.2	7.1	8.0	12.4	16.7

除此之外，还有其他一些经常用的方法，诸如最大方差法、联合方差法和最小二乘法等。一般推荐，当测量次数 $n \geq 6$ 时，采用贝塞尔公式计算；当 $2 \leq n \leq 5$ 时，采用极差法。

3. 测量结果的置信度

（1）置信度的概念

由于随机误差的影响，实际测量值偏离数学期望 $M(x)$（真值）的多少和方向是随机的，但它是有界的，并且多次测量的数据会按一定形状分布在 $M(x)$ 的两侧，其分散程度可由标准差 $\sigma(x)$ 来表征。现在的问题是，通过某次测量获得一个测量值 x_i，理论上它或多或少地要偏离 $M(x)$（真值），而准确地、无误差地等于 $M(x)$ 可能性极小（几乎为零）。那么，获得的测量结果可信吗？因此，一个完整的测量结果，不仅要知道其量值的大小，还希望知道该测量结果的可信赖的程度。为此，需要引入一个表征测量结果的可信赖程度的参数——置信度。

置信度是用置信区间和置信概率来定义的一个参数。按照置信区间的中心点的区别，置信度定义的表达方式有两种，其意义是：

1）测量数据（结果）x_i 处在数学期望 $M(x)$（真值）为中心的一个置信区间内的置信概率有多大。

2）以测量数据（结果）为中心点的一个置信区间内出现数学期望 $M(x)$ 的置信概率有多大。

这里所说的置信区间是一个给定的数据区间，通常用标准差 $\sigma(x)$ 的 k 倍来表示，即 $[x-k\sigma(x), x+k\sigma(x)]$，$k$ 称为置信因子。这里所说的置信概率就是在置信区间下的概率，它可由在置信区间内对概率密度函数的积分求得，即图 2-11 中的阴影线部分的面积。

$$P[M(x)-k\sigma(x), M(x)+k\sigma(x)] = \int_{M(x)-k\sigma(x)}^{M(x)+k\sigma(x)} \varphi(x)\mathrm{d}x \qquad (2-40)$$

上述两种定义的区别在于以 x 和 $M(x)$ 作为置信区间的中心点，两者实际上是完全等价的，即对于同一个测量，在置信区间相等时，两种意义上的置信概率是相等的，这一点可用图 2-11 加以说明。图中（以正态分布曲线为例）x_1、x_2、x_3 为三个测量数据，x_1、x_2 在给定区间 $[M(x)-k\sigma(x), M(x)+k\sigma(x)]$ 内，x_3 不在此区间内。相应有区间 $[x_1-k\sigma(x), x_1+k\sigma(x)]$ 和 $[x_2-k\sigma(x), x_2+k\sigma(x)]$ 内包含了 x 的数学期望 $M(x)$，而区间 $[x_3-k\sigma(x), x_3+k\sigma(x)]$ 不包含 $M(x)$。这表明若 x_i 出现在区间 $[M(x)-k\sigma(x), M(x)+k\sigma(x)]$ 内，则区间 $[x_i-k\sigma(x), x_i+k\sigma(x)]$ 内一定包含 $M(x)$。

置信度的几何意义可以用图 2-11 来说明，在同一分布下，置信区间越宽，置信概率（由概率曲线、置信区间和横轴围成的图形面积）也越大。在不同的分布下，当置信区间给定时，标准差越小，置信因子和相应的置信概率也越大，反映出测量数据的可信度越高；在置信概率给定时，标准差越小，置信区间越窄，测量数据的可靠度也就越高。

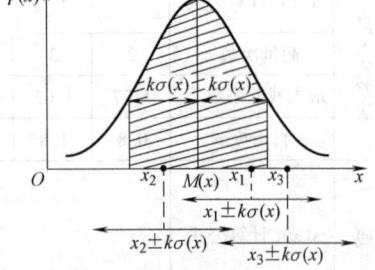

图 2-11 置信区间和置信概率

（2）置信度的确定

置信度的确定分两类：一类是根据给定或设定置信概率计算出置信区间；另一类是根据给定的置信区间求出相应的置信概率。根据置信度的概念，解决上述问题的关键是置信因子 k 的确定，而置信因子和测量数据（或随机误差）的概率分布紧密相关。也就是说,置信因子的确定必须以测量数据(或随机误差)的概率分布已知为前提。

1) 正态分布置信度。这里讲述正态分布下置信因子与置信概率的关系。测量数据 X 服从正态分布,则其概率密度函数为

$$\varphi(x) = \frac{1}{\sigma(x)\sqrt{2\pi}} e^{-\frac{[x-M(x)]^2}{2\sigma^2(X)}} \tag{2-41}$$

要求出 x 在关于 $M(x)$ 为对称区间 $[M(x)-k\sigma(x), M(x)+k\sigma(x)]$ 的置信概率 P,根据式(2-40)和式(2-41),得

$$P[M(x)-k\sigma(x), M(x)+k\sigma(x)] = \int_{M(x)-k\sigma(x)}^{M(x)+k\sigma(x)} \frac{1}{\sigma(x)\sqrt{2\pi}} e^{-\frac{[x-M(x)]^2}{2\sigma^2(x)}} dx \tag{2-42}$$

为计算方便,不妨作积分变换,为此假设

$$Z = \frac{x - M(x)}{\sigma(x)} \tag{2-43}$$

于是有 $d(Z) = dx/\sigma(x)$。积分上下限分别为 k 和 $-k$,将上述关系代入式(2-42)可得

$$P[-k \leq Z \leq k] = \int_{-k}^{k} \frac{1}{\sqrt{2\pi}} e^{-\frac{Z^2}{2}} dZ = \frac{2}{\sqrt{2\pi}} \int_{0}^{k} e^{-\frac{Z^2}{2}} dZ = \Phi(k) \tag{2-44}$$

式中,Z 为拉普拉斯函数,计算比较复杂。在实际应用中,有前人做好的专用表格(见表2-7)供查用。

表2-7 $\Phi(k) = \frac{2}{\sqrt{2\pi}} \int_0^k e^{-\frac{Z^2}{2}} dZ$ 数值表

k	$\Phi(k)$	k	$\Phi(k)$	k	$\Phi(k)$
0.0	0.000	1.1	0.728 67	2.3	0.978 55
0.1	0.079 6	1.2	0.769 687	2.4	0.983 61
0.2	0.158 52	1.3	0.806 40	2.5	0.987 58
0.3	0.235 82	1.4	0.838 49	2.58	0.990 12
0.4	0.310 84	1.5	0.866 39	2.6	0.990 68
0.5	0.382 92	1.6	0.890 40	2.7	0.993 07
0.6	0.451 49	1.7	0.910 87	2.8	0.994 89
0.674 5	0.500 00	1.8	0.928 14	2.9	0.996 27
0.7	0.516 07	1.9	0.942 57	3.0	0.997 30
0.797 9	0.575 07	1.96	0.950 00	3.5	0.999 53
0.8	0.576 29	2.0	0.954 50	4.0	0.999 93
0.9	0.631 88	2.1	0.964 27	4.5	0.999 993
1.0	0.682 69	2.2	0.972 19	5.0	0.999 999 4

【例2-9】 已知某被测量 x 服从正态分布,$\sigma(x) = 0.2$,$M(x) = 50$,求在 $P = 99\%$ 情况下的置信区间 a。

解:已知 $P[|x-M(x)| < ks(x)] = P[|z| < k] = 99\%$,查表得 $k = 2.58$,置信区间 a 则为:$[50 - 2.58 \times 0.2, 50 + 2.58 \times 0.2] = [49.48, 50.52]$。

【例2-10】 已知测量值 x 服从正态分布,分别求出测量值在真值附近 $M(x) \pm s(x)$,$M(x) \pm 2\sigma(x)$,

$M(x) \pm 3\sigma(x)$ 区间的置信概率。

解:对应于置信区间的系数 k 分别为 $k=1$,$k=2$,$k=3$。

查表得:$k=1$ 时,$P[|z|<1]=0.68269$;$k=2$ 时,$P[|z|<2]=0.95450$;$k=3$ 时,$P[|z|<3]=0.99730$。

上述结果的物理解释是:在正态分布情况下,测量数据的期望值 $M(x)$ 处在区间 $[x_i-\sigma(x), x_i+\sigma(x)]$,$[x_i-2\sigma(x), x_i+2\sigma(x)]$,$[x_i-3\sigma(x), x_i+3\sigma(x)]$ 的概率分别为 68.3%,95.5%,99.7%。也可以说,测量列的随机误差 δ 落在 $[-\sigma, \sigma]$ 中的概率为 68.3%,落在 $[-2\sigma, 2\sigma]$ 中的概率为 95.5%,而落在 $[-3\sigma, 3\sigma]$ 中的概率为 99.7%。由此不难看出,随机误差的绝对值 $|\delta|=|x-M(x)|$ 大于 2σ 的概率只有 0.045,大于 3σ 的概率只有 0.0027,几乎为零。所以,可近似认为随机误差的绝对值大于 3σ 属于不可能发生的随机事件。正因为如此,人们常以标准差的 3 倍(3σ)作为正态分布下测量数据的极限误差,并以此为标准来判断随机误差中是否含有粗大误差。

2)有限次测量的置信度和 t 分布。前面分析的正态分布的置信问题是在 $n\to\infty$ 时的样本下进行的。但在实际测量中,测量次数是有限的,特别是当测量次数为十几次,甚至只有几次时,测量结果已不符合正态分布,若仍用正态分布的 2σ 和 3σ 作误差限,就不太合适了。另一方面,在正态分布的置信问题讨论中,是以测量值作为测量结果来讨论的,而在实际测量中是以算术平均值作为被测量的最佳估计值的,而且以均方差的估计值 $s(x)$ 代替 $\sigma(x)$,$s(\bar{x})$ 代替 $\sigma(\bar{x})$。这样在讨论置信问题时,要以 $\bar{x} \pm ks(\bar{x})$ 作为置信区间,相应的置信概率为

$$P_c[M(x)-ks(\bar{x})<\bar{x}<M(x)+ks(\bar{x})]=\int_{M(x)-ks(\bar{x})}^{M(x)+ks(\bar{x})}\frac{1}{\sqrt{2\pi}s(\bar{x})}e^{-\frac{[\bar{x}-M(x)]^2}{2s^2(\bar{x})}}dx \quad (2-45)$$

对式(2-45)做积分变换,设 $t=\dfrac{\bar{x}-M(x)}{s(\bar{x})}$,它与式(2-43)的 $z=\dfrac{x-M(x)}{\sigma(x)}$ 有根本的区别。由于 $\sigma(x)$ 是常量,所以随机变量 Z 仍然服从正态分布。而 $s(\bar{x})$ 本身是一个随机变量,它的平方 $s^2(\bar{x})$ 属于 χ^2 的分布,因此随机变量 t 不再服从正态分布,而属于"学生"氏(Student)分布,习惯上也称 t 分布,下面将应用 t 分布讨论有限次测量的置信问题。t 分布的概率密度函数为

$$p(t)=\frac{\Gamma\left(\dfrac{\nu+1}{2}\right)}{\sqrt{\nu\pi}\Gamma\left(\dfrac{\nu}{2}\right)}\left(1+\dfrac{t^2}{\nu}\right)^{-\frac{\nu+1}{2}} \quad (2-46)$$

式中,Γ 为伽马函数,$\nu=n-1$ 为自由度,n 为测量次数。

注:有关自由度的概念和计算在本章后面 2.3.6 节进行详细讲述。

t 分布的图形如图 2-12 所示,图形类似于正态分布。但 t 分布与 σ 无关,与测量次数有关。当 $n>20$ 以后,t 分布与正态分布就很接近了。数学上可证明,当 $n\to\infty$ 时,t 分布与正态分布完全相同,即正态分布是 $n\to\infty$ 时 t 分布的一个特例。t 分布用来解决小子样置信问题。

根据 t 分布的概率密度函数 $p(t)$ [见式(2-46)],可用积分的方法求出 $M(x)$ 在 $\bar{x}$ 的附近对称区间 $[\bar{x}-k_t s(\bar{x}), \bar{x}+k_t s(\bar{x})]$ 内的置信概

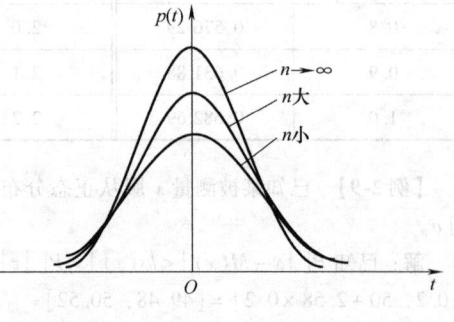

图 2-12 t 分布

率为

$$P\{|\bar{x} - M(x)| < k_t s(\bar{x})\} = P\{|t| < k_t\} = \int_{-k_t}^{k_t} p(t)\,dt = 2\int_0^{k_t} p(t)\,dt \qquad (2\text{-}47)$$

为区别起见，这里标准偏差的系数用 k_t 表示，称为 t 分布因子或置信因子。由于 t 分布的积分计算很复杂，可查现成的表格得到。给定置信概率 p 和测量次数 n 即自由度 $\nu = n - 1$，从表 2-8 中可查得对应置信因子 k_t。

表 2-8　t 分布的 k_t 值表

K_t ＼ P ＼ $\nu = n-1$	0.5	0.6	0.7	0.8	0.9	0.95	0.98	0.99	0.999
1	1.000	1.376	1.963	3.078	6.314	12.706	31.821	63.657	636.619
2	0.816	1.061	1.386	1.886	2.920	4.303	6.965	9.925	31.598
3	0.765	0.978	1.250	1.638	2.353	3.182	4.541	5.841	12.924
4	0.741	0.941	1.190	1.553	2.132	2.776	3.747	4.604	8.610
5	0.727	0.920	1.156	1.476	2.015	2.571	3.365	4.032	6.859
6	0.718	0.906	1.134	1.440	1.943	2.447	3.143	3.707	5.959
7	0.711	0.896	1.119	1.415	1.895	2.365	2.998	3.499	5.405
8	0.706	0.889	1.108	1.397	1.860	2.306	2.896	3.355	5.041
9	0.703	0.883	1.100	1.383	1.833	2.262	2.821	3.250	4.781
10	0.700	0.879	1.093	1.372	1.812	2.228	2.764	3.169	4.587
15	0.691	0.866	1.074	1.341	1.753	2.131	2.602	2.947	4.073
20	0.687	0.860	1.064	1.325	1.725	2.086	2.528	2.845	3.850
25	0.684	0.856	1.058	1.316	1.708	2.060	2.485	2.787	3.725
30	0.683	0.854	1.055	1.310	1.697	2.042	2.457	2.750	3.646
40	0.681	0.851	1.050	1.303	1.684	2.021	2.423	2.701	3.551
60	0.679	0.848	1.046	1.296	1.671	2.000	2.390	2.660	3.460
120	0.677	0.845	1.041	1.289	1.658	1.980	2.358	2.617	3.373
∞	0.674	0.842	1.036	1.282	1.645	1.960	2.326	2.576	3.291

【例 2-11】　若测量次数 $n = 10$，求置信区间在 $\bar{x} + 3s(\bar{x})$ 时的置信概率。

解：$n = 10$ 即 $\nu = n - 1 = 9$，又 $k_t = 3$，则查表得

$$P\{|\bar{x} - E(x)| < 3s(\bar{x})\} = 0.986$$

(注：查表时，若不能直接查得结果，可取相邻 2 数进行线性插值)

【例 2-12】　对某电感 L 进行了 12 次等精度测量，测得的数值（单位：mH）为 20.46，20.52，20.50，20.52，20.48，20.47，20.50，20.49，20.47，20.49，20.51，20.51，若要求置信概率 $P = 95\%$，问该电感真值应该在什么区间内？

解：① 求出 $\bar{L}$。

$$\bar{L} = \frac{1}{12}\sum_{i=1}^{12} L_i = 20.493\text{mH}$$

② 用贝塞尔公式计算出 $S(L) = 0.020\text{mH}$。则

$$S(\overline{L}) = \frac{0.020\text{mH}}{\sqrt{11}} = 0.006\text{mH}$$

③ 查 t 分布表，由 $\nu = n - 1 = 11$ 及 $P = 0.95$，查得 $k_t = 2.20$。

④ 估计电感 L 的置信区间。

置信区间：$[\overline{L} - k_t s(\overline{L}), \overline{L} + k_t s(\overline{L})]$，而 $k_t s(\overline{L}) = 2.20 \times 0.006\text{mH} = 0.013\text{mH}$，所以电感的置信区间为 $[20.48, 20.51]$ mH，对应的置信概率为 $P_c = 0.95$。

通过本例可以进一步深入理解置信概率和置信区间的意义。从电感的总体中取得的这 12 个数据成为一个子样，得出一组 $\overline{L}$ 及 $s(\overline{L})$ 所对应的置信区间。如果另取一组子样，可以得到不同的 $\overline{L}$ 及 $s(\overline{L})$，对应不同的置信区间。这里所得的 $[20.48, 20.51]$ mH 只是各种可能的置信区间中的一个。如果能用更高级的仪器或用某种方法测得该电感更精确的值，则并不能肯定这个区间一定包含真值，但在同样的测量条件下，求出足够多的置信区间，就可以确定这些区间中有 95% 的区间包含真值，这就是置信概率的意义。

3）非正态分布的置信因子。由于常见的非正态分布（见表 2-3）都是有界的，设其极限为 $\pm a$，鉴于在实际测量中一般不会遇到非常大的误差，所以这种有限分布的假设是合理的。按照标准偏差的基本定义可以求得各种分布的标准偏差 σ，再求得置信因子（又称包含因子）k 为

$$k = \frac{a}{\sigma} \qquad (2-48)$$

几种非正态分布的置信因子的取值参见表 2-9。

表 2-9 几种非正态分布的置信因子 $k(P=1)$

分布类型	反正弦	均匀	三角	两点	梯形（$\beta = 0.7$）	正态
置信因子（k）	$\sqrt{2}$	$\sqrt{3}$	$\sqrt{6}$	1	2	3

2.1.4 粗大误差的判断与处理

粗大误差是指偶尔出现的与预期值偏离很大的误差。在无系统误差的情况下，测量中大误差出现的概率是很小的。在正态分布情况下，误差的绝对值超过 $2.57\sigma(x)$ 的概率仅为 1%，误差绝对值超过 $3\sigma(x)$ 的概率仅为 0.27%。对于误差绝对值较大的测量数据，就值得怀疑，可以列为可疑数据。可疑数据对测量值的平均值和实验标准偏差都有较大影响，因而造成测量结果的不正确。必须分析可疑数据是否是粗大误差，若是粗大误差，则应剔除。

粗大误差的特点如下：

1）偶然性和不可预见性，这一点与随机误差相同。

2）小概率事件，无抵偿性。粗大误差出现的概率非常小，在有限次测量的条件下无法实现正负抵偿。

3）奇异性，与预期的偏差很大，不像随机误差那样具有有界性。

1. 粗大误差的判断

（1）定性判断

定性判断就是对测量条件、测量设备、测量步骤进行分析，看是否有差错或有引起粗大误差的因素，也可将测量数据同其他人员或别的方法或由不同仪器所得结果进行核对，以发现粗大误差，并分析产生的原因。这种判断属于定性判断，无严格的原则，应慎重从事。

（2）定量判断

对测量过程和可疑数据进行分析，在定性判断不能确定产生原因的情况下，就应该以统

计学原理建立起来的粗差判断准则为依据，来判别可疑数据是否是粗大误差。这里所谓的定量对于定性而言，它是建立在一定的分布规律和置信概率基础上的，并不是绝对的。常用的方法有：

1) 莱特检验法。假设在一列等精度测量结果 x_i 中，v_i 为各测量值对应残差，s 为标准偏差的估计值，若 $|v_i|>3s$，则该误差为粗大误差，所对应的测量值 x_i 为异常数据，应剔除不用。

莱特检验法简单，使用方便。它是以随机误差符合正态分布和测量次数充分大为前提，当测量次数小于10时，容易产生误判，原则上不能用。

2) 格拉布斯检验法。假设在一列等精度测量结果 $x_i(i=1, 2, \cdots, n)$ 中，$x_{\min}$、$x_{\max}$ 分别为最小测量值和最大测量值，s 为标准偏差的估计值，最大残差 $|v_{\max}| = \max(\bar{x}-x_{\min}, x_{\max}-\bar{x})$，若 $|v_{\max}|>G \cdot s$，则判断对应测量值为粗大误差，应予剔除。其中，G 值按重复测量次数 n 及置信概率 p_c 确定（一般 $p_c=95\%$ 和 $p_c=99\%$），见表2-10。

表2-10 格拉布斯准则中的 G 值

$1-p_c$	n								
	3	4	5	6	7	8	9	10	11
5%	1.15	1.46	1.67	1.82	1.94	2.03	2.11	2.18	2.23
1%	1.16	1.49	1.75	1.94	2.10	2.22	2.32	2.41	2.48

$1-p_c$	n								
	12	13	14	15	16	17	18	19	20
5%	2.29	2.33	2.37	2.41	2.44	2.47	2.50	2.53	2.56
1%	2.55	2.61	2.66	2.70	2.74	2.78	2.82	2.85	2.88

除上述两种检验法外，还有肖维勒准则、狄克逊准则、罗曼诺夫斯基准则等，这里不再介绍了，读者可参阅有关资料。

所有的检验法都是人为主观拟定的，至今尚未有统一的规定。这些检验法又都是以正态分布为前提的，当偏离正态分布时，检验可靠性将受到影响。特别是测量次数少时更不可靠。

2. 粗大误差的防止和剔除

(1) 防止粗大误差的方法

对粗大误差，除了设法从测量数据中发现和鉴别而加以剔除外，更重要的是要加强测量者的工作责任心，要以严格的科学态度对待测量工作。此外，还要保证测量条件的稳定，避免在外界条件激烈变化时进行测量。其次，可以在等精度条件下增加测量次数，或采用不等精度测量和互相之间进行校核的方法。例如，对某一被测量，可由两位测量人员进行测量，或者用两种不同仪器，或两种不同方法进行测量。总之，要对测量过程和测量数据进行分析，尽量找出产生异常数据的原因。

(2) 剔除粗大误差的方法

剔除粗大误差的基本思路是：对一组等精度的测量结果，计算出平均值和标准差，给定一置信概率，确定相应的置信区间，凡超过置信区间的误差就认为是粗大误差，并予以剔除。粗差的剔除是一个反复的过程，遵循的基本原则是逐个剔除，若有多个可疑数据同时超过检验所定置信区间，剔除一个最大的粗差后，应重新计算平均值 $\bar{x}$ 和标准差 s，再进行检验，再判别，再剔除，反复进行，直到粗差全部剔除为止。在一组测量数据中，可疑数据应很少。反之,说明系统工作不正常。因此剔除异常数据需慎重对待。

(3) 剔除粗大误差的步骤

1) 计算平均值 $\bar{x}$。

2) 计算 n 个测量值的残差 $v_i = x_i - \bar{x}$。

3) 用贝塞尔公式计算 $s(x)$。

4) 用莱特准则 $|v_{i\max}| > 3 \cdot s$ 或格拉布斯检验法判断粗差。

5) 若有粗差,则剔除后再重复 1)~4) 步,直到逐个剔除完为止。

【例 2-13】 对某电炉的温度进行多次重复测量,所得结果列于表 2-11,试检查测量数据中有无粗大误差(异常数据)。

表 2-11 例 2-13 所用数据

序号	测量值 x_i/℃	残差 v_i/℃	残差 v_i'/℃ (去掉 x_8 后)	序号	测量值 x_i/℃	残差 v_i/℃	残差 v_i'/℃ (去掉 x_8 后)
1	20.42	0.016	0.009	9	20.40	-0.004	-0.011
2	20.43	0.026	0.019	10	20.43	0.026	0.019
3	20.40	-0.004	-0.011	11	20.42	0.016	0.009
4	20.43	0.026	0.019	12	20.41	0.006	-0.001
5	20.42	0.016	0.009	13	20.39	-0.014	-0.021
6	20.43	0.026	0.019	14	20.39	-0.014	-0.021
7	20.39	-0.014	-0.021	15	20.39	-0.004	-0.011
8	20.30	-0.104	—				

解: ① 计算得 $\bar{x} = 20.404$, $s = 0.033$。

各测量值的残差 $v_i = x_i - \bar{x}$ 填入表 2-11,从表中看出 $v_8 = -0.104$ 最大,则 x_8 是一个可疑数据。

② 用莱特检验法判断,$3 \cdot s = 3 \times 0.033 = 0.099$。由于 $|v_8| > 3 \cdot s$,故可判断 x_8 是粗大误差,应予剔除。

再对剔除后的数据计算得:$\bar{x}' = 20.411$,$s' = 0.016$,$3 \cdot s' = 0.048$。

重新计算各测量值的残差 $v_i' = x_i - \bar{x}'$ 填入表 2-11,14 个数据的 $|v_i'|$ 均小于 $3s'$,故 14 个数据都为正常数据。

③ 用格拉布斯检验法。取置信概率 $p_c = 0.99$,以 $n = 15$ 查表 2-10 得 $G = 2.70$,$G \cdot s = 2.7 \times 0.033 = 0.09 < |v_8|$,故同样可判断 x_8 是粗大误差,应予剔除。

剔除后计算同上,再取置信概率 $p_c = 0.99$,以 $n = 14$ 查表 2-4,得 $G = 2.66$。$Gs' = 2.66 \times 0.016 = 0.04$,可见除 x_8 外都为正常数据。

2.2 测量数据的处理

测量误差与测量数据处理的研究内容大致可以分为两大类问题:

第一类问题为基本参数的测量问题,它包括以下内容:①直接测量某个参数值时,除了获得测量值以外,需要通过仪器仪表的准确度等级估算测量结果的误差范围,或通过不确定度评定计算出误差范围。有时要通过多次测量计算被测量的最佳估计值及其误差范围;②间接测量某个参数值时,根据已知函数关系由直接测量值求出未知量的间接测量值,并根据各个误差分量及其函数关系求出总的误差;当测量结果中既有随机误差又有系统误差时,用误差合成方法求出总的综合误差。

第二类问题为组合测量和系统特性测量,此类测量的最典型的应用为测量装置的基本特性测量与标定问题,它包括以下内容:对传感器、仪器仪表等测量装置需要获取整个量程范围内的转换关系(数学模型)及其全量程内的最大误差范围,进行整个特性的测量,通常称为特性的标定或检定。特性标定包括静态标定和动态标定。①以测量装置输入/输出变量之间的关系为例,静态标定的任务有两个:其一,在静态条件下,根据不同的输入 x_i 获得输出值 y_i,求出静态数学模型,即 $y=f(x)$ 函数关系,也就是拟合方程式(称为曲线拟合和回归分析);其二,以这个方程式为标准,通过测量的实验数据计算静态特性的性能指标(质量指标)。②动态标定的任务是根据动态条件测得数据求出测量装置的动态数学模型(可以是微分方程、传递函数、状态方程等)、动态特性参数和进行动态误差校正。

本节按照第 1 章的 1.4.3 节提出的测量方法,将上述问题归纳为以下几个问题讨论:有效数字处理;直接测量的误差与数据处理;间接测量的误差与数据处理;组合测量的误差与数据处理。

2.2.1 有效数字处理

1. 有效数字的概念

(1) 正确数及近似数

1) 正确数。不带测量误差的数均为正确数。如教室里有 45 人中的"45";平面三角形内角和为 180°中的"180";$c=2pR$ 中的"2";1h = 3600s 中的"3600"等均为正确数。从各例中可以看出,正确数为确实存在的数。可将理论定义中、假设中的数作为正确数对待。

2) 近似数。接近但不等于某一数的数,称为该数的近似数。如圆周率 π = 3.14159265358…的近似数为 3.14;又如自然对数之底 e = 2.71828182845…的近似数为 2.72。在自然科学中,一些数的位数很长,甚至是无限长的无理数,但运算时只能取有限位,所以实际工作中我们经常遇到近似数。由于测量误差的存在,测量的结果也是被测量的一个近似数。

(2) 有效数字及有效位数

1) 有效数字。含有误差的任何近似数,如果其修约误差绝对值小于或等于(≤)末位单位的一半,那么从这个近似数左方起的第一个非零的数字,称为第一位有效数字。从第一位有效数字起,到最末一位数字止的所有数字(不论是零或非零的数字),都是有效数字。

末位单位,是指任何一个数字的最末一位数字所对应的量值单位。如:1.327mm 最末一位数字"7"的单位为 1μm,即 0.001mm。

从上述定义可看出,有效数字是和数据的准确度密切相关的近似数。它所隐含的极限(绝对)误差不超过有效数字末位的半个单位。例如:

    3.142　　　　　四位有效数字　　　　极限误差≤0.0005
    8.700　　　　　四位有效数字　　　　极限误差≤0.0005
    8.7×10^3　　　　二位有效数字　　　　极限误差≤0.05×10^3
    0.0807　　　　　三位有效数字　　　　极限误差≤0.00005

对于测量数据的绝对值比较大(或比较小),而有效数字又比较少的测量数据,应采用科学计数法,即 $a \times 10^n$,a 的位数由有效数字的位数所决定。

舍入处理后的近似数,中间的 0 和末尾的 0 都是有效数字,不能随意添加或减少。多写则夸大了测量准确度,少写则夸大了误差。但开头的零不是有效数字,因为它们仅与选取的测量单位有关。

2) 有效位数。从左边第一个非零数字算起所有有效数字的个数，即为有效数字的位数，简称有效位数。如 0.0025—2 位有效数字；1.001000—7 位有效数字；2.8×10^7—2 位有效数字，对以 $a \times 10^n$ 形式表示的数值，其有效数字的位数由 a 中的有效位数来决定。

从以上看出，"0"这个数字在有效数字中起很大作用，处于第一个非零的有效数字之后所有的"0"都是有效数字。如：

$$0.001\,002\,000 \text{——7位有效数字}$$
（不是有效数字）（有效数字）

因此，在有效数字位数中"0"不能随意取舍，否则会改变有效数字的位数，影响其数据准确度。如：指针式精密电压表分度值为 0.001V，可估读到 0.0001V，因此，当测量实际值为 0.10500V 的电压时，只能估读为 0.1050V，不能估读为 0.105V 或 0.10500V。直接读数的数字式仪表的最末位读数即为有效位数的末位。

由于测量结果含有测量误差，测量结果的位数应保留适宜，不能太多，也不能太少，太多易使人认为测量准确度很高，太少则会损失测量准确度。测量结果的数据处理和结果表达是测量过程的最后环节，因此，有效位数的确定和数据修约对测量数据的正确处理和测量结果的准确表达有很重要的意义，从事测量工作的人都应掌握其方法。

2. 数值修约

(1) 修约间隔

数值修约首先要确定修约保留的位数。修约保留位数由修约间隔确定。修约间隔一经确定，修约值即为其数值的整数倍。如，指定修约间隔为 0.01，修约值即应在 0.01 的整数倍中选取，相当于修约到小数点后第二位（"0"数字起定位作用）；指定修约间隔为 100，修约值即应在 100 的整数倍中选取，相当于将数值修约到"百"数位。修约间隔中"0"只起定位作用，对数据进行修约时，要特别注意修约间隔表达形式。如：修约到小数点后第几位；保留几位有效数字。

(2) 数值修约规则

数值修约规则如下：

① 拟舍弃的数字的最左一位数字小于 5 时，则舍去，即保留的各位数字不变。

② 拟舍弃的数字的最左一位数字大于 5 时，或是 5 且其后跟有并非全部为 0 的数字时，则进 1，即保留的末位数字加 1。

③ 拟舍弃的数字的最左一位数字是 5 而其后无数字或皆为 0 时，若保留的末位数字为奇数（1，3，5，7，9），则进 1；为偶数（0，2，4，6，8），则舍去。

这一规则即"4 舍 6 入，遇 5 偶数法则"。

【例 2-14】将下列数修约到小数点后第 3 位（修约间隔为 0.001 或保留 4 位有效数字）。

3.1415001→3.142　　　　　　　3.1414999→3.141
3.1415→3.142　　　　　　　　3.1425→3.142
3.141329→3.141　　　　　　　3.1405000001→3.141

【例 2-15】12689，0.00945001，按以下不同的修约间隔进行修约。

修约间隔为 100（保留三位有效数字）：12689→1.27×10^4

修约间隔为 0.0001：0.00945001→0.0095（或 9.5×10^{-3}）

(3) 修约注意事项

1) 不得连续进行修约。拟修约的数字应在确定修约位数后一次修约获得结果，不得多次连续修约。例如：

① 修约 15.4546，修约间隔为 1 时，结果为 15。不正确做法是：
$$15.4546 \to 15.455 \to 15.46 \to 15.5 \to 16$$

② 将 213.499 修约成 3 位有效数字时，结果应为 213。不正确做法是：
$$213.499 \to 213.5 \to 214$$

2) 负数修约。先将它的绝对值按规定方法进行修约，然后在修约值前面加上负号。即负号不影响修约。

(4) 修约误差

数值修约带来的误差服从均匀分布的随机误差（修约误差），又称舍入误差。修约误差为修约间隔的一半。

由数据修约规则可知，修约误差等于修约结果末位数的一半（修约位末位单位的 0.5 倍）。

如：修约结果为 37.20，修约误差为 0.005。

3. 近似运算

近似运算又称近似数字运算，如对测量结果近似数作加、减、乘、除、开方、乘方、三角函数等运算。我们作近似运算时，为了简化运算，可按照近似计算规则，适当减少有效位数多的近似数的位数，再进行运算。最终运算的结果应保留正确的有效位数。以下介绍近似运算的加、减、乘、除运算规则。

(1) 近似数的加减运算

规则：近似数的加减，以小数点后位数最少的为准，其余各数均修约成比该数多保留一位，计算结果的小数位数与小数位数最少的那个近似数相同。如：

$28.1 + 14.54 + 3.0007$
$\approx 28.1 + 14.54 + 3.00$
≈ 45.64
≈ 45.6

【例 2-16】计算下式，列出计算过程并叙述原因。

$10 + 1.747 - 2.007 + 1.1$
$\approx 10 + 1.7 - 2.0 + 1.1$ （以整数 10 为准，其余各数多保留一位）
$= 10.8$ （计算结果）
≈ 11 （修约成与"10"位数相同）

(2) 近似数的乘除运算

规则：近似数的乘除，以有效数字最少的为准，其余各数修约成比该数多一个有效数字；计算结果有效数字位数，与有效数字位数最少的那个数相同，而与小数点位置无关。

如：

$2.3847 \times 0.76 \div 41678$
$\approx 2.38 \times 0.76 \div 4.17 \times 10^4$
$= 4.33764988 \times 10^{-5}$
$\approx 4.3 \times 10^{-5}$

【例2-17】 已知圆半径 $R = 3.145$mm，求周长 C。

$C = 2\pi R$

$\quad = 2 \times 3.1416 \times 3.145$mm

$\quad = 19.760664$mm

$\quad \approx 19.76$mm

说明：

① 式中"2"为正确数（系数），而不是近似数，不含误差，所以计算结果的修约时不能以2为准（其有效位数可根据计算需要而定，在此2可表示成2.000）。

② 半径 R 有4位有效数字，所以，π 应多取一位有效数字，$\pi = 3.1416$，而不能只取到小数点后第三位（$\pi = 3.142$）。

【例2-18】 $100.0 + 1.000 \times 10^{-3} \times 10.000 + 1000.0 \approx 1100.0$

在电子计算机技术广泛应用的今天，我们作近似运算时，运算过程中数字可多取几位或全保留进行全数运算，不一定严格按近似计算规则来进行。但最终计算结果的有效位数应严格取舍（保留正确的有效位数）。

2.2.2 直接测量的误差及数据处理——等精度测量与不等精度测量的数据处理

在直接测量中，可分为单次测量和多次测量。单次测量是对一个被测量进行一次测量的过程，这是必需的测量；多次测量是对一个被测量进行不止一次的测量。多次重复测量，可以观察测量结果的一致性，可以反映测量结果的准确性。一般情况下，要求高的精密测量都应进行多次测量。

在多次重复测量中，又分为等精度测量和不等精度测量。等精度测量是指保持测量条件不变的情况下进行的多次测量。等精度测量的每一次测量结果的精度（可靠性程度）都是相等的。不等精度测量是指在测量条件有所改变的情况下的多次测量，其测量结果的精度（可靠性程度）是不相等的。

对某量进行等精度或不等精度直接测量，为了得到合理的测量结果，下面将按照前面讨论的误差理论对各种误差进行分析处理，并以实例分别说明等精度直接测量和不等精度直接测量的测量结果的数据处理方法与步骤。

1. 等精度直接测量

（1）等精度直接测量列测量结果的数据处理步骤

当对某一量进行等精度测量时，测量值中可能含有系统误差、随机误差和粗大误差，为了给出正确合理的结果，应按下述基本步骤对等精度直接测量列测量结果的数据进行处理。

1）利用修正值等方法，对测量值中的系统误差进行修正，将已经减弱了不变系统误差影响的各数据 x_i（$i = 1, 2, \cdots, n$），依次列成表格。

2）求出算术平均值 $\bar{x} = \dfrac{1}{n} \sum\limits_{i=1}^{n} x_i$。

3）计算出残差 $v_i = x_i - \bar{x}$，并验证 $\sum\limits_{i=1}^{n} v_i = 0$。

4）按贝塞尔公式计算标准偏差的估计值 $s = \sqrt{\dfrac{1}{n-1} \sum\limits_{i=1}^{n} v_i^2}$。

5) 按莱特准则 $|v_i|>3s$，或格拉布斯准则 $|v_{\max}|>G\cdot s$ 检查和剔除粗大误差；若有粗大误差，应逐一剔除后，重新计算 $\bar{x}$ 和 s，再判别直到无粗大误差。

6) 再根据计算数据判断有无系统误差。如有系统误差，应查明原因，再修正或消除系统误差后重新测量。

7) 计算算术平均值的标准偏差 $s_{\bar{x}} = \dfrac{s}{\sqrt{n}}$。

8) 写出最后结果的表达式，即 $A = \bar{x} \pm k \cdot s_{\bar{x}}$（单位），一般 k 取 $2\sim3$。

（2）等精度直接测量列测量结果的数据处理实例

【例 2-19】对某电压进行了 16 次等精度测量，测量数据 x_i 中已记入修正值，列于表 2-12 中。要求给出包括误差在内的测量结果表达式。

表 2-12 例 2-19 所用数据

序号	测量值 x_i/V	残差 v_i	残差 v_i'	序号	测量值 x_i/V	残差 v_i	残差 v_i'
1	205.30	0.00	0.09	9	205.71	0.41	0.50
2	204.94	-0.36	-0.27	10	204.70	-0.60	-0.51
3	205.63	0.33	0.42	11	204.86	-0.44	-0.35
4	205.24	-0.06	0.03	12	205.35	0.05	0.14
5	206.65	1.35	——	13	205.21	-0.09	0.00
6	204.97	-0.33	-0.24	14	205.19	-0.11	-0.02
7	205.36	0.06	0.15	15	205.21	-0.09	0.00
8	205.16	-0.14	-0.05	16	205.32	0.02	0.11

解： 1) 求出算术平均值 $\bar{x} = \dfrac{1}{16}\sum\limits_{i=1}^{16} x_i = 205.30$。

2) 计算 $v_i = x_i - \bar{x}$ 列于表中，并验证 $\sum\limits_{i=1}^{n} v_i = 0$。

3) 计算标准偏差 $s = \sqrt{\dfrac{1}{16-1}\sum\limits_{i=1}^{16} v_i^2} = 0.44$。

4) 按莱特准则判断有无 $|v_i| > 3s = 1.32$，检查表中第 5 个数据 $v_5 = 1.35 > 3s$，应将对应 $x_5 = 206.65$ 视为粗大误差，加以剔除。现剩下 15 个数据。

5) 重新计算剩余 15 个数据的平均值：$\bar{x}' = 205.21$。

及重新计算 $v_i' = x_i - \bar{x}'$ 列于表中，并验证 $\sum\limits_{i=1}^{n} v_i' = 0$。

6) 重新计算标准偏差 $s' = \sqrt{\dfrac{1}{15-1}\sum\limits_{i=1}^{15} v_i'^2} = 0.27$。

7) 按莱特准则再判断有无 $|v_i'| > 3s = 0.81$，现各 $|v_i'|$ 均小于 $3s$，则认为剩余 15 个数据中不再含有粗大误差。

8) 对 v_i' 作图，判断有无变值系统误差，如图 2-13 所示。从图中可见无明显累进性或周期性系统误差。

9) 计算算术平均值的标准偏差 $s_{\bar{x}} = s'/\sqrt{15} = 0.27/\sqrt{15} \approx 0.07$。

10) 写出测量结果表达式 $x = \bar{x}' \pm 3s_{\bar{x}} = (205.2 \pm 0.2)$ V（取置信系数 $k = 3$）。

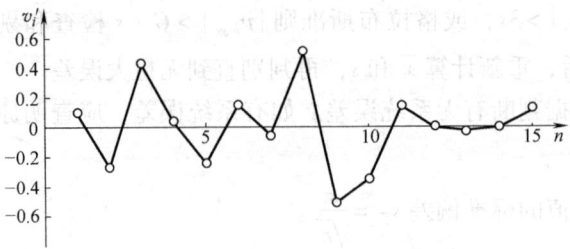

图 2-13 残差图

2. 不等精度直接测量

（1）不等精度直接测量的基本概念

前面讨论的是等精度测量的问题，在一般测量实践中基本上都属这种类型。但为了得到更精确的测量结果，如在高精度测量中，往往在不同的测量条件下，即用不同的仪器、不同的测量方法、不同的测量次数以及不同的测量者进行测量与对比，这种测量称为不等精度测量。在一般测量工作中，常遇到的不等精度测量有两种情况：

第一种情况，用不同测量次数进行对比测量。例如用同一台仪器测量某一参数，先后用 n_1 次和 n_2 次进行测量，分别求得算数平均值 $\overline{x}_1$ 和 $\overline{x}_2$。因为 $n_1 \neq n_2$，显然 $\overline{x}_1$ 与 $\overline{x}_2$ 的精度不一样，如何求得最后的测量结果及其精度？

第二种情况，用不同精度的仪器进行对比测量。例如对于高精度或重要的测量任务，往往要用不同精度的仪器进行互比核对测量，显然所得到的结果不会相同，如何求得最后的测量结果及其精度？

对于不等精度测量，计算最后测量结果及其精度（如标准差），不能套用前面等精度测量的计算公式，需推导出新的计算公式。

1）权的概念。在等精度测量中，各个测量数据的标准偏差是相同的，可认为可靠程度是同样的，并取所有测量数据的算术平均值作为最后测量结果。在不等精度测量中，测量数据的标准偏差不相同，即各个测量结果的可靠程度不一样，因而不能简单地取各测量结果的算术平均值作为最后测量结果，应让可靠程度大的测量结果在最后结果中占的比重大一些，可靠程度小的占比重小一些。各测量结果的可靠程度可用一数值来定量表示，此数值就称为该测量结果的"权"，记为 W。因此测量结果的权可理解为，当它与另一些测量结果比较时，对该测量结果所给予的信赖程度。

由于测量数值 x_i 的标准偏差 σ_i 越小，可靠度越高，所以权 W_i 定义为

$$W_i = \frac{\lambda}{S_i^2}$$

式中，λ 为常数，它是使权值化为整数时所乘的系数，它不改变各测量值之间的权的比值。所以，权值与标准偏差的平方成反比。

2）加权平均值。在不同测量条件下，对某一量 X 进行了 m 次测量，测得的数据分别为 $x_1, x_2, \cdots, x_m$，对应的权分别为 $W_1, W_2, \cdots, W_m$（或对应的标准偏差估计值为 $\sigma_1, \sigma_2, \cdots, \sigma_m$），那么如何根据这些数据估计 X 的数值呢？显然这时仍用 $\overline{x} = \frac{1}{m}\sum_{i=1}^{m} x_i$ 来估计肯定是不合适了。因为各数据不是等精度的，不应受到相同的对待。

下面介绍一种求不等精度测量估计值的公式的方法。它是一种将不等精度测量等效为等精度测量的处理方法，基本思想是将每个权 W_j 的测量值 x_j 都看成是 W_j 次等精度测量的平均值（若权 W_j 不为整数也不影响问题的讨论，因为可以想象把各个权同乘一个系数，就能设法近似地把各权都变成整数）。例如，3 次不等精度测量 x_1、x_2、x_3 的权分别为 3、5、2，它们的权不相同可能是由于仪器精密度不同、测量方法不同等很多因素造成的，但可以把它等效为共有 $(3+5+2)=10$ 次等精度的测量，x_1、x_2、x_3 分别是其中 3、5、2 次等精度测量的平均值。若每次等精度测量的方差为 σ^2，则三组平均值权的比为

$$W_1 : W_2 : W_3 = \frac{\lambda}{s_1^2} : \frac{\lambda}{s_2^2} : \frac{\lambda}{s_3^2}$$

$$= \frac{\lambda}{s^2/3} : \frac{\lambda}{s^2/5} : \frac{\lambda}{s^2/2}$$

$$= 3 : 5 : 2$$

这样就把不等精度的测量等效为等精度的测量了。对等精度的测量前面已经作过较详细的讨论，因而容易得出所需的结论。同时，由于这种等效关系是可逆的，即不同次数等精度测量的平均值也可以等效于不同权的不等精度测量，因而用这种方法导出的结论不失一般性。下面就用这种方法讨论上述 X 的估计值。

首先把 m 次不等精度测量等效为 $n = \sum_{j=1}^{m} W_j$ 次等精度测量，各测量值 x_j 等效为 W_j 次等精度测量的平均值，不等精度测量值与其权乘积的和 $\sum_{j=1}^{m} W_j x_j$ 等效于 n 次等精度测量值之和 $\sum_{i=1}^{n} x_i$，即 $\sum_{j=1}^{m} W_j x_j = \sum_{i=1}^{n} x_i$。这样 X 的 m 次不等精度测量的平均值就等效为 n 次等精度测量的平均值，即由 $\bar{x} = \frac{1}{n}\sum_{i=1}^{n} x_i$ 得到 m 次不等精度测量结果的加权平均值 $\bar{x}$ 为

$$\bar{x} = \frac{\sum_{j=1}^{m} W_j x_j}{\sum_{j=1}^{m} W_j} \tag{2-49}$$

式中，$\sum_{j=1}^{m} W_j$ 为等效于全部等精度测量的次数 n，$\sum_{j=1}^{m} W_j x_j$ 为等效于全部等精度测量值的和 $\sum_{i=1}^{n} x_i$。在等精度测量中，σ_j 相等，W_j 也相等，$\bar{x} = \frac{1}{n}\sum_{i=1}^{n} x_i$ 就是加权平均值的特例。一般用式 (2-49) 来计算不等精度或者说不等权测量的估计值，即

$$\hat{x} = \frac{\sum_{j=1}^{m} W_j x_j}{\sum_{j=1}^{m} W_j} = \frac{\sum_{j=1}^{m} \frac{x_j}{\sigma_j^2}}{\sum_{j=1}^{m} \frac{1}{\sigma_j^2}} \tag{2-50}$$

【例 2-20】 已知 X 的三个不等精度测量值分别为 $x_1 = 10.2$，$x_2 = 10.0$，$x_3 = 10.4$，它们的权分别为 3、5、2，求 X 的估计值。

解：由式 (2-50) 可得

$$\hat{x} = \frac{\sum\limits_{j=1}^{m} W_j x_j}{\sum\limits_{j=1}^{m} W_j} = \frac{10.2 \times 3 + 10.0 \times 5 + 10.4 \times 2}{3 + 5 + 2} = 10.14$$

3) 加权平均值的标准偏差。加权平均值的标准偏差 $\sigma(\bar{x})$ 可由标准偏差合成公式推导得

$$\sigma^2(\bar{x}) = \frac{1}{\sum\limits_{i=1}^{m} \frac{1}{\sigma_i^2}} = \frac{\lambda}{\sum\limits_{i=1}^{m} W_i} \qquad (2\text{-}51)$$

若对同一被测量进行 m 组不等精度测量，可得到 m 个测量结果。由各组测量结果的残余误差 $v_{\bar{x}} = x_i - \bar{x}$，求加权算术平均值的标准差。经推导可得

$$\sigma(\bar{x}) = \sqrt{\frac{\sum\limits_{i=1}^{m} w_i v_{\bar{x}}^2}{(m-1) \sum\limits_{i=1}^{m} w_i}} \qquad (2\text{-}52)$$

在知道了各不等精度测量值的标准偏差后，可以直接求出加权平均值及其标准偏差。最后测量结果可表示为 $A = \bar{x} \pm k \cdot \sigma(\bar{x})$（单位）。在有限次测量时，可用标准偏差的估计值 s_i 代替 σ_i 进行计算。

【例 2-21】用两种方法测量某电压，第一种方法测量 6 次，其算术平均值 $\bar{U}_1 = 10.3\text{V}$，标准偏差 $\sigma(\bar{U}_1) = 0.2\text{V}$；第二种方法测量 8 次，其算术平均值 $\bar{U}_2 = 10.1\text{V}$，标准偏差 $\sigma(\bar{U}_2) = 0.1\text{V}$。求电压的估计值和标准偏差。

解：取 $l = 1$，则两种测量值的权为

$$W_1 = \frac{\lambda}{\sigma^2(\bar{U}_1)} = \frac{1}{0.2^2} = \frac{1}{0.04} \qquad W_2 = \frac{\lambda}{\sigma^2(\bar{U}_2)} = \frac{1}{0.1^2} = \frac{1}{0.01}$$

则电压的估计值为 $U = \dfrac{W_1 \bar{U}_1 + W_2 \bar{U}_2}{W_1 + W_2} = \dfrac{\frac{1}{0.04} \times 10.3 + \frac{1}{0.01} \times 10.1}{\frac{1}{0.04} + \frac{1}{0.01}}\text{V} = 10.14\text{V}$

电压估计值的标准偏差为 $\sigma(\bar{U}) = \sqrt{\dfrac{\lambda}{\sum\limits_{i=1}^{2} W_i}} = \sqrt{\dfrac{1}{\frac{1}{0.04} + \frac{1}{0.01}}}\text{V} = \sqrt{0.008}\text{V} = 0.089\text{V}$

故测量结果为 $(10.14 \pm 3 \times 0.089)\text{V} = (10.14 \pm 0.27)\text{V}$（取置信系数 $k = 3$）。

(2) 不等精度直接测量的测量数据处理实例

【例 2-22】对某一炉温进行六组不等精度测量，各组测量结果见表 2-13，（假定各组测量结果中不存在系统误差和粗大误差），求最后的测量结果。

表 2-13 例 2-22 的数据表

组 号	1	2	3	4	5	6
测量结果/℃	1806	1810	1808	1816	1813	1809
测量次数 n	6	30	24	12	12	36

解：求最后的测量结果的步骤如下：

1) 求加权算术平均值 $\bar{x}$。

首先根据测量次数确定各组的权，有

$$W_1:W_2:W_3:W_4:W_5:W_6 = 6:30:24:12:12:36 = 1:5:4:2:2:6$$

$$\sum_{i=1}^{6} W_i = 20$$

再根据式（2-49）求加权算术平均值得

$$\bar{x} = \frac{1 \times 1806 + 5 \times 1810 + 4 \times 1808 + 2 \times 1816 + 2 \times 1813 + 6 \times 1809}{20} = 1810$$

2）求残差并校核。

由公式 $v_i = x_i - \bar{x}$ 得残差（单位℃）

$v_1 = -4$，$v_2 = 0$，$v_3 = -2$，$v_4 = 6$，$v_5 = 3$，$v_6 = -1$

校验，$\sum_{i=1}^{m} W_i v_i = -4 + 0 - 8 + 12 + 6 - 6 = 0$，故计算正确。

3）求加权算术平均值的标准差 $s(x)$。

根据式（2-52），得 $s(x)$ 为

$$\sigma(\bar{x}) = \sqrt{\frac{\sum W_i v_i^2}{(m-1)\sum_{i=1}^{m} W_i}} = \sqrt{\frac{1\times(-4)^2 + 5\times 0 + 4\times(-2)^2 + 2\times 6^2 + 2\times 3^2 + 6\times(-1)^2}{(6-1)\times 20}}℃ = 1.1℃$$

4）写出处理结果表达式。

因为该温度进行了六组共120个直接测得值，可认为该测量列服从正态分布，取置信因子 $k = 3$，则最后测量结果为 $x = \bar{x} \pm 3\sigma(\bar{x}) = (1810 \pm 3\times 1.1)℃ = (1810 \pm 3.3)℃$。

2.2.3 间接测量的误差及数据处理——测量误差的合成与分配

在第1章1.4.3节中指出，由于被测对象的特点，不能进行直接测量，或者直接测量难以保证测量精度，需要采用间接测量。间接测量是通过直接测量与被测量之间有一定函数关系的其他量，按照已知的函数关系式计算出被测量。因此间接测量的量是直接测量所得到的各个测量值的函数，而间接测量误差则是各个直接测得值误差的函数，故称这种误差为函数误差。例如，用间接法测电阻上消耗的功率，通常只需测得这个电阻的阻值、电阻两端的电压、流过电阻的电流这三项中的两项，然后计算出功率。这时，功率的误差就与各直接测量量的误差有关。又如，一套系统由若干个部件构成，系统的总误差与每个部件的误差相关，即为函数误差。研究函数误差，实质上就是研究总误差与各分误差之间的关系，即研究误差的传递问题，它们之间具有确定关系的误差传递公式。在实际测量中，一个被测量的误差可能来源于很多方面。又如用几个电阻串联或并联，则总电阻的误差就与每个电阻的误差相关。不管某项误差是由若干因素产生的或是由于间接测量产生的，只要某项误差与若干分项有关，这项误差就叫总误差，各分项的误差叫分项误差或部分误差，总误差和分项误差之间存在传递关系。

在测量工作中，常常需要从以下两个方面研究总误差与分项误差的关系：一方面是如何根据各分项误差来确定总误差，即误差合成问题；另一方面，当技术上对某量的总误差限定一定范围以后，如何确定各分项误差的数值，即误差的分配问题。正确地解决这两个问题，可把测量总误差降低到最小，设计出最佳的测量方案。

1. 测量误差的合成

（1）误差合成的一般公式——误差传递公式

在间接测量中，测量结果 y 是 m 个独立变量 x_1，x_2，$\cdots$，x_m 的多元函数，其表达式为

$$y = f(x_1, x_2, \cdots, x_m) \tag{2-53}$$

式中，x_1，x_2，$\cdots$，x_m 为各个直接测量值；y 为间接测量值。

设函数 y 的实际值为 y_0，即

$$y_0 = f(x_{01}, x_{02}, \cdots, x_{0m}) \tag{2-54}$$

式中，x_{01}，x_{02}，$\cdots$，x_{0m} 分别为各独立变量的实际值。

设独立变量 x_i 的绝对误差 $\Delta x = x_i - x_{0i}$ $\quad (i=1, 2, \cdots, m)$

则函数总误差 Δy 可以表示为

$$\Delta y = y - y_0 \tag{2-55}$$

当函数 y 在 y_0 的邻域内连续可导时，则函数 y 在 y_0 的邻域内可展开为泰勒级数，并略去高阶误差项，则有

$$y = y_0 + \frac{\partial f}{\partial x_1}\Delta x_1 + \frac{\partial f}{\partial x_2}\Delta x_2 + \cdots + \frac{\partial f}{\partial x_m}\Delta x_m \tag{2-56}$$

所以函数的绝对误差为

$$\begin{aligned}\Delta y &= \frac{\partial f}{\partial x_1}\Delta x_1 + \frac{\partial f}{\partial x_2}\Delta x_2 + \cdots + \frac{\partial f}{\partial x_m}\Delta x_m \\ &= \sum_{i=1}^{m}\frac{\partial f}{\partial x_i}\Delta x_i = \sum_{i=1}^{m}C_{\Delta i}\Delta x_i = \sum_{i=1}^{m}\Delta F_i\end{aligned} \tag{2-57}$$

式中，$\Delta F_i = \frac{\partial f}{\partial x_i}\Delta x_i = C_{\Delta i}\Delta x_i$ 为函数的绝对误差分量，有

$$C_{\Delta i} = \frac{\partial f}{\partial x_i} \tag{2-58}$$

由此表明：变量 x_i 对函数 y 的绝对误差传递系数 $C_{\Delta i}$，等于 y 对 x_i 的一阶偏导数。

根据相对误差的定义，函数 y 的相对误差为

$$\begin{aligned}\gamma_y &= \frac{\Delta y}{y} = \frac{1}{y}\sum_{i=1}^{m}\frac{\partial f}{\partial x_i}\Delta x_i = \sum_{i=1}^{m}\frac{1}{y}\frac{\partial f}{\partial x_i}\Delta x_i \\ &= \sum_{i=1}^{m}\frac{\partial \ln f}{\partial x_i}\Delta x_i = \sum_{i=1}^{m}C_{\gamma i}r_{x_i} = \sum_{i=1}^{m}\gamma_{F_i}\end{aligned} \tag{2-59}$$

式中，$\ln f$ 为函数 y 的自然对数；$\gamma_{F_i} = \frac{\partial \ln f}{\partial x_i}\Delta x_i = C_{\gamma i}\gamma_{x_i}$ 为函数 y 的相对误差分量，$\gamma_{x_i} = \Delta x_i / x_i$ 为变量 x_i 的相对误差，

$$C_{\gamma i} = x_i \frac{\partial \ln f}{\partial x_i} \tag{2-60}$$

式 (2-60) 表明，变量 x_i 对函数 y 的相对误差传递系数 $C_{\gamma i}$，等于函数 y 的对数对 x_i 的一阶偏导数乘以 x_i。式 (2-57) 和式 (2-59) 是误差合成的一般公式。假如各独立变量所产生的绝对误差分量为 ΔF_i，相对误差分量分别为 γ_{F_i}，则由这些误差分量综合影响而产生的函数总误差 Δy 和 γ_y 等于各误差分量的代数和。

从一般公式可看出，只要误差传递系数 $C_{\Delta i}$ 和 $C_{\gamma i}$ 已知，就可由分项误差 Δx_i 和 γ_{x_i} 方便地求出函数总误差。所以确定误差传递系数是误差合成的关键。在这里，传递系数的确定方法采用了微分确定法。微分确定法是利用函数各自变量的微分（导数）确定误差传递系数。它适合于确切知道函数的关系式，且函数 y 是各独立变量的显函数的场合，它是一种最常用的误差传递系数确定法。

（2）常用函数的合成误差

常用的和差、积、商、幂函数的合成误差见表2-14，其要点说明如下。

表 2-14 常用函数的合成误差

	函数形式	绝对误差合成	相对误差合成
函数一般式	$y = f(x_1, x_2)$	$\Delta y = \frac{\partial y}{\partial x_1}\Delta x_1 + \frac{\partial y}{\partial x_2}\Delta x_2$ $= C_{\Delta 1}\Delta x_1 \pm C_{\Delta 2}\Delta x_2$	$\gamma_y = \frac{\Delta y}{y} = x_1\frac{\partial y}{\partial x_1}\gamma_{x_1} + x_2\frac{\partial y}{\partial x_2}\gamma_{x_2}$ $= C_{\gamma_1}\Delta x_1 \pm C_{\gamma_2}\Delta x_2$
和差函数	$y = x_1 \pm x_2$ $y = ax_1 \pm bx_2$	$\Delta y = \Delta x_1 \pm \Delta x_2$ $\Delta y = a\Delta x_1 \pm b\Delta x_2$	$\gamma_y = \frac{x_1}{x_1 \pm x_2}\gamma_{x_1} + \frac{x_2}{x_1 \pm x_2}\gamma_{x_2}$ $\gamma_y = \frac{ax_1}{ax_1 \pm bx_2}\gamma_{x_1} + \frac{bx_2}{ax_1 \pm bx_2}\gamma_{x_2}$
积函数	$y = x_1 x_2$	$\Delta y = x_2\Delta x_1 + x_1\Delta x_2$	$\gamma_y = \gamma_{x_1} + \gamma_{x_2}$
商函数	$y = \frac{x_1}{x_2}$	$\Delta y = \frac{1}{x_2}\Delta x_1 + (-\frac{x_1}{x_2^2})\Delta x_2$	$\gamma_y = \gamma_{x_1} - \gamma_{x_2}$
幂函数	$y = kx_1^m x_2^n$	$\Delta y = kx_1^{m-1}x_2^{n-1}(mx_2\Delta x_1 + nx_1\Delta x_2)$	$\gamma_y = m\gamma_{x_1} + n\gamma_{x_2}$

1）用两个直接测量值的和（或差）来求第三个测量值时，其总的绝对误差等于各分项绝对误差相加（或相减）。因此，对于和差的函数关系，可根据合成误差的这一特点，直接采用绝对误差合成最简便。

2）用两个直接测量值的乘积（或商）来求第三个测量值时，其总的相对误差等于两个分项相对误差相加（或相减）。因此，对于积、商、幂的函数关系，可根据合成误差的特点，直接采用相对误差合成最简便。

3）当分项相对误差的符号不能确定，即 Δx_1 和 Δx_2，γ_{x_1} 和 γ_{x_2} 分别都带有"±"时，从最大误差的考虑出发，合成总误差 Δy 和 γ_y 需取各分项的 Δx 或 γ_x 的绝对值相加。即

$$\Delta y = \pm (|\Delta x_1| + |\Delta x_2|), \quad \gamma_y = \pm (|r_{x_1}| + |r_{x_2}|)$$

【例 2-23】已知 R_1 的绝对值误差是 ΔR_1，R_2 的绝对值误差是 ΔR_2，试分别求出两电阻串联和并联时的误差表达式。

解： 设串联时的总电阻为 $R_C = R_1 + R_2$

R_C 绝对误差为 $\Delta R_C = \Delta R_1 + \Delta R_2$

$$\gamma_{R_C} = \frac{1}{R_1 + R_2}(R_2\gamma_{R_1} + R_1\gamma_{R_2})$$

设并联时的总电阻为 R_B，则 $R_B = \frac{R_1 R_2}{R_1 + R_2}$

$$\frac{\partial R_B}{\partial R_1} = \frac{R_2^2}{(R_1 + R_2)^2}, \frac{\partial R_B}{\partial R_2} = \frac{R_1^2}{(R_1 + R_2)^2}$$

$$\Delta R_B = \frac{\partial R_B}{\partial R_1}\Delta R_1 + \frac{\partial R_B}{\partial R_2}\Delta R_2 = \frac{1}{(R_1 + R_2)^2}(R_2^2\Delta R_1 + R_1^2\Delta R_2)$$

$$\gamma_{R_B} = \frac{\Delta R_B}{R_B} = \frac{1}{R_1 + R_2}(R_2\frac{\Delta R_1}{R_1} + R_1\frac{\Delta R_2}{R_2}) = \frac{1}{R_1 + R_2}(R_2\gamma_{R_1} + R_1\gamma_{R_2})$$

【例2-24】用间接法测量某电阻 R 上消耗的功率，若电阻、电压和电流的测量相对误差分别为 γ_R，γ_U 和 γ_I，问所求功率的相对误差为多少？

解： 方法一，用公式 $P = IU$ 进行计算。

由式（2-57）得功率的绝对误差为

$$\Delta P = \frac{\partial P}{\partial I}\Delta I + \frac{\partial P}{\partial U}\Delta U = U\Delta I + I\Delta U$$

则功率的相对误差为 $\quad \gamma_P = \dfrac{\Delta P}{P} = \dfrac{U\Delta I}{UI} + \dfrac{I\Delta U}{UI} = \gamma_I + \gamma_U$

方法二，用公式 $P = U^2/R$ 进行计算。

由式（2-57）得功率的绝对误差为 $\quad \Delta P = \dfrac{\partial P}{\partial I}\Delta U + \dfrac{\partial P}{\partial R}\Delta R = \dfrac{2U\Delta U}{R} - \dfrac{U^2\Delta R}{R^2}$

则功率的相对误差为 $\quad \gamma_P = \dfrac{\Delta P}{P} = \dfrac{2U\Delta U/R}{U^2/R} + \dfrac{U^2\Delta R/R^2}{U^2/R} = \dfrac{2\Delta U}{U} - \dfrac{\Delta R}{R} = 2\gamma_I - \gamma_R$

方法三，用公式 $P = I^2R$ 进行计算。

由式（2-57）得功率的绝对误差为 $\Delta P = \dfrac{\partial P}{\partial I}\Delta I + \dfrac{\partial P}{\partial R}\Delta R = 2IR\Delta I + I^2\Delta R$

则功率的相对误差为 $\gamma_P = \dfrac{\Delta P}{P} = \dfrac{2IR\Delta I}{P} + \dfrac{I^2\Delta R}{I^2R} = \dfrac{2\Delta I}{I} + \dfrac{\Delta R}{R} = 2\gamma_I + \gamma_R$

从上例可以说明：

① 间接法测量中，采用不同的函数关系，其合成误差的传递公式是不同的。

② 对于和差函数，其合成误差可直接采用绝对误差合成的方法，较简单。

③ 对于积、商、幂的函数，其合成误差，可直接采用相对误差合成的方法，较简单。

（3）系统误差和随机误差的合成

1）系统误差的合成。由误差传递公式很容易求得确定性系统误差的合成值。由式（2-57）得

$$\Delta y = \frac{\partial f}{\partial x_1}\Delta x_1 + \frac{\partial f}{\partial x_2}\Delta x_2 + \cdots + \frac{\partial f}{\partial x_m}\Delta x_m$$

一般来说，各分项误差 Δx 由系统误差 ε 及随机误差 δ 构成，即

$$\Delta y = \frac{\partial f}{\partial x_1}(\varepsilon_1 + \delta_1) + \frac{\partial f}{\partial x_2}(\varepsilon_2 + \delta_2) + \cdots + \frac{\partial f}{\partial x_m}(\varepsilon_m + \delta_m) \quad (2\text{-}61)$$

若测量中各随机误差可以忽略，则总和的系统误差 ε_y 可由各分项的系统误差合成，即

$$\varepsilon_y = \sum_{i=1}^{m} \frac{\partial f}{\partial x_i}\varepsilon_i \quad (2\text{-}62)$$

若 ε_1，ε_2，$\cdots$，ε_m 为确定性系统误差，则可由上式直接求出总和的系统误差。对有各分项系统误差不能确定的情况，将放在测量不确定度的合成中讨论。

2）随机误差的合成。式（2-61）已给出

$$\Delta y = \varepsilon_y + \delta_y = \sum_{j=1}^{m} \frac{\partial f}{\partial x_j}(\varepsilon_j + \delta_j)$$

若各分项的系统误差为零，则可求得总和的随机误差为

$$\Delta y = \delta_y = \sum_{j=1}^{m} \frac{\partial f}{\partial x_j}\delta_j$$

随机误差的影响不能用一个随机误差 δ 值衡量，而要用方差或标准差来衡量，将上式两边平方得

$$\delta_y^2 = \sum_{j=1}^{m} \left(\frac{\partial f}{\partial x_j}\right)^2 \delta_j^2 + 2 \sum_{\substack{j \neq k, j=1-m}} \left(\frac{\partial f}{\partial x_j} \frac{\partial f}{\partial x_k} \delta_j \delta_k\right)$$

当进行了 n 次测量后,对上式由 $i=1,2,\cdots,n$ 求和,则

$$\sum_{i=1}^{n} \delta_{yi}^2 = \sum_{i=1}^{n} \sum_{j=1}^{m} \left(\frac{\partial f}{\partial x_j}\right)^2 \delta_{ji}^2 + \sum_{i=1}^{n} \sum_{\substack{j=1-m \\ k=1-m}}^{j \neq m} \left(\frac{\partial f}{\partial x_j} \frac{\partial f}{\partial x_k} \delta_{ji} \delta_{ki}\right)$$

若 x_1, x_2, $\cdots$, x_m 为相互独立的量,则 δ_{ji} 与 δ_{ki} 也互不相关, δ_{ji} 和 δ_{ki} 的大小和符号都是随机变化的,它们的积 $\delta_{ji}\delta_{ki}$ 也是随机变化的,当 $n\to\infty$ 时,各乘积项相互抵消的结果使上式第二项趋近于零。不考虑第二项以后,将上式两端同除以 n,则得

$$\frac{1}{n} \sum_{i=1}^{n} \delta_{yi}^2 = \sum_{j=1}^{m} \left(\frac{\partial f}{\partial x_j}\right)^2 \left(\frac{1}{n} \sum_{i=1}^{n} \delta_{ji}^2\right)$$

最后得到

$$\sigma^2(y) = \sum_{j=1}^{m} \left(\frac{\partial f}{\partial x_j}\right)^2 \sigma^2(x_j) \tag{2-63}$$

式(2-63)为已知各分项方差 $\sigma^2(x_j)$ 求总和方差 $\sigma^2(y)$ 的公式,值得提出的是式(2-63)仅适用于对 m 项相互独立的分项测量结果进行总和,因为在它的推导过程中假定各测量值相互独立,在 $n\to\infty$ 时 $\delta_{ji}\delta_{ki}$ 的 n 项和才趋于零。

比较式(2-62)及式(2-63)可见,确定性误差是按代数形式总和算出的,而随机误差是按几何形式总和算出的,几何合成法又叫方均根合成法或方和根合成法。

需要说明的是:式(2-57)、式(2-62)及式(2-63)常用在设计阶段中对传感器、测量仪器及系统等的误差所进行的基本分析与计算,以采取减少误差的相应措施。更严格和更准确地计算误差合成的方法,将在下面的测量不确定度理论中有关测量不确定度的合成中讨论。

2. 测量误差的分配

如果说上面讨论的由各分项误差合成总误差是误差传播的正问题,那么给定总误差后,如何将这个总误差分配给各分项,即对各分项误差应提出什么要求,就可以说是误差传播的反问题。这种制定误差分配方案的工作经常会遇到,但是当总误差给定后,由于存在多个分项,所以从理论上来说,误差分配方案可以有无穷多个。因此只可能在某些前提下进行分配,下面介绍一些常见的误差分配原则。

(1)等准确度分配

等准确度分配是指分配给各分项的误差彼此相同,即

$$e_1 = e_2 = \cdots = e_m; s(x_1) = s(x_2) = \cdots = s(x_m)$$

由式(2-62)及式(2-63)可以得到分配给各分项的误差为

$$\varepsilon_j = \frac{\varepsilon_y}{\sum_{j=1}^{m} \frac{\partial f}{\partial x_j}} \qquad j = 1, 2, \cdots, m \tag{2-64}$$

$$\sigma(x_j) = \frac{\sigma(y)}{\sqrt{\sum_{j=1}^{m} \left(\frac{\partial f}{\partial x_j}\right)^2}} \qquad j = 1, 2, \cdots, m \tag{2-65}$$

等准确度分配通常用于各分项性质相同(量纲相同)、大小相近的情况。

【例 2-25】 有一电源变压器如图 2-14 所示,已知一次绕组与两个二次绕组的匝数比 $N_{12}:N_{34}:N_{45}=1:2:2$,

用最大量程为 500V 的交流电压表测量二次绕组总电压，要求相对误差小于 ±2%，问应该选哪个级别的电压表？

解： 由于二次绕组 1 的电压 U_1 和二次绕组 2 的电压 U_2 均为 440V，二次绕组总电压 U 约为 880V，而电压表最大量程只有 500V，因此应分别测量二次绕组的电压 U_1 及 U_2，然后相加得二次绕组总电压，即 $U = U_1 + U_2$。

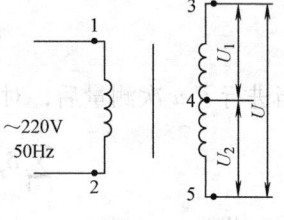

图 2-14 电源变压器

测量允许的最大总误差为

$$\Delta U = U \times (\pm 2\%) = \pm 17.6\text{V}$$

可以认为，测量误差主要是由电压表误差造成的，而且由于两次测量的电压值基本相同，可根据等准确度分配原则分配误差，则

$$\Delta U_i = \Delta U_1 = \Delta U_2 = \frac{\Delta U}{2} = \frac{\pm 17.6\text{V}}{2} = \pm 8.8\text{V}$$

用引用相对误差为 γ_m 的电压表测量电压时，若电压表的满刻度值为 $U_{\max}$，则可能产生的最大绝对误差为 $\Delta U_{\max} = \gamma_m U_{\max}$，这个数值应不大于每个二次绕组分配到的测量误差 ΔU_i，即要求

$$\gamma_m \leq \frac{\Delta U_i}{U_{\max}} = \frac{8.8}{500} = 1.76\%$$

可见，选用 1.5 级的电压表能满足测量要求。

(2) 等作用分配

等作用分配是指分配给各分项的误差在数值上虽然不一定相等，但它们对测量误差总合的作用或者说对总合的影响是相同的，即

$$\frac{\partial f}{\partial x_1}\varepsilon_1 = \frac{\partial f}{\partial x_2}\varepsilon_2 = \cdots = \frac{\partial f}{\partial x_m}\varepsilon_m$$

$$\left(\frac{\partial f}{\partial x_1}\right)^2 \sigma^2(x_1) = \left(\frac{\partial f}{\partial x_2}\right)^2 \sigma^2(x_2) = \cdots = \left(\frac{\partial f}{\partial x_m}\right)^2 \sigma^2(x_m) \tag{2-66}$$

由式 (2-62) 及式 (2-63) 可求出应分配各项的误差为

$$\varepsilon_j = \frac{\varepsilon_y}{m \dfrac{\partial f}{\partial x_j}} \tag{2-67}$$

$$\sigma(x_j) = \frac{\sigma(y)}{\sqrt{m}\left|\dfrac{\partial f}{\partial x_j}\right|} \tag{2-68}$$

【例 2-26】 通过测电阻上的电压、电流值，间接测电阻上消耗的功率。已测出电流为 100mA，电压为 3V，算出功率为 300mW，若要求功率测量的系统误差不大于 5%，随机误差的标准偏差不大于 5mW，问电压和电流的测量误差多大时才能保证上述功率误差的要求。

解： 按题意功率测量允许的系统误差为

$$\varepsilon_P < 300\text{mW} \times 5\% = 15\text{mW}$$

按等作用分配原则，分配给电流测量系统的系统误差可由式 (2-67) 求得

$$\varepsilon_I \leq \frac{\varepsilon_P}{2\dfrac{\partial(IU)}{\partial I}} = \frac{15}{2 \times 3}\text{mA} = 2.5\text{mA}$$

同理，分配给电压测量系统的系统误差为

$$\varepsilon_U \leq \frac{\varepsilon_P}{2\dfrac{\partial(IU)}{\partial U}} = \frac{15}{2 \times 100}\text{mV} = 75\text{mV}$$

由上面的计算结果可以计算出由于电流测量误差和电压测量误差对功率测量造成的影响 $(\partial P/\partial I)\varepsilon_I$ 与 $(\partial P/\partial U)\varepsilon_U$ 的最大允许数值相等，均为 $\varepsilon_P/2 = 7.5\text{mW}$，这正体现了等作用分配原则。

下面分配随机误差。由式(2-68)得

$$\sigma(I) = \frac{\sigma(P)}{\sqrt{2}\left|\frac{\partial P}{\partial I}\right|} = \frac{5\text{mW}}{\sqrt{2} \times 3\text{V}} = 1.18\text{mA} \approx 1.2\text{mA}$$

$$\sigma(U) = \frac{\sigma(P)}{\sqrt{2}\left|\frac{\partial P}{\partial U}\right|} = \frac{5\text{mW}}{\sqrt{2} \times 100\text{mA}} = 35.4\text{mV} \approx 35\text{mV}$$

由上面的计算结果也容易算出,电流和电压的随机误差对功率随机误差的影响 $(\partial P/\partial I)^2\sigma^2(I)$ 与 $(\partial P/\partial U)^2\sigma^2(U)$ 也相同,体现了随机误差也是按等作用原则分配的。

在按等作用分配原则进行误差分配以后,可根据实际测量时各分项误差达到给定要求的困难程度适当调整,在满足总误差要求的前提下,对不容易达到要求的分项适当放宽分配的误差,而对容易达到要求的分项,则可适当把分给的误差再改小些,以使各分项测量的要求不会难易不均。

(3) 抓住主要误差项进行分配

当各分项误差中第 k 项误差特别大时,按照微小误差准则,若其他项对总和的影响可以忽略,这时就可以不考虑次要分项的误差分配问题,只要保证主要项的误差小于总合的误差即可,即当

$$\frac{\partial f}{\partial x_k}\delta_k \geqslant \sum_{j \neq k} \frac{\partial f}{\partial x_j}\sigma^2(x_j)$$

$$\left(\frac{\partial f}{\partial x_k}\right)^2\sigma^2(x_k) \geqslant \sum_{j \neq k} \frac{\partial f}{\partial x_j}\sigma^2(x_j)$$

时,就可以只考虑主要项的影响,即

$$|\varepsilon_k| < \left|\frac{\varepsilon_y}{\frac{\partial f}{\partial x_k}}\right| \tag{2-69}$$

$$\sigma(x_k) < \frac{\sigma(y)}{\left|\frac{\partial f}{\partial x_k}\right|} \tag{2-70}$$

主要误差项可以是若干项,这时可把误差在这几个主要误差项中分配,对影响较小的次要误差项则可不予考虑或酌情分给少量误差比例。

3. 最佳测量方案的选择

对于实际测量,通常希望测量的准确度越高,即误差的总合越小越好。所谓测量的最佳方案,从误差的角度来看,就是要做到

$$\varepsilon_y = \sum_{j=1}^{m} \frac{\partial f}{\partial x_j}\varepsilon_j = \varepsilon_{y\min} \tag{2-71}$$

$$\sigma^2(y) = \sum_{j=1}^{m} \left(\frac{\partial f}{\partial x_j}\right)^2\sigma^2(x_j) = \sigma^2(y)_{\min} \tag{2-72}$$

当然,若能使上述各式中的每一项都能达到最小,总误差就会最小。有时通过选择合适的测量点能满足这一要求,但是通常各分项误差 ε_j 及 $\sigma(x_j)$ 是由一些客观条件限定的,所以选择最佳方案的方法一般只是根据现有条件,了解各分项误差可能达到的最小数值,然后比较各种可能的方案,选择合成误差最小者作为现有条件下"最佳"的方案。

由前述误差传递公式可知,要使测量误差最小可以从以下两方面考虑。

(1) 选择最有利的函数形式

一般情况下，直接测量的项数越少，则合成误差也会越小，所以在间接测量中，如果可由不同的函数公式来表示，则应选取包含测量值数目最少的函数公式来表示；若不同的函数公式所包含的测量值数目相同，则应选取误差较小的测量值的函数公式。

【例 2-27】 测量电阻 R 消耗的功率时，可间接测量电阻值 R、电阻上的电压 U、流过电阻的电流 I，然后采用不同的方案来计算功率。设电阻、电压、电流测量的相对误差分别为 $\gamma_R = \pm 1\%$，$\gamma_U = \pm 2\%$，$\gamma_I = \pm 2.5\%$，问采用哪种测量方案较好？

解：由【例 2-24】可知，题中间接测量电阻消耗的功率可采用三种方案，各种方案功率相对误差如下。

方案 1：$P = UI$

$$\gamma_P = \gamma_I + \gamma_U = \pm (2.5\% + 2\%) = \pm 4.5\%$$

方案 2：$P = U^2/R$

$$\gamma_P = 2\gamma_U - \gamma_R = \pm (2 \times 2\% + 1\%) = \pm 5\%$$

方案 3：$P = I^2 R$

$$\gamma_P = 2\gamma_I + \gamma_R = \pm (2 \times 2.5\% + 1\%) = \pm 6\%$$

可见，在题中给定的各分项误差条件下，选择方案 1 所得总的测量误差最小，所以，用测量电压和电流来计算功率比较合适。上例中的结论是在题中给定的条件下得出的。当条件不同时，导致的结论也可能不同。

（2）使各个测量值对误差函数的传递系数为零或最小

由函数公式即式（2-57）、式（2-59）可知，若使误差传递系数 $C_{\Delta i}$、$C_{\gamma i}$ 为零或为最小，则合成误差可相应减小。根据这个原则，对某些测量，尽管有时不可能达到使 $C_{\Delta i}$、$C_{\gamma i}$ 为零的测量条件，但应设法减小 $C_{\Delta i}$、$C_{\gamma i}$。

以上是从误差方面考虑的最佳测量方案的选择，实际测量中的最佳方案，除了要考虑误差大小外，还要考虑测量的经济性、可靠性及操作的方便性等。

2.2.4 组合测量的误差及数据处理——曲线拟合与回归分析

1. 问题的提出

前面所讨论的误差与数据处理的内容，其目的在于寻求被测量的最佳估计值及其精度。在实际中还有另一类问题，即误差与数据处理的目的并不在于寻求被测量的最佳估计值，而是为了寻求两个变量或多个变量之间的内在关系。这些变量之间有着相互联系、互相依存的关系。例如，电池电压随时间的改变，晶体管电流放大系数随电压的变化，测量仪器的零点随温度的漂移，传感器的输入-输出特性等。为了获取或寻找、确定或验证变量 y 和 x 之间的关系（见图 2-15），不是通过理论计算，往往要通过实验的方法，即通过实测的方法，施加不同的 x 值测出相应的响应 y 值，然后根据测得数据可画出 y 与 x 之间的关系曲线。然而，由于测量中随机误差的影响，一种确定性和不确定性因素共同作用的结果，使实测结果中表现出的变量之间的关系就不那么简单，而呈现出了一个较复杂的关系。

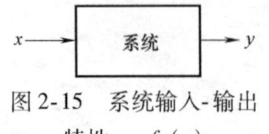

图 2-15 系统输入-输出特性 $y = f(x)$

此外，一个传感器、测量仪器或测量系统，必须进行标定或使用中定期进行校准。标定的主要作用是：①确定测量系统的输入-输出关系，赋予测量系统分度值；②确定测量系统的静态特性指标；③消除系统误差，改善测量系统的正确度。标定或校准是一个很重要的计量工作。在这类测试工作中对测量误差及数据处理提出了如下几个问题：在标定过程中，虽

然令 x 为一个可以精确控制并且 y 为一个可以精确观察的量,但是由于随机误差的影响,通常会使 y 值变成一个随机变量,其数据出现分散性。这样,测量数据点 (x_1, y_1),(x_2, y_2),…,(x_n, y_n) 做成图形,往往不在一条光滑的曲线上,如图 2-16 所示。若把各测量数据点直接连接起来,将成为一条折线或波动甚多的曲线,显然这样的处理是不恰当的,因为它不符合 y 与 x 之间关系的客观规律。

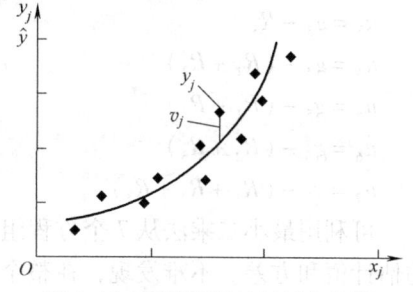

图 2-16 根据测量结果拟合曲线

那么应该用一条什么样的曲线或者说用一个什么样的表达式来描述 y 与 x 之间的关系才合适呢?由于数据点的分散性是由随机误差引起的,解决的办法是进行大量的测量,应用数学物理方法或数学统计理论来寻求物理量之间的客观规律(函数关系),例如,对这些数据点进行平均化处理,使之变成一条光滑和均匀的曲线,这就是本节中要讨论的曲线的拟合和回归分析的问题。

上述问题也是组合测量的数据处理中所要解决的问题,在第 1 章的 1.4.3 节讲过,组合测量是在一系列直接测量的基础上,通过求解联立方程组而获得测量结果的一种测量方法。在组合测量中,通常使联立方程组的个数 n 和被测量的个数 m 相等,以获得被测量的一组解。众所周知,各直接测量数据不可避免地存在随机误差,显然,以这些直接测量数据为基础的联立方程组的解,即测量结果必然也会存在一定的随机误差,那么,组合测量结果的随机误差分量的影响又如何减小,如何评价呢?当 $n = m$ 时,因只能获得被测量的一组确定解,由于随机误差的偶然性,故随机误差分量的影响无法减小和评价。如果要减小其影响,人们自然而然会想到等精度重复测量,即令 $n > m$。例如,在 $R_t = R_{20} + a(t-20) + b(t-20)^2$ 中,R_{20}、a、b 为三个不可直接测量的未知量,但它们与可直接测量的量 R_t 之间有函数关系,为了确定 R_{20}、a、b 的值,只需要在三种温度 t_1、t_2、t_3 下各进行一次 R_t 的测量,从三个联立方程组即可求得。为了提高测量精度,利用抵偿性减小随机误差的影响,采用增加测量点数 n($n>3$),这样方程个数多于未知量个数,这种场合下又如何通过数据处理,求解 R_{20}、a、b 等参数的最可信赖估计值呢?

在精密测量中,有时会遇到同时测量若干个相互独立的物理量,如有 m 个标准量具的比对。若要达到一定的测量准确度,常规办法是对每个量只进行 n 次等精度重复测量,这必然使得测量总次数过多($m \times n$ 次)、测量过程太长。如果巧妙地进行组合测量,可获得事半功倍的效果。例如,欲精密测量 3 个标准电阻 R_1、R_2 和 R_3,可采取如下步骤测量 7 次:

① 测量 R_1,读数为 g_1,即 $g_1 = R_1$;
② 测量 R_2,读数为 g_2,即 $g_2 = R_2$;
③ 测量 R_3,读数为 g_3,即 $g_3 = R_3$;
④ 测量 R_1 和 R_2 串联值,读数为 g_4,即 $g_4 = R_1 + R_2$;
⑤ 测量 R_1 和 R_3 串联值,读数为 g_5,即 $g_5 = R_1 + R_3$;
⑥ 测量 R_2 和 R_3 串联值,读数为 g_6,即 $g_6 = R_2 + R_3$;
⑦ 测量 R_1、R_2 和 R_3 的串联值,读数为 g_7,即 $g_7 = R_1 + R_2 + R_3$。

实际上,7 次测量的测得值 y 与实际值之间均有误差,这样得到 7 个误差方程为

$u_1 = g_1 - R_1$
$u_2 = g_2 - R_2$

$u_3 = g_3 - R_3$

$u_4 = g_4 - (R_1 + R_2)$

$u_5 = g_5 - (R_1 + R_3)$

$u_6 = g_6 - (R_2 + R_3)$

$u_7 = g_7 - (R_1 + R_2 + R_3)$

可利用最小二乘法从 7 个方程组中求 R_1、R_2 和 R_3 三个未知量，求出三个被测标准电阻的估计值和方差。不难发现，在整个 7 次组合测量过程中，每个标准电阻均测过 4 次，从测量理论来说，上述测量结果的准确度和每个标准电阻单独测量 4 次的准确度是相同的。这就是说，这里用 7 次组合测量，达到了通常需要 12 次单独测量的准确度。

总之，通过组合测量和函数关系测量获得的误差方程组，需要进行回归分析等数据处理，将用到以最小二乘法为代表的一些处理方法，本节将讨论这些方法。

2. 图解法

图解法是把互相关联的实验数据按照自变量和因变量的关系在适当的坐标中绘制成几何图形，用以表示被测量的变化规律和相关变量之间的关系。曲线描绘时应注意以下几类问题：

1）合理分布。常采用直角坐标系，一般从零开始，但也可以稍低于最小值的某一整数为起点，用稍高于最大值的某一整数作终点，使所作图形能占满直角坐标系的大部分为宜。

2）正确选择坐标分度。坐标分度的粗细与实验数据的精度相适应，即坐标的最小分度以不超过数据的实测精度为宜，过细或过粗都是不恰当的，分度过粗，将影响图形的读数精度；分度过细，则图形不能明显表现甚至会严重歪曲测试过程的规律性。

3）灵活采用特殊坐标形式。有时根据自变量和因变量的关系，为了使图形尽量成为一条直线或要求更清楚的显示曲线某一区段的特性时，可采用非均匀分度或将变量加以变换。如描述幅频特性的伯德（Bode）图，横坐标可用对数坐标，纵坐标采取分贝数。

4）正确绘制图形。绘制图形的方法有两种：如数据的数量过少且不是以确定变量间的对应关系时，则可将各点用直线连成折线图形，如图 2-17a 所示；或画成离散谱线，如图 2-17b 所示。当实验数据足够密且变化规律明显时，可用光滑曲线（曲线修匀）表示，如图 2-17c 所示。曲线不应当有不连续点，应当光滑匀整，并尽可能多地与实验点接近，但不必强求通过所有的点，尤其是实验范围两端的那些点。曲线两侧的实验点分布尽量相等，以便使其分布尽可能符合最小二乘法原则。

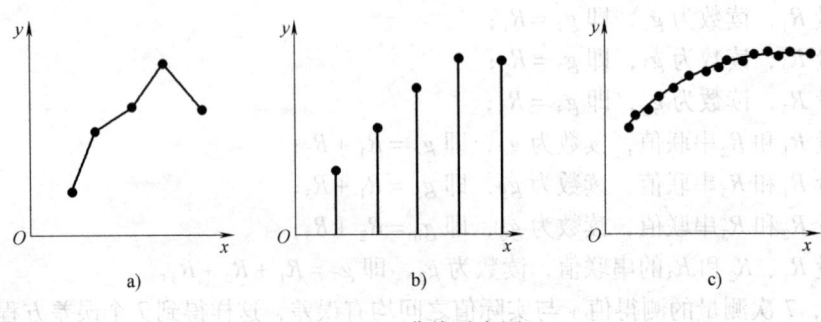

图 2-17　曲线示意图

实验曲线的修匀通常采用平滑法和分组平均法。

（1）平滑法

如图 2-18a 所示，先将实验数据 (x_i, y_i) 标在坐标上，再将 (x_i, y_i) 各点用折线依次相连，然后从起点到终点作一条平滑曲线，使其满足以下等量关系

$$\sum S_i = \sum S_i' \tag{2-73}$$

式中，$\sum S_i$ 为曲线以上的面积和；$\sum S_i'$ 为曲线以下的面积和。

（2）分组平均法

如图 2-18b 所示，将所有实验数据 (x_i, y_i) 标在坐标上，先把数据点进行分组，用相邻的两个数据一组，标出两个数据点连线的中点，再将所有中点连成一条光滑的曲线；或用 3 个数据连线的三角形的几何重心点连成一条光滑曲线。由于取中点（或重心点）的过程就是取平均值的过程，所以减小了随机误差的影响。

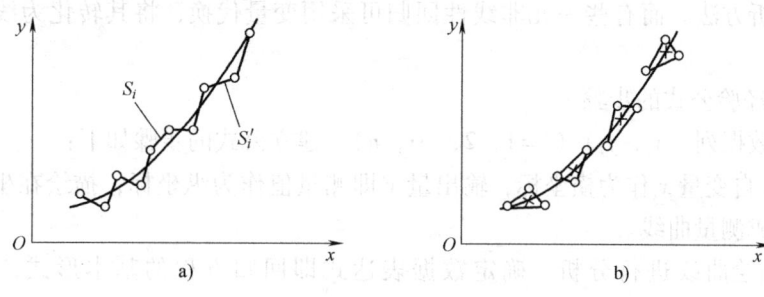

图 2-18 测量结果的图形描述

测量数据的曲线图示法，最大优点是形象、直观，从图形中可以很直观地看出函数的变化规律，数据中的极值点、转折点、周期性和变化率等，它常用于要求不太高的场合，图示法没有给出所画曲线的数学表达式，因而不能进行数学分析，不便用计算机进行数据处理。

3. 经验公式法

（1）基本概念

通过实验获得的一系列数据，不仅可用图表法表示出函数之间的关系，且可用与图形相对应的数学公式来描述函数之间的关系，从而进一步用数学分析的方法来研究这些变量之间的关系。该数学表达式称为经验公式，又称为回归方程。建立回归方程是通过对实验数据的计算，采用数理统计的回归分析方法，确定它们之间的数量关系，即用数学表达式（回归方程）表示各变量之间关系。有时又把这种经验公式称为数学模型。例如在图 2-19 中，根据测量数据 (x_i, y_i) $(i = 1, 2, \cdots, n)$ 描点，分析出 x 和 y 之间可近似为线性关系，所以数学模型为一直线方程 $y = b_0 + b_1 x$。

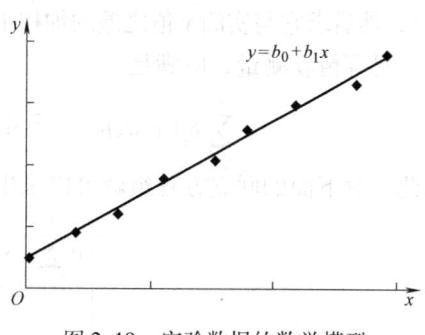

图 2-19 实验数据的数学模型

如果能对每个 x_i 测量出足够多（理论上为无穷多）个 y_i，并求出当 $x = x_i$ 时它的数学期望 $M(y_i)$，则可消除随机误差的影响。选取不同的 x_i，求出对应的 $M(y_i)$，用 x_i

与 $M(y_i)$ 的关系画出的曲线或找出的关系式将是比较理想的。这样作出的曲线称为 y 对 x 的回归曲线。描述该曲线的方程叫回归方程。

实际中当对应每个 x_i 只测一次或有限次 y_i 的情况下，随机误差的影响就不可避免了。这时应该运用最小二乘法原理来估计回归方程中的参数，即代入所估计的参数后，回归方程应使残差的平方加权和最小，在等精度测量中应使残差的平方和最小。

要想建立一个能正确表达测量数据函数关系的公式是不容易的，这在很大程度上取决于测量人员的经验和判断能力，有时需要多次反复才能得到与测量数据接近的公式。通常可以用回归方程的标准偏差来表示回归方程的 A 类标准不确定度。标准偏差越小，就表示回归方程对测量数据拟合得越好。

根据变量个数的不同及变量之间关系的不同，分为一元线性回归（直线拟合）、一元非线性回归（曲线拟合）、多元线性回归和多项式回归等。其中一元线性回归最常见，也是最基本的回归分析方法。而有些一元非线性回归可采用变量代换，将其转化为线性回归方程来解。

(2) 建立经验公式的步骤

已知测量数据列 (x_i, y_i) $(i=1, 2, \cdots, n)$，建立公式的步骤如下：

1) 将输入自变量 x_i 作为横坐标，输出量 y_i 即测量值作为纵坐标，描绘在坐标纸上，并把数据点描绘成测量曲线。

2) 对所描绘曲线进行分析，确定数据表达式即回归方程的基本形式，有下述几种类型：

① 直线，可用一元线性回归方法确定直线方程。

② 某种类型曲线，则先将该曲线方程变换为直线方程，然后按一元线性回归方法处理。

③ 如果测量曲线很难判断属于何种类型，这可以按曲线多项式回归处理，即用幂级数的前 n 项去逼近。

3) 由测量数据确定拟合方程（公式）中的常量，采用最小二乘法。

根据最小二乘法原理，在选定了回归方程的形式以后，式中各常系数及常数的估计值应这样确定：根据实测的各 x_i 值代入回归方程，求出 y 值（这时 y 值中包含了待估计参数 a、b 等），然后求它与实测 y_i 值之差的加权平方和，并令加权平方和最小，即可求出待估计的参数。

对等精度测量，应满足

$$\sum_{j=1}^{m} \delta_j(x; a, b, \cdots)^2 = \sum_{j=1}^{m} [y_j - f(x_j; a, b, \cdots)]^2 \text{ 取最小值}$$

因此，解下面的联立方程组就可以求出 a、b 等的估计值。

$$\begin{cases} \dfrac{\partial \sum\limits_{j=1}^{m} [y_j - f(x_j; a, b, \cdots)]^2}{\partial a} = 0 \\ \dfrac{\partial \sum\limits_{j=1}^{m} [y_j - f(x_j; a, b, \cdots)]^2}{\partial b} = 0 \\ \vdots \end{cases} \quad (2\text{-}74)$$

式 (2-74) 称为正规方程。

4) 检验所确定的方程的准确性。如果此方程是由曲线方程变换得来，则应先把拟合直线方程反变换为原先的曲线方程再进行检验。

① 测量数据中的自变量代入拟合方程计算出函数值 y'。

② 计算拟合残差 ν_i,$\nu_i = y_i - y'_i$。

③ 计算拟合曲线的标准偏差,即

$$\sigma = \sqrt{\frac{\sum \nu_i^2}{n-m}} \tag{2-75}$$

式中,m 为拟合曲线未知数个数;n 为测量数据列长度。

④ 如果标准偏差很大,说明所确定的公式基本形式有错误,应建立另外形式的公式重做。

4. 一元线性回归

一元线性回归是最基本的回归方法,也是最常用的回归方法之一。

(1) 线性相关

在测试结果的分析中,相关的概念非常重要。所谓相关指变量之间具有某种内在的物理联系。对于确定信号来说,两个变量之间可用函数关系来描述,两者一一对应。而两个随机变量之间不一定具有这样的确定性关系,可通过大量统计分析发现它们之间是否存在某种相互关系或内在的物理联系。现讨论两个随机变量 x、y 两个数值对的总体。每一对值在 xy 坐标中用一个点表示。

图 2-20a 中,各对 x 和 y 值之间没有明显的关系,两个变量是不相关的。图 2-20b 中 x 和 y 具有确定关系,大的 x 对应大的 y 值,小的 x 对应小的 y 值,所以说这两个变量是相关的。如希望用直线形式来表示 x 和 y 的近似函数关系,则可使 y 的实际值和用直线来近似的 y 预计值之差的均方值为最小。

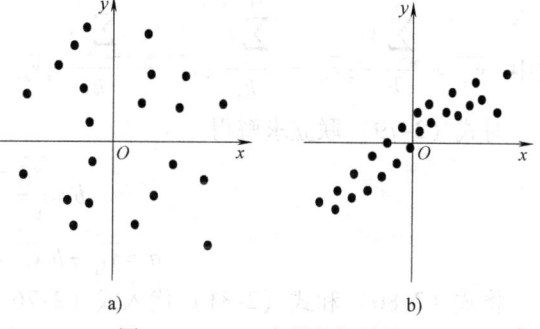

图 2-20 x、y 变量的相关性
a) x 与 y 不相关 b) x 与 y 相关

(2) 线性回归方程的确定

设两变量之间的关系为 $y = f(x)$,并有一系列测量数据 (x_i, y_i) $(i = 1, 2, \cdots, n)$,若上列数据相互间基本上是线性关系,则可用线性方程来表示,即

$$y = a + bx \tag{2-76}$$

式 (2-76) 直线方程就称为上述测量数据的拟合方程。所谓直线拟合,实际上就是根据一系列测量数据通过数学处理确定相应的直线方程,更确切地说是要求得直线方程中的两个常量 a 和 b。拟合方法常用的有"端点连线法"、"平均法"和"最小二乘法"三种。

1) 端点连线法。将上述测量数据中的两个端点值,即起点和终点值 (x_1, y_1) 和 (x_n, y_n) 代入式 (2-76) 求常数 a 和 b,也就是用两个端点连成的直线来代表所有的测量数据,代入后得

$$y_1 = a + bx_1$$
$$y_n = a + bx_n$$

解以上联立方程得

$$b = \frac{y_n - y_1}{x_n - x_1} \tag{2-77}$$

$$a = y_n - bx_n \tag{2-78}$$

将所求得的 a 和 b 代入式（2-76），即得到端值法拟合的线性方程。这种拟合没有减小随机误差的影响。

2）平均法。将全部测量数据分别代入 $y = a + bx$ 中，得

$$y_1 = a + bx_1$$
$$y_2 = a + bx_2$$
$$\vdots$$
$$y_n = a + bx_n$$

然后将上面 n 个方程分别分为两组，前半组 k_1 个和后半组 k_2 个 [n 为偶数时，$k_1 = k_2 = \frac{n}{2}$；n 为奇数时，$k_1 = (n+1)/2$，$k_2 = (n+1)/2$] 分别相加后得

$$\sum_{i=1}^{k_1} y_i = k_1 a + b \sum_{i=1}^{k_1} x_i \qquad \sum_{i=k_1+1}^{n} y_i = k_2 a + b \sum_{i=k_1+1}^{n} x_i$$

则有

$$\overline{y_{k_1}} = a + b\,\overline{x_{k_1}} \qquad \overline{y_{k_2}} = a + b\,\overline{x_{k_2}} \tag{2-79}$$

式中，$\overline{y_{k_1}} = \dfrac{\sum_{i=1}^{k_1} y_i}{k_1}$；$\overline{x_{k_1}} = \dfrac{\sum_{i=1}^{k_1} x_i}{k_1}$；$\overline{y_{k_2}} = \dfrac{\sum_{i=k_1+1}^{n} y_i}{k_2}$；$\overline{x_{k_2}} = \dfrac{\sum_{i=k_1+1}^{n} x_i}{k_2}$。

对式（2-79）联立求解得

$$b = \frac{\overline{y_{k_2}} - \overline{y_{k_1}}}{\overline{x_{k_2}} - \overline{x_{k_1}}} \tag{2-80}$$

$$a = \overline{y_{k_1}} - b\,\overline{x_{k_1}} = \overline{y_{k_2}} - b\,\overline{x_{k_2}} \tag{2-81}$$

将式（2-80）和式（2-81）代入式（2-76）即得用平均法拟合的线性方程。

从以上计算可以看出，平均法就是将全部测量数据分为前后两组，分别计算各组的平均值，所得 $(\overline{y_{k_1}}、\overline{x_{k_1}})$ 和 $(\overline{y_{k_2}}、\overline{x_{k_2}})$ 称为各组测量点的"点系中心"，这两个点系中心连成的直线方程，即为用平均法拟合的线性方程。

3）最小二乘法。

最小二乘法是误差分析和数据处理中有力的数学工具，应用最广泛。

假设有一组实测数据，含有 n 对 x_i、y_i 值，用回归方程来描述，即

$$\hat{y} = a + bx \tag{2-82}$$

由式（2-82）可计算出自变量 x_i 对应的回归值 $\hat{y}_i$ 与对应测量值 y_i 间的偏差，v_i 为

$$v_i = y_i - \hat{y}_i \tag{2-83}$$

通常该差值称为残差，表征了测量值与回归值的偏离程度。残差越小，测量值与回归值越接近。根据最小二乘法理论，若残差的平方和为最小，即

$$\sum_{i=1}^{n} v_i^2 = \sum_{i=1}^{n} (y_i - bx_i - a)^2 \text{ 最小} \tag{2-84}$$

则意味着回归的平均偏差程度最小，回归直线为最能代表测量数据内在关系的曲线。根据求极值的原理，对式（2-84）求 a 和 b 的偏导数，并分别令其为零，则有

$$\begin{cases} \dfrac{\partial \sum_{i=1}^{n} v_i^2}{\partial a} = -2\sum_{i=1}^{n}(y_i - bx_i - a) = 0 \\ \dfrac{\partial \sum_{i=1}^{n} v_i^2}{\partial b} = -2\sum_{i=1}^{n}x_i(y_i - bx_i - a) = 0 \end{cases} => \begin{cases} b\sum_{i=1}^{n}x_i + na = \sum_{i=1}^{n}y_i \\ b\sum_{i=1}^{n}x_i^2 + a\sum_{i=1}^{n}x_i = \sum_{i=1}^{n}x_iy_i \end{cases} \tag{2-85}$$

式（2-85）称为正规解，解此方程组，得

$$a = \dfrac{\sum_{i=1}^{n}x_i \sum_{i=1}^{n}x_iy_i - \sum_{i=1}^{n}y_i \sum_{i=1}^{n}x_i^2}{(\sum_{i=1}^{n}x_i)^2 - n\sum_{i=1}^{n}x_i^2}, \quad b = \dfrac{\sum_{i=1}^{n}x_i \sum_{i=1}^{n}y_i - n\sum_{i=1}^{n}x_iy_i}{(\sum_{i=1}^{n}x_i)^2 - n\sum_{i=1}^{n}x_i^2} \tag{2-86}$$

（3）回归效果的检验

当 x 和 y 之间不存在线性相关关系时，如果利用最小二乘法仍可以求得 x 和 y 的线性拟合方程 $y = kx_i + b$，这样求得的方程显然没有任何意义，因此需要对拟合方程的可信度或拟合效果进行检验，常用的方法是相关系数检验。相关系数的定义为

$$Q(x,y) = \dfrac{M[(x - M(x))(y - M(y))]}{s(x)s(y)}$$

若 $Q(x,y) = \pm 1$，这种情况为完全相关（线性相关），如图 2-21a 和图 2-21b 所示。一般情况下，如直线为正斜率，则 $0 \leq Q(x,y) \leq 1$ 表示 x 和 y 为正相关；如直线为负斜率，则有 $-1 \leq Q(x,y) \leq 0$，这表示 x 和 y 为负相关；如 $Q(x,y) = 0$，则表示 x 和 y 不相关，如图 2-21c 所示。可见相关系数表示 x 和 y 的相关程度。显然，相关系数越接近 1，x 和 y 的线性相关程度越高。

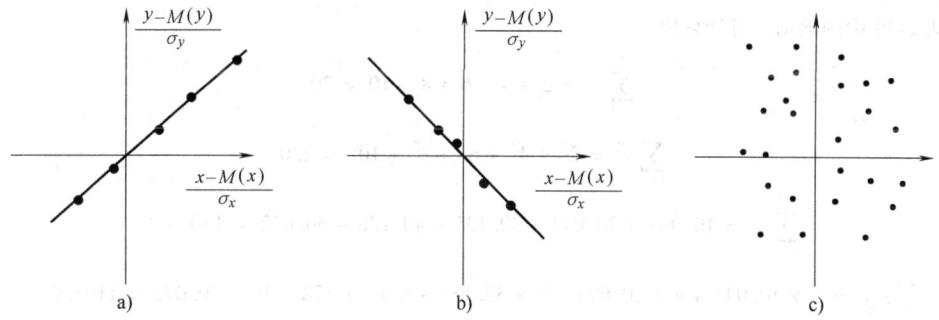

图 2-21 对应不同相关系数的回归线
a) $Q_{xy} = 1$ b) $Q_{xy} = -1$ c) $Q_{xy} = 0$

（4）回归方程的精度问题

用回归方程根据自变量 x 值，求因变量 y 的值，其精度如何，即测量数据中 y_i 和回归值 $\hat{y}_i$ 的差异可能有多大。一般用回归方程的剩余标准偏差 σ_y 来表征，即

$$\sigma_y = \sqrt{\dfrac{\sum_{i=1}^{n}(y_i - \hat{y}_i)^2}{n - m}} = \sqrt{\dfrac{\sum_{i=1}^{n}v_i^2}{n - m}} \tag{2-87}$$

式中，n 为测量次数或成对测量数据的对数；m 为回归方程中待定常数的个数。

【例2-28】 对量程为10MPa的压力传感器，用活塞式压力计进行校准测试，输出由数字电压表读数，所得各测量点的输出值列于表2-15中。试用端点法、平均选点法和最小二乘法拟合线性方程，并计算各种拟合方程的拟合精度。

表2-15 压力测量数据

压力 x_i/MPa	2	4	6	8	10
输出 y_i/mV	10.043	20.093	30.135	40.128	50.072

解：（1）端点法

端点连线法的拟合方程。线性方程 $y = a + bx$ 中，x 代表校准压力，y 代表输出值，根据表2-15测量数据，其端点值为 $(x_1 = 2, y_1 = 10.043)$；$(x_n = 10, y_n = 50.072)$。

将端点数据代入式（2-77）和式（2-78）得

$$b = \frac{50.072 - 10.043}{10 - 2} = 5.0036, \quad a = 50.072 - 5.0036 \times 10 = 0.036$$

得拟合直线方程为：$y = 0.036 + 5.004x$。

（2）平均选点法

由于 $n = 5$，取平均值时，前一组取3个数，后一组取2个数，代入式（2-79）计算各平均值为

$$\bar{x}_1 = \frac{2 + 4 + 6}{3} = 4 \qquad \bar{y}_1 = \frac{10.043 + 20.093 + 30.153}{3} = 20.096$$

$$\bar{x}_2 = \frac{8 + 10}{5 - 3} = 9 \qquad \bar{y}_2 = \frac{40.128 + 50.072}{5 - 3} = 45.100$$

将上述数据代入式（2-80）和式（2-81）得

$$b = \frac{45.100 - 20.096}{9 - 4} = 5.0008, \quad a = 20.096 - 5.0008 \times 4 = 0.0928$$

得拟合直线方程为：$y = 0.093 + 5.001x$。

（3）最小二乘法

由表2-15中的数据，可计算出

$$\sum_{i=1}^{5} x_i = 2 + 4 + 6 + 8 + 10 = 30$$

$$\sum_{i=1}^{5} x_i^2 = 2^2 + 4^2 + 6^2 + 8^2 + 10^2 = 220$$

$$\sum_{i=1}^{5} y_i = 10.043 + 20.093 + 30.135 + 40.128 + 50.072 = 150.471$$

$$\sum_{i=1}^{5} x_i y_i = 2 \times 10.043 + 4 \times 20.093 + 6 \times 30.135 + 8 \times 40.128 + 10 \times 50.072 = 1103.012$$

将上面数据代入式（2-86）得

$$a = \frac{150.471 \times 220 - 30 \times 1103.012}{5 \times 220 - 30^2} = 0.0663, \quad b = \frac{5 \times 1103.012 - 30 \times 150.471}{5 \times 220 - 30^2} = 5.00465$$

得拟合直线方程为：$y = 0.066 + 5.005x$。

（4）求残差和标准偏差

分别把 x_i 代入以上三种方法得出的拟合方程，计算出对应的 $\hat{y}_i$ 和由 $v_i = y_i - \hat{y}_i$ 计算各点的残差，列于表2-16中。再根据式（2-87）计算各条拟合曲线的标准偏差如下：

① 端点法 $\sigma = \sqrt{\dfrac{\sum v_i^2}{n - m}} = \sqrt{\dfrac{0.013947}{5 - 2}} = 0.068$；

② 平均选点法 $\sigma = \sqrt{\dfrac{\sum v_i^2}{n - m}} = \sqrt{\dfrac{0.007326}{5 - 2}} = 0.049$；

③ 最小二乘法 $\sigma = \sqrt{\dfrac{\sum v_i^2}{n-m}} = \sqrt{\dfrac{0.006815}{5-2}} = 0.048$。

表 2-16 三种拟合方法的比较

压力 x_i/MPa	输出 y_i/mV	端点法 理想直线 $\hat{y}_i = a + bx_i$	端点法 残差 $v_i = y_i - \hat{y}_i$	平均选点法 理想直线 $\hat{y}_i = a + bx_i$	平均选点法 残差 $v_i = y_i - \hat{y}_i$	最小二乘法 理想直线 $\hat{y}_i = a + bx_i$	最小二乘法 残差 $v_i = y_i - \hat{y}_i$
2	10.043	10.044	−0.001	10.95	−0.052	10.080	−0.0337
4	20.093	20.052	0.041	20.097	−0.004	20.090	0.003
6	30.135	30.060	0.093	30.099	0.054	30.100	0.053
8	40.128	40.068	0.060	40.101	0.027	40.110	0.018
10	50.072	50.068	−0.004	50.103	−0.031	50.120	−0.048
拟合直线方程		$y = 0.036 + 5.004x$		$y = 0.093 + 5.001x$		$y = 0.066 + 5.005x$	
拟合误差 σ		0.068		0.049		0.048	

在以上 3 种方法中，最小二乘法所得拟合方程准确度最高，平均选点法次之，端点法较差。但最小二乘法计算工作量最大，平均法次之，端点法计算最简单。现可在计算机上采用 Excel 工作表处理软件或 MATLAB 数值分析仿真软件等进行测量数据的处理和分析，包括制表、作图、确定拟合方程（直线或曲线）系数，计算拟合误差等，请参考有关资料。

5. 非线性回归

在测试过程中，被测量之间并非都是线性关系，很多情况下，它们遵循一定的非线性关系。本节介绍两种求非线性关系模型的方法：

一是利用变量变换把非线性模型转化为线性模型。

二是利用最小二乘原理推导出非线性模型回归的正规方程，然后求解。

（1）模型的线性转换法

一些常用的非线性模型见表 2-17，表中给出了几种典型曲线，它们可用变量变换的方法使其转化为线性模型。如指数函数

$$y = ae^{b_1 x} \tag{2-88}$$

两边取对数得 $\ln y = \ln a + b_1 x$

令 $\ln y = Y$，$\ln a = b_0$ 和 $X = x$，则方程可化为

$$Y = b_0 + b_1 X$$

对幂函数

$$y = ax^{b_1}$$

同样两边取对数有 $\ln y = \ln a + b_1 \ln x$

令 $\ln y = Y$，$b_0 = \ln a$ 和 $X = \ln x$，则方程可化为

$$Y = b_0 + b_1 X$$

即可转化为线性关系，实际应用时可根据具体情况确定变量变换方法，见表 2-17。

表 2-17 给出了几种典型曲线和对应的经验公式,以及转化成的直线方程。

表 2-17 几种典型曲线对应的直线方程的转换

函数名称	曲线形状	经验公式	转换关系	直线方程
双曲线		$\dfrac{1}{y} = b_0 + \dfrac{b_1}{x}$	$Y = 1/y$ $X = 1/x$	$Y = b_0 + b_1 X$
幂函数		$y = ax^{b_1}$	$Y = \ln y$ $X = \ln x$ $b_0 = \ln a$	$Y = b_0 + b_1 X$
指数函数		$y = ae^{b_1 x}$	$Y = \ln y$ $b_0 = \ln a$ $X = x$	$Y = b_0 + b_1 X$
对数曲线		$y = b_0 + b_1 \lg x$	$Y = y$ $X = \lg x$	$Y = b_0 + b_1 X$
S型曲线		$y = \dfrac{1}{b_0 + b_1 e^{-x}}$	$Y = 1/y$ $X = e^{-x}$	$Y = b_0 + b_1 X$

以上介绍的这些典型曲线,经过转换都可变成直线方程 $Y = b_0 + b_1 X$。这时,可按一元线性回归方程确定公式中的常量 b_0 和 b_1,其方法有端点法、平均选点法和最小二乘法等。

(2) 非线性回归分析

并不是所有非线性模型都能用上述方法进行线性转化。如 $y = b_0(x^c - a)$,就无法用上述办法来处理。这一类问题,可采用多项式回归方法来解决。对若干测量数据对 (x_i, y_i) 经绘图发现其间存在着非线性关系时,可用含 $m+1$ 个待定系数的 m 阶多项式来逼近。即

$$y = f(x) = a_0 + a_1 x + a_2 x^2 + \cdots + a_m x^m = \sum_{j=0}^{m} a_j x^j \qquad (2-89)$$

式 (2-89) 表示的多项式称为曲线拟合或回归方程。曲线拟合的目的是求出多项式中的各个系数值 a_j ($j = 0, 1, 2, \cdots, m$),可在给定不同的 x_i ($i = 1, 2, \cdots, n$) 下,对 y 进行无系差、等精度、独立测量 n 次,测得值记为 y_i ($i = 1, 2, \cdots, n$),然后力求多项式对测得的数据列 (x_i, y_i) ($i = 1, 2, \cdots, n$) 有"最好的拟合"。一般取 $m < 7$,且 $n > m + 1$。

把 (x_i, y_i) 的数据代入式 (2-83) 和式 (2-89),有以下 n 个方程

$$y_1 - (a_0 + a_1 x_1 + a_2 x_1^2 + \cdots + a_m x_1^m) = v_1$$
$$y_2 - (a_0 + a_1 x_2 + a_2 x_2^2 + \cdots + a_m x_2^m) = v_2$$
$$\vdots$$
$$y_n - (a_0 + a_1 x_n + a_2 x_n^2 + \cdots + a_m x_n^m) = v_n$$

简记为

$$\nu_i = y_i - \sum_{j=0}^{m} a_j x_i^j = y_i - y_i' \quad (i = 1, 2, \cdots, n) \tag{2-90}$$

式中，ν_i 是在 x_i 处测量得到的 y_i 值与由回归方程式（2-89）计算得到的 y_i' 值之间的偏差。由于回归曲线不一定通过所有测量点 (x_i, y_i)，所以偏差 ν_i 不会全为零。

根据最小二乘法原理，为了求取系数 a_j 的最佳估计值，应使偏差 ν_i 的平方和为最小值。即

$$\phi(a_0, a_1, \cdots, a_m) = \sum_{i=1}^{n} \nu_i^2 = \sum_{i=1}^{n} \left(y_i - \sum_{j=0}^{m} a_j x_i^j \right)^2 = 最小值$$

由此可得下列正则方程组

$$\frac{\partial \varphi}{\partial a_k} = -2 \sum_{i=1}^{n} \left[\left(y_i - \sum_{j=0}^{m} a_j x_i^j \right) x_i^k \right] = 0 \quad (k = 0, 1, \cdots, m)$$

再化为

$$\sum_{i=1}^{n} y_i x_i^k = \sum_{j=0}^{m} \left(a_j \sum_{i=1}^{n} x_i^{j+k} \right) \quad (k = 0, 1, \cdots, m) \tag{2-91}$$

式（2-91）表示的正则方程组含有 $m+1$ 个方程，代入数据列 (x_i, y_i)（$i=1, 2, \cdots, n$）的值，解此方程组，可求出 $m+1$ 个未知数 a_j，由此得到 m 次多项式的回归曲线，它使各点偏差的平方和最小。

m 的选取根据曲线的形状而定，当 $m=1$ 时，即为前面介绍的最小二乘法的一元线性回归。m 可从 1 开始，逐渐加大，分别进行曲线拟合，并计算对应拟合误差，即偏差的平方和，然后进行相互比较，最后选取拟合误差最小的作为所求的回归曲线方程。有些情况下，可把测量数据列进行分段曲线拟合，用较小的 m 达到更好的拟合效果。

2.3 测量不确定度

2.3.1 概述

1. 不确定度概念的提出

在测量过程中，当对同一物理量进行多次重复测量时，由于诸多因素的影响，测量结果不重复和不准确，使得测量结果只能是近似值，测量误差是客观存在的。人们对误差的认识已有相当长的时间，100 多年前就提出了测量误差的概念，把误差作为衡量测量结果质量的一个指标，要求在给出测量结果的同时，还应该给出其测量误差。经过长期的研究、应用和发展，误差理论体系已经十分完善，并获得了广泛的应用。

长期以来，测量误差是用来评价测量结果质量高低的主要依据，但使用中出现了不少困惑。首先测量误差的定义为"测量结果减去被测量的真值"，若要得到误差必须知道真值。但是，实际中，严格意义上的真值是无法得到的，因此，严格意义上的误差也就无法得到，它只是一个理想的概念。例如，测量地球到月球的距离，问测量误差有多大？要知道误差有多大，先要知道这个距离的真值，而若已知这个距离的真值，也就不必测量了。这样命题的逻辑概念是混乱的。

同时，根据误差的定义，误差是一个差值，在数轴上应该表示为一个点，并且是一个具有确定符号的量值，因此误差既不能表示为一个区间和范围，也不能带有不确定的"±"符号。实际上，误差不能确切地知道，难于定为数轴上的一个点，也难于有确定符号的量值。由于真值不能确定，实际上用的是约定真值，因此实际上误差的概念只能用于已知约定

真值的情况，此时还需考虑约定真值本身的误差，因而可能得到的只是误差的估计值。通过误差分析所得到的测量结果的所谓"误差"，常常只能用一个区间表示，并且也带有"±"符号，实际上已不是真正的误差，而是被测量不能确定的范围。因此，实用中在"误差"这一术语的使用上，也经常出现不符合误差定义和概念的情况。

误差应用中另一个问题是评定方法的不统一。不同领域或不同人员对测量误差的处理方法也往往有不同的见解。这种误差评定方法的不一致，使不同的测量结果之间缺乏可比性。

因此，在测量结果评定中，传统的误差理论已不适应了。国际上早在 1963 年就提出了测量不确定度的概念，1978 年国际计量局向各国发出不确定度征求意见书，并于 1989 年组成国际不确定度工作组，通过长达数十年的探索，才提供了一个较为全面的能为各方所接受的合理可行的方案。1993 年，国际标准化组织、国际电工委员会、国际计量局、国际法制计量组织等 7 个国际组织联合制定发布了测量不确定度表示指南《Guide to the Expression of Uncertainty in Measurement》（GUM），1995 年又发布了 GUM 的修订版。我国计量和测量领域内经过多年的深入研究和探讨，于 1999 年发布了适合我国国情的《测量不确定度评定与表示》（JJF 1059—1999）计量技术规范。这个规范原则上等同采用 GUM 的基本内容，使我国的测试计量标准与国际通行做法接轨。2011 年又颁布了该规范的修订版本《测量不确定度评定与表示》（JJF 1059.1—2012）。在我国实施与国际接轨的测量不确定度评定以及测量结果包括其不确定度的表示方法，不仅是不同学科之间交往的需要，也是全球市场经济发展的需要。

2. 不确定度的定义

《测量不确定度评定与表示》（JJF 1059.1—2012）计量技术规范中，不确定度定义为"根据所获信息，表征赋予被测量值分散性的非负参数"，用 U 表示。测量不确定度意味着测量结果的可信任程度或者不肯定程度，是衡量测量结果质量的重要指标。一个完整的测量结果 Y，应当包含被测量值的估计值与分散性参数两部分。在给出测量结果时，必须同时给定其测量不确定度的定量描述。即测量结果 Y 为

$$Y = y \pm U$$

式中，y 为被测量值的估计值，通常取多次测量值 x_i 的算术平均值，即 $y = \bar{x}$；U 为测量不确定度，是表达被测值分散程度的一个参数，这个参数是用某一置信概率下置信区间的半宽来表征。通常用标准偏差 s 或其倍数 ks 来表示。

由于测量误差的存在，测量不确定度给出了被测量的真值所处的某个量值范围内的不能肯定的程度。测量不确定度越小则表明测量结果可信赖程度越高，其质量也就越高。

3. 不确定度的来源

测量不确定度来源于以下几个因素：

1) 被测量定义的不完善，实现被测量定义的方法不理想。被测量的样本不能完全代表定义的被测量。

2) 测量装置或仪器自身性能的限制，如分辨力、抗干扰能力、元器件的稳定性等影响。

3) 测量环境的不完善以及测量人员技术水平等影响。

4) 计量标准值本身的不确定度，在数据简化算法中使用的常数的不确定度。

5) 在相同的测量条件下，由随机因素所引起的被测量本身的不稳定性。

6) 对系统误差的修正不完善，不明显的粗大误差未被剔除。

4. 不确定度的分类

根据表达形式不同,测量不确定度分为以下几类,如图 2-22 所示。

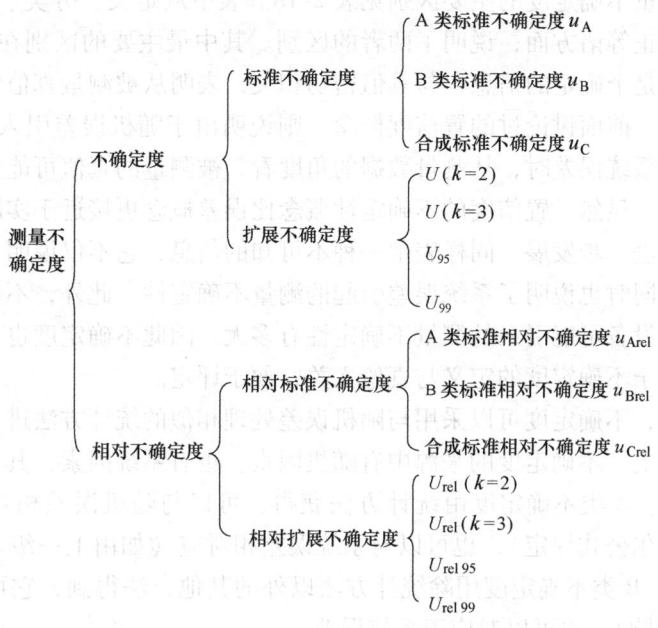

图 2-22 不确定度的分类

(1) 标准不确定度

用概率分布的标准偏差表示的不确定度,称为标准不确定度,用符号 u 表示。测量不确定度往往是由多个分量组成的,对每个不确定度来源评定的标准偏差,称为标准不确定度分量,用 u_i 表示。标准不确定度有两类评定方法:A 类评定和 B 类评定。

1) A 类标准不确定度:用统计方法得到的不确定度,用符号 u_A 表示。

2) B 类标准不确定度:用非统计方法得到的不确定度,即根据资料或假设的概率分布估计的标准偏差表示的不确定度,用符号 u_B 表示。

(2) 合成标准不确定度

当测量结果是受若干因素联合影响,由各不确定度分量所合成的标准不确定度,称为合成标准不确定度,用符号 u_C 表示。合成标准不确定度仍然是用标准偏差表示测量结果的分散性。合成的方法,常被称为"不确定度传播律"。

(3) 扩展不确定度

扩展不确定度是由合成标准不确定度的倍数表示的测量不确定度,即用包含因子 k 乘以合成标准不确定度 u_C 得到一个区间半宽度,用符号 U 表示。即

$$U = ku_C \tag{2-92}$$

包含因子的取值决定了扩展不确定度的置信水平。由于扩展不确定度扩展了测量结果附近的置信区间,被测量的值落在该区间内的概率是较高的。所以通常测量结果的不确定度都用扩展不确定度表示。

5. 测量误差与测量不确定度的关系

测量误差与测量不确定度是误差理论中的两个重要概念,它们都可以作为评定测量结果

精度的参数去评价测量结果质量的高低。但它们又有明显的区别，必须正确认识和区分，以防混淆和误用。

测量误差与测量不确定度的主要区别见表2-18。表中从定义、分类、评定、主客观性、合成方法、结果修正等诸方面，说明了两者的区别。其中最主要的区别在于定义上的差别。从概念上讲，误差是个确定的信息，与真值密切相关，表明从被测量真值的角度看，测量数据偏离真值有多远。前面讨论过的置信度概念，则说明由于随机误差引入了一种不确定度，它说明了当不存在系统误差时，从测量数据的角度看，被测量的真值可能处于其附近一定区域内的概率有多大。显然，置信度的不确定性概念比误差概念更接近于实际工程。不确定度概念则在此基础上进一步发展，同样表示一种不可知的信息，它不仅说明了由随机误差引起的测量不确定性，同时也说明了系统误差引起的测量不确定性。此外，不确定度概念还说明了一个测量系统和设备可能引入的测量不确定性有多大，因此不确定度也可以作为对测量系统品质的评价。由于不确定度的定义与真值无关，便于评定。

在研究过程中，不确定度可以采用与随机误差处理相似的统计方法进行评定，也可以采用其他方法。实际上，不确定度的来源中有随机因素，也有系统因素，其评定方法与其来源并没有绝对的关系。A类不确定度由统计方法获得，可以与随机误差相对应（如重复测量中的变化可由贝塞尔公式评定），也可以与系统误差相对应（如由上一级基准用统计方法得到的不确定度值）。B类不确定度用除统计方法以外的其他方法得到，它可以对应于随机误差（如温度波动影响），也可以对应于系统误差。

表2-18 测量误差与测量不确定度的主要区别

序号	内容	测量误差	测量不确定度
1	定义	表明测量结果偏离真值的程度，是一个确定的值。在数轴上表示为一个点。数值符号非正即负（或零），不能用不确定的正负（±）号表示	表明被测量之值的分散性，是一个区间。用标准偏差、标准偏差的倍数，或说明置信水准的区间的半宽度来表示。在数轴上表示一个区间，且恒取正值
2	分类	按出现于测量结果中的规律，分为随机误差和系统误差，它们都是无限多次测量的理想概念	按是否用统计方法求得，分为A类评定和B类评定。它们都以标准不确定度表示。在评定测量不确定度时，一般不必区分其性质
3	评定	由于真值未知，往往无法得到测量误差的值。当用约定真值代替真值时，可以得到测量误差的估计值	测量不确定度可以由人们根据实验、资料、经验等信息进行评定，从而可以定量确定测量不确定度的值，可操作性好
4	主客观性	误差是客观存在的，不以人的认识程度而转移。误差属于给定的测量结果，相同的测量结果具有相同的误差，而与得到该测量结果的测量仪器与测量方法无关	测量不确定度与人们对被测量、影响量以及测量过程的认识有关。在相同的条件下进行测量时，合理赋予被测量的任何值，均具有相同的测量不确定度。即测量不确定度仅与测量条件有关
5	合成方法	各误差分量的代数和	当各分量彼此不相关时用方和根法合成，否则考虑加入相关项

(续)

序号	内容	测量误差	测量不确定度
6	结果修正	已知系统误差的估计值时,可以对测量结果进行修正,得到已修正的测量结果。修正值等于负的系统误差	由于测量不确定度表示一个区间,因此无法用测量不确定度对测量结果进行修正。对已修正测量结果进行不确定度评定时,应考虑修正不完善引入的不确定度分量
7	实验标准差	来源于给定的测量结果,它不表示被测量估计值的随机误差	来源于合理赋予的被测量之值,表示同一观测列中,任一估计值的标准不确定度
8	自由度	不存在	可作为不确定度评定可靠程度的指标。它是与评定得到的不确定度的相对标准不确定度有关的参数
9	置信概率	仅用于随机误差	当了解分布时,可按置信概率给出置信区间

不确定度与误差有区别,也有联系。误差是不确定度的基础,研究不确定度首先需研究误差,只有对误差的性质、分布规律、相互联系及误差传递关系等充分地认识和了解,才能更好地估计各不确定度分量,正确得到测量结果的不确定度。用测量不确定度代替误差表示测量结果,易于理解,便于评定,具有合理性和实用性。但测量不确定度的内容不能包罗、更不能取代误差理论的所有内容,如传统的误差分析与数据处理等均不能被取代。确切地说,不确定度是对经典误差理论的一个补充,是现代误差理论的内容之一,是误差理论的应用与拓展,它还有待于进一步研究、完善与发展。

2.3.2 测量不确定度的评定步骤

当被测量确定后,测量结果的不确定度仅仅和测量条件有关,因此在进行不确定度评定之前,必须首先确定被测量和测量条件。此处的测量条件包括测量原理、测量仪器、测量方法、测量环境以及数据处理程序等。测量条件确定后,测量不确定度评定步骤如下(见图 2-23):

(1) 找出所有影响测量不确定度的影响量

进行测量不确定度评定的第一步,是找出所有对测量结果有影响的影响量,即所有的测量不确定度来源。原则上,测量不确定度来源既不能遗漏,也不要重复计算,特别是对于比较大的不确定度分量。但是,对于那些尚未认识到的系统效应,显然是不可能在不确定度评定中予以考虑的,但它们可能导致测量结果的误差。

(2) 建立满足测量不确定度评定所需的数学模型

建立满足测量所要求准确度的数学模型,即建立被测量 Y(输出量)和所有各影响量 x_i(输入量)之间的函数关系为

$$Y = f(x_1, x_2, \cdots, x_m)$$

从原则上说,数学模型是用以计算测量结果的计算公式。要求所有对测量不确定度有影响的输入量都包含在数学模型中。在测量不确定度评定中,所考虑的各测量不确定度分量,要与数学模型中的量一一对应。这样,在数学模型建立以后,测量不确定度的评定就可以完

全根据数学模型进行。

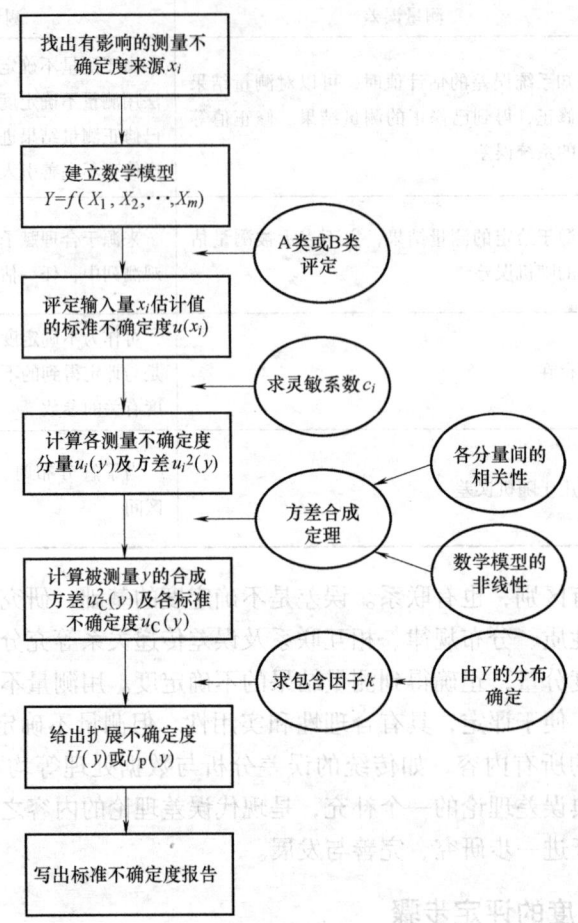

图 2-23 测量不确定度评定步骤

(3) 确定各输入量的估计值 x_i 及其标准不确定度 $u(x_i)$

测量结果是由各输入量的最佳估计值代入计算公式（数学模型）后得到的，因此输入量最佳估计值的不确定度显然会对测量结果的不确定度有影响。输入量最佳估计值的不确定度的确定大体上分为两类：一类是通过实验测量得到，另一类是从其他各种信息来源得到，诸如检定证书、校准证书、使用手册、文献资料以及实践经验等。对于这两种不同的情况，分别采用 A 类或 B 类评定方法评定其标准不确定度。

(4) 计算对应于各输入量的标准不确定度分量 $u_i(y)$ 及方差 $u_i^2(y)$

若输入量估计值 x_i 的标准不确定度为 $u(x_i)$，则对应于该输入量的标准不确定度分量为

$$u_i(y) = c_i u(x_i) = \frac{\partial f}{\partial x_i} u(x_i) \tag{2-93}$$

式中，c_i 称为灵敏系数，它可由数学模型对输入量 x_i 的求偏导而得到。当无法找到可靠的数学表达式时，灵敏系数 c_i 也可以由实验测量得到。在数值上它等于当输入量 x_i 变化一个单位量时，被测量 y 产生的相应变化量。因此这一步实际上是进行单位换算，由输入量单位通过灵敏系数换算到输出量的单位。

(5) 各标准不确定度分量 $u_i(y)$ 合成得到合成标准不确定度 $u_C(y)$

根据方差合成定理，当数学模型为线性模型，并且各输入量 x_i 彼此间独立无关时，合成标准不确定度 $u_C(y)$ 为

$$u_C(y) = \sqrt{\sum_{i=1}^{n} u_i^2(y)} \tag{2-94}$$

式（2-94）常称为不确定度传播定律。

不确定度传播定律实际上是将数学模型按泰勒级数展开后，对等式两边求方差得到的。对于线性输出模型，由于二阶及二阶以上的偏导数均等于零，于是得式（2-94）。当数学模型为非线性模型时，原则上式（2-94）已不再成立，而应考虑其高阶项。

当输入量之间存在相关性时，原则上式（2-94）也不成立，因为此时还应该考虑它们之间的协方差，即在合成标准不确定度的表示式中应加入与相关性有关的协方差项。

(6) 确定被测量 Y 可能值分布的包含因子和确定扩展不确定度 U

确定包含因子 k，应根据被测量 Y 的分布情况，所要求的置信概率 P，以及对测量不确定度评定具体要求的不同，分别采用不同的方法。因此在得到各分量的标准不确定度后，应该先对被测量 Y 的分布进行估计，才能确定 k。

1) 当被测量 Y 接近正态分布时，并且要求给出对应于置信概率为 P 的扩展不确定度 U_P 时，需计算各分量的自由度和相应于被测量 Y 的有效自由度 v_{eff}。并由有效自由度和所要求的置信概率 P 查 t 分布表得到 k 值。

2) 当被测量 Y 接近于某种其他的非正态分布时，则根据被测量的分布和所要求的置信概率 P 求出包含因子 k。

3) 当确定包含因子后，无法判断被测量 Y 接近于何种分布时，一般直接取 $k = 2$。计算扩展不确定度 $U = ku_C$。当包含因子 k 由被测量的分布以及所规定的置信概率 P 得到时，扩展不确定度用 $u_P = k_P u_C$ 表示。

(7) 给出测量不确定度报告

报告中简要给出测量结果及其不确定度，并说明如何由合成标准不确定度得到扩展不确定度。报告应给出尽可能多的信息，避免用户对所给不确定度产生错误的理解，以致错误地使用所给的测量结果。报告中测量结果及其不确定度的表达方式应符合 JJF 1059.1—2012 的规定，同时应注意测量结果及其不确定度的有效数字位数。

2.3.3 各分量的标准不确定度的评定

各分量的标准不确定度的评定方法有两类：A 类评定和 B 类评定。A 类标准不确定度和 B 类标准不确定度仅仅是评定方法不同，并不是不确定度性质上的分类，即 A 类和 B 类标准不确定度并不能表示成"随机"和"系统"不确定度。

1. 标准不确定度的 A 类评定方法

A 类标准不确定度的评定是对现有的观测数据用统计分析方法获得的，在多数情况下可以用图 2-24 所示的方法计算。在同一条件下对被测量 x 进行 n 次测量，测量值为 x_i（$i = 1, 2, \cdots, n$），算术平均值为 $\bar{x}$，则 $\bar{x}$ 为被测量 X 的估计值，并把它作为测量结果。

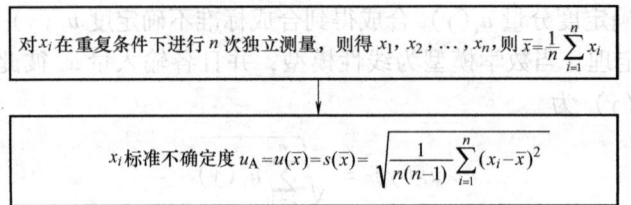

图 2-24 标准不确定度的 A 类评定流程图

x 的实验标准偏差可用贝塞尔公式（2-39）计算得到，由于是用算术平均值作为测量结果，即测量结果 x_i 的 A 类标准不确定度 u_A 等于 $\bar{x}$ 的实验标准偏差 $s(\bar{x}) = \dfrac{s(x)}{\sqrt{n}}$。

2. 标准不确定度的 B 类评定方法

在许多情况下，不能使用上述统计方法来评定标准不确定度，例如，当未对被测量进行重复测量时，其不确定度就无法用多次重复测量的统计方法计算出来，于是提出了一种利用与被测量有关的其他先验信息进行估计的不确定度评定方法，称之为标准不确定度的 B 类评定方法。B 类评定标准不确定度的信息来源主要有：以前的观测数据，生产厂商提供的技术说明书，各级计量部门给出的仪器检定证书和校准证书，测量人员对有关技术资料和测量仪器特性的了解与经验等。因此测量不确定度的 B 类评定不同于基于对具体测量结果的统计计算的 A 类评定，是用非统计方法进行评定的，往往会在一定程度上带有某种主观因素，如何恰当并合理地进行 B 类评定，是标准不确定度评定的关键。B 类评定是不确定度理论与误差理论的主要差别，它在不确定度评定中占有重要地位。

不确定度分量 B 类评定的先验信息的获取十分重要，信息来源大体上可以分为两类：由检定（或校准）证书得到和由其他各种资料得到。B 类评定方法可根据两类来源划分，当信息来自检定（或校准）证书时，证书上通常直接给出了扩展不确定度，而当信息来自其他各种资料时，并未直接给出扩展不确定度，因此 B 类评定可按如图 2-25 所示的方法进行。

（1）检定证书或校准证书通常均给出测量结果的扩展不确定度

已知扩展不确定度 U 或 U_p，其表示方法大体有两种：

1）给出被测量 x 的扩展不确定度 U 和包含因子 k。

根据扩展不确定度和标准不确定度之间的关系，由式（2-95）可以直接得到被测量 x 的标准不确定度，即

$$u(x) = \frac{U}{k} \tag{2-95}$$

【例 2-29】 校准证书表明，标称值为 1000g 的标准砝码的质量 m_s 为 1000.000325g，且该值的不确定度按 3 倍标准偏差计为 240μg，求该砝码的标准不确定度 $u(m_s)$、相对标准不确定度 $u(m_s)/m_s$ 及估计方差 $u^2(m_s)$。

解：标准不确定度 $u(m_s) = \dfrac{u}{k} = \dfrac{240\mu g}{3} = 80\mu g$；

相对标准不确定度 $\dfrac{u(m_s)}{m_s} = 80 \times 10^{-9}$；

方差 $u^2(m_s) = (80\mu g)^2 = 6.4 \times 10^{-9} g^2$。

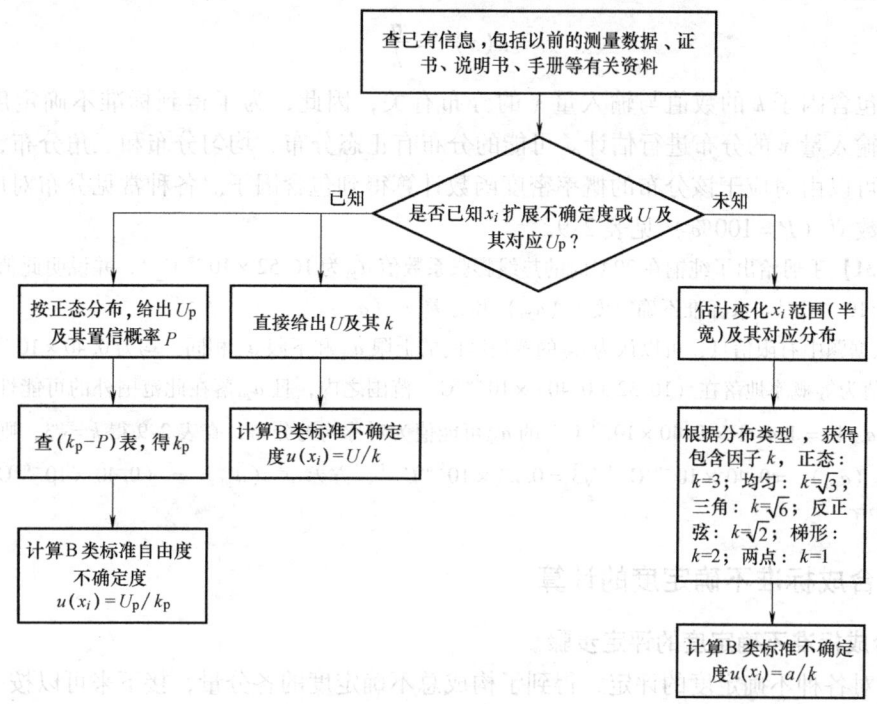

图 2-25 标准不确定度的 B 类评定流程图

2) 给出被测量 x 的扩展不确定度 U_P 及其对应的置信概率 P。

此时，包含因子 k 与被测量 x 的分布有关。若证书已指出被测量的分布，则按该分布对应的 k 值计算。若证书未指出被测量的分布，则一般可按正态分布考虑。正态分布情况下置信概率 P 与包含因子 k_p 之间的关系见表 2-19。

表 2-19 正态分布的置信概率 P 与包含因子 k_p 之间的关系

概率 P（％）	50	68.27	90	95	95.45	99	99.73
包含因子 k_p	0.67	1	1.645	1.960	2	2.576	3

标准不确定度
$$u(x_i) = \frac{U_p}{k_p}$$

【例 2-30】 校准证书表明，标称为 10Ω 的标准电阻 R_s 在 23℃ 时为 $10.000742\Omega \pm 0.129\ \mu\Omega$ 给定值，"并说明给定值±扩展不确定所给出的区间具有 99％置信水平"。求该电阻的标准不确定度 $u(R_s)$、相对标准不确定度 $u(R_s)/R_s$ 及估计方差 $u^2(R_s)$。

解：因 $u(R_s) = U_p/k_p$，首先，查表 2-19 求得 k 值，$P = 99\%$ 时的 k 值为 2.576。
故 $u(R_s) = 129\mu\Omega/2.576 = 50\mu\Omega$，相对标准不确定度 $u(R_s)/R_s = 5.0 \times 10^{-6}$，方差 $u^2(R_s) = (50\mu\Omega)^2 = 2.5 \times 10^{-9}\Omega^2$。

(2) 未给出扩展不确定度 U 或 U_p

当信号来自其他各种资料或手册时，通常得到的信息是被测量分布的极限范围。也就是说可以知道输入量 x 的可能值分布区间的半宽 a，即允许误差限的绝对值。由于 a 可以看做对应于置信概率 $p = 100\%$ 的置信区间的半宽度，故实际上它就是该输入量的扩展不确定度。于是输入量 x 的标准不确定度可表示为

$$u(x) = \frac{a}{k}$$

式中包含因子 k 的数值与输入量 x 的分布有关，因此，为了得到标准不确定度 $u(x)$，必须先对输入量 x 的分布进行估计。可能的分布有正态分布、均匀分布和三角分布，分布确定后，就可以由对应于该分布的概率密度函数计算得到包含因子。各种常见分布对应的包含因子 k 的数值（$P=100\%$）见表 2-9。

【例 2-31】 手册给出了纯铜在 20℃ 时的热线膨胀系数值 a_{20} 为 $16.52 \times 10^{-6}℃^{-1}$，并说明此值的误差不超过 $0.40 \times 10^{-6}℃^{-1}$。求标准不确定度 $u(a_{20})$ 和方差 $u^2(a_{20})$。

解： 根据题中有限信息，可以认为 a_{20} 的置信区间的上限 a_+ 和下限 a_- 相同，均为 $0.40 \times 10^{-6}℃^{-1}$，即可设 a_{20} 的值为等概率地落在 $(16.52 \pm 0.40) \times 10^{-6}℃^{-1}$ 范围之内，且 a_{20} 落在此范围外的可能性不大。半宽度 $a = |a_+| = |a_-| = 0.40 \times 10^{-6}℃^{-1}$ 的 a_{20} 可能值为对称均匀分布，查表 2-9 得 $k = \sqrt{3}$，则其标准不确定度为 $u(a_{20}) = 0.40 \times 10^{-6}℃^{-1}/\sqrt{3} = 0.23 \times 10^{-6}℃^{-1}$；方差 $u^2(a_{20}) = (0.40 \times 10^{-6}℃^{-1})^2/3 = 53.3 \times 10^{-15}℃^{-2}$。

2.3.4 合成标准不确定度的计算

1. 合成标准不确定度的评定步骤

通过对各种不确定度的评定，得到了构成总不确定度的各分量，接下来可以按一定的规则对所有的不确定度分量（无论是由 A 类评定还是 B 类评定得到的）进行合成，得到总的合成标准不确定度，用符号 $u_C(y)$ 表示，脚标"C"表示合成之意。合成标准不确定度的评定步骤如图 2-26 所示。经过合成的标准不确定度仍然用标准偏差表示，说明测量结果的分散性；合成标准不确定度的自由度称为有效自由度，用 ν_{eff} 表示，它表明所评定的 u_C 的可靠程度。标准不确定度合成的基本规则称为测量不确定度传播律。测量不确定度传播律与传统误差理论中的间接测量误差的传播律一致。

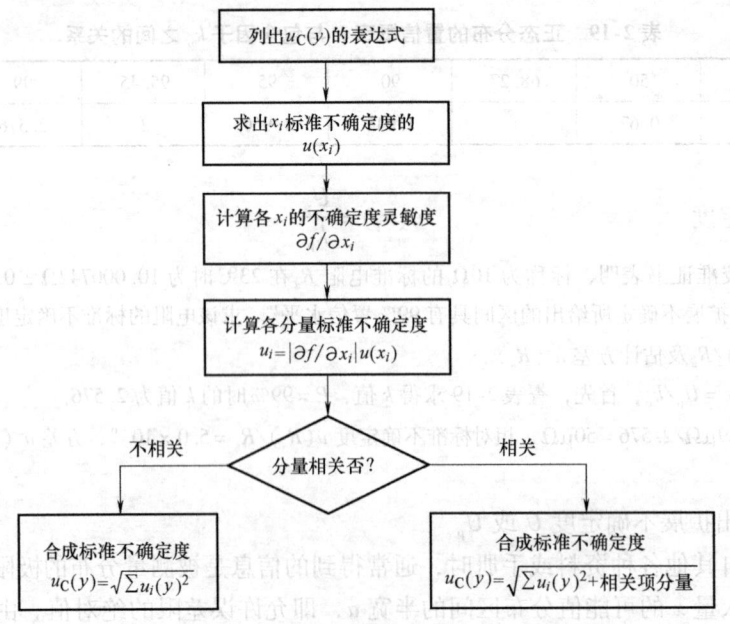

图 2-26 合成标准不确定度的评定

经过评定得到的不确定度分量，无论其来源是随机因素还是系统因素，其表达形式都是相同的，因此，它们合成时的基本依据是概率论中的关于随机变量函数的理论。下面简要介绍相关随机变量函数的一些概念。

2. 独立随机变量的方差合成定理

根据独立变量方差的性质（见表2-5中第5条），若一个随机变量是两个或者多个随机变量之和，则该随机变量的方差等于各分量的方差之和。即，若随机变量 Y 和各输入量 X_i ($i = 1, 2, \cdots, m$) 之间满足关系式 $y = x_1 + x_2 + \cdots + x_m$，且各输入 X_i 之间相互独立，则

$$D(y) = D(x_1) + D(x_2) + \cdots + D(x_m)$$

根据标准不确定度的定义，方差即是标准不确定度，故得

$$u^2(y) = u^2(x_1) + u^2(x_2) + \cdots + u^2(x_m) \tag{2-96}$$

若被测量 y 满足更一般的关系式 $y = c_1 x_1 + c_2 x_2 + \cdots + c_m x_m$

根据方差的性质：随机变量与常数之乘积的方差，等于随机变量的方差与该常数的平方之乘积。于是式（2-96）为

$$\begin{aligned}
u_C^2(y) &= u^2(c_1 x_1) + u^2(c_2 x_2) + \cdots + u^2(c_m x_m) \\
&= c_1^2 u^2(x_1) + c_2^2 u^2(x_2) + \cdots + c_m^2 u^2(x_m) \\
&= u_1^2(y) + u_2^2(y) + \cdots + u_m^2(y) \\
&= \sum_{i=1}^{m} u_i^2(y)
\end{aligned} \tag{2-97}$$

式中，$u_i(y) = c_i u(x_i)$ 称为不确定度分量。

这就是方差合成定理，它是测量不确定度评定的基础。根据方差合成定理，对各相互独立的不确定度分量合成时，满足方差相加的原则，而与各分量的来源、性质以及分布无关。

3. 任意随机变量的相关性

（1）协方差

如果有两个随机变量 X 和 Y，其中一个量的变化导致另一个量的变化，那么这两个量是相关的，协方差是它们相关性的一种度量。随机变量 X 和 Y 的协方差定义为各自误差之积的期望，即

$$\begin{aligned}
\mathrm{Cov}(X, Y) &= M[(x - M(x))(y - M(y))] \\
&= \lim_{n \to \infty} \frac{\sum_{i}^{n} M[(x - M(x))(y - M(Y))]}{n}
\end{aligned} \tag{2-98}$$

定义的协方差是一个理想的概念，实际工程中可通过求协方差的估计值来衡量两个变量的相关性。协方差的估计值为

$$S_{xy} = \frac{1}{n-1} \sum_{i=1}^{n} (x_i - \bar{x})(y_i - \bar{y}) \tag{2-99}$$

（2）相关系数

相关系数是表示两随机变量相关程度的归一化参数。它说明两个随机变量相互间线性相关关系的强弱，即

$$Q(X, Y) = \frac{\mathrm{Cov}(X, Y)}{\sigma(X) \sigma(Y)} \tag{2-100}$$

式中，$\mathrm{Cov}(X, Y)$ 为变量 X 和 Y 的协方差；$\sigma(X)$、$\sigma(Y)$ 为变量 X 和 Y 的标准偏差；Q 为相关系数，取值范围为 $-1 \leq Q \leq 1$。

当 $0<Q<1$ 时，表示 X 和 Y 正相关，即一个变量增大时，另一个变量的值也增大；当 $-1<Q<0$ 时，表示 X 和 Y 负相关，即一个变量增大时，另一个变量的值减小；当 $Q=1$ 时，表示 X 和 Y 完全正相关；当 $Q=-1$ 时，表示 X 和 Y 完全负相关。完全正相关或完全负相关，都表示两变量之间存在着确定的线性函数关系。当 $Q=0$ 时，表示 X 和 Y 完全不相关。

在实际工作中，由于不可能测量无限多次，因此无法得到理想情况下的相关系数，那么可采用 X 和 Y 的一组实验数据，按照下式求得相关系数的估计值 $r(x,y)$ 为

$$r(x,y) = \frac{S_{xy}}{S(x)S(y)} = \frac{\sum_{i=1}^{n}(x_i-\overline{x})(y_i-\overline{y})}{\sqrt{\sum_{i=1}^{n}(x_i-\overline{x})^2 \sum_{i=1}^{n}(y_i-\overline{y})^2}} = \frac{\sum_{i=1}^{n}(x_i-\overline{x})(y_i-\overline{y})}{(n-1)S(x)S(y)}$$

(2-101)

式中，$S(x)$、$S(y)$ 为两变量的实验标准偏差。

4. 输入量相关时不确定度的合成

如果被测量 Y 是由其他 m 个输入量 X_1, X_2, $\cdots$, X_m 函数关系确定的，则

$$Y = f(X_1, X_2, \cdots, X_m)$$

这些量中包括了对测量结果不确定度有影响的量，并可能相关。若被测量 Y 的估计值为 y，其他 m 个输入量的估计值为 x_1, x_2, $\cdots$, x_m，则测量结果为

$$y = f(x_1, x_2, \cdots, x_m)$$

根据方差运算的性质（见表 2-5 中第 6 条），测量结果的合成标准不确定度 $u_C(y)$ 为

$$u_C(y) = \left\{ \sum_{i}^{m} \left|\frac{\partial f}{\partial x_i}\right|^2 u^2(x_i) + 2\sum_{i=1}^{m-1}\sum_{j=i+1}^{m} \frac{\partial f}{\partial x_i}\frac{\partial f}{\partial x_j} r(x_i,x_j)u(x_i)u(x_j) \right\}^{1/2}$$

$$= \left\{ \sum_{i}^{m} c_i^2 u^2(x_i) + 2\sum_{i=1}^{m-1}\sum_{j=i+1}^{m} c_i c_j r(x_i,x_j)u(x_i)u(x_j) \right\}^{1/2}$$

(2-102)

式（2-102）称为不确定度传播律。式中，x_i、x_j 为输入量，一般 $i \neq j$；$\frac{\partial f}{\partial x_i}$、$\frac{\partial f}{\partial x_j}$ 为 x_i、x_j 的偏导数，通常称为灵敏度；$u(x_i)$ 和 $u(x_j)$ 为输入量 x_i 和 x_j 的标准不确定度；$r(x_i, x_j)$ 为输入量 x_i 和 x_j 的相关系数估计值，其绝对值小于等于 1。

若各输入量间正强相关，即相关系数为 +1 时，合成标准不确定度是各分量的代数和，应按下式计算

$$u_C(y) = \sum_{i=1}^{m} u(y_i) = \sum_{i=1}^{m} \frac{\partial f}{\partial x_i} u(x_i)$$

5. 输入量不相关时不确定度的合成

1）当影响测量结果的几个不确定度分量相互均不相关且彼此独立时，相关系数为 0，各分量与总不确定度之间存在函数关系时，式（2-102）简化为

$$u_C(y) = \left[\sum_{i=1}^{m}\left(\frac{\partial f}{\partial x_i}\right)^2 u^2(x_i)\right]^{1/2} = \left[\sum_{i=1}^{m} c_i^2 u^2(x_i)\right]^{1/2}$$

(2-103)

式中，f 为被测量与各直接测得量的函数关系；$u(x_i)$ 为 A 类或 B 类标准不确定度分量；$\frac{\partial f}{\partial x_i}$ 为被测量 y 在 $X=x_i$ 时的偏导数，称为灵敏度，也称为传播系数，常用符号 c_i 表示。

2）当影响测量结果的几个不确定度分量相互均不相关且彼此独立，不能写出各分量与

总不确定度之间的函数关系时，令 $c_i = \frac{\partial f}{\partial x_i} = 1$，则合成标准不确定度为各标准不确定度分量 $u(x_i)$ 的方和根值，即

$$u_C(y) = \sqrt{\sum_{i=1}^{m} u(x_i)^2} \qquad (2-104)$$

式中，x_i 为第 i 个标准不确定度分量，各分量均为直接测量的结果；m 为标准不确定度分量的个数。

6. 不确定度分量的忽略

一切不确定度分量均贡献于合成不确定度，每个分量都会使合成不确定度增加。忽略任何一个分量，都会导致合成不确定度变小。但由于采用的是方差相加得到合成方差，当某些分量小到一定程度后，对合成不确定度实际上起不到什么作用，为简化分析与计算，则可以忽略不计。例如，忽略某些分量后，对合成不确定度的影响不足十分之一，可根据实际情况，决定是否忽略这些分量。

【例 2-32】 用电桥法测量电阻。已知待测电阻与其他桥臂电阻的关系为 $R_x = \frac{R_1 R_3}{R_2}$，$R_1 = R_2 = 100\Omega$，$R_3 = 1000\Omega$，各电阻的偏差范围均为 $(R - R \times 0.5\%, R + R \times 0.5\%)$，不考虑指示仪表的影响，试评定被测电阻不确定度。

解： 容易看出，影响被测电阻不确定度的因素共有 3 个，即 R_1、R_2、R_3，三个因素与被测量之间存在一定的关系，同时三个因素之间是独立不相关的。

R_1、R_2、R_3 的不确定度的评定：

根据取值范围，假设其取值均为均匀分布，则

$$u_1 = u_2 = \frac{\partial R_1}{\sqrt{3}} = \frac{100 \times 0.5\%}{\sqrt{3}}\Omega = 0.289\Omega$$

$$u_3 = \frac{\partial R_3}{\sqrt{3}} = \frac{1000 \times 0.5\%}{\sqrt{3}}\Omega = 2.89\Omega$$

不确定度传播律中

$$\frac{\partial f}{\partial R_1} = \frac{R_3}{R_2} = 10, \qquad \frac{\partial f}{\partial R_2} = -\frac{R_1 R_3}{R_2^2} = -10, \qquad \frac{\partial f}{\partial R_3} = \frac{R_1}{R_2} = 1$$

合成不确定度为

$$u_C(R_x) = \sqrt{\left(\frac{\partial f}{\partial R_1}u_1\right)^2 + \left(\frac{\partial f}{\partial R_2}u_2\right)^2 + \left(\frac{\partial f}{\partial R_3}u_3\right)^2}$$

$$= \sqrt{(10 \times 0.289)^2 + (-10 \times 0.289)^2 + (1 \times 2.89)^2}\,\Omega$$

$$\approx 5\Omega$$

【例 2-33】 一台数字电压表出厂时的技术规范说明："在仪器校准后的两年内，1V 的不确定度是读数的 14×10^{-6} 倍加量程的 2×10^{-6} 倍"。在校准一年后，在 1V 量程上测量电压，得到一组独立重复测量的算术平均值为 $\overline{U} = 0.928571\text{V}$，并已知其 A 类标准不确定度为 $u_A(\overline{U}) = 14\mu\text{V}$，假设概率分布为均匀分布，计算电压表在 1V 量程上测量电压的合成标准不确定度。

解： 电压的合成标准不确定度由两部分组成：

已知多次测量取平均值的实验标准差，属 A 类标准不确定度为 $u_A(\overline{U}) = 14\mu\text{V}$。

由厂商给出的绝对误差的最大值，反映了制造、检定时允许的误差，这些都是在本次测量之前已经存在，不会因多次取平均值而减少，属 B 类标准不确定度，可由已知的信息计算，首先计算区间半宽 a。

$$a = 14 \times 10^{-6} \times 0.928571\text{V} + 2 \times 10^{-6} \times 1\text{V} = 15\mu\text{V}$$

假设概率分布为均匀分布,则 $k=\sqrt{3}$,那么,电压的 B 类标准不确定度为

$$u_B(\bar{U}) = 15\mu V/\sqrt{3} = 8.7\mu V$$

于是合成标准不确定度为

$$u_C(\bar{U}) = \sqrt{u_A^2(\bar{U}) + u_B^2(\bar{U})} = \sqrt{(14\mu V)^2 + (8.7\mu V)^2} = 16\mu V$$

【例 2-34】 已知 $y = y_1 + y_2 + y_3$,$y_1 = 2x_1$,$y_2 = x_2$,$y_3 = 3x_2$,并且变量 x_1、x_2 的标准不确定度分别为 $u(x_1)$ 和 $u(x_2)$。试求 y 的合成不确定度 $u_C(y)$。

解:错误解法:因为 $c_1 = c_2 = c_3 = \dfrac{\partial y}{\partial y_1} = \dfrac{\partial y}{\partial y_2} = \dfrac{\partial y}{\partial y_3} = 1$

所以,由式(2-103)可得

$$\begin{aligned}u_C(y) &= \sqrt{[c_1 u(y_1)]^2 + [c_2 u(y_2)]^2 + [c_3 u(y_3)]^2} \\ &= \sqrt{[2u(x_1)]^2 + [u(x_2)]^2 + [3u(x_2)]^2} \\ &= \sqrt{4u^2(x_1) + 10u^2(x_2)}\end{aligned}$$

这种解法之所以错误,是因为没有考虑到 y_2 和 y_3 是相关的。正确的解法是:将 y_1、y_2、y_3 代入 y,可得 $y = 2x_1 + 4x_2$,再根据式(2-103)求解。因为 $c_1 = \dfrac{\partial y}{\partial x_1} = 2$,$c_2 = \dfrac{\partial y}{\partial x_2} = 4$,

所以

$$\begin{aligned}u_C(y) &= \sqrt{[2u(x_1)]^2 + [4u(x_2)]^2} \\ &= \sqrt{4u^2(x_1) + 16u^2(x_2)}\end{aligned}$$

2.3.5 扩展不确定度的评定

1. 扩展不确定度的评定方法

用合成标准不确定度直接表示测量结果的不确定度时,由标准偏差给出的区间所对应的置信概率较小(以正态分布为例,数据落在区间 $(y-\sigma, y+\sigma)$ 的概率只有 68% 左右),在实际应用中,为了得到更大的置信概率,就需要放大区间,使用扩展不确定度。

扩展不确定度 U 等于合成标准不确定度 u_C 与包含因子 k 的乘积 $U = k \cdot u_C$。

测量结果可表示为 $Y = y \pm U$,y 是被测量 Y 的最佳估计值。被测量 Y 的可能值以较高的概率落在区间 $y - U \leq Y \leq y + U$ 内。为了给出扩展不确定度,必须先确定被测量 Y 可能值分布的包含因子 k。包含因子是根据所确定的区间需要的置信概率来选取的,而其前提是要确定 Y 可能值的分布。

被测量 Y 的分布是所有输入量 x_i 的影响综合而成的,因此它与数学模型以及各分量的大小及其输入量的分布有关,一般只能根据具体情况来判断被测量 Y 可能接近于何种分布。归纳起来,被测量的分布有三种可能性:①接近正态分布;②接近某种非正态的其他已知分布;③以上两种情况均不成立,无法判定其分布。一般说来,正态分布的判定要求不确定度分量的数目越多越好,且各分量的大小越接近越好。而其他非正态分布的判定则要求不确定度分量的数目越少越好,且各分量的大小相差越悬殊越好。当无法用中心极限定理判断被测量接近于正态分布,同时也没有任何一个分量,或若干个分量的合成占优势的分量时,将无法判定被测量 Y 的分布。根据上述三种情况,求取扩展不确定度 U 的方法如图 2-27 和表 2-20 所示。

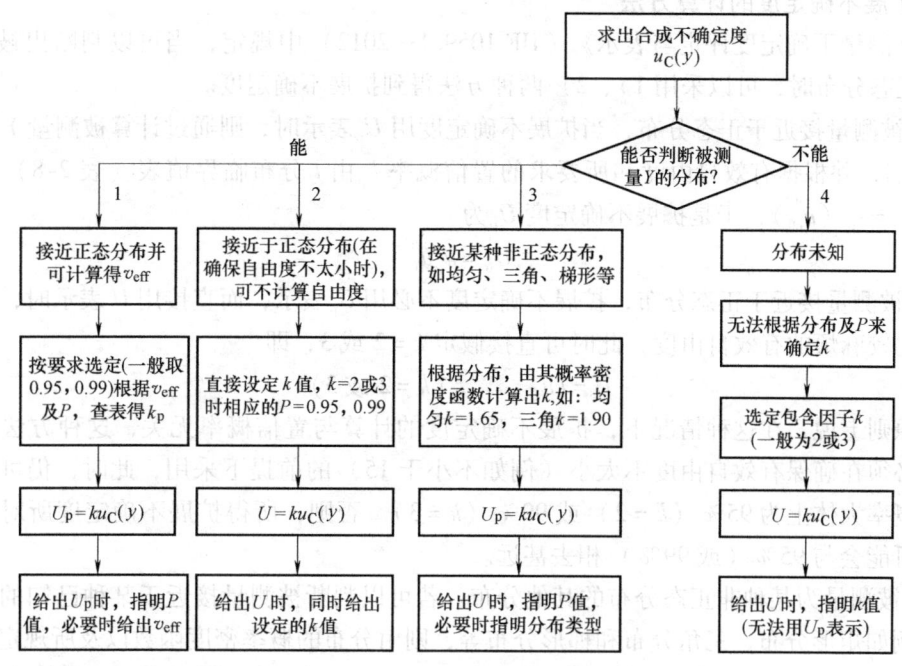

图 2-27 求扩展不确定度 U 的方法

扩展不确定度有两种表示方式,用 U 表示或用 U_p 表示。具体采用何种表示方式,决定于包含因子 k 的获得方式。当包含因子 k 是根据被测量 Y 的分布并由所规定的置信概率 P (一般 P 值取 0.95 或 0.99)计算得到时,包含因子可用 k_p 表示,相应的扩展不确定度则用 U_p 表示。U_p 表示所给出的扩展不确定度是对应于置信概率为 P 的置信区间的半宽。例如,$U_{0.95}$ 表示测量结果落在以 U 为半宽度区间的概率为 0.95。由于被测量 Y 的不同分布情况,包含因子 k 与置信概率 P 之间的关系也不同,因此,不同的被测量分布,其包含因子也不同。当包含因子 k 的数值是假定的,而不是根据被测量 Y 的分布和规定的置信概率 P 计算得到时,则用 U 表示。

表 2-20 被测量 Y 不同分布时扩展不确定度的表示方法

序号	被测量分布类型	扩展不确定度的表示方式
1	被测量接近正态分布,要用 U_p 表示	用 U_p 表示,并给出 k 值和有效自由度 v_{eff}。k 值与置信概率 P 和有效自由度 v_{eff} 有关,由 t 分布表示
2	被测量接近正态分布,但没有必要用 U_p 表示	用 U 表示,并给出所设定的 k 值。当设定值 $k=2$ 或 3 时,在确保自由度不太小(不小于 15)的情况下,它们大体上分别对应于 95% 和 99% 的置信概率
3	被测量为非正态分布,但接近某种其他分布	用 U_p 表示,指明被测量的分布,并给出置信概率和 k 值。k 值必须根据分布和 P 值确定
4	无法判断被测量接近于何种分布	用 U 表示,同时给出所设定的 k 值(2 或 3),大多数情况下选 $k=2$

2. 扩展不确定度的计算方法

在《测量不确定度评定与表示》(JJF 1059.1—2012)中规定,当可以判断出被测量 Y 接近于正态分布时,可以采用1)、2)两种方法得到扩展不确定度。

1) 被测量接近于正态分布,当扩展不确定度用 U_p 表示时,则通过计算被测量 Y 的有效自由度 ν_{eff},并根据有效自由度和所要求的置信概率 k_p 由 t 分布临界值表(表2-8)得到包含因子 $k_p = t_p(\nu_{\text{eff}})$,于是扩展不确定度 U_p 为

$$U_p = k_p u_C$$

2) 被测量接近于正态分布,扩展不确定度不必用 U_p 表示,而直接用 U 表示时,可以不必计算比较麻烦的有效自由度,此时可直接假定 $k = 2$ 或 3,即

$$U = k u_C \quad (k = 2 \text{ 或 } 3)$$

从原则上说,在这种情况下,扩展不确定度的计算与置信概率无关,这种方法虽然简单,但必须在确保有效自由度不太小(例如不小于15)的前提下采用,此时,仍可以估计其置信概率大体上为95%($k=2$)或99%($k=3$)。否则,所得扩展不确定度所对应的置信概率可能会与95%(或99%)相去甚远。

3) 被测量为某种非正态分布的其他分布。若可以判断被测量接近于某种已知的非正态分布,例如矩形分布、三角分布和梯形分布等,则由分布的概率密度函数以及所规定的置信概率 P 可以计算出包含因子 k_p。此时扩展不确定度用 U_p 表示,表示对应于置信概率为 P 的扩展不确定度,即

$$U_p = k_p u_C$$

k 值必须根据分布和 P 值确定。例如,假设为均匀分布时,置信水平 $P = 0.95$,查表2-21得 $k = 1.65$。

表2-21 均匀分布时置信概率 P 与包含因子 k 的关系

P	57.74	95	99	100
k	1	1.65	1.71	1.73

4) 无法判断被测量 Y 的分布。由于无法判断被测量 Y 的分布,也就是说无法根据所规定的置信概率求出包含因子 k。此时只能假设一个 k 值,k 的值一般取 2 或 3。此时扩展不确定度用 U 表示,即

$$U = k u_C \quad (k = 2 \text{ 或 } 3)$$

这时无法知道扩展不确定度所对应的置信概率。

2.3.6 自由度

1. 自由度的基本概念

在测量不确定度评定中,规定标准不确定度用标准偏差 σ 来表示,但由于实际上只能进行有限次测量,因此只能用有限次测量的实验标准差 s 作为无限次测量的标准偏差 σ 的估计值。这一估计必然引入误差。显然,当测量次数越少时,实际标准差 s 的可靠性就越差。因此在测量不确定度评定中,仅给出标准不确定度(实验标准差)还不够,还必须同时给出另一个表示所给标准不确定度准确程度的参数,这个参数就是自由度 ν。

在(JJF 1059.1—2012)计量技术规范中,自由度定义为"在方差计算中,和的项数减

去对和的限制数"。前面讨论了在重复性条件下，对被测量 x 作 n 次测量，计算测量标准差 s 的贝塞尔公式（2-39）中，在 n 个剩余误差 ν_i 的平方和 $\sum_{i=1}^{n} \nu_i^2 = \sum_{i=1}^{n} (x_i - \bar{x})^2$ 中，如果 n 个 ν_i 之间存在 t 个独立的线性约束条件，即 n 个变量中独立变量个数仅为 $n-t$，则称平方和 $\sum_{i=1}^{n} \nu_i^2$ 的自由度为 $n-t$。在贝塞尔公式中 $\sum_{i=1}^{n} \nu_i^2$ 的 n 个变量 ν_i 之间只存在唯一的线性约束条件 $\sum_{i=1}^{n} \nu_i = \sum_{i=1}^{n} (x_i - \bar{x}) = 0$，故"对和的限制数为1"。因此根据自由度的定义，和的项数 n 减去对和的限制数 1，则可计算标准差 s 的自由度 $\nu = n-1$。

自由度的概念也可以这样来理解，如果对一个被测量仅测量一次，则该测量结果就是被测量的最佳估计值，即无法选择该量的值，这相当于自由度为零。如果对其测量两次，这就有了选择最佳估计值的可能，可以选择其中某一个测量结果，也可以是两者的某个函数，例如平均值或加权平均值作为最佳估计值，即有了选择最佳估计值的"自由"，随着测量次数的增加，自由度也随之增加。从第二次起，每增加一次测量，自由度就增加 1。因此也可以将自由度理解为测量中所包含的"多余"测量次数。

如果需要同时测量 t 个被测量，则由于解 t 个未知量要 t 个方程，因此必须至少测量 t 次。从 $t+1$ 次开始，才是"多余"的测量，故在一般情况下自由度 $\nu = n-t$。

一般地说，当没有其他附加的约束条件时，"和的项数"即是多次重复测量的次数 n。由于每一个被测量都要采用其平均值，都要满足一个残差之和等于零的约束条件，因而"对和的限制数"即是被测量的个数 t。因此，对于 A 类评定，自由度 ν 即是测量次数 n 与被测量个数 t 之差，$\nu = n-t$。

2. 自由度与标准不确定度的关系

当采用不确定度的 A 类评定时，在数学上可以证明式（2-105）所给出的自由度 n 与标准不确定度 $u(x)$ 的准确程度之间的关系为

$$\nu = \frac{1}{2\left[\dfrac{u[u(x)]}{u(x)}\right]^2} \tag{2-105}$$

式中，$u(x)$ 为被测量 x 的标准不确定度；$u[u(x)]$ 为标准不确定度 u_x 的标准不确定度；$\dfrac{u[u(x)]}{u(x)}$ 为标准不确定度 $u(x)$ 的相对标准不确定度。

由此可见，自由度与标准不确定度的相对标准不确定度有关。或者说，自由度与不确定度的不确定度有关。因此也可以说，自由度是一种二阶不确定度，即不确定度的不确定度。一般说来，自由度表示所给标准不确定度的可靠程度或准确程度。自由度越大，则所得的标准不确定度越可靠。

在计算扩展不确定度时，需要确定包含因子 k。因为包含因子 k 是自由度和置信概率的函数。当被测量接近于正态分布时，此时仅仅根据所要求的置信概率不足以确定包含因子 k，还必须同时知道一个与索取样本大小有关的参数"自由度 ν"。其包含因子 k 可由所规定的置信概率 P 和有效自由度 ν_{eff}，查阅 t 分布临界值表（见表 2-8）得到，即 $k_p = t_p(\nu_{\text{eff}})$。许多情况下需要计算自由度，下面讨论几种情况下的自由度的计算方法。

3. 各类评定方法的自由度的计算方法

（1）A 类评定不确定度的自由度

对于 A 类评定不确定度，若已知重复测量次数就可以得到自由度，同时还可以计算出所给标准不确定度的相对标准不确定度。对于 A 类评定，各种情况下的自由度为：

1) 贝塞尔公式计算实验标准差时，若测量次数为 n，则自由度 $\nu = n-1$。
2) 同时测量 t 个被测量时，自由度 $\nu = n-t$。
3) 对于合并样本标准差 s_p，其自由度为各组的自由度之和。例如，对于每组测量 n 次，共测量 m 组的情况，其自由度为 $m(n-1)$。

（2）B 类评定不确定度的自由度

对于 B 类评定，由于其标准不确定度并不是实验测量得到的，也就不存在测量次数的问题，因此原则上也就不存在自由度的概念。但如果将关系式（2-105）推广到 B 类评定中，即认为该式同样适用于 B 类评定不确定度，B 类评定不确定度的情况与 A 类正好相反，可以反向地利用式（2-105），如果根据经验能估计出 B 类评定不确定度的相对标准不确定度时，则就可以由式（2-105）估计出 B 类评定不确定度的自由度。

例如，若用 B 类评定得到输入量 X 的标准不确定度为 $u(x)$，并且估计 $u(x)$ 的相对标准不确定度为 10%，于是由式（2-105）可以得到此类评定的自由度为

$$\nu = \frac{1}{2\left[\frac{u[u(x)]}{u(x)}\right]^2} = \frac{1}{2\times(10\%)^2} = 50$$

（3）合成标准不确定度的有效自由度

合成标准不确定度 $u_C(y)$ 的自由度称为有效自由度，以 ν_{eff} 表示。当 $u_C^2(y)$ 是由两个或者两个以上的方差分量的合成，即满足 $u_C^2(y) = \sum_{i=1}^{m} c_i^2 u^2(x_i)$ 时，并且被测量 Y 接近于正态分布时，合成标准不确定度的自由度可由下式计算

$$\nu_{\text{eff}} = \frac{u_C^4(y)}{\sum_{i=1}^{n}\frac{u_i^4(y)}{\nu_i}} = \frac{u_C^4(y)}{\sum_{i=1}^{n}\frac{c_i^4 u^4(x_i)}{\nu_i}} \quad (2-106)$$

式中，$c_i = \frac{\partial f}{\partial x_i}$ 为灵敏度；$u(x_i)$ 为 x_i 个输入量的标准不确定度；ν_i 为 $u(x_i)$ 的自由度。

【例 2-35】设某输出量 $y = f(x_1, x_2, x_3) = bx_1x_2x_3$，式中 x_1、x_2、x_3 是乘积关系，分别为 $n_1 = 10$ 次，$n_2 = 5$ 次，$n_3 = 15$ 次重复独立测量的算术平均值。其相对标准不确定度分别为 $u(x_1)/x_1 = 0.25\%$，$u(x_2)/x_2 = 0.57\%$，$u(x_3)/x_3 = 0.82\%$。

求：测量结果 y 在 95% 置信水平时的相对扩展不确定度。

解：$u_C^2(y) = \sum_{i=1}^{m}\left[\frac{\partial y}{\partial x}u(x_i)\right]^2 = [bx_2x_3 u(x_1)]^2 + [bx_1x_3 u(x_2)]^2 + [bx_1x_2 u(x_3)]^2$

$\left[\frac{u_C(y)}{y}\right]^2 = \left[\frac{bx_2x_3 u(x_1)}{bx_1x_2x_3}\right]^2 + \left[\frac{bx_1x_3 u(x_2)}{bx_1x_2x_3}\right]^2 + \left[\frac{bx_1x_2 u(x_3)}{bx_1x_2x_3}\right]^2$

$\left[\frac{u_C(y)}{y}\right]^2 = \sum_{i=1}^{m}\left[\frac{u(x_i)}{x_i}\right]^2 = 0.25\%^2 + 0.57\%^2 + 0.82\%^2 = (1.03\%)^2$

$\frac{u_C(y)}{y} = 1.03\%$

$\nu_{\text{eff}} = \frac{[u_C(y)]^4}{\sum_{i=1}^{3}\frac{[c_i u(x_i)]^4}{\nu_i}} = \frac{[u_C(y)/y]^4}{\sum_{i=1}^{3}\frac{[u(x_i)/x_i]^4}{\nu_i}} = \frac{1.03^4}{\frac{0.25^4}{10-1} + \frac{0.57^4}{5-1} + \frac{0.82^4}{15-1}} = 19.0$

根据 $P = 95\%$，$\nu_{eff} = 19$，查 t 分布的 t 值表（2-8）得 $k_p = t_{0.95}(19) = 2.09$

$$\frac{U_{95}}{y} = k_p u_C(y)/y = 2.09 \times 1.03\% = 2.2\%$$

【例 2-36】下面继续【例 2-33】的工作，求出 $\bar{U}$ 的扩展不确定度。

对【例 2-33】的计算结果归纳如下：

已知数字电压表对某电压测量 15 次，所测电压的值求平均为 $\bar{U} = 0.928571\text{V}$，$\bar{U}$ 的 A 类标准不确定度 $u_A(\bar{U}) = S(U)/\sqrt{n} = 14\mu\text{V}$，其自由度 $\nu_A = n - 1 = 15 - 1 = 14$，已知 $\bar{U}$ 的 B 类标准不确定度为 $u_B(\bar{U}) = u(\Delta\bar{U}) = 15\mu\text{V}/\sqrt{3} = 8.7\mu\text{V}$，$\Delta U$ 服从对称均匀分布，其自由度 $\nu_B = \infty$，试计算扩展不确定度。

解：合成不确定自由度由 A 类和 B 类评定的标准不确定度组成：

合成方差 $u_C^2(\bar{U}) = u_A^2(\bar{U}) + u_B^2(\bar{U})$

合成标准不确定度 $u_C(\bar{U}) = \sqrt{u_A^2(\bar{U}) + u_B^2(\bar{U})} = \sqrt{(14\mu\text{V})^2 + (8.7\mu\text{V})^2} = 16\mu\text{V}$

合成不确定度 $u_C(\bar{U})$ 的有效值自由度 ν_{eff} 满足：$\dfrac{u_C^4(\bar{U})}{\nu_{eff}} = \dfrac{u_A^4(\bar{U})}{\nu_A} + \dfrac{u_B^4(\bar{U})}{\nu_B}$

$$\nu_{eff} = \frac{u_C^4(\bar{U})}{\dfrac{u_A^4(\bar{U})}{\nu_A} + \dfrac{u_B^4(\bar{U})}{\nu_B}}$$

上式与式（2-106）一致。按上式计算有效自由度如下

$$\nu_{eff} = \frac{(16\mu\text{V})^4}{\dfrac{(14\mu\text{V})^4}{15-1} + \dfrac{(8.7\mu\text{V})^4}{\infty}} = \frac{65536}{\dfrac{38416}{14}} = \frac{65536}{2744} = 23.88 \text{ 取 } 23$$

查表（2-8），已知要求的置信水平取值 $P = 95\%$，$\nu_{eff} = 23$，从表查得 $k_p = t_p(\nu_{eff}) = 2.07$。扩展不确定度 $U_p = k_p u_C(\bar{U}) = 2.07 \times 16\mu\text{V} = 33.12\mu\text{V}$。

测量结果报告如下：电压为 (0.928571 ± 0.000033) V。

2.3.7 测量结果及其不确定度的表示与报告

完整的测量结果应包含被测量的最佳估计值（$\bar{x}$）和测量不确定度。

1. 测量不确定度报告应提供的信息

测量不确定度报告一般应提供如下信息：

1）明确说明被测量的定义。
2）有关输入量与输出量的函数关系及灵敏度。
3）常数和修正值的来源及其不确定度。
4）列表说明：输入量实验观测数据及其估计值，标准不确定度的评定方法（A 类、B 类）及其量值、自由度。
5）数据处理程序应易于重复。
6）对所有相关输入量给出其相关系数 r（或协方差）及获得方法。
7）给出被测量估计值、合成标准不确定度或扩展不确定度（相对标准不确定度或相应扩展不确定度）及其单位。
8）必要时还应给出有效自由度 ν_{eff}。

2. 测量不确定度的报告与表示

（1）用合成标准不确定度 u_C 来报告测量结果

例如，标准砝码的质量为 m_s，其测量结果为 100.0105g，合成标准不确定度 $u_C(m_s)$ 为 $0.3m_g$。

其测量结果表示为：

m_s =100.0105g，合成标准不确定度 $u_C(m_s)=0.3m_g$。

用表达式报告和表示为：m_s = （100.0105±0.0003）g。

（2）用扩展不确定度 U 来报告测量结果

例如，$u_C(y)=0.3m_g$，取包含因子 $k=2$，$U=ku_C=2\times 0.3m_g=0.6m_g$。其测量结果表示为：

m_s =100.0105g，扩展不确定度 $U=0.6m_g$，包含因子 $k=2$。

用表达式报告和表示为：m_s = （100.0105±0.0006）g，$k=2$。

（3）用扩展不确定度 U_p 来报告测量结果

例如，$u_C(y)=0.3m_g$，$\nu_{eff}=9$，按 $P=95\%$，查 t 分布临界值表（见表 2-8），得 $k_p=t_{95}(9)=2.26$，$U_{95}=2.26\times 0.3mg=0.7mg$。其测量结果表示为：

m_s =100.0105g，扩展不确定度 $U_{95}=0.7mg$，有效自由度 $\nu_{eff}=9$。

用表达式报告与表示为：m_s = （100.0105±0.0007）g，$P=95\%$，$\nu_{eff}=9$。

3. 说明

1）测量结果也可用相对形式 U_{rel} 或 u_{rel} 来报告与表示，如：

① m_s = 100.0105（$1\pm 7\times 10^{-6}$）g（$P=95\%$，$\nu_{eff}=9$）

（式中"7×10^{-6}"为 U_{95rel} 之值）。

② m_s =100.0105g，$u_{rel}=3.0\times 10^{-6}$。

2）在最终的测量结果中，应不再含有可修正的系统误差，即测量结果应是经过修正的。

3）测量结果的计量单位只能出现一次，并且要列于测量结果表达式的后面。

① 电阻 R 可表示为

R = （100.00426±1.0×10^{-4}）Ω

② 电阻 R 不能表示为

R =100.00426Ω±1.0×10^{-4}Ω 或 R =100.00426Ω（$1\pm 1.0\times 10^{-4}$）

4. 测量结果有效位数的保留

1）测量结果的最终值（指测量报告上的）修约间隔应与其测量不确定度的修约间隔相同。即最后保留结果与保留的测量不确定度位数对齐，截断修约。

2）测量结果不确定度只需用 1~2 位数字表达。

① 测量不确定度 $k_i s$ 的位数一般选取的原则是：第一个非零数字≥3，取 1 位有效数字；第一个非零数字<3，取 2 位有效数字。

② 相关系数保留 3 位有效数字即可。

③ 一般测量结果不确定度采取只进不舍（全进法）；有效自由度采取只舍不进（全舍法）。

如：测量结果不确定度为 10.47mg，修约为 11mg（只进不舍）；有效自由度为 11.97，则修约为 11（只舍不进）。

【例 2-37】 设等精度测量，测得值的算术平均值为 6.859628V，测量不确定度为 0.00384V，试给出测量结果。

解：测量不确定度第一位有效数字为 3，应取 1 位变成 $A = 0.004$，测量值同样应取到小数点后第三位，即舍去小数点后第三位以后的数字，按舍入的规则变成：$6.859628 \rightarrow 6.860$。

给出测量的最后结果为：$A = (6.860 \pm 0.004)$ V；

上述结果也可写成另一种形式：$A = 6.860 (1 \pm 0.006)$ V。

【例 2-38】测量值为 3.869638，不确定度为 0.00281，给出最后的测量结果。

解：不确定度第一位小于 3，故取 2 位为 0.0028，测量值按舍入规则舍去小数点后第 4 位以后数字，最后测量结果为：$A = (3.8696 \pm 0.0028)$ V；

另一种形式为：$A = 3.8696 (1 \pm 0.0007)$ V。

2.3.8 测量不确定度的评定实例

下面通过一个实例来说明测量不确定度的评定过程。

【例 2-39】用电压表直接测量一个标称值为 200Ω 的电阻两端的电压，以便确定该电阻承受的功率。测量所用的电压表的技术指标由使用说明书得知，其最大允许误差为 ±1%，经计量鉴定合格，证书指出它的自由度为 10（当证书上没有有关自由度的信息时，就认为自由度是无穷大）。标称值为 200Ω 的电阻经校准，校准证书给出其校准值为 199.99Ω，校准值的扩展不确定度为 0.02Ω（包含因子 k 为 2）。用电压表对该电阻在同一条件下重复测量 5 次，测量值分别为：2.2V、2.3V、2.4V、2.2V、2.5V。要求报告功率的测量结果及其扩展不确定度。（置信水平为 0.95）

解：1）数学模型 $P = \dfrac{U^2}{R}$。

2）计算测量结果的最佳估计值。

① $\overline{U} = \left(\sum\limits_{i=1}^{n} U_i \right) / n = \dfrac{2.2 + 2.3 + 2.4 + 2.2 + 2.5}{5}$V $= 2.32$V。

② $P = \dfrac{(\overline{U})^2}{R} = \dfrac{(2.32)^2}{199.99}$W $= 0.027$W。

3）测量不确定度的分析。

本例的测量不确定度主要来源包括：①电压表不准确；②电阻不准确；③由于各种随机因素影响所致电压测量的重复性。

4）标准不确定度分量的评定。

① 电压测量引入的标准不确定度。

（a）电压表不准引入的标准不确定度分量 $u_1(U)$。已知电压表的最大允许误差为 ±1%，且该表经鉴定合格，所以 $u_1(U)$ 按 B 类评定。测量值可能的区间半宽度 a_1 为 $a_1 = 2.32$V × 1% $= 0.023$V。设在该区间内的概率分布为均匀分布，所以取置信因子 $k_1 = \sqrt{3}$，则：$u_1(U) = \dfrac{a_1}{k_1} = \dfrac{0.023\text{V}}{\sqrt{3}} = 0.013$V。

（b）电压测量重复性引入的标准不确定度分量 $u_2(U)$。已知测量值是重复测量 5 次的结果，所以 $u_2(U)$ 按 A 类评定。

$$\overline{U} = \dfrac{\sum\limits_{i=1}^{n} U_i}{n} = 2.32\text{V}$$

$$s = \sqrt{\dfrac{\sum\limits_{i=1}^{5}(x_i - \overline{x})^2}{5-1}} = \sqrt{\dfrac{0.12^2 + 0.02^2 + 0.08^2 + 0.12^2 + 0.18^2}{4}}\text{V} = 0.13\text{V}$$

$$u_2(U) = s(\overline{x}) = \dfrac{s}{\sqrt{n}} = \dfrac{0.13}{\sqrt{5}}\text{V} = 0.058\text{V}$$

（c）由此可得 $u(U) = \sqrt{u_1(U)^2 + u_2(U)^2} = \sqrt{0.013^2 + 0.058^2}\text{V} = 0.059$V

电压的自由度为 $\nu_{\text{eff}(U)} = \dfrac{u_C^4(U)}{\dfrac{u_1^4(U)}{\nu_1} + \dfrac{u_2^4(U)}{\nu_2}} = \dfrac{0.0594^4}{\dfrac{0.013^4}{10} + \dfrac{0.058^4}{4}} = 4.3$

② 电阻不准引入的标准不确定度分量 $u(R)$。

由电阻的校准证书得知，其校准值的扩展不确定度 $U = 0.02\Omega$，且 $k = 2$，则 $u(R)$ 可由 B 类评定得到

$$u(R) = \frac{a_2}{k_2} = \frac{U}{k} = \frac{0.02\Omega}{2} = 0.01\Omega$$

5) 计算合成标准不确定度 $u_C(P)$。

$P = \dfrac{U^2}{R}$，其中输入量 U（电压）和 R（电阻）不相关。所以

$$u_C(P) = \sqrt{c_1^2 u^2(U) + c_2^2 u^2(R)}$$

① 计算灵敏度 c_1 和 c_2，得

$$c_1 = \frac{\partial P}{\partial U} = \frac{2U}{R} = \frac{2 \times 2.32}{199.99} \text{V}/\Omega = 0.023 \text{V}/\Omega$$

$$c_2 = \frac{\partial P}{\partial R} = -\frac{U^2}{R^2} = -\frac{(2.32)^2}{(199.99)^2} \text{V}^2/\Omega^2 = -0.00013 \text{V}^2/\Omega^2$$

② 计算 $u_C(P)$，得 $u_C(P) = \sqrt{(0.023)^2 (0.059)^2 + (-0.00013)^2 (0.01)^2}\text{W} = 0.0014\text{W}$

6) 确定扩展不确定度 U。

① 要求置信水平为 95%（$P_t = 0.95$）。

② 计算合成标准不确定度 $u_C(P)$ 的有效自由度 ν_{eff}：

$u(U)$ 的自由度 $\nu(U) = 4.3$，$u(R)$ 的自由度 $\nu(R)$ 可设为 ∞，则

$$\nu_{\text{eff}} = \frac{u_C^4(P)}{\dfrac{c_1^4 u^4(U)}{\nu(U)} + \dfrac{c_2^4 u^4(R)}{\nu(R)}} = \frac{0.0014^4}{\dfrac{0.023^4 \times 0.059^4}{4.3}} = 5.2$$

取 ν_{eff} 的较低整数，则 ν_{eff} 为 5。

③ 根据 $P_t = 0.95$，$\nu_{\text{eff}} = 5$，查 t 分布表 2-8，得 $k_{0.95} = t_{0.95}(5) = 2.57$。

④ 扩展不确定度 $U_{0.95}$ 为

$$U_{0.95} = k_{0.95} u_C(P) = 2.57 \times 0.0014\text{W} = 0.0036\text{W} \approx 0.004\text{W}$$

7) 报告最终测量结果：

功率 $P = (0.027 \pm 0.004)\text{W}$ （置信水平为 $P_t = 0.95$）

正负号后的值为测量结果的扩展不确定度，置信水平为 0.95，包含因子为 2.57，有效自由度为 5。

本 章 小 结

本章包括测量误差、测量数据处理和测量不确定度三部分内容，其内容结构示意图如图 2-28 所示。

1. 测量误差

(1) 测量误差的定义

测量误差定义为测量结果与真值之差。

(2) 误差的表示方法

误差的表示方法分为：

1) 绝对误差 $\Delta x = x - A_0$。　　　　2) 相对误差 $\gamma = \dfrac{\Delta x}{A_0} \times 100\%$。

3) 示值相对误差 $\gamma_x = \dfrac{\Delta x}{x} \times 100\%$。 4) 满度（引用）相对误差 $\gamma_m = \dfrac{\Delta x_m}{x_m} \times 100\%$。

5) 示值相对误差与满度相对误差的关系 $\gamma_x = \gamma_m \% \dfrac{x_m}{x}$。

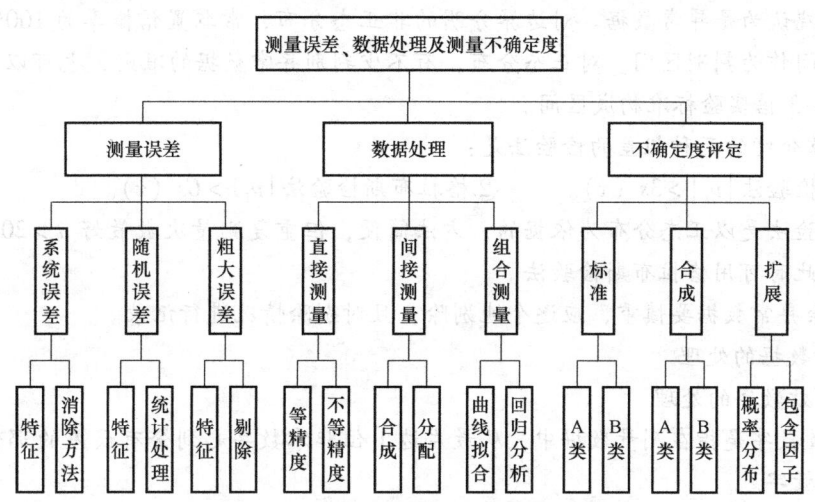

图 2-28 第 2 章内容结构示意图

(3) 误差的种类

可分三种：(1) 系统误差；(2) 随机误差；(3) 粗大误差。

(4) 系统误差

1) 系统误差 ε 定义为"在重复条件下，对同一被测量无限多次测量所得的结果的平均值 $\overline{x}_\infty$ 与被测量的真值 A_0 之差。"即 $\varepsilon = \overline{x}_\infty - A_0$。

2) 系统误差不具有抵偿性，要通过测量找出规律予以修正。削弱系统误差的典型技术有零示法、替代法、交换法及微差法。

(5) 随机误差

1) 随机误差 δ 定义为"测量结果 x_i 与在重复性条件下，对同一被测量进行无限多次测量所得结果的平均值 $\overline{x}_\infty$ 之差。"即 $\delta_i = x_i - \overline{x}_\infty$。

2) 随机误差具有正态分布（包括 t 分布）特性，其特征参量为数学期望（无穷多次测量值的平均值）和方差（无穷多次测量值与数学期望之差平方的平均值）。

3) 有限次重复性测量时，几个特征量如下。

① 算术平均值 $\overline{x} = \dfrac{1}{n}\sum\limits_{i=1}^{n} x_i$。 ② 残差 $\nu_i = x_i - \overline{x}$。

③ 测量数据的标准偏差——贝塞尔公式 $s(x) = \sqrt{\dfrac{1}{n-1}\sum\limits_{i=1}^{n} \nu_i^2}$。

④ 算术平均值的标准差 $s(\overline{x}) = \dfrac{s(x)}{\sqrt{n}}$。

4) 置信度是表征测量结果可靠程度的一个参数，它用置信区间和置信概率来共同说明。根据概率分布和置信概率确定包含因子 k，得到测量结果的置信区间 $[\overline{x} - ks(\overline{x}), \overline{x} + ks(\overline{x})]$。正态分布或 $n > 20$ 时，$k = 2 \sim 3$；$n < 20$ 时，查 t 分布表得 k 值；均匀分布时，

$k = \sqrt{3}$。

5）测量结果表征为 $\bar{x} \pm ks\ (\bar{x})$。

（6）粗大误差

1）用统计学方法剔除异常数据，通常给定一个置信概率，找出相应的区间，凡在区间以外的数据就认为是异常数据。对边界分明的非正态分布，常取置信概率为100%，即取数据的分布区间作为判别区间。对正态分布，有不少判别异常数据的准则，也可以取平均值前后2倍或2～3倍实验标准构成区间。

2）本章介绍的两种粗差的检验法是：

①莱特检验法 $|v_i| > 3s\ (x)$。　　②格拉布斯检验法 $|v_i| > Gs\ (x)$。

莱特检验法是以正态分布为依据的，方法简便，但重复测量次数最好 $n > 20$；若 $n < 10$ 则会失效，此时可用格拉布斯检验法。

3）剔除异常数据要慎重，应逐个地剔除，且对剔除情况进行记录。

2. 测量数据的处理

（1）有效数字的处理

1）有效数字是指在测量数据中，从最左边1位非零数字起到含有误差的那位存疑为止的所有各位数字。

2）数据修约规则：四舍五入，等于五取偶数。

3）最末1位有效数字（存疑数）应与测量精度是同一量级的。

（2）直接参数测量的数据处理

对 x 进行直接测量包括：①等精度测量的处理；②不等精度测量的处理（权及加权是不等精度测量的重要概念）。

（3）函数参数测量的数据处理

对 x 与 y 函数关系的测量包括间接测量和组合测量两种情况：①间接测量，已知 $y = f(x)$ 的函数关系，当测量 x 求出 y 时，根据已知 x 的误差计算 y 的误差；②组合测量的函数参量测量，给定一个已知的 x，测量出对应的 y，求出 $f(x)$ 函数关系及其相应参数。如测量一个系统的静态特性及其参量，对仪器进行标定均属这类数据处理的问题。

（4）间接测量——误差的合成与分配

1）由各分项误差来确定总误差，为误差的合成问题；由总误差确定各分项误差的数值，为误差的分配问题。

2）误差合成的传递公式为 $\Delta y = \sum_{j=1}^{m} \frac{\partial f}{\partial x_j} \Delta x_j$ 或 $\gamma_y = \sum_{j=1}^{m} \frac{\partial \ln f}{\partial x_j}$。

3）测量误差的分配方法：等准确度、等作用和抓住主要误差项进行分配。

（5）组合测量——曲线拟合及回归分析

当变量间的相关关系需要用一个表达式来近似地描述时，可通过实测所得数据来寻找这种近似关系。通常是选择一种与实测或理论分析相近的回归方程类型，再根据最小二乘法确定表达式中待估计参数。用残差平方的加权和最小来估计参数的方法称为最小二乘法，用式(2-86)解出线性回归方程的参数。某些非线性关系可变为线性关系来处理，最后再经过反变换得到非线性表达式。

3. 测量不确定度

(1) 测量不确定度是表征被测量之值的分散性与测量结果相联系的参数

1) 一个完整的测量结果应包含被测量值的估计 y 与分散性参数两部分：$Y = y \pm U$。

2) 被测量值的估计 y 通常取多次测量值的算术平均值。不确定度 U 可以是标准偏差 s 或 s 的倍数 ks，也可以是具有某置信概率 P 下置信区间的半宽。

(2) 测量不确定度的评定步骤

①明确被测量的定义、数学模型及测量条件，明确测量原理、方法，以及测量标准、测量设备等；②分析不确定度的来源；③分别采用 A 类和 B 类评定方法，评定各项不确定度分量，A 类评定时要剔除异常数据；④计算合成不确定度；⑤计算扩展不确定度；⑥报告测量结果。

(3) 标准不确定度的分类与计算

$$u_C \begin{cases} u_{CA} \leftarrow u_A = s(\bar{x}) \leftarrow s(x) & \text{A 类不确定度} \\ u_{CB} \leftarrow u_B = \dfrac{a}{k}(\dfrac{U}{k}, \dfrac{U_p}{k_p}) & \text{B 类不确定度} \end{cases}$$

(4) 不确定度合成

1) 每个直接测量的量的合成不确定度。设该被测量有 n 个 A 类标准不确定度 u_{Ai}，有 m 个 B 类标准不确定度 u_{Bj}，则该被测量的合成标准不确定度 $u_{C(x)} = \sqrt{\sum\limits_{i=1}^{n} u_{Ai}^2 + \sum\limits_{j=1}^{m} u_{Bj}^2}$。

2) 若测量结果是由若干个直接测量（彼此相互独立）的值计算求得的，则总的合成不确定度按不确定度传播公式来计算。即 $u_{C(y)} = \left[\sum\limits_{i=1}^{m} (\dfrac{\partial f}{\partial x_i})^2 u_C^2 x(i) \right]^{\frac{1}{2}}$。

(5) 扩展不确定度

当规定一个区间，被测值的分布大部分可望含于此区间时，可把此区间定为扩展不确定度。

$$U = ku_C$$

区间的选取与包含因子 k 有关，k 是 ν 和 P 的函数。当数据服从正态分布时，可根据测量次数的多少和要求的置信概率，用正态分布在对称区间的积分表或 t 分布在对称区间的积分表选择包含因子。对非正态分布特别是其中界线分明的分布，常取置信概率分布为 100%，即取数据分布区间为置信区间。在不太严格的工程应用中，k 取 2 通常既能满足正态分布又能满足多数非正态分布的要求。

(6) 不确定度报告

在测量结果报告中，测量值应带有不确定度，即测量结果应用最佳估计值和不确定度共同表示。即

$$y \pm U_y$$

思考与练习

2-1 名词解释：测量误差、真值、约定真值、测量结果、示值、标称值、修正值。

2-2 测量误差有哪些表示方法？测量误差有哪些来源？

2-3 什么是等精度测量？什么是不等精度测量？

2-4 简述系统误差、随机误差的含义，以及它们与测量的正确度、精密度、准确度的关系。

2-5 什么是标准差、平均值标准差、标准差的估计值？

2-6 简述粗大误差的特点，以及粗大误差的检验方法。

2-7 绝对误差和相对误差的传递公式有何用处？

2-8 测量误差和不确定度有何联系与不同？

2-9 归纳测量数据处理的内容和方法。

2-10 设某待测量的真值为 10.00，用不同的方法和仪器得到下列三组测量数据，试用精密度、正确度和准确度说明三组测量结果的特点：

1) 10.19，10.18，10.22，10.19，10.17，10.20，10.19，10.16，10.19，10.21。

2) 9.59，9.71，10.68，10.42，10.33，9.60，9.70，10.21，9.39，10.38。

3) 10.05，10.04，9.98，9.99，10.00，10.02，10.01，9.99，9.97，9.99。

2-11 用图 2-29 中 a、b 两种电路测电阻 R_x，若电压表的内阻为 R_U，电流表的内阻为 R_I，求测量值受电表影响产生的绝对误差和相对误差，并讨论所得结果。

2-12 用一内阻为 R_I 的万用表测量如图 2-30 所示电路 A、B 两点间电压，设 $E=12V$，$R_1=5k\Omega$，$R_2=20k\Omega$，求：

（1）如果 E、R_1、R_2 都是标准的，不接万用表时，A、B 两点间的电压实际值 U_A 为多大？

（2）如果万用表内阻 $R_I=20k\Omega$，则电压 U_A 的示值相对误差和实际相对误差各为多大？

（3）如果万用表内阻 $R_I=1M\Omega$，则电压 U_A 的示值相对误差和实际相对误差各为多大？

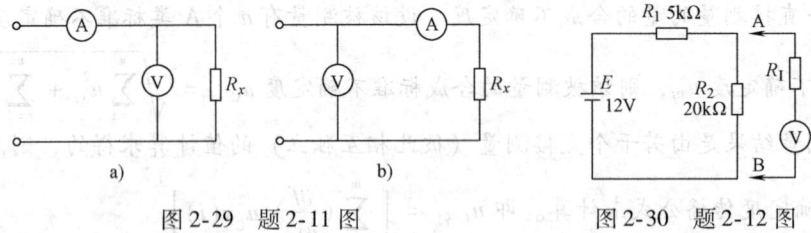

图 2-29 题 2-11 图   图 2-30 题 2-12 图

2-13 用一块量程 5V，准确度 $s=1.5$ 级电压表测量图 2-31 中 a、b 点的电压分别为 $U_a=4.26V$ 和 $U_b=4.19V$，若忽略电压表的负载效应，求：

（1）U_a、U_b 的绝对误差、相对误差各为多少？

（2）利用公式 $U_{ab}=U_a-U_b$ 计算，则电压 U_{ab} 的绝对误差、相对误差各为多少？

2-14 在示波器屏幕上观测两个同频率正弦波的相位差 Φ，如图 2-32 所示。观测得出相位差 Φ 等于 (1.2 ± 0.1) cm，周期 T 等于 (8.1 ± 0.1) cm。（1）计算出相位差的角度；（2）确定该角度的误差。

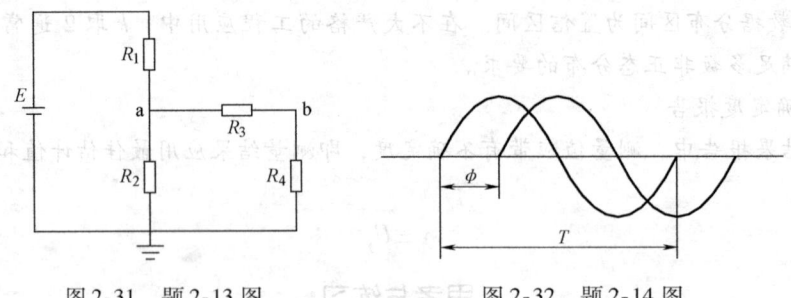

图 2-31 题 2-13 图   图 2-32 题 2-14 图

2-15 标称值为 1.2kΩ、误差为 ±5% 的电阻，其实际值范围是多少？

2-16 检定一只 2.5 级量程 100V 电压表，在 50V 刻度上标准电压表为 48V，问在这一点上，电压表是否合格？

2-17 某电压表的刻度为 0~10V，在 5V 处的校准值为 4.95V，求其绝对误差、修正值、实际相对误差及示值相对误差。若认为此处的绝对误差大，问该电压表应定为几级？

第2章 测量误差、测量数据处理和测量不确定度

2-18 若测量 10V 左右的电压，手头上有两块电压表，其中一块量程为 150V，0.5 级；另一块是 15V，2.5 级。问选用哪一块电压表测量更准确？

2-19 使用 0.2 级 100mA 的电流表与 2.5 级 100mA 的电流表串联起来测量电流。前者示值为 80mA，后者为 77.8mA。

（1）如果把前者作为标准表校验后者，问被校表的绝对误差是多少？应当引入的修正值是多少？测得值的实际相对误差为多少？

（2）如果认为上述结果是最大误差，则被校表的准确度等级应定为几级？

2-20 用一个量程为 150V、等级为 1.0（满度相对误差为 1%）的电压表测量电压，读数是 123V，试计算其示值相对误差。若电压读数是 33V，其示值相对误差又是多少？比较这两个测量误差，会得出什么结论。

2-21 检定一只精度为 2.5 级，量程为 3mA 的电流表的满度相对误差。现有下列几只标准电流表，问选用哪只最适合，为什么？

（1）0.5 级 10mA 量程； （2）0.2 级 10mA 量程；
（3）0.2 级 15mA 量程； （4）0.1 级 100mA 量程。

2-22 测量一个 15V 的直流电压，要求测量误差不大于 1.5%，现有四只电压表，其量程和精度见表 2-22。

表 2-22 题 2-22 表

量程/V	20	30	30	50
精度/级	1.0	1.0	0.5	0.5

问哪些电压表满足要求，哪只电压表测量误差最小？

2-23 检定某一信号源的功率输出，信号源刻度盘读数为 90μW，其允许误差为 ±30%，检定时用标准功率计去测量信号源的输出功率，正好为 75μW。问此信号源是否合格？

2-24 某万用表电桥测电感的部分技术指标如下：

5μH—1.1mH 挡：2%（读数值） ±5μH

10mH—110mH 挡：±2%（读数值） ±0.4%（满度值）

试求被测电感示值分别为 10μH，800μH，20mH，100mH 时，该仪器测量电感的读数误差和满度误差。并以所得绝对误差为例，讨论读数误差部分和满度误差部分对总测量误差的影响。

2-25 用等臂电桥（$R_1 \approx R_2$）测电阻 R_x，电路图如图 2-33 所示。电桥中 R_s 为标准可调电阻，利用交换 R_x 与 R_s 位置的方法对 R_x 进行两次测量，试证明 R_x 的测量值与 R_1 与 R_2 的误差 ΔR_1 及 ΔR_2 无关。

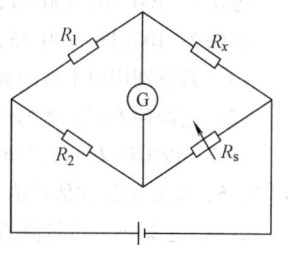

图 2-33 题 2-25 图

2-26 采用微差法测量未知电压 U_x，设标准电压的相对误差不大于 5/10000，电压表的相对误差不大于 1%，相对微差为 1/50，求测量的相对误差。

2-27 采用微差法测量一个 10V 电源，使用标准是标称相对误差为 ±0.1% 的 9V 稳压电源。若要求测量误差 $\Delta U_0/U_0 < \pm 0.5\%$，电压表量程为 3V，问选用几级电表？

2-28 对某信号源的输出频率 f_x 进行了 12 次等精度测量，结果（单位：kHz）为

110.105，110.090，110.090，110.070，110.060，110.055

110.050，110.040，110.030，110.035，110.030，110.020

试用残差观察法判别是否存在变值系差。

2-29 对某信号源的输出频率 f_x 进行了 10 次等精度测量，结果（单位：kHz）为

1000.75，1000.82，1000.79，1000.85，1000.84，1000.73，1000.91，1000.76，1000.82，1000.86

（1）求平均值 $\bar{f}_x$ 及 $s(f_x)$。

（2）以上数据中是否含有粗差数据？若有，请剔除。

2-30 设题2-29中不存在系统误差，在要求置信概率为99%的情况下，估计输出的真值应在什么范围内？

2-31 某电压测量值服从正态分布，对该电压进行10次测量得被测电压的平均值$\bar{U}=10.00\text{V}$，实验标准偏差$s(U)=0.2\text{V}$。

（1）求对应90%、95%、99%置信概率时平均值$\bar{U}$的置信区间。

（2）求平均值的置信区间为$\bar{U}\pm1.5\sigma(\bar{U})$，$\bar{U}\pm2.5\sigma(\bar{U})$，$\bar{U}\pm3.5\sigma(\bar{U})$时的置信概率为多少。

2-32 某测量值服从矩形分布，其50次测量值的平均值为$\bar{x}$，平均值的实验标准偏差为$s(\bar{x})$。

（1）讨论平均值的置信概率和置信区间时，应在什么分布形状上取包含因子k？

（2）当取常用的k为1，2和3时，对应的置信概率约为多少？

（3）对应常用的置信概率为90%、95%和99%时，应取k分别约为多少。

2-33 设对某参数进行测量，测量数据为1464.3，1461.7，1462.9，1463.4，1464.6，1462.7，试求置信概率为95%情况下，该参量的置信区间。

2-34 具有均匀分布的测量数据。

（1）当置信概率为100%时，若它的置信区间为$[M(X)-k\sigma(X),M(X)+k\sigma(X)]$，问这里$k$应取多大？

（2）若置信区间为$[M(X)-\sqrt{2}\sigma(X),M(X)+\sqrt{2}\sigma(X)]$，问置信概率为多大？

（3）求当置信概率为95%和99%时的扩展不确定度包含因子$k(95\%)$和$k(99\%)$。

2-35 对某电阻进行了10次测量，测得数据见表2-23。

表2-23 题2-35表

次数	1	2	3	4	5	6	7	8	9	10
$R/\text{k}\Omega$	46.98	46.97	46.96	46.96	46.81	46.95	46.92	46.94	46.93	46.91

问以上数据中是否含有粗差数据？若有粗差数据，请剔除之。设以上数据不存在系统误差，在要求置信概率为99%的情况下，估计该被测电阻的真值应在什么范围内？

2-36 用两种不同的方法测量频率，测量中系统误差已修正，所得的频率（单位：kHz）为：

方法1：100.36，100.41，100.28，100.30，100.32，100.31，100.37，100.29

方法2：100.33，100.35，100.28，100.29，100.30，100.29

（1）若分别用以上两组数据的平均值作为该频率的两个估计值，则哪一个估计值更可靠？

（2）用两种不同方法的全部数据计算该频率的估计值（加权平均值），其估计值为多少？

2-37 设电压U的三个不等精度测量值分别为：$U_1=1.0\text{V}$，$U_2=1.2\text{V}$，$U_3=1.4\text{V}$，它们的权分别为6、7、5，求U的最佳估计值。

2-38 已知下列各量值的函数式，求出y的合成误差的传递公式。

（1）$y=x_1(x_2+x_3)$；（2）$y=x_1^2/x_2$；（3）$y=x_1x_2/x_3$；（4）$y=x_1^l\cdot x_2^m\cdot\sqrt[n]{x_3}$。

2-39 设两个电阻$R_1=150\times(1\pm0.5\%)\Omega$，$R_2=62\times(1\pm0.4\%)\Omega$，试求两电阻分别在串联和并联时的总电阻值及其相对误差，并分析串、并联时各电阻的误差对总电阻的相对误差的影响。

2-40 通过电桥平衡法测某电阻，由电桥平衡条件得出$R_x=\dfrac{R_2C_4}{C_2}$，已知电容C_2的允许误差为$\pm5\%$，电容C_4的允许误差为$\pm2\%$，R_2为精密电位器，其允许误差为$\pm1\%$，试计算R_x的相对误差为多少？

2-41 推导当测量值$x=A^m\cdot B^n$时的相对误差γ_x的表达式。设$\gamma_A=\pm2.5\%$，$\gamma_B=\pm1.5\%$，$m=2$，$n=3$，求这时的γ_x的值。

2-42 电阻 R 上的电流 I 产生的热量 $Q=0.24I^2Rt$，式中 t 为通过电流的持续时间。已知测量 I 与 R 的相对误差为 1%，测定 t 的相对误差为 5%，求 Q 的相对误差。

2-43 在图 2-34 中，$U_1 \approx U_2 \approx 40\text{V}$，若用 50V 交流电压表进行测量，允许总电压 U 的最大误差为 $\pm 2\%$，问应选择什么等级的电压表？

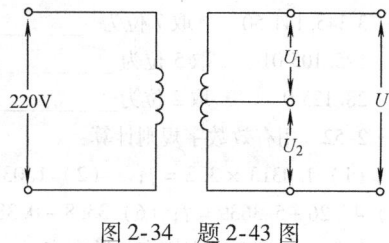

图 2-34 题 2-43 图

2-44 判别下列因素构成的不确定度在评定方法上属于 A 类还是 B 类？

（1）9 次独立测量造成数据的分散性。

（2）计量部门确定某批电流表为一级合格产品，即它们引起的误差不大于量程的 1%，使用它们造成数据不确定的程度。

（3）某批电容出厂时标称值是在误差不大于 1.5% 的情况下标出的，使用这些电容造成的分散性。

（4）在不同时间换了不同测试者对同一量测量，所取得 10 个测量值的分散性。

（5）某电感值受电磁场的影响较大。而在测量电感时，由于无法控制周围电磁场的随机变化而造成电感值的分散性。

（6）某模拟电压表厂商在说明书中指出其电压表的测量误差为量程的 $\pm 0.5\%$。由电压表不准造成数据的不确定程度。

2-45 用某数字多用表测电阻，仪器说明书指出由仪器引起的测量相对误差不大于 0.1%。现用该表对某电阻进行了 10 次测量，以 kΩ 表示的阻值按测量顺序排列如下：99.2，99.4，99.5，99.3，99.1，99.3，99.3，99.4，99.2，99.5。检查有无异常数据和随时间变化的变值系差，并最后给出测量结果（要求测量结果包含扩展不确定度）。

2-46 用数字电压表测量电压，测得一组数据的平均值为 $U=100.02144550\text{V}$，并求得其扩展不确定度 $U=0.355\text{mV}$，当要求 U 只取 1 位有效数字时，该测量结果如何表示？

2-47 设某测量结果有关 A 类不确定度见表 2-24，求该测量结果的合成不确定度、自由度及总不确定度（取置信概率 $P=0.95$）。

表 2-24 题 2-47 表

序号	不确定度			自由度	
	来源	符号	数值	符号	数值
1	基准	u_{A1}	1	ν_1	5
2	读数	u_{A2}	1	ν_2	10
3	电压表	u_{A3}	$\sqrt{2}$	ν_3	4
4	电阻表	u_{A4}	2	ν_4	16
5	温度	u_{A5}	2	ν_5	1

2-48 设输出量 $Y=aX_1X_2X_3$，X_1、X_2、X_3 的正态分布输入量的估计值 x_1、x_2、x_3 分别为 $n_1=10$，$n_2=5$，$n_3=15$ 的重复条件下独立测量时的算术平均值，其相对标准不确定度分别为 $u(x_1)/x_1=0.25\%$ $(\nu_1=9)$；$u(x_2)/x_2=0.57\%$ $(\nu_2=4)$；$u(x_3)/x_3=0.82\%$ $(\nu_3=14)$；试计算相对合成不确定度及合成不确定度的自由度。

2-49 用一电压表测量某电压，使用 0~10V 量程挡，在相同条件下重复测量 7 次，测量值分别为：7.53，7.52，7.49，7.50，7.59，7.56，7.45（单位：V）。检定证书给出电压表该量程的允许误差为 $\pm 0.5\%\text{FS}$。要求报告该电压的测量结果及其扩展不确定度。

2-50 已知圆柱体体积 $V=\pi r^2 h$ 的半径和高不确定度为 $u(r)$、$u(h)$，试求 V 的相对标准不确定度。

2-51 对某测量结果取有效数字：

3 345.141 50　　取7位为_____；取6位为_____；取4位为_____；
195.105 01　　取5位为_____；取2位为_____；
28.125 0　　取2位为_____。

2-52　用有效数字规则计算：

(1) $1.0313 \times 3.2 = ?$； (2) $1.0313 \times 3.20 = ?$； (3) $10.3 \times 3.7 = ?$； (4) $4.9216 \times 1.50 = ?$；
(5) $47.26 + 5.3639 = ?$； (6) $35.8 - 0.385 = ?$。

2-53　把下列数据用有效数字表示：

(1) $(90313 \pm 290)\ \Omega$； (2) $(320014 \pm 530)\ \Omega$； (3) $625.47\text{mV} \pm 50\mu\text{V}$； (4) $(427.85 \pm 0.32)\ \text{V}$；
(5) $7432.82\ \text{kHz} \pm 580\text{Hz}$。

2-54　测量 x 和 y 的关系，得到表2-25中的一组数据。试用最小二乘法对上述实验数据进行最佳曲线拟合。

表 2-25　题 2-54 表

x_i	4	11	18	26	35	43	52	60	69	72
y_i	8.8	17.8	26.8	37.0	48.5	58.8	70.3	80.5	92.1	95.9

2-55　若表2-26中的数据可用 $y = ax^b$ 表示，试求 a 和 b。

表 2-26　题 2-55 表

x	1.585	2.512	3.979	6.310	9.988	15.85
y	0.03162	0.02291	0.02089	0.01950	0.01862	0.01513

2-56　求下列数据关系的经验公式并绘出曲线。

表 2-27　题 2-56 表

U/V	0	0.2	0.4	0.6	0.8	1.0	1.2	1.4	1.6	1.8	2.0
I/A	50	57	72	105	144	203	264	344	426	534	650

第 2 篇 信号的测量

引 言

1. 信号的基本概念

(1) 信号是信息的某种物理表现形式，信号是信息的载体

信息描述了被测对象的状态及其变化方式，它不等同于物质，也不具备能量。为了便于信息的获取、存储、传输、处理和利用，信息必须用某种物理方式的信号作载体，即信号蕴含着信息的内容，信号是信息的一种物理体现，例如，用电、光、声信号的幅度、频率、相位、波形，或用编码、符号、图像、数据等来表示信息。具有能量的信号可作为信息的载体，进行信息的远地快速的传输。虽然信息与信号紧密联系在一起，但信息和信号并不完全等同。同一个信息可以用不同能量形式的信号来运载，在各种信号形式中，电信号最便于产生、变换、传输、存储、处理和再现，因而获得最广泛应用。许多非电量的物理量（如力、速度、转矩、温度、压力、流量、功率等）都可以通过适当的传感器（换能器）变换成电信号。所以，电信号是基本的信号形式。

(2) 信号的变化特性，可用时间特性和频率特性来表征

1) 时间特性。信息的千变万化也决定了信号具有不断变化的特性，它是某些变量的函数。信号的函数特性首先表现为它的时间特性。这集中地反映在信号随时间变化的波形上，包括信号出现时间的先后、持续时间的长短、重复周期的大小、随时间变化速率的快慢、幅度的强弱等。随时间快速瞬变的信号称为动态信号。许多信号，既具有时间特性、又具有空间特性，如气象、地震、勘探等信号，这些也都是测量中常常遇到的信号。

2) 频率特性。有一类信号具有周期性变化的特性，即具有重复性变化的频率特性。例如轮船的汽笛声和火车汽笛声不同，就是因为它们的频率不一样，前者的声音频率较低而低沉浑厚；后者的频率较高而高亢洪亮。一个复杂信号可以分解成许多不同频率的正弦分量，即具有一定的频率成分。将各个正弦分量的幅度和相位分别按频率高低依次排列就成为频谱。频谱是信号在频率域的表示，它集中反映了信号的频率特性，从频谱中可看出信号包含哪些频率分量，各分量的幅度、相位以及整个信号所占有的频率范围等。

2. 信号的分类

被测信号的类型不同，采用的测量原理、方法和手段均有很大差异，了解信号的特点，是制订测量方案的依据。电子测量中的被测信号，按其属性和来源分类，如图Ⅱ-1所示。

(1) 按属性分类

1) 确定性信号和非确定性信号。确定性信号是在相同试验条件下，能够重复实现的信号。非确定性信号又称为随机信号，是在相同试验条件下，不能够重复实现的信号。

确定信号可以表示为一个或几个自变量的确定函数，数学上这类信号可用函数的解析式、图形、数据表格等来描述，并把函数的图形称为信号的波形。随机信号不是自变量的确定函数，即给定自变量的某一个值时，信号值并不确定，甚至是随机的，而只知道此信号取某一数值的概率。严格说来，带有信息的信号往往具有不可预知的不确定性。因为对测量者

来说，如果被测的信号是完全确知的，就不可能由它得到任何新的信息，因而也就失去了测量的意义。此外，测量中的各种随机干扰和噪声的混入，也会使未知的被测信号带有随机性。因此，非确定性信号也是常见的。

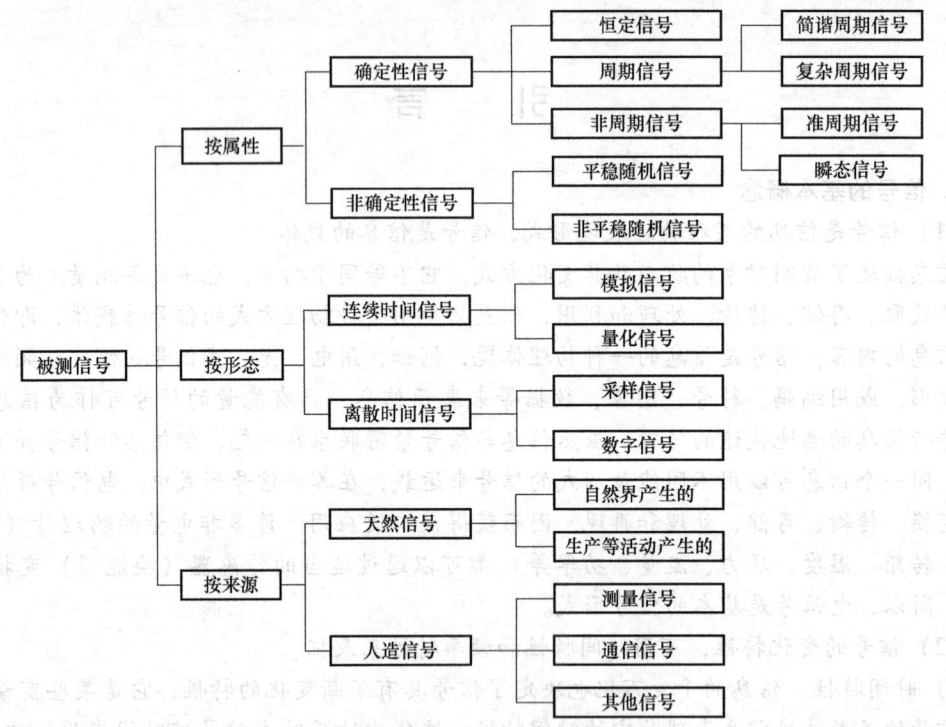

图Ⅱ-1　测量信号的分类图

现代电子系统中，常常使用复杂的混合信号，它是确定信号与非确定信号的混合。例如通信、广播中使用的调幅信号，其载波频率是非常稳定的确定性周期信号，其幅度受到具有非确定性的语音信号调制，它是一种确定性和随机性的混合型的信号。尽管如此，这类混合信号的确定性仍然是基本的、主导的。因为这类实际信号与确定信号有相近的特性，可以被近似为确定信号，不仅使问题的分析大大简化，而且也能在通信工程上得到实际应用，实现通信中的同步和选择性接收。

2) 周期性信号与非周期性信号。根据确定性信号随时间变化的特点，可分为静态（不随时间变化）信号、稳态（周期性）信号和动态（非周期性瞬变）信号。

在确定性信号中，按信号值随时间变量的变化规律又可分为周期性信号与非周期性信号。周期性信号满足 $x(t+T)=x(t)$，其中 T 是信号的周期（为正实数），不满足这种关系的信号则称为非周期信号。"周期"现象在自然界和人类社会中普遍存在，如地球自转的日出日落、作物生长的季节、人们广泛使用的计时时钟、重力摆的摆动、轮子的旋转、电磁振荡等都是确定性的周期现象，因此，信息和信号变化的周期性是广泛存在的。

简谐周期信号是指正弦或余弦信号，它们是最简单、最常见的周期信号，只需用三个参数（振幅、频率和相位），就可完全决定信号 $x(t)$ 在任意给定时刻的数值。在实际中有很多物理现象，如交流发电机的输出电压信号、不平衡旋转或摆动重物的振动信号等都是简谐周期信号。复杂周期信号是由两个或两个以上简谐周期信号叠加而成的信号。复杂周期信频谱的特点是：①谐波性，具有一个基本重复周期，与该基本周期频率一致的简谐周期信号称为基波，为基波频率的整数倍的其他简谐周期信号称为谐波；②离散性，各谐波信号的频率值是离散分布的，频谱的每一条谱线表示一个正弦分量；③收敛性，各次谐波的幅值总的趋势是随谐波频率的增大而减小。这种稳定的周期信号称为稳态信号。

非周期信号不存在基本周期，它是在时间上永不重复的信号。它又可分为两种，一种称为准周期信号，它是由 N 个简谐周期信号合成的，但是其中任何两个谐波频率之比，在任何情况下都不是有理数，它不具有基本周期。实际中，当两个或 N 个无关联的周期性现象混合作用时，常常产生准周期信号，例如，在多机组船舶或多螺旋推进飞机发动机不同步时产生的振动响应信号。另一种称为瞬变冲激信号，瞬变是指持续几个周期的衰减信号，冲激则是不同形式的单个脉冲。它们的共同特点是过程突然发生、时间极短的时限信号。通常它包含由零到无限大的所有频率的谐波。如雷电、高压击穿放电、容性负载的瞬间投入、感性负载的突然切断，都将在电路中产生瞬变冲激信号。这类非周期性信号仍然可以分解成谐波信号的叠加，但各谐波信号的频率是连续分布的，而不是离散的。这类非周期性信号称为动态时限信号。

(2) 按形态分类

信号按照自变量 t（大多表示时间，也可以是空间等参数）的取值是否连续，可以分为连续时间信号和离散时间信号两大类。每大类再根据函数值取值是否连续（整量化），又可分成两类，因此总共可分成四种类型，分别称为模拟信号、量化信号、采样信号和数字信号，见表Ⅱ-1。

表Ⅱ-1 信号的分类

自变量 t	函数值 $f(t)$	信号分类
连续时间信号	连续	模拟信号
	离散	量化信号
离散时间信号	连续	采样信号
	离散	数字信号

1) 模拟信号。连续时间信号，是指自变量时间的取值范围是连续的，或者说自变量在实数域内取值的信号，自然界中大量物理量为连续时间信号的形式。自变量和幅值的取值均是连续的信号称为模拟信号，自然界绝大多数的信号均为模拟信号。

2) 数字信号。离散时间信号是指自变量只取整数值的信号。通常也将离散时间信号称为序列，因为它实质上只是一组按顺序排列的数值。离散时间信号的信号幅值，在实数域内连续地取值的信号称为采样信号。如果将离散时间信号的信号幅值加以量化，并用二进制或十六进制的数码来表示，这种幅值量化后的离散时间信号称为数字信号。

(3) 按来源分类

在自然界中，存在天然的和人造的物理对象。信号也如此，信号按来源划分，可分为天然的（来自客观世界的）信号、人造的（根据人的主观意愿）信号两类。

1) 天然信号。天然信号是指来自客观世界的信号，是天然产生的，不是按人的意图制造出来的。如天体运动、宇宙变迁、地球旋转、地质灾害、大地震、雷击闪电、环境温度、大气压力等自然界运动与变化产生的信息。它可以是各种能量的形式，如电能、势能、辐射能、磁能、化学能和机械能等，自然地形成和发生的信号。又如一个生物系统可以产生各种能量的信号：①所有生物系统均可产生辐射能（红外辐射）；②人体血管中血流运动，产生机械能的压力——血压信号；③生物体内的氧化作用，产生热能——体温信号；④心肌产生有几毫伏电平的能量——心电信号；⑤大脑的电磁活动——脑电信号；⑥在生物系统中的各类过程都会产生化学反应，具有化学能。此外，这些客观世界的信号很多也来自工业、农业、科学研究和国防建设等活动中，如机器运转、桥梁振动、火箭发射等，都可以产生各种反映系统工作状态的信号。

上述来源于客观世界的信号是自然产生的，它是包含有丰富的信息的、待测的未知信号。以获取信息为目的的测量，首先要感知外部客观世界的各种形式的信号，传感器是测试系统探测外部信号的感知器官，是获取信息不可缺少的感知器件。在信息化时代，信息化程度越高，对传感器技术依赖程度越大，通过传感器可检测许多天然的非电量信息，如力、压力、流量、速度、温度、湿度以及生物量等。

2) 人造信号。人造信号是指人们为着某一目的，有意制造和产生的信号。例如，为了测量电子系统的性能，人们设计和制造了各种类型的信号源，产生测量用的正弦信号、脉冲信号、函数波形信号、数字信号、噪声信号等；为了有效地进行信息传输，在通信中人们利用了各种调制与编码的模拟信号和数字信号，通过对信号进行各种调制和编码，产生了调幅、调频、调相等方式模拟调制信号，以及各种形式调制与编码的数字信号；为了对飞行器的轨迹进行高精度地测量和控制，在雷达、导航等领域，产生各种脉冲或脉冲调制信号；在超声探测、激光测距等领域，均需要产生各种超声波、激光等声光信号。这一大类信号是人们为某种目的由人工产生的。这类信号的特点是：它是已知的、标准的，即它的频率、幅度、相位、波形、调制方式、带宽等参数都是已知的、标准的。有的人造信号的波形是很复杂的，甚至信号的频率是跳动的，实际应用中，这类信号也常需要分析和测量。

3. 信号测量的内容

在电子信息科学技术中，获取、传输、处理和利用信息，必须通过信号才能实现。获取信息是测试的首要任务，从含有信息的信号中检测出信息，以及对信号进行测量是电子测量最基本、最重要的内容。

信号为有源量，具有能量，它可直接去驱动测量系统，从测量系统的响应中可以获得该信号的有关信息。

本书主要讨论确定性信号的测量。按照信号随时间变化的特点，可划分成恒定不变的直流（静态）信号、周期性变化的交流（稳态）信号和非周期性的瞬变（动态）信号三种。因此信号测量相应的有静态、稳态、动态和数字等不同测量的方法。从观测和分析域来说，相应的有时域、频域、时频域等测量技术。

信号特性的基本参数有：信号幅值（Amplitude）、频率（Frequency）、相位（Phase）、波形（Waveform）和频谱（Spectrum），它们构成了信号测量的基本内容。

（1）信号的频率

频率是指单位时间内信号发生周期性变化的次数，其基本单位是赫兹（Hz）。

周期性信号是电子信息技术中最常见的信号，其重复频率是一个重要的参数，信号的频率测量是电子测量的一个基本测量。

在绝大多数情况下，频率概念是分析了解电路中信号的关键。通过区分信号的频率，可将一个电信号与另一个电信号分离，也可以区分不同的电路与系统。不论是设计电路，还是测试电路中的信号，首先需要关注的是信号的频率范围。

测量信号频率的首选设备是频率计，特别是数字式频率计，它的测频范围宽、测量精度高、操作简便，获得了最广泛的应用。但是频率计比较难以检测到微弱的射频信号。特别是当电路存在多个射频信号时（比如混频电路），频率计难于稳定可靠地测量出各个射频信号的频率。

对射频电路来说，测量信号频率最好采用频域测试技术，首选设备是频谱分析仪，它可检测电路中微弱的射频信号。即使电路中有多个相近的射频信号，它也能清楚地分辨与显示出来。此外，采用时域测试技术也可测量信号的频率，用示波器测量信号的频率，需要通过读取信号的周期来计算，很麻烦，而且当要测量的频率范围宽时误差也比较大。同时，示波器很难测量无线通信设备中的微弱射频信号的频率。

(2) 信号的幅度

幅度通常是指周期性变化波形的最大上升值和最大下降值。图Ⅱ-2所示的就是一个正弦信号幅度的示意图。信号带有能量，幅度表示信号的大小与强弱，信号A和信号B的频率相同，但信号A的幅度比信号B的幅度大。

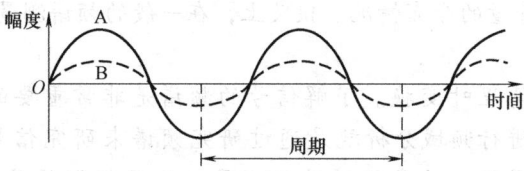

图Ⅱ-2 模拟信号幅度示意图

在许多情况下，必须关注信号的幅度。如放大器的输入信号幅度——过大可能导致失真，过小可能不能满足后级电路对信号幅度的需求。又如发射功率是另一个需要关注的测量项目。功率太小可能导致信号不能传输到目的地；功率太大可能导致电池消耗过快、产生失真以及引起设备工作温度过高等。

信号的幅度值包括信号的电压、电流和功率值，通常，它们可用各种电压表、电流表和功率表来测量。此外，示波器与频谱分析仪都可以用来检测信号的幅度。在示波器上是通过观察信号的时域波形来测量信号的幅度，类似于对图Ⅱ-2中信号的观察。示波器的测量范围窄，特别不适合测量射频小信号。对于射频信号来说，最好用频谱分析仪在频域内进行观测，观测的幅值范围大，灵敏度高，可测微伏级的电压。

(3) 信号的相位

电压和频率相同的两个正弦波信号，与零点相交点可能不在同一时刻，如图Ⅱ-3所示。因此，需要用相位来表征正弦波在时间轴上的位置。

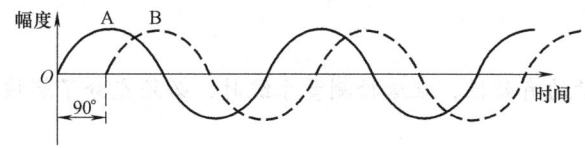

图Ⅱ-3 模拟信号相位示意图

相位可作为描述正弦波变化的信号在某一时刻或某一位置的状态的一个量值，其单位为度（°）。图Ⅱ-3所示的信号A和信号B的相位相差90°。

在大多数情况下，通常关心信号的频率与幅度，只有对特定的信号与系统才考虑相位，一般的外差式频谱分析仪不能反映出信号的相位信息。信号的相位通常需要相位的测量设备（如相位计）来进行。

(4) 信号的波形

信号是时间的变量，可用函数 $f(t)$ 来描述。它可用数学解析式描述，也可以用图形来表示。被研究的信号幅值随时间变化的函数图形，称为信号的波形。信号波形的测试称为时域测试。示波器是时域测试的最典型仪器。信号波形测量是最常用的基本测量，从信号波形分析中，可以得知信号随时间的变化特性，可直接观测出信号的幅度、频率、周期、相位等多种参数。对脉冲波形的测量和分析，可得到脉冲宽度、上升沿、下降沿等参数。

(5) 信号的频谱

除信号的频率、幅度、相位外，在许多情况下，对于电路中的信号，还需要观察信号的频谱、谐波等。

一个复杂的信号，可看成是由一系列不同频率和幅值的正弦分量的叠加而成的。信号频谱是指组成信号的多种分量的分布情况。狭义上，在一般的频谱测量中常将随频率变化的幅度谱称为频谱。

频谱测量的基础是傅里叶变换。了解信号的频谱是非常重要的，特别是对于那些有限带宽的系统。对信号进行频域分析就是通过研究频谱来研究信号本身的特性。如通过对幅度谱、相位谱、能量谱、功率谱等进行测量，从而获得信号在不同频率上的幅度、相位、能量、功率等信息；还可对线性系统进行非线性失真的测量，如测量失真度、调制度和噪声等。

频域测量有其独特的优势。时域测量难于观测混合信号，如果存在干扰或失真信号，在时域上无法区分有用信号和无用信号。在频域上可以准确地测量有用信号和无用信号的各种参数。同时，在时域中，很难分辨小信号；在频域中，小信号很容易分辨出来。

(6) 数字信号的测量

典型的数字信号是用高、低电平表示的二进制数据"1"与"0"的脉冲序列，数字信号几乎都是多位构成的，可以是空间上的并行结构或时间上的串行结构，或者两者结合。在一个数字系统中，数字信号往往十分复杂，数量巨大，构成长长的数据流，对它进行分析和测量，主要是对它们的逻辑功能和时序关系进行测量，不能用传统的模拟信号测试技术，必须采用数字信号的测量技术。

信号测量的内容十分广泛，除了上述几个基本参数测量外，还包括各领域中的特殊信号测量，如通信中的调制信号、雷达信号、地震信号、噪声信号等，鉴于篇幅，特殊信号的测量本书不作讨论。

4. 信号的可测性

为了保证信号测量的有效性，在选择测量系统时，必须充分了解被测对象，分析信号的可测性。

(1) 测量系统的工作频率范围必须大于被测信号的带宽

一个复杂的信号值得重视的谐波的频率范围称为信号的频带宽度或信号的有效带宽，简称信号带宽。换句话说，信号带宽是根据信号失真度（误差）的大小来定义的，即在信号带宽以内的各谐波之和（忽略带宽以外的各次谐波），与原信号所有谐波和之间的差值的大小（误差），不超过某一容许的范围。

因此，选用测量仪器时需要了解被测信号的频带宽度。从工程应用角度考虑，信号的带宽可根据信号的时域波形粗略地确定。表Ⅱ-2为常见周期信号的波形及频带宽度。对于无突变的信号（如序号为1、2的三角波），其信号变化较慢，可取基频的3倍作为带宽。对于有突变的信号（如序号为3、4的方波和锯齿波），可取其基频的10倍作为该信号的带宽。

表Ⅱ-2 常见周期信号的波形及频带宽度（信号的频率为f）

序号	1	2	3	4
波形	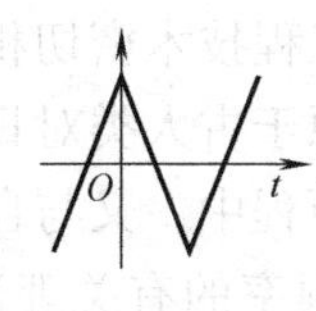	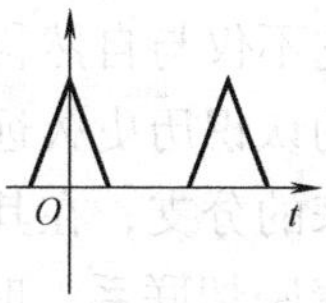	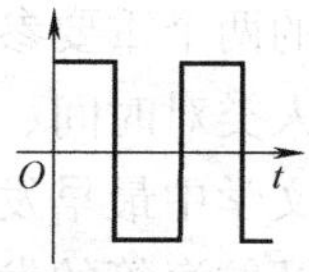	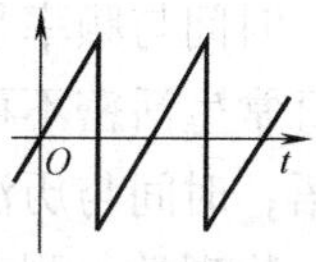
频带宽度	$3f$	$3f$	$10f$	$10f$

为了把测量误差控制在一定的范围内，在选择测量仪器时，其工作频率范围必须大于被测信号的带宽，否则将会引起信号失真，造成较大的测量误差。

(2) 测量系统的量程应大于被测信号的幅值范围

被测信号电压范围可以由纳伏（nV）级至千伏（kV）级，作用范围达10^{12}，信号功率可利用范围可达$10^{-9} \sim 10^{9}$W，动态范围达10^{18}。为了测量微小的信号，要求幅度测量仪器有极高的幅度分析力；为了测量信号频谱，要求仪器有极大的动态范围。

(3) 具有实时采集与存储功能的测量系统，才能测量动态信号

大多数电子仪器及系统，如频率计、交流电压表、模拟示波器、采样示波器、外差式频谱仪、网络分析仪等，只能测量直流或周期性的交流信号，即稳态信号，而不能测量非周期的或单次的动态信号。为了测量动态信号，要求测量仪器和系统具有实时采集和存储的能力。例如，测量单次或非周期性模拟信号，必须用数字存储示波器；测量非周期性的数字信号，必须用逻辑分析仪。它们具有信号的实时采集和存储功能，能测量动态信号，当然也能测量静态信号或稳态信号。

第3章 信号的时间与频率的测量

3.1 概述

时间与频率是信号的两个重要参量。它不仅与自然科学及工程技术密切相关，更与人们的日常生活密不可分。人类对时间、频率的认识历史久远，起源于古人类对日月星辰的观察感悟，时间与历法是天文学中最早发展起来的分支，在其发展历程中，又与自然科学中的数学、物理学、测量学以及航海等的发展有着密切联系，时间、频率的有关理论及实践问题，更受到人们的广泛关注，乃至哲学、经济学、社会学、历史学等学科也都涉及和论述，时间、频率的研究既古老又充满了青春活力。20世纪60年代之后，特别是随着现代科学技术的发展，时间与频率无论是理论研究，还是技术开发与实际应用，其深度和广度都是前所未有的，众多科学家与工程技术人员投身于该领域的研究，有几次诺贝尔物理学奖项都与时间、频率的研究有关。在现代的航空、航天、航海、天文、气象、环保、勘探、测控、电力、通信等领域，广泛应用了时间、频率的研究成果。并且，在这些应用领域内，特别是高新科技领域内，对时间和频率的测量提出了越来越高的要求。

3.1.1 时间、频率的基本概念

1. 时间

时间是客观存在的一种重要的基本物理量。随着时间的推移和变化，任何事物都处在不断运动、发展和变化中，由此产生的信息和信号也往往随时间而变化。客观世界中的各种物理量常常与时间有着密切的依赖关系，并被描述为时间的函数。

在时间的一般概念中，包括时刻和时间间隔两个含义。时刻，是指在连续流逝的时间中的某一瞬刻，在时间轴上时刻是不存在长度的一个点。时间间隔，是指在连续流逝的时间中，两个时刻之间的距离，即在时间尺度上用两个特定时刻点的距离来描述。时刻表征某事件发生的那一瞬间，时间间隔表征某事件持续了多久。

人们在实际应用中表述的时间，包括相对时间和绝对时间两种含义。相对时间是指某事件相对于另一参考事件之间的时间间隔。例如，甲比乙早来十分钟，火车晚点了半小时，张三今年30岁等均用了相对时间的概念。绝对时间是指以某一普遍认可的特定时刻为参照，即作为时间坐标的原点，去衡量其他事件发生时刻与该基准之间的时间间隔。在人们的生活、工作及高端科技开发中，一个系统的各个部分之间，时间上需要同步地或依序地动作。因此，需要建立一个统一的绝对时间基准。为统一计时，必须建立一个公认的时间坐标。坐标的原点称为"历元"，时间坐标上的基本时间单位定义为"秒"。由于原点是被大家公认的，因而一般不再特别说明。以公元表示的年月日和时分秒是一个绝对时间，它就是以公元元年1月1日0分0时0秒为默认的原点。例如，张三生于1981年5月8日，中华人民共和国于1949年10月1日成立等使用了绝对时间的概念。

2. 周期和频率

客观世界的各种运动中，周期运动是一种极其普遍、极其典型的运动。自然界中的周期现象，无论是在宏观世界中地球自转的昼夜更替、地球公转的年复一年、四季变化和植物的成长等，还是在微观世界中的电磁振荡、原子能级跃迁的辐射波、元素衰变期以及人类生产和生活中钟表摆动、车轮与电动机的转动等，都表现出了周期性。在电子技术中周期现象和周期信号是一个重要的研究对象。

所谓周期现象，是指经过一段相等的时间间隔又出现相同状态的现象，在数学上可用一个周期函数 $X(t)$ 来表示。周期性信号 $X(t)$ 满足下列关系：

$$X(t) = X(t+T) = X(t+nT) \tag{3-1}$$

式中，T 为信号的周期（正实数），它是出现相同现象的最小时间间隔；n 为相同的现象重复出现的次数（正整数）。

频率定义为相同的现象在单位时间内重复的次数，即

$$f = \frac{n}{T_s} \tag{3-2}$$

周期是周期现象的每一次重复所需的时间，即

$$T = \frac{T_s}{n} \tag{3-3}$$

式中，f 为频率，单位用 Hz（赫兹）表示；T 为周期过程的周期，单位用 s（秒）表示；n 为相同的现象出现的次数（正整数）；T_s 为单位时间，用 s（秒）表示。

周期和频率是描述周期现象及其属性的不同侧面的两个参数。周期和频率互为倒数关系，只要测出其中一个，便可取倒数而求得另一个，即

$$f = \frac{1}{T} \text{ 或 } T = \frac{1}{f} \tag{3-4}$$

周期运动的周期累计得到时间，作为时间的基本单位的秒，是以按规律重复出现的次数为基准确定的。因为时间和频率是周期运动及其属性的不同侧面的描述和表征，是密切相关和不可分离的两个量，所以标准时间和标准频率溯源于同一标准源，有了频率标准也就有了时间标准。在法定计量单位中，时间是一个基本量，频率是时间的导出量。

3. 时间与距离

波（如电磁波、光波、声波、水波等）的运动是一种周期现象，振动通过介质传播而形成的波动过程中，一个周期所对应的传播距离称为波长。波长是描述这类周期现象的一个参量。若振动频率为 f（周期为 T）的波的传播速度为 v，波长 λ 的定义为

$$\lambda = \frac{v}{f} = vT \tag{3-5}$$

式 (3-5) 表明，波长与周期成正比、与频率成反比。例如，电磁波在真空的传播速度 $C = 3 \times 10^8 \text{m/s}$，中频段 $f = 300\text{kHz} \sim 3\text{MHz}$，对应的中频段的波长 $\lambda = (1 \times 10^3 \sim 1 \times 10^2)$ m。

若电磁波在空中传播从始点到终点所经历的时间为 t，则两点之间的距离 d 为

$$d = Ct \tag{3-6}$$

由于电磁波传播的速度 C 恒定，故电磁波传播距离 d 与传播时间 t 成正比，即由测量时间可以确定距离。例如 1ms 对应 300km，1μs 对应 300m，1ns 对应 0.3m 等。这样把时间间隔和空间间隔联系起来了，这就是雷达、导弹、卫星和 GPS 等通过测时来实现测距的原理。

3.1.2 时间和频率的基准

1. 时间和频率的原始基准

（1）天文时标

时间和频率测量的一个重要特点是：时间是一去不复返的动态量。时间和频率的测量不可能像长度测量那样用同一个标尺作任意多次测量。因此，寻找按严格相等的时间间隔重复出现的周期现象就成为制定时间和频率标准的首要问题。

长期以来，人们把地球自转当作符合上述要求的频率源，把由地球自转确定的时间计量系统称为世界时。世界时满足了当时人们的需要，但随后人们发现地球自转周期的稳定性不够高，又制定了根据太阳来计量时间的计时系统，称为平太阳时系统。它是假想一个平太阳在天球赤道上移动，它的速度等于太阳视运动的平均速度。平太阳连续两次通过子圈的时段，叫做平太阳日。以一平太阳日为时间的天然单位，产生了时间计算单位——秒的第一次严格的定义，它规定"秒是平太阳日的1/86400"或者一个平太阳日等于86400平太阳秒。这种计时系统的精度比世界时有了大幅度的提高。

由于地面上每个观测点都有自己的子午圈，在同一瞬时，不同经度上的观测点将有不同的时刻值。通常把这样的天文观测直接测定的世界时称为地方时，记为UT_0。在UT_0的基础上修正了地球极移的影响，产生了UT_1；在UT_1的基础上修正了季节性变化的影响，产生了UT_2。它的稳定度比世界时提高了两个数量级，达到了$\pm 3 \times 10^{-8}$量级。

科学技术的发展，对时间计量的准确度提出越来越高的要求。为了得到更准确的时间标准，考虑到地球公转周期的相对稳定，国际天文学会定义了以地球绕太阳公转为标准的计时系统，称为历书时（记为ET）。1952年9月，国际天文学会第八次大会通过了历书时的正式定义。这种计时系统采用1900年1月1日0时起的回归年长度作为计量时间的单位，定义"秒是按1900年起始时的地球公转平均角速度计算出的一个回归年的1/31556925.9747"，称之为历书秒。86400历书秒被规定为一历书日。历书秒可以认为是"秒"的第二次定义，它在1960年的第十一届计量大会上得到认可。历书秒是一种更稳定的计时系统，其准确度达$\pm 1 \times 10^{-9}$量级。

（2）原子时标

上述基于天体运动确定的标准是宏观的计时标准，需要一套庞大的设备，操作麻烦、观测周期长，虽然它的准确度已大体满足天体力学的需要，但仍不能满足现代科学技术的要求。现代科技需要提高时间和频率短期测量的相对准确度到10^{-11}或更高的量级。因此，天文时间标准具有一定的局限性。为了寻求更加恒定、又能迅速测定的时间标准，人们的研究从宏观世界转向微观世界。原子时就是近年来建立起来的一种新型计时系统，它是利用原子从某种能量状态转变到另一种能量状态时，辐射或吸收的电磁波的频率作为标准频率来计量时间的。由于微观原子、分子本身的结构及其运动的永恒性大大优于宏观的天体运动，它们受宏观世界的影响较小，因此频率准确度和稳定度都十分高，远远超过了天文标准。

1955年铯原子频标初步实用化，并以原子秒的积累产生了原子时（记为AT）。1964年国际计量委员会用它作为暂定的"秒"定义。1967年10月的第十届国际计量大会正式通过了秒的新定义："秒是Cs^{133}原子基态的两个超精细结构能级之间跃迁频率所对应的辐射的9192631770个周期所持续的时间"。这个定义已为全世界所接受，并且自1972年1月1日0时起，时间单位"秒"由天文秒改为原子秒，时间标准则转而改由频率标准来定义。这就使时间、频率标准由实物基准转变成为自然基准,把时间单位建立在更加科学的基础上。由于原子本身结构及其运动的永恒性,所以原子时标远比天文时标稳定,其准确度可达 $\pm 5 \times 10^{-14}$ 量级。

世界时、历书时、原子时系统,分别从宏观和微观尺度两个方面对时间进行了定义,它们之间互有联系,可以精确运算。由于我们所说的时间包含着时刻和时段(时间间隔)双重概念,定义平太阳时和历书时的时候已考虑了时间的起点问题,因此,这两者都包含上述两个含义。而原子时由于秒的定义摆脱了天文定义,使准确度提高了 4~5 个数量级,但只能提供准确的时间间隔作为时间的计量单位,没有考虑时间的起点。因此 UT、ET、AT 三者之间不能彼此取代,各有各的用处,都是不可缺少的时间标准。

2. 时间和频率的工作标准

人们日常工作与生活中,常用机械和电子的简谐振荡时标作为时钟,而工业产品和国防科技中常用的工作时标和频标则由高一级标准校准的晶体振荡器来担任。分别介绍如下:

(1) 机械简谐振荡时标

机械简谐振荡时标是一种广泛应用的时标,对于机械结构参数一定的简谐振荡系统,其振荡频率为固有频率,而与其振幅无关。各种机械钟表是经过精心设计的简谐振荡系统,具有很高的频率精度,它用在人们日常生活和实际工程中。

(2) 电子简谐振荡时标

电子简谐振荡时标是用 RC、LC 元件和晶体构成的高稳定度振荡器,体积小,并且具有很高的频率精度。

晶体振荡石英钟是最常用的频率标准,它广泛使用在各种电子设备与系统中。石英晶体是一种物理、化学性能高度稳定,具有压电效应的晶体。压电效应使得石英晶体高度稳定的机械振动可以直接控制电振荡,使电振荡频率也保持得非常稳定。由于有很高的机械稳定性和热稳定性,石英晶体的振荡频率受外界因素的影响较小。长期稳定度可达 1×10^{-9}/天,短期稳定度达 1×10^{-10}/s。其精度已能满足大多数电子设备的需要,加之石英振荡器结构简单,制造、维护、使用都较方便,广泛应用在很多电子设备中,例如,电子计数器、频率合成器、发射机等的工作频率基准,并且已成为人们的实用频率标准源。

3.1.3 时频测量的特点

与其他各种物理量比较,时间与频率测量具有以下特点:

1. 时间和频率具有动态性

时间和频率具有动态特性,它不像长度、质量、温度等物理量那样,可由人体感官直接感知,并能把它固定下来和停留住,时间是个转瞬即逝的量,信号的某个周期一旦过去就不复返。用标准尺测量长度时,为了得到较高的测量准确度,可以把它与被测件靠在一起作任意多次重复测量。但在时间间隔测量中,时刻是始终在变化的,上一次和下一次所测量的时间间隔已经是不同时刻的时间间隔。信号频率的测量,也有类似的情况。因此,从一定程度上说,时间和频率是无法实现真正意义上的重复测量的。所以在时频测量技术中,人们必须依靠标准信号源的频率和周期的稳定性,期望后一个周期是前一个周期准确的复现,即依靠周期运动的动态稳定性获得的固定的标准时间单位,标准时频信号的稳定度指标特别重要。

时间和频率没有瞬时值。前面已经说明,所谓时间,无论相对时间还是绝对时间,事实上都是两个时刻的时间间隔，因此一旦提到时间就必然存在两个时刻。在时间尺度上，某时刻也是用某一时刻点与原点之间的距离来表示，事实上也涉及两个时刻及两个时刻之间的间隔。瞬时对于时间测量是无意义的。时间测量也只能是时间间隔的测量。同样频率是时间的倒数，它也没有瞬时值的概念。任何测量技术得到的信号频率都是在一定时间范围内的平均频率。在某些领域会出现频率瞬时值的概念，是由瞬时相位值引出的结果。

2. 时间和频率能进行快速准确地远地传递

时频测量的另一个特点是时频信号可通过电磁波快速、远地传播。电磁波传播时间和频率信号，相对于传播电压幅值信号来说，传播中不易受干扰、不会衰耗、不损失精度，空间上极大地扩大了时间、频率的比对和测量范围。人们利用接受标准视频信息的电磁波，使基准的传递非常容易和直接，基层的测量装置可通过无线电波直接获得最高频率基准，即量值传递可一步到位，改变了传统的量值分级传递方法，并极大地提高了全球范围内时间和频率的同步水平。目前常用的传递途径有中波和短波广播、GPS 等。

3. 时间和频率的测量范围极宽，测量的精度最高

时间是一个无始无终的量，大到无限，小到无穷，时间和频率的数值测量范围非常广，这在其他物理量中也是比较少见的。更重要的是，由于人类的不断努力，特别是采用了原子秒定义的量子基准，目前对时间和频率测量的最小相对误差已达 10^{-15} 甚至更小，这是目前人类测量准确度最高的物理量。

由于时频测量精度远远高于其他物理量的测量精度，人们可将其他物理量转换为时间或频率进行测量，使其测量精度得以提高，如把电压、长度等转换成时间、频率来测量，可以大大提高它们的测量精度。

3.2 频率测量原理与方法综述

3.2.1 频率测量方法分类

频率测量方法按测量原理可分为间接比较法和直接比较法两大类，如图 3-1 所示。

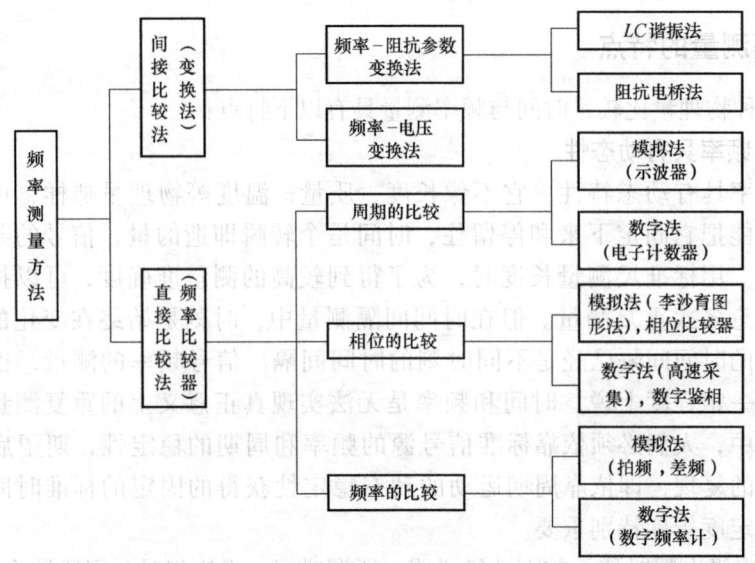

图 3-1　频率测量方法分类图

1. 间接比较法

间接法是利用变换电路的某种函数关系，把被测频率变换成其他中间量，通过对中间量的测量来间接获得被测频率，如图 3-2 所示。例如把频率变换成电路元件参数 ($f-C$) 或电压值 ($f-U$)，再通过测量元件参数或电压值来测量频率值。间接法的一般数学模型为

$$f_x = \varphi(a, b, c, \cdots) \tag{3-7}$$

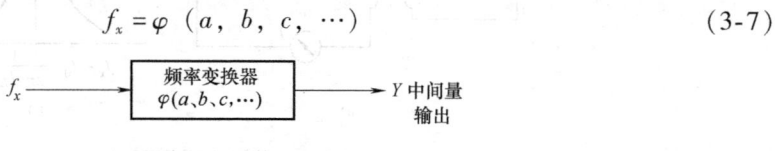

图 3-2 间接法测量原理

式 (3-7) 表示，被测频率 f_x 是其他已知参数 a、b、c 的函数。

例如，谐振法的数学模型为 $f_x = \dfrac{1}{2\pi\sqrt{LC}}$，频压变换法的数学模型为 $f_x = kU$。建立了数学模型后，再通过标定，即测量一系列已知的标准频率，根据数学模型，相应地对 C 或 U 进行标定，就可从 C 或 U 的刻度值直接测出频率。

2. 直接比较法

直接法是利用频率的比较器，把被测频率 f_x 与标准频率 f_s 直接进行比较来测量频率，如图 3-3 所示。一般来说，直接比较测量时要求标准频率 f_s 可调，并能保持相应的准确度。直接比较法的数学模型为

图 3-3 直接法测量原理

$$f_x = nf_s \quad \left(\text{比例比较为}: \frac{f_x}{f_s} = n \text{ 或差值比较为}: f_x - nf_s = 0\right) \tag{3-8}$$

式 (3-8) 中，n 为某个确定的常数。利用直接比较法测量频率，其准确度主要取决于标准频率 f_s 的准确度。比较测量的基本部件是频率比较器，其工作原理有三种：相位比较；频率比较；周期比较。

常见的比较电路有门电路、触发器、鉴相器、混频器等，传统通用的频率比较仪器有外差式频率计、示波器、电子计数器等，这类仪器误差在 $10^{-4} \sim 10^{-8}$ 量级；另外一类频率比较器专门用于高精度标准频率计量，进行标准信号频率的比对，如频差倍增器、相位比较器、频率差拍器、频稳测试仪、相位噪声测试仪、接收标频仪等，其频率分辨力可达 $10^{-12} \sim 10^{-14}$ 量级。

3.2.2 间接比较法

1. 频率-阻抗参数 ($f-C$) 变换法

$f-C$ 变换法是利用电路的某种频率响应特性来实现的。常见的有谐振法和电桥法。

(1) 谐振法

谐振法测频的基本原理如图 3-4a 所示，被测信号经互感 M 与 LC 串联谐振回路相耦合，测量过程中调节可变的标准电容器 C，使回路发生串联谐振。谐振时回路电流 i 达到最大，电流表指示也将达到最大，如图 3-4b 所示。谐振时，被测频率用下式计算

$$f_x = f_0 = \frac{1}{2\pi\sqrt{LC}} \tag{3-9}$$

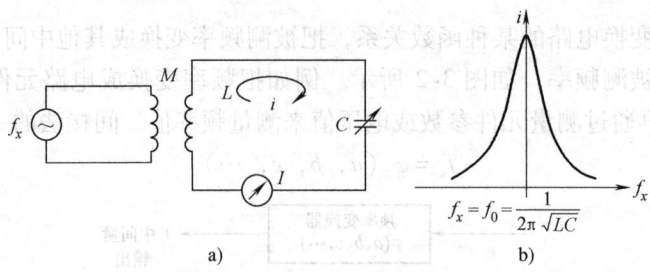

图 3-4 谐振法测频原理

a) 测量原理图　b) 回路电流的谐振特性

一般，L 是预先给定的，标准电容采用可变电容。为使用方便，可预先绘制出配用相应电感的 $f_x - C$ 曲线，或 $f_x - \theta$（θ 为可变电容器 C 的旋转角度）曲线。可从曲线上直接查出被测频率。

（2）电桥法

凡是平衡条件与频率有关的任何电桥，原则上都可以作为测频电桥。考虑到电桥的频率特性尽可能尖锐，通常都采用图 3-5a 所示的文氏电桥。这种电桥的平衡条件为

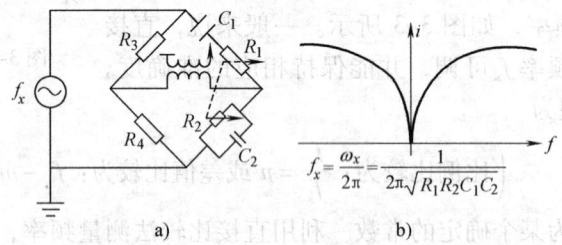

图 3-5　文氏电桥

a) 电桥的电路图　b) 电桥的谐振特性

$$\left(R_1 + \frac{1}{j\omega_x C_1}\right) R_4 = \left(\frac{1}{\frac{1}{R_2} + j\omega_x C_2}\right) R_3 \tag{3-10}$$

令等式两端的实部和虚部分别相等，则被测角频率为

$$\omega_x = \frac{1}{\sqrt{R_1 R_2 C_1 C_2}} \quad \text{或} \quad f_x = \frac{1}{2\pi} \frac{1}{\sqrt{R_1 R_2 C_1 C_2}} \tag{3-11}$$

如果取 $R_1 = R_2 = R$，$C_1 = C_2 = C$，则可得 $f_x = \frac{1}{2\pi RC}$，借助 R（或 C）的调节，可使电桥对被测频率达到平衡（指示器指示最小，如图 3-5b 所示），故可变电阻 R（或可变电容 C）上即可按频率进行刻度。这种测频电桥的精确度，主要受到桥路的各元件的精确度、判断电桥平衡的准确程度和被测信号的频谱纯度的限制，一般为 $\pm (0.5 \sim 1)\%$。

2. 频率-电压 ($f-U$) 变换法

频率-电压变换法是先把频率变换为电压，然后以频率标度的电压表指示被测频率，图 3-6a 为原理框图。首先把正弦波信号 $u_x(t)$ 变换为频率与之相等的尖脉冲 $u_A(t)$，然后加至单稳多谐振荡器，产生频率为 f_x、宽度为 τ、幅度为 U_m 的矩形脉冲列 $u_B(t)$，如图 3-6b

所示。经推导得知

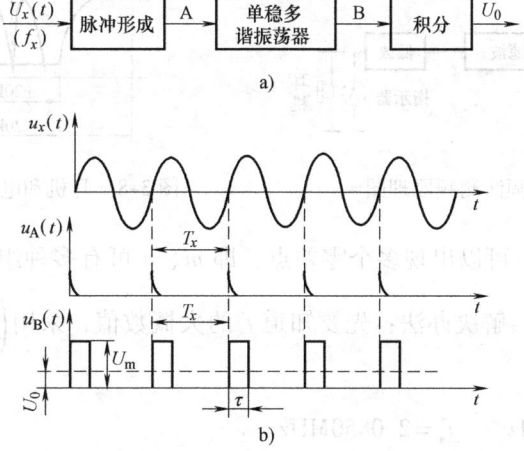

图 3-6 频率-电压变换法测量原理图
a) 测量原理框图 b) 工作波形图

$$U_0 = \overline{u_B} = \frac{1}{T_x} \int_0^{T_x} u_B(t) \, dt = \frac{U_m \tau}{T_x} = U_m \tau f_x \tag{3-12}$$

可见，当 U_m、τ 一定时，U_0 正比于 f_x。所以 $u_B(t)$ 经积分电路求得平均值 U_0，再由直流电压表指示 U_0，电压表按频率标度，即构成频率-电压变换型的直读式频率计。

3.2.3 直接比较法

直接比较法最常用的是差值比较法。

将 f_x 和 f_s 分别加到混频器的两个输入端（见图 3-7），输出包含谐波 mf_s、nf_x 和组合频率 $nf_x \pm mf_s$（n，m 为 0，1，…）。利用低通滤波器可以得到希望的差频 $nf_x - mf_s$，若调节 f_s，使 $nf_x - mf_s = 0$，当组合频率相差为 0 时，称为"零差频"。零差频由电表指示或耳机判别，即可求出被测频率 $f_x = \frac{m}{n} f_s$。

1. $m = n = 1$

零差频为基波差频，即 $1 \times f_x - 1 \times f_s = 0$。在调节 f_s 使差频 $(f_x - f_s)$ 趋近于 0 的过程中，开始从耳机或扬声器中听不到声音，一旦进入音频范围（20kHz），可以在耳机或扬声器中听到发出的声音。当进入 20Hz 范围便又听不到声音了，但还存在差频，即还没有调节到零差频，通常称为"哑区"。即差频由 20kHz→20Hz→"零差频"的过程中，音量由强→弱→无（哑区）；音调由尖→低→无（哑区）。若用电表来指示，判断出"哑区"差频 ΔF 可缩小到零点几赫兹，如图 3-8 所示。

2. $m \neq n \neq 1$

由于 f_x 范围大，很难找到频带宽且精度高的标准频率 f_s 使 $f_x = f_s$。实际测量中，为扩展 f_x 的测量范围，可利用谐波差频的零差点，即

$$nf_x - mf_s = 0 \qquad f_x = \frac{m}{n} f_s \tag{3-13}$$

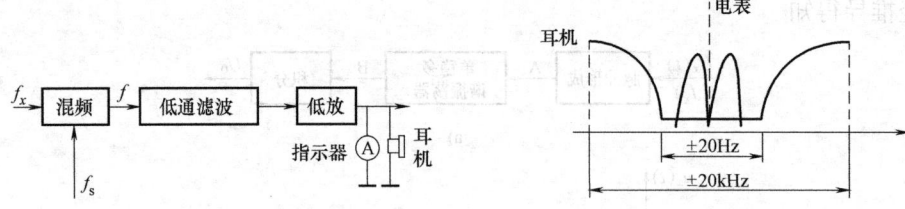

图 3-7　差频法测频原理图　　　图 3-8　耳机和电表测量哑区示意图

在调节 f_s 的过程中，可以出现多个零差点，即 m、n 可有多种组合出现零差点，而很难确定是哪种组合产生的。解决办法：先要知道 f_x 的大概数值，采用 $\binom{n=1}{m\neq 1}$ 或 $\binom{n\neq 1}{m=1}$ 的办法进行粗测。

例如：$f_x = 0.245\text{MHz}$　　$f_s = 2.0850\text{MHz}$

$$\frac{f_x}{f_s} = \frac{0.245}{2.0850} \approx \frac{1}{8.5} = \frac{m}{n} \tag{3-14}$$

谐波次数应取整数，故取 $n = 8.5 \times 2 = 17$，则 $m = 1 \times 2 = 2$，于是

$$f_x = \frac{2}{17} \times f_s = 0.2453\text{MHz} \tag{3-15}$$

测量误差主要是由于哑区 ΔF 的存在，零差指示器 A 或人耳辨别不出，可能会引起几十赫兹误差，即

$$f_x = \frac{m}{n}f_s \pm \Delta F \tag{3-16}$$

改进办法是对哑区的频差（ΔF）再进行拍频法测量，ΔF 的测量误差可以小到零点几赫兹，此法称为"双重差拍法"。

其他误差来源还有 f_s 的误差、读数偏差、回路元件参数偏差、f_s 与 f_x 耦合偏差等。

3.3　时间（频率）的数字化测量技术及电子计数器原理

3.3.1　时间和频率的数字化测量

时间和频率的数字化测量的基本原理是将时间或频率实行 A – D 转换，然后对转换后的数字量（以脉冲个数表示）进行数字计数，最终把数字结果直接显示出来。

1. 时间和频率模-数转换方法

（1）时间-数字转换的方法

对时间进行量化的基本方法是，把待测量时间 T_x 与作为量化单位的标准时间 T_0 进行比较，取其整量化的数字 N，即

$$\frac{T_x}{T_0} = \left[\frac{T_x}{T_0}\right] = N \tag{3-17}$$

或

$$T_x = NT_0 \tag{3-18}$$

式中，T_x 为待测量的时间；T_0 为量化单位时间；N 为取整的数字量；[ ] 为表示对括符内的数值取整数的量化操作。

(2) 频率-数字转换的方法

频率-数字转换的方法是,把待测量的频率 F_x 与作为量化单位的标准频率 F_0 进行比较,得到整量化的数字 N,即

$$\frac{F_x}{F_0} = \left[\frac{F_x}{F_0}\right] = N \tag{3-19}$$

或

$$F_x = NF_0 \tag{3-20}$$

式中,F_x 为待测频率;F_0 为量化单位频率;N 为取整数的数字量。

2. 时间或频率的比较电路——主门

用一个门电路(常称为主门)就可以进行时间或频率的量化比较,实现时间或频率数字的转换,其原理如图3-9所示。

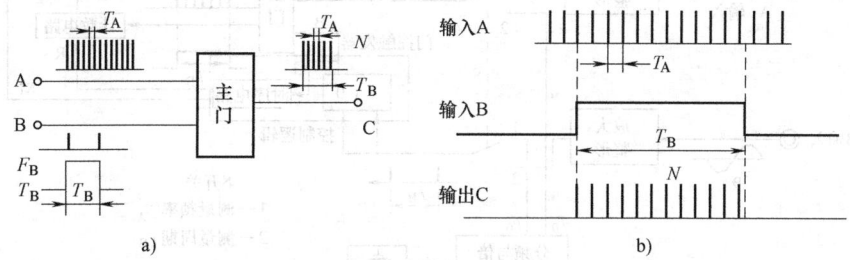

图3-9 用电路实现时间(或频率)的量化比较原理
a) 主门电路 b) 工作波形

图3-9a 中用数字逻辑与门作为主门,主门有两个输入端(A 和 B)和一个输出端(C)。若周期为 $T_A \left(\text{频率 } F_A = \dfrac{1}{T_A}\right)$ 的信号整形成的一串窄脉冲信号,加在主门的 A 端;周期为 T_B $\left(\text{频率为 } F_B = \dfrac{1}{T_B}\right)$ 的脉冲,形成一个脉宽为 T_B 的门控脉冲信号,加在主门的 B 端。这样,B 输入端在 T_B 时间内为高电平,开启主门,让加于 A 输入端的脉冲通过,则 C 端输出的脉冲个数 N 为一个整量化的数字量(见图3-9b),即

$$N = \left[\frac{T_B}{T_A}\right] = \left[\frac{F_A}{F_B}\right] = [F_A \cdot T_B] \tag{3-21}$$

或

$$T_B = N\frac{1}{F_A} = NT_A \tag{3-22}$$

$$F_A = N\frac{1}{T_B} = NF_B \tag{3-23}$$

式(3-21)中的方括号表示对括号内的数值取整数,整量化之后的数字 N 中含有 1 个量化单位的误差。由此可见,在时间-数字转换时,时间量化单位 T_0 的信号应加于 A 端,令 $T_A = T_0$,被测量的时间 T_x 的信号应加于 B 端,令 $T_B = T_x$,便可以实现 $T_x = NT_0$ 的转换(即由式(3-22)得式(3-18))。反之,在频率-数字转换时,被测转换频率 F_x 的信号应加于 A 端,令 $F_A = F_x$,频率量化单位 F_0 的信号则应加于 B 端,令 $F_B = F_0$,便可实现 $F_x = NF_0$ 的转换(即由式(3-23)得到式(3-20))。

3.3.2 电子计数器的组成原理

根据时间或频率的 A-D 转换原理来构成一个时间（或频率）的数字式测量仪器，其原理框图如图 3-10 所示，它以时间（或频率）的比较电路——主门为中心，再配置相应的周边电路构成，包含以下几个基本功能电路：被测量的脉冲形成电路；量化单位（T_0 或 F_0）的产生电路；比较结果 N 的计数、存储与显示电路；测量过程控制逻辑电路。各个功能电路分别介绍如下。

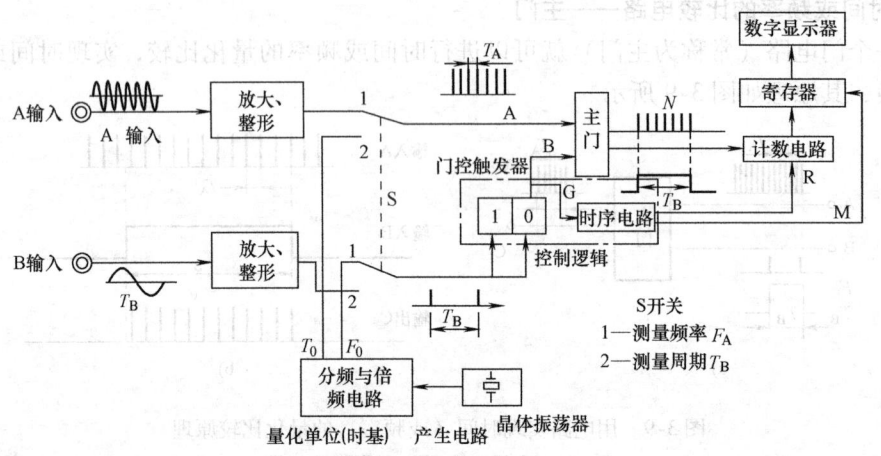

图 3-10 时间（或频率）的数字测量仪器的组成原理框图

1. 脉冲形成电路

由前面讨论可知，为了实现量化比较功能，对加于主门 A、B 两个输入端的信号 F_A、F_B 有如下要求：

1）F_A 应整形成频率相同的窄脉冲串，F_B 应整形成为脉冲宽度等于 T_B 的单个矩形脉冲波。

2）F_A 必须大于 F_B，即 $T_A < T_B$。并且，为了获得较大的 N 值，以减少 ±1 误差的影响，希望 $f_A \gg f_B$（或 $T_A \ll T_B$）。

由于主门用数字逻辑的与门构成，它的 A、B 输入端对输入信号的波形和电平均有一定的要求，因此被测信号一般不能直接加到主门，通常是需要放大和整形，变换成波形和电平符合主门的数字逻辑电路要求的脉冲信号后，才能加于主门 A、B 的输入端。为此，在主门前面设置 A、B 两个输入通道，主要由宽带放大器和施密特整形器等单元电路构成。A 通道形成频率为 F_A（周期 T_A）的窄脉冲直接加于主门 A 输入端，而 B 通道输出周期为 T_B（频率为 F_B）的脉冲去触发一个门控双稳态触发器，形成脉冲宽度为 T_B 的门控脉冲，加到主门的 B 输入端，并且 $F_A > F_B$，如图 3-11 所示。

2. 量化单位产生电路

时间或频率的量化单位是进行比较的标准，作为时间或频率的基准源应当是一个高稳定度（要求达到 $10^{-6} \sim 10^{-10}$ 量级）的信号源，其值不准确将直接影响转换精度。在各类振荡器中，只有石英晶体振荡器才能充当这种标准信号源。

为了便于对各种输入值的量化比较，要求 t_0 在 10ns ~ 1ms 范围内或者 F_0 在 1kHz ~ 0.1Hz

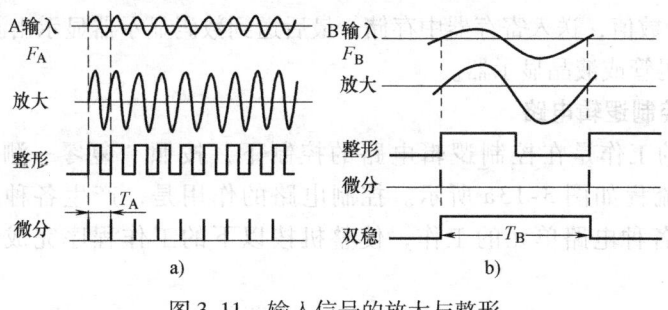

图 3-11 输入信号的放大与整形
a) A 输入信号　b) B 输入信号

范围内,划分出若干档级的量化单位的标准时间与标准频率值,如同天平备有多种大小不同的标准砝码一样。

下面先介绍一下时基部分的组成和时基选择原理。

在图 3-12 中,时基部分由晶体振荡器、两个分频器链 K_A 和 K_B、一个倍频器链 n 组成。晶体振荡器输出的标准频率 f_s $\left(\text{或 } t_s = \dfrac{1}{f_s}\right)$ 经 K_A 次分频或者 n 次倍频,得标准单位时间信号(时标信号)t_0 $\left(\text{或 } f_0 = \dfrac{1}{t_0}\right)$。$f_s$ 经 K_A 和 K_B 次分频,得标准单位频率信号 F_0 $\left(\text{或 } T_0 = \dfrac{1}{F_0}\right)$。即

$$t_0 = \frac{K_A}{n} t_s = k t_s \left(\text{或 } f_0 = \frac{f_s}{k}\right) \tag{3-24}$$

$$T_0 = K_A K_B t_s = K t_s \left(\text{或 } F_0 = \frac{f_s}{K}\right) \tag{3-25}$$

式中,K_A 为分频器链 A 的分频系数(分为 1,10,10^2,10^3 四挡);n 为倍频链的倍频系数(分为 ×1,×10,×10^2 三挡);k 为时标信号的变换系数,$k = \dfrac{K_A}{n}$,其值为 $10^{-2} \sim 10^3$ 分六挡,由时标选择开关 S4 选择,把时标 t_0 划分为 10ns、0.1μs、1μs、10μs、0.1ms、1ms 共六挡;K 为频标信号的变换系数,由 K_A 和 K_B 组成,即 $K = K_A K_B$,其中 K_A 取为固定值 10^3,K_B 为分频器链 B 的分频系数(分

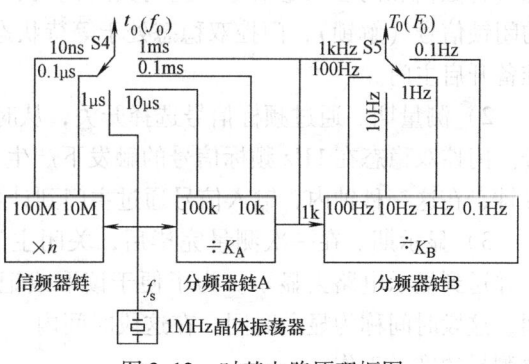

图 3-12 时基电路原理框图

为 1,10,10^2,10^3,10^4 五挡),故 K 的取值范围为 $10^3 \sim 10^7$,由频标选择开关 S5 选择,把频标 F_0 划分为 1kHz、100Hz、10Hz、1Hz、0.1Hz 共五挡(相应的闸门时间 T_0 为 1ms、10ms、0.1s、1s、10s 五种)。

3. 计数、存储与显示器

计数、存储与显示器部分由计数电路、寄存器和数字显示器组成,计数电路对主门输出的脉冲个数 N 进行计数,计数结果再用数字显示出来。计数电路是数字仪器的一个重要组成部分,它决定了测频的上限频率和测时的分辨力。为了便于观测和读数,数字仪器通常采用十进制计数电路,其计数容量为 $10^6 \sim 10^{11}$,即它由 6 位 ~ 11 位十进制计数电路组成一个十进制计数器链。近来在带有微处理器的仪器中,也采用二进制的计数电路。

每次测量的计数值,送入寄存器中存储,最后送到数码显示器显示出测量结果。显示器通常采用LED数码管或液晶显示器。

4. 测量过程控制逻辑电路

电子计数器的工作是在控制逻辑电路的控制下,按照"复零—测量—显示"的时序进行工作,其流程如图3-13a所示。控制电路的作用是,产生各种控制信号(见图3-13b),去控制各种电路单元的工作,使整机按以下的工作程序完成自动测量(以测频为例)。

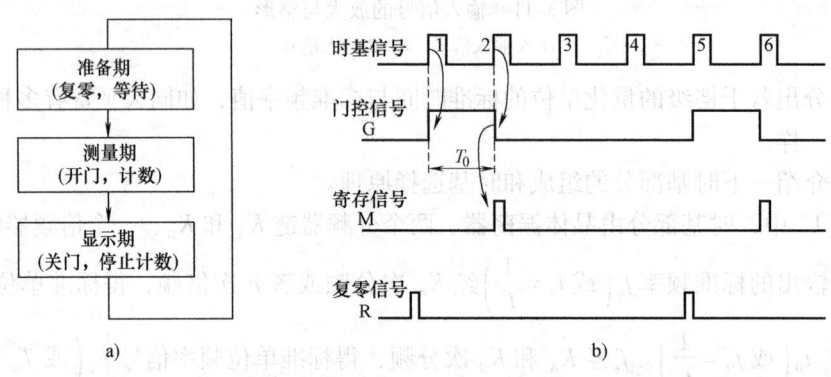

图3-13 电子计数器的工作流程图及控制信号时间波形图
a)工作流程 b)时间波形图

1)准备期。在开始进行一次测量之前应当发复零信号(R),使各计数电路回到原始状态(计数值和门控双稳清零,主门关闭)。在"复零"完成后,控制电路撤掉对门控双稳态的闭锁信号(解锁),门控双稳态处于等待状态,等待下一个频标信号(秒信号)的触发,准备开启主门。

2)测量期。通过频标信号选择开关,从时基电路选取1Hz的频标信号作为开门控制信号。门控双稳态在1Hz频标信号的触发下产生一秒宽度的脉冲(G),使主门准确地开启一秒钟,在这一秒钟内,输入信号通过主门到计数电路计数。这段时间称为测量时间。

3)显示期。在一次测量完毕后,关闭主门,控制电路发寄存信号(M),存储计数结果并送到显示电路去显示。为了便于读取或记录测量结果,显示的读数应当保持一定的时间,这段时间称为显示时间。在这段时间内,主门应当被闭锁,显示时间完结后,再做下一次测量的准备工作。

上述测量过程的控制,是由控制逻辑电路产生门控信号(G)、寄存器信号(M)和复零信号(R)三种控制信号,按照图3-13所示的时序,分别对主门的启闭、数据的存储和计数器的复零进行控制,实现"复零—测量—显示"的时序逻辑操作。

3.3.3 电子计数器的分类及主要技术指标

电子计数器又称数字式频率计,它具有测量精度高、速度快、自动化程度高、操作简单和直接数字显示等特点,特别是与微处理器结合,实现了程控化和智能化。目前,电子计数器几乎完全代替了模拟式频率测量仪器。

1. 分类

电子计数器按照功能可划分为通用计数器、频率计数器、时间计数器和特种计数器等几类:

1）通用计数器是具有多种测量功能、多种用途的电子计数器，它可测量信号的频率、周期、频率比、时间间隔以及累加计数等。

2）频率计数器是指专门用来测量高频和微波频率的计数器，其功能限于测频和计数，其测频范围往往很宽。

3）时间计数器是以时间测量为基础的计数器，其测时分辨力和准确度都很高，可达纳秒的量级。

4）特种计数器是具有特种功能的计数器，包括可逆计数器、预置计数器、序列计数器和差值计数器等。

2. 电子计数器的主要技术指标

电子计数器是当前应用最广泛的时间与频率的测量仪器，其主要技术指标如下：

1）测量范围及分辨率。测量范围即在一定精度、测量时间要求下有能力测量的频率或时间范围。决定频率测量下限或测量时间上限的主要影响因素是测量时间，甚低频信号的测量需花很长的测量时间。测量频率的上限或测量时间的下限（时间分辨力）主要取决于计数电路的响应速度。当前通用计数器的测频范围为 1mHz~3GHz 或更高。

2）精度。计数器的测量精度取决于 ±1 误差、标准信号频率的精度、脉冲形成的触发误差等因素。与精度相关的还有计数器的显示位数。通常，电子计数器的显示位数为 6~9 位，时基日稳定性为 $1 \times 10^{-6} \sim 1 \times 10^{-9}$。

3）输入特性。计数器对输入阻抗也有相应的要求。在低中频测量领域，计数器一般检测电压信号的频率，因此输入阻抗应足够高。输入阻抗包括输入电阻和输入电容两部分，通常高阻输入为 1MΩ/25pF，在高频测量领域，则要求输入阻抗与信号源相匹配。通常采用 50Ω 的低阻输入。

4）灵敏度。仪器能测量的最小信号幅度称为灵敏度，通常以有效值或峰-峰值表示。计数器的灵敏度一般为 100mV 峰-峰值，能够满足大多数被测信号的要求。通常计数器的输入端具备对过大输入信号的限幅保护功能，因此对最大输入信号电压没有严格的限制。

5）触发。在利用计数器测量信号的时间间隔时，需要选择一定的起始时刻点和结束时刻点，因此测量时需要定义输入信号的起始触发和结束触发条件，如设置相应的触发电平和触发极性等。

3.4 通用计数器的测试功能

3.4.1 通用计数器的整机框图

根据时间、频率的数字化测量的组成原理（见图 3-10），电子计数器的整机组成框图如图 3-14 所示，图中包括如下 4 个大部分：

1）输入通道：通常包括 A、B 两个通道，它们均由放大和整形电路构成。有的计数器为了测量时间间隔增加了一个 C 通道，或者配置一个时间间隔测量的插件。

2）计数与显示部分：包括多级十进制计数器、寄存器、译码器和数字显示器等。

3）时基部分：包括晶体振荡器、分频器、倍频器及时基（时标和频标）选择电路。

4）控制部分：包括门控脉冲形成双稳态电路、显示寄存和计数复零等时序逻辑电路。

图 3-14 表示了电子计数器的五种基本功能（自检、测频、测周、频率比和累加计数），

以及每种功能下各部分的连接关系。功能选择开关 S 为 3 刀（S1、S2、S3）5 位的同步开关，当 S 置于位置"1"时，为自检；当 S 置于位置"2"时，为频率测量；S 置于位置"3"时，为周期测量；S 置于位置"4"时，为频率比测量；S 置于位置"5"时，为累加计数。各个功能的构成和工作原理将在下面介绍。

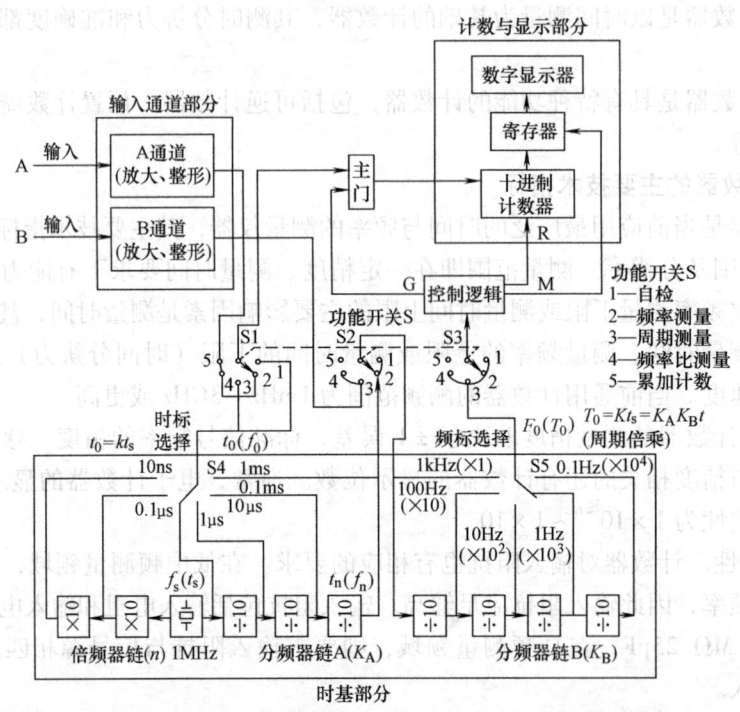

图 3-14　电子计数器的整机组成框图

3.4.2　通用计数器的测试功能

一般来说，在通用计数器 A、B 输入通道加不同的信号，即在主门的两个输入端（计数输入端 A 和门控输入端 B）加不同信号时，便组合成八种功能，见表 3-1。最常用的功能有频率测量、周期测量、频率比测量、时间间隔测量 4 种。此外还有自检、累加计数、计时、外控时间间隔测量等功能。下面分别给予介绍。

表 3-1　通用计数器的 8 种基本功能

序号	测试功能	计数信号（A 端）	门控信号（B 端）	计数结果 N
1	自检	内时标（t_0）	内频标（F_0）	$N = 1/F_0 t_0$
2	频率测量	外待测（f_x）	内频标（F_0）	$N = f_x/F_0$
3	周期测量	内时标（t_0）	外待测（T_x）	$N = T_x/t_0$
4	频率比测量	外待测（f_A）	外待测（f_B）	$N = f_A/f_B$
5	累加计数测量	外待测（N_x）	本地或远控开门	$N = N_X$
6	计时	内时标（t_0）	本地或远控开门	$N = \Delta T_x/t_0$
7	时间间隔测量	内时标（t_0）	外待测（ΔT_x）	$N = \Delta T_x/t_0$
8	外控时间间隔测量	外输入（t_A）	外待测（ΔT_x）	$N = \Delta T_x/t_A$

1. 自检

自检是在频标信号（频率较低的时基信号）提供的闸门时间内对时标信号（频率较高的时基信号）进行计数的一种功能，它用以自我检查通用计数器的整机逻辑功能是否正常。当图 3-14 的功能开关 S 置于位置"1"（自检）时，整机框图可简化成图 3-15 所示的原理框图。由于"自检"的频标信号（F_0）和时标信号（t_0）均由同一晶振频率 f_s 经过 K 次分频或 n 次倍频而得，即 $F_0 = f_s/K$ 和 $t_0 = 1/(nf_s)$，因此其计数值 N 为

$$N = \left[\frac{1}{t_0 F_0}\right] = nK \tag{3-26}$$

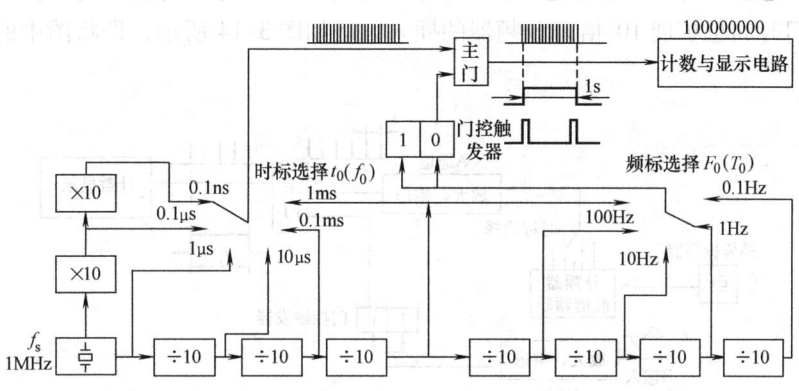

图 3-15 自检的原理框图

数字显示器应显示出 nk 值。由于 n 和 K 值均是已知的，因此显示数字也是预知的。例如，$F_0 = 1\text{Hz}$（$K = 10^6$），$t_0 = 10\text{ns}$（$n = 100$），那么显示的数字应该是 $N = 100000000$。又因 F_0 和 t_0 均来自同一信号源 f_s，故式（3-26）理论上不存在 ±1 个字的量化误差。如果每次测量均稳定地显示 100000000，则说明仪器工作是正常的。

2. 频率测量

当图 3-14 的功能开关 S 置于"2"时，则得频率测量的原理框图，如图 3-16 所示。此时，被测信号 f_x 送入 A 通道，形成被计数的脉冲；选择适当的频标信号 F_0 形成宽度为 T_0 的开门脉冲（频率量化的单位）。若计数器计数值为 N，则被测频率 f_x 为

$$f_x = NF_0 = \frac{N}{T_0} \tag{3-27}$$

测频使用的频标信号 F_0 通常有 1kHz、100kHz、10Hz、1Hz、0.1Hz 五种，相应的闸门时间 T_0 为 1ms、10ms、0.1s、1s、10s 五挡。

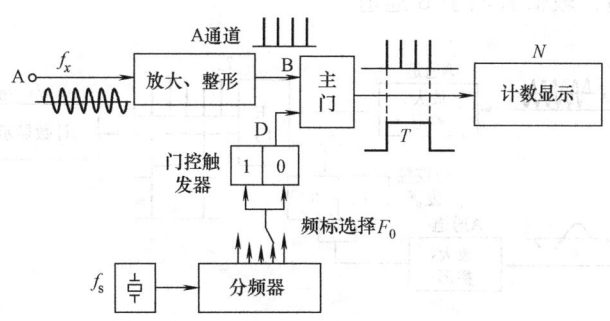

图 3-16 频率测量的原理框图

3. 周期测量

当图 3-14 的功能开关 S 置于 "3" 时，则得周期测量的原理框图如图 3-17 所示。周期是频率的倒数，因此把周期测量与频率测量的输入信号正好交换（见图 3-16 和图 3-17），即周期为 T_x 的被测信号送入 B 通道作为开门信号，时标信号 t_0（时间量化单位）经 A 通道整形作为计数信号。若计数结果为 N，则被测周期 T_x 为

$$T_x = Nt_0 \tag{3-28}$$

式（3-28）表示的是单个周期测量，若测量多个周期，则可以提高测量精度。在多周期测量中，B 通道和门控双稳态之间插入了 n 级十分频器，把被测信号周期扩展 10^n 倍，因而测量的开门时间也扩展 10^n 倍。分频器的插入方法如图 3-14 所示，即将图中的分频器链 B 插入。

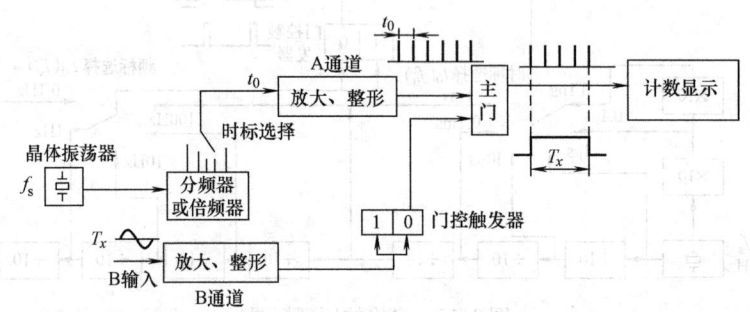

图 3-17 周期测量的原理框图

多周期测量方案给出的结果实际上是多个（10^n 个）被测周期的平均值，即

$$T_x = \frac{Nt_0}{10^n} \tag{3-29}$$

式中的 10^n 为周期倍乘率，即 B 通道和门控电路之间插入的分频链 B（n 级十分频器）的分频系数 K_B，通常 K_B 有 ×1、×10、$×10^2$、$×10^3$、$×10^4$ 五种，由周期倍乘率（频标）选择开关 S5 决定。

4. 频率比的测量

频率比是指加于 A、B 两路的信号源的频率比值（f_A/f_B）。当图 3-14 的功能开关 S 置于 "4" 时，则选择为频率比的测量功能，其组成原理框图如图 3-18 所示。计数值 N 直接表示了两个被测频率的比值 f_A/f_B。为了正确地测出其频率比值，应使 $f_A > f_B$，即两个被测频率中的较高者加于 A 通道，较低者加于 B 通道。

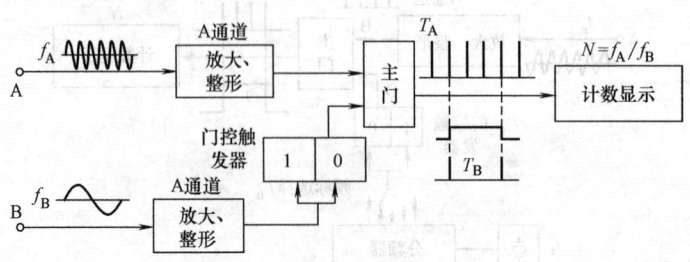

图 3-18 频率比的测量原理框图

与多周期测量一样,为了提高频率比的测量精度,也可扩展被测信号 B 的周期个数。如果周期倍乘放在"$\times 10^n$"挡上,则计数结果 N 为

$$N = 10^n \times \frac{f_A}{f_B} \tag{3-30}$$

或

$$\frac{f_A}{f_B} = \frac{N}{10^n} \tag{3-31}$$

应用频率比测量的功能,可以方便地测得电路的分频系数或者倍频系数。

5. 时间间隔的测量

(1) 时间间隔测量原理

时间间隔的起始和停止两个信号,分别从起始和停止(B 和 C)两个通道输入。为了保证测量精度,B 和 C 两个通道的特性必须一致。门控触发器工作于 R-S 触发方式,起始通道的输出作用于 S 端,使触发器置"1"态,主门开启;停止通道的输出作用于 R 端,使触发器置"0"态,主门关闭,如图 3-19 所示。起始信号和停止信号之间的时间间隔 ΔT_x,形成了开门时间。在这段时间内对输入 A 通道的时标信号 t_0 进行计数,其结果为 N,则

$$\Delta T_x = N t_0 \tag{3-32}$$

为了灵活设定时间的起点和终点,B、C 两个通道内分别备有极性选择和电平调节。通过触发极性和触发电平的选择,可以选择两个输入信号的上升沿或者下降沿上的某电平点,作为时间间隔的起点和终点,因而可测量两输入信号任意两点之间的时间间隔,如图 3-20 所示。图 3-20a 表示 B、C 通道分别加上信号 u_B、u_C 后,如果 B、C 通道的触发电平均选为各自输入信号幅度的 50%,且两通道的触发极性均选为正,就可测得 u_B 和 u_C 的上升沿(50% 电平点)之间的时间间隔。图 3-20b 表示 B 通道选取正触发极性和 C 通道选取负触发极性时,测得 u_B 的上升沿(50% 电平点)与 u_C 的下降沿(50% 电平点)之间的时间间隔。

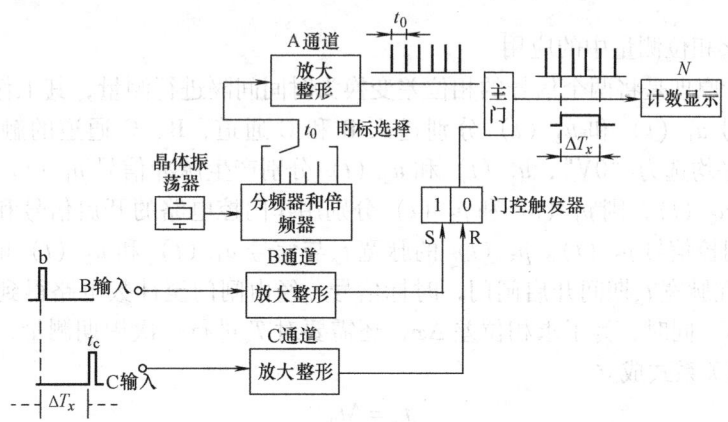

图 3-19 时间间隔测量原理图

许多通用计数器的主机中只有 A、B 两个输入通道,没有 C 通道。当需要测量时间间隔时,另外再配上一个专门的时间间隔测量插件。时间插件有两个通道,启动和停止信号则分别从两个通道输入。

(2) 在测量脉冲宽度和上升时间中的应用

如果需要测量一个输入信号的任意两点之间的时间间隔,则应在该信号的两点上分别输

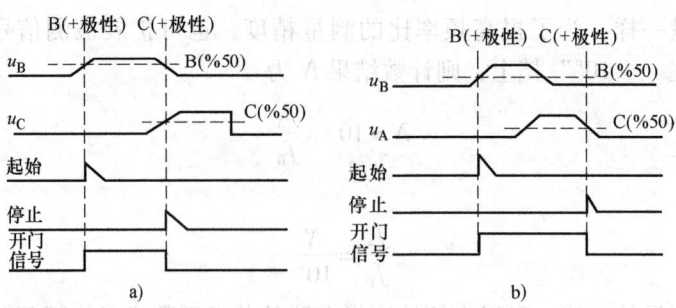

图 3-20 两信号时间间隔测量

a) 两个信号的上升沿之间的时间间隔测量　b) 一信号上升沿与另一信号下降沿之间的时间间隔测量

出一个起始信号和停止信号。为此,可以把被测信号同时送入 B、C 通道,分别选取不同的触发极性或触发电平时,B 通道就能选择起始信号点的位置,而 C 通道可选择停止信号点的位置。图 3-21a、b 所示为测量脉冲的宽度和上升时间的工作波形。

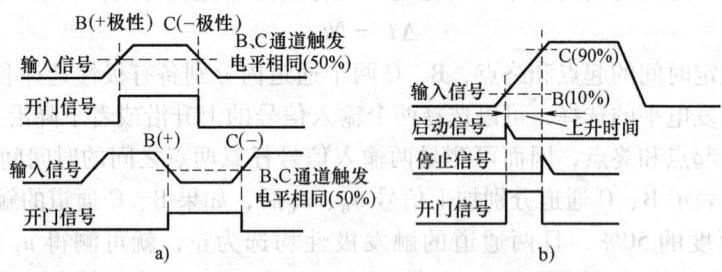

图 3-21 脉冲宽度和上升时间的测量

a) 脉冲宽度测量　b) 脉冲上升时间测量

(3) 在数字相位测量中的应用

数字相位计原理是将两个信号的相位差变换为时间间隔进行测量,其工作波形如图 3-22 所示。被测信号 $u_1(t)$ 和 $u_2(t)$ 分别送入 B 和 C 通道,B、C 通道的触发极性均选为 '+',触发电平均选为 "0V",$u_1(t)$ 和 $u_2(t)$ 分别产生脉冲信号 $p_1(t)$ 和 $p_2(t)$。设 $u_1(t)$ 超前于 $u_2(t)$,则 $p_1(t)$ 和 $p_2(t)$ 分别用作门控电路的开启信号和关闭信号,使门控电路产生门控信号 $p_3(t)$。$p_3(t)$ 的脉宽 t_φ 与信号 $u_1(t)$ 和 $u_2(t)$ 的相位差 $\Delta\varphi$ 相对应,$p_3(t)$ 在脉宽 t_φ 期间开启闸门,时标信号 t_0 经由闸门至计数电路得到对应的相位差值的计数值为 N。同时,为了求相位差 $\Delta\varphi$,还需要对 T_x 进行一次周期测量,设其计数值为 M。显然,下列关系式成立

$$t_\varphi = Nt_0 \tag{3-33}$$

$$T_x = Mt_0 \tag{3-34}$$

$$\frac{t_\varphi}{T_x} = \frac{\Delta\varphi}{360°} \tag{3-35}$$

式中,t_φ 为两个信号相位差 $\Delta\varphi$ 对应的开门时间;T_x 为被测信号的周期;t_0 为时标信号周期。

把式 (3-33)、式 (3-34) 代入式 (3-35) 得

$$\Delta\varphi = \frac{t_\varphi}{T_x} \times 360° = \frac{Nt_0}{Mt_0} \times 360° = \frac{N}{M} \times 360° \tag{3-36}$$

6. 外控时间间隔的测量

外控时间间隔的测量，与上述时间间隔测量功能相同，不同的仅是 A 输入不是内时标信号，而是外接 A 信号，若计数器在时间 ΔT_x 内的计数值为 N，则

$$\Delta T_x = N t_A \tag{3-37}$$

式 (3-37) 中的 t_A 为 A 信号的周期。由于 A 信号是外接的，因而时间量化单位不受仪器内时标 t_0 的限制。

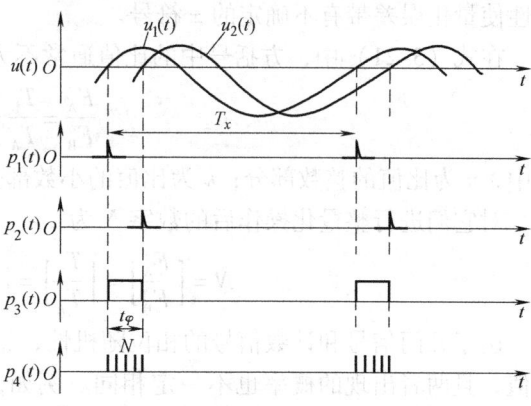

图 3-22　瞬时值数字相位计工作波形

上述功能可用来测量相位，若 A 信号的频率为 B 及 C 信号频率的 360 倍或 360×10^n 倍，用 B、C 信号的相位差去控制开门，那么计数值 N 则为 B、C 两路信号间的相位差，其读数直接以度数显示，而不需换算。例如，在数字相位测量中，如果采用外时钟 f_A 代替内时钟 f_0，且令 $f_A = M f_x = 360 f_x$（可用锁相技术实现），不需要按式 (3-35) 测量 T_x，则根据 N 可以直读出相位的差值（以度为单位）。

7. 累加计数

累加计数是在主门开启的时间内累计 A 输入信号经整形后的脉冲个数。可用手动开关来控制门控双稳态来打开主门。主门的起闭除了本地手控外，也可以远地程控。

8. 计时

如果计时器对内部的标准时钟信号——秒信号（或者毫秒、微秒信号）进行计数，主门用本控或者远控启用，则显示的累计数值即为总共所经历的时间。此时，计时器的功用类同于电子秒表，它计时精确，可用于工业生产的定时控制。

3.5　时间和频率的测量误差

3.5.1　测量误差的来源分析

时间和频率的数字化测量误差有三种主要来源：①量化误差，即 ±1 误差，它是数字化测量原理所固有的原理误差；②时标（或频标）误差，时间（频率）的数字化测量是采用被测量与标准量直接比较获得测量结果的。显然，标准量有误差，将直接引起测量误差；③触发误差，或称转换误差，在对时间（频率）进行数字式的比较之前，首先要经过触发电路将被测时间（频率）信号转换成脉冲信号，用开门脉冲的宽度（或计数脉冲的个数）分别表示被测的时间（或频率）值。这个转换过程中产生的误差称为触发误差。

1. 量化误差

量化误差是在将模拟量转换为数字量的量化过程中产生的误差，是数字化仪器所固有的和不可能消除的原理性误差。对于电子计数器而言，量化误差将产生 ±1 个字的误差。其原因有二：开门时间 T_B 不正好是计数信号周期 T_A 的整数倍，取整量数字后最大有 1 个量化单位的误差；计数闸门的开启时刻与计数脉冲出现时刻在时间上的不确定性，即两者的相位随

机性使量化误差带有不确定的 ± 符号。

在式（3-21）中，方括号中的比值通常不为整数，即表示为

$$\frac{F_A}{F_B} = \frac{T_B}{T_A} = n.k \tag{3-38}$$

式中，n 为比值的整数部分；k 为比值的小数部分。

对它们进行整量化操作后的数字 N 为

$$N = \left[\frac{F_A}{F_B}\right] = \left[\frac{T_B}{T_A}\right] = [n.k] = n \text{ 或 } n+1 \tag{3-39}$$

由于开门信号和计数信号的相位随机性，整量化后得到的数字 N 有 n 和 $n+1$ 两种可能取值，且两者出现的概率也不一定相同。例如，电子计数器测周期，设计数时钟周期 $t_0 = T_A = 1\text{ms}$，被测周期即实际值 $T_x = T_B = 4.01\text{ms}$，量化后可能得到的计数值 N 为 4 或 5，即测量结果为 4ms 或 5ms。若测量值为 5ms，则产生 0.99ms 的误差。同样，设被测周期的实际值 $T_x = 4.99\text{ms}$，可能得到的计数值 N 仍为 4 或 5，即测量结果为 4ms 或 5ms，对于测量值为 4ms 的结果而言，则产生了 -0.99ms 的误差。

上述情况可进一步用图 3-23 所示的工作波形来说明，图中表示出了 $T_{x1} = 4.01\text{ms}$、$T_{x2} = 4.50\text{ms}$ 和 $T_{x3} = 4.99\text{ms}$ 三种情况。一般说来，在闸门的开始和结束时，产生零头时间 Δt_1 和 Δt_2，从图可得

$$\begin{aligned} T_x &= Nt_0 - \Delta t_1 + \Delta t_2 \\ &= \left(N - \frac{\Delta t_1 - \Delta t_2}{t_0}\right) \times t_0 \\ &= (N - \Delta N) \times t_0 \end{aligned} \tag{3-40}$$

式中，$\Delta N = \dfrac{\Delta t_1 - \Delta t_2}{t_0}$。

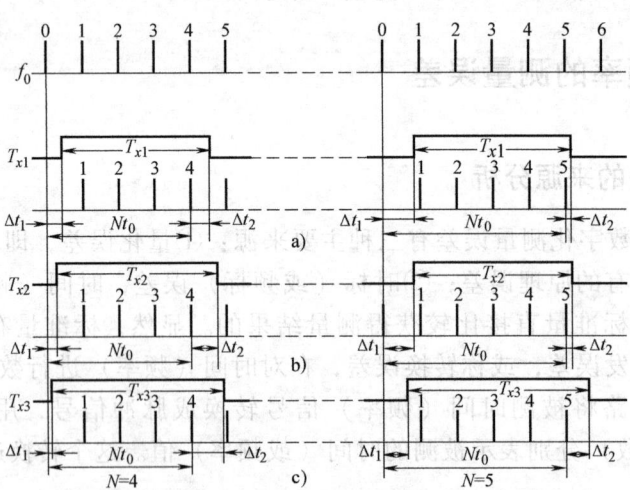

图 3-23 产生 ±1 误差的原理

a) $T_{x1} = 4.01\text{ms}$ b) $T_{x2} = 4.50\text{ms}$ c) $T_{x3} = 4.99\text{ms}$

计数器的计数值为 N，因而把 $T_N = Nt_0$ 作为测量结果，即测量结果中没有计入两个时间"零头" Δt_1 和 Δt_2，而造成计数误差 ΔN。由于 Δt_1 和 Δt_2 在 $0 \sim t_0$ 之间任意取值，即 Δt_1、Δt_2 均小于 t_0，且 $|\Delta t_1 - \Delta t_2| < t_0$，故 $|\Delta N| < 1$。

为了观察 Δt_1 和 Δt_2 影响而产生 $\Delta N \approx \pm 1$ 的情况，在图 3-23 中给出了 T_{x1}、T_{x2} 和 T_{x3} 的实际值分别为 4.01ms、4.50ms 和 4.99ms 三种情况，由于闸门时间 T_x 与计数时钟 t_0 的相位随机性，对于每一个 T_x 又有计数值 $N=4$ 或 $N=5$ 两种可能的测量结果。每种情况下，Δt_1、Δt_2 的影响如图 3-23 所示，$\Delta t = \Delta t_1 - \Delta t_2$ 及 $\Delta N = \dfrac{\Delta t}{t_0} = \dfrac{\Delta t_1 - \Delta t_2}{t_0}$ 的取值，见表 3-2。

表 3-2　±1 误差的影响

T_x 的实际值/ms	计数值 N	测量值 Nt_0/ms	绝对误差/ms ($\Delta t = \Delta t_1 - \Delta t_2$)	$\Delta N = \Delta t/t_0$	出现概率
4.01	4	4	−0.01	−0.01	大
	5	5	0.99	0.99	小
4.50	4	4	−0.50	−0.50	中
	5	5	0.50	0.50	中
4.99	4	4	−0.99	−0.99	小
	5	5	0.01	0.01	大

Δt_1 和 Δt_2 影响的最坏情况，发生在 $T_{x1} = 4.01\text{ms}$ 和 $N=5$ 时（见图 3-23a）以及 $T_{x3} = 4.99\text{ms}$ 和 $N=4$ 时（见图 3-23c）两种极端情况。前者 $\Delta t_1 = 0.995\text{ms}$，$\Delta t_2 = 0.005\text{ms}$，$\Delta N = 0.99 \approx 1$；后者 $\Delta t_1 = 0.005\text{ms}$，$\Delta t_2 = 0.995\text{ms}$，$\Delta N = -0.99 \approx -1$。两种极端情况出现的概率比其他情况小。

量化误差的特点是，无论计数器的计数值 N 为多少，由于未考虑 Δt_1 和 Δt_2 的影响，造成的计数误差 ΔN 总是在 ±1 的范围内，所以这种计数误差又称为 ±1 误差。此外，由于这种误差是把一个连续的被测信号周期 T_x 与标准时钟 t_0 之比值量化成为某整数 N，而无法表达比值中所包含的小数部分，所以这种误差又称为量化误差；又因为量化误差是在计数的结果中产生的，故又称为计数误差。

2. 标准频率误差

作为用于比较的频率标准信号，标准频率的误差是直接引起测量误差的一个主要因素。标准信号来自系统内部晶体振荡器，因此其精度即取决于晶振的频率稳定度和准确度、分频电路和闸门开关速度及其稳定性等因素。

在所有这些因素中，分频、闸门开关等均采用数字电路，其引入的时间误差通常是可预见的，并且影响相对较小。以测频方式下的闸门开关控制为例，由于闸门电路本身响应速度的影响，闸门的开和关两个动作均引入了一定的滞后。对于 TTL 数字集成电路，这个滞后时间大约为纳秒（ns）级，甚至更小，显然这就远小于通常为毫秒（ms）级甚至更长的闸门时间。所以数字电路引起的响应时间误差可以忽略。除此之外，晶振的频率稳定度和准确度就成了标准频率误差的主要来源。测量频率时，晶振信号用来产生门控信号（频标信号），标准频率误差称为频标误差；测周期时，晶振信号用来产生时标信号，标准时间误差称为时标误差，它们统称为时基误差。

由于电子计数器中对晶体振荡器都采取了较好的稳频措施，稳定度很高，与量化误差和触发误差相比，通常标准频率误差要小得多（小一个数量级以上），可不考虑其影响。

在计数器的技术指标中，通常给出机内时基信号发生器的频率误差 $\Delta f_s/f_s$，时基周期 T_0 或 t_0 的相对误差与其大小相等、方向相反，即

$$\frac{\Delta T_0}{T_0} = -\frac{\Delta f_s}{f_s} \text{或} \frac{\Delta t_0}{t_0} = -\frac{\Delta f_s}{f_s} \tag{3-41}$$

实际上 ΔT_0、Δt_0 和 Δf_s 均在某个正负范围内变化，式中的负号只不过是表示其变化方向相反而已。这个误差在计数器预热一定时间后基本恒定，与被测对象和测试操作无关。

3. 触发误差

(1) 触发误差的来源

触发误差又称为转换误差。测量频率时，需对被测信号进行放大、整形，转换为计数脉冲；测量时间或周期时，也需对被测信号放大、整形，转换为门控信号。由于输入信号上叠加干扰和噪声的影响，以及利用施密特电路进行触发转换时电路本身触发电平的抖动，使得整形后的脉冲周期不等于被测信号的周期，导致闸门时间不对；甚至使触发整形电路产生误触发，导致计数脉冲个数不对，由此而产生的误差称为触发误差。

前面介绍时间（频率）的数字化测量原理时，把整形电路的触发电平理想化为一条过零点的直线（见图 3-11），这只是为了分析简便。但实际上信号中总会叠加一些噪声干扰、毛刺尖峰，或存在寄生调制、振铃等不规范波形。这时若触发电平为一条直线，则可能造成误触发而使计数结果错误。以信号叠加波动噪声为例，它使信号中的波动每穿过一次触发电平都引起一次触发。若用这时产生的波形作为被计数脉冲，则会错误地增加计数值。因此，触发整形电路通常都采用施密特电路，施密特电路具有高、低两个触发电平，使触发具有回差特性，即形成了一个触发窗。这样由噪声引起的较小的波形波动就不会引起误触发。

图 3-24 说明触发窗可在一定程度上避免误触发。其中图 3-24a 表示加至施密特触发器的信号不存在干扰信号和噪声，则它在信号的同一相位点上触发，施密特电路输出规则的矩形波（其周期准确等于被测周期）。图 3-24b 表示信号中叠加了较小的噪声干扰未引起误触发。这时，由于叠加了波动的噪声，波形虽然多次穿过触发窗的高位电平 E_H，但在第一次触发翻转之后，波形在未到达低位电平 E_L 之前就不会引起触发器翻转。因此，触发整形后所得波形的周期个数与被测信号周期个数相同，如果对它进行频率测量，不会发生计数错误。应当指出，这时施密特电路在信号的一个周期内，虽然只输出一个脉冲，但触发点的信号相位发生了摆动，使被测信号周期转换门控脉冲信号后，其宽度会发生变化，而不准确等于被测量的周期，如果进行周期测量，则发生了触发误差。

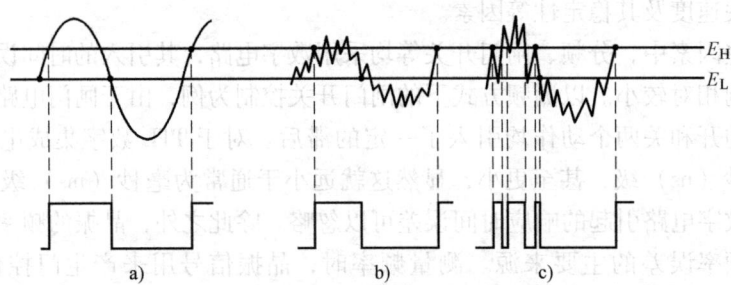

图 3-24 噪声干扰引起触发误差的原理

a) 无触发误差 b) 有触发误差，但无误触发 c) 有误触发

如果信号中所包含的噪声干扰过大，则可能引起误触发，如图 3-24c 所示。在图中虽然只观察了一个信号周期，但它包含的较大噪声波动使信号电平多次在高、低触发电平 E_H 和 E_L 之间摆动，引起触发整形电路多次翻转，从而产生宽度不等的多个脉冲输出，整形后的

波形若作为被计数波形或闸门信号,即无论是测频还是测周,都会发生计数错误。这时的测量值应视为坏值,这种情况是应当尽力避免的。为此,除了注意采取抗干扰措施外,在使用计数器时信号的幅度不应过大和过小,应在符合计数器说明书规定的幅度范围。计数器输入电路中往往加有自动增益控制环节,以自动调整输入信号至合适的幅度。有些计数器还在输入端提供衰减器,用于信号幅度的调节。

一般说来,触发误差对频率测量的影响很小,测频时只要不产生误触发,一般不考虑触发误差的影响。因为在测频方式下,被测信号作为计数脉冲使用。测频时,每一个被测信号的周期远小于闸门控制信号的周期($T_x < < T_0$),其周期起伏 ΔT_x 当然更小,而且一次计数的 N 值很大,即测频时连续测了多个(N 个)周期,周期起伏的影响也可相互抵消,所以对总体的计数结果的影响很小(可远小于量化误差)。通常在测频方式下完全可忽略触发误差。

在测周方式下则不然,此时的被测信号作为闸门控制信号。闸门的开启时间等于被测信号的周期,它通常远大于计数用标准时间信号的周期($T_x > > t_0$)。这样,被测信号周期的起伏 ΔT_x 相对标准信号周期 t_0 来说就不能忽略了。在测周方式下,由被测信号转换过程中引起的测量误差称为触发误差或转换误差。通常情况下,这项误差是必须考虑的。

(2)触发误差的估算

下面来定量分析一下周期测量时的触发误差。设被测信号是正弦信号,即 $U_x = U_m \sin\omega_x t$ 在无干扰的情况下,当该信号第一次上升至电压 U_B 时(A_1 点)产生闸门起始脉冲,第二次上升至电压 U_B 时(A_2 点)则产生闸门停止脉冲,如图 3-25 所示。

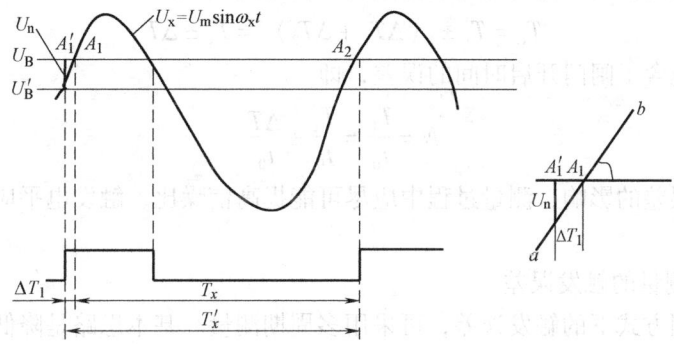

图 3-25 触发误差的计算方法示意图

显然,被测信号无干扰时闸门的起始和停止时刻分别是 A_1 和 A_2,它们之间的时间间隔准确等于被测信号周期 T_x。但是由于被测信号上叠加了干扰,因此正弦波形上存在随机的起伏。如果在信号电压尚未达到 U_B 时出现了一个尖峰干扰 U_n,叠加在被测信号上使其电压达到 U_B,同样会引起起始触发,那么闸门的起始时间就从 A_1 提前至 A_1' 了,使闸门开启时间出现了误差 ΔT_1。同理可以想象,负向干扰则可能使起始时刻推迟。

起始时刻提前量为

$$\Delta T_1 = \frac{U_n}{\tan\alpha} \tag{3-42}$$

式中,U_n 为干扰或噪声幅度;$\tan\alpha$ 为波形斜率。

设信号波形在 A_1 点的切线为 ab,则 A_1 处波形的斜率为

$$\tan\alpha = \frac{dU_x}{dt}\bigg|_{U_x=U_B} = \omega_x U_m \cos\omega_x t_B = \frac{2\pi}{T_x}U_m\sqrt{1-\sin^2\omega_x t_B}$$

$$= \frac{2\pi U_m}{T_x}\sqrt{1-\left(\frac{U_B}{U_m}\right)^2} \tag{3-43}$$

式中，U_m 为信号幅值。

将式 (3-43) 代入式 (3-42) 即可得起始时刻的误差量 ΔT_1。为使 ΔT_1 尽量小，应尽量增大 $\tan\alpha$，即增大 U_m，减小 U_B。因此，通常选择 $U_B = 0$，即采用过零触发，则

$$\Delta T_1 = \frac{T_x}{2\pi}\frac{U_n}{U_m} \tag{3-44}$$

同理，可得闸门停止时刻具有相似的触发误差，即

$$\Delta T_2 = \frac{T_x}{2\pi}\frac{U_n}{U_m} \tag{3-45}$$

由于干扰或噪声都是随机的，因此 ΔT_1 和 ΔT_2 都属于随机误差，可按独立不确定度分量进行合成，即

$$\frac{\Delta T_n}{T_x} = \frac{\sqrt{(\Delta T_1)^2+(\Delta T_2)^2}}{T_x} = \pm\frac{1}{\sqrt{2}\pi}\frac{U_n}{U_m} \tag{3-46}$$

式中，$\dfrac{U_n}{U_m}$ 为信噪比的倒数，也就是说，被测信号的信噪比越大，触发误差越小。

由于触发误差的影响，使周期测量时闸门开启时间 T_G 为

$$T_G = T_x \pm (\Delta T_1 + \Delta T_2) = T_x \pm \Delta T$$

计数值中也包含了闸门开启时间的误差，即

$$N = \frac{T_G}{t_0} = \frac{T_x}{t_0} \pm \frac{\Delta T}{t_0} \tag{3-47}$$

要减小触发误差的影响，测量过程中应尽可能提高信噪比，触发电平应选择在信号变化最陡峭处。

(3) 多周期测量的触发误差

为了减小测周方式下的触发误差，可采用多周期测量。基本思路是降低触发误差引起的闸门开启时间偏差在总开启时间中的比重。

如图 3-26 所示，若被测信号第一个上升过零点产生闸门的起始信号，而停止信号则由第 $M+1$ 个过零点产生。以 $M=10^n$ 为例，闸门的开启时间为 10^n 个被测信号的周期。

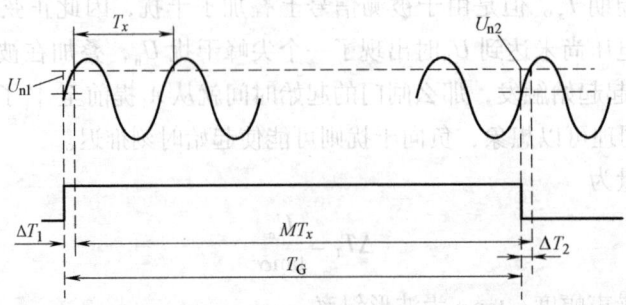

图 3-26 多周期测量减少触发误差

由图可知，闸门的总开启时间为

$$T_G = MT_x \pm (\Delta T_1 + \Delta T_2) = 10^n T_x \pm (\Delta T_1 + \Delta T_2) \tag{3-48}$$

式中，ΔT_1 和 ΔT_2 分别是闸门起始和停止时刻的偏差。

这时，计数器的计数值是在 ΔT_G 时间内标准信号的计数结果，即

$$N_{10} = \frac{T_G}{t_0} = \frac{10^n T_x \pm \Delta T}{t_0} = 10^n \frac{T_x}{t_0} \pm \frac{\Delta T}{t_0} \tag{3-49}$$

换算到一个被测信号周期计数值须除以 10，即

$$N = \frac{N_{10}}{10^n} = \frac{T_x}{t_0} \pm \frac{\Delta T}{10^n t_0} \tag{3-50}$$

可见，触发误差使闸门开启时间存在时间偏差 ΔT，经过 10^n 个周期的测量，该时间偏差引起的测量误差减小到原值的 $1/10^n$。采用多周期测量可降低触发误差，提高测量准确度，但测量时间加长了。

3.5.2 测量误差分析

1. 测频误差表达式

测量频率时，取闸门开启时间为 T_0，在此时间内填充的脉冲个数为 N，则频率为

$$f_x = N/T_0 \tag{3-51}$$

这是商函数形式，由常用函数的误差合成公式的表 2-14 可知，其总误差为

$$\gamma_f = \Delta f_x / f_x = \frac{\Delta N}{N} - \frac{\Delta T_0}{T_0} = \gamma_N - \gamma_{T_0} \tag{3-52}$$

式中，γ_N 是量化误差，$\gamma_N = \Delta N/N$。由 "±1" 误差决定，即 $\Delta N = \pm 1$，故

$$\frac{\Delta N}{N} = \frac{\pm 1}{N} = \pm \frac{1}{T_0 f_x} \tag{3-53}$$

γ_{T_0} 是闸门开启时间的相对误差，$\gamma_{T_0} = \Delta T_0/T_0$，由石英晶体振荡器的频率准确度决定。若振荡器频率为 f_s（周期为 t_s），分频系数为 K，则闸门开启时间为

$$T_0 = K t_s = \frac{K}{f_s} \tag{3-54}$$

$$\Delta T_0 = -\frac{K}{f_s^2} \Delta f_s \tag{3-55}$$

所以

$$\gamma_{T_0} = \frac{\Delta T_0}{T_0} = -\frac{K \Delta f_s / f_s^2}{K/f_s} = -\frac{\Delta f_s}{f_s} \tag{3-56}$$

由式（3-56）可见，闸门开启时间的误差 γ_{T_0} 在数值上等于石英晶体振荡频率的误差。将式（3-53）和式（3-56）代入式（3-52）并取绝对值相加，则测频的总误差为

$$\gamma_f = \pm \left(\frac{1}{T_0 f_x} + \left| \frac{\Delta f_s}{f_s} \right| \right) \tag{3-57}$$

当振荡频率误差 $\Delta f_s/f_s$ 的数值小于量化误差一个数量级时，可以不予考虑。例如，$T_0 = 1\text{s}$，$f_x = 1\text{MHz}$，其 "±1 误差" 为 10^{-6}。当 $\Delta f_0/f_0$ 为 10^{-7} 时，则测频误差 $\gamma_f = \pm (1 \times 10^{-6} + 10^{-7}) = 1.1 \times 10^{-6} \approx 1 \times 10^{-6}$。可见，只考虑量化误差的影响就可以了。这时

$$\gamma_f \approx \pm \frac{1}{T_0 f_x} = \pm \frac{1}{N} \qquad (3\text{-}58)$$

2. 测周误差表达式

测量周期时，被测周期等于在该时间内填充的脉冲个数 N 乘以时间标准 t_0，即

$$T_x = N t_0 \qquad (3\text{-}59)$$

这是一种积函数，根据误差合成公式的表 2-14 可知，总误差为

$$\gamma_T = \Delta T_x / T_x = \frac{\Delta N}{N} + \frac{\Delta t_0}{t_0} = \gamma_N + \gamma_{t_0} \qquad (3\text{-}60)$$

式中，量化误差 $\gamma_N = \Delta N/N = \pm 1/(T_x f_0)$；时标 $t_0 = k t_s = k/f_s$，k 是时标转换系数，则时标误差为

$$\gamma_{t_0} = \frac{\Delta t_0}{t_0} = -\frac{\Delta f_s}{f_s} \qquad (3\text{-}61)$$

将式（3-61）代入式（3-60），并用绝对值表示，周期测量总误差为

$$\gamma_T = \pm \left(\frac{1}{T_x f_0} + \left| \frac{\Delta f_s}{f_s} \right| \right) \qquad (3\text{-}62)$$

同理，当 $|\gamma_{t_0}|$ 小于 $|\gamma_N|$ 一个数量级时，$|\gamma_{t_0}|$ 可以不予考虑。这时

$$\gamma_T \approx \pm \frac{1}{T_x f_0} = \pm \frac{1}{N} \qquad (3\text{-}63)$$

上面讨论周期测量误差时，没有考虑触发误差。事实上，触发误差直接引起了 $\frac{\Delta T_x}{T_x}$ 的误差，前面已对此项误差作了分析，其计算公式见式（3-46）。故考虑触发误差之后周期测量的总误差为

$$\gamma_T = \frac{\Delta T_x}{T_x} = \pm \left(\frac{1}{T_x f_0} + \left| \frac{\Delta f_s}{f_s} \right| + \frac{1}{\sqrt{2}\pi} \frac{U_n}{U_m} \right) \qquad (3\text{-}64)$$

3. 测频和测周的误差特性曲线

从上面的讨论可知，计数器测量频率、周期的主要误差有两项，即量化误差和标准频率误差，分别由式（3-57）和式（3-62）来表示。根据这两个公式，可给出计数器的固有误差特性曲线，如图 3-27 所示。由图可见：

1）±1 误差的影响。由图 3-27a 可知，在测频方式下，若 f_x 一定，则闸门开启时间 T_0 越长，计数值 N 越大，量化误差影响越小。或者，T_0 一定时，f_x 越高，计数值 N 越大，量化误差影响越小。

由图 3-27b 可知，在测周方式下，若 T_x 一定，则计数时钟脉冲频率 f_0 越高，N 越大，量化误差影响越小。或者，f_0 一定时，T_x 越大，N 越大，量化误差的影响越小。

2）量化误差通常大于标准频率误差，因此常常忽略标准频率误差的影响。闸门开启时间和计数脉冲周期相差越大，计数值 N 越大，量化误差的影响越小。当量化误差减小到与标准时间频率的准确度相当时，标准频率误差对测量结果的影响不可忽略，再增大 N，测量误差不再下降，此时的误差是计数器测量准确度的极限。

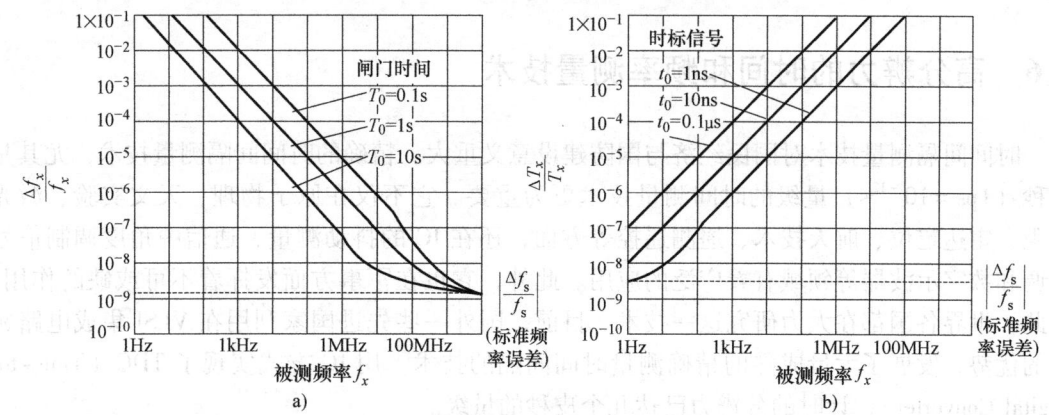

图 3-27 计数器的固有误差特性曲线
a) 测频误差曲线 b) 测周误差曲线

4. 中界频率的确定

电子计数器的量化误差是主要的测量误差。在测频方式下，如果闸门开启时间一定，则被测信号频率越高，量化误差越小。在测周方式下，如果计数脉冲频率一定，则被测信号频率越低，量化误差越小。对某一被测频率，从获得较小的量化误差来看，是采用测频方式或是采用测周方式，哪种更合适呢？

设有一台计数器，采用闸门开启时间 T_0 的测频方式和采用计数时钟频率为 f_0（周期为 t_0）的测周方式，下面对两者的 ±1 误差进行比较。由前面的分析可知，测频的量化误差为式（3-58），测周的量化误差为式（3-63），根据这两式绘出不同 F_0 的测频和不同 t_0 的测周的量化误差的曲线如图 3-28 所示。

当被测信号频率很高时，测频具有较小的量化误差，而测周具有较大的量化误差。如果降低被测信号频率，测频的量化误差上升，测周的量化误差下降，两者量化误差相等时的被测信号频率称为中界频率 f_m。

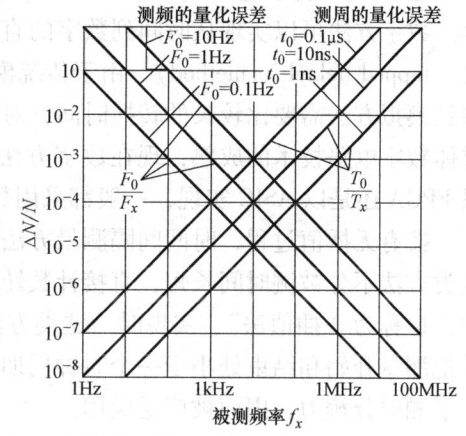

图 3-28 测频量化误差与测周量化误差

图 3-28 中测频和测周两条量化误差曲线的交点，为 $f_x = f_m$ 的中界频率点，两种测量方式的量化误差相等，于是

$$\frac{1}{T_0 f_m} = \frac{1}{T_m f_0} \tag{3-65}$$

即中界频率 f_m 为

$$f_m = \sqrt{\frac{f_0}{T_0}} = \sqrt{F_0 f_0} \tag{3-66}$$

当 $f_x > f_m$ 时，宜测频；当 $f_x < f_m$ 时，宜测周。

3.6 高分辨力的时间和频率测量技术

时间间隔测量技术对国民经济与国防建设意义重大。精确的时间间隔测量技术，尤其是皮秒（$1ps = 10^{-12}s$）量级的时间测量技术更为重要。它不仅在原子物理、天文实验、激光测距、雷达定位、航天技术、遥测遥控等方面，还在 IC 的抖动测量、通信中角度调制信号解调和数字示波器等领域有着广泛的应用。此外，它也在军事方面发挥着不可或缺的作用。因此，世界各国都在大力研究这一技术。目前，国外一些先进国家利用在 VLSI 集成电路领域的优势，发展了大量成熟的精确测量时间间隔的技术，用 IC 方式实现了 TDC（Time-to-Digital Converter），计时的分辨力已达几个皮秒的量级。

现代意义上的时间间隔测量始于电子管时代。几十年来其测量方法经不断改进发展，从最早的时间间隔扩展法，到现在的插值法、延迟线法，可以说是种类繁多。

量化误差是限制通用计数器测量分辨力的主要因素，减少 ±1 误差的影响，是提高测时和测频分辨力的基本措施。

按实现技术，时间间隔测量方法大致可以分为模拟与数字两大类。模拟方法被传统 TDC 所采用，先对时间间隔进行模拟处理，再进行模-数转换。如时间间隔扩展法（TI stretching）和时间-电压（time-to-voltage）转换法。事实上，模拟方法包含了模-数转换过程。数字方法可以实现从时间到数字的直接转换，如游标法（Verniermethod）、抽头延迟线法（tapped delayl inemethod）。由于传统模拟方法使用的模拟处理电路很难在芯片内集成，并且模拟方法需要比较长的转换时间，对环境温度十分敏感，容易受外界扰动影响。随着半导体数字电路技术的成熟，现在数字方法越来越流行。因此在芯片内集成的 TDC，不论是以 FPGA 还是以 ASIC 实现，一般都采用数字方法。

按有无插值过程，时间间隔测量方法又可以分为两类：①没有插值过程的直接计数法，这类方法不分被测时间长短，直接计数转换为数字量。它的缺点是分辨力低；②有插值过程的，也称为"插值法"。实现时，这类方法需要粗计数器，在被测时间间隔内对时钟计数，并把测量开始和结束处小于一个时钟周期的余量送进插值单元作精确测量。它的优点在于提高了测时分辨力，因而被广泛应用。

所有测量方法的划分不是绝对的，实际应用中，往往不单纯使用一种方法，而是多种方法结合使用，比如延迟线法和游标法相结合，插值法也常与其他方法结合使用。

3.6.1 多周期同步法

在周期测量时，为了减小量化误差和触发误差的影响，可以采用多周期同步测量。倒数计数器就是采用多周期同步测量原理的典型方法，它是通过测量输入信号的多个（整数个）周期值后，再进行倒数运算而求得输入信号的频率。图 3-29a 为倒数计数器的原理电路框图，它主要由同步电路、闸门 A、闸门 B、计数器 A、计数器 B、运算电路和显示电路等组成。

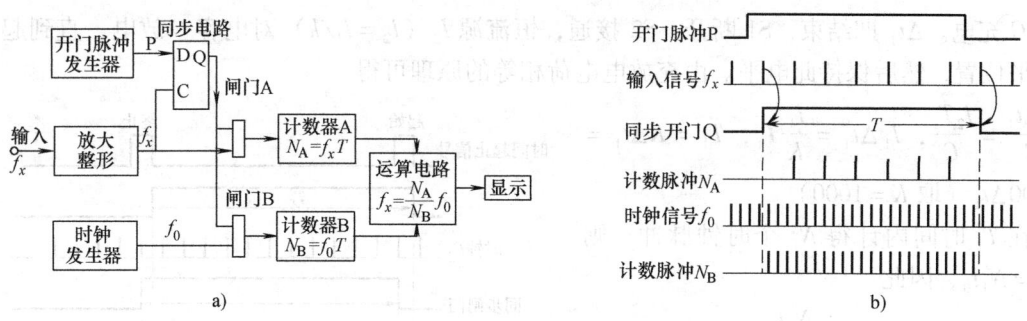

图 3-29 倒数计数器的原理及波形图
a) 电路原理图 b) 工作波形图

图 3-29b 为工作波形图,f_x 为输入信号频率,f_0 为时钟脉冲的频率。工作原理为:D 触发器构成同步电路。在同步电路中,开门脉冲 P 经输入信号同步后,产生同步的开门脉冲 Q,使闸门 A、B 与 f_x 同步地开门和关门,A、B 两个计数器在同一闸门开启时间 T 内分别对 f_x 和 f_0 进行计数,计数器 A 的计数值 $N_A = f_x T$,计数器 B 的计数值 $N_B = f_0 T$,由于

$$\frac{N_A}{f_x} = \frac{N_B}{f_0} = T$$

则被测频率 f_x 为

$$f_x = \frac{N_A}{N_B} f_0 \tag{3-67}$$

同步电路的作用是使开门信号与被测信号同步并且准确地等于被测信号周期的整数倍。因此计数值 N_A 不存在 ±1 误差。虽然计数值 N_B 存在 ±1 误差,其相对误差为

$$\gamma_N = \pm \frac{1}{N_B} = \pm \frac{1}{Tf_0} \tag{3-68}$$

在时钟频率 f_0 很高的情况下,$N_B \gg 1$,其 ±1 误差的影响很小。

倒数计数器的测量精度主要取决于闸门开启时间 T 和时钟频率 f_0,且和被测频率 f_x 无关。因此倒数计数器在整个测频范围内为等精度测量,克服了一般计数器在低频范围内测频精度低的缺点。

3.6.2 模拟内插法

模拟内插法原理是在频率或时间测量中采用内插技术,即在测量电路内插入一种模拟内插电路,把图 3-23 中小于 t_0 量化单位的时间零头 Δt_1 和 Δt_2 加以放大,再对放大后的时间进行数字化测量,从而有效地减小 ±1 误差。内插法的原理如图 3-30 所示,图中被测量的时间间隔 T_x 与计数测量出的 T_N 的区别在于,少计了 Δt_1 而多计了 Δt_2,故 T_x 为

$$T_x = T_N + \Delta t_1 - \Delta t_2 \tag{3-69}$$

内插法要对三段时间量进行测量,即要分别测出 T_N、T_1、T_2(T_1 和 T_2 分别是 Δt_1 和 Δt_2 放大后的时间量)。由于时间 T_N 是时钟脉冲的整数(N_0)倍,即

$$T_N = N_0 t_0 \tag{3-70}$$

T_N 测量不存在量化误差,因此,用内插法减小 ±1 误差的关键是实现 Δt_1 和 Δt_2 的扩展,它用时间扩展器来实现的。

图 3-31 是 Δt_1 时间扩展器原理示意图,在 Δt_1 期间,S1 闭合、S2 断开,恒流源 I_1 对电

容 C 充电。Δt_1 期结束,S1 断开,S2 接通,恒流源 I_2 ($I_2 = I_1/k$) 对电容 C 放电,直到起始电平位置,然后保持此电平。由充放电电荷相等的原理可得

$$\frac{I_1 \Delta t_1}{C} = \frac{I_2 T_1}{C}, \quad I_1 \Delta t_1 = \frac{I_1}{K} T_1, \quad T_1 = K \Delta t_1 = 1000 \Delta t_1 \text{(取 } K = 1000\text{)}$$

若在 T_1 时间内计得 N_1 个时钟脉冲,则 $T_1 = N_1 t_0$,因此

$$\Delta t_1 = \frac{N_1 t_0}{1000} \tag{3-71}$$

类似地,Δt_2 终止内插器将实际测量时间 Δt_2 扩展 1000 倍得 $T_2 = 1000 \Delta t_2$,同时 T_2 对时钟计数得 $T_2 = N_2 t_0$,即

$$\Delta t_2 = \frac{N_2 t_0}{1000} \tag{3-72}$$

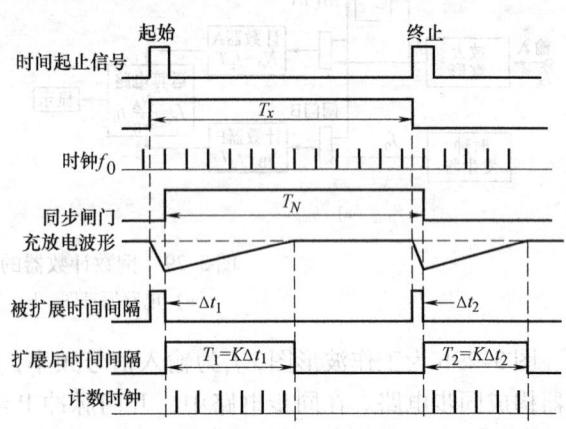

图 3-30 内插测量的信号的时间关系

将式(3-70)、式(3-71)和式(3-72)代入式(3-69),得

$$T_x = T_N + \Delta t_1 - \Delta t_2 = \left(N_0 + \frac{N_1 - N_2}{1000}\right) t_0 \tag{3-73}$$

虽然在测 T_1、T_2 时依然存在 ± 1 误差,但其影响减小为原来的 1/1000,使测量的分辨力提高为原来的 1000 倍。例如:若标准时钟的周期 $t_0 = 100\text{ns}$,则不加内插的测时分辨力为 100ns,内插后其分辨力提高到 0.1ns,这相当于用 10GHz 时钟计数的分辨力。

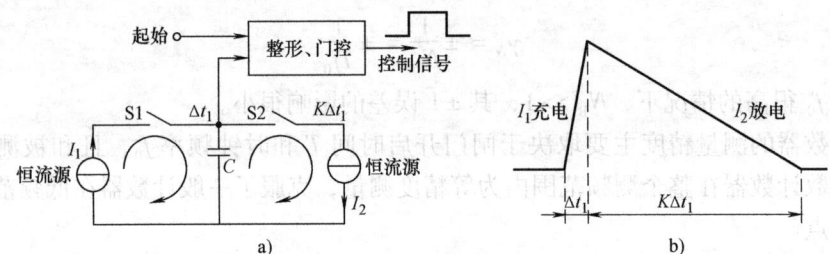

图 3-31 内插时间扩展器原理示意图
a) 电路图 b) 时间波形图

模拟内插法和多周期同步测量法结合,通过内插减小多周期同步法中的计数值 N_B(即计数值 N_0)的 ± 1 误差,可以高分辨力地测量周期和频率,在这种情况下,多周期同步法除了测量 T_N、T_1、T_2 之外,还要确定在闸门开启时间内被测信号有多少个周期 N_A(即 N_x)。这样,就可以通过如下计算得到周期 T_x 和频率 f_x

由 $N_A T_x = \left(N_B + \dfrac{N_1 - N_2}{1000}\right) t_0$ 得

$$T_x = \frac{N_B}{N_A}\left(1 + \frac{N_1 - N_2}{1000 N_B}\right) t_0 \tag{3-74}$$

$$f_x = \frac{1000 N_A}{1000 N_B + N_1 - N_2} f_0 \tag{3-75}$$

将式(3-75)与式(3-67)比较可见,由于测量了 Δt_1 和 Δt_2,该 ± 1 误差减小为原来的

1/1000，即测量分辨力提高为原来的1000倍。

3.6.3 时间-电压变换法

模拟内插法的时间扩展倍率 k 越大，测时分辨力越高。因为 $k = I_1/I_2$，增大 k，则 I_1/I_2 要大，例如 $k = 1000$，若 $I_1 = 10\text{mA}$，则 $I_2 = 10\mu\text{A}$，k 值越大，I_1 与 I_2 相差越大，内插扩时的稳定性、线性度及精度均越难保证，且内插时间也越长。目前，也有的不采用时间的扩展和时间测量的方法，而采用时间-电压转换和电压测量的办法，其原理如图 3-32 所示，测量过程如下：

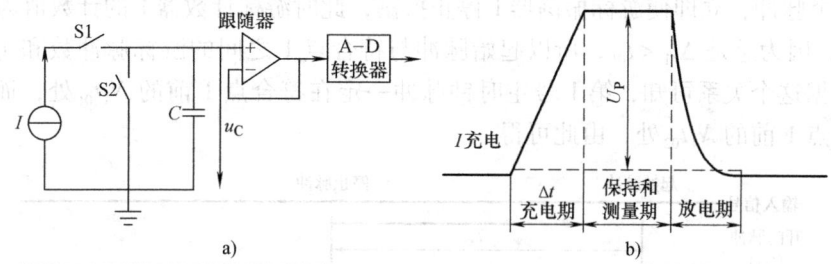

图 3-32 时间-电压转换电路及波形图
a）电路图 b）时间波形图

（1）充电期

在 Δt 时期，开关 S1 闭合、S2 断开，恒流源 I 对电容 C 快速充电，其充电电压为

$$u_C = U_P = \frac{I}{C}\Delta t \qquad (3\text{-}76)$$

此式表明，充电电压 U 与时间 Δt 成正比。

（2）测量期

Δt 时间结束，S1、S2 断开，I 停止充电，电容 C 上的电压 u_C 保持 U_P 值，此时 A-D 转换器对 U_P 进行快速测量。

（3）放电期

测量结束后 S2 闭合、S_1 断开，C 快速放电，直到 $u_C = 0$，准备下一次测量。

图 3-31 和图 3-32 方案相比，后者用 A-D 过程代替了放电过程，极大地减少了转换时间和非线性。当选用高速、高分辨力的 A-D 转换器（例如选用 14 位/40MHz 的 A-D 转换器）时，理论上分辨力扩展 10000 倍以上，其测量时间为几十纳秒级。此外，从式（3-76）可见，此方案的测量结果与 I 和 C 有关，为保证测量精度，必须引入自动校准技术。

3.6.4 游标法

游标法测量时间间隔的原理与游标卡尺测量长度的原理相同。它使用了两种频率的时钟信号：主时钟频率 $f_{01} = 1/t_{01}$ 和游标时钟 $f_{02} = 1/t_{02}$。设 $f_{01} > f_{02}$（$t_{01} < t_{02}$）且 f_{01} 和 f_{02} 非常接近，即主时钟周期 t_{01} 和游标时钟周期 t_{02} 的差值是很小的，表示为

$$\Delta t_0 = \Delta t_1 - \Delta t_2 \qquad (3\text{-}77)$$

游标法计数器的测量原理如图 3-33 所示。由图可见，$T_x = T_N + \Delta t_1 - \Delta t_2$。

为了精确地测量 T_x，采用双游标法来测量两个"零头"时间 Δt_1 和 Δt_2。这里所用的两个游标时钟脉冲（频率均为 f_{02}）分别由两个冲击式振荡器产生，它们在外触发信号触发下才开始振荡，振荡的初始相位取决于外触发信号。

当起始脉冲（表征测量时间的起始点）到来时，一方面使 RS 触发器置 "1" 态（Q_1 =1），Q_1 输出经 D 触发器与主时钟 f_{01} 同步后，使 $Q_2 = 1$，主门开启，主时钟脉冲 f_{01} 通过主门进入粗测计数器开始计数，另一方面触发游标振荡器 1 起振，产生游标脉冲 f_{02}，进入游标计数器 1 计数。在起始脉冲触发下，产生的第 1 号游标脉冲超前第 1 号主时钟为 Δt_1 时间，但因为 $f_{01} > f_{02}$，故以后的各个时钟将逐渐地追赶游标时钟。例如，设 $t_{01} = 10\text{ns}$，$t_{02} = 11\text{ns}$，$\Delta t_0 = t_{01} - t_{02} = 1\text{ns}$，这样虽然第 1 号主时钟脉冲比第 1 号游标脉冲滞后 $\Delta t_1 = 5\text{ns}$，但经过 5 个脉冲后，第 5 号主时钟脉冲便追上了第 5 号游标脉冲，并且两者在时间上符合了，这符合门 1 输出 1 个脉冲，立即使游标振荡器 1 停止振荡，此时游标计数器 1 的计数值为 N_1。从图 3-33a 可见，因为总是 $\Delta t_1 < t_{01}$，所以起始脉冲与符合点 1 之间的游标脉冲数和主时钟脉冲数相等。根据这个关系可知，第 1 号主时钟脉冲一定在符合点 1 前的 $N_1 t_{01}$ 处，而起始触发脉冲在符合点 1 前的 $N_1 t_{02}$ 处，由此可得

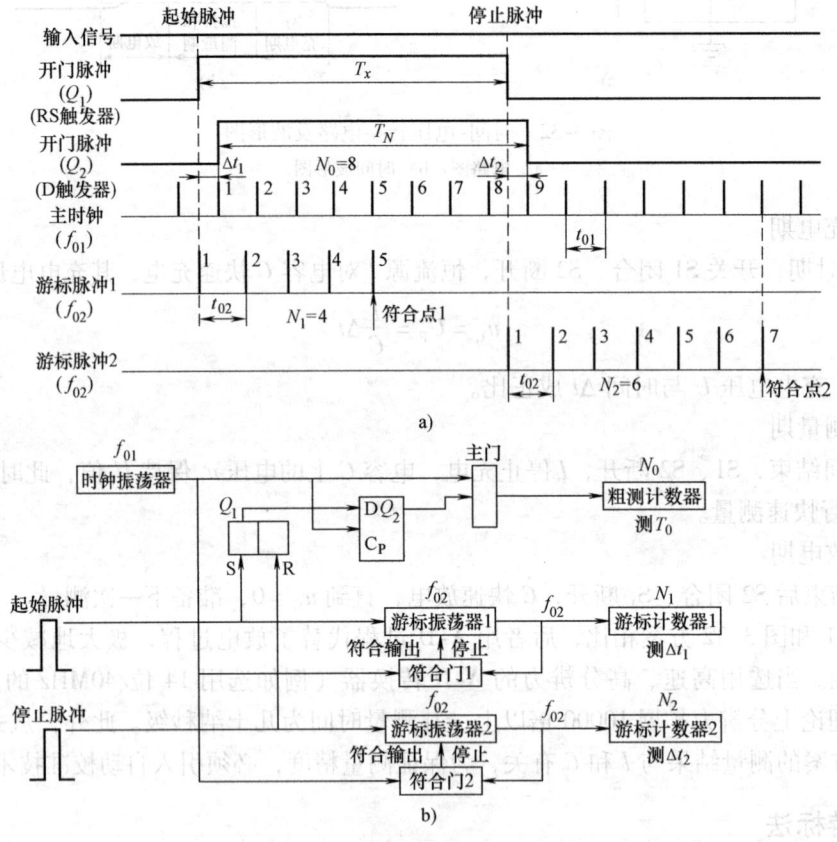

图 3-33 游标法原理图（双游标）
a）工作波形 b）原理框图

$$\Delta t_1 + N_1 t_{01} = N_1 t_{02} \tag{3-78}$$

由式（3-78）得

$$\Delta t_1 = N_1 (t_{02} - t_{01}) = N_1 \Delta t_0 \tag{3-79}$$

同样，当停止脉冲（表征测量时间的终点）到来时，一方面使 RS 触发器置 "0" 态（$Q_1 = 0$），经 D 触发器同步后使主门关闭，粗测计数器停止对主时钟 f_{01} 计数，其计数值为 N_0；另一方面，使停止脉冲触发游标振荡器 2 起振，产生游标脉冲 f_{02}，进入游标计数器 2

计数。同理，当主时钟与游标时钟时间上符合了，符合门 2 将输出一个脉冲，使游标振荡器 2 停止振荡，此时游标计数器的计数值为 N_2，则

$$\Delta t_2 = N_2(t_{02} - t_{01}) = N_2 \Delta t_0 \quad (3-80)$$

故被测时间间隔为

$$T_x = T_N + \Delta t_1 - \Delta t_2 = N_0 t_{01} + (N_1 - N_2)(t_{02} - t_{01})$$
$$= N_0 t_{01} + (N_1 - N_2) \Delta t_0 \quad (3-81)$$

定义扩展系数 K 为

$$K = \frac{t_{01}}{\Delta t_0} = \frac{t_{01}}{t_{02} - t_{01}} \quad (3-82)$$

由此得

$$t_{02} = \frac{K+1}{K} t_{01} \quad (3-83)$$

则式（3-81）可写成

$$T_x = N_0 t_{01} + (N_1 - N_2) \frac{t_{01}}{K} = (N_0 + \frac{N_1 - N_2}{K}) t_{01}$$
$$= (N_0 K + N_1 - N_2) \frac{t_{01}}{K} \quad (3-84)$$

式（3-84）表明，游标法把测试分辨力从直接法的 t_{01} 提高到了 t_{01}/K。例如，若 t_{01} = 10ns，t_{02} = 10.1ns，$\Delta t_0 = t_{02} - t_{01} = 0.1$ns，$K = t_{01}/\Delta t_0 = 100$，则游标法计数器的测时分辨力为 0.1ns。

应用游标法，需要注意以下几个问题：
1）时钟频率 f_{01} 和 f_{02} 的稳定度要求极高。
2）当分辨力很高时，f_{01} 和 f_{02} 非常接近，因此两个时钟电路必须进行严格屏蔽，否则可能因为频率牵引而不能正常工作。
3）要实现高精度和高分辨力，电路的工作速度也应该很高。

由于存在上述一些技术上的难点，因此游标法长期以来未得到实际应用。近年来提出的相位锁定型同步触发振荡器解决了上述的一些困难，巧妙地把触发振荡器与锁相环结合起来，使冲击振荡器的信号既能与外触发信号同步又有很高的频率稳定度。

3.6.5 时延法

时延法是一种使用时间延迟技术进行时间测量的方法。由于时延法用的延迟线被分成了多个串联的延时单元，各个延时单元按抽头方式输出，故又称为抽头延迟线法。时延法的电路结构如图 3-34a 所示，由延迟线 $L_1 \sim L_N$ 和 D 触发器 $DF_1 \sim DF_N$ 组成。每个延时单元的延迟时间为 τ，D 触发器去锁存每个延时单元输出端的状态。被测时间间隔的起始信号 start 加到延时线的输入端，停止信号 stop 加到每个 D 触发器的锁存端 CK，即用 stop 信号的上升沿时刻去锁存（采集）start 信号在延迟线中传输的状态。

工作时序如图 3-34b 所示，阶跃式的 start 信号的前沿从延迟线第一个延迟单元 L_1 输入，然后在延迟线 $L_1 \sim L_N$ 上传输。假设延迟线总共有 10 级，每级延迟单元的延时 τ 为 1ns，start 逐级传输的延时波形如图 3-34b 所示。假设被测时间间隔为 5.4ns，则在 start 信号出现后的 5.4ns 时刻，即 start 前沿在延迟线 $L_1 \sim L_{10}$ 上经历了 5 个延迟单元后，stop 的上升沿出

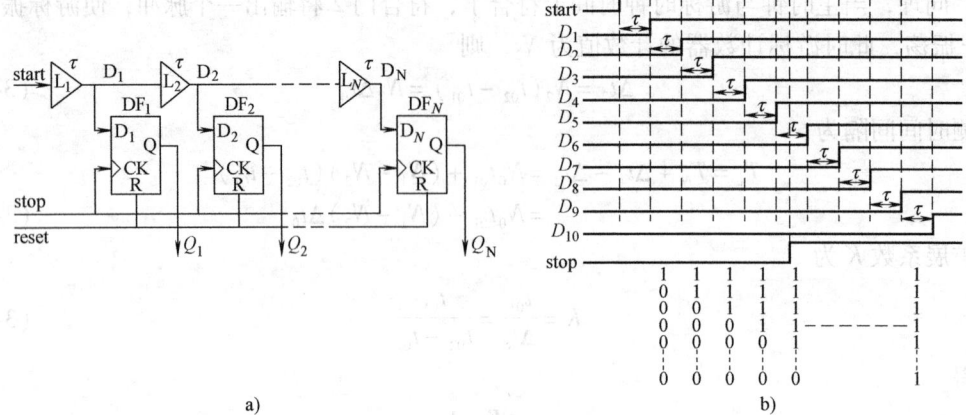

图 3-34 时延插值结构图
a) 电路结构 b) 工作时序

现了,此上升沿作用到每个 D 触发器的 CK 端,使 D 触发器 $DF_1 \sim DF_{10}$ 同时对延迟线的各级输出状态进行锁存,于是得到 D 触发器的 $Q_1 \sim Q_{10}$ 输出状态为 1111100000,此状态再经十进制编码器输出数字"5"的 BCD 码 0101,得到时间间隔:$T_x = 5\tau = 5\text{ns}$,时间分辨力 τ 为 1ns。

若用时延法替代图 3-31 的模拟内插法,并把它做成一个插值模块,假设主时钟周期 $t_0 = 10\text{ns}$($f_0 = 100\text{MHz}$),延迟线级数 $N = 10$,每级延时 $\tau = 1\text{ns}$,则可以把主时钟周期按 $t_0/10$ 的时间分辨力进行插值,若延迟线级数 $N = 100$,$\tau = 0.1\text{ns}$,则把主时钟周期按 $t_0/100$ 的时间分辨力进行插值。

延迟线的级数越多,且每级延时越小,则对它插值的分辨力越高。这不仅对延迟线提出了要求,而且对 D 触发器的响应速度也提出了要求。目前,采用 FPGA 实现时延法的分辨力达到 100ps 量级;采用 ASIC 实现的时延法的分辨力可达 20ps 量级。

3.6.6 平均法

在普通的计数器中,由于计数脉冲和闸门开启之间时间关系的随机性,使单次测量结果的相对误差出现在 $-1/N \sim 1/N$ 范围内。对于所有的单次测量来说,若某一个误差值的出现是服从均匀分布的,因而,在多次测量的情况下其平均值必然随着测量次数的无限增多而趋于零。若随机误差 δ 的值分别为 δ_1、δ_2、$\cdots$、δ_n,则

$$\lim \frac{1}{n} \sum \delta_i \to 0 \qquad (3-85)$$

尽管在实际的操作中测量次数 n 总是有限的,但是由于随机误差的抵偿性,仍会使测量精度大大提高。如果连续测量得到 n 个数据,平均后的量化误差即减小为原来的 $\frac{1}{\sqrt{n}}$。

计数器的量化误差虽然是在 $[0, t_0]$ 范围内随机出现的,但是,如果连续进行多次测量,特定的标准信号与被测信号之间的相位关系可能并不具有真正的随机性,因此量化误差可能呈现出某种比较恒定或有规律变化的状态。使量化误差性质更接近系统误差,因此无法通过多次测量后取平均的方法消除。为此利用随机相位调制的方式使标准信号与被测信号之间的相位差变成随机量。这样即使是利用同一标准信号进行连续多次测量,每次得到的量化

误差也是随机分布的,利用取平均的方法即可削弱量化误差。

典型的随机相位调制系统如图 3-35 所示。图中稳压噪声二极管产生随机的噪声信号,通过变容调相电路对基准振荡器的输出进行调制,使标准信号的相位产生随机抖动。

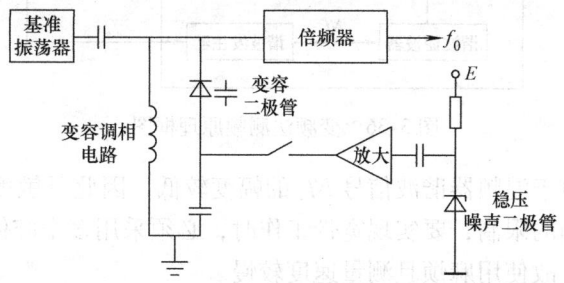

图 3-35 标准信号的随机调相

3.7 提高测量频率上限的方法

计数器是数字电路。由于器件储存效应和电路电容的充、放电时间的影响,所有数字电路总是存在一定的响应时间。同时,计数器电路中可能存在的各种反馈也会引入响应的延迟。如果计数脉冲的宽度与电路的响应时间相当,甚至小于响应时间,则计数器将无法正常计数。

为了保证计数器的正常工作,必须提高触发器的最高工作频率,但这种改善是有限度的。目前,通用计数器能直接计数的频率一般在 1.5GHz 以下。若要达到更高频率,必须采用降低计数频率的措施:3GHz 以下一般采用预分频法;3GHz 以上一般采用各种频率转换技术。因此,要对微波波段的信号频率进行数字化测量,必须采用频率转换技术,即将微波信号频率转换至 1GHz 以下,以便使用电子计数器进行直接计数。在工程实际中,实现频率转换的方法很多,主要有变频法、置换法和预分频法等。

3.7.1 变频法

变频法也称外差法,是将被测微波信号经差频转换成频率较低的中频信号,然后由电子计数器进行计数,最后根据电子计数器所测量的中频信号与被测量微波信号之间的关系来求解出被测微波信号的频率。变频法测量频率的原理框图如图 3-36 所示。它利用电子计数器内的石英晶体振荡器频率作为基准频率 f_s。经过谐波发生器产生谐波,再由谐波滤波器的谐振腔取出所需的 N 次谐波 Nf_s,并与被测信号 f_x 混频,获得中频 f_I,再把 f_I 送至计数器计数,故被测信号频率为

$$f_x = Nf_s \pm f_I \tag{3-86}$$

式中,f_I 为中频信号;f_s 为基准频率;N 为谐波滤波器选用的谐波次数,可以从调谐刻度盘的刻度来确定。例如,被测频率 f_x = 6980.034752MHz,设标准频率 f_s = 100 MHz,谐波发生系统从 1 次谐波开始扫描,当谐波次数 N = 69 时,得到其 69 次谐波频率 6900MHz,它与被测频率 f_x 相差的中频 f_I 小于 100MHz,处于计数器可直接测量的范围,于是停止扫描,记下 N = 69,并测得 f_I = 80.034752MHz。计数器的高位输出 N = 69,低位则输出 f_I = 80.034752MHz,得到总的测量结果为 6980.034752MHz。

变频法工作原理简单,它的优点是分辨率高,测量准确性主要由内部标准频率决定,其测量结果中的 Nf_s 部分具有与时基信号相同的准确度,差频部分 f_I 具有直接计数式频率计的

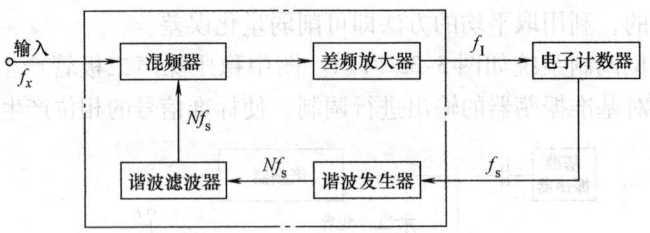

图 3-36 变频法测频原理框图

分辨率和精确度。但由于混频器谐波信号 Nf_s 的幅度较低,因此灵敏度也较低。由于受谐波选择器的腔体调谐范围的限制,要实现宽带工作时,必须采用多个腔体。另外,由于每次测量都需要调谐及判断,故使用麻烦且测量速度较慢。

3.7.2 置换法

置换法的原理是利用一个压控振荡器(置换振荡器),产生与 f_x 有一定关系的低频信号 $f_L = g(f_x)$,去置换被测的高频信号 f_x,再用电子计数器测出 f_L 后,则不难从函数 $f_L = g(f_x)$ 求出 f_x。置换法测频原理框图如图 3-37 所示。

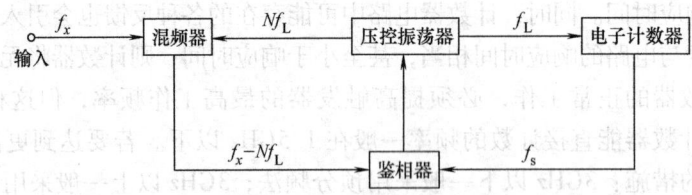

图 3-37 置换法测频原理框图

被测频率 f_x 与压控振荡器频率 f_L 的谐波 Nf_L 进行混频,输出其差频 $f_I = f_x - Nf_L$。测量时压控振荡器 f_L 扫描式变化使 f_I 变化,当差频 f_I 落在带通滤波器的通频带内时,f_I 与计数器内部的标准频率 f_s 通过鉴相器比较,当 $f_I = f_s$ 时,鉴相器的输出电压控制压控振荡器,使它停止扫描,并由锁相环路保证与 f_x 锁定。当锁相环锁定时,$f_I = f_s$,则被测频率为

$$f_x = Nf_L + f_s \tag{3-87}$$

式中,f_L 为压控振荡器(置换振荡器)的频率;f_s 为计数器内部的标准频率。

f_L 可由计数器直接计数,故只要确定谐波次数 N,则可知被测频率 f_x。

由于置换法应用了锁相环电路,其环路增益和整机灵敏度很高。但为了使分辨率不降低,闸门开启时间需要扩展 N 倍,因而在同样测量时间的情况下其分辨率比变频法低。

3.7.3 预分频法

预分频法又称预定标法,它是将被测微波频率预先进行 N 分频,使被测频率降低至 $1/N$ 后,再用电子计数器直接计数,计数值乘以分频系数 N,便得所测的频率 f_x。

实现分频的方法很多,有二进位或十进位分频法、采样分频法和自动分频法等。图 3-38 所示为一个 $\div 10$ 的预分频电路的方案。通过开关 S1 的选择,它能测量输入信号本身的频率,也能测量经过分频后的被测频率。例如,一台频率计数器原来测量的最高频率极限为 100MHz,在基本计数器之前增加 $\div 10$ 的分频电路后,可使基本频率计数器的测频范围增至

10 倍,即将测量范围从 100MHz 扩大到 1GHz。但分频器也使测量分辨率降低至原来的 1/10。

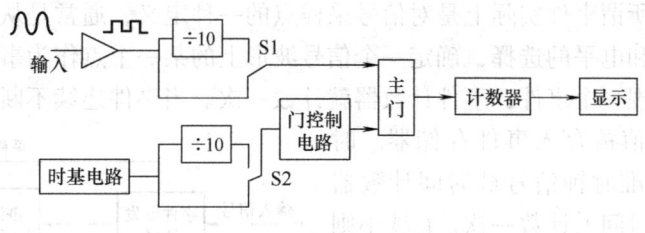

图 3-38 分频法测频原理框图

在时基电路后面增加一个÷10 分频器,增大了主门的开门时间,可提高分辨率。这样可使频率计数器在增加了÷10 预分频电路后,通过 S2 开关选择时基÷10 预分频后可使测频分辨力不降低,但测量时间增加了 10 倍。

3.8 调制域测试技术

3.8.1 调制域分析的特点

一个信号可利用幅度、时间、频率三个量以及它们之间的关系来描述,如图 3-39 所示。

在这三个量的关系中,幅度与时间的关系就是信号的波形,信号波形的测量称为时域测量。常见的测量仪器是示波器。幅度与频率的关系是信号的频谱特性,这种特性的测量是频谱分析,称为频域测量。常见的测量仪器是频谱分析仪。而频率与时间关系的分析则是一种完全不同的领域内的测量,称为调制域测量,它分析的是频率随时间变化的特性。相应的仪器是调制域分析仪。

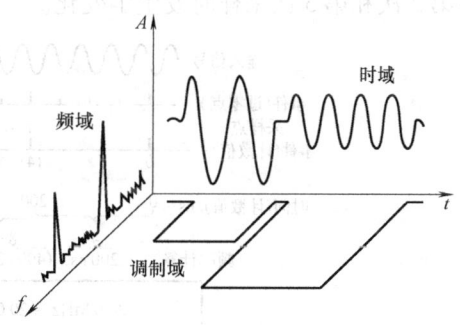

图 3-39 信号的时域、频域和调制域表征

调制域分析仪可以连续测量频率,不存在两次测量之间的空闲时间,保证在两次测量之间的信息不会丢失,因而,是一种分析信号频率随时间连续变化的最有效的仪器。

利用调制域测量可以很方便地完成诸如频偏、调频线性度、调频抖动、相位和频率监控、锁相捕捉和跟踪,压控振荡器加电后的漂移,时钟抖动,脉冲参数的变化等复杂又困难的测量任务。

3.8.2 调制域测量的基本原理

调制域测量技术的根本要求是,在一段时间内动态地连续不断地测试信号的频率。而传统的频率计采用的是在一个标准闸门时间内计数的方法。为了减小±1 误差,闸门时间就不能取得太短,因而在闸门时间内频率的变化不能动态地测得。另外,传统频率计不能连续计数,它在两次闸门时间之间有一段不测量的空闲时间,因此,无论在闸门关闭的空闲时间内,还是在闸门开启的测量时间内,频率发生了变化,它都无法测量。解决这一问题的方案就是采用"无空闲时间计数器",即 ZDT 技术。

图 3-40 给出了 ZDT 技术的原理图,图中有两个计数器,一个称为事件计数器,另一个称为时间计数器。所谓事件实际上是对信号采样点的一种定义,通常是从信号中选择一触发点,即通过触发沿和电平的选择,确定一个信号波形上的某一个点作为事件采样点。这样每触发一次就代表出现一个事件,事件计数器就计数一次。当事件连续不断出现时,则连续不断地计数,其计数值被存入事件存储器。时基发生器产生的标准时钟信号被时间计数器计数,每隔一单位时间 t_0 计数一次。t_0 越小则测时精度越高。时间计数器也是不停地计数,其计数结果也连续实时地存入时间存储器。两路计数器是同步工作的,即同步计数和同步读取计数值。锁存器由采样命令信号控制,一旦发出采样命令,该时刻的事件计数值和时间计数值同时被锁存和读入记录,事件数据和时间数据精确地结合在一起,可显示被测信号的频率及其随时间变化的特性。

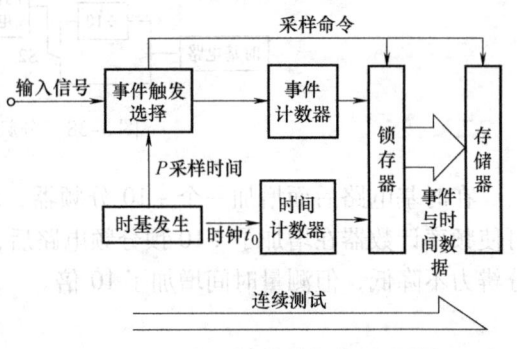

图 3-40 调制域测量技术原理框图

下面用图 3-41 说明调制域分析仪连续测频的过程。图中,输入被测信号是一个随时间变化的信号。将事件定义为波形上升的过零点处,即上升沿过零触发。图中表示了 4 次采样过程和频率计算过程,每次采样之间相隔了 4 次或 5 次事件,该测量结果表明,信号的频率在第 2 次和第 3 次采样时发生了变化。

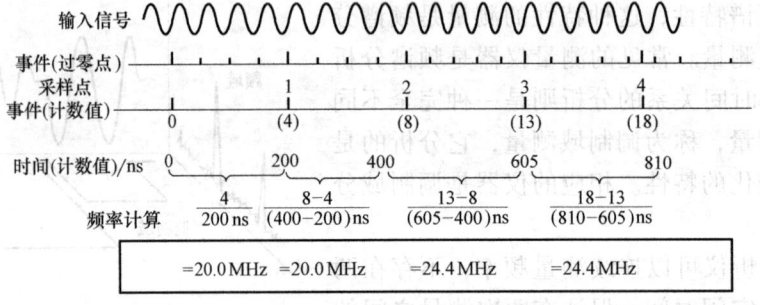

图 3-41 调制域分析仪连续测频过程示意图

在测量中,采样点或采样时间间隔是由用户设置的,图 3-41 中采样速率为 5MHz。但实际的采样时刻需要根据被测信号事件发生时刻的变化作微小的调整,如图 3-41 中,第一次和第二次采样时间间隔都是 200ns,但第 3 次和第 4 次采样时间间隔不是 200ns 而是 205ns,这是因为输入信号过零点的时间稍晚,而采样点又要与事件发生时刻一致的缘故。

3.8.3 调制域分析仪的应用

现代电子系统,如通信、雷达和电子对抗等系统为了提高性能,应用了复杂的调制信号。对这些复杂的信号,仅用时域或频域分析已不能满足要求。调制域分析仪可直观地给出信号频率、脉冲间隔及相位等随时间的变化情况。例如,在通信、雷达和导航系统中频率合成器、捷变频率无线电台、蜂窝式电话等频率快速跳变,脉冲信号的抖动分析等都必须利用调制域分析仪进行测量。此外，在机电、控制等行业，除了需要了解信号的稳定特性外，对动态特性分析的要求也越来越高。例如，电机从开机至平稳运行间的特性，压控振荡器（VCO）从加电至稳定振荡间的特性，往往都成为分析的重点。对这些动态过程的分析，调制域分析仪是一种非常适用的工具。

下面介绍几个应用实例，说明调制域分析仪的应用领域和特点。

1. 调制信号分析

调制域分析仪可连续地对频率进行测量，并描绘出频率随时间变化的特性。图3-42a为用调制域分析仪测调频信号实例。该调频信号是一个用正弦信号调制高频信号的调频波。图中自动显示出信号频率随时间变化的波形，显示屏上横轴代表时间，纵轴代表频率。其中心频率（Center）即载频为155.520 MHz，频率变化范围即频率变化的峰-峰（Pk-Pk）值为165kHz，调制速率（Rate）即调制信号的频率为3kHz。与数字示波器类似，通常调制域分析仪的显示中有光标供用户灵活地测量。图例中选光标处于三个调制周期两端，时间测量结果为1ms。这与示波器中光标测量的使用方法相同。

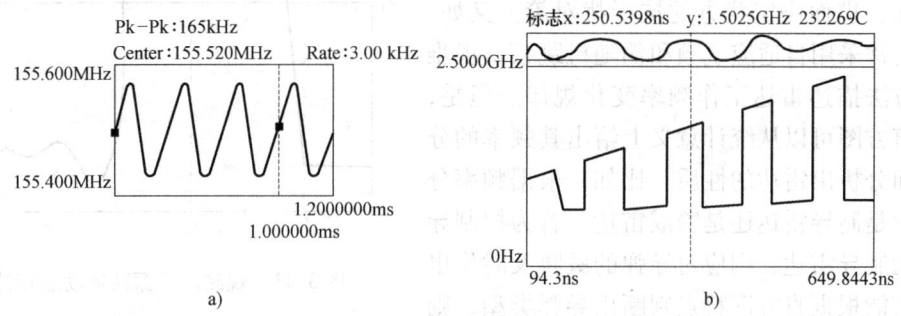

图3-42 用调制域分析仪观测信号频率变化实例
a）测量调频信号 b）测量雷达信号

实际上现代通信和其他信息传输中使用的调频方式很多。例如，对脉冲内的高频信号再进行线性或正弦调制。或者在不同的时间段发送不同频率的所谓"捷变频"或"跳频"信号等。这时使用调制域分析仪进行分析就很方便。图3-42b给出了利用调制域分析仪测量雷达信号的频率捷变、脉冲重复周期摆动、线性调频的结果。显示屏的横轴代表时间，纵轴代表频率，显示的波形代表了信号频率随时间变化的特性。波形中陡变处表示信号的载波频率发生了跳变或捷变，而斜线部分代表了信号的线性调频过程。调制域分析仪非常直观地显示出雷达信号的多种调制特征。

2. 动态过程分析

系统性能随时间变化的特性称为动态特性。随着对设备和系统准确度、速度和抗干扰性等性能要求的提高，对动态特性的分析和掌握日益受到重视。机电产品加电过程中旋转速度或频率都需一段稳定时间，各种电子设备开机后都有一个瞬态过程。类似的动态特性都是设计、调试和验证设备性能的重要依据。特别是有些故障只看静态特性不容易发现，分析了动态特性才能找到故障的根源。

在各种通信、电子对抗、雷达和锁相式信号源等领域，VCO（压控振荡器）的特性对设备和系统的性能有很大影响，测量VCO的特性就十分必要。一个VCO在加不同控制电压时会输出不同的频率，各稳态输出频率基本上是对应控制电压的不同确定值，这比较容易测量。但要掌握当VCO控制电压跳变后要经过多长时间输出频率才能趋于稳定，在稳定之前输出频率是如何变化的等情况，即要掌握VCO的动态特性，则需要采用调制域分析仪。下面说明用调制域分析仪给出VCO动态特性的方法。图3-43为观测某压控振荡器动态特性的显示图形。它是根据VCO在设备中的实际使用情况，记录下VCO控制电压变化前后的动态特性，即其输出频率随时间的变化。可利用光标读出VCO的控制电压变化时，频率转换所需的稳定时间为 t_2-t_1。频率转换后在稳定的过程中频率的波动量为 f_2-f_1。若能减小频率转换过程的稳定时间和波动量，往往能使设备的性能有较大提高。调制域分析仪正是掌握VCO等部件动态特性的较好工具。

3. 利用统计参数分析信号特性

与传统测量中只关注一个个独立测试结果不同，现代测试中往往也十分重视利用大量数据得到的统计和概率分布结果。例如，在电子对抗中对敌方干扰机所发信号频率进行统计分析，就可用统计直方图迅速显示干扰信号的频率范围及其分布，进而决定我方的抗干扰对策。又如，军用雷达常采用自适应跳频和伪随机跳频，很难用简单方法描述雷达工作频率变化规律。但是，用统计直方图可以从统计意义上给出其频率的分布，进而分析出雷达的性质。比如，根据频率分布分析它是制导雷达还是警戒雷达。若为控制导弹运行的制导雷达，则应对导弹的威胁及时作出反应。若能根据直方图特点判断出导弹类型，则对反击更为有利。

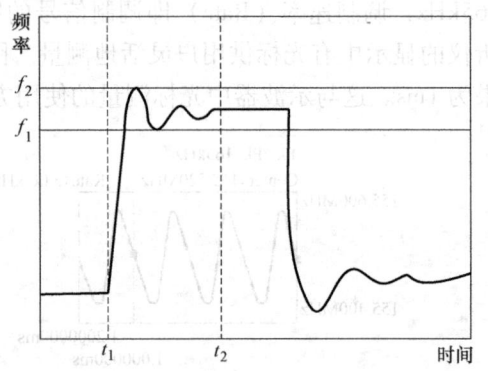

图3-43 观测压控振荡器动态特性

调制域分析仪具有统计分析各种信号、并以直方图的形式显示测量结果的能力。

对于规律性强的事件，往往只需分析少量事件即可找出它的规律性。但当事件受随机因素的影响较大时，通常个别事件就表现得没有规律，只有在大量统计时才会表现出较强的规律性。例如，即使找不到明显的诱因，在多种微小因素影响下，时钟频率也会在一定范围内无规律变化。尽管一次变化没有规律，但常常希望找到总体变化范围和分布形状，以及在相同时间间隔内频率变化范围的最大值、最小值、平均值和标准方差等统计数据。又如，在数字信号的传输中，传递的通常是非周期性信号。0，1码的出现是随机的，但是在两个1码之间0数据的个数通常为有限的离散值。例如在两个1之间可能有0，1，2，3，…，16等个0数据，用统计学方法就可得到两个1之间有不同离散值个0的分布。调制域分析仪能用无空闲时间计数器连续记录大量事件，这为连续进行大量数据的统计提供了条件。

图3-44为用统计直方图从宏观角度分析时钟工作的实例。此例中所用调制域分析仪以每秒一千万（10^7）次的高速度对时钟周期进行连续测量。用横轴表示周期，并把横轴分为足够多的均匀小区间，把实测周期值出现在各小区间的测量次数（meas）作为该区间的纵向值，即可得到图3-44所示的统计直方图。图中除显示了时钟周期的分布形状外，还给出了若干相关参数。例如，本图的总统计次数为 500×10^4 次，测得的最小周期为969ns，最大周期为 $1.017\mu s$，周期的平均值为 $1\mu s$（对应频率为1MHz），周期的标准偏差为4.428ns。从该显示结果就可较好地掌握该时钟的情况。

4. 频率稳定度的测量

电子系统中通常都用一个基准信号，保证频率的准确和稳定。基准信号的准确和稳定，对整个电子系统可靠稳定地工作是十分重要的。因此频率稳定度的测量，一直是电子测量研究的重要课题。调制域分析仪采用时域测量的方法，较完善地解决了频率稳定度的测量问题。

频率稳定的时域表征是所谓的阿仑方差，它是以采样时间为变量的相对频差。用传统的计数器进行测量，由于不能做出无时间间隔的连续采样，在计算阿仑方差时，必须引入一个修正系数，从而增加测量的复杂性，并带来误差。调制域分析仪由于采用无间隔时间的连续频率测量，并能保持一定时间内的全部数据，因此，其阿仑方差的测量和计算相当直接，完全不需要校正系数。关于短期频率稳定度的阿仑方差测量，本书不再进行讨论。

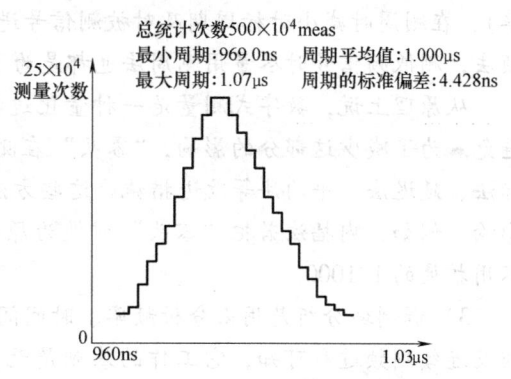

图 3-44 用统计直方图分析时钟的工作

本 章 小 结

时间与频率是最基本的一个参量。本章首先给出时间和频率的基本概念以及时间和频率标准的建立。

从测量原理上分类，时间和频率测量分为间接比较法和直接比较法两大类；从测量技术上分类，可分为模拟式测量技术和数字式测量技术两类。

时间和频率的测量技术经历了一个从模拟到数学的发展过程，从早期的谐振法、电桥法、差频法等到现在的计数法，测量的精度和范围都有巨大的提高。电子计数器是应用最为广泛的数字化仪器，也是最重要的电子测量仪器之一。

本章介绍了采用电子计数器测量频率、频率比、周期、时间间隔及仪器自校等几种工作模式的原理，并着重讨论了测频和测时这两种基本测量方法的误差。这一部分是本章的基本内容，也是要重点掌握的部分。本章要点归纳如下：

1) 现代测频和测周主要使用计数器，其原理都是建立在数字计数基础上的。只不过测频是在一个标准时间即时基时间内，计数有多少信号通过。测周是在被测信号的周期内计数有多少个时标信号通过。这样，就可分别得到被测信号的频率和周期，读者应切实掌握这两种计数测量的基本功能。计数器的扩展功能，实际上也可看成这两种基本方式的变形或灵活应用。

2) 计数器测频和测周的分析中，对测量误差的讨论是一个重点。构成总的测量误差中，作为比较基准的频标和时标信号，除它的相对误差必然进入总测量误差外，更须重视的是量化误差即 ± 1 误差。它往往大于频标或时标误差一至数个数量级，通常是测量的主要误差。此外，在测周中还应考虑转换误差。

对传统测频和测周，虽然 ± 1 是不可避免的，但是它也是可以减少的。减小计数误差的思路十分明确：只要加大计数值 N 就能使量化误差 $\pm 1/N$ 的值最小。根据这个思路，就可找到很多减小 ± 1 误差的具体方法。例如，在一定条件下测频时加大开门时间（减少频标频率），在测周时减小时标周期及对被测信号进行周期倍乘。此外，在测高频信号时尽量用测频法，测低频信号时尽量用测周法也都是为了增加 N 的数值。

从原理上说，数字式测量是一种量化过程，计数值相差最大值为1的"零头"就不可避免。为了减少这部分的影响，"零头"在测量中就不能忽略不计。本章介绍了内插法、游标法、延迟法、平均法等改进措施。这些方法并不是说就没有±1误差了，而是减小了它的影响。例如，内插法若把"零头"扩展为原来的1000倍，对"零头"计数的±1误差就是不用扩展的1/1000。

3）调制域分析是用来分析频率、时间间隔或相位等如何随时间连续变化的。从它的原理及连续测频过程可知，它工作的基础是无空闲（连续）的计数器。无空闲计数器由两个计数器构成，一个对事件计数，一个给事件的出现加上时间标签。这样，就可以在时间轴上分析事件的频率、时间间隔和相位等情况。学习调制域分析，读者在了解基本原理后，可从各种应用实例中受到启发。

思考与练习

3-1 试述时间和频率的基本概念及其测量特点。

3-2 什么是世界时、历书时和原子时，它们是如何确定的？目前主要用于什么场合？

3-3 测量频率的方法按测量原理分有哪几类？

3-4 说明通用计数器测量频率、周期、时间间隔和自检的工作原理。

3-5 简述计数器测频的误差来源及减小频率误差的方法。为什么测频时不考虑触发误差的影响？

3-6 简述计数器测周的误差来源及减小误差的方法。为什么测周时要考虑触发误差？

3-7 分析计数器测量时间间隔的误差来源及减小误差的方法。

3-8 分析计数器测频率比的误差来源及减小误差的方法。测频率比是否需要考虑触发误差？

3-9 用一个计数器测量 f_x 近于100kHz信号的频率，试分别计算当选用闸门时间为1s、0.1s和10ms时，由±1误差产生的测频相对误差。

3-10 某计数器内部晶体振荡器频率 $f_{s1}=1$MHz，用它产生测频闸门和测周时标。若由于需要，采用稳定度更高的标准频率源代替机内晶振，外源频率 $f_{s2}=4$MHz。为了得到正确的测量结果，对采用外部频率源时计数器测频和测周时的显示值应如何换算？

3-11 某计数器中标准频率源的误差 $|\Delta f_s/f_s|=1\times10^{-9}$，利用该计数器将一个频率10MHz的晶振校准到误差不大于 10^{-7}，计数器的闸门时间应如何选择？用该计数器能否将晶振误差校准到不大于 10^{-9}，为什么？

3-12 有一个显示器为6位的计数器，测频显示单位为kHz，闸门时间 T 有10s、1s、0.1s、10ms和1ms共五种。

（1）现测量一频率为219348.25Hz的信号，分别讨论对应各闸门时间显示器显示出什么数字，并说明选择哪个闸门时间最好。

（2）对于7318.256kHz及25.86293MHz的信号，直接判断测频闸门时间取多少最好，这时显示什么？

3-13 欲用计数器测量一个 $f_x=1000$Hz左右信号的频率，可采用测频（选闸门时间为1s）和测周（选时标为0.1μs）两种方法。比较两种方法哪种更优。

3-14 欲测量一个标称频率为5MHz的石英晶体振荡器，要求测量准确度优于 $\pm1\times10^{-7}$。在下列三种方案中哪一种能满足要求，为什么？

（1）选用一个7位通用计数器（时基误差不劣于 $\pm1\times10^{-7}$），闸门时间置于1s。

（2）选用一个7位通用计数器（时基误差不劣于 $\pm1\times10^{-8}$），闸门时间置于1s。

（3）选用一个7位通用计数器（时基误差不劣于 $\pm1\times10^{-8}$），闸门时间置于10s。

3-15 有一个周期约为 2378.512ms 的低频信号，用一台 6 位显示的计数器进行测量，该计数器的周期倍乘 $m = 10^n$ 有 1、10 和 10^2 三种可供选用，时标 $t_0 = n$（μs），n 值有 $0.1\mu s$，$1\mu s$，$10\mu s$ 和 $10^2 \mu s$ 四种可供选用。分别讨论在以下各种要求下，应当如何选择周期倍乘 m 和时标 t_0 之值。

(1) 保证测量中显示不发生溢出错误。
(2) 要求显示不溢出且测周量化误差最小。
(3) 要求显示不溢出、测周量化误差最小和测量时间最短。
(4) 要求显示不溢出、测周量化误差最小和触发误差最小。

3-16 当被测信号确定后，分别讨论电子计数器测频和测周模式，其显示结果上的小数点位置与什么因素有关？

3-17 在用具有多个周期倍乘和时标的计数器测周时，在下列情况下显示器中自动定位（或称自动定标）的小数点位置是否变化？如果变化，如何变化？

(1) 固定时标不变，周期倍乘增大 10 倍。
(2) 固定周期倍乘不变，时标值增大 10 倍。
(3) 周期倍乘和时标均增大 10 倍。
(4) 周期倍乘减小 10 倍，时标值增大 10 倍。
(5) 周期倍乘增大 10 倍，时标值减小 100 倍。

3-18 总结用传统型计数器测频和测周中减小测量误差的主要方法特别是减小计数误差的思路。

3-19 证明在信噪比 U_m/U_n 大于 100（或者说高于 40dB）时，若计数器未采用周期倍乘，触发（转换）误差的影响小于 0.3%。

3-20 某计数器有 7 位显示，时基和时标的误差优于 10^{-8}。已知其闸门时间为 1ms～10s，时标为 $0.1\mu s$～1ms，周期倍乘为 $1～10^4$（均按 10 的整数幂变化）。现测一个 $f_x \approx $10kHz，信噪比 $U_m/U_n = 100$ 的信号，试：

(1) 估算用测频和测周方法得到频率或周期误差的最小值。
(2) 有人采用测周方法，将周期倍乘置于 1，时标置于 $100\mu s$，估算这时的测量误差。

3-21 利用计数器测频，已知内部晶振频率 $f_s = $1MHz，$\Delta f_s/f_s = \pm$（$1 \times 10^{-7}$），被测频率 $f_x = $100kHz，试问：

(1) 若要求测频误差达到 $\pm 1 \times 10^{-6}$ 的量级，则闸门时间应选择多大？
(2) 若被测频率 $f_x = $1kHz，上述要求能否满足？
(3) 若不能满足要求，应怎样调整测量方案？

3-22 某信号频率为 10kHz，信噪比 $U_m/U_n = $40dB，已知计数器标准频率误差 $\Delta f_s/f_s = \pm$（1×10^{-8}），请分别计算出下述三种测量方案的测量误差。利用哪种方案的测量误差最小？

(1) 测频，闸门时间 1s。
(2) 测周，时标 $0.1\mu s$，周期倍乘 $m = 1$。
(3) 测周，时标 $1\mu s$，周期倍乘 $m = 1000$。

3-23 某电子计数器，测频闸门时间为 1s，测周期时，时标频率为 1MHz，求中界频率。

3-24 某通用计数器最大闸门时间 $T = $10s，最小时标 $T_s = 0.1\mu s$，最大周期倍乘 $m = 10^4$。为尽量减小量化误差对测量结果的影响，求当被测信号的频率小于多少赫兹时，宜将测频改为测周进行测量。

3-25 用多周期法测量频率为 50Hz 的某被测信号的周期时，计数值为 200000。

(1) 若采用同一周期倍乘和同一时标去测量另一未知信号，已知计数值为 15000，求未知信号的周期。
(2) 若内部时标信号频率为 1MHz，问上述测量采用的周期倍乘率是多少？

3-26 某计数器频标和时标源自同一晶体，闸门时间有 1ms、10ms、0.1s、1s 和 10s 五种，时标有 $1\mu s$、$10\mu s$、0.1ms 和 1ms 四种。现想通过自检，了解电子计数器的功能是否正常。若不考虑信号传递时差等影响（通常其影响不大于一个字），当闸门时间 T_0 和时标 t_0 在下列不同组合中，自检显示的数字 N 是多少？

表 3-3　题 3-26 表

显示值 (N)		闸门时间 (T_0)				
		1ms	10ms	0.1s	1s	10s
时标 (t_0)	1μs					
	10μs					
	0.1ms					
	1ms					

3-27　在多周期同步测量的倒数计数器中，对被测信号计数没有量化误差。那么，为什么在测量结果中仍包括量化误差？在这种计数器中闸门时间 T 和时标信号 t_0 对测量精度有何影响？设闸门时间 $T=0.5s$，时标 $t_0=0.1μs$，问测量误差为多少？

3-28　提高时间测量分辨率的方法有哪些？简述每种方法的特点。

3-29　理论上计数器中内插法的时间扩展倍乘率可无限地增大，±1 误差的影响就可无限减小，请问在实际中这样做行吗？它会受到什么限制？

3-30　用游标法测量图 3-45 中的 τ_x 值，设 $f_1=5MHz$，$f_2=5.01MHz$，求 τ_x 之值。

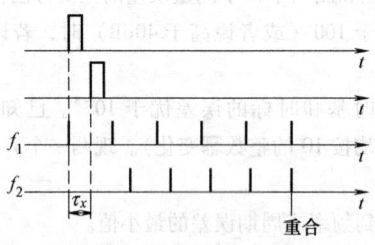

图 3-45　题 3-30 图

3-31　比较计数器中外差变频法和置换法测量微波频率的异同。

3-32　调制域分析仪的测频与一般通用计数器的测频有何区别？调制域测试技术可在哪些领域内应用？

第4章 信号幅度的测量

4.1 概述

4.1.1 信号幅度测量的意义和特点

1. 信号幅度测量的意义

信号的幅度即信号的强弱，在电信号测量领域，是用电压、电流、功率三个基本参数来表征的，这三个参数之间有着密切联系。一般来说，测定其中的两个参数，即可推算出第三个参量。在实际测量中，最常见的是电压测量，而电流和功率又往往通过变换技术，转换成电压进行间接测量。

信号的幅度是表征信号特征的一个重要参数，在电信号和电系统的研究和应用领域中，人们常用"强电"和"弱电"的称谓来表征电力系统和电子系统，就是按信号幅度的强弱来分类表述的。所谓"强电"，是泛指以产生和传输电能为宗旨的电力系统，所处理的电信号是高电压、大电流和大功率的强电信号；所谓"弱电"，是指以传输和处理信息为宗旨的电子信息系统，所处理的电信号通常是幅度相对比较小的弱电信号。

电压、电流和功率这三个表征电信号幅度的参量，常用于各种电路与系统的工作状态和特性的表征和测量中，电路和系统的各种参数，例如频率特性、调制特性、增益与衰减特性、灵敏度、线性工作范围、失真度、电路的饱和与截止状态等，都是通过对各种电信号幅度的测量，并根据幅度大小及相互关系的计算来表征的。一个系统的输入或输出的信号幅度，常常在衡量系统性能的时候成为关键因素。例如，通过测量雷达发射机的输出功率就可以确定该雷达的作用距离。在通信系统中，测量发射机的发射功率，可以确定其覆盖的地域大小。而接收机能接收微弱的输入信号幅度的能力，表征了它接收远地电台的能力。发射机的输出功率，以及接收机的灵敏度，都是通过对信号幅度的测量来确定的。

2. 信号幅度测量的特点

信号有静态、稳态和动态（瞬态）之区分，其频率、幅度和波形又各不相同，使信号幅度测量具有如下特点：

（1）测量范围宽

由于被测对象不同，信号幅值范围极宽，例如电压、电流和功率之量值，低至纳级（10^{-9}）或皮级（10^{-12}）、高至兆级（10^6）。

（2）频率范围广

被测信号的频率范围相当宽，包括直流（零频）和交流频率从微赫（10^{-6} Hz）至吉赫（10^9 Hz）或更高。

（3）波形的多样化

有直流、交流正弦波及各种周期性非正弦波，如方波、矩形波、三角波、锯齿波、调制波以及非周期性瞬态波形、随机信号波形等。

由于幅度、频率和波形的不同，使信号幅度测量的原理、方法和仪器均有很大的差别。例如微弱信号的测量，为了抑制干扰和噪声的影响，要换用带宽极窄的选频电压表、超外差频谱仪、相关接收机等来进行测量。

在直流和低频的场合，用电流和电压的概念可方便地表征信号幅度的大小。但是在高频和微波频段，由于工作波长可以与被测装置尺寸相比拟，电压和电流可能随传输线的位置改变，电流和电压缺乏唯一性而不再适用于微波信号幅度的测量和表征。但信号传输功率则有确定的数值，因此在射频和微波频段，功率参量可以直接表征高频和微波信号的传输特性，信号幅度的测量是直接对功率进行测量。

此外，信号波形不同，也可能对幅度测量带来很大影响。例如，按正弦电压刻度的交流电压表，测量各种非正弦信号波形的电压时，如不考虑波形因素的影响，会带来很大的误差。又如，适用于测周期性交流信号的电压表，不能用来测量非周期性的瞬变信号的电压幅度。对于动态信号幅度的测量，需要采用高速采集技术和快速存储技术的仪器与系统。

4.1.2 电压测量的方法和分类

对电信号来说，电压量是表征信号幅度大小的一个重要参数；对电路或系统来说，电压是指电路或系统中两点间的电位差，或者以系统接地点为参考点的某点电位值。电压量广泛存在于科学研究与生产生活中，电压测量是许多电测量与非电测量的基础，是电子测量的重要内容。

1. 电压信号的分类

电路或系统中的信号，无论是由激励信号源产生的，或是由电路或系统的响应产生的，可分为表示直流响应的直流电压（静态量），表示暂态（或称为瞬态）响应的瞬变电压（动态量），表示（正弦）稳态响应的（正弦）交流电压（稳态量）。它们都是确定性信号，此外，电路或系统中还存在随机信号，如噪声信号等。本章主要介绍确定性信号的测量。因此，电压测量按测量对象随时间变化特点的分类见表4-1。

表4-1 电压测量按测量对象分类

电压测量对象		特点	实例	测量方法	说明
确定性信号	直流电压	恒定直流或缓变信号	电路的静态工作点、温度、压力传感器输出	静态测量	主要关心静态指标，如线性、漂移、精度
	交流电压（周期性） 正弦	理论上为单一频率信号	正弦振荡电压、交流阻抗测量、动态电路的正弦稳态响应（频响）	正弦稳态测量	作为电压测量，瞬时值没有太大意义，主要关心幅值和有效值
	交流电压（周期性） 非正弦	理论上可进行傅里叶分解（正弦的基波和若干谐波分量）	方波、三角波等失真的正弦波	多频正弦稳态测量	幅值、有效值、失真度测量，需要考虑波形因数、波峰因数
	瞬变电压（非周期性）	冲击性、持续时间短，稍纵即逝	振动、冲击、爆炸、单脉冲、电路的暂态（瞬态）响应	瞬态（动态）测量	瞬时值测量
随机信号	随机电压	非规则信号，随时间的变化是随机的，但服从统计规律，可分为平稳和非平稳随机过程	高斯噪声等	统计测量	统计测量方法，主要关心均值、方差及有效值、谱分布

2. 电压测量技术的分类

（1）模拟式测量技术

按实现电压测量技术可以分为模拟式测量技术和数字式测量技术两大类。

电压信号本质上是连续的模拟信号，电压的模拟式测量技术是直接用模拟电路系统完成测量，即电压测量过程中所需的各种信号调理、变换、传输、处理和显示，都用模拟电路实现。

模拟式直流电压测量技术通常采用磁电系直流电流表（动圈式微安表，俗称"表头"）串联适当的电阻，通过表头指针偏转指示被测直流电压，选用不同的串联电阻即可得到不同的量程。若电流表本身内阻为 R_0、串联电阻为 R_n，则电压表输入电阻为 $R_v = R_0 + R_n$。若电压表量程为 U_m，定义电压表的电压灵敏度为 $K_v = R_v/U_m$，单位为"Ω/V"，因而在不同量程上有不同的输入电阻，该输入电阻对测量结果影响较大。为减小上述普通直流电压表输入电阻的影响，电压表输入端可采用 FET 源极跟随器和直流放大器的结构，既能提高输入阻抗又能提高灵敏度，由此构成直流电子电压表。

对于周期性交流电压，人们更多关心的是其峰值、平均值、有效值，其中尤以有效值最为重要，因为它反映了信号功率或能量。对交流电压的测量，往往先进行交流-直流变换（或称为检波、整流），变换成对应的直流电压（峰值、平均值或有效值）后，再进行直流测量。采用模拟式测量技术，通过交流-直流变换后得到的直流电压再经过放大后，驱动直流电流表指针偏转，以指示测量结果。交流电压的模拟式测量方法简单，而且可测量高频电压，因此，传统的模拟式电压表及电平表和噪声测量仪表仍在应用。但是，模拟式测量无论在测量的精度、速度和自动化程度来说，均受很大限制。

（2）数字式测量技术

数字式测量技术则通过模拟-数字（A-D）转换器，将模拟电压转换成离散的数字编码，对于静态信号的电压测量，可实现高精度的数字化测量和数字显示。以 A-D 转换器为核心构成的直流数字电压表（DVM），分辨力可达到 8 位数字显示，精度可达 $10^{-6} \sim 10^{-8}$。对于稳态信号的电压测量，通过交流-直流变换后，再进行直流电压的测量，从而构成交流数字电压表。另外，通过高速 A-D 转换器直接对交流电压进行采样，并通过对采样数据的处理和计算，比如，由有效值 $U \approx \sqrt{\dfrac{1}{N}\sum_{k=1}^{N} u^2(k)}$ 公式（式中 N 为 $u(t)$ 的一个周期内的采样点数，$u(k)$ 为采样序列），计算出交流电压的有效值；而对采样数据进行平均和求最大值，得到平均值和峰值，该测量方法可称为"采样-计算法"。对于瞬态信号的电压测量，则需采用高速 A-D 转换器，构成高速数据采集系统（Data Acquisition System，DAS），如数字存储示波器（DSO）、瞬态信号记录仪等，其实时采样速率可达几吉采样点/秒（Samples Per Second，或表示成 Sa/s）。

3. 电压测量原理的分类

（1）直接比较法

按测量原理可分为直接比较法和间接比较法。采用模拟式测量技术的直接比较法典型例子如图 4-1 所示，当回路电流为零时（通过高灵敏度检流计检测），被测电压 U_x 与标准电池电压 U_s 相等（与电池内阻 R_0 无关）。这是一种类似天平称重原理的直接比较测量法，传统的电位差计正是应用该原理而设计的，也称为"补偿法"，可实现直流或工频交流电压的模拟式测量。

在数字式测量技术中，有一类直接比较式的 A-D 转换器，其原理如图 4-2 所示，整个系统构成了一个闭环负反馈调节系统。采用电压比较器对被测电压 U_x 与基准电压 U_s 直接进行比较，根据比较结果来自动调节基准电压，最终达到 $U_x = U_s$，再从已知的加码值得到被测的 U_x 值。

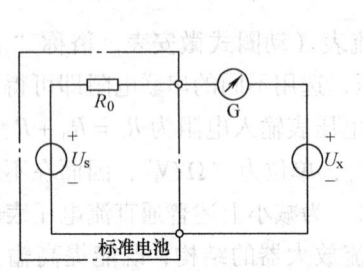

图 4-1　电压测量的直接比较法原理图　　　　图 4-2　直接比较式原理图

（2）间接比较法

在电压测量中，间接比较测量法得到了广泛应用。将电压量变换为易于测量和指示测量结果的某种中间量，有时还需要进行多次转换，通过最后的中间量而实现电压的测量。如模拟电压表将电压量转换为驱动表头的电流，通过表头的指针偏转角指示测量结果。表头可以通过已知的标准电压进行刻度校准，当被测电压指示同一刻度时，被测电压与标准电压相等，因此，该测量方法是间接比较法。

在数字式测量技术中，有一类间接比较式的 A-D 转换器，如各种积分式的 A-D 转换器，这类 A-D 转换器将模拟电压转换为数字量时，采用积分器将模拟输入电压转换为时间、频率、脉冲宽度等的中间量，即所谓的 U-T 式、U-F 式、脉冲调宽式 A-D 转换器，再通过对时间或频率的数字测量来测量电压。

4. 电压的时域测量和频域测量

需要指出的是，对不同的电压信号具有不同的测量要求，如频率范围、幅度范围、波形影响、精度与速度以及抗干扰能力等，具体的测量方法也就有所不同，在选用电压测量仪器和设计测量电路时需综合考虑测量对象和测量要求。在电压测量中，还广泛采用时域和频域测量方法。

（1）时域测量方法

利用模拟示波器或数字存储示波器可直观显示出被测电压-时间波形，并读出相应的电压等参量，通过示波器，特别是数字示波器，既可定性观测波形，又可定量测量（当然，精度有限），既可测量直流与交流电压，也可测量瞬变电压，非常方便。实际上，示波器是一种广义电压表。但示波器是一个宽带仪器，噪声电平高，灵敏度低，不适合测量微弱的射频信号电压。

（2）频域测量方法

对射频信号，特别是通信等领域中的微弱射频信号，或者电路中存在多个射频信号（如混频电路）时，其电压幅度只能用频谱分析仪来检测，它是具有高灵敏度、高选择性的窄带仪器，能有效地测出各个频率信号的电压幅值。

4.2 电压的模拟式测量

4.2.1 交流电压的特征参量

本节介绍电压的模拟测量技术，以交流电压为测量对象来加以讨论。

峰值、平均值和有效值是表征交流电压的三个基本特征参量。本节将介绍这三个特征参量的定义，以及它们之间的关系。对于不同波形的交流电压，即使它们的幅度值（或峰值）相等，其有效值和平均值可能不同，为此，需要讨论它们之间的变换关系，引入不同波形的峰值、有效值和平均值三者之间的变换系数，即波峰因数和波形因数，它们是表征交流电压的另外两个派生的参量。

1. 峰值

交流电压的峰值是指以零电平为参考的最大电压幅值，即等于电压波形的正峰值，用 U_p 表示，以直流分量为参考的最大电压幅值则称为振幅，通常用 U_m 表示，当不存在直流电平 $\overline{U}$（平均值），或被隔离了直流电平的交流电压时，振幅 U_m 与峰值 U_p 相等。

图 4-3 以正弦交流电压波形为例，说明了交流电压的峰值和振幅，图中，U_p 为峰值，U_m 为振幅，$\overline{U}$ 为平均值，并有：$U_p = \overline{U} + U_m$，交流电压瞬时值为：$u(t) = \overline{U} + U_m \sin\omega t$，其中，$\omega = 2\pi/T$，$T$ 为 $u(t)$ 的周期。

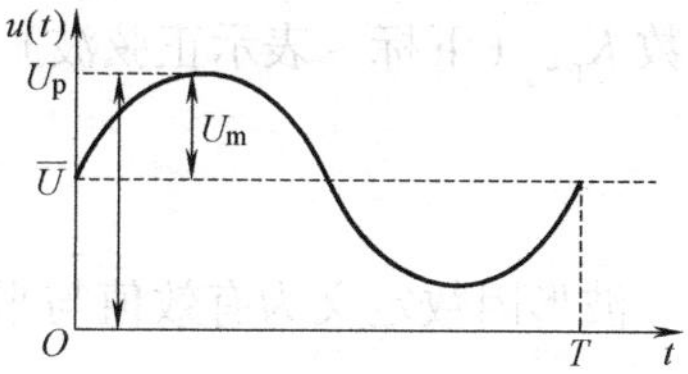

2. 平均值

交流电压 $u(t)$ 的平均值（简称均值），用 $\overline{U}$ 表示，数学上定义为

图 4-3 交流电压的峰值

$$\overline{U} = \frac{1}{T}\int_0^T u(t)\,\mathrm{d}t \tag{4-1}$$

式中，T 为 $u(t)$ 的周期。

根据这一定义，平均值 $\overline{U}$ 实际上为交流电压 $u(t)$ 的直流分量（参见图 4-3），其物理意义为：$\overline{U}$ 为交流电压波形 $u(t)$ 在一个周期内与时间轴所围成的面积，当 $u(t)>0$ 部分与 $u(t)<0$ 部分所围面积相等时，平均值 $\overline{U}=0$（亦即直流分量为零）。

显然，数学上的平均值为直流分量，对于不含直流分量的交流电压，即对于以时间轴对称的周期性交流电压，其平均值总为零。它不能反映交流电压的大小，因此在测量中，交流电压平均值通常指经过全波或半波整流后的波形（一般若无特指，均为全波整流），即取绝对值后的平均值，数学上可表示为

$$\overline{U} = \frac{1}{T}\int_0^T |u(t)|\,\mathrm{d}t \tag{4-2}$$

对于理想的正弦波交流电压 $u(t)=U_p\sin(\omega t)$，若 $\omega=2\pi/T$，则其全波整流平均值为

$$\overline{U_\sim} = \frac{2}{\pi}U_p = 0.637U_p \tag{4-3}$$

3. 有效值

在电工理论中，交流电压的有效值（用 U 来表示）定义为：交流电压 $u(t)$ 在一个周期 T 内，通过某纯电阻负载 R 所产生的热量，与一个直流电压 U 在同一负载上产生的热量

相等时,则该直流电压 U 的数值就表示了交流电压 $u(t)$ 的有效值。直流电压 U 在一个周期 T 内在电阻 R 上产生的热量 $Q_- = I^2RT = \dfrac{U^2}{R}T$;交流电压 $u(t)$ 在一个周期 T 内在电阻 R 上产生的热量 $Q_\sim = \int_0^T \dfrac{u^2(t)}{R}dt$;由 $Q_- = Q_\sim$ 即可推导出交流电压有效值的表达式为

$$U = \sqrt{\dfrac{1}{T}\int_0^T u^2(t)dt} \tag{4-4}$$

式(4-4)在数学上即为方均根值。它有效值反映了交流电压的功率,是表征交流电压的重要参量。对于理想的正弦波交流电压 $u(t) = U_p\sin(\omega t)$,若 $\omega = 2\pi/T$,其有效值为

$$U_\sim = \dfrac{1}{\sqrt{2}}U_p = 0.707U_p \tag{4-5}$$

4. 波峰因数和波形因数

波峰因数定义为峰值与有效值的比值,用 K_p 表示,即

$$K_p = \dfrac{U_p}{U} = \dfrac{\text{峰值}}{\text{有效值}} \tag{4-6}$$

对于理想的正弦波交流电压 $u(t) = U_p\sin(\omega t)$,若 $\omega = 2\pi/T$,则由式(4-5),其波峰因数 $K_{p\sim}$(下标~表示正弦波)为

$$K_{p\sim} = \dfrac{U_p}{U_p/\sqrt{2}} = \sqrt{2} \approx 1.41 \tag{4-7}$$

波形因数定义为有效值与平均值的比值,用 K_F 表示,即

$$K_F = \dfrac{U}{\overline{U}} = \dfrac{\text{有效值}}{\text{平均值}} \tag{4-8}$$

对于理想的正弦波交流电压 $u(t) = U_p\sin(\omega t)$,若 $\omega = 2\pi/T$,则利用式(4-3)和式(4-5),其波形因数 $K_{F\sim}$(下标~表示正弦波)为

$$K_{F\sim} = \dfrac{(1/\sqrt{2})U_p}{(2/\pi)U_p} = \dfrac{\pi}{2\sqrt{2}} \approx 1.11 \tag{4-9}$$

式(4-6)和式(4-8)定义了波峰因数和波形因数,并以正弦波说明了其峰值和平均值与有效值的比值关系,是应记住的两个重要数值(在所有波形中,正弦波最为常见,因而也最为重要)。

显然,不同波形有不同的波峰因数和波形因数。表4-2列出了常见波形的有效值、平均值以及波峰因数和波形因数(设峰值均为 U_p)。

表 4-2 常见波形的有效值、平均值以及波峰因数和波形因数(表中 U_p 为峰值)

波形名称	波 形 图	有效值 U	平均值 $\overline{U}$	波峰因数 K_p	波形因数 K_F
正弦波		$\dfrac{U_p}{\sqrt{2}}$	$\dfrac{2U_p}{\pi}$	1.414	1.11
全波整流		$\dfrac{U_p}{\sqrt{2}}$	$\dfrac{2U_p}{\pi}$	1.414	1.11

(续)

波形名称	波形图	有效值 U	平均值 $\overline{U}$	波峰因数 K_p	波形因数 K_F
半波整流		$\dfrac{U_p}{2}$	$\dfrac{U_p}{\pi}$	2	1.57
三角波		$\dfrac{U_p}{\sqrt{3}}$	$\dfrac{U_p}{2}$	1.732	1.15
锯齿波		$\dfrac{U_p}{\sqrt{3}}$	$\dfrac{U_p}{\sqrt{2}}$	1.732	1.15
方波		U_p	U_p	1	1
脉冲波		$\sqrt{\dfrac{\tau}{T}}U_p$	$\dfrac{\tau}{T}U_p$	$\sqrt{\dfrac{T}{\tau}}$	$\sqrt{\dfrac{T}{\tau}}$
白噪声		$\dfrac{U_p}{3}$	$\dfrac{U_p}{3.75}$	3	1.25

4.2.2 交流-直流（AC-DC）转换原理

如前所述，交流电压特别是周期性交流电压主要关心的是其平均值（简称均值）、峰值、有效值，其中尤其关注的是有效值。对于交流电压测量，首先可将交流电压的表征量——峰值、均值、有效值转换成直流电压，然后再转换为驱动动圈式微安表的直流电流，通过指针偏转指示测量电压，或者通过 A-D 转换器实现数字化电压测量。将交流电压转换为等于峰值、均值、有效值的直流电压（AC-DC 转换）的过程也称为检波或整流。为提高测量灵敏度，还需要进行直流信号的放大，最后送显示仪表，由此构成交流电压表。

从实际应用来说，交流电压测量主要是对有效值进行测量，因此，有效值检波是最直接的方法。但是，有效值检波信号的频率不能太高（一般最高为几兆赫），实现起来较为复杂，应用上受到一定限制。对于规则的周期性交流电压信号，峰值或均值的检波电路较简单，而有效值与均值、峰值之间存在确定的比例关系，它们可以用波形因数和波峰因数来描述，因此，可以通过简单的均值或峰值检波，然后将电压表读数通过波形因数或波峰因数进行修正，即可得到有效值，这是交流电压表采取的简便而实用的方法。

本节先介绍均值、峰值、有效值检波原理，它们是构成交流电压表的核心。

1. 峰值检波原理

图 4-4 为峰值检波原理电路图及波形图，其中，图 4-4a 为二极管串联形式，图 4-4b 则为二极管并联形式，图 4-4c 为输入电压 $u(t)$ 为正弦波时的峰值检波波形图。

峰值检波的基本原理是通过二极管正向快速充电达到输入电压的峰值，而二极管反向截

止时"保持"该峰值。图 4-4 的检波电路中要求

$$(R_s + r_d)C \leq T_{\min}, \quad R_L C \geq T_{\max} \qquad (4\text{-}10)$$

式中，R_s 和 r_d 分别为等效信号源 $u(t)$ 的内阻和二极管正向导通电阻；C 为充电电容（并联式检波电路中，C 还起到隔直流的作用）；R_L 为等效负载电阻；$T_{\min}$ 和 $T_{\max}$ 为 $u(t)$ 的最小和最大周期。

满足式（4-10）即可满足电容器 C 上的快速充电和慢速放电的需要。从图 4-4c 的波形图可以看出，峰值检波电路的输出实际上存在较小的波动，其平均值略小于实际峰值，其误差量（负误差）取决于满足式（4-10）的程度。

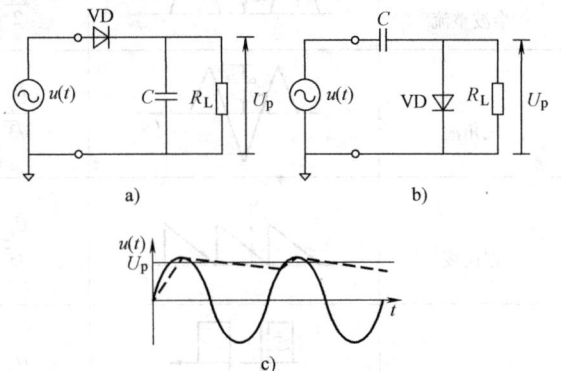

图 4-4　峰值检波原理图
a) 串联式　b) 并联式　c) 波形图

2. 均值检波原理

均值检波电路可由整流电路实现，图 4-5a 和图 4-5b 分别为二极管桥式全波整流和半波整流电路。

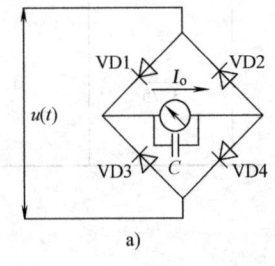
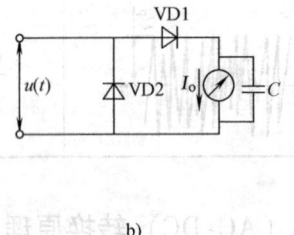

图 4-5　均值检波原理图
a) 全波整流电路　b) 半波整流电路

整流电路输出的直流电流 I_o 与被测交流电压 $u(t)$ 的平均值成正比，而与 $u(t)$ 的波形无关。以图 4-5a 的全波整流电路为例，I_o 的平均值为

$$I_o = \frac{1}{T} \int_0^T \frac{|u(t)|}{2r_d + r_m} dt = \frac{\overline{U}}{2r_d + r_m} \qquad (4\text{-}11)$$

式中，T 为 $u(t)$ 的周期；r_d 和 r_m 分别为检波二极管的正向导通电阻和电流表内阻，对特定电路和所选用的电流表可视为常数，并反映了检波器的灵敏度。式（4-11）反映了 I_o 与 $u(t)$ 的全波（或半波）平均值 $\overline{U}$ 成正比。图 4-5 中并联在电流表两端的电容 C 用于滤除整流后的交流成分，避免指针摆动。

3. 有效值检波原理

（1）函数运算式检波

根据交流电压的有效值表达式（参见式（4-4））进行交流电压 $u(t)$ 的方均根值运算，实现有效值检波，其方法如下：

1）利用二极管平方律的伏安特性检波。为进行有效值检波，首先需进行交流电压 $u(t)$ 的平方运算。可利用小信号时二极管正向伏安特性曲线近似为平方关系，完成平方运算，经滤波平均，由电表指示。其开方运算在表头刻度上完成。但这种方式的电压表精度低

且动态范围小。实际应用中,可采用分段折线来逼近平方律的伏安特性曲线。

2)利用模拟运算的集成电路检波。随着模拟集成运算电路的发展,使得可以直接根据有效值的定义式(见式(4-4))进行模拟运算的集成电路来实现有效值变换,其原理框图如图4-6所示。

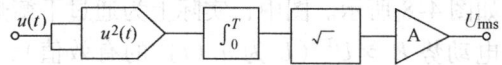

图4-6 有效值变换实现原理框图

图4-6表示有效值计算是通过多级运算器级联实现的,首先由模拟乘法器实现交流电压$u(t)$的平方运算,再进行积分和开方运算,最后通过运算放大器的比例运算,得到有效值U_{rms}输出。

目前,可直接使用单片集成的有效值/直流(TRMS/DC)变换电路芯片(如AD736、AD637等)实现有效值运算,非常简便。

完成图4-6所示的运算,不仅可用模拟电路来实现模拟运算,而且也可以用嵌入式处理器(或DSP)来实现数字运算,为此必须先对被测电压$u(t)$进行A-D变换。

(2)热电变换式检波

根据能量等效来测量电压有效值原理,可利用热电偶实现交、直流变换式有效值的检波。热电效应指出:两种不同导体的两端相互连接在一起,组成一个闭合回路,当两节点处温度不同时,回路中将产生电动势,从而形成电流,这一现象称为热电效应,所产生的电动势称为热电动势。热电效应原理如图4-7a所示。

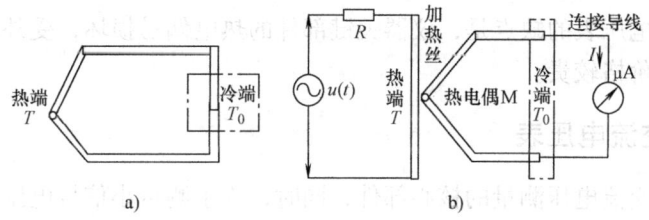

图4-7 热电变换式检波原理图
a) 热电效应　b) 热电偶有效值检波原理

图4-7a中,假设两种导体的相互连接端的温度分别为T和T_0,称为热端和冷端,若$T \neq T_0$,则热端和冷端之间将存在热电动势,而热电动势的大小与温差$\Delta T = T - T_0$成正比。据此,将两种不同金属进行特别封装并标定后,称为一对热电偶(简称热偶),是温度检测的常用传感器,其温度测量范围很宽。若冷端温度为恒定的参考温度,则通过热电动势就可得到热端(被测温度点)的温度。

若通过被测交流电压对热电偶的热端进行加热,则热电动势将反映该交流电压的有效值,从而实现了有效值检波。如图4-7b所示,被测交流电压$u(t)$对加热丝加热,热电偶M的热端感应加热丝的温度,维持冷端温度T_0不变,并通过连接导线连接直流微安表(连接导线将不会改变热电偶回路中的热电动势)。若在$u(t)$的作用下,热端温度T不断升高(热端与冷端温差增大),从而产生热电动势,使热电偶回路中产生直流电流I,并由该直流电流驱动微安表头。

下面分析直流电流I与被测电压$u(t)$的有效值U的关系。首先,电流I正比于热电动势，而热电动势正比于热端与冷端的温差，热端温度又是通过交流电压 $u(t)$ 直接对加热丝加热得到的，与 $u(t)$ 的有效值 U 的二次方成正比。即表头电流 I 正比于有效值 U 的二次方，$I \propto U^2$，这里 I 与 U 并非线性关系。

实际有效值电压表中，为使表头刻度线性化，可以采用两对相同的热电偶，分别称为测量热电偶和平衡热电偶，如图4-8所示。图中，实际上为通过平衡热电偶形成一个电压负反馈系统。测量热电偶的热电动势 $E_x \propto U^2$（U 为 $u(t)$ 的有效值），令 $E_x = k_1 U^2$；而平衡热电偶的热电动势 $E_f \propto U_o^2$（U_o 为差分放大器的输出直流电压），令 $E_f = k_2 U_o^2$。假如两对热电偶具有相同的特性，即 $k_1 = k_2 = k$，则差分放大器的输入电压 $U_i = E_x - E_f = k(U^2 - U_o^2)$，若放大器增益足够大，则有 $U_i = 0$（负反馈放大器的同相端与反相端等电位），于是有 $U_o = U$，即输出电压等于 $u(t)$ 有效值，从而实现了有效值电压表的线性化刻度，有效值电压表的读数为被测电压的有效值。

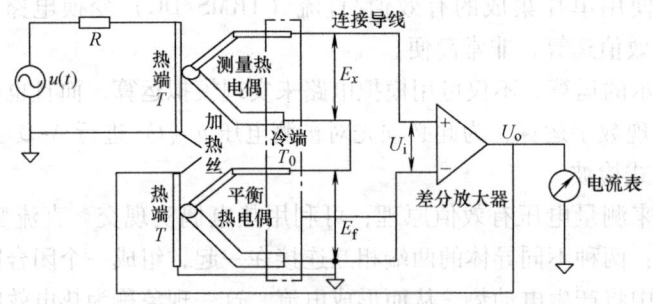

图4-8 具有线性刻度的有效值电压表原理图

热电偶有效值电压表的缺点是，仪器关键部件的热电偶易损坏，受外界环境温度的影响较大，结构复杂，价格较贵。

4.2.3 模拟式交流电压表

检波器是实现交流电压测量的核心部件，同时，为了测量小信号电压，放大器也是电压表中不可缺少的部件，因此，模拟电压表由两个基本部件——检波器和放大器组成，其组成方案有两种类型：一种是先检波后放大，称为检波-放大式；另一种是先放大后检波，称为放大-检波式。

1. 检波-放大式电压表

图4-9a所示为检波-放大式电压表的组成框图。检波-放大式电压表中，由于检波器处于测量通道最前端，故采用输入阻抗高的峰值检波器。检波器决定了电压表的频率范围、输入阻抗和分辨力。为提高频率范围，采用超高频二极管作峰值检波，其频率范围可从直流到几百兆赫，并具有较高的输入阻抗，为减小信号传输线的影响，将峰值检波器直接置于探头内，如图4-9b所示。但是，检波二极管的正向电压降限制了其测量小信号电压的能力，反向击穿电压限制了电压测量的上限。放大器为直流放大器，可采用桥式或斩波稳零式直流放大器，它具有较高的增益和较小的漂移。这种电压表常称为"高频电压表"或"超高频电压表"。

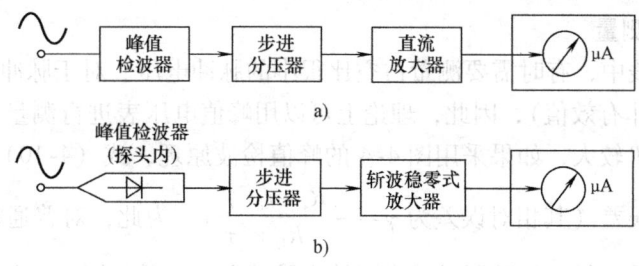

图 4-9 检波-放大式电压表的组成框图
a) 组成框图 b) 提高灵敏度的措施

2. 放大-检波式电压表

为避免检波-放大式电压表中检波器的灵敏度限制,可采用先对被测电压放大后再检波的方式,即构成放大-检波式电压表,其组成框图如图 4-10 所示。此时检波器常采用均值检波器,放大器为宽带交流放大器,它的带宽决定了电压表的频率范围,一般上限为 10MHz。这种电压表具有较高的灵敏度,但测量的最小电压仍然要受宽带的交流放大器内部噪声限制,因此,这种电压表常称为"宽频毫伏表"或"视频毫伏表"。

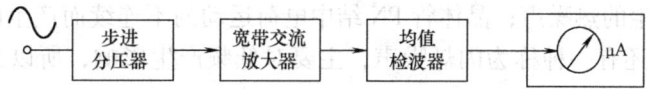

图 4-10 放大-检波式电压表的组成框图

3. 外差式选频电平表

由于宽频电压表交流放大器的带宽较宽,噪声电平大,限制了小信号电压的测量能力,其灵敏度有限。采用如图 4-11 所示的基于外差式接收原理的选频电平表,可大大提高测量灵敏度(可达 $-120\mathrm{dB}$,相当于 $0.775\mu\mathrm{V}$),也常称为"高频微伏表",如 DW-1 型,频率范围为 $100\mathrm{kHz} \sim 300\mathrm{MHz}$,最小量程为 $15\mu\mathrm{V}$。"高频微伏表"广泛应用在放大器谐波失真、滤波器衰耗特性及通信系统传输特性测量中。

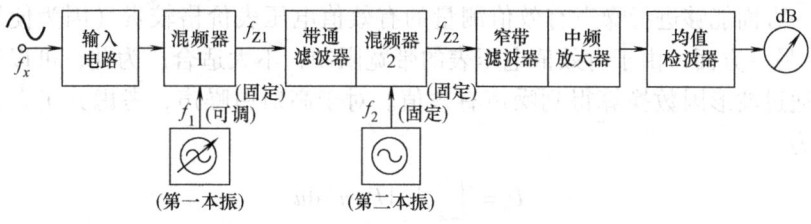

图 4-11 选频电平表的组成框图

从图 4-11 可见,选频电平表的工作原理与外差式接收机相同。首先,频率为 f_x 的被测信号通过输入电路(衰减或放大)后,与第一本振输出 f_1 混频,得到固定的第一中频 f_{Z1}(由带通滤波器选出),f_{Z1} 再与第二本振输出 f_2 混频,得到固定的第二中频 f_{Z2}(经窄带滤波器选出),再经过后面的高增益中频放大器和检波器,驱动表头并以 dB 指示被测信号。选频电平表经过两级变频,被测信号在窄带中频上获得很高的增益,而对噪声的抑制特性好,是具有很好的频率选择性的窄带调谐系统,它很好地解决了测量灵敏度与频率范围的矛盾。

4. 脉冲电压的测量

在实际工程实践中，有时需要测量占空比很小的脉冲电压。对于脉冲电压，往往关心的是其脉冲幅度（而非有效值），因此，理论上可以用峰值电压表进行测量。但是，由于脉冲宽度 τ 很小、周期 T 较大，如果采用图 4-4 的峰值检波原理，式（4-10）较难满足，因而，将存在较大的测量误差（其相对误差为 $\gamma \approx -\dfrac{R_s + r_d}{R_L} \dfrac{T}{\tau}$）。为此，对普通峰值检波电路进行一定改进，如输入采用射极跟随器以减小对输入脉冲电压信号的影响，并采用源极跟随器代替负载电阻 R_L，大大提高等效负载电阻，构成脉冲电压的峰值保持电路，如图 4-12 所示。

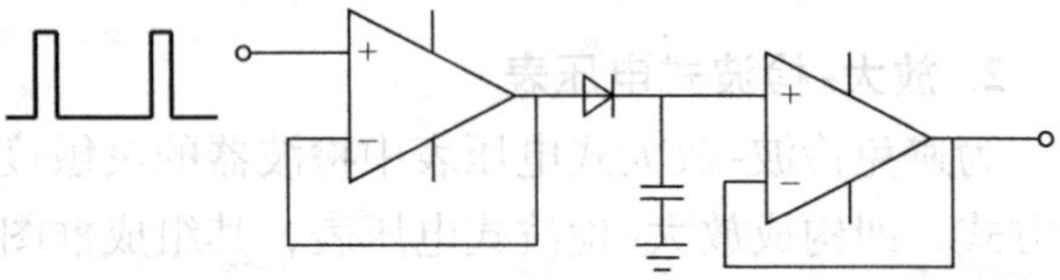

采用宽带示波器观测脉冲电压，即采用时域测试方法直接观察波形，进行脉冲幅度测量，则更直观、方便、有效。

图 4-12 脉冲峰值保持电路

5. 噪声的测量

在电子设备或系统中，都不可避免地存在噪声。所谓噪声，是指存在于实际有用信号以外的信号（这里主要指系统内部固有噪声），如各种电子元器件由于内部微粒不规则的热运动产生的热噪声；晶体管 PN 结中电荷运动的不连续而产生的晶体管散粒噪声（亦称散弹噪声）；还有一种称为闪烁噪声，主要对低频产生影响，所以又称为低频噪声或 $1/f$ 噪声。

噪声是一类非确定性信号（随机信号），其幅度和相位是随机的，可作为随机过程采用统计学方法进行描述。其中热噪声和散弹噪声在其整个频率范围内能量分布是均匀的，称为白噪声，以噪声电压瞬时值为随机变量，其功率谱密度是平坦的，并符合高斯正态分布，因而称为高斯白噪声，其概率密度函数为

$$P(u) = \dfrac{1}{\sqrt{2\pi}U} e^{-\dfrac{u^2}{2U^2}} \tag{4-12}$$

式中，u 为噪声电压瞬时值；U 为噪声电压有效值（它代表了随机变量 u 的标准差）。

对噪声电压的测量主要是对其有效值进行测量。当然，采用有效值电压表测量最为方便，但是，一方面能够进行噪声有效值测量的有效值电压表价格较贵（因为使用较少也不容易得到）；另一方面，由于有效值电压表的带宽限制，不太适合。为此，可以采用普通均值电压表，通过波形因数换算得到噪声有效值。对于高斯白噪声，考虑其正态分布的对称性，其均值为

$$\overline{U} = \int_{-\infty}^{\infty} |u| P(u) \mathrm{d}u$$

$$= \dfrac{2}{\sqrt{2\pi}U} \int_{0}^{\infty} u e^{-\dfrac{u^2}{2U^2}} \mathrm{d}u = \sqrt{\dfrac{2}{\pi}} U \tag{4-13}$$

于是，其波形因数为

$$K_{Fn} = \dfrac{U}{\overline{U}} = \sqrt{\dfrac{\pi}{2}} \approx 1.25 \tag{4-14}$$

当用均值电压表（正弦有效值刻度）对噪声电压进行测量时，读数为 α，其平均值为 $\overline{U} = 0.9\alpha$（见下节关于均值电压表的刻度特性介绍），由式（4-14）换算为噪声电压有效值为

$$U = K_{Fn}\overline{U} = K_{Fn} \times 0.9\alpha \approx 1.13\alpha \tag{4-15}$$

可见，只要将均值电压表的读数乘以 1.13，即为噪声电压有效值。若采用具有 dB 刻度的均值检波电平表，则应加上 1.1dB（因为 $20\lg 1.13 \approx 1.1$）。

在使用均值电压表测量噪声电压时，需注意选用频率范围尽量宽的均值表，使电压表本身的带宽远大于被测信号或系统的带宽（一般应大于 8~10 倍），否则将损失噪声功率，使测量结果偏小。另外，还需注意的是，由于噪声电压幅度（峰值）是随机的，有时可能出现很大的峰值，电压表产生"削波"现象，使读数值偏小，因而在使用时需合理选择量程，尽量使指针偏转在刻度线一半左右为宜。

噪声信号的测量是电子测量的一个专门领域，有兴趣的读者可以参阅有关专著。

4.2.4 交流电压表的响应特性及误差分析

1. 峰值电压表的刻度特性和波形响应误差

如前所述，表征交流电压的基本参量中，最关心的是有效值，采用模拟电压表测量交流电压时，也往往希望得到有效值。因此，模拟电压表的表头刻度统一按纯正弦（无失真正弦波）有效值刻度。

峰值电压表是响应被测电压的峰值的，但是，表头刻度不是按峰值刻度的，而是按纯正弦有效值定度的，所以，只有当被测电压 $u(t)$ 为正弦波时，表头的读数 α 即为该正弦波的有效值，即 $\alpha = U_\sim = \dfrac{U_{p\sim}}{\sqrt{2}}$。对于非正弦波，读数 α 没有直接意义，既不等于其峰值 U_p 也不等于其有效值 U（而是非正弦波电压峰值的 $\dfrac{1}{\sqrt{2}}$），因此对非正弦波，应由读数 α 换算出峰值和有效值。

（1）峰值读数与有效值的换算

换算的依据是："对于峰值电压表，（任意波形的）读数相等，则峰值相等"。换算步骤如下：

1）由读数 α 计算出被测的非正弦波电压的峰值，即 $U_{p任意} = U_{p\sim} = \sqrt{2}\alpha$。

2）根据 $U_{p任意}$ 和该波形的波峰因数（用 $K_{p任意}$ 表示，对常见波形的 K_p 值，可由表 4-2 查表得到），可计算出任意波形电压的有效值为

$$U_{任意} = \dfrac{U_{p任意}}{K_{p任意}} = \dfrac{\sqrt{2}\alpha}{K_{p任意}} \tag{4-16}$$

上面的步骤可用下式描述，即

$$U_{任意} = \dfrac{U_{p任意}}{K_{p任意}} = \dfrac{U_{p\sim}}{K_{p任意}} = \dfrac{K_{p\sim} U_\sim}{K_{p任意}} = k\alpha, \quad k = \dfrac{K_{p\sim}}{K_{p任意}} = \dfrac{\sqrt{2}}{K_{p任意}} \tag{4-17}$$

式（4-17）表明，对任意波形，欲从峰值电压表读数 α 得到有效值，需将 α 乘以因子 k。若式中的任意波为正弦波，则 $k=1$，读数 α 即为正弦波的有效值。

（2）峰值表读数未经换算的波形误差

由式（4-17），若将读数 α 直接作为有效值，产生的误差为

$$\gamma = \dfrac{\alpha - \dfrac{\sqrt{2}\alpha}{K_p}}{\dfrac{\sqrt{2}\alpha}{K_p}} = \dfrac{K_p - \sqrt{2}}{\sqrt{2}} = \dfrac{K_p}{\sqrt{2}} - 1 \tag{4-18}$$

式（4-18）称为峰值电压表的波形误差，它反映了读数值与实际有效值之间的差异。

【例 4-1】 用具有正弦有效值刻度的峰值电压表测量一个方波电压，读数为 1.0V，问如何从该读数得到方波电压的有效值？

解：根据上述峰值电压表的刻度特性，由读数 $\alpha=1.0\text{V}$，相当于输入正弦波时，该正弦波有效值 $U_\sim = \alpha = 1.0\text{V}$；该正弦波的峰值 $U_{p\sim} = \sqrt{2}U_\sim = \sqrt{2}\alpha = 1.4\text{V}$。

现将具有相同峰值的方波电压引入电压表输入，即峰值 $U_p = U_{p\sim} = 1.4\text{V}$。

查表 4-2 可知，方波的波峰因数 $K_p = 1$，则该方波的有效值为 $U = U_p/K_p = 1.4\text{V}$。

该计算结果也可直接由式（4-17），简单地代入读数 α 和波峰因数得到。另外，若读数不经过换算，而直接认为是有效值，由此产生的波形误差为

$$\gamma = \frac{1-1.4}{1.4} \times 100\% \approx -29\%$$

可见，若将峰值电压表的读数直接视为有效值，其波形误差是相当大的，因此波形换算是很必要的。

2. 均值电压表的刻度特性和波形响应误差

均值电压表反映被测电压的均值（全波整流均值），表头刻度不是按均值刻度的，而是按正弦有效值刻度的，所以，只有当被测电压 $u(t)$ 为正弦波时，读数 α 即为该正弦波的有效值（注意：不是该正弦波的均值 $\overline{U}$）。对于被测电压为非正弦波时，读数 α 没有直接意义，既不等于其均值 $\overline{U}$ 也不等于其有效值（而是非正弦波电压均值的 0.9 倍）。因此，对于非正弦波，应由读数 α 换算出均值和有效值。

（1）均值读数与有效值的换算

换算的依据是："对于均值电压表，（任意波形的）读数相等，则均值相等"。换算步骤如下：

1）从读数 α 换算出被测非正弦波电压的均值，即

$$\overline{U}_{任意} = \overline{U}_\sim = \frac{U_\sim}{K_{F\sim}} = \frac{U_\sim}{\pi/2\sqrt{2}} = \frac{\alpha}{1.11} = 0.9\alpha$$

2）根据 $\overline{U}_{任意}$ 和该波形的波形因数（用 $K_{F任意}$ 表示，对常见波形可由表 4-2 得到），可计算出有效值为

$$U_{任意} = K_{F任意}\overline{U}_{任意} = K_{F任意} \times 0.9\alpha \tag{4-19}$$

实际上，上面的步骤可用下式描述，即

$$U_{任意} = K_{F任意}\overline{U}_{任意} = K_{F任意}\overline{U}_\sim = K_{F任意}\frac{U_\sim}{K_{F\sim}} = k\alpha, \quad k = \frac{K_{F任意}}{K_{F\sim}} = \frac{K_{F任意}}{1.11} = 0.9K_{F任意} \tag{4-20}$$

式（4-20）表明，对任意波形，欲从均值电压表读数 α 得到有效值，需将 α 乘以因子 k。若式中的任意波为正弦波，则 $k=1$，读数 α 即为正弦波的有效值。

（2）均值表读数未经换算的波形误差

由式（4-20），若将读数 α 直接作为有效值，产生的误差为

$$\gamma = \frac{\alpha - K_F \times 0.9\alpha}{K_F \times 0.9\alpha} = \frac{1 - K_F \times 0.9}{K_F \times 0.9} = \frac{1.11}{K_F} - 1 \tag{4-21}$$

式（4-21）称为均值电压表的波形误差。

【例 4-2】 用具有正弦有效值刻度的均值电压表测量一个方波电压，读数为 1.0V，问该方波电压的有效值为多少？

解：根据上述均值电压表的刻度特性，由读数 $\alpha=1.0\text{V}$，相当于输入正弦波时，该正弦波有效值 $U_\sim =$

$\alpha = 1.0\text{V}$,其均值为 $\overline{U}_{\sim} = 0.9\alpha = 0.9\text{V}$。

将具有同样均值的方波电压引入电压表输入,即方波均值 $\overline{U} = \overline{U}_{\sim} = 0.9\text{V}$。

由表 4-2 可知,方波的波形因数 $K_F = 1$,则该方波的有效值为 $U = K_F\overline{U} = 0.9\text{V}$。

也可简单地直接将读数 α 和波形因数代入式 (4-20) 得到有效值。另外,若读数不经过换算,而直接认为是有效值,由此产生的波形误差为

$$\gamma = \frac{1 - 0.9}{0.9} \times 100\% \approx 11\%$$

该波形误差是相当大的,但比峰值表的波形误差小,当然,这并不是均值电压表本身的测量误差。

3. 有效值电压表的刻度特性和幅频响应误差

有效值电压表理论上不存在波形误差,即使对于非纯正弦波(失真的正弦波),读数值也为基波和各次谐波有效值的总和,即读数 $\alpha = kU = k\sqrt{U_1^2 + U_2^2 + \cdots}$,式中,$U_1$、$U_2$、$\cdots$,分别为基波和各次谐波有效值。即读数为真实有效值,与波形无关。所以亦称为真有效值电压表。但是,实际有效值电压表将可能存在下面两个因素所引起的波形误差。首先,所有电子电路都存在有效的线性工作范围,对于波峰因数较大的交流电压波形,由于电路饱和使电压表可能出现"削波"(可用"满度波峰因数"来描述电压表所能承受的输入信号最大允许波峰因数)。另一个因素是,所有电子电路都存在有效的工作带宽,因而,高于电压表有效带宽的波形分量将被抑制。这两种情况都将限制了波形的有效成分,使这部分波形分量得不到有效响应,因而读数值小于实际有效值。

【例 4-3】设某有效值电压表带宽为 10MHz,用该电压表测量如图 4-13 所示的重复频率 1MHz 方波电压,计算由电压表带宽引起的测量误差。

解:由《信号与系统》知识,对图 4-13 所示的方波进行傅里叶级数分解,可表示为

$$u(t) = \frac{4}{\pi}U_p\left(\sin\omega t + \frac{1}{3}\sin 3\omega t + \frac{1}{5}\sin 5\omega t + \cdots\right)$$

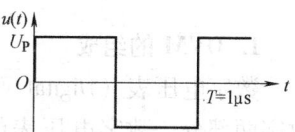

图 4-13 方波电压波形

式中,$\omega = \frac{2\pi}{T} = 2\pi f_0$ 为基波角频率。可见,该方波电压由基波和各奇次谐波组成,而且,其谐波分量呈逐渐减小趋势。由《电路分析》知识,其有效值为

$$U = \frac{4}{\sqrt{2}\pi}U_p\sqrt{1 + \left(\frac{1}{3}\right)^2 + \left(\frac{1}{5}\right)^2 + \cdots} = U_p$$

该方波的基波频率 $f_0 = \frac{1}{T} = \frac{1}{1\mu s} = 1\text{MHz}$,而测量所用有效值电压表带宽为 10MHz,由于电压表带宽有限,将只有基波和 3~9 次谐波才能通过,此时读数(有效值)为

$$U' = \frac{4}{\sqrt{2}\pi}U_p\sqrt{1 + \left(\frac{1}{3}\right)^2 + \left(\frac{1}{5}\right)^2 + \left(\frac{1}{7}\right)^2 + \left(\frac{1}{9}\right)^2} \approx 0.98U_p$$

读数误差为

$$\gamma = \frac{\Delta U}{U} \times 100\% = \frac{U' - U}{U} \times 100\% \approx -2\%$$

4.2.5 交流电压的模拟测量小结

采用模拟式交流电压表测量时,需根据被测信号的频率、灵敏度、应用场合等选用合适的仪器。模拟式交流电压表有很多种类型,其组成、性能、特点和用途各不相同。

虽然有效值电压表是真正测量电压有效值的电压表,对任意波形的电压,均指示其有效值,不需换算。但需注意削波和带宽限制,它可能损失一部分被测信号的有效值,带来负的测量误差。另外,一般有效值电压表较为复杂,价格较贵,带宽有限,因而,通常进行交流电压测量时,还是选用峰值电压表或均值电压表进行测量,通过换算得到有效值,简单而实用。这一方法也在噪声测量中得到应用。

峰值电压表通常用作检波-放大式电压表,其特点是峰值响应、频率范围较宽(达1000MHz),但灵敏度低(mV级)。如果测量非正弦形的交流电压,由峰值电压表得到的读数需根据波峰因数进行换算,才能得到被测电压的有效值。

均值电压表通常用作放大-检波式电压表,其特点是均值响应、灵敏度较高,但频率范围较小(一般小于10MHz),主要用于低频和视频场合。由均值电压表得到的读数需根据波形因数进行换算,才能得到有效值。

选频电平表的信号通道内包括多级混频和窄带中频放大,其增益、选择性和灵敏度可以做得很高,能够测量高频的微弱信号。

4.3 电压的数字化测量

本节介绍电压的数字式测量技术,以直流电压为测量对象来讨论。本节及后续内容主要介绍直流数字电压表原理及应用的有关问题,这些内容是交流电压、电流、电阻以及其他物理量的数字化测量的基础,具有一定的普遍意义。

4.3.1 DVM 的组成及主要性能指标

1. DVM 的组成

数字电压表(Digital Voltage Meter,DVM)的组成框图如图 4-14 所示,它包括模拟和数字两部分。数字电压表的核心部件是 A-D 转换器(Analog to Digital Converter,ADC),A-D 转换器实现模拟电压到数字量的转换,使电压测量结果可直接用数字显示。为适应不同的量程及不同输入信号的测量需要,A-D 转换器输入端之前一般都有输入电路进行信号调理,包括输入衰减器、放大电路或输入变换电路(如 AC-DC 变换)。

直流数字电压表的被测电压为直流或慢速变化的信号,通常采用低速的 A-D 转换器。若通过 AC-DC 输入变换电路,也可测量交流电压的有效值、平均值、峰值,构成交流数字电压表。如果输入电路进一步扩展电流-电压、阻抗-电压等变换功能,则可构成数字多用表(Digital Multimeter,DMM)。

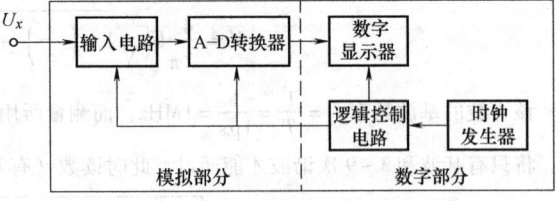

图 4-14 数字电压表组成框图

2. DVM 的主要性能指标

(1) 显示位数

DVM 的显示位分为完整显示位和非完整显示位。一般的显示位均能够完整地显示 0~9 的数字,而在最高位上,可以采用只能显示 0 和 1 的非完整显示位,俗称半位。例如 4 位显示是指 DVM 具有 4 位完整显示位,其最大显示数字为 9999,而 $4\frac{1}{2}$ 位(4 位半)指 DVM

具有 4 位完整显示位和 1 位非完整显示位,其最大显示数字为 19999。DVM 的显示位数反映了测量结果的有效数字位数,其最低位与当前量程的分辨力有关。

(2) 量程

DVM 的量程按输入被测电压范围划分。由 A-D 转换器的输入电压范围确定了 DVM 的基本量程,在基本量程上,输入电路不需对被测电压进行放大或衰减,便可直接进行 A-D 转换。DVM 在基本量程基础上,再通过输入电路对输入电压按 10 倍放大或衰减,扩展出其他量程。例如,基本量程为 5V 的 DVM,可扩展出 50mV、500mV、5V、50V、500V 五挡量程;基本量程为 2V 的 DVM,则可扩展出 200mV、2V、20V、200V、1000V 五挡量程。

(3) 分辨力

分辨力指 DVM 能够分辨最小电压变化量的能力,在数字电压表中,通常用每个字对应的电压值来表示,即 V/字。显然,在不同的量程上能分辨的最小电压变化的能力是不同的,例如 $3\frac{1}{2}$ 位的 DVM,在 200mV 量程上,可以测量的最大输入电压 U_x 为 199.9mV,其分辨力为 0.1mV/字,即当输入电压变化 0.1mV 时,显示的末尾数字将变化"1 个字"。或者说,当 U_x 变化量小于 0.1mV 时,则测量结果的显示值不会发生变化,而为使显示值跳变"1 个字",所需电压变化量为 0.1mV。在 DVM 中,每个字对应的电压量也可用"刻度系数"表示。

有时分辨力也用百分数表示,称为分辨率,它与量程无关,比较直观。例如上述 DVM 在最小量程 200mV 上分辨力为 0.1mV,则分辨率为

$$\frac{0.1\text{mV}}{200\text{mV}} \times 100\% = 0.05\%$$

上述结果也可直接从显示位数求得。例如,最大显示 1999 的 DVM(共 2000 个字),分辨率为

$$\frac{1}{2000} \times 100\% = 0.05\%$$

(4) 测量精度

DVM 的测量精度通常用固有误差表示,即

$$\Delta U = \pm(\alpha\% U_x + \beta\% U_m) \tag{4-22}$$

示值(读数)相对误差为

$$\gamma = \frac{\Delta U}{U_x} = \pm\left(\alpha\% + \beta\%\frac{U_m}{U_x}\right) \tag{4-23}$$

式中,U_x 为被测电压的读数;U_m 为该量程的满度值(Full Scale,FS);α 为误差的相对项系数;β 为误差的固定项系数。

式(4-22)的 ΔU 由两部分构成: $\pm\alpha\% U_x$ 称为读数误差,$\pm\beta\% U_m$ 称为满度误差。

1) 读数误差项与当前读数有关,它主要包括 DVM 的刻度系数误差和非线性误差。刻度系数理论上是常数,但由于 DVM 输入电路的传输系数(如放大器增益)的漂移,以及 A-D 转换器采用的参考电压的不稳定性,都将引起刻度系数误差。非线性误差则主要由输入电路和 A-D 转换器的非线性引起。

2) 满度误差项与读数无关,只与当前选用的量程有关。它主要由 A-D 转换器的量化误差、DVM 的零点漂移、内部噪声等引起。因此,有时将 $\pm\beta\% U_m$ 等效为"$\pm n$ 字"的电压值表示,即

$$\Delta U = \pm(\alpha\% U_x + n\ \text{字}) \tag{4-24}$$

【例 4-4】 某台 $4\frac{1}{2}$ 位 DVM，说明书给出基本量程为 2V，$\Delta U = \pm$（0.01% 读数 + 1 字），显然，在 2V 量程上，1 字 = 0.1mV，由 $\beta\% U_m = \beta\% \times 2V = 0.1mV$ 可知 $\beta\% = 0.005\%$，因此，ΔU 表达式中"1 字"的满度误差项与"$0.005\% U_m$"的表示是完全等价的。该 DVM 的相对误差为 $\gamma = \pm \left(0.01\% + 0.005\% \dfrac{U_m}{U_x}\right)$。

当被测量（读数值）很小时，满度误差起主要作用；当被测量较大时，读数误差起主要作用。为减小满度误差的影响，应合理选择量程，尽量使被测量大于满量程的 2/3 以上。

（5）测量速度

DVM 的测量速度用每秒钟完成的测量次数来表示。它直接取决于 A-D 转换器的转换速度，一般低速高精度的 DVM 测量速度为几次/秒至几十次/秒。

（6）输入阻抗

输入阻抗取决于输入电路，并与量程有关。输入阻抗越大越好，否则将对测量精度产生影响。对于直流 DVM，输入阻抗用输入电阻表示，一般为 10~1000MΩ。对于交流 DVM，输入阻抗用输入电阻和并联电容表示，电容值一般为几十至几百皮法。

4.3.2 A-D 转换原理

A-D 转换器（ADC）是数字电压表的核心，它决定了数字电压表的主要性能指标。本节将介绍几种主要 ADC 的工作原理，其中逐次比较式和双积分式 ADC 应用最多，理解它们的工作原理，对于工程设计和实际应用具有重要的指导作用。

ADC 按实现原理和方法划分，大体可分为间接比较式和直接比较式两类，它们分别以双积分式 ADC 和非积分式的逐次比较 ADC 为典型代表。

· 积分式：双积分式、三斜积分式、脉冲调宽（PWM）式、电压-频率（U-F）式等。

· 非积分式：直接比较（逐次逼近、并行比较）式和斜坡电压（锯齿波、阶梯波的 U-T）式等。

不同 A-D 转换器具有不同的工作原理，因而表现出不同的特性，对于高档数字电压表，有时还采用几种 A-D 转换器原理相结合的办法进行特别设计。下面将对 DVM 中使用的几种主要类型的 A-D 转换原理进行介绍。

1. 逐次逼近比较式 ADC

逐次逼近比较式 ADC 的基本原理是将被测电压 U_x 和一可变的基准电压进行逐次比较，最终逼近被测电压，即采用了一种"对分搜索"的策略，逐步缩小 U_x 未知范围。下面说明搜索和逼近过程。

首先，假设基准电压为 $U_r = 10V$，为便于对分搜索，将其分成一系列不同的标准值。数学上 U_r 可表示为

$$U_r = \frac{1}{2}U_r + \frac{1}{4}U_r + \frac{1}{8}U_r + \frac{1}{16}U_r + \cdots + \frac{1}{2^n}U_r + \cdots$$

$$= 5V + 2.5V + 1.25V + 0.625V + \cdots + \cdots$$

$$= 10V$$

上式表示，若把 U_r 不断细分（每次取上一次的一半）直至足够小的量，便可无限逼近，当只取有限项时，则项数决定了其逼近的程度。如上式中只取前 4 项，则

$$U_r = 5V + 2.5V + 1.25V + 0.625V = 9.375V$$

其逼近的最大误差为 9.375V − 10V = −0.625V，绝对值相当于最后一项的值。

现假设有一被测电压 $U_x = 8.3V$，若用上面表示 U_r 的前4项 $U_{r1} = \frac{1}{2}U_r = 5V$、$U_{r2} = \frac{1}{4}U_r = 2.5V$、$U_{r3} = \frac{1}{8}U_r = 1.25V$、$U_{r4} = \frac{1}{16}U_r = 0.625V$ 来"凑试"逼近 U_x，对分搜索的步骤如下：

1）令 $U_r = U_{r1} = 5V$，与 U_x 比较，由于 5V < 8.3V，则保留 U_{r1}，并记为数字'1'；
2）令 $U_r = U_{r1} + U_{r2}$，此时 5V + 2.5V = 7.5V < 8.3V，则保留 U_{r2}，记为数字'1'；
3）令 $U_r = U_{r1} + U_{r2} + U_{r3}$，此时 5V + 2.5V + 1.25V = 8.75V > 8.3V，则应去掉 U_{r3}，记为数字'0'；
4）令 $U_r = U_{r1} + U_{r2} + U_{r4}$，此时 5V + 2.5V + 0.625V = 8.125V < 8.3V，则保留 U_{r4}，记为数字'1'。

从上面的逐次逼近过程可知，从大到小逐次取出 U_r 的各分项值，按照"大者去，小者留"的原则，直至得到最后逼近结果，其数字表示为'1101'。比较过程如图4-15所示。

根据上面的逼近过程，逼近结果与 U_x 的误差为 8.125V − 8.3V = −0.175V，很显然，当 U_x =（8.125 ~ 8.75）V 时，采用上面 U_r 的4个分项逼近的结果相同，均为 8.125V，其最大误差为 $\Delta U_x = 0.625V$，相当于 U_r 最后一个分项值。这种逼近误差是由于采用有限位数的数字量来表示一个模拟量而造成的，它是所有数字仪器都有的一种误差，称为"量化误差"。显然，上述逼近过程中的 U_r 分项数越多，则逼近结果越接近 U_x，即量化误差越小。

上述逐次逼近比较式的 A-D 转换过程，类似于天平称重的过程。U_r 的各分项相当于提供的有限个数的"电子砝码"，而 U_x 是被称量的电压量。逐步地添加或移去电子砝码的过程完全类同于称重中的加减砝码的过程，而称重结果的精度取决于所用的最小砝码。

图4-16 为逐次逼近比较式 ADC 原理框图。图中，逐次逼近移位寄存器（Successive Approximation Register，SAR）在时钟 CLK 作用下，每进行一次移位，其输入为比较器的输出（0或1），而其输出（数字量）将送到 D-A 转换器，D-A 转换结果再与 U_x 比较。D-A 转换器的位数 n 与 SAR 的位数相同，也就是 A-D 转换器的位数，SAR 的最后输出即是 A-D 转换结果，用数字量 N 表示，并有

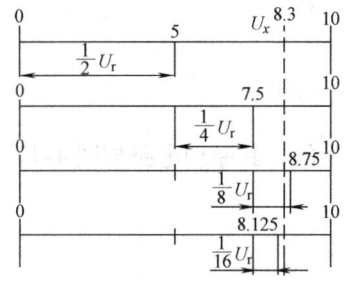

图 4-15 4 位逐次比较过程
（$U_x = 8.3V$，$U_r = 10V$）

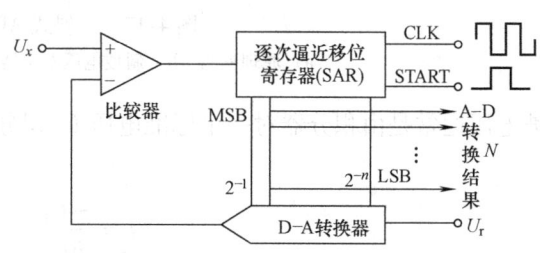

图 4-16 逐次逼近比较式 ADC 原理框图

$$U_x = \frac{N}{2^n} \times U_r = eN, \quad e = \frac{U_r}{2^n} \quad (4-25)$$

式中，e 为定值，称为 A-D 转换器的刻度系数，单位为"V/字"，即表示 A-D 转换结果的每个"字"（N 的单位数字，1LSB）代表的电压量。

如上面 $U_x = 8.3V$，$U_r = 10V$，当用 U_r 的4个分项逼近时（相当于4位 A-D 转换器），

A/D 转换的结果为 $N = (1101)_2 = 13$，即 $U_x = \dfrac{(1101)_2}{2^4} \times 10\text{V} = 8.125\text{V}$。

单片集成化的逐次比较式 ADC，分辨力一般有 8 位～16 位、转换速率有几十千赫至几兆赫。常见的有 8 位的 ADC0809、12 位的 ADC1210 和 16 位的 AD7805 等。

2. 单斜式 ADC

图 4-17 为单斜式 ADC 的原理框图和波形图。单斜式 ADC 是一个典型的非积分 U-T 式 A-D 转换器，其工作原理是，斜坡发生器产生的线性斜坡电压与 U_x 输入比较器和接地（0V）比较器比较，比较器的输出触发双稳态触发器，得到时间为 T 的门控信号，由计数器通过对门控时间间隔内的时钟信号进行脉冲计数，即可测得时间 T，即 $T = NT_0$，T_0 为时钟信号周期，而计数结果 N 即表示了 A-D 转换的数字量结果。即

$$U_x = kT = kT_0 N \tag{4-26}$$

式中，k 为斜坡电压的斜率，单位为 V/s。

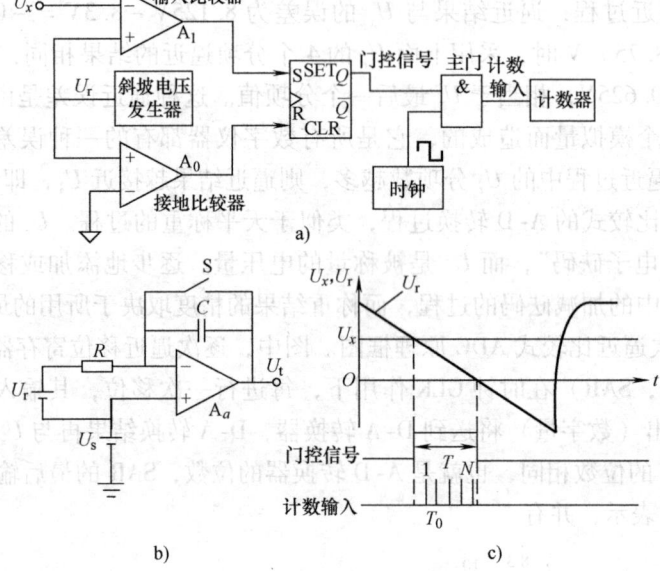

图 4-17 单斜式 ADC
a) 原理框图　b) 斜坡电压发生器　c) 工作波形

斜坡电压通常是由积分器对一个标准电压 U_r 积分产生的，其原理电路如图 4-17b 所示，斜率为

$$k = \dfrac{-U_r}{RC} \tag{4-27}$$

式中，R、C 为积分电阻和电容。

将式 (4-27) 代入式 (4-26) 得

$$U_x = \dfrac{-U_r}{RC} T_0 N = eN \tag{4-28}$$

式中，$e = \dfrac{-U_r}{RC} T_0$ 为定值，即刻度系数。于是，$U_x \propto N$，因此，可用计数结果的数字量 N 表示输入电压 U_x。

采用单斜式 ADC 构成的 DVM，其精度取决于斜坡电压的线性和稳定性以及门控时间的测量精度，此外，比较器的漂移和死区电压也将带来误差，因此，一般精度较低。但由于线路简单，成本低，可应用于精度和速度要求不高的 DVM 中。

显然，门控时间 T 即为单斜式 ADC 的转换时间，取决于斜坡电压的斜率，并与被测电压值有关，在满量程时，转换时间最长，即转换速度最慢。

【例 4-5】 设一台基于单斜 A-D 转换器的 4 位 DVM，基本量程为 10V，斜坡发生器的斜率为 10V/100ms，试计算时钟信号频率。若计数值 $N=5123$，则被测电压值是多少？

解：4 位 DVM 即具有 4 位数字显示，亦即计数器的最大值为 9999。

满量程为 10V，即 A-D 转换器允许输入的最大电压为 10V，又，斜坡发生器的斜率为 10V/100ms，则在满量程 10V 时，所需的 A-D 转换时间即门控时间为 100ms。即在 100ms 内计数器的脉冲计数个数为 10000（最大计数值为 9999）。于是，时钟信号频率为

$$f_0 = \frac{10000}{100\text{ms}} = 100\text{kHz}$$

现若计数值 $N=5123$，则门控时间为

$$T = NT_0 = \frac{N}{f_0} = \frac{5123}{100\text{kHz}} = 51.23\text{ms}$$

又由斜率 $k=10\text{V}/100\text{ms}$，即可得被测电压为

$$U_x = kT = 10\text{V}/100\text{ms} \times 51.23\text{ms} = 5.123\text{V}$$

显然，计数值即表示了被测电压的数值，而显示的小数点位置与选用的量程有关。

3. 双积分式 ADC

双积分式 ADC 是通过两次积分过程，即通过"对被测电压的定时积分和对参考电压的定值积分"的采集和比较过程，得到被测电压值。图 4-18 为双积分式 ADC 的原理框图和积分波形。它包括积分器、过零比较器、计数器及逻辑控制电路，其工作过程是：

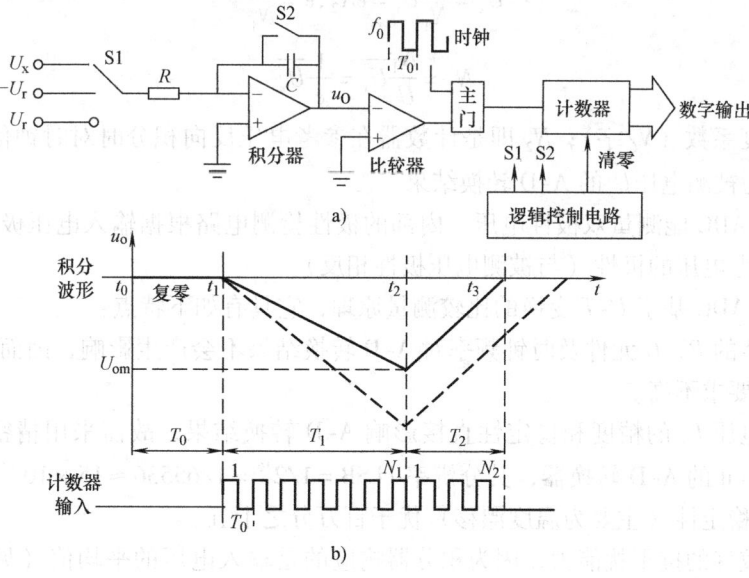

图 4-18 双积分式 ADC
a) 原理框图 b) 积分波形

（1）复零阶段（$t_0 \sim t_1$）

在 T_0 时间内，开关 S2 接通，积分电容 C 短接，使积分器输出电压 u_o 为零（$u_o=0$）。

(2) 对被测电压定时积分 ($t_1 \sim t_2$)

在 t_1 时刻，开关 S1 接被测电压 U_x，S2 断开。若 U_x 为正，则积分器输出电压 u_o 从零开始线性地负向增长，经过规定的时间 T_1，即到达 t_2 时刻，由逻辑控制电路控制结束本次积分，此时，积分器输出 u_o 达到最大 U_{om}，则

$$U_{om} = -\frac{1}{RC}\int_{t_1}^{t_2} U_x \, dt = -\frac{T_1}{RC}\overline{U_x} = K\overline{U} \tag{4-29}$$

式中，$\overline{U_x} = \frac{1}{T_1}\int_0^{T_1} U_x \, dt$ 为被测电压 U_x 在积分时间 T_1 内的平均值，积分时间 T_1 为定值，积分增益 $K = -\frac{T_1}{RC}$ 为固定值。可见，U_{om} 与 U_x 的平均值 $\overline{U_x}$ 成正比，其倍率为 K。

(3) 对参考电压反向定值积分 ($t_2 \sim t_3$)

在 t_2 时刻，开关 S1 与被测电压断开，与参考电压接通。若被测电压为正，则开关 S1 接通负的参考电压 $-U_r$，S2 仍断开。则积分器输出电压 u_o 从 U_{om} 开始线性地正向增长（与 U_x 的积分方向相反），设 t_3 时刻到达零点，过零比较器翻转，经历的反向积分时间为 T_2，则有

$$0 = U_{om} - \frac{1}{RC}\int_{t_2}^{t_3}(-U_r) \, dt = U_{om} + \frac{T_2}{RC}U_r \tag{4-30}$$

将式 (4-29) 代入式 (4-30)，可得

$$\overline{U_x} = \frac{T_2}{T_1} U_r \tag{4-31}$$

由于 T_1、T_2 是通过对同一时钟信号计数得到的，设计数值分别为 N_1、N_2，即 $T_1 = N_1 T_0$，$T_2 = N_2 T_0$，于是式 (4-31) 可写成

$$\overline{U_x} = \frac{N_2}{N_1} U_r = eN_2, \quad e = \frac{U_r}{N_1} \tag{4-32}$$

或

$$N_2 = \frac{N_1}{U_r}\overline{U_x} = \frac{1}{e}\overline{U_x} \tag{4-33}$$

式中，e 为刻度系数（V/字）；N_2 即是计数器在参考电压反向积分时对时钟信号的计数值，数字量 N_2 即为被测电压 $\overline{U_x}$ 的 A-D 转换结果。

双积分式 ADC 能测量双极性电压，内部的极性检测电路根据输入电压极性确定所需的反向积分时参考电压的极性（与被测电压极性相反）。

双积分式 ADC 基于 U-T 变换的比较测量原理，它具有如下特点：

1) 积分器的 R、C 元件及时钟频率对 A-D 转换结果不会产生影响，因而对元件参数的精度和稳定性要求不高。

2) 参考电压 U_r 的精度和稳定性直接影响 A-D 转换结果，故需采用精密基准电压源。例如，一个 16bit 的 A-D 转换器，其分辨率 1LSB $= 1/2^{16} = 1/65536 \approx 15 \times 10^{-6}$，那么，要求基准电压源的稳定性（主要为温度漂移）优于百万分之十五。

3) 具有较好的抗干扰能力，因为积分器响应的是输入电压的平均值（见式 (4-32)）。假设被测直流电压 U_x 上叠加有干扰信号 u_{sm}，即输入电压为 $U_x + u_{sm}$，则 T_1 阶段结束时积分器的输出为

$$U_{om} = -\frac{1}{RC}\int_{t_1}^{t_2}(U_x + u_{sm}) \, dt = -\frac{T_1}{RC}\overline{U_x} - \frac{T_1}{RC}\overline{u_{sm}} \tag{4-34}$$

式 (4-34) 说明，干扰信号的影响也是以平均值方式作用的，若能保证在 T_1 积分时间

内，干扰信号的平均值为零，则可大大减少甚至消除干扰信号的影响。DVM 的最大干扰来自于电网的 50Hz 工频电压（周期为 20ms），因此，一般选择 T_1 为 20ms 的整倍数。

双积分式 ADC 是 A-D 转换器件的一个大类，有许多单片集成 ADC 芯片可供选用，如常用的 ICL7106（3 位半）、ICL7135（4 位半）、ICL7109（12bit）等。许多常用的 DVM 是基于双积分式 ADC 设计的。

4. 三斜积分式 ADC

三斜积分式 ADC 是在双斜积分式 ADC 的基础上，为进一步提高 ADC 的分辨力而设计的。双斜式 ADC 的分辨力受比较器的分辨力和带宽所限。采用三斜积分式，可大大降低对比较器的要求，并提高 ADC 的分辨力。

图 4-19 为三斜积分式 ADC 的原理框图和积分器输出电压波形。

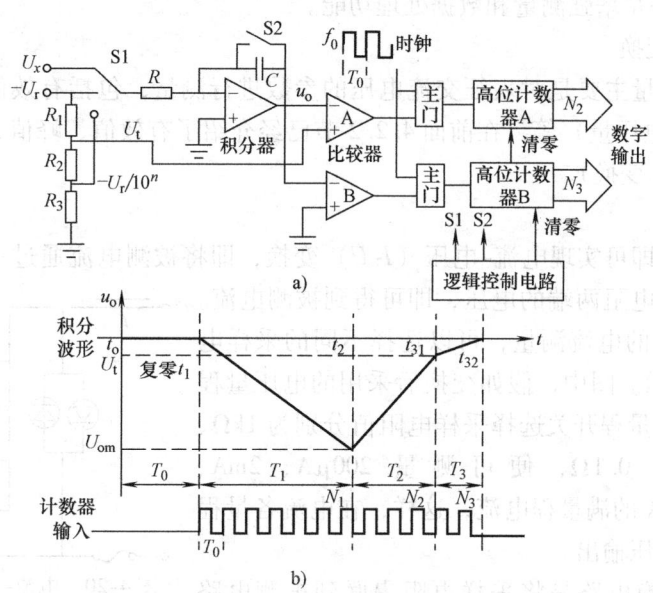

图 4-19 三斜积分式 ADC
a) 原理框图　b) 积分器输出电压波形

如图 4-19 所示，三斜式 ADC 比双斜式 ADC 多了一个比较器，它与一个小的参考电压量 U_t 相比较，其基本原理是将原双积分式 ADC 的 $t_2 \sim t_3$ 对参考电压反向积分过程分为两个阶段，即 $t_2 \sim t_{31}$ 和 $t_{31} \sim t_{32}$，并用独立的两个计数器 A、B 分别计数，其中 $t_2 \sim t_{31}$ 期间为对参考电压 $-U_r$ 反向积分，当积分器输出即将到达零点前的 U_t 时，积分器切换到对 $-U_r/10^n$ 积分（$t_{31} \sim t_{32}$ 期间），由于 $-U_r/10^n$ 较小，积分器输出的斜率大大降低（降低为原来的 $1/10^n$），积分输出"缓慢地"进入零点，使最终达到过零的时间大大"拖长"了，因而，降低了对过零比较器性能的要求。

当积分完成时，充电电荷与放电电荷相等，则有

$$\frac{T_1}{RC}U_x = \frac{T_2 + \frac{1}{10^n}T_3}{RC}U_r \tag{4-35}$$

考虑到 $T_1 = N_1 T_0$，$T_2 = N_2 T_0$，$T_3 = N_3 T_0$，其中 T_0 为时钟周期，则由式（4-35）可得

$$\overline{U}_x = \frac{U_r}{N_1}\left(N_2 + \frac{1}{10^n}N_3\right) = \frac{U_r/10^n}{N_1}(10^n N_2 + N_3) = eN \tag{4-36}$$

式中，$e = \dfrac{U_r/10^n}{N_1}$ 为刻度系数（V/字），即分辨力提高了 10^n 倍；$N = 10^n N_2 + N_3$ 即为 A-D 转换结果的数字量，它由计数器 A 和计数器 B 的计数值 N_2 和 N_3 加权得到。

4.3.3 电流、电压、阻抗变换技术及数字多用表

1. 电流、电压、阻抗变换技术

为扩大 DVM 的测量功能，如对交流电压、直流电流、电阻、电容等的测量，首先需将它们转换为相应的直流电压。此外，在 DVM 的基础上，利用微处理器技术实现的数字多用表（DMM）可进一步增强测量和数据处理功能。

（1）AC-DC 变换

交流电压的测量主要是对表征交流电压的参数进行测量，包括有效值、峰值、平均值（检波后均为直流电压量）等，在前面 4.2.2 节已经介绍了有效值、峰值、平均值的检波原理和方法（AC-DC 变换）。

（2）I-U 变换

基于欧姆定律即可实现电流-电压（I-U）变换，即将被测电流通过一个已知的采样电阻，通过测量采样电阻两端的电压，即可得到被测电流。为了实现不同量程的电流测量，可以选择不同的采样电阻，如图 4-20 所示。图中，假如变换后采用的电压量程为 200mV，则通过量程开关选择采样电阻值分别为 1kΩ、100Ω、10Ω、1Ω、0.1Ω，便可测量 200μA、2mA、20mA、200mA、2A 的满量程电流，这样，在电流各量程挡都具有相同的电压输出。

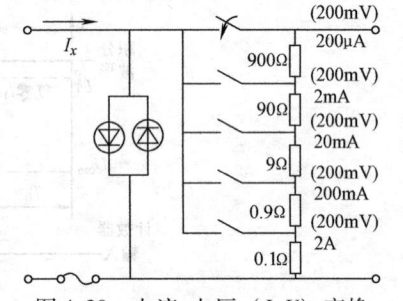

图 4-20 电流-电压（I-U）变换

图 4-20 的变换电路是将采样电阻串联到被测电路中，采样电阻上的电压输出将接到 DVM 的输入放大器，该电路适合于测量较大电流的情况。为测量小电流，可将采样电阻接入 DVM 输入放大器的反馈回路中。

（3）Z-U 变换

同样地，基于欧姆定律即可实现阻抗-电压（Z-U）变换。对于纯电阻，可用一个恒流源流过被测电阻，通过测量被测电阻两端的电压，即可得到被测电阻阻值。而对于电感、电容参数的测量，则需要采用交流参考电压，并将实部和虚部分离后分别测量（见第 10 章的阻抗测量部分）。

图 4-21 为实现电阻-电压（R-U）变换的测量原理图。其中，图 4-21a 直接通过恒流源 I_r 流过被测电阻 R_x，并对 R_x 两端的电压放大后送入 A-D 转换器。为了实现不同量程电阻的测量，要求恒流源可调。这种电路对于大电阻的测量不利，因为要求的恒流源电流 I_r 很小，对测量精度影响较大。图 4-21b 中，将被测电阻作为一个负反馈放大器的反馈电阻，将恒流源输出 I_r 流过一个已知的精密电阻，从而得到参考电压 U_r，从图中可得，放大器输出为

$$U_o = -\frac{R_x}{R_1}U_r$$

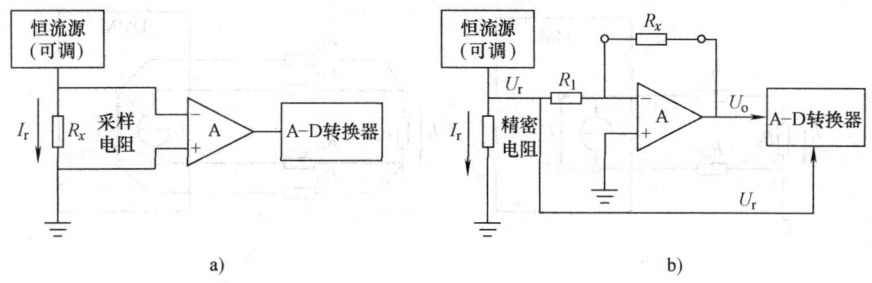

图 4-21 电阻-电压（R-U）变换的测量原理图
a）基于 R-U 变换的简单测量原理图　b）通过 R-U 变换的比例测量原理图

或

$$R_x = -\frac{U_o}{U_r}R_1 \tag{4-37}$$

如果将 U_o 作为 A-D 转换器的输入，并将 U_r 直接作为 A-D 转换器的参考电压，即可实现比例测量。

2. 数字多用表

（1）组成框图

顾名思义，数字多用表（Digital Multimeter，DMM）即是可以实现多种测量功能、多用途的数字式仪器，其前端为实现各种测量应用的变换电路，如 AC-DC 变换、I-U 变换、Z-U 变换等，变换后得到直流电压，通过以 A-D 转换器为核心的 DVM 即实现数字化测量，并通过内置的 CPU，实现测量自动化。DMM 的组成框图如图 4-22 所示。

（2）数字多用表的特点

DMM 的主要特点如下：

1）功能扩展。DMM 可进行直流电压、交流电压、电流、阻抗等测量，有些还可进行频率的测量。

2）测量分辨力和精度有低、中、高三个挡级，位数为 3 位半～8 位半。

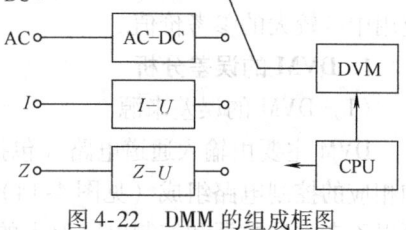

图 4-22　DMM 的组成框图

3）一般内置有微处理器。可实现开机自检、自动校准、自动量程选择，以及测量数据的存储、处理（求平均、方均根值）等自动测量功能。

4）一般具有外部通信接口，如 RS-232、USB、GPIB 甚至网络接口，易于组成自动测试系统。

（3）数字多用表的使用

如前所述，利用 DMM 测量电阻时，是通过一个恒流源 I_r 流过该被测电阻，通过测量被测电阻两端的电压实现的。这里，恒流源由 DMM 提供，于是，在连接上就有两种接法，称为两端法与四端法，如图 4-23 所示。

图 4-23a 为两端法连接，被测电压直接取自 DMM 的恒流源两端，考虑到测量时的引线电阻和接触电阻（图中标为 R_{l1} 和 R_{l2}）的影响，该电压与实际被测电阻两端的电压存在一定差异，因而，将产生测量误差（实际测量得到的电阻值为 $R_x + R_{l1} + R_{l2}$，即包含了引线电阻和接触电阻，使测量值偏大），只有当 $R_x \gg R_{l1}$，$R_x \gg R_{l2}$ 时，R_{l1} 和 R_{l2} 才可以忽略，即两端法只适合于测量大电阻。

为了提高小电阻测量时的精度，可采用四端法，如图 4-23b 所示。即将被测电阻 R_x 两

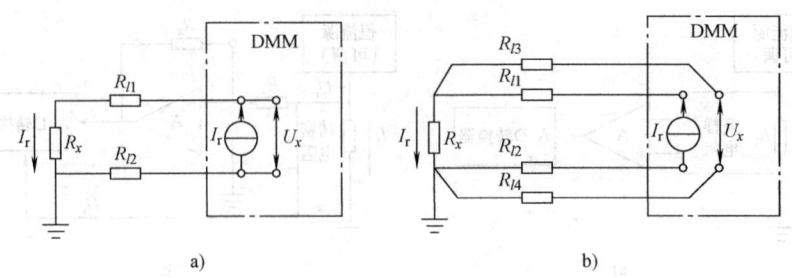

图 4-23 DMM 的两端法与四端法测电阻
a) 两端法 b) 四端法

端的电压,再单独用导线连接到 DMM 的电压测量端,通常,由于 DMM 的电压输入端都有高输入阻抗(R_{in})的运算放大器,因此,虽然这两根导线也存在导线电阻和接触电阻 R_{l3} 和 R_{l4},但由于 $R_{l3} \ll R_{in}$,$R_{l4} \ll R_{in}$,R_{l3} 和 R_{l4} 上基本上没有电流流过,因而 R_{l3} 和 R_{l4} 上也就没有电压降,即 DMM 能够测量到准确的被测电阻 R_x 两端的电压。

4.3.4 数字电压表的误差分析及自动校准技术

数字电压表(DVM)和数字多用表(DMM)是常用的电压测量仪器,因此,了解 DVM 在电压测量中的误差形成、误差表示,并寻求减小测量误差、根据需要合理选择测量仪器等非常重要。本节将在 DVM 的误差分析基础上,阐述 DVM 的自动校准和自动量程转换技术,其分析方法和技术原理不仅对深入了解 DVM 的工作特性有益,而且在 DVM 的设计及工程应用中有较大的参考价值。

1. DVM 的误差分析

(1) DVM 的误差来源

DVM 主要由输入通道电路(包括模拟开关、输入衰减/放大器)、A-D 转换器、计数器和相应的控制电路组成(见图 4-14),以双斜式 A-D 转换器构成的 DVM 为例,这里,通常可以不考虑计数器和控制电路引入的误差,只需考虑由输入通道电路和 A-D 转换器各组成部件的非理想而引入的误差。这些误差来源于:

1) 积分器误差。首先,考虑积分器的输入失调电压 U_{os} 和输入偏置电流 I_B 引起的误差。分析表明,U_{os} 和 I_B 使实际积分器的输出偏离零点,并改变了积分器输出斜率。

为了补偿输入偏置电流 I_B 的影响,一个简单的办法是在积分器的同相端接入与积分电阻 R 相等的平衡电阻。而消除 U_{os} 和 I_B 影响的最有效的方法是采用积分器动态校零技术。

2) 比较器误差。如前面双积分式 A-D 转换器原理所述,基于比较测量原理的比较器的灵敏度(电压分辨力)和响应带宽(时间分辨力)不足,将直接对 A-D 转换结果产生影响。

3) 基准电压源误差。实现 A-D 转换的基本原理仍是基于比较测量方法,因此,基准电压(参考电压)的精度和稳定性也将直接影响到 A-D 转换结果,引起测量误差。

4) 模拟开关误差。实际的模拟开关(电子开关)并不具有理想的开关特性(导通电阻为零,断开电阻为无穷大或漏电流为零),它总存在一定的导通电阻(接通时)及漏电流(断开时),因此,对后续电路产生影响。为减小模拟开关误差,可在模拟开关到积分器的积分电阻之间加入一级跟随器。

5) 输入衰减/放大器误差。为扩大测量范围,DVM 输入端都有衰减器和放大器,其衰减或放大倍数与量程对应，一般按 10 倍变化（当不进行衰减或放大时的量程为基本量程）。非理想的输入衰减/放大器的零点漂移、增益误差、响应带宽的影响，以及输入阻抗与输入信号源的等效内阻对输入信号的影响，输出阻抗对后续电路的影响等，都将引入 DVM 的测量误差。

6) A-D 转换器的量化误差。A-D 转换器用有限位数的输出数字量来表示模拟电压信号，因而无可避免地存在"截断误差"，称为 A-D 转换器的量化误差。量化误差最大为 1LSB，相当于一个量化阶梯，显然，A-D 转换器的位数越多，量化误差越小。

(2) DVM 的误差表达式

DVM 的整体误差可分为固有误差和附加误差。固有误差表示在一定测量条件下 DVM 本身所固有的误差，它反映了 DVM 的性能指标；附加误差指测量环境的变化（如温度漂移）和测量条件（如被测电压的等效信号源内阻）所引起的测量误差。

1) 固有误差。如前所述，DVM 的固有误差由读数误差和满度误差两部分构成，见式 (4-22) 和式 (4-23)。它也是 DVM 说明书用于表示 DVM 性能指标的常用形式。

固有误差中的读数误差与被测电压大小有关，它包括转换误差（或称为刻度误差）和非线性误差；满度误差与被测电压大小无关，主要由系统漂移引起。

转换误差表示了从输入衰减/放大器（设传递系数分别为 k_1 和 k_2）、模拟开关（设传递系数为 k_3）到 A-D 转换器（设传递系数为 k_4）的转换特性，将 DVM 的输入 U_x 到最终转换结果 N 视为一个由 $k_1 \sim k_4$ 的多级级联系统，则

$$N = (k_1 k_2 k_3 k_4) U_x = k U_x \tag{4-38}$$

式中，$k = k_1 k_2 k_3 k_4$ 即表示 DVM 的"转换系数"，它是刻度系数 e (V/字) 的倒数。

理论上，转换系数 k 应为固定的数值，但由于各部件的非理想特性，引入了测量误差。k 的相对误差为各部件传递系数 $k_1 \sim k_4$ 的相对误差之和，即

$$\frac{\Delta k}{k} = \frac{\Delta k_1}{k_1} + \frac{\Delta k_2}{k_2} + \frac{\Delta k_3}{k_3} + \frac{\Delta k_4}{k_4} \tag{4-39}$$

满度误差是由上述级联系统中各部件的漂移引起，与输入电压无关。设上述各部件的输出电压分别为 U_{o1}、U_{o2}、U_{o3} 和 U_{o4}，输出电压的误差量分别为 ΔU_{o1}、ΔU_{o2}、ΔU_{o3} 和 ΔU_{o4}，则折合到总输入端（相对于被测量）的误差量为

$$\Delta U = \frac{\Delta U_{o1}}{k_1} + \frac{\Delta U_{o2}}{k_1 k_2} + \frac{\Delta U_{o3}}{k_1 k_2 k_3} + \frac{\Delta U_{o4}}{k_1 k_2 k_3 k_4} \tag{4-40}$$

假设式 (4-38) 的数字量 N 的最小量化单位（1LSB）为 U_s，则对式 (4-38) 的 N 取整后的输出为

$$N = \left[\frac{k U_x}{U_s} \right] \tag{4-41}$$

考虑到读数误差和满度误差，对式 (4-41) 作误差合成，则

$$N = \left[\frac{(k + \Delta k)(U_x + \Delta U)}{U_s + \Delta U_s} \right]$$

$$\approx \left[\frac{k U_x}{U_s} \left(1 + \frac{\Delta k}{k} - \frac{\Delta U_s}{U_s} + \frac{\Delta U}{U_x} \right) \right]$$

将 N 取整后，得

$$N = \frac{k U_x}{U_s} \left(1 + \frac{\Delta k}{k} - \frac{\Delta U_s}{U_s} + \frac{\Delta U}{U_x} \right) \pm 1$$

$$= \frac{kU_x}{U_s}\left(1 + \frac{\Delta k}{k} - \frac{\Delta U_s}{U_s}\right) + \left(\frac{k\Delta U}{U_s} \pm 1\right) \quad (4\text{-}42)$$

比较式 (4-42) 与式 (4-41)，可得 DVM 的绝对误差和相对误差分别为

$$\Delta N = \frac{kU_x}{U_s}\left(\frac{\Delta k}{k} - \frac{\Delta U_s}{U_s} + \frac{\Delta U}{U_x} \pm \frac{U_s}{kU_x}\right) \quad (4\text{-}43)$$

$$\frac{\Delta N}{N} = \frac{\Delta k}{k} - \frac{\Delta U_s}{U_s} + \frac{\Delta U}{U_x} \pm \frac{U_s}{kU_x}$$

$$= \left(\frac{\Delta k}{k} - \frac{\Delta U_s}{U_s}\right) + \frac{k\Delta U \pm U_s}{kU_m}\frac{U_m}{U_x} \quad (4\text{-}44)$$

$$= \left(\alpha\% + \beta\%\frac{U_m}{U_x}\right)$$

式中，U_x 为被测电压，U_m 为满量程，α、β 分别为式 (4-23) 中误差的相对项系数和绝对项系数。式 (4-44) 表示了 DVM 的读数误差和满度误差的构成。读数误差包括转换系数 K、基准电压 U_s 等引起的误差；满度误差包括系统漂移 ΔU 和量化误差。

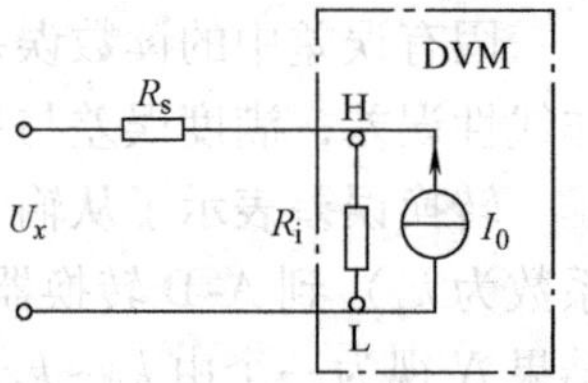

2) 附加误差。

① 输入电路的影响。除固有误差外，作为 DVM 整机的输入阻抗、输入零电流及温度漂移等也将引入测量误差，称为 DVM 的附加误差。图 4-24 为 DVM 的等效输入电路。

图 4-24 DVM 的等效输入电路

图中，R_s 为输入电压 U_x 的等效信号源内阻，R_i 和 I_0 分别为 DVM 的等效输入电阻和输入零电流。由 R_i 和 I_0 引入的附加误差分别为

$$\gamma_{R_i} = \frac{\Delta U_x}{U_x} = \frac{U_{HL} - U_x}{U_x} = \frac{\frac{R_i}{R_s + R_i}U_x - U_x}{U_x} = -\frac{R_s}{R_s + R_i} \approx -\frac{R_s}{R_i} \quad (4\text{-}45)$$

$$\gamma_{I_0} = \frac{\Delta U_x}{U_x} = \frac{U_{HL} - U_x}{U_x} = \frac{(I_0 R_s + U_x) - U_x}{U_x} = \frac{I_0 R_s}{U_x} \quad (4\text{-}46)$$

典型 DVM 的输入放大器的输入电阻为 1000MΩ，当接入分压器时，输入电阻为 10MΩ，输入零电流约为 0.5nA。

② 环境温度的影响。DVM 的附加误差还包括由环境温度变化引起的误差，一般指固有误差随温度的变化，表示为 $(\alpha\% U_x + \beta\% U_m)$/℃，或者用温度系数百万分之一（ppm）表示。

因此，在计算 DVM 的总误差时，应将 DVM 的固有误差、各项附加误差进行合成。

【例 4-6】 一台 3 位半的 DVM 说明书给出的精度为：±（0.1% 读数 + 1 字），如用该 DVM 的 0~20VDC 的量程分别测量 5.00V 和 15.00V 的电源电压，试计算 DVM 测量的固有误差。

解：首先，计算出 "1 字" 对应的满度误差。

在 0~20V 量程上，3 位半的 DVM 对应的刻度系数为 0.01V/字，因而满度误差 "1 字" 相当于 0.01V。

当 $U_x = 5.00$V 时，固有误差为

$$\Delta U_x = \pm (0.1\% \times 5.00\text{V} + 0.01\text{V}) = \pm 0.015\text{V}$$

相对误差为

$$\gamma_x = \frac{\Delta U_x}{U_x} \times 100\% = \frac{\pm 0.015\text{V}}{5.00\text{V}} \times 100\% = \pm 0.30\%$$

当 $U_x = 15.00$V 时，固有误差为

第 4 章 信号幅度的测量

$$\Delta U_x = \pm (0.1\% \times 15.00\text{V} + 0.01\text{V}) = \pm 0.025\text{V}$$

相对误差为

$$\gamma_x = \frac{\Delta U_x}{U_x} \times 100\% = \frac{\pm 0.025\text{V}}{15.00\text{V}} \times 100\% = \pm 0.17\%$$

由上面的计算可见,被测电压越接近满度电压,测量的(相对)误差越小,这也是在使用 DVM 时应注意的。

【例 4-7】 一台 DVM,其输入等效电阻 $R_i = 1000\ \text{M}\Omega$,输入零电流 $I_0 = 1\text{nA}$,被测信号源等效内阻 $R_s = 2\text{k}\Omega$,分别测量 $U_x = 2\text{V}$ 和 $U_x = 0.2\text{V}$ 两个电压,试计算由 R_i 和 I_0 引入的附加误差极限值。

解:为计算由 R_i 和 I_0 引入的附加误差极限值,可将分别由 R_i 和 I_0 引入的附加误差进行代数和合成,于是,由式(4-45)和式(4-46)可得

$$\gamma = \pm (|\gamma_{R_i}| + |\gamma_{I_0}|) = \pm \left(\frac{1}{R_i} + \frac{I_0}{U_x}\right) R_s$$

将 $R_i = 1000\ \text{M}\Omega$,$I_0 = 1\text{nA}$,$R_s = 2\text{k}\Omega$ 代入得

当 $U_x = 2\text{V}$ 时,$\gamma = \pm \left(\dfrac{1}{1000 \times 10^6} + \dfrac{1 \times 10^{-9}}{2}\right) \times 2 \times 10^3 = \pm 3 \times 10^{-6}$。

当 $U_x = 0.2\text{V}$ 时,$\gamma = \pm \left(\dfrac{1}{1000 \times 10^6} + \dfrac{1 \times 10^{-9}}{0.2}\right) \times 2 \times 10^3 = \pm 1.2 \times 10^{-5}$。

从上面的计算可以看出,当测量小电压时 I_0 的影响较大。

2. DVM 中的自动校正技术

(1) 自动校零技术

满度误差主要由输入放大器和积分器的 U_{os} 和 I_B 引起,因此,为减小满度误差应选用低漂移的放大器和积分器,此外,可采用自动校零技术。

一个实际的放大器如图 4-25a 所示。当存在零点漂移 U_{os} 时,在输入端虽然 U_{os} 较小,但放大了 A 倍(A 为放大器增益)后,在输出端的影响就比较大了。为减小 U_{os} 的影响,可在放大器同相或反相输入端采用一个保持电容,存储一个与 U_{os} 大小相等的补偿电压,用以抵消该漂移电压,如图 4-25b 所示,图中将保持电容 C_0 接在放大器反相端,称为"并联式校零"电路。

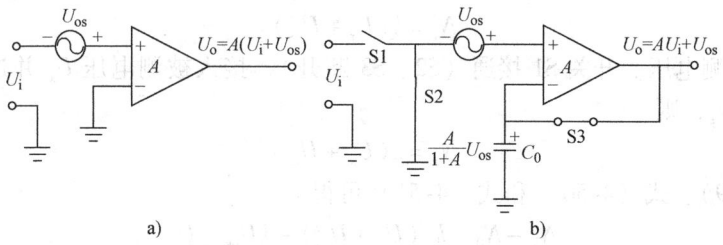

图 4-25 放大器的零点漂移及自动校零电路

a) 放大器的 U_{os} 引起输出变化 AU_{os} b) 自动校零原理(并联式)

如图 4-25b 所示,在 A-D 转换之前,插入一个"零采样期",开关 S2、S3 接通,S1 断开,此时,放大器实际上为一个"零点电压跟随器",同相端 $U_+ = U_{os}$,反相端 $U_- = U_o$,于是由 $U_o = A(U_{os} - U_o)$,可得

$$U_o = \frac{A}{1+A} U_{os} \approx U_{os} \tag{4-47}$$

零采样期结束时,该电压将存储于电容器 C_0 中。在紧接着的 A-D 转换"工作期",断

开 S2、S3，接通 S1，此时，放大器的输出为

$$U_o = A\left(U_i + U_{os} - \frac{A}{1+A}U_{os}\right) = AU_i + \frac{A}{1+A}U_{os} \approx AU_i + U_{os} \qquad (4\text{-}48)$$

式（4-47）和式（4-48）表明，采用自动校零后的图 4-25b 由于放大器 U_{os} 的影响，其输出也仅为 U_{os}，比没有自动校零时的图 4-25a 减小了。在实际 DVM 中，输入放大器、积分器和比较器都存在 U_{os}，因此，存储电容 C_0 存储的是总的零点漂移电压。

（2）DVM 的软件校准技术

上述为 DVM 中的硬件校正技术，在一些较高档的 DVM 或 DMM 中，利用微处理器的数据存储与运算功能，可对转换误差（通道增益）和零点漂移进行校准，即采用软件校准测量，工作原理如图 4-26 所示。

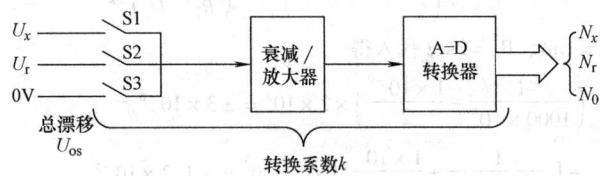

图 4-26　DVM 的软件校准测量原理

如图 4-26 所示，设 U_{os} 为折算到输入端的等效零漂，总的转换系数为 k，N_x、N_r、N_0 分别为输入被测电压 U_x、参考电压 U_r 和 0V（接地）时 A-D 转换结果的数字量。

校准过程如下：

1) 零点校准。开关 S3 接通（S1、S2 断开），零点电压（0V）经衰减/放大后，得到相应的转换结果 N_0 并存储。此时，虽然输入电压为零，但由于 DVM 的各部件为非理想部件，转换结果并不为零，实际应等于 U_{os} 的相应转换结果。即

$$N_0 = kU_{os} \qquad (4\text{-}49)$$

2) 参考校准。开关 S2 接通（S1、S3 断开），接入参考电压 U_r 并进行 A-D 转换，设转换结果为 N_r，则

$$N_r = k(U_r + U_{os}) \qquad (4\text{-}50)$$

3) 输入被测电压。开关 S1 接通（S2、S3 断开），接入被测电压 U_x 并进行 A-D 转换，设转换结果为 N_x，则

$$N_x = k(U_x + U_{os}) \qquad (4\text{-}51)$$

由式（4-49）、式（4-50）和式（4-51）可得

$$\frac{N_x - N_0}{N_r - N_0} = \frac{k(U_x + U_{os}) - kU_{os}}{k(U_r + U_{os}) - kU_{os}} = \frac{U_x}{U_r}$$

即

$$U_x = \frac{N_x - N_0}{N_r - N_0} U_r \qquad (4\text{-}52)$$

式中，N_x、N_r、N_0 分别为输入被测电压 U_x、参考电压 U_r 和 0V（接地）时 A-D 转换结果的数字量，U_r 为用于校准的输入参考电压，其取值一般可取为满量程的 80%～90%。

式（4-52）是上述校准测量的基本关系式，通过校零和校参考，式中已不含 U_{os} 和 k，即完全消除了通道零漂 U_{os} 和转换系数 k 的变化引起的测量误差。

根据式（4-52）可计算出被测电压值，但每个测量结果需经过三次测量过程，使测量速度降低为原来的 1/3，而且输入端电压在零点、参考和被测电压之间交替切换，输入动态

范围变化大，一般在通道切换后需要一定时间的通道延时。在校准测量下，为提高测量速度，可采取每隔半小时或一小时对零点和参考电压测量一次并存储，并认为 DVM 具有较好的短时稳定性，然后，每次只对被测电压通道进行测量，并根据式（4-52）进行计算。

3. DVM 中的自动量程技术

根据被测电压大小自动选择合适量程，是减小满度误差的有力措施。

（1）满度误差与量程选择的关系

DVM 固有误差的表达式见式（4-22）和式（4-23），重列如下：

$$\Delta U = \pm(\alpha\% U_x + \beta\% U_m)$$

及

$$\gamma = \frac{\Delta U}{U_x} = \pm\left(\alpha\% + \beta\%\frac{U_m}{U_x}\right)$$

式中，$\beta\%$ 为满度误差的固定项系数。可见，DVM 的满度误差的绝对误差在某个 U_m 全量程上是固定不变的，而其相对误差将随着被测电压越接近满量程 U_m 而越小，如图 4-27 所示。因此，量程的选择应与被测电压的大小相适应，使读数值尽量处于满度值的 2/3 以上。

（2）量程自动选择实现原理

为选择与被测电压相适应的量程，可通过"手动"或"自动"方式进行。手动选择可先将 DVM 置于某个量程上（一般在对被测电压不能估计其大小时，首先应置于较大量程），根据读数值再调整量程。自动量程选择与手动选择的原理基本相同，但是应注意，在量程切换时，应有确定的界限值，而且，相邻两个量程之间应有适当的重叠，以避免当被测电压在界限值附近变化时，两个相邻量程上的频繁切换（出现"摇摆不定"的现象）。设计上，一般可将较大一挡量程的最小电压设置为相邻小一挡量程满度值的 90%，如图 4-28 所示。

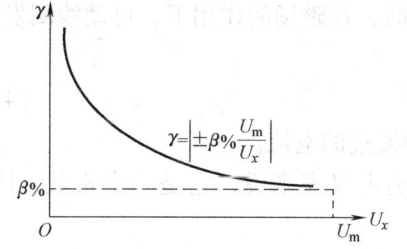

图 4-27 满度误差在全量程范围内的变化

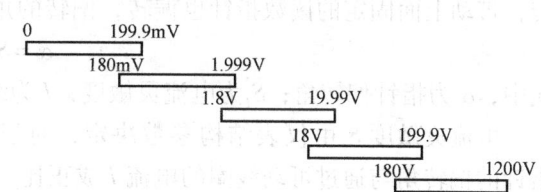

图 4-28 DVM 的自动量程转换

在单片集成 A-D 转换器中，有些 ADC（如 ICL7135 等）具有超量程或（和）欠量程指示的输出信号，在 DVM 或 DMM 设计中，可以直接利用该信号控制量程自动转换，非常方便。

4.4 电流的测量

4.4.1 概述

电压、电流和功率是电能量的三个基本参数。这三个基本参数中，电流是表征电子设备消耗功率的主要参数，也是衡量电子设备工作安全情况的一个主要参数。

电流按工作频率可分为直流、工频、低频、高频和超高频电流。测量电流时，除要注意其大小量值外，还要注意其频率的高低。

在实际中，通常使用磁电系电流表、电磁系电流表、模拟万用表和数字多用表直接测量电流；也可采用伏安法，通过测量电压，再计算被测电路流过的电流。

4.4.2 直流电流的测量

1. 直流电流测量的一般方法

在电子电路中，直流电流的测量一般可采用直接测量法和间接测量法两种方法。

（1）直流电流直接测量法

电流的直接测量必须将电流表串联在电路中，这样，为了测量电流，必须断开电路，测量比较麻烦。此外，模拟电流表的阻抗不能做到很小，更不可能接近于零。所以，将电流表串入被测量电路测量电流时，电流表本身的内阻将给电路带来一定的影响。

（2）直流电流间接测量法

如果被测支路内有一个已知的电阻 R 可以利用，测量该电阻两端的直流电压 U，然后根据欧姆定律求出被测电流 $I = U/R$。由于该电阻与被测支路串联，这个电阻 R 一般称为电流采样电阻。当被测支路无现成的电阻可利用时，也可以人为地串入一个采样电阻进行间接测量，采样电阻的取值原则是对被测电路的影响越小越好，一般在 $1\sim10\Omega$ 之间，很少超过 100Ω。

2. 模拟直流电流表的工作原理

模拟直流电流表常见的有磁电系仪表、模拟万用表等仪表。

（1）磁电系仪表测量直流电流的工作原理

直流电流表多数为磁电系仪表，磁电系表头主要由可动线圈、游丝和永久磁铁组成。线圈框架的转轴上固定了读数指针，当线圈中流过电流时，在磁场的作用下，可动线圈发生偏转，带动上面固定的读数指针也偏转，偏转的角度为

$$\alpha = S_I I \tag{4-53}$$

式中，α 为指针偏转角；S_I 为电流灵敏度；I 为线圈中流过的电流。

电流灵敏度 S_I 由仪表结构参数决定，对于一个确定仪表来说，它是一个常数。因此，指针的偏转角与通过可动线圈的电流 I 成正比。

由式（4-53）可以看出，表头本身可直接作为电流表使用。但直接采用表头测量，只能测量直流，因为如果可动线圈中通入交流电流，指针会随电流的变化左右摇摆，若通入电流的频率较高，则摆动频率变高，不但无法读数，还可能由于发热，对偏转机构造成损坏。

（2）磁电系仪表的量程扩展

从磁电系仪表的工作原理可以看出，磁电系仪表是可以直接测量直流电流的，但由于被测电流要通过游丝和可动线圈，被测电流的最大值只能限制在几十微安到几十毫安之间，要测量大电流，就需要另外加接分流器。

图 4-29 为多量程的电流表。A、B 为电流表的接线端，设连在磁电动系测量机构上的分流电阻为 R。当开关 S 接 1 点时，分流电阻 R 最大，为 $(R_1 + R_2 + R_3)$；当开关 S 接 2 点时，分流电阻 R 为 $(R_2 + R_3)$；当开关 S 接 3 点时，分流电阻 R 最小，为 R_3。被测电流 I_x 从端钮 A 输入，由于 R 的分流作用，只有小部分电流 I_0 从测量机构流过。由于测量机构内阻 R_g 是已知的，允许通过的电流 I_0 由可动线圈的线径及游丝决定，故可根据被测电流 I_x 的大小设计 R 的大小。

(3) 整流式表头的工作原理

磁电系仪表的表头不能直接用来测量交流电参数，因为其可动部分的惯性较大，跟不上交流电流过表头线圈所产生的转动力矩的变化，因而不能指示交流电的大小。若把交流电转换成单方向的直流电，让直流电流通过表头，则表针偏转角的大小就间接反映了交流电的大小。把交流电转变为直流电可采用整流电路，通常的整流电路有半波整流和全波整流，如图4-30a 和图4-30b 所示。

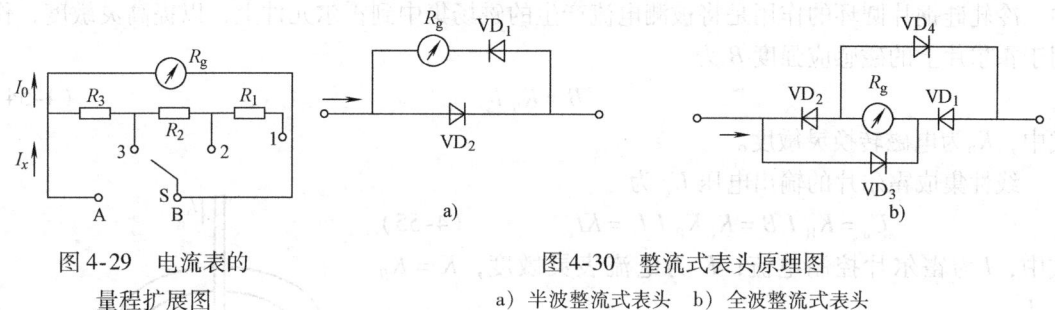

图 4-29　电流表的量程扩展图

图 4-30　整流式表头原理图
a) 半波整流式表头　b) 全波整流式表头

在图4-30a 中，当电路加入正弦信号时，在交流信号的正半周二极管 VD_2 导通、VD_1 截止；负半周 VD_1 导通、VD_2 截止，在一个周期内只有半个周期的电流流过表头。在图4-30b 中，当电路加入正弦信号时，在交流信号的正半周二极管 VD_3、VD_4 导通，VD_1、VD_2 截止；负半周 VD_1、VD_2 导通，VD_3、VD_4 截止，在一个周期内信号全部流过表头，比图4-30a 的效率高。

由于磁电系表头可动部分的惯性作用，表头指针只能反映脉动电流的平均值，而不能反映脉动电流的瞬时值，所以仪表指针的偏转角指示的是交流信号整流后的脉动直流的平均值的大小。在实际中，通常采用正弦有效值刻度定义表盘，因此，一般通过相应电路将交流信号平均值换算成有效值，再由表头指示。

(4) 用模拟式万用表测量

模拟式万用表的测量过程是先通过一定的测量电路，将被测电量转换成电流信号，再由电流信号去驱动磁电系表头指针的偏转，在刻度尺上指示被测量的大小。测量过程如图4-31 所示。由此可见，模拟式万用表是在磁电系微安表头的基础上扩展而成的。

用模拟式万用表测量直流电流时是将万用表串联在被测电路中的，因此表的内阻可能影响电路的工作状态，使测量结果出错，也可能由于量程不当而烧毁万用表，所以，使用时一定要小心。

3. 直流电流的间接测量法

在串入电流表不方便或没有适当量程的电流表时，可以采取间接测量的方法。间接测量法是把电流转换成电压、频率、磁场强度等物理量，直接测量转换后的量，

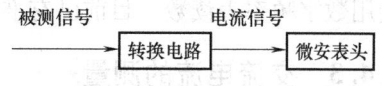

图 4-31　模拟式万用表的测量过程

再根据该转换量与被测电流的对应关系求得电流值。下面介绍几种间接测量电流的转换方法。

(1) 电流-电压的转换法

电流-电压转换方法主要采用采样电阻法，并基于欧姆定律实现电流-电压变换，再通过 A-D 转换器实现电流的数字化测量，参见前面4.3.3 节。

（2）电流-磁场转换法

上述无论用电流表直接测量电流还是用转换法间接测量电流，都需要将被测量电流回路切断后，接入测量装置，测量不是很方便。在不允许切断电流回路或被测电流太大的情况下，可采用通过测量电流所产生的磁场方法来间接测得该电流的大小。

1）霍尔式电流表。霍尔式电流表的原理是利用霍尔传感器，将被测电流产生的磁场大小转变为对应霍尔电动势的大小。图4-32为采用霍尔传感器的钳形电流表结构示意图，图中，冷轧硅钢片圆环的作用是将被测电流产生的磁场集中到霍尔元件上，以提高灵敏度，作用于霍尔片上的磁感应强度 B 为

$$B = K_B I_x \tag{4-54}$$

式中，K_B 为电磁转换灵敏度。

线性集成霍尔片的输出电压 U_o 为

$$U_o = K_H I B = K_H K_B I I_x = K I_x \tag{4-55}$$

式中，I 为霍尔片控制电流；K 为电流表灵敏度，$K = K_H K_B I$。

若 I_x 为直流，则 U_o 亦为直流；若 I 为交流，则 U_o 亦为交流。霍尔式钳形电流表，可测的最大电流达100kA以上，可用来测量输电线上的电流，也可用来测量电子束、离子束等无法用普通电流表直接进行测量的电流。图4-32中，如果将被测电流导线在硅钢片圆环上绕几圈，电流表灵敏度便会减小。用这种办法可调整钳形电流表的灵敏度和量程。

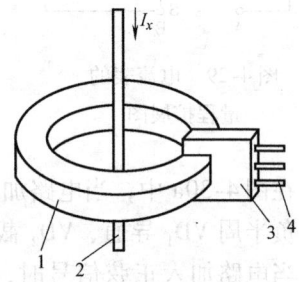

图4-32 霍尔式钳形电流表结构示意图
1—冷轧硅钢片圆环 2—被测电流导线
3—霍尔元件 4—霍尔元件引脚

2）磁位计法。使被测电流的变化在磁位计里产生感应电动势，再由积分、放大、存储等环节组成电子测量设备，可测稳态及暂态大电流，测量范围可在几百安培至几千安培，准确度可达0.5%。

3）磁光效应法。线性偏振光穿过在磁场作用下的介质时，其偏振方向会旋转，旋转角正比于磁场沿光线路径的线积分，利用这一原理可确定被测电流的大小。这种方法适用于测高压大电流，因为只需将磁光物质置于被测电流附近，其他装置均可远离测量点，所以安全、方便，这种测量方法的频率响应好，可用于高频大电流的测量，但准确度不高，一般仅达1%~5%。

4）核磁共振法。把被测直流转换成磁感应强度再转换为核磁共振频率，测量装置可直接用数字频率表读数。目前已有准确度可达0.05%、可测75kA直流大电流的装置。

4.4.3 交流电流的测量

交流或工频（50Hz）的电流测量，一般用在电力系统及电工技术领域中。它的主要特点是测量电流值很大，可达数千安培；而一般用于电子技术领域的高频或低频电流的测量，其测量数值为毫安或数安培。

1. 交流电流测量的一般方法

在电子电路中，交流电流的测量同样可采用直接测量法和间接测量法两种方法。

交流电流的测量可以采用模拟电流表、数字电流表进行间接或直接测量。一般情况下，采用间接测量法更为普遍。因为除了电流表本身内阻大小的影响和断开电路的麻烦，交流电

流测量还具有其特有的性质。

1) 模拟电流表在直流运用时，可视为一个简单的内阻；而在交流状态下呈现为一个阻抗，电流表在高频运用状态下的等效电路如图 4-33 所示。A 点和 B 点为电流表的输入端，R_0、L_0 为电流表本身的电阻和电感，C_0 为 A、B 之间的分布电容，C_1、C_2 是对地分布电容。由图可以看出，由于电流本身的电抗和分布电容的作用，随着频率增加，阻抗增大，增大的电抗部分引入的测量误差也增加，从而影响了测量的准确性。

2) 在超高频段，电路或元件受分布参数的影响，电流的分布也是不均匀的，无法用电流表来测量各处的电流值。

3) 利用采样电阻的间接测量法，可将交流电流的测量转换成交流电压的测量，一切测量交流电压的方法都可用来完成交流电流的测量，而且还可以利用示波器观察电路中电压和电流的相位关系。用间接法测量交流电流的方法与用间接法测量直流电流的方法相同，只是对采样电阻有一定的要求。当电路工作频率在 20kHz 以上时，就不能选用普通电阻作为采样电阻了，高频时应采用薄膜电阻。

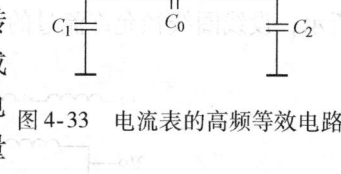

图 4-33 电流表的高频等效电路

因此，在交流电流测量时，只在低频（45~500Hz）电流的测量中，用交流电流表或具有交流电流测量挡的普通万用表或数字万用表，串联在被测电路中进行交流的直接测量。一般交流的测量都采用间接测量法，即先用交流电压表测出电压后，再用欧姆定律换算成电流。

2. 模拟交流电流表的工作原理

(1) 磁电系电流表测量交流电流的工作原理

普通磁电系万用表可以测量低频（45~500Hz）交流电流，这是因为在其内部测量电路中加入了一个二极管整流电路，它将交流变成了单方向的脉动电流，因而磁电系测量机构的指针能够偏转。为了避免指针抖动，在测量机构两端并联了一个电容。此时仪表的偏转取决于被测交流的整流平均值，但刻度是按正弦有效值刻度的。因此，普通磁电系万用表只能测量正弦交流电流，若波形畸变，则产生误差。

(2) 电磁系电流表测量交流电流的工作原理

电磁系电流表是测量交流电流最常用的一种仪表，它具有结构简单、过载能力强、造价低廉以及交直流两用等一系列优点，在实验室和工程测量中得到了广泛使用。

电磁系仪表是由一个可动软磁片（铁心）与固定线圈中电流产生的磁场相互吸引而工作的仪表。当线圈中通过被测电流 I 时，对铁心产生吸引力或排斥力，固定在转轴上的铁心转动，带动指针偏转。可以证明，指针偏转的角度为

$$\alpha = \frac{1}{2W} I^2 \frac{dL}{d\alpha} \tag{4-56}$$

式中，α 为指针偏转角；L 为线圈自感；I 为线圈中流过的电流；W 为与结构相关的常系数。如果改变铁心的形状设计，使得 $\frac{dL}{d\alpha} = \frac{1}{I}$，则偏转角度与流入电流成正比。

由于可动铁心受力方向与线圈电流方向无关，当线圈电流方向改变时，线圈磁极性和铁心磁极性同时改变而保持受力方向不变，因此，电磁系仪表既可测直流电流，也可测交流电流，这是与磁电系仪表不同的地方。

(3) 电磁系电流表的量程扩展

由电磁系仪表的工作原理可以看出,电磁系测量机构本身就是电流表,只要将被测电流接入固定线圈中即可。由于固定线圈的线径较粗,可以流入大电流,因而不需要分流器。当要扩大量程时,可以采用加粗线径和减少匝数的方法。

电磁系表头构成多量程电流表时,与磁电系仪表不同,它不宜采用分流器。因为对应一定的电流分配关系,线圈内阻较大时,要求分流器的电阻也较大,这样,仪表工作消耗的功率变大。所以,当电磁系表头构成多量程电流表时,通常采用线圈分段串并联的方法,例如将线圈分成四段绕制。通过四段的串联、并联或混联可构成三个量限的电流表。如图 4-34 所示,设线圈线径允许流过的电流为 I,则通过串并联可得到 $2I$ 或 $4I$ 的量限。

图 4-34 多量限电流表的线路

3. 热电系电流表

(1) 热电系电流表的工作原理

热电系电流表的基本原理是基于热电效应(参见前面 4.2.2 节中有效值检波原理),把高频电流转变为直流电,再测量直流电(常用磁电系电流表)的大小,从而间接地反映出被测高频电流的量值。由此组成热电系电流表,如图 4-35 所示。其中,AB 是一金属导线,当通过电流时,使 AB 导线的温度上升;DCE 是一个热电偶,在 DE 之间串接了一只磁电系电流表 G,以此来测量热电偶中的热电流。由于 C 点是焊接在导线 AB 上的,因此当 AB 导线因通过电流而温度上升时,C 点温度也随之上升。这样热电偶中将产生热电流,使电流表 G 的指针发生偏转。电流表 G 指针的偏转角度与流过 AB 导线的被测电流的大小有一定的关系,所以可用此装置来测量高频电流。

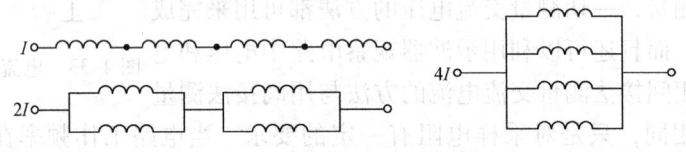

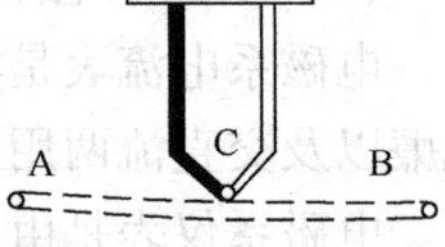

图 4-35 热电系电流表原理图

由于热电系电流表的读数与发热器的功率成正比,即与流过加热导体的电流有效值二次方成正比,所以电表的刻度接近于平方律特性。在平方律刻度上,约有相当于额定电流 20% 的起始部分是无法使用的。这种电表的测量准确度约为 1.5%。

在测量 100mA 以下的小电流时,为了提高灵敏度,常将热电偶与发热器放在密封的玻璃泡内,且抽成真空,使发热器产生的热能比在空气中所散发的要少,以保证大部分的热能供给热电偶。在测量大电流时可将热电偶与发热器放在密封的玻璃泡中,但不必抽成真空。此时密封仅是为了使发热器与热电偶周围的空气不流动,使热能不被流动的空气带走。

(2) 热电系电流表的量程扩展

一般来讲,热电系电流表的量程不可能太大。因为当加热器要通过强电流时,必须相应地加粗加热器的导线,而导线加粗后趋肤效应的作用不同,误差必然增大。同时,强电流通过加热器将引起加热器的发热量增加,而发热量增加过多会使热电偶的热工作状态遭到破坏,使测量误差也增加。因此,一般在测量强电流时都采用分流器或变流器来减小流过热电系电流表的电流,从而扩大量程。

1) 分流法。从原理讲可分为电阻、电容和电感三种分流法。电阻分流法的功耗大，故不在高频电流表中使用；电感分流法功耗虽小但易受外界交变磁场影响，使用的场合较少；电容分流法用得较多。电容分流法是将热电系电流表的输入端并联一只电容将高频电流分流掉一部分，达到扩大量程的目的。此法与普通直流电表加分流电阻相似。

采用电容、电感分流器的电流表，其电压降较大。这个电压降还与被测电流的频率有关，因此对被测电路有一定的影响。

2) 变流法。变流法是采用变流器进行分流的方法，常用的变流器有电流互感器（耦合电感），如图4-36所示。它是在磁环（或铁心）上绕一些线圈而构成的，假设被测电流（一次电流）为 i_1，一次绕组匝数为 N_1，二次绕组匝数为 N_2，则二次电流为

$$i_2 = i_1 \frac{N_1}{N_2} \tag{4-57}$$

若 $N_1 < N_2$，则 $i_2 < i_1$，于是将大电流 i_1 变换为小电流 i_2，实现电流测量量程的扩展。

采用电流互感器作为变流器构成的热电系电流表如图4-37所示，图中 L_1、L_2 组成一个高频变压器，被测电流 I_1（有效值）从端点为 F、H 的线圈 L_1 中流过，L_1 在线圈 L_2 中感应出电流 I_2（有效值）。适当选配 L_1、L_2 的匝数比，使 I_2 小于 I_1，从而扩大了电流测量量程。

4. 数字万用表测量交流电流的原理

与数字万用表测量直流电流的方法一样，数字万用表测量交流电流的基础也是数字电压表，它需要经过两次变换过程，首先是将交流电流转换为交流电压，如图4-38所示为采用CTL6P电流互感器的两种电流-电压转换电路，其中，图4-38a采用采样电阻法，选择反相放大（也可选择同相放大），要求 $R_1 \gg r$；图4-38b采用反馈电阻法，由运算放大器构成 $I-U$ 变换电路，输出与电流成正比的电压。

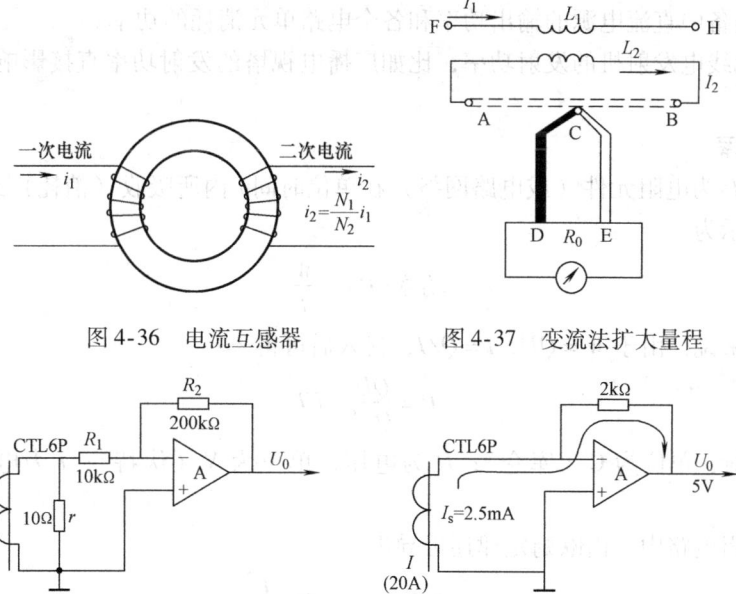

图4-36　电流互感器　　图4-37　变流法扩大量程

图4-38　电流互感器的电流-电压转换电路
a) 采样电阻法　b) 反馈电阻法

得到交流电压后,再经过 AC-DC 变换(称为整流或检波)为直流电压,如图 4-39 所示为采用运算放大器和二极管的典型均值检波电路。最后由数字直流电压表对检波后的直流电压进行测量,得到对应的交流电流值。

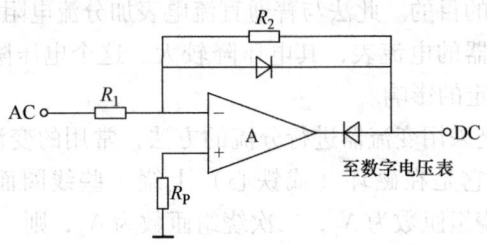

图 4-39 交流-直流变换器原理图

4.5 功率的测量

4.5.1 功率的定义和表征

1. 定义

功率 P 的基本定义是能量 E(有时用 W 表示)对时间 t 的变化率,即 $P = dE/dt$(或 $P = dW/dt$)。电功率测量的主要任务是测量单位时间内电能量的大小。在很多场合都需要进行功率测量,例如:

1)电力工程中电网的输出功率和负载的消耗功率。
2)电子设备中直流电源的输出功率和各个电路单元消耗的功率。
3)高频无线电发射机的发射功率,比如广播电视塔的发射功率直接影响到广播电视信号的转播质量。

2. 直流功率

直流功率 P 为电阻元件(或电路网络)在单位时间 t 内所吸收(消耗)或释放(发出)的能量 W,表示为

$$功率(P) = \frac{W}{t} \tag{4-58}$$

对电功率来说,由于 $W = QU$,$t = Q/I$,代入后可得

$$P = \frac{QU}{Q/I} = UI \tag{4-59}$$

式中,Q 为电荷,单位为 C(库仑);U 为电压,单位为 V(伏特);I 为电流,单位为 A(安培)。

在直流电阻电路中,由欧姆定律还可导出

$$P = I^2 R, \qquad P = \frac{U^2}{R} \tag{4-60}$$

因此直流功率的测量是相对简单的,只需测出 I、U、R 中的任意两个,即可算出功率 P。一般测量中确实很少使用直流功率计进行直接测量,大多是通过使用电压表、电流表和电阻表来间接测量其功率参数。

3. 交流功率

(1) 调制交流信号的功率

在调制交流信号的功率测量中,需要测量的参数有:瞬时功率、峰值功率、峰值包络功率和平均功率。它们的定义如下:

1) 瞬时功率 $p(t)$ 为

$$p(t) = \frac{dW}{dt} = \frac{dW}{dQ}\frac{dQ}{dt} = u(t)i(t)$$

式中,Q 为电荷,$u(t)$ 为瞬时电压,$i(t)$ 为瞬时电流。

在 (t_0, t) 时间内的能量则为 $W(t_0,t) = \int_{t_0}^{t} p(t)dt = \int_{t_0}^{t} u(t)i(t)dt$。

2) 载波平均功率。在所有功率测量中,平均功率是最常进行的测量,平均功率是指信号在一个周期内能量变化的平均速率,是电路实际消耗的功率,因此也称为有功功率。瞬时信号的平均功率为

$$P_{av} = \frac{1}{T}\int_0^T p(t)dt \tag{4-61}$$

式中,T 为载波信号的周期;$p(t)$ 为功率的瞬时值。

3) 正弦调幅波的平均功率。通常平均功率定义为在所包含最低频率的多个周期上,单位时间所传输能量的平均值。对于调幅波来说,载波信号幅度不断改变,因此平均功率必须是在调制信号的一个周期内的平均。即

$$P_{av} = \frac{1}{nT}\int_0^{nT} p(t)dt \tag{4-62}$$

式中,T 为载波信号周期;n 为在调制信号一个周期内的载波信号周期数;$p(t)$ 为功率瞬时值。

4) 脉冲调制波的平均功率。只有在脉冲宽度 τ 内,$p(t) \neq 0$,故脉冲功率 P_p 定义为在脉冲持续时间 τ 内取平均功率,其表达式为

$$P_p = \frac{1}{\tau}\int_0^{\tau} p(t)dt$$

5) 峰值功率。脉冲调制的信号发生器常常用峰值功率来表征。峰值功率是指在载频周期内,占有脉冲功率包络线最大值处的微波功率的平均值,其表达式为

$$P_{P-P} = U_P^2/R \tag{4-63}$$

式中,U_P 是调制脉冲在恒定负载 R 两端的峰值电压。

峰值功率 P_{P-P} 可直接测量,或根据平均功率 P_{av}、占空比 Q 和脉冲波形系数 K 由下式计算确定

$$P_{P-P} = P_{av}KQ = P_{av}\frac{T}{\tau} \tag{4-64}$$

平均功率和峰值功率的关系如图 4-40 所示。

6) 峰值包络功率。在某些系统中脉冲功率的概念已不能完全满足需要。当脉冲为非矩形,或者波形的畸变不允许精确地确定脉冲宽度时,必须引用另外一个概念即峰值包络功率。图 4-41 为用在某种导航系统中的高斯脉冲的实例。峰值包络功率就是指包络的最大功率。对于理想的矩形脉冲而言,峰值包络功率就等于脉冲功率。

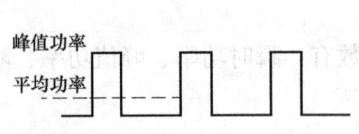
图 4-40　平均功率和峰值功率的关系

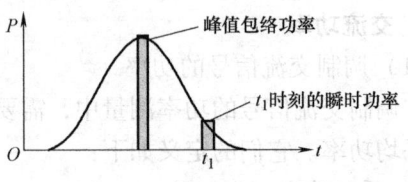
图 4-41　高斯脉冲的功率

就连续波信号而言，平均功率、脉冲功率、峰值包络功率都是一样的。在大多数的射频和微波系统中，最常关心和测量的是平均功率，而在雷达和导航系统中用到了脉冲功率和峰值包络功率这两个概念。脉冲功率和峰值包络功率可由测量的平均功率按已知的占空比计算而得，也可由峰值功率计、峰值分析仪测量而得。

(2) 正弦交流信号的功率

工作于正弦稳态下的电路，除了关注其电压、电流的稳态响应外，其功率也非常重要。交流功率通常是一个周期内的平均功率，当一个电路加上正弦信号以后，对于纯电阻电路，总可以测出电压、电流、电阻三个参数中的两个，进而求出其功率；但对于存在电感或电容的电路，即非纯阻性电路，这样的测量不具有适用性。因为在这种电路中，电感与电容不消耗任何功率，只是以磁场或电场的形式交替地存储或释放能量，表现在数学形式上是电压与电流存在一定的相位差。

实际用电设备（负载）可视为含有 R、L、C 元件的单口网络。设单口网络的端口上电压、电流分别为 $u=\sqrt{2}U\cos(\omega_c t+\varphi)$，$i=\sqrt{2}I\cos(\omega_c t)$，$\omega_c=\dfrac{2\pi}{T}$，$\varphi$ 为 u、i 间的相位差（u 超前 i 的相位），则该单口网络的平均功率为

$$P = \frac{1}{T}\int_0^T ui\,\mathrm{d}t$$
$$= \frac{1}{T}\int_0^T 2UI\cos(\omega_c t+\varphi)\cos(\omega_c t)\,\mathrm{d}t \qquad (4\text{-}65)$$
$$= \frac{UI}{T}\int_0^T [\cos(2\omega_c t+\varphi)+\cos\varphi]\,\mathrm{d}t$$
$$= UI\cos\varphi$$

定义视在功率为 $P_A=UI$（单位为伏安，VA），无功功率为 $P_R=UI\sin\varphi$（单位为乏，var），平均功率（有功功率）为 $P_T=UI\cos\varphi$（单位为瓦，W），$\cos\varphi$ 称为功率因数（φ 称为功率因数角），功率因数的变化范围在 0 和 1 之间。当电路是纯电阻时 $\cos\varphi=1$，而当电路是纯电抗时 $\cos\varphi=0$。视在功率、无功功率与平均功率的关系为

$$P_A = \sqrt{P_T^2+P_R^2} \qquad (4\text{-}66)$$

功率因数与视在功率可以由功率因数表与电动系功率表等仪器直接测得。在电力工程中，往往根据电路是容性的或是感性的，加入相反的电抗进行补偿（称为功率因数补偿），使功率因数尽量接近于 1，避免电能量在电路中的空耗。

对于不含源的单口网络，功率因数角 φ 即为阻抗角（端口上电压超前电流的角度）。根据阻抗的定义，$Z=\dfrac{U}{I}\angle\varphi=\dfrac{U}{I}\cos\varphi+\mathrm{j}\dfrac{U}{I}\sin\varphi$，即 $\mathrm{Re}[Z]=\dfrac{U}{I}\cos\varphi$，于是，平均功率也可表示为 $P=UI\cos\varphi=I^2\mathrm{Re}[Z]$。一般测量端口上的电压、电流有效值 U、I 较方便，但要测

量阻抗则很复杂,因而该表达式仅具有理论意义,它表示了单口网络中只有电阻元件实际消耗功率。

4. 功率的度量单位

功率定义为单位时间内所完成的功,其单位是 W(瓦),表示在 1s 内完成 1J 的功所需的功率。为了描述不同大小的功率,常用的单位还有 kW(千瓦)、mW(毫瓦)、μW(微瓦)等,这是一种绝对值表示。有时以比率表示功率更为方便,特别是涉及比较两个功率的增益或损耗时,就用 dB(分贝)表示的相对功率概念,即功率单位 dBW、dBm、dBμW 等。

常用的相对功率单位是分贝毫瓦(dBm),可按下式换算

$$A = 10\lg\frac{P}{P_0} \tag{4-67}$$

式中,P 是以毫瓦为单位的功率值;P_0 为 1 毫瓦参考功率。该式的意义是:P 比 P_0 高 A 分贝。这种相对单位便于确定接有功率衰减器的传输系统中各个不同点的功率电平。

由式(4-67)可知:0dBm 是 1mW。根据对数基本性质,可得到一个简单导则是每 3dB 功率加倍,每 -3dB 功率减半。每 10dB 为 10 倍,每 -10dB 为 1/10。

例如,36dBm 是多少?

可从 0dBm 开始,已知 0 dBm 是 1mW;

30dBm = 0dBm + 10dB + 10dB + 10dB = 1mW × 10 × 10 × 10,即 1W;

36dBm = 30dBm + 3dB + 3dB = 1W × 2 × 2,因此最后结果是 4W。

又如,-23dBm 是多少?

使用同样方法,从 0 dBm 对应 1mW 开始,-10dBm 是 0.1mW;-20dBm 是 0.01mW = 10μW;-3dB 将减半,因此最后结果是 5μW。

采用 dB 有两个好处:在通信和雷达系统中经常遇到相差数千、数百万倍的功率范围,用 dB 表示可使数值变得紧凑;在计算数个网络级联时的增益或插损时可用分贝的加减来代替功率的乘除。

4.5.2 功率测量技术及仪器

1. 低频功率测量

(1)电动系功率表

图 4-42 为交直流功率表的工作原理及其与电路中单个负载的连接情况。值得指出的是,电流线圈 $C_1 - C_2$ 是与负载串联的,电流线圈通常用粗导线绕制,且电感量尽量要小,以减小测量时电源在其上的电压降;而电压线圈 $V_1 - V_2$ 是与限流电阻 R 成串联支路,再与负载并联的。由于限流电阻 R 较大,所以电压线圈的感抗可以忽略,可以认为电压线圈中的电流与其端电压同相,反映负载电压的大小。在这种情况下,可以证明,在两线圈磁场作用下,动圈带动指针的偏转角 α 与负载电流和电压有效值 I、U 以及阻抗角 φ 有如下关系

$$\alpha = kUI\cos\varphi = kP \tag{4-68}$$

可见,电动系功率表中指针的偏转角 α 与电路的平均功率 P 成正比,所以它的刻度是均匀的。当 $\varphi = 0$ 时,电流、电压为直流值,故它也可测直流功率。

(2)功率因数表

将功率表的结构作适当改变,即可成为功率因数表,其原理及测量时电路的连接如图

4-43 所示。图中，两个电压线圈互相垂直安装，一个与无感电阻相串联，另一个与电感相串联，所以可以近似地认为两线圈中的电流相位之差为 90°。电流线圈是与电路相串联的，与被测电路电流同相。当功率因数为 1 时，与电阻串联的可动线圈中的电流与电流线圈中的电流同相，由于多线圈磁场的相互作用而产生转矩使可动系统旋转，直至两个线圈的平面相互平行时为止，此位置时仪表的指针指示功率因数为 1。因为有串联电感，另一个可动线圈中的电流的相位差为 90°，所以不会产生转矩。

当功率因数为零时，和上述情形相反，仅有与电感串联的可变线圈中产生的电流与电流线圈中的电流同相，两线圈产生的磁场的相互作用最终使仪表平衡刻度指针为 0 处。对于介于 0～1 之间的功率因数，每个线圈中的电流均与电流线圈中的电流有同相分量，并产生相应的转矩，最终使指针平衡于总的转矩。

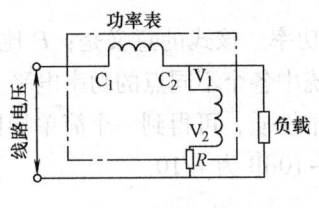
图 4-42 功率测量原理

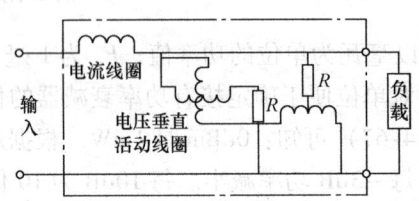
图 4-43 功率因数表测量连接电路

（3）电能表

与功率测量密切相关的是电能量的测量。由功率测量的定义知，$P = W/t$ 或 $p(t) = \mathrm{d}W/\mathrm{d}t$，故 $W = Pt$ 或 $W(t_0, t) = \int_{t_0}^{t} p(t)\mathrm{d}t$，电能量一般用千瓦时（$kW \cdot h$）表示，$1kW \cdot h = 3.6 \times 10^6 J$。能够测量消耗多少电能量的仪表称为电能表。电能表考虑了功率和时间两个因素。原理上它是一个小电动机，其瞬时速度与通过它的电流的功率成正比，在给定的时间里总转数与在该时间内所消耗的总能量成正比。经典型电能表的内部结构如图 4-44 所示。

可以看出，电能表中两个线圈是相互串联的，工作时，串联于电路中的两线圈的电流即为实际电路的电流。而电枢中的电流与线电压成正比，周围的磁场与负载电流成正比。所以产生的转矩必然与线路电流和电压的乘积成正比。相应地，量具上记录的数据即为消耗的电量数。

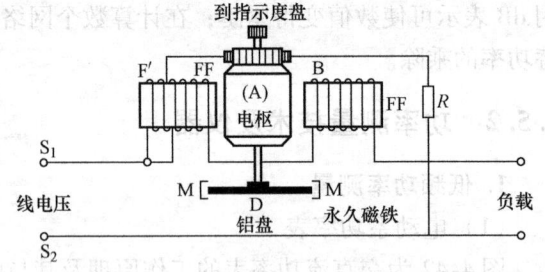
图 4-44 经典型电能表的内部结构

2. 电子电能表

与模拟电能表不同，电子电能表是以电子电路为基础来完成电能测量的一种电能表，因为它没有转盘，为了有别于以电磁感应为基础来完成电能测量的感应系电能表，这种电能表又叫静止式电能表、固态电能表。

现在广泛使用的数字电能表是一种智能化的电能表，其核心是内部集成有电压与电流检测、精确的时间基准，有的甚至包括微处理器的单片大规模集成电路，它不仅具有测量灵敏度高的特点，而且能够实现数据存储、分时计量及自动抄表等功能。

20 世纪 70 年代，由于受到当时技术水平的限制，电子电能表的价格很高，仅供标准表用。随着技术的进步，从 80 年代开始，安装式电子电能表因精度高、体积小、重量轻、功能强，且性价比高等优点，逐渐取代电磁系电能表。

（1）基本工作原理

根据平均功率与能量的关系，测量电能的基本方法是将电压、电流相乘（其结果为平均功率），然后在时间上再累加（积分）起来。为了便于自动化测量，都将功率转换为脉冲频率输出，所以电能测量单元都可概括为图 4-45 所示的框图。就是说，被测电压、电流接入电子电能表后，电能表都能输出一个电能测量标准脉冲 f_H（或 f_L），这也是电子电能表有别于感应系电能表的一个重要标志。在额定电压、电流输入下，即输入功率一定时，f_H（或 f_L）也是个固定值。输入改变时，f_H 也跟着改变，f_H 正比于输入功率。它是设计电子电能表的一个重要参数，也是电子电能表的最基本工作原理。有了这个依据，就可利用电子电能表来测量功率和电能。

图 4-45 电能测量单元框图

例如在额定输入电压 $U_N=200V$，额定输入电流 $I_N=5A$ 时，设计电能测量单元输出频率 $f_H=1Hz$，则被测功率为

$$P_x = \frac{U_N I_N}{f_H} f_x = D_E f_x \tag{4-69}$$

由式（4-69）可知，对电子电能表来说，测功率就是测频率。若要测电能，可根据电子电能表的基本原理先求出每个标准脉冲所代表的电能值，即脉冲当量为

$$D_E = \frac{U_N I_N}{f_H} \tag{4-70}$$

对于本例，有

$$D_E = \frac{200\text{ V} \times 5\text{ A}}{1\text{ 个脉冲}/s} = \frac{200 \times 5\text{ W} \cdot \text{s}}{1\text{ 个脉冲}} = \frac{1000\text{ W} \cdot \text{s}}{1\text{ 个脉冲}} = \frac{1000\text{ J}}{1\text{ 个脉冲}}$$

这样，若在一定时间内对脉冲进行计数，即可测得电能值。例如，对于本例，若在 10s 内计数值为 $m=1500$ 个，则电能为

$$E_x = D_E \times m = 1000\text{ W} \cdot \text{s}/\text{个} \times 1500\text{ 个} = 1.5 \times 10^6 \text{J} = 0.417 \text{ 度}$$

注：1 度 $=1kW \cdot h=1kW \cdot 3600\text{ s}=3.6 \times 10^6 \text{J}$。

由此可见，电子电能表的另一个特点是，同一块电能表既可测功率，又可测电能，并且都是对标准脉冲进行计数，只是一个是在单位时间（例如 1s）内计数，一个是在一定时间（例如 10s、1 天、1 月）内计数。

（2）电路组成

为了能将被测电压、电流变为代表被测功率的标准脉冲，并显示所计电能值，电子电能表一般由 4 级组成，如图 4-46 所示。其中乘法器和 P-f 变换器组成电能计量单元电路。

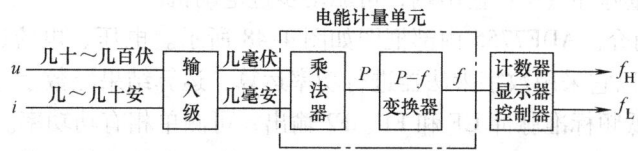

图 4-46 电子式电能表的基本组成

输入级将被测的高电压（一般几十~几百伏）、大电流（几~几十安）按比例变为电子

电路能处理的低电压（几伏、几十毫伏）、小电流（几毫安），这样电路易于设计，工作也较安全。输入级电路一般由测量用的电压或电流互感器、精密分压电阻或采样电阻组成。

乘法器是将被测电压、电流相乘得到功率，这是电能表的关键电路。常用的乘法器分为模拟乘法器和数字乘法器，模拟乘法器又分为时分割乘法器和变跨导乘法器，数字乘法器又分为硬件乘法器（由移位寄存器和加法器组成）和软件乘法器（利用乘法指令实现）。

P-f 变换电路的功能是将乘法器输出的代表被测功率的电压（或电流）信号变为标准脉冲信号，脉冲信号的频率正比于被测功率的大小。这样，在单位时间内对脉冲计数，就可测得功率的大小，在一定时间内对脉冲计数，即累加起来，就可测得电能值。

计数/显示/控制器就是将与功率成正比的标准脉冲数累计起来变为电能值，并显示出来，显示器可以是字轮计度器、液晶显示器或 LED 显示器。

（3）电能测量模块

为适应电子电能表的需要，现在国内外许多公司都研制了多种电能测量专用集成电路，这种专用电能测量模块不仅集成了乘法器、P-f 变换电路，还包含有其他电路，如相位调整电路、电源监测电路、接口电路等，采用这些模块只需配以少量的外围电路就能设计出满足各种需要的电子电能表，准确度一般在 1 级以内，并符合 IEC1036 标准。表 4-3 给出了几种常见电能测量模块的基本性能。

表 4-3 几种常见电能测量模块一览表

名 称	基本原理	主要功能	准确度	特 点
BL0932	时分割乘法	测 P, E	0.5%	能计反向功率，防窃电，防潜动
ADE 7755	数字乘法	测 P, E	0.1%	有相位校正环节
CS 5460	数字乘法	测 I, U_{rms}, P, E	0.1%	有串口
SPM3-20	数字乘法	测 P, E	0.5%	内有稳压电路，允许使用泵电源
SA 9604	数字乘法	测 P, E	0.5%	三相，有 SPI 总线接口

1）BL0932 简介。BL0932 内部框图如图 4-47 所示。被测电压、电流经缓冲放大后送给乘法器，乘法器为时分割模拟乘法器，P-f 变换电路为电荷平衡式电流-频率变换电路。代表平均（有功）功率的高频脉冲 P (f_H) 经 16 分频和驱动后成为低频脉冲 MOT (f_L)。f_L 可带字轮计度器，f_H 可作校验用。主要功能引脚为：

Vi1、Vi2：电流采样的信号输入端（$43\mu V \sim 12.5 mV$）。

Vv1、Vv2：电压采样的信号输入端（0.85V）。

Vr6、Vr7：参考电压外调整端（$-1.25V / -0.0625V$）。

P：高频校验脉冲（f_H）输出端。

MOT：低频测量脉冲（f_L）输出端，可驱动步进电动机。

2）ADE7755 简介。ADE7755 内部框图如图 4-48 所示。电压、电流通道里各有一个 16 位 A-D 转换器，所以它采用数字乘法器进行功率运算，运算结果经数字-频率转换器，变换为电能测量的高、低频标准脉冲 CF 和 F1、F2 输出，可测单相有功功率。

内部 A-D 转换器自带电压基准（2.5V），还有许多改善性能的电路。ADE7755 共 24 个引脚，其中部分引脚的功能是：

V1P、V1N：电流通道的差分输入端。

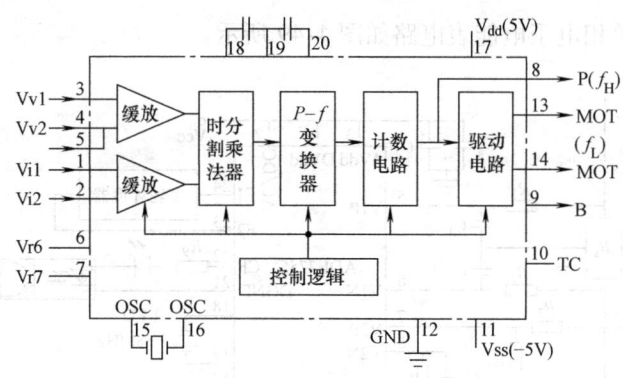

图 4-47　BL0932 内部框图

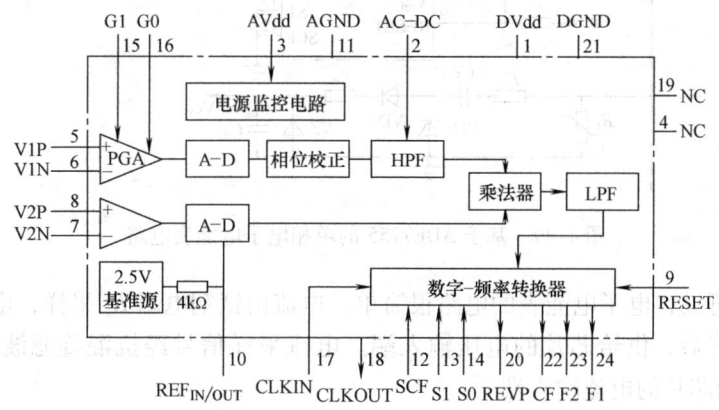

图 4-48　ADE7755 内部框图

V2P、V2N：电压通道的差分输入端。

CF：高频标准脉冲输出端。

F2、F1：低频标准脉冲输出端。

SCF、S1、S0：高、低频标准脉冲频率之比选择端。

G1、G0：电流通道增益控制端。

AC-DC：HPL 控制端，接高电平时，使用高通滤波器。

ADE7755 具有如下特点：

① 输入信号范围宽。电压通道最大差动输入信号为 ±660mV（峰值），由于电流通道的增益可编程，电流在 500∶1 的动态范围内，误差小于 0.1%。

② 乘法器前后带有高通（HPF）和低通（LPF）滤波器。HPF 可滤除通道里的漂移信号，以免漂移信号影响乘积（功率），LPF 可滤除乘积里的谐波，可得理想的有功功率。

③ 能输出标准高、低频脉冲 CF 和 F1、F2，并且高、低频脉冲的频率及比值可以控制。这样就可灵活设计电表常数。

（4）电子电能表简介

目前国内单相电子电能表大部分都是采用电能测量模块，外扩少量元器件而组成的，各公司所生产的电能表其基本原理大致相同，只是所用的电能测量模块和生产工艺可能不同。

由 ADE7755 构成的单相电子电能表电路如图 4-49 所示。

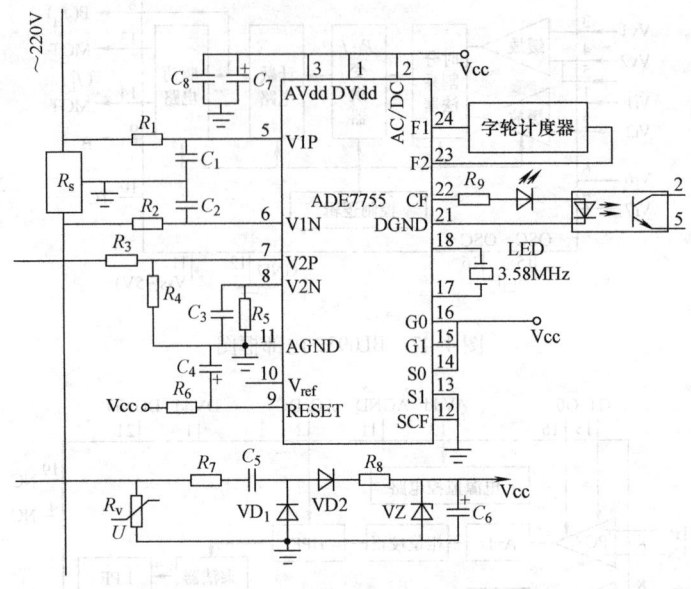

图 4-49 基于 ADE7755 的单相电子电能表电路

由图 4-49 可见，电子电能表的电路很简单，电流由锰铜电阻 R_s 采样，电压由精密分压电阻 R_3、R_4 采样后，供给芯片的电压输入端。电流采样信号经抗混叠滤波器（R_1、R_2 和 C_1、C_2）后供给芯片的电流输入端。

代表有功功率瞬时值的高频电能脉冲 CF 经光耦隔离后供校表时使用。代表有功功率平均值的低频电能脉冲 F1、F2 送给字轮计度器显示有功电能值。字轮计度器是电能表电能的累计、显示与存储部件，它由步进电动机与字轮、轴承支架及屏蔽罩组成。

ADE7755 的供电电源直接取自被测电压，由阻容降压、二极管整流、稳压管稳压后供给芯片，功耗 <10mW。

3. 射频及微波功率测量

（1）高频功率测量

在高频信号的传输过程中，输出功率的大小往往是衡量系统设施容量的最重要指标。

高频功率测量与低频功率测量有很大的不同。在实际测量中应十分注意负载匹配问题。以短波无线电台为例，其发信机的输出天线是不允许开路的，因为一旦开路，将造成功率的无法输出，能量消耗在机器内部，极易造成功放部件的损坏。一般可用无感电阻和交流表头（见图 4-50a），或高频电压表与理想负载（见图 4-50b）构成测试单元。

考虑到高频信号的反射原理，在较严格的场合中，要使用功率计/驻波计来测量高频信号功率。而更一般的高频功率计都采用量热式原理，即测量该信号能产生多大的热量，核算出相应的高频功率。比如，在检修一个 400W 单边带无线电台发信机的功率时，即可用 4 个 100W 灯泡作为简易功率计，测

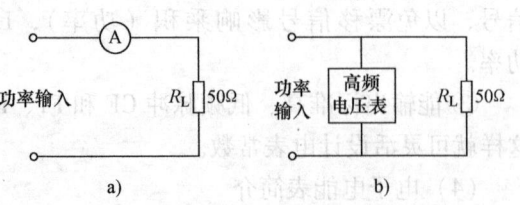

图 4-50 高频功率测量

量时必须去掉电台天线，接入由 4 只 100W 灯泡组成的假负载，然后即可根据灯泡的明亮程度判断电台输出功率的大小。

(2) 微波功率的测量

1) 微波功率测量的一般方法。常规的微波功率测量方法是应用各种类型的功率表直接测量。应用功率表直接测量微波功率有两种基本方式：一种是接收功率测量，即功率计用于接收并测量被测信号功率；另一种是传送功率测量，即功率计用于确定从信号源到负载的传送功率。前一方式应用于测量微波信号源的功率，如测量磁控管或速调管微波发生器的输出功率，在这种情况下，发生器的负载就是吸收并测量功率的功率表；后一方式则应用于测量传输系统工作于实际负载情况下通过的传输功率，如测量从发送设备传输到天线的功率，这时，功率表仅吸收传输功率的很小部分。

测量吸收功率是微波功率测量的最普遍形式。吸收式功率计的接收转换器（作为等效匹配负载）接在传输线的终端。按照所用变换器的不同形式，测量方法有如下几种，即热方法（量热计法、测辐射热电阻法、热电法）、电压表法以及利用有频率选择性的铁氧体元件的方法。其中热方法是最常见的，微波电磁能量转变为热能后，可借热量计测出，或利用电阻的温度变化关系将其转换为可直接测量的参量。吸收式功率计的结构如图 4-51 所示，其基本部件包括接收（初始）测量转换器（或一组转换器）和包括测量装置及读数装置的测量部分。在接收转换器中，微波电磁振荡能量被转换成热能、机械能或转换成易于进一步转换并用低频装置加以测量的电信号。

通过功率的测量可以通过耦合器件（如功分器、定向耦合器）从传输系统中取出少量功率后用吸收式功率计测量。也可以利用通过式功率计来测量，

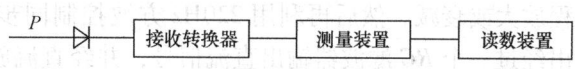

图 4-51 吸收式（终端式）功率计的结构

此时，通过式功率计的接收转换器接在振荡器和负载之间，通常只消耗沿传输线传播的功率的很小部分。功率计的灵敏元件对电磁场的强度或对传输系统中的功率流密度产生响应。根据接收转换器的形式和在接收转换器输出参量与通过功率之间实现耦合的不同方式，通过功率的测量有如下几种方法：吸收壁法、摆针法、有质法和基于霍尔效应的方法。通过式功率计的典型结构如图 4-52 所示，通过式功率计的接收转换器通常只消耗掉通向负载的功率的很小部分。

这两种类型的功率计中，测量装置和读数装置的结构和功能都是一样的。测量装置将接收转换器的输出信号变换为便于显示的信号。接收转换器有不同的形式，可采用平衡电桥、直流放大器、交流放大器、脉冲放大器和机械系统等作为测量装置。而读数装

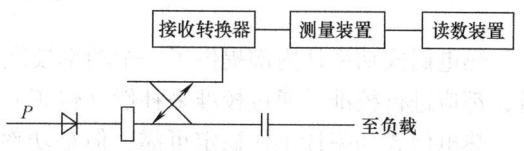

图 4-52 通过式功率计的典型结构（测量或监视）

置则以模拟或数字形式指示出转换器所耗散的功率。通常情况下，读数装置与测量装置结合成一体。

2) 微波功率计测量原理。高频量热负载完全吸收由传输线送来的微波功率并将它转化为热，这是微波功率测量的最基本、最古老的方法。高频和微波功率的测量是利用不同类型的功率计完成的。功率计按其原理可分为量热式功率计、热电偶式功率计及测辐射热式功率计等；按其用途可分为小、中、大功率计，脉冲峰值功率计，终端式功率计以及通过式功

率计。

根据功率测量仪表的特征，一般将功率电平划分为如下三种量程：小功率电平低于 100mW；中功率电平为 100mW～10W；大功率电平大于 10W。

小功率一般应用测热电阻、热电偶和二极管，借助适当的量程扩展方法来测量，小功率表也可用于中功率和大功率的测量。大功率的测量一般多采用量热计的功率表。

在微波技术中，除了连续波外，会更经常地接触到脉冲振荡波。一般微波功率表的时间常数约为 1ms 或更大些。因此，对于脉冲宽度在数十微秒以下的脉冲振荡波来说，功率表就仅能度量出其平均功率。在矩形脉冲的条件下，脉冲功率可计算求得。

功率计实际由传感器和指示器两部分组成。传感器有采用测热电阻、热电偶、二极管等多种形式，指示器一般为电压表或电桥。下面介绍两种功率计的原理。

① 热电偶式功率计。图 4-53 所示为热电偶式功率计的原理框图。热电偶探头产生的热电压正比于输入的微波功率，故热电偶式功率计为真有效值响应。热电偶的灵敏度典型值为 100μV/mW，检测 -30dBm 功率时，输出的直流电压只有 100nV 多一些。因此，热电偶探头产生的热电电压是微小的，需要使用低噪声、高增益、稳定性好的斩波放大器。斩波放大的原理是：由方波发生器（220Hz）驱动斩波器（低噪声场效应晶体管构成），将热电电压转换为交流电压，然后对交流信号进行放大。前置放大器由两级放大器构成，第一级放大在探头内，第二级放大处于功率计内部，由于第一级对信号初步放大，这样可以有效消除信号从探头到功率计的多芯电缆引入的干扰，提高了抗干扰能力。由前置放大信号，通过可变的量程放大或衰减，然后再利用 220Hz 方波控制同步检波器进行反斩波解调。同步检波器的输出经过一个 RC 滤波器输出直流信号，并经直流放大后显示在功率计上。

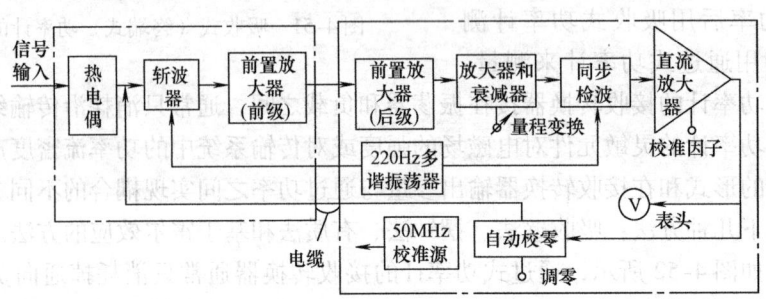

图 4-53　热电偶式功率计的原理框图

热电偶式功率计内部提供了一个功率校准源，当更换不同的功率探头以及温度变化较大时，都应进行校准。通过校准来补偿（修正）热电偶灵敏度变化引入的误差。

热电偶式功率计工作稳定可靠，但是功率范围只有 50dB，在大动态范围微波信号以及窄脉冲微波信号的平均功率的测量中，它的应用受到一定的限制，同时无法进行真正的峰值包络功率的测量，目前它已逐渐被二极管功率计所取代。

② 二极管功率计。二极管功率计频率覆盖范围宽、功率动态范围大、测量速度快、测试功能强大，并且还可兼容二极管连续波式、多路径调制平均式以及峰值式功率探头，有的还兼容热电偶功率探头，可实现一机多用的目的。目前，二极管功率计大多采用了快速数据采集技术以及高速 DSP 技术，可以进行复杂调制信号平均功率、峰值功率以及峰值/平均功率比的测量，有的还可以进行脉冲包络迹线的显示。

图 4-54 所示为二极管功率计的原理框图，该功率计分为两个测量通道，即连续载波平

均功率测量通道和调制平均功率/峰值功率测量通道。连续波通道可以处理由 CW 平均功率探头和多路径平均功率探头两种类型探头输入的测量信号,连续波通道分为两个量程,利用 DSP 快速数字处理能力,去掉了量程转换过渡,两个量程信号同时被双路 $\Sigma - \Delta$ 式 ADC 转换为数字信号送入 DSP 进行数据处理。由 DSP 进行量程判断和信号去斩波以及相应的数字处理后,将数据送给主处理器做后续处理。

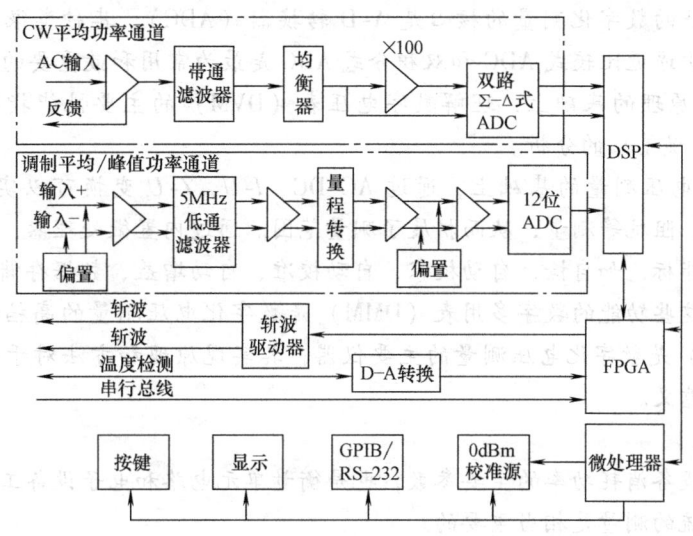

图 4-54 二极管功率计的原理框图

在调制信号平均功率测量或峰值功率测量模式下,功率计调制平均功率/峰值功率的测量通道输入的是射频信号的包络信号,前置放大器的带宽设计为 0~5MHz,经低通滤波器后,缓冲器输出的主路信号经过两级放大后输入 12 位高速 ADC。ADC 的输出送给 DSP 进行数据处理,包括校零、线性校准、通道的幅度和相位补偿、量程校准、温度补偿、数字滤波、显示包络迹线的运算等,最后送入主处理完成校准因子修正后送显示。二极管功率计和热电偶式功率计一样要求有一个绝对参考功率,该微波功率计内置一个频率为 50MHz、功率极其稳定的 0dBm 校准源。

本 章 小 结

本章讨论信号的幅度测量,是指信号的电压、电流和功率等幅度参数的测量。

1. 电压测量

电压的测量,是电子测量实现其他电量与非电量测量的重要基础。本章完整叙述了电压测量的原理和方法,包括交流电压的模拟测量和直流电压的数字化测量,重点是数字化测量方法。

电压测量的基本原理仍基于比较法——直接比较法和间接比较法。电压测量按测量技术可分为模拟和数字测量;按测量对象可分为直流电压测量(静态)、交流电压测量(稳态)、瞬态电压测量(动态)和随机电压测量(统计)等,实际应用中,应根据测量对象和测量要求综合考虑,选择具体的测量方法。

表征交流电压的参数包括峰值、平均值、有效值、波峰因数和波形因数,对交流电压的测量，人们感兴趣的主要是有效值。各种指针式交流电压表（或称为模拟电压表、电子电压表）是实现交流电压测量的传统仪器。检波是实现交流-直流（AC-DC）电压变换的基本方法，采用峰值、平均值、有效值检波器实现 AC-DC 变换，重点介绍了电压表的刻度特性和波形响应。电压表的灵敏度和带宽总是存在矛盾的，采用外差式接收机原理的选频测量方法可大大提高测量灵敏度。

实现直流电压的数字化测量的核心是 A-D 转换器（ADC），其种类很多，性能差异很大，但其中的逐次逼近比较式 ADC 和双积分式 ADC 是最为常用和最重要的两种类型。应在熟悉 A-D 转换器原理的基础上，理解数字电压表（DVM）的主要性能指标，及固有误差（读数误差和满度误差）的分析。

DVM 在直流电压测量的基础上，通过 AC-DC、I-U、Z-U 变换可以实现对交流电压、直流电流、电阻、阻抗等测量，从而扩展了测量范围。通过内置微处理器，可大大扩展测量功能和提高测量指标，如自检、自动校零、自动校准、自动增益、数据存储与数据处理、外部通信等，实现这些功能的数字多用表（DMM）是数字化电压测量的高档仪器。数字电压表（数字多用表）是数字化电压测量的主要仪器，其实现原理和方法对于一般数字化测量具有一定的普遍意义。

2. 电流测量

电流是电子设备消耗功率的主要参数，也是衡量单元电路和电子设备工作安全情况的一个主要参数，电流的测量是相当重要的。

直流电流的测量，一般用于控制系统、直流供电的设备系统。交流或工频（50Hz）的电流测量，一般用于电力系统及电工技术领域，它的主要特点是测量电流值很大，可达数千安培；而高频或低频电流的测量，一般用于电子技术领域，其测量数值为毫安或数安培。

按电路工作频率来分，电流可分为直流、工频、低频、高频和超高频电流。测量电流时，除要注意其大小、量值外，还要注意其频率的高低。

电流测量的方法可分为直接测量法和间接测量法。直流电流的测量可采用磁电系电流表、数字电压表、万用表等仪表，通过直接测量法和间接测量法进行测量；交流电流的测量可采用电磁系电流表、电热系电流表和数字电压、万用表等仪表，通过直接测量法和间接测量法进行测量。但是，在超高频段，电路或元件受分布参数的影响，电流分布是不均匀的，无法用电流表测量各处的电流值。因此，在测量交流电流时，只在低频（45~500Hz）电流的测量中使用交流电压表或具有交流电流测量挡的普通万用表或数字万用表串联在被测电路中进行交流电流的直接测量。一般交流电流的测量都采用间接测量法。

3. 功率测量

功率与能量密切相关，它反映了一个元件、电路或系统的耗能（来源于供电电源）。对于直流功率，$P = UI = I^2R = U^2/R$；对于交流功率，依据交流信号的不同而有不同的表示，如通信系统中的调制信号；电力系统中的正弦交流信号，它可视为一类特殊的正弦稳态响应，因而具有普遍意义，其中主要关心的是其平均功率，也称为有功功率，$P = UI\cos\varphi$。

在通信系统中，功率常采用以 dB 表示的相对功率（有 dBW、dBm、dBμW），其参考量为 1mW（对应 0dBm）。

功率测量均采用间接测量方法，如直流功率，通过测量 U、I、R 中任意两个量，进行简单计算即可得到。对于低频交流功率的测量，常采用电动系功率表，使指针偏转角与功率成正比，它也可测量直流功率。电能表是一种测量一定时间内的耗能，并具有累积、存储、指示（显示）等功能，其中，基于电能测量单元（模块）构成的电子电能表获得广泛应用。对于射频及微波功率测量，有两种基本方式，即吸收（接收）式和通过（传送）式，相应的测量仪器称为微波功率计。

思考与练习

4-1　试简述电压测量的基本原理、方法和分类。

4-2　表征交流电压的基本参量有哪些？简述各参量的意义。

4-3　简述峰值电压表和均值电压表的灵敏度和带宽特性，如何由峰值电压表和均值电压表的读数换算得到被测电压的有效值？

4-4　欲测量失真的正弦波，若手头无有效值表，则应选用峰值表还是均值表更合适一些？为什么？

4-5　如何理解均值电压表测量时，被测电压"若均值相等，则读数相同"；峰值电压表测量时，被测电压"若峰值相等，则读数相同"？

4-6　若采用具有正弦有效值刻度的均值电压表分别测量正弦波、方波、三角波，读数均为1V，则这三种波形的有效值分别为多少？（波形因数分别为：正弦波1.11，方波1，三角波1.15）。

4-7　若采用具有正弦有效值刻度的峰值电压表分别测量正弦波、方波、三角波，读数均为1V，则三种波形的有效值分别为多少？（波峰因数分别为：正弦波1.414，方波1，三角波1.732）。

4-8　对于峰值为1V、频率为1kHz的对称三角波（直流分量为零），分别用均值、峰值、有效值三种检波方式的电压表测量，读数分别为多少？（三角波的波形因数1.15，波峰因数1.732）。

4-9　如何扩展交流电压测量的灵敏度和带宽？

4-10　设某网络输入功率为20dBm，输出端为－16dBm，问输入端功率是输出端功率的多少倍？设某功率计测得微波信号功率值为150μW、0.20mW、3.5mW、9.0mW，用dBm表示各为多少？

4-11　简述逐次逼近比较式A-D转换的原理及特点。

4-12　简述双积分式A-D转换的原理及特点。

4-13　三斜式A-D转换器在性能上比双积分式A-D转换器在哪些方面有所改进？为什么？

4-14　查找资料，除教材上讲到的A-D转换器以外，列举出几种其他类型的A-D转换器，并说明其大致特点。

4-15　分别列出两种典型的逐次逼近比较式和双积分式A-D转换器集成电路型号，各查阅一种型号的数据手册，理解数据手册中的关键数据和典型应用。

4-16　简述DVM的组成原理、主要性能指标。

4-17　简述DVM的固有误差和附加误差。

4-18　DVM中如何实现自动量程转换？为什么相邻量程之间需要一定的重叠（覆盖）？

4-19　基本量程为10.000V的四位斜坡电压式DVM中，若斜坡电压的斜率为10V/40ms，问时钟频率应为多少？当被测直流电压$U_x=9.256$V时，门控时间及累计脉冲数各为多少？

4-20　某8位逐次逼近比较式A-D转换器，参考（基准）电压为2.50V，输出编码为单极性原码，对输入电压1.50V和2.00V，转换后的二进制数字分别为多少？

4-21　对于采用双积分式A-D转换器的DVM，参考（基准）电压对测量结果有何影响？参考电压大小有无限制？参考电压大小与输入电压范围有何关系？

4-22　参见图4-18的双积分ADC原理框图和积分波形图。设积分器输入电阻$R=10\text{k}\Omega$，积分电容$C=1\mu\text{F}$，时钟频率$f_0=100\text{kHz}$，第一次积分时间$T_1=20\text{ms}$，参考电压$U_r=-2\text{V}$，若被测电压$U_x=1.5\text{V}$，试计算：

(1) 第一次积分结束时，积分器的输出电压U_{om}。

(2) 第一次积分时间T_1是通过计数器对时钟频率计数确定的，计数值$N_1=$？

(3) 第二次积分时间$T_2=$？

(4) A-D转换结果的数字量是通过计数器在T_2时间内对时钟频率计数得到的计数值N_2来表示的，

$N_2 = ?$

(5) 该 A-D 转换器的刻度系数 e (V/字) 为多少？

(6) 由该 A-D 转换器可构成多少位的 DVM？

4-23 双斜积分式 DVM 基准电压 $U_r = 10V$，第一次积分时间 $T_1 = 40ms$，时钟频率 $f_0 = 250kHz$，若 T_2 时间内的计数值 $N_2 = 8400$，问被测电压 $U_x = ?$

4-24 把某双斜式 A-D 转换器改为三斜式 A-D 转换器，其办法是在对基准电压定值反向积分的比较期内使用了 U_r 和 $U_r/100$ 两种基准电压值，因此比较期有两种斜率的积分，其积分器的输出时间波形构成了三斜波形，如图 4-55 所示。

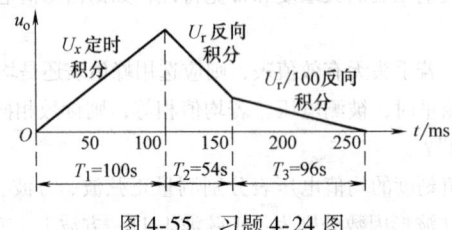

图 4-55 习题 4-24 图

(1) 设三斜积分期 $T_1 = 100ms$，$T_2 = 54ms$，$T_3 = 96ms$，时钟频率 $f_0 = 100kHz$，基准电压 $U_r = 10V$，试求积分器的输入电压大小和极性。（题中假设在采样期和比较期内，积分器的时间常数 RC 相等）。

(2) 通过对时钟信号的数字计数办法完成 T_1、T_2、T_3 的定时测量，试问采用一般的双斜式 A-D 转换器满度有多少显示位数，每个字代表的分辨力为多少伏？若采用上图所示的三斜式 A-D 转换方式，以 T_2 期构成高位显示，T_3 期构成低位显示，则最大可有多少显示位数，每个字代表的分辨力为多少伏？

4-25 甲、乙两台 DVM，显示器最大值为甲：9999，乙：19999，问：

(1) 它们各是几位 DVM？

(2) 乙的最小量程为 200mV，其分辨力等于多少？

(3) 乙的工作误差为 $\Delta U = \pm 0.02\% U_x \pm 2$ 字，分别用 2V 和 20V 量程，测量 $U_x = 1.5V$ 的电压，求绝对误差和相对误差各为多少？

4-26 一台 DVM，准确度为 $\Delta U = \pm (0.002\% U_x + 0.001\% U_m)$，温度系数为 $\pm (0.0001\% U_x + 0.0001\% U_m)/℃$（在 23℃ 时），在室温为 28℃ 时用 2V 量程挡分别测量 1.8V 和 0.4V 两个电压，试求此时的示值相对误差。

4-27 一台 5 位 DVM，其准确度为 $\pm (0.01\% U_x + 0.01\% U_m)$。

(1) 试计算用这台表 1V 量程测量 0.5V 电压时的相对误差。

(2) 若基本量程为 10V，则其刻度系数（每个字代表的电压量）e 为多少？

(3) 若该 DVM 的最小量程为 100mV，则其分辨力为多少？

4-28 某 4 位数字电压表的准确度为 $\Delta U = \pm (0.05\% U_x + 2$ 字$)$，输入电阻 $R_i = 100MΩ$，输入零电流 $I_0 = 10^{-9}A$，采用 1V 量程测量 800mV、内阻 $R_s = 5kΩ$ 的直流电压时，其相对误差 γ_{max} 为多少？

4-29 某 4 位逐次逼近寄存器 SAR，若基准电压 $U_r = 8V$，被测电压分别为 $U_x = 5.4V$，$U_x = 5.8V$，试画出 4 比特逐次比较 A-D 反馈电压 U_n 波形图，并写出最后转换成的二进制数（SAR 的 4 个寄存器的状态）。

4-30 简述单斜式 A-D 转换器的原理和特点。

4-31 用一台输入电阻 $R_i = 1000MΩ$、输入零电流 $I_0 = 3nA$ 的 DVM，测量内阻 $R_s = 10kΩ$ 的直流电压，当该直流电压值分别为 2.5V 和 0.5V 时，试求由 R_i 和 I_0 共同作用引起的误差极限（总的相对误差值）。并讨论在小电压测量时，总误差中 R_s、I_0 哪一个起决定性的作用。

4-32 电流的直接测量与间接测量原理有何区别？两种测量方法的测量准确度各取决于什么因素？

4-33 试简述磁电系、电磁系和电动系三种仪表的特点和用途。

4-34 测量大电流的电流表，一般都是在基本量程上扩大，为什么不直接制造大电流的电流表？

4-35 电流表的基本量程和扩大量程，哪一个量程的测量准确度高？为什么？
4-36 有两只量程相同的电流表，但内阻不一样，问哪只电流表的性能好？为什么？
4-37 高频电流表的量程扩大可采用什么方法？
4-38 热电系电流表是如何测量电流的？
4-39 电流的测量方案有哪些？
4-40 为了测量图 4-56 中的电流 I_1 和电压 U_2，应如何连接电流表和电压表？

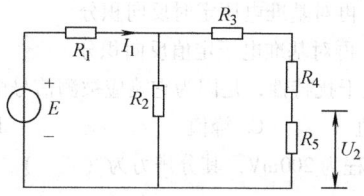

图 4-56 习题 4-40 图

4-41 已知一个 10μA 电流表头的内阻为 100Ω，设计用该表头和分流电阻构成一个三量程电流表：0~1mA、0~10mA、0~100mA。
4-42 在题 4-41 的基础上设计一个三量程电压表：0~1V、0~10V、0~100V。
4-43 已知正弦电压为 $e(t)=100\cos\omega t$ V，那么该电压的峰值、有效值和平均值各为多少？
4-44 在有直流电平的情况下，被测信号的交流部分应如何测量？
4-45 如果将 12V 直流电压加入全波整流式交流仪表，那么仪表读数是多少？
4-46 为什么测量与交流信号在电阻中所产生的热成正比的直流电压的仪表具有非线性的分度？
4-47 计算图 4-57 所示各电路中 80Ω 的电阻元件消耗的功率和电源输出的功率（注：图中正弦交流电压有效值为 100V）。

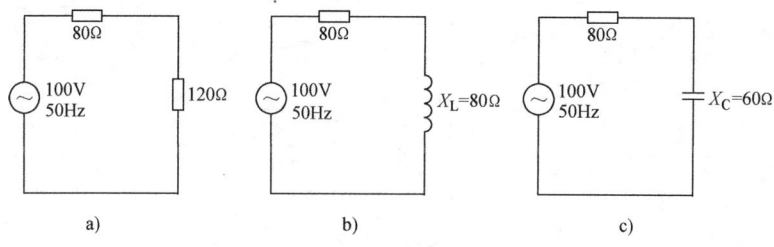

图 4-57 习题 4-47 图

4-48 对于一确定系统，$U=100$V，$I=5$A，$\cos\phi=0.8$，计算视在功率 P_A、平均功率 P_T 和无功功率 P_R。
4-49 试简述脉冲平均功率与脉冲峰值功率的关系。
4-50 微波大功率测量的方法主要有哪几种？分别具有什么样的特点？
4-51 思考题（单项选择题）：
(1) 用峰值电压表、均值电压表和有效值电压表测量某正弦电压，读数值（　　）。
    A. 峰值表最大　　　　　　　　B. 均值表最大
    C. 有效值表最大　　　　　　　D. 三种表完全一样
(2) 同一峰值电压表测正弦波和方波电压，两者示值相同，则（　　）。
    A. 正弦波幅度等于方波幅度　　B. 正弦波幅度大于方波幅度
    C. 正弦波幅度小于方波幅度　　D. 两者幅度关系随信号频率而定
(3) 一只量程为 100V 的电压表测量电压产生的绝对误差为 1.5V，则该电压表的级数为（　　）。
    A. 2.5 级　　　B. 2.0 级　　　C. 1.5 级　　　D. 1.0 级

(4) 在双斜积分式 DVM 中，第一次积分时间应该是（   ）。
   A. 随被测电压的增大而变长   B. 取决于基准电压
   C. 固定不变的   D. 第二次积分时间的整数倍

(5) 在双斜积分式 DVM 中，其工作过程是（   ）。
   A. 先对被测电压定时积分，再对基准电压定时反向积分
   B. 先对被测电压定时积分，再对基准电压定值反向积分
   C. 先对被测电压定值积分，再对基准电压定时反向积分
   D. 先对被测电压定值积分，再对基准电压定值反向积分

(6) 积分式 DVM 具有较高的抗干扰特性，是因为它响应被测信号电压的（   ）。
   A. 平均值   B. 有效值   C. 峰值   D. 瞬时值

(7) 一台 $4\frac{1}{2}$ 位 DVM，最小量程为 200mV，其分辨力为（   ）。
   A. ±0.1mV   B. ±0.2mV   C. ±0.01mV   D. ±0.2mV

(8) 下列类型的表中，（   ）电压表具有很高的灵敏度，频率范围也较宽。
   A. 检波-放大式   B. 放大-检波式   C. 调制式   D. 外差式

(9) 放大-检波式电压表的主要优点是（   ）。
   A. 灵敏度好   B. 频响好   C. 灵敏度和频响都好   D. 抗干扰好

(10) 对于一个不含源的二端网络，端口上正弦电压和电流的有效值乘积表示（   ）。
   A. 平均功率   B. 无功功率   C. 视在功率   D. 无意义

第 5 章 信号波形测量

5.1 概述

5.1.1 波形测量

信号波形，在电子科学技术领域中，是指各种以电参数作为时间函数的图形。客观世界中各种事物及其特征参量，无时无刻不处在运动和变化中，如果用电信号来表示这些变化量，那么电信号将成为随时间变化的一个函数。信号波形测量正是对电信号与时间的函数关系进行测量。信号波形测量亦称为信号的时域测量。通过波形测量，可以得到某一信号在一段时间内随时间的变化规律，通过对这一规律的研究，可以获得信号所携带的信息。

人们希望把肉眼看不见的电信号波形，直观形象地显示出来，在信号的测量中，波形测量是一项十分重要的内容。波形测量的主要工具是电子示波器，示波器是一种用显示屏显示电量随时间变化过程的电子测量仪器。它能把人的肉眼无法直接观察的电信号，转换成在示波器显示屏幕上人眼能够看到的波形。在示波器显示屏上用 X（水平）轴代表时间，用 Y（垂直）轴代表幅度，描绘出被测信号随时间的变化关系。示波器可直接观察并测量一个周期性信号的波形、幅度、周期（频率）等参量，可测量一个脉冲信号的前后沿、脉宽、上冲、下冲等参数，可对信号进行直观的定性和定量观测。示波器可将电信号作为时间的函数显示在屏幕上，若借助于各种转换器，把各种非电量变成电信号，加至示波器的 Y 通道，则可以显示出诸如温度、速度、压力、应力、振动、浓度、声、磁、光、热和生物信号等的变化过程。广义地说，示波器是一种能够反映任何两个参数互相关联的 X - Y 坐标图形的显示仪器，只要把两个有关系的变量转变为电参数，分别加全示波器的 X、Y 通道，就可以在显示屏上显示这两个变量之间的关系。例如，若以示波管中光迹的 X 方向偏转代表频率，用 Y 方向的偏转代表各频率分量的幅值，就可以组成一台频谱分析仪器。频谱仪、扫频仪、图示仪和逻辑分析仪（逻辑示波器）都可以看成广义的示波器。

时域测量的二维波形显示，概念清晰、直观，容易理解，因此时域测量是电子测量技术中最常用、最基础的测量。如果从时域测量的结果还不能直接得到信号的某些特征，则可以使用频域、调制域、数据域等其他的测量技术。从原理上说，频域等测量技术常常是以时域测量技术为基础，可以通过对时域测量结果的分析间接实现频域测量，可见时域测量是其他测量技术的基础。作为最基础的时域测量仪器，示波器的应用非常广泛，示波器已成为科学研究、工程实验、电工电子、测试与控制等领域一种最通用的测量仪器。

5.1.2 示波器的组成

示波器主要由 Y（垂直）通道、X（水平）通道和显示器三大部分组成，如图 5-1 所示。

Y（垂直）通道：由探头、衰减器、前置放大器、延迟线和输出放大器组成，主要对被测信号进行不失真的线性放大,以保证示波器的测量灵敏度。

X(水平)通道:由触发电路、时基发生器和水平输出放大器组成,主要产生与被测信号相适应的扫描锯齿波,作为波形测量的时基。

显示器:主要由阴极射线管(CRT)组成,通常称为示波管。当前,以光点或光栅方式构成的显示屏早期主要采用示波管,目前平板显示屏尤其是液晶显示屏(LCD)已广泛应用于示波器。

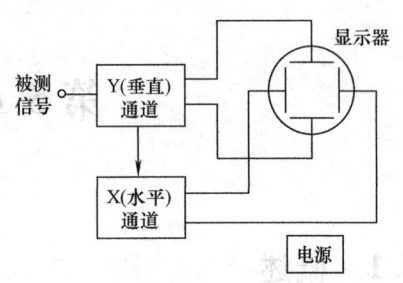

图 5-1 示波器的基本组成

5.1.3 示波器的分类

从示波器对信号的处理方式出发,可将示波器分为模拟、数字两大类。模拟示波器的 X、Y 通道对时间与信号的处理均由模拟电路完成,即 X 通道提供连续的锯齿波扫描电压,Y 通道提供连续的被测信号,而 CRT 屏上的图形显示也是光点连续运动的结果,即显示方式是模拟的。数字示波器则对 X、Y 方向的信号进行数字化处理,即把 X 轴方向的时间离散化(采样),Y 轴方向的幅值离散化(量化),获得被测信号波形上的一个个离散点的数据。

1. 模拟示波器

模拟示波器可分为通用示波器、多束示波器、采样示波器、记忆示波器和专用示波器等。通用示波器采用单束示波管,系泛指经典的、传统的示波器,它又可分为单踪示波器、双踪示波器和多踪示波器。多束示波器采用多束示波管,荧光屏上显示的每个波形都由单独的电子束扫描产生。采样示波器是用时域采样技术将高频周期信号转换为低频离散时间信号显示的,从而可以用较低频率的示波器测量高频信号。记忆示波器采用有记忆功能的示波管,实现模拟信号的存储(记忆)和反复显示。专用示波器是能够满足特殊用途的示波器,又称特种示波器。

早期的示波器只显示电压随时间的变化,做定性的观察;随后,改进的示波器具备定量测量功能,可以测量被测信号的幅度和周期及其变化情况,通常被称为模拟示波器或模拟实时示波器(ART)。模拟示波器是发展最早、应用最广泛的示波器,一般中档模拟示波器带宽在 100MHz 以下,高档模拟示波器带宽可达 1GHz。模拟示波器在提高带宽上受到放大电路与显像管制造技术的限制,所以,目前模拟示波器已经停止了向更宽频带的发展,只生产一些低档产品。

2. 数字示波器

20 世纪 80 年代,示波器引入了数字技术和微处理器,出现了数字示波器。数字示波器将模拟输入信号经由 A-D 转换器数字化后,变换为数字信号,存储于半导体存储器,然后,经由 D-A 转换器在屏幕上再重建波形显示。它具有存储被观察信号的功能,可以用来观察单次信号和非周期信号,又称为数字存储示波器(Digital Storage Oscilloscope,DSO)。

由于模拟示波器需要与带宽相适应的放大器和阴极射线示波管,随着频率的提高,对阴极射线示波管的工艺要求严格,成本增加,并存在速度的瓶颈;而数字存储示波器只需要与带宽相适应的高速 A-D 转换器和存储器,而 D-A 转换器及显示器等都是较低速的部件,显示器可用 LCD 平面彩色屏幕,其与模拟示波器相比具有极其明显的优点和更广泛的用途,目前数字存储示波器已在很大程度上取代了模拟示波器。

5.1.4 示波器的发展

示波器作为对信号波形进行直观观测和显示的电子仪器,其发展历程与整个电子技术的发展息息相关。1878 年由英国 W. 克鲁克斯发明的阴极射线管(Cathode Ray Tube,CRT)为示波器能够直观显示波形奠定了基础,直到 1934 年,B. 杜蒙发明了 137 型示波器,堪称现代示波器的雏形。随后几十年中,国内外许多示波器研究和生产厂商,对示波器的发展起了很大的推动作用。示波器的发展过程大致可分为以下几个阶段:

1) 20 世纪 30~50 年代是模拟示波器的诞生和实用化阶段。在这个阶段诞生了许多种类的示波器,如通用的模拟示波器、记忆示波器以及为观测高频周期信号的采样示波器,并已达到实用化。但由于当时的技术水平,电路和器件处于电子管电路时期,示波器的带宽仍很有限,1958 年模拟示波器的最高带宽达到 100MHz。

2) 20 世纪 60 年代是示波器技术水平不断提高的阶段。电路和器件处于晶体管电路时期,模拟示波器带宽为 100~300MHz。采样示波器的带宽则达到了 18GHz。而且示波器的体积和功耗也有大幅度的降低。

3) 20 世纪 70 年代以后,随着半导体集成电路技术的发展,模拟示波器指标进一步提高,数字化示波器开始诞生和发展。随着器件技术的发展和工艺水平的提高,模拟示波器指标得到快速提升,从 1971 年的 500MHz 到 1979 年的 1GHz,创造了模拟示波器的带宽高峰。

4) 20 世纪 80~90 年代,数字技术的发展和微处理器的应用,对示波器的发展产生了重大的影响。1974 年诞生了带微处理器的示波器(智能数字示波器),具备对信号的数字存储和数据处理功能。1983 年带宽为 50kHz 的数字存储示波器问世,经过多年的努力,数字存储示波器的性能得到很大的提高。

5) 近年来,电子技术日新月异,新一代数字示波器技术已不可同日而语。随着新型半导体器件和集成电路的发展,采样频率不断提高,使信号带宽达到几十吉赫兹以上,此外,高速大容量数据存储和功能强大的数据分析与处理软件,已成为新一代数字示波器的主要标志。现在,数字存储示波器无论在产品的技术水平还是在其性能指标上都优于模拟示波器,并大有取代模拟示波器之势。数字存储示波器是示波器发展的一个主要方向。

5.2 信号波形的模拟测量原理

5.2.1 阴极射线示波管

阴极射线示波管(CRT)是示波器的核心组成部分,用来将电信号变换为光信号而实现波形显示。CRT 主要由电子枪、偏转系统和荧光屏三大部分组成,它们都被封装在真空的密闭玻璃壳内,如图 5-2 所示。

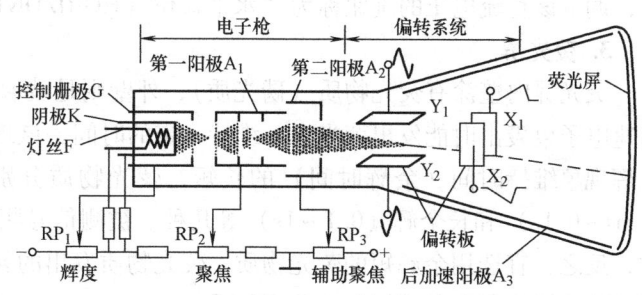

图 5-2 阴极射线示波管结构示意图

1. 电子枪

电子枪用来发射电子并形成很细的高速电子束。它主要由灯丝 F、阴极 K、控制栅极 G、

第一阳极 A_1、第二阳极 A_2 和后加速阳极 A_3 组成。

阴极是一个表面涂有金属氧化物的金属圆筒，在灯丝的加热下，阴极散射出大量游离电子。

控制栅极是顶端有孔的圆筒，套装在阴极外面，其电位比阴极电位低，用于控制射向荧光屏的电子数量，以改变电子束打在荧光屏上亮点的亮度。调节电位器 RP_1 可以调节亮度，称之为"辉度（INTENSITY）"调节旋钮。与控制栅极性相反的电压加到阴极上时，也可起到与控制栅极相同的作用。

第一、二阳极是中间开孔、内有许多栅格的金属圆筒，它们与控制栅极配合完成对电子束的加速和聚焦，聚焦就是使电子束在荧光屏上的亮点直径变小。调节电位器 RP_2 和 RP_3 可使荧光屏亮点鲜明，得到最佳的聚焦效果，RP_2 和 RP_3 分别称之为"聚焦（FOCUS）"调节和"辅助聚焦（AUX FOCUS）"调节旋钮。

后加速阳极用来加速电子束，提高示波管的偏转灵敏度。

2. 偏转系统

偏转系统的作用是：扫描电压、被测信号分别加到 X、Y 偏转板上时，各自在 X、Y 偏转板间形成偏转电场，分别使电子束产生在 X、Y 方向上的位移，由此确定出亮点在荧光屏上的位置。

偏转系统位于第二阳极之后，由两对相互垂直的 X（水平）、Y（垂直）偏转板组成，分别控制电子束水平方向和垂直方向的位移，偏转的距离分别与加在偏转板上的电压大小成正比，该特性称为阴极射线示波管的线性偏转特性。

为了显示出被测信号的波形，扫描电压和被测信号电压分别加在示波管 X、Y 偏转板上。扫描电压是与时间成正比的锯齿波，因此电子束在水平方向上的偏转距离与时间成正比，这是示波器测量时间、周期等参数的原理依据。改变扫描电压的大小，可以调整显示波形的宽度。锯齿波和被测信号都变换成极性相反的对称信号后加到偏转板上，如图 5-2 所示。被测信号变换后在 Y 偏转板上，使电子束产生与信号电压成正比的偏移，这是示波器测量电压等参数的原理依据。改变 Y 偏转板上的信号电压大小，可以调整显示波形的幅度。

当在 Y_1 和 Y_2 偏转板上再叠加上对称的正、负直流电压时，显示波形会整体向上移位，反之，向下移位，调节该直流电压的旋钮称为"垂直移位（VERTICAL）"旋钮。当在 X_1 和 X_2 偏转板上再叠加上对称的正、负直流电压时，显示波形会整体向左移动，反之，向右移位，调节该直流电压的旋钮称为"水平移位（HORIZONTAL）"旋钮。

3. 荧光屏

荧光屏内壁涂有荧光物质（磷光质），外壁则是玻璃管壳。当荧光物受到电子枪发射的高速电子束轰击时能发出荧光，并维持一定的时间，该现象称为荧光物质的余辉现象。按照余辉现象维持时间（余辉时间）的长短，荧光物质分别为短余辉（$10\mu s \sim 1ms$）、中余辉（$1ms \sim 0.1s$）和长余辉（$0.1 \sim 1s$）等几种。被测信号频率越低，越宜选用余辉长的荧光物质，反之，宜选用余辉短的荧光物质。荧光物质发出的颜色有黄色、绿色、蓝色等几种，普通示波管常选用黄色或绿色的荧光物质。

为了进行定量测试，一般在荧光屏内壁预先沉积一个透明刻度，称为内刻度；或在屏外安置标有刻度的透明塑料板，称为外刻度。刻度区域通常为一个矩形，称为测量窗或显示窗。其宽×高尺寸一般为 $10Div \times 8Div$，一般 1Div（Division，格）= 1cm。

5.2.2 阴极射线示波管波形显示的基本原理

在电子枪中,电子运动经过聚焦形成电子束,电子束通过垂直和水平偏转板打到荧光屏上产生亮点,亮点在荧光屏上垂直或水平方向偏转的距离,正比于加在垂直或水平偏转板上的电压,即亮点在屏幕上移动的轨迹,是加到偏转板上的电压信号的波形。CRT 显示图形或波形的原理是基于电子与电场之间的相互作用的原理进行的。根据这个原理,示波器可显示随时间变化的信号波形和显示任意两个变量 X 与 Y 的关系图形。

1. 波形显示与 X-Y 图形显示

(1) 显示随时间变化的波形

电子束进入偏转系统后,要受到 X、Y 两对偏转板间电场的控制,设 X 和 Y 偏转板之间的电压分别为 u_X 和 u_Y,它们对 X、Y 的控制作用有如下几种情况。

1) u_X、u_Y 为固定电压的情况。如图 5-3 所示,当水平和垂直偏转板上加固定电压 u_X、u_Y 时,根据两电压的矢量合成,荧光屏上将显示为一个光点。

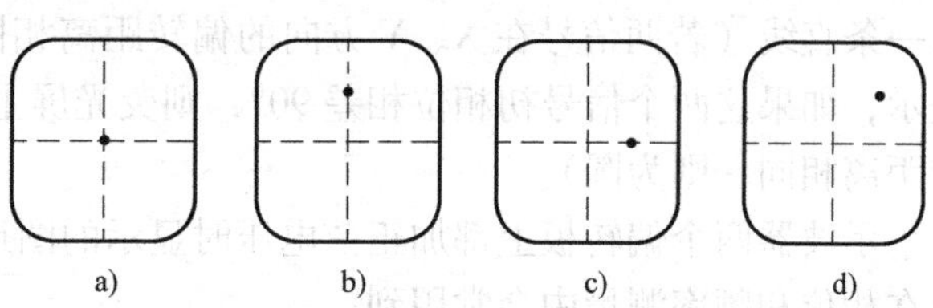

2) X、Y 偏转板上分别加变化电压。图 5-4 表示水平和垂直偏转板上分别加变化电压,其中,图 5-4a 为 $u_X=0$、$u_Y=U_m\sin\omega t$,光点只在荧光屏的垂直方向来回移动,出现一条垂直线段(并不出现正弦波)。图 5-4b 为 $u_X=kt$、$u_Y=0$,电子束将在水平方向受锯齿波电场作用,则光点在荧光屏的水平方向上来回移动,出现的是一条水平线段(并不出现锯齿波)。

图 5-3 水平和垂直偏转板上加固定电压时显示为一个光点
a) $u_X=0$,$u_Y=0$ b) $u_X=0$,$u_Y=$ 常量
c) $u_X=$ 常量,$u_Y=0$ d) $u_X=$ 常量,$u_Y=$ 常量

上述两种情况,虽然加上了信号波形,但荧光屏上并未显示与信号波形一致的图形。

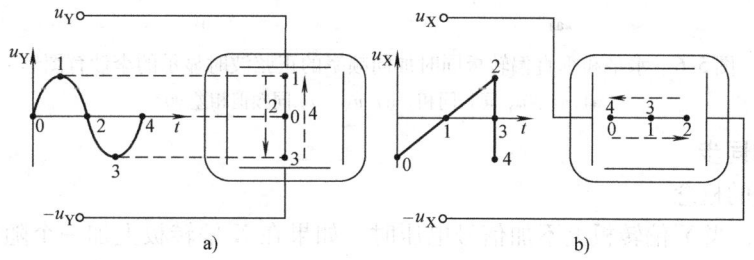

图 5-4 水平和垂直偏转板上分别加变化电压
a) $u_X=0$,$u_Y=U_m\sin\omega t$ b) $u_X=kt$,$u_Y=0$

3) Y 偏转板加正弦信号电压 $u_Y=U_m\sin\omega t$,X 偏转板加锯齿波电压 $u_X=kt$。如图 5-5 所示,X、Y 偏转板同时加上周期性的锯齿波和正弦波电压,并假设两者的周期相同(图中只画出了一个周期的波形),即 $T_X=T_Y$,则电子束在两个电压的同时作用下,在水平和垂直方向同时产生位移,依次描出各光点,光点轨迹即为一个周期的正弦波形曲线。在信号的第二、第三个周期等又将重复第一个周期的情形,光点在荧光屏上描出的轨迹也将重叠在第一次描出的轨迹上,因此,荧光屏显示的是正弦波信号随时间变化的稳定波形。而且,由于 CRT 显示管的特性,只有当被测的正弦信号和锯齿波扫描电压周期性地不断重复时,荧光屏上才能持续而稳定地显示出被测信号的波形。

(2) X-Y 图形显示

任意两个变量之间的关系，可采用 X-Y 图形显示。为此，先把两个变量转换成与之成比例的两个电压，分别加到 X、Y 偏转板上，屏幕上任一瞬间光点的位置都是由偏转板上两个电压的瞬时值决定的。由于荧光屏有余辉时间以及人眼的视觉残留效应，从荧光屏上可以看到全部光点构成的曲线，它反映了两个变量之间的关系。这种 X-Y 图形显示技术可以在很多领域中应用。

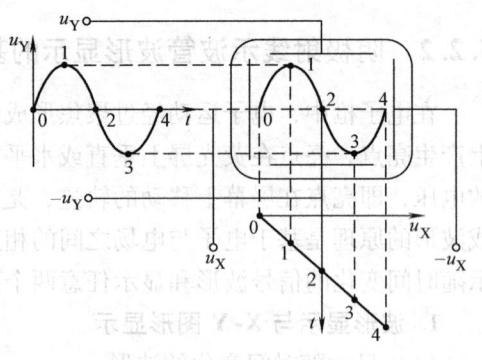

图 5-5 水平和垂直偏转板同时加信号时的显示

若 X、Y 偏转板同时加上同频率的正弦波，可获得如图 5-6 所示的 X-Y 图形。其中，图 5-6a 表示两信号的初相位相同，荧光屏上显示出一条直线（若两信号在 X、Y 方向的偏转距离相同，这条直线与水平轴呈 45°）；图 5-6b 表示，如果这两个信号初相位相差 90°，则荧光屏上显示为一个正椭圆（若 X、Y 方向的偏转距离相同，则为圆）。

示波器两个偏转板上都加正弦电压时显示的图形称为李沙育（Lissajous）图形，这种图形在相位和频率测量中会常用到。

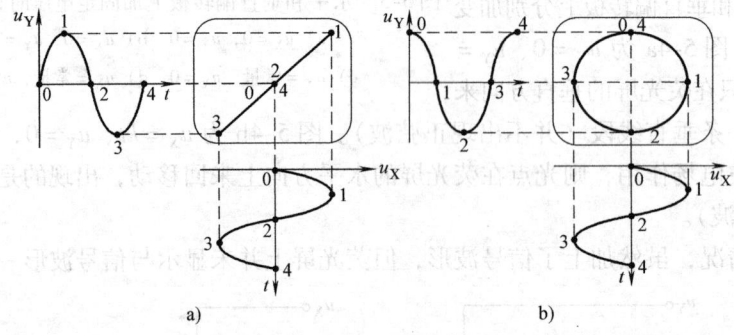

图 5-6 水平和垂直偏转板同时加同频率的正弦波时显示的李沙育图形
a) u_X、u_Y 同频同相 b) u_X、u_Y 同频但相差 90°

2. 扫描与同步

(1) 扫描的概念

如上所述，当 Y 偏转板上不加信号电压时，如果在 X 偏转板上加一个随时间线性变化的周期性电压，即加上一个周期性的锯齿波电压 $u_X = k(t - T/2)$（第 1 个周期，k 为常数，T 为周期），那么光点在 X 方向作匀速运动，光点在水平方向的偏移距离为

$$x = S_X k\left(t - \frac{T}{2}\right) = h_X\left(t - \frac{T}{2}\right) \tag{5-1}$$

式中，x 为 X 方向的偏转距离；S_X 为比例系数，称为示波管的 X 轴偏转灵敏度（单位为 cm/V）；h_X 为比例系数（单位为 cm/s），即光点移动的速度。这样，X 方向偏转距离的变化就反映了时间的变化。此时光点水平移动形成的水平亮线称为"时间基线"。

当锯齿波电压达到最大值时，荧光屏上的光点也达到最大偏转（屏幕最右端），然后锯齿波电压迅速返回起始点，光点也迅速返回屏幕最左端，再重复前面的变化。光点在锯齿波作用下扫动的过程称为"扫描"，能实现扫描的锯齿波电压称为扫描电压，光点自左向右的连续扫动称为"扫描正程"，光点从荧光屏的右端迅速返回左端起扫点的过程称为"扫描回程"。扫描电压为理想锯齿波时,扫描回程时间为零。

(2) 同步的概念

1) 当 $T_X = nT_Y$ (n 为正整数)时,满足同步条件。荧光屏上要显示稳定的波形,就要求每个扫描周期所显示的信号波形在荧光屏上完全重合,即曲线形状相同,并有同一个起点。在前述的显示随时间变化的波形的第3)种情况分析中,$T_X = T_Y$,荧光屏上稳定显示了信号一个周期的波形(见图5-5)。现假设 $T_X = 2T_Y$,其波形显示过程如图5-7所示,每个扫描正程在荧光屏上都能显示出完全重合的两个周期的被测信号波形。

同理,设 $T_X = 3T_Y$,则荧光屏上稳定显示3个周期的被测信号波形。依次类推,当扫描锯齿波电压的周期是被观测信号周期的整数倍时,即 $T_X = nT_Y$ (n 为正整数),则每次扫描的起点都对应在被测信号的同一相位点上,这就使得扫描的后一个周期描绘的波形与前一周期完全一样,每次扫描显示的波形重叠在一起,在荧光屏上可得到清晰而稳定的波形。

一般地,如果扫描电压周期 T_X 与被测电压周期 T_Y 保持 $T_X = nT_Y$ 的关系,且 n 为正

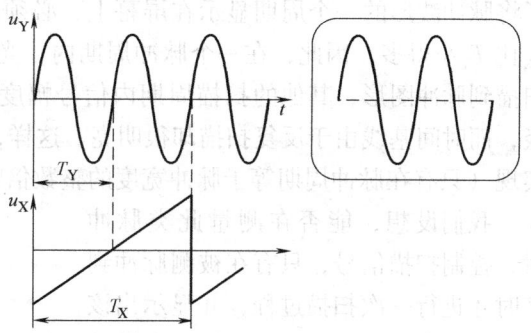

图 5-7 $T_X = 2T_Y$ 时荧光屏上显示的波形

整数,则称扫描电压与被测电压"同步"。如果增加 T_X(扫描频率降低)或降低 T_Y(信号频率增加),使 n 增大,屏幕上显示波形的周期数 n 将增加。

2) 当 $T_X \neq nT_Y$ (n 为正整数),即不满足同步关系时,则后一扫描周期描绘的图形与前一扫描周期的图形不重合,显示的波形是不稳定的,如图5-8所示,$T_X = \frac{5}{4}T_Y$ ($T_X > T_Y$),在第一个扫描周期,光点沿 0→1→2→3→4→5 轨迹移动(实线所示);在第二个扫描周期,光点沿 6→7→8→9→10→11 的轨迹移动(虚线所示)。这样,两次扫描显示的轨迹不重合,看起来波形好像从右向左移动,显示的波形变得不稳定了。

归纳起来,示波器实现同步的两个条件是:

1) 施加触发,确定扫描的起始点(在被测信号的同一相位点上)。

2) 调节扫描周期,维持 $T_X = nT_Y$ (n 为正整数)。

但实际上,扫描电压是由示波器本身的内部时基电路产生的,它与被测信号是不相关的。使用中靠人工调节扫描周期来满足条件2)是很麻烦的。因此,常利用被测信号产生一个触发信号,去控制示波器

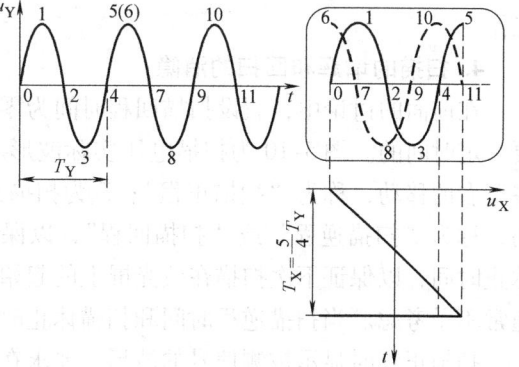

图 5-8 扫描电压与被测电压不同步时显示波形出现晃动

的扫描发生器,迫使扫描电压与被测信号同步。触发是自动地实现同步所必需的。

3. 连续扫描和触发扫描

前面所讨论的都是观察连续信号的情况,这时扫描电压是连续的,即扫描正程紧跟着回

程，回程结束又开始新的正程，扫描是不间断的，这种扫描方式称为连续扫描。

当欲观测脉冲信号，尤其是占空比 τ/T_Y 很小的窄脉冲（见图 5-9a）时，采用连续扫描会存在以下一些问题。

1）若选择扫描周期等于脉冲重复周期，即 $T_X = T_Y$，如图 5-9b 所示。此时，屏幕上出现的脉冲波形集中在时间基线的起始部分，即图形被压缩在水平方向的左侧，以致难以看清脉冲波形的细节，例如很难观测它的前后沿时间。

2）若选择扫描周期等于脉冲底宽 τ，即 $T_X = \tau$，脉冲波形被展宽，如图 5-9c 所示。为了将脉冲波形的一个周期显示在屏幕上，必须扫描一个周期，而此时占空比 τ/T_Y 很小，即 T_X 比 T_Y 小得多。因此，在一个脉冲周期内，光点在水平方向完成的多次扫描中，只有一次扫描到脉冲图形，其他的扫描周期内信号幅度为零，结果在屏幕上显示的脉冲波形非常暗淡，而时间基线由于反复扫描却很明亮。这样，观测者不易观察波形，而且扫描的同步很难实现（只有在脉冲周期等于脉冲宽度的整数倍时，才能实现严格的同步）。

我们设想，能否在测量此类脉冲时，控制扫描信号，只有在被测脉冲到来时才进行一次扫描过程，并显示出该脉冲；没有被测脉冲时，扫描发生器处于不扫描的等待工作状态。只要选择扫描电压的持续时间等于或稍大于脉冲底宽，则脉冲波形就可展宽得几乎布满全屏。同时由于在两个脉冲间隔时间内没有扫描，故不会产生很亮的时间基线，如图 5-9d 所示。这种由被测信号激发扫描发生器间断工作的方式称为"触发扫描"方式。

现代通用示波器的扫描电路，一般均可在连续扫描或触发扫描等方式下工作。

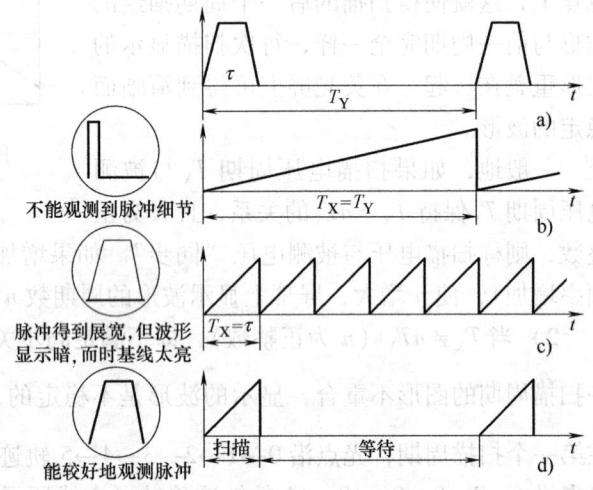

图 5-9 连续扫描和触发扫描方式下对窄脉冲波形的观测
a) 被测脉冲 b) 连续扫描，且 $T_X = T_Y$ c) 连续扫描，且 $T_X = \tau$ d) 触发扫描

4. 扫描的增辉和回扫的消隐

在前面的讨论中，假设扫描回程时间为零的理想扫描电压波形，而实际上，回扫总是需要一定时间的。图 5-10 为扫描电压实际波形。T_s 为扫描正程时间，在此期间电子束产生自左至右的移动，称为"扫描正程"；T_b 为扫描逆程时间，在此期间电子束产生自右至左的移动，称为"扫描逆程"或"扫描回程"，以保证下次扫描从起始点开始向右扫描；T_w 为扫描休止时间，以保证下次扫描在荧光屏上的起始点能够与本次扫描的起始点重合，为便于分析通常不予考虑。当扫描逆程时间和扫描休止时间均为零时，为理想扫描电压。

扫描正程时显示被测信号的波形，要求在此期间增强波形的亮度，即增辉，可以在控制栅极上叠加正极性脉冲或在阴极上叠加负极性脉冲来实现增辉。假如在 Y 偏转板上加正弦电压，在扫描逆程时，电子束在向左移动的过程中会出现亮线，该亮线称为回扫线。在扫描休止时，电子束会在起始点位置出现一条垂直的亮线，该亮线称为休止线。如果不对回扫线和休止线进行消隐，而且扫描逆程电压为实际的非线性电压时，在荧光屏上显示的图形如图 5-11 所示，所以应对回扫线和休止线进行消隐。可以在控制栅极上叠加负极性脉冲或在阴极上叠加正极性脉冲来实现消隐。

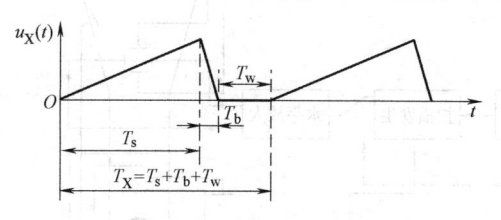
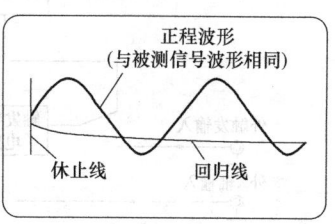

图 5-10　扫描电压实际波形　　　　图 5-11　不消隐时显示的图形

在实际扫描电压下，如果要得到稳定的周期性被测信号波形，必须满足同步条件

$$T_X = T_s + T_b + T_w = nT_Y \quad (n \text{ 为正整数}) \tag{5-2}$$

式中，T_X 为扫描电压周期；T_Y 为被测信号周期。

由此可见，被测信号和扫描电压对电子束的作用时间总是相等的。所以，扫描电压正程、逆程时间等于被测信号的几个周期，就相应地扫描得出被测信号几个周期的波形，其中扫描逆程得到的波形（回扫线）是紧随扫描正程波形之后的被测信号波形的回折，即以扫描正程结束点所在纵轴为轴线将正程之后的波形向起始方向对折，并且使扫描逆程的结束点与扫描起始点重合，如图 5-12 所示。

图 5-12 中，扫描电压周期为被测信号周期的三倍，满足式（5-2）的同步条件，可以得到稳定的波形。否则，会产生左移或右移的不稳定波形或亮带。

5. 小结

综上所述，CRT 波形显示原理基于如下几点。

1) 示波管是电-光变换的显示器件，荧光物质的余辉现象是示波器能够连续显示波形的基础。

2) 示波管的线性偏转特性是示波器显示不失真波形和测量有关参数的原理依据。

3) 扫描是展开信号波形所必需的。为了获得不失真的时域波形，扫描正程电压必须是与时间成正比的周期性锯齿波。

4) 被测信号必须是周期性信号，扫描必须反复进行，并且信号与扫描电压同步。

5) 为了清晰显示出扫描正程期间的波形，需进行扫描正程的增辉及扫描回程和休止期的消隐。

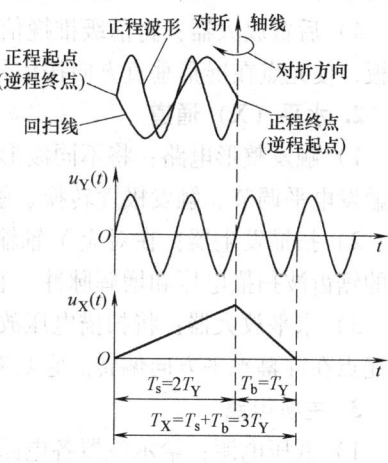

图 5-12　显示波形的取得

6) 为了保证每次扫描得到的波形能够在荧光屏上水平重合，扫描休止期是不可少的。

5.3　模拟示波器

5.3.1　通用示波器的基本构成

模拟示波器品种繁多，电路形式各异，本节主要讨论通用示波器。通用示波器基本组成框图如图 5-13 所示，主要由三个部分组成：垂直（Y）通道、水平（X）通道和主机电路。

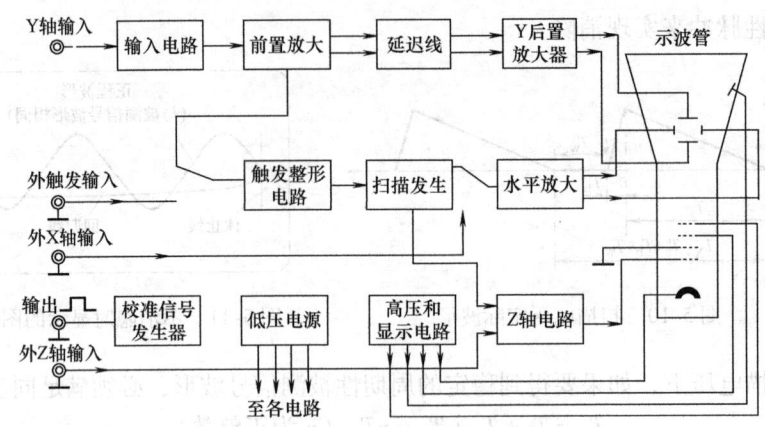

图 5-13 通用示波器基本组成框图

1. 垂直（Y）通道

1）输入电路：该电路由信号输入交直流耦合开关、高阻输入衰减器、阻抗转换器等电路组成，具有灵敏度粗调、直流平衡等控制作用。

2）前置放大器：将 Y 轴输入信号进行适当放大，将单端输入信号转换成推挽输出信号，并从中取出内触发信号的电路。具有灵敏度微调和校正以及 Y 轴位移等控制作用。

3）延迟线：使 Y 轴输入的信号有一定的延迟时间，并使该延迟时间大于水平扫描引入的延迟时间，便于在屏幕上完整地观察和测量所显示脉冲波形的参数（如：前沿）。

4）后置放大器：将前级推挽信号放大到足够幅度，差动式地对称驱动示波管的垂直偏转板，使光点在屏幕垂直方向按信号幅度移动。

2. 水平（X）通道

1）触发整形电路：将不同波形的输入触发信号转换成一定幅度的触发脉冲信号。它具有触发电平调节、触发极性转换、触发源、耦合方式及触发方式选择等控制作用。

2）扫描发生器：在对应 Y 轴输入信号某一固定相位点的触发脉冲作用下，产生线性变化的锯齿波扫描电压和增辉脉冲。它具有扫描时间因数的粗细调节、稳定度等控制作用。

3）水平放大器：将扫描电压放大到足够幅度，差动式对称推动示波管的水平偏转板，使光点在屏幕水平方向偏转。它具有 X 位移和扩展等功能。

3. 主机电路

1）低压电源：给示波器各电路提供各挡稳定的直流电压。

2）高压和显示电路：提供示波管正、负直流电压，以及辉度、聚焦和辅助聚焦调节等直流控制电压。

3）Z 轴电路：对扫描增辉脉冲信号进行放大，使屏幕上扫描正程期间显示的波形加亮，以便清晰地显示被测量的波形。

4）校准信号电路：它是机内的校准信号源，用来产生一个准确幅度和频率的信号（通常是对称方波），对 Y 轴灵敏度、扫描时间因数或探极进行校正。

5.3.2 主要技术指标

表征示波器的技术指标很多，而且数字示波器与模拟示波器由于所采用的技术不同，其技术指标也有所不同。这里先介绍各类示波器共同的技术指标。

1. 频带宽度 BW 和上升时间 t_r

示波器的频带宽度 BW 一般指 Y 通道的频带宽度，即 Y 通道输入信号上、下限频率 f_H 和 f_L 之差，即 $BW = f_H - f_L$。一般下限频率 f_L 可达直流（0Hz），因此，频带宽度也可用上限频率 f_H 来表示。当 Y 通道输入信号（周期正弦信号）频率刚好等于示波器的 f_H 时，其信号幅度的测量结果将衰减为原来的 0.707 倍，即 3dB，因此，示波器带宽也称为 3dB 带宽。在实际使用中，一般要求示波器带宽（上限截止频率）为被测信号最高频率分量的 5 倍，此时，幅度测量误差小于 2%，称为"5 倍带宽法则"。

上升时间 t_r 是一个与频带宽度 BW 相关的参数，它表示由于示波器 Y 通道的频带宽度的限制，当输入一个理想阶跃信号（上升时间为零而具有丰富的谐波分量）时，显示波形出现具有一定上升时间（脉冲信号的上升时间定义为上升沿的幅度从 10% 上升到 90% 所需的时间）的非理想阶跃波形（可理解为丢失了输入理想阶跃信号的高次谐波，因为其未得到响应），Y 通道的频带宽度越宽，输入信号的高频分量衰减越少，阶跃信号失真越小，显示波形越陡峭，上升时间就越小。上升时间反映了示波器 Y 通道跟随输入信号快速变化的能力。

理论上，设一上升时间为零、幅度为 A（V）的理想阶跃信号通过一阶 RC 电路（时间常数 $\tau = RC$），则电容电压呈现快速充电波形，可表示为：$u_c(t) = A(1 - e^{-\frac{t}{\tau}})$V，分别令 $u_c(t_1) = 0.1A$ 和 $u_c(t_2) = 0.9A$，得到电容电压波形的上升时间 $t_r = t_2 - t_1 = 2.3\tau - 0.1\tau = 2.2\tau$。将一阶 RC 电路视为低通滤波器，其 $f_{3dB} = \frac{1}{2\pi RC} = \frac{1}{2\pi\tau}$，因而得到 $t_r = \frac{2.2}{2\pi f_{3dB}} \approx \frac{0.35}{f_{3dB}}$，式中 f_{3dB} 等于该 RC 电路带宽。

虽然示波器的 Y 通道电路并非一阶 RC 电路，而是包含衰减器、多级放大器等构成的级联系统，并决定了 Y 通道带宽（注：随着级联系统级数的增加，总带宽将变窄），但 $t_r \times BW$ 乘积变化不大，近似为 0.35。对于不同类型的滤波器，其上升时间与带宽的乘积关系参见表 5-1。

表 5-1　上升时间与带宽的关系

滤波器频响类型	单极点型	$\sin x/x$ 型	2 阶巴特沃兹	5 阶巴特沃兹	2 阶贝塞尔	3 阶椭圆
$t_r \times BW$	0.349	0.354	0.342	0.488	0.342	0.370

工程上，示波器 Y 通道输入脉冲信号时，所显示脉冲波形的上升时间为 t_r，BW 与 t_r 的关系可近似表示为

$$t_r [\mu s] \approx \frac{0.35}{BW [\text{MHz}]}, \text{ 或 } t_r [\text{ns}] \approx \frac{0.35}{BW [\text{GHz}]} \tag{5-3}$$

例如，对于带宽 100MHz 的示波器，上升时间约为 3.5ns。

2. 扫描速度与时基因数

扫描速度是指荧光屏上的光点在单位时间内水平移动的距离，单位为"cm/s"。荧光屏上为了便于读数，通常用间隔 1cm 的刻度线做标示（水平和垂直方向分别有 10 条和 8 条刻度线），每 1cm 称为"1 格"，用 div 表示（division 的缩写），因此扫描速度的单位也可表示为"div/s"。扫描速度的倒数称为"时基因数"，单位为"t/cm"或"t/div"，它表示单位距离代表的时间，时间 t 的单位可为 μs、ms 或 s。

在示波器的面板上，时基因数通常按"1、2、5"的步进分成很多挡，当选择较小的时

基因数时，可将高频信号在水平方向上展开。此外，面板上还有时基因数的"微调"（当调到最尽头时，为"校准"位置）和"扩展"（×1或×5倍）旋钮，当需要进行定量测量时，应置于"校准"、"×1"的位置。扫描速度可用周期标准的窄脉冲进行校准。

3. 偏转灵敏度与偏转因数

偏转灵敏度是指屏幕上的光点在单位电压信号作用下，所产生的垂直偏转的距离，单位为"cm/V"（或"div/V"）。

偏转灵敏度的倒数称为"偏转因数"，它表示光点在荧光屏上的垂直（Y）方向移动1cm（1格）所需的电压值，单位为"V/cm"、"mV/cm"（或"V/div"、"mV/div"）。

在示波器面板上，偏转因数通常也按"1、2、5"的顺序分成很多挡，此外，还有"微调"（当调到最尽头时，为"校准"位置）旋钮。垂直灵敏度可用幅度准确的低频方波进行校准。

偏转因数表示了示波器 Y 通道的放大/衰减能力，偏转因数越小，表示示波器观测微弱信号的能力越强。对灵敏度在 μV 量级的示波器称为高灵敏度示波器，它主要用于观测微弱信号（如生物医学信号）。由于 Y 通道需对微弱小信号进行高倍增益放大，因此一般带宽较窄，如 1MHz。

4. 输入阻抗

当示波器接入被测信号时，输入阻抗 Z_i 成为被测信号的等效负载。当测量直流信号时，输入阻抗用输入电阻 R_i 表示，通常为 $1M\Omega$；当测量交流信号时，输入阻抗用输入电阻 R_i 和输入电容 C_i 的并联表示，其值一般为 $1M\Omega//33pF$ 左右。当使用有源探头时，一般为 $10M\Omega//10pF$。

5. 输入方式

即输入耦合方式，一般有直流（DC）、交流（AC）和接地（GND）三种，可通过示波器面板选择。直流耦合即直接耦合，输入信号的所有成分都加到示波器上；交流耦合用于只需要观测输入信号的交流波形时，它将通过隔直电容去掉信号中的直流分量；接地方式则断开输入信号，将 Y 通道输入直接接地，测量时用于确定基线的零电平位置。

6. 触发源选择方式

触发是确定示波器观测窗口的一个重要功能，模拟示波器中触发信号是产生扫描电压的启动信号，数字示波器中触发点作为采样、存储与显示的参考点。触发源是指产生触发信号的来源，触发源一般有内触发（INT）、外触发（EXT）、电源触发（LINE）三种。内触发即由被测信号（多通道输入中的任何一路）产生；外触发由外部输入信号产生，通常该外部输入信号与被测信号具有某种时间同步关系；电源触发即利用 50Hz 工频电源产生。

5.3.3 通用示波器的 Y 通道（垂直系统）

示波器 Y 通道主要由输入电路、前置放大器、延迟线和输出放大器等组成，如图 5-13 所示。示波器 Y 通道的主要作用是：把被测信号变换成为大小合适的双极性对称信号，去驱动 Y 偏转板；向 X 通道提供内触发信号源，去启动扫描；补偿 X 通道的时间延迟，以观测到诸如脉冲等信号的完整波形。

1. 输入电路

输入电路主要包括探极、耦合方式变换开关、衰减器、阻抗变换及倒相放大器等部分，如图 5-14 所示。

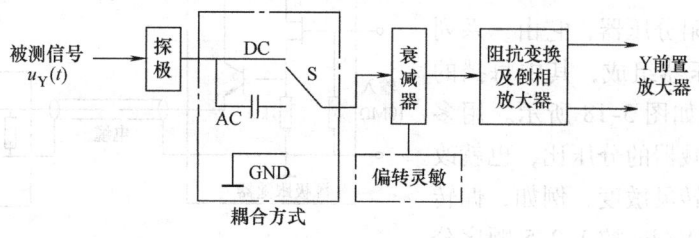

图 5-14　Y 通道输入电路

(1) 探极

被测信号与示波器的连接，通常选用高频特性良好、抗干扰能力强的探极。正确使用探极，可以提高示波器的输入阻抗，扩展示波器的电压量程。接入探极后，一般可以使输入电阻提高到 10MΩ、输入电容减小到十几皮法。

探极分为无源探极和有源探极两种，探极中通常设置有衰减器。无源探极的衰减比（输入/输出）有 1:1、10:1 和 100:1 三种，前两种的应用比较普遍。有源探极又称为 FET（Field Effect Transistor，场效应晶体管）探头，衰减比为 1:1，它具有良好的高频特性，适于测试高频小信号，但需要示波器提供专用电源。

无源探极的结构如图 5-15 所示。如果要正确地测量高频信号和方波，需要调节探极补偿电容器 C。调节补偿电容时，将示波器校准信号发生器产生的方波加到探极上，用螺钉旋具左右旋转补偿电容 C，直到调出图 5-16a 所示的方波（最佳补偿，$RC = R_i C_i$）为止。否则，会出现图 5-16b 所示的电容过补偿（$RC > R_i C_i$）或图 5-16c 所示的欠补偿（$RC < R_i C_i$）的情况。已知仪器的输入阻抗 $R_i = 1\text{M}\Omega$，$C_i = 33\text{pF}$，探头电阻 $R = 9\text{M}\Omega$，为了得到最佳补偿，调节补偿电容满足 $RC = R_i C_i$，则补偿电容 C 之值为 $C = \dfrac{R_i C_i}{R} = \dfrac{1\text{M}\Omega \times 33\text{pF}}{9.1\text{M}\Omega} \approx 3.6\text{pF}$。

无源探头虽然可以工作到较高的频率，有较好的过载性能，但由于它有分压作用，不宜用来探测很小的信号。有源探头可以在无衰减的情况下，获得优良的高频工作性能，特别适用于探测高频（>600MHz）小信号。图 5-17 所示为有源探头的基本电路，它主要包括三个部件，即源极跟随器、电缆和放大器。FET 源极跟随器做成探头形式，为了便于和同轴电缆的低阻抗相匹配，在源极跟随器后还加有射极跟随器。

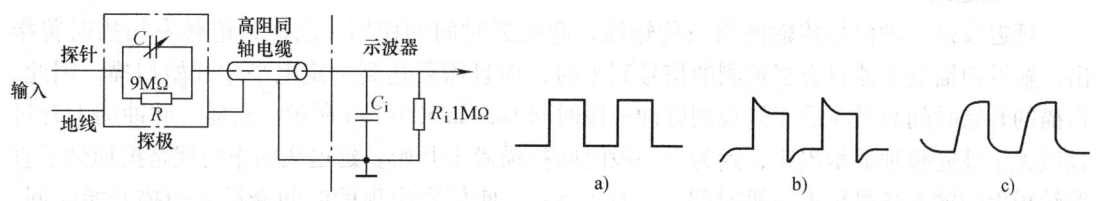

图 5-15　无源探极的结构　　　　图 5-16　探极补偿情况
a) 最佳补偿 $RC = R_i C_i$　b) 过补偿 $RC > R_i C_i$
c) 欠补偿 $RC < R_i C_i$

(2) 耦合方式选择开关

耦合方式选择开关 S 一般有 DC、AC 和 GND 三个挡位（见图 5-14）。GND 耦合是在不断开被测信号的情况下，为示波器提供测量直流电压时的参考零电平。

(3) 衰减器

衰减器是高阻分压器，它由一系列 RC 阻容步进分压器组成，其中每挡的分压电路原理图如图 5-18 所示。用多位开关来改变衰减器的分压比，也就改变了示波器的偏转灵敏度，例如，偏转因数 5mV/div～5V/div 按 1-2-5 顺序分 10 挡，每挡对应的阻容衰减器是唯一

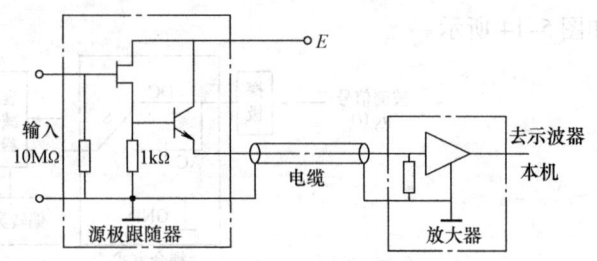

图 5-17　源极跟随器式有源探头的基本电路

的。控制衰减器分压比的旋钮即为示波器"垂直灵敏度粗调"旋钮开关，在面板上常用"V/cm"或"V/div"标记。

对于图 5-18 所示的阻容衰减器，只有当满足 $R_1C_1 = R_2C_2$ 时，可获得如图 5-16a 所示的正确补偿，衰减器才具有平坦的幅频特性，即示波器偏转灵敏度与输入信号频率无关，其衰减比为 $R_2/(R_1+R_2)$。

(4) 阻抗变换及倒相放大器

阻抗变换及倒相放大器的作用是，将来自衰减器的单端输入信号变换为后级差分放大器所需的双端输出信号，以克服放大器零点漂移的影响，提高放大器输入阻抗，隔离前后级的影响，提供 Y 偏转板所需的对称信号。

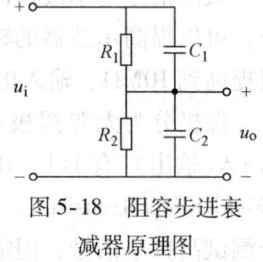

图 5-18　阻容步进衰减器原理图

与阻抗变换及倒相放大器电路有关的旋钮有偏转灵敏度"微调"旋钮，"微调"可以连续调节显示波形的幅度。当对垂直灵敏度进行校准时，"微调"旋钮应调到最尽头的"校准"位置上。

2. 前置放大器

前置放大器的作用是，对输入信号进行初步放大，补偿延迟线对信号的损耗；为 X 通道的触发电路提供大小合适的内触发信号，以得到稳定可靠的内触发脉冲，如图 5-13 所示。

与前置放大器有关的开关旋钮有"倒相"开关、垂直"移位"旋钮。调节"倒相"开关改变加在前置放大器的双端输入信号的极性，使显示波形反相 180°；通过"移位"旋钮调节同轴双联互调电位器，反向对称地调节前置放大器双端输出信号中的直流成分，使波形垂直移位。

3. 延迟线

延迟线是一种信号传输网络或传输线，起延迟时间的作用。前面讨论触发扫描时曾指出，触发扫描发生器只有当被测的信号到来时，而且需要达到一定电平才开始扫描，因此，扫描的开始时间总是滞后于被观测脉冲一段时间 t_T，如图 5-19a 所示。这样，脉冲的上升过程就无法被完整地显示出来，因为有一段时间扫描尚未开始。延迟线的作用就是把加到垂直偏转板上的输入信号延迟一段时间 t_d，且 $t_d > t_T$，使信号出现的时间滞后于扫描开始时间，这样就能够保证在屏幕上扫描出包括上升时间在内的脉冲全过程，如图 5-19b 所示。

要求延迟线只起时间延迟的作用，脉冲通过它时不应产生失真，输入信号的频率成分不能丢失。在带宽较窄的示波器中，一般采用多节 LC 延迟网络；在带宽较宽的示波器中，一般采用双芯平衡螺旋导线作延迟线，它可等效为多节 LC 延迟网络，延迟时间为 75ns/m；在 200～300MHz 示波器中，则多采用射频同轴电缆，延迟时间约为 5ns/m。为防止信号反射，需注意延迟线前后级的阻抗匹配。

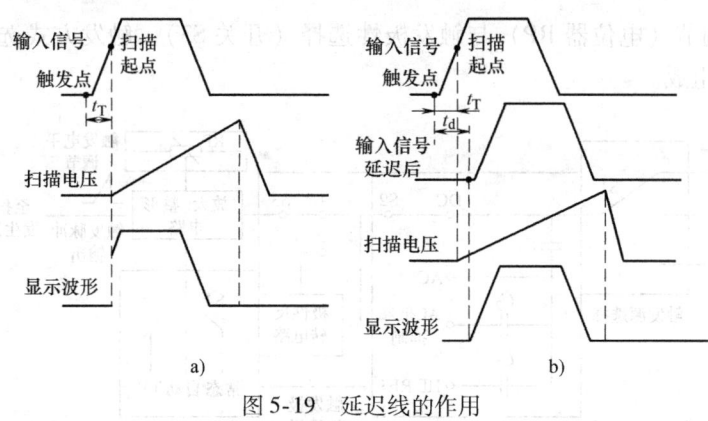

图 5-19 延迟线的作用

a) 没有延迟线时的情况 b) 加入延迟线后的情况

4. 后置输出放大器

输出放大器的作用是对来自前级的信号进行放大,使电子束在垂直方向上产生足够大的偏转。为了克服直流电平漂移等的影响,后置输出放大器一般采用差分放大器,使加在 Y 偏转板上的电压为极性相反的对称电压(见图 5-13)。

与该电路有关的开关旋钮主要有"倍率"、"寻迹"等。"倍率"开关通过成倍增大放大器增益而使显示波形幅度成倍增大;调节"寻迹"开关按钮则是将 Y 放大器输入端接地来实现垂直方向寻迹的。

5.3.4 通用示波器的 X 通道(水平系统)

示波器 X 通道主要由触发电路、扫描电路及 X 放大器等部分组成,如图 5-20 所示。它的主要作用是产生扫描电压,使波形在水平方向上展开;给示波管提供增辉、消隐脉冲;提供双踪示波器交替显示时的控制信号等。

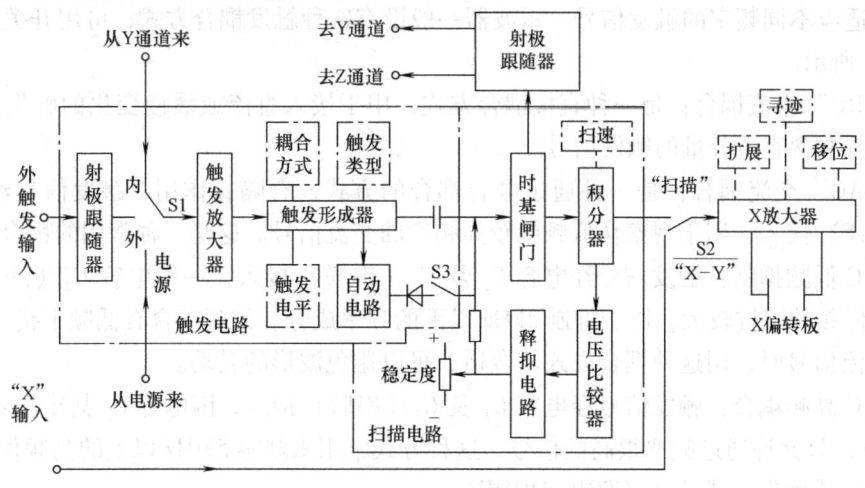

图 5-20 X 通道组成框图

1. 触发电路

触发电路用来选择触发源并产生稳定可靠的触发信号,以触发产生稳定的扫描电压。

如图 5-21 所示,触发电路主要由触发源选择(开关 S1)、触发耦合方式选择(开关

S2)、触发电平调节（电位器 RP）与触发极性选择（开关 S3）、触发方式选择（开关 S4）、放大整形电路等组成。

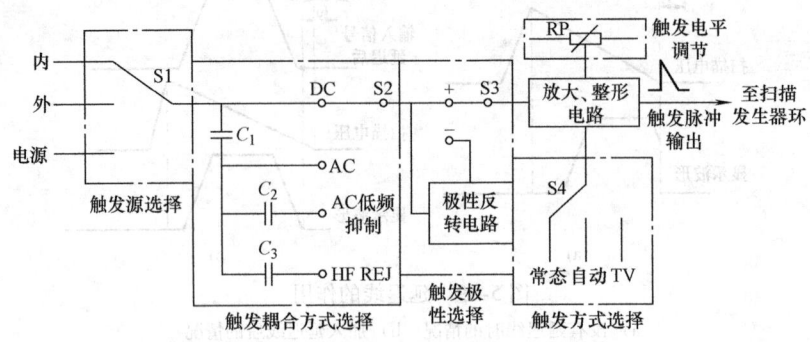

图 5-21 触发电路的组成

(1) 触发源选择

触发源可以在内触发、外触发和电源触发三种类型中选择（由图 5-21 中开关 S1 选择）。为保证荧光屏上波形显示的稳定，触发源应根据被测信号的特点来选择。

1) 内触发（INT）：将 Y 前置放大器输出（延迟线之前）的被测信号作为触发信号，适用于观测被测信号。

2) 外触发（EXT）：用与被测信号有同步关系的外部信号作为触发源。当需要比较两个信号的同步关系，或者，被测信号不适于作触发信号时，可使用外触发。

3) 电源触发（LINE）：用 50Hz 的工频信号作为触发源，适用于观测与 50Hz 交流有同步关系的信号。

(2) 触发耦合方式

为了适应不同频率的触发信号，示波器一般设有四种触发耦合方式，可用开关 S2 选择，如图 5-21 所示。

1) "DC" 直流耦合：是一种直接耦合方式，用于接入直流或缓慢变化的触发信号，或者频率较低并含直流分量的触发信号。

2) "AC" 交流耦合：是一种通过电容耦合的方式，有隔直作用。触发信号经电容 C_1（约 $0.47\mu F$）接入，用于观察从低频到较高频率的交流信号。这是一种常用的耦合方式。

3) AC 低频抑制：触发信号经电容 C_1 及 C_2（串联）接入，一般电容 C_2（约 $0.01\mu F$）较小，对低频的阻抗较大，用于抑制 2kHz 以下的频率成分。如观察含有低频干扰（50Hz 噪声）的交流信号时，用这种耦合方式较合适，可以避免波形的晃动。

4) AC 高频耦合：触发信号经电容 C_1 及 C_3（串联）接入，因电容 C_3 甚小（约 1000pF 或 100pF），只允许通过频率很高的信号，这种方式常用来观察 5MHz 以上的高频信号。

(3) 扫描触发方式选择（TRIG MODE）

扫描触发方式通常有常态（NORM）、自动（AUTO）、电视（TV）三种方式，如图 5-21 所示。

1) 常态（NORM）触发方式：也称触发扫描方式，是指有触发源信号并产生了有效的触发脉冲时，扫描电路才能被触发，才能产生扫描锯齿波电压，荧光屏上才有扫描线。

在常态触发方式下，如果没有触发源信号，或者触发源为直流信号，或触发信号幅值过小，都不会有触发脉冲输出，扫描电路不会产生扫描锯齿波电压，荧光屏上无扫描线。此时，不知道扫描基线的位置。

2）自动（AUTO）触发方式：自动触发方式是一种最常用的触发方式，它是指在一段时间内没有触发脉冲时，扫描系统自动按连续扫描方式工作，此时扫描电路处于自激状态，有连续扫描锯齿波电压输出，荧光屏上显示出扫描线。当有触发脉冲信号时，扫描电路能自动返回触发扫描方式工作。

在自动触发方式下，即使没有正常的触发脉冲，荧光屏上也能看到被测信号的波形，只不过波形可能是不稳定的。当有触发脉冲进行正确的触发后，才能得到稳定的波形。

3）电视（TV）触发方式：电视触发方式用于对电视信号（如行、场同步信号）进行监测与电视设备维修。它是在原有放大、整形电路基础上插入电视同步分离电路实现的。

(4) 触发极性选择和触发电平调节

触发极性和触发电平两者共同决定触发脉冲产生的时刻，并决定扫描的起点，即被显示信号的起始点（见图5-21）。

触发极性是指触发点位于触发源信号的上升沿还是下降沿。触发点处于触发源信号的上升沿为"+"极性；触发点位于触发源信号的下降沿为"-"极性。

触发电平是指触发脉冲到来时所对应的被观测信号的电平。它有正电平、负电平和零电平之分，触发点分别位于触发信号上部、下部和中部。

调节触发极性和触发电平，可便于对波形进行观测和比较，图5-22a、b、c、d分别为不同触发极性和触发电平下显示的波形（设被测信号为正弦波）。

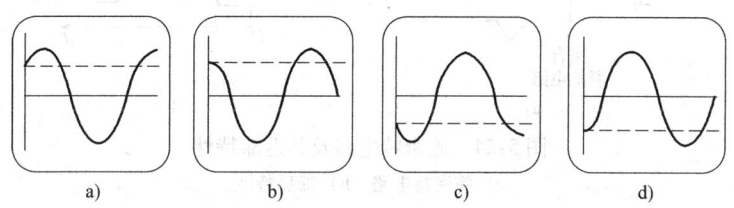

图 5-22　不同触发"极性"和触发"电平"时显示的波形
a）正电平、正极性　b）正电平、负极性　c）负电平、负极性　d）负电平、正极性

(5) 放大整形电路

由于输入到触发电路的波形复杂，频率、幅度、极性都可能不同，而扫描信号发生器要稳定工作，对触发信号有一定的要求，如边沿陡峭和幅度适中等。因此，需对触发信号进行放大、整形。整形电路的基本形式是电压比较器，当输入的触发源信号通过"触发极性"和"触发电平"选择，其信号电平达到某一设定值时，比较电路翻转，输出矩形波，然后经过微分整形，变成触发脉冲。

2. 扫描发生器环

(1) 扫描发生器环的组成

扫描发生器环又叫时基电路，其作用是产生扫描锯齿波信号。它通常由扫描门、积分器及比较和释抑电路，组成一个闭环控制系统，如图5-23所示。它使示波器实现了既可连续扫描，又可触发扫描，且不管哪种扫描都可以与输入信号自动进行同步。

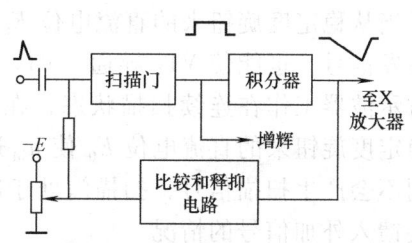

图 5-23　扫描发生器环的组成

1) 扫描门。扫描门又叫时基闸门，用来产生门控脉冲信号，脉冲的高电平产生一次扫描。示波器应该既能连续扫描又能触发扫描。在连续扫描时，即使没有触发信号，扫描门亦应有门控信号输出，即扫描门应处于自激工作状态。在触发扫描时，只有在触发脉冲作用下才产生门控信号，即扫描门应处于它激工作状态。不论是连续扫描还是触发扫描，扫描信号都应与被测信号同步。用射极耦合双稳触发电路即施密特（Schmitt）电路作扫描门，能够巧妙地完成上述要求。

图 5-24a 所示为施密特电路，它是一种电平控制触发电路。该电路的最大特点就是具有迟滞特性，上、下触发电平不同，它们之间存在回差电压 U_p，如图 5-24b 所示。图中假设晶体管 VT_1 的基极静态输入电压介于 E_1 和 E_2 之间，电路处于 VT_1 截止、VT_2 导通的第一稳态，输出电压 u_o 为低电平。当触发信号使 u_{b1} 上升到上触发电平 E_1 时，电路从第一稳态翻转到第二稳态，即 VT_1 导通、VT_2 截止，输出电压 u_o 由低电平跳到高电平。但是即使触发信号消失，u_{b1} 回到 E_1 和 E_2 之间，电路并不翻转。只有当从释抑电路来的信号使 u_{b1} 下降至下触发电平 E_2 时，电路才返回第一稳态，输出电压 u_o 才从高电平跳回低电平。

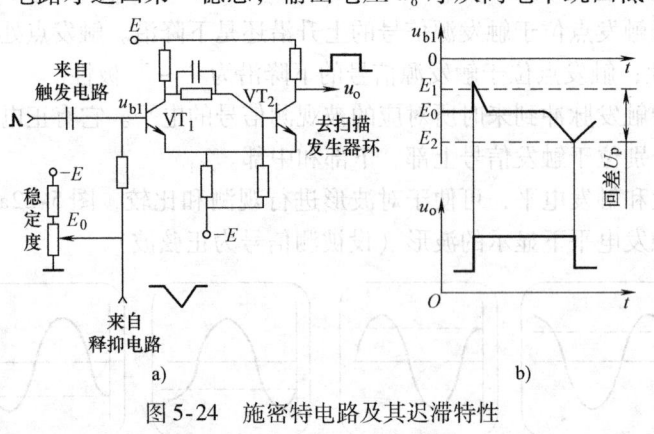

图 5-24 施密特电路及其迟滞特性
a）施密特电路 b）滞后特性

施密特电路在作为扫描门时，它的输入端接有来自三个方面的信号。首先由一个称为稳定度调节旋钮的电位器供给它一个直流电位 E_0，此外还接有从触发电路来的触发脉冲和从释抑电路来的释抑信号。其中，触发脉冲和被测信号同步，它的幅度、前沿等参数是确定的。下面介绍的比较器和释抑电路用来决定何时关闭扫描门，并且保证积分电路每次回扫完成后，才能开始另一次扫描，也就是说，保证了扫描信号为稳定的等幅信号。

从稳定度旋钮来的直流电位 E_0 可使扫描门处于三种状态：①E_0 使 u_{b1} 处于 E_1 和 E_2 之间，扫描门处于它激状态，则只有在触发脉冲作用下才会翻转到 VT_1 导通、VT_2 截止的状态，也就是说只有触发脉冲才能使施密特电路输出高电平，形成一次扫描过程。在没有触发信号时，不会产生扫描电压，荧光屏上电子束集中于一点，看不到扫描线。②当从稳定度旋钮来的直流电位 E_0 使 u_{b1} 高于 E_1 时，扫描门处于自激状态，即使没有触发信号，也能使 VT_1 导通、VT_2 截止，u_o 输出高电平，使扫描电路产生锯齿波。这时示波器工作在连续扫描状态，在无信号时，显示屏上也有一条时间基线。③如果从稳定度旋钮来的直流电位 E_0 使 u_{b1} 过负，低于 E_2，即使加了触发信号 u_{b1} 也达不到 E_1，则不会产生扫描信号，扫描门处于闭锁状态，这种不扫描的状态用于示波器 X 通道直接馈入外加信号的情况。

2) 积分器。积分器的作用是产生锯齿形的扫描电压，其原理如图 5-25a 所示，它由电容负反馈的运算放大器构成。

当开关 S 闭合时，电容 C 短路，积分器输出电压 $u_o = 0$；当开关 S 打开时，电源电压 E 通过积分器积分，当运算放大器处于理想情况时（$A \to \infty$，$R_i \to \infty$ 和 $R_o \to 0$），输出电压 u_o 可写成

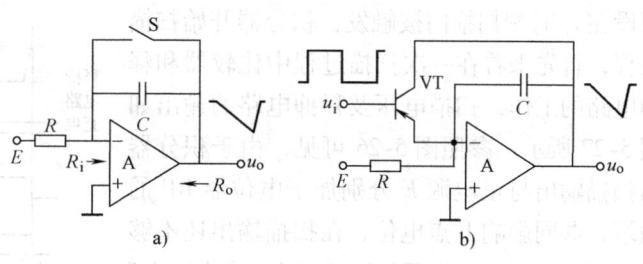

图 5-25 密勒积分器

$$u_o = -\frac{1}{RC}\int E\,\mathrm{d}t = -\frac{E}{RC}t \quad (5-4)$$

可见，积分器往负向积分，u_o 与时间 t 呈线性关系，改变时间常数 RC 或电源电压 E，都可改变 u_o 的变化速率。当开关 S 闭合时，电容器 C 迅速放电，于是 u_o 迅速上升，这样就形成一个锯齿波扫描电压。

实际上，开关 S 可以由一个 PNP 型晶体管开关 VT 担任，如图 5-25b 所示。当晶体管的基极输入端加高电平时，晶体管 VT 截止，相当于开关 S 断开，电源 E 给电容 C 充电，构成扫描正程。当基极输入端加低电平时，晶体管导通，相当于 S 接通，电容 C 放电，构成扫描回程。在示波器的扫描环中，积分器的晶体管开关是受扫描门的输出电压控制的（见图 5-23），当扫描门输出高电平时，产生扫描正程；当扫描门输出低电平时，产生扫描回程。

在示波器中，把积分器产生的锯齿波电压送入 X 放大器加以放大，再加至水平偏转板。由于这个电压与时间成正比，因此可以用显示屏上的水平距离代表时间。定义荧光屏上单位长度所代表的时间为示波器的时基因数 s，则

$$s = t/x$$

式中，x 为光迹在水平方向偏转的距离；t 为偏转 x 距离所对应的时间。

由式（5-4）可见，调整 E、R、C 都将改变单位时间锯齿波电压值，即改变锯齿波的斜率，进而改变水平扫描的速度。在示波器中，通常改变 R 或 C 作为扫描速度粗调，改变 E 作为扫描速度微调。

3）比较和释抑电路。图 5-26 是比较和释抑电路的原理示意图，它与扫描门和积分器构成一个闭合的扫描发生器环。在这个闭合的环路中，扫描门和积分器构成正向通道，比较和释抑电路作为反馈通道，则在扫描过程中，积分器输出一个负的锯齿波电压，它通过电位器 RP 加到 PNP 型晶体管 VT 的基极 b，与此同时，直流电源 E 也通过电位器 RP 的另一端加至 b 点，它们共同决定了 b 点的电位。由 VT 和 C_h、R_h 组成一个射极输出器。在 VT 导通

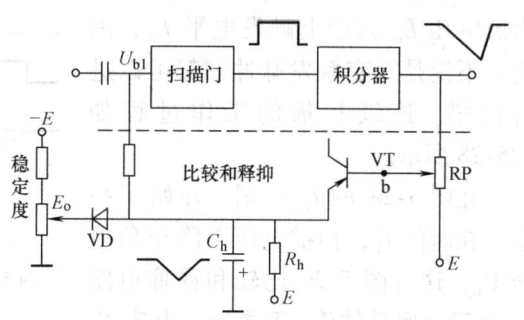

图 5-26 比较和释抑电路的原理示意图

时，电容 C_h 被充电并跟随 b 点电压的变化；在 VT 截止时，C_h 通过 R_h 缓慢地放电。C_h 上的电压即为释抑电路的输出电压，它被反馈至扫描门即施密特电路的输入端。在 C_h 上的电压较负时，二极管 VD 截止，这时它把释抑电路的输出与稳定度旋钮的直流电位 E_0 隔离。

（2）扫描发生器环的工作过程

1）触发扫描。下面讨论在触发扫描的情况下，扫描发生器环的工作过程。在图 5-27 中，

假设在 t_1 时刻扫描门被触发，积分器开始扫描正程，首先来看在一次扫描过程中比较器和释抑电路的工作，扫描电压及释抑电路的输出如图 5-27 所示。参照图 5-26 可见，由于积分器的扫描输出与正电源 E 分别加于电位器 RP 的两端，共同影响 b 点电位，在扫描输出还不够负时（$t_1 \sim t_p$），正电源的影响起主要作用，VT 截止，比较器和释抑电路不起作用。在 t_p 时，扫描电压达到一定的负值 U_p，与正电源 E 的影响相比较，U_p 起主要作用，b 点电位变负，VT 导通。这时电容 C_h 被充电，C_h 上的电压跟随

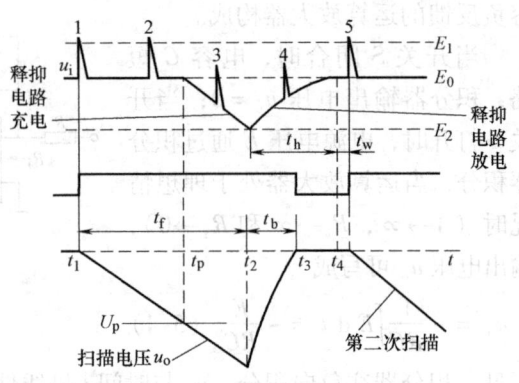

图 5-27 比较和释抑电路的工作

扫描电压向负变化。在时间 t_2，C_h 上的电压达到施密特电路的下触发电平 E_2，施密特电路翻转，扫描门输出负电平，积分器的开关闭合，积分电容被短路，扫描正程结束。积分器中的积分电容迅速放电，扫描电压经过 $t_2 \sim t_3$ 的时间完成回扫。为了使回扫结束以前扫描门不被可能到来的脉冲 4 触发，造成回扫未完又开始一次新的扫描，通常选择释抑电容的放电时间常数明显大于积分电容的放电时间常数。这样在释抑电容的放电时间 t_h 内，即使来了触发脉冲，扫描门也不会触发。由于扫描电压的回扫时间 t_b 明显小于 t_h，从而保证了每次回扫结束后才可能开始下一次扫描。在 $t_2 \sim t_4$ 时间内触发脉冲不起作用，释抑电路处于"抑"的状态，在 t_4 等待 t_w 以后，脉冲 5 又可以触发，这时释抑电路处于"释"的状态。

顺便指出，在扫描正程 $t_1 \sim t_2$ 的时间内，图 5-24a 中的 VT_1 是导通的，这时即使有触发脉冲 1、2、3 到来也不会改变触发电路的状态。所以只有每次释抑电路放电结束后，触发脉冲才起作用。调节图 5-26 中的电位器 RP，可以变更扫描电压与电源 E 相比较而起作用的时间，进而改变扫描的结束时间和扫描电压的幅度。

2）连续扫描。在连续扫描的情况下，施密特电路从稳定度旋钮得到的直流电压 E_0 大于上触发电平 E_1，因此，不论是否有触发脉冲，都可以进行扫描。连续扫描的工作过程如图 5-28 所示。

在图 5-28 的 t_1 时刻，开始了扫描，在时间 t_1'，扫描电压下降至负电压 U_p，这时图 5-26 比较和释抑电路中的 PNP 型晶体管 VT 导通，电容 C_h

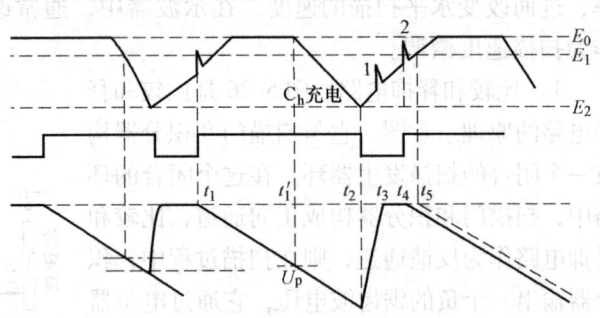

图 5-28 在连续扫描情况下，比较和释抑电路的工作

充电，施密特电路的输入电压下降。在时间 t_2，C_h 上的电压下降至施密特电路的下触发电平 E_2，电路翻转，扫描正程结束。在 $t_2 \sim t_3$ 时间内，积分器的电容迅速放电，在 t_2 以后释抑电路的电容也缓慢地放电。在积分电容放电结束以前，由于释抑电路处于"抑"的状态，因此，即使有外加触发脉冲（脉冲 1）也不能使电路触发。如果没有外加触发脉冲，在时间 t_5，达到 E_1 电平，施密特电路会自动翻转，不断地产生连续扫描信号，显然，这时扫描信号与被测信号没有同步关系。连续扫描的扫描电压，也要与被测信号同步。在回扫结束以后到自动翻转以前的某一段时间（例如时间 t_4），外加触发脉冲（脉冲 2）可以使电路提前翻

转，自动达到同步的目的。

3）小结。由以上讨论可见，当设置 $E_2 < E_0 < E_1$ 时，为触发扫描，扫描环处于它激状态，当触发脉冲到来时，环路才被激活，产生一次扫描；当设置 $E_0 > E_1$ 时，为连续扫描，扫描环处于自激状态，不论是否有触发脉冲，环路都可以自动进行扫描。不论是触发扫描，还是连续扫描，比较和释抑电路与扫描门及积分器配合，都可以产生稳定的等幅扫描信号，也都可以做到扫描信号与被测信号的同步。同步是自动完成的，而不必由人工去麻烦地调节 $T_X = nT_Y$ 来进行同步。此外，不论是连续扫描还是触发扫描，在扫描正程施密特电路都输出正脉冲作为门控信号。这个正脉冲，或者从施密特电路另一晶体管输出的负脉冲，恰好可以加到示波管 Z 轴作为增辉脉冲，使得只有在扫描正程荧光屏上才显示被测信号波形。

综上所述，对于扫描环的一次扫描过程，在正扫描过程中，要明确三个时刻：t_1（积分电容 C 充电和扫描开始）、t_p（释抑电路 C_h 充电开始）、t_2（扫描结束，C 和 C_h 放电开始）；在回扫过程中，要理解三个时间：t_b（回扫时间）、t_h（C_h 放电时间）、t_w（等待时间）；要保证一个关系：$t_h > t_b$，从而保证回扫结束后才开始下一次触发扫描。

3. X 放大器

X 放大器的作用是将单端输入的信号进行放大，变换成为大小合适、极性相反的对称信号加在 X 偏转板上，使电子束在水平方向上产生足够的偏转，得到合适的波形。通常，示波器用于观测被测信号波形，X 放大器的输入信号是扫描电压。

示波器工作在"X-Y"方式时，X 偏转板上所加信号不再是扫描电压而是外加的 X 信号，它们各自在 X、Y 偏转板间建立偏转电场对电子束共同作用而产生一个新的图形。例如，将两个同步正弦波加到示波器上时，得到的李沙育图形为椭圆、圆或直线。

与 X 放大器有关的开关旋钮有"水平移位"、"扫描扩展"、"寻迹"等开关旋钮。调节"水平移位"旋钮改变水平偏转板上叠加的对称直流电压的大小来实现波形的水平移位。"扫描扩展"旋钮则成倍增大 X 放大器增益来实现波形的扩展。调节"寻迹"按钮将 X 放大器输入端接地实现水平方向寻迹。

由以上讨论的通用示波器基本组成可以看出，Y 通道主要是一个放大器，通常用来放大被观测的信号。在常见的用示波器观测随时间变化的波形时，X 通道的主要任务是产生一个与被测信号同步的、既可以连续扫描又可以触发扫描的锯齿波电压。但是 X 放大器亦可直接输入一个任意信号，这个信号与 Y 通道的信号共同决定显示屏上光点的位置，构成一个 X-Y 图示仪，这时触发电路和扫描发生器环不起作用。

5.3.5 示波器的多波形显示

在信号波形的测量中，常常需要同时观测几个信号。例如，需要比较电路中若干观测点之间信号的幅度、相位和时间关系，观测信号通过网络后的相移和失真情况等。有时，即使只观察一个脉冲序列，也希望能把其中某一部分取出来，在时间轴上予以展宽，并在显示屏的另一位置同时显示出来，以便在观测脉冲序列整体的同时，能仔细观测其中某一部分的细节。这些都需要在一个显示屏上能同时显示多个波形。为实现这一目的，示波器有多线显示、多踪显示及双扫描显示等功能。

1. 多线显示和多踪显示

（1）多线显示

多线示波器有多个相互独立的电子束，主要有双线示波器。它的示波管内的电子枪可产生两个电子束（多数情况用两个电子枪，也可以用一个电子枪产生两个电子束），并有两套 X、Y 偏转系统。其中两对 X 偏转板往往采用相同的扫描电压，但两个 Y 通道常接入不同的信号，并可单独调整灵敏度、位移、聚焦、辉度等开关或旋钮。

因为双线示波器的两个 Y 通道相互独立，并行地工作，因而可以消除通道之间的干扰现象。这种示波器除了观察周期信号外，还可以观测同一瞬间出现的两个波形，这种能产生多个电子束的示波管，结构复杂，工艺要求较高，价格较贵，应用不普遍。

(2) 多踪显示

多踪示波器与多线示波器不同，它的组成与普通示波器类似，采用单束示波管，只不过在电路中有多个垂直通道和一个电子开关。电子开关在不同的时间里，分别把多个垂直通道的信号轮流接至 Y 偏转板，则在显示屏上可显示多路波形。它是一种分时复用显示器的模式。根据开关信号的转换速率不同，有两种不同的时间分割方式：交替方式和断续方式。

2. 双踪显示

(1) 双踪示波器的组成原理

双踪示波器的基本组成原理框图如图 5-29 所示，它主要由两个 Y 输入通道、一个 X 通道和主机等部分组成。双踪示波器可以同时显示两个被测信号波形，两个 Y 通道的后半部分是通过电子开关实现分时复用的。

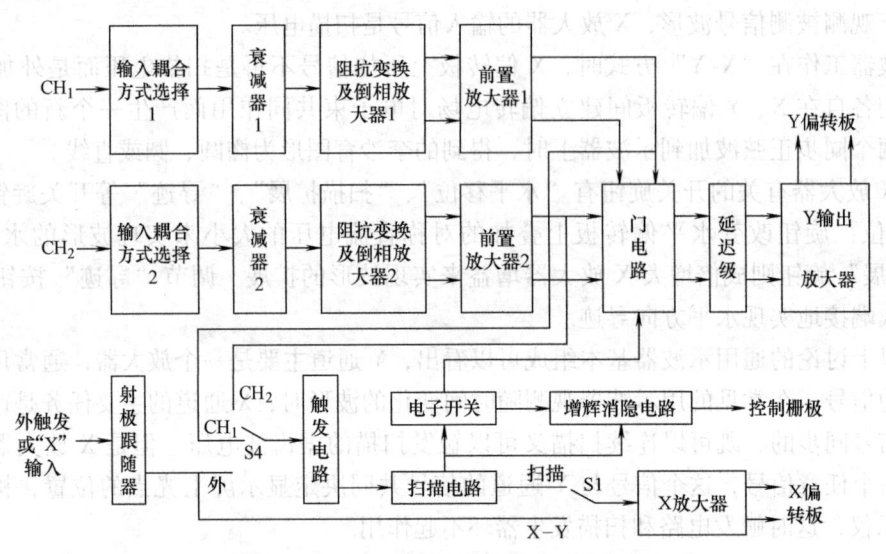

图 5-29　双踪示波器的基本组成原理框图

(2) 双踪显示原理

图 5-30a 为双踪显示（Dual Channel Display）原理图。电子开关又称为通道切换器，其输入端接前置放大器，S1~S8 为模拟电子开关。电子开关的切换有"通道 1"、"通道 2"、"叠加"、"交替"和"断续"五种工作状态，对应于双踪示波器 Y 通道的五种工作方式。

1) 通道 1（CH_1）。开关 S1、S2、S7 和 S8 断开，开关 S3、S4、S5 和 S6 闭合，CH_1 输入的信号送到 Y 输出端，而 CH_2 输入的信号不能到达 Y 输出端，只能显示 CH_1 输入的信号。

2) 通道 2（CH_2）。开关 S3、S4、S5 和 S6 断开，开关 S1、S2、S7 和 S8 闭合，CH_2 输入的信号送到 Y 输出端，而 CH_1 输入的信号不能到达 Y 输出端，只能显示 CH_2 输入的信号。

3) 叠加（ADD）。开关 S1、S2、S5 和 S6 断开，开关 S3、S4、S7 和 S8 闭合，CH_1 和

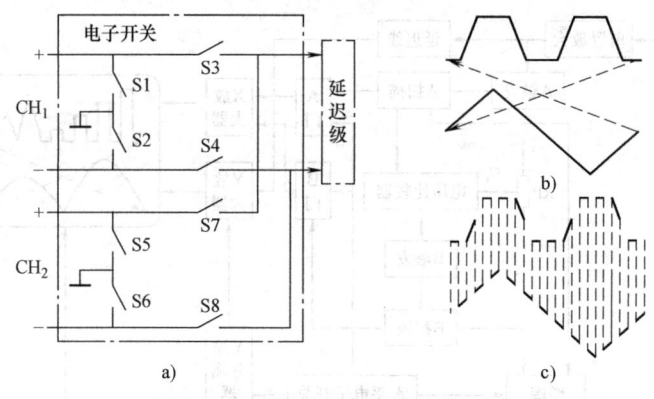

图 5-30 双踪波形显示原理示意图
a) 两路电子开关　b) 交替方式　c) 断续方式

CH_2 输入的两路信号互相叠加（ADD），示波器显示叠加后的波形。当 CH_2 输入的信号未倒相时，实现求和（$CH_1 + CH_2$），当 CH_2 输入的信号被倒相后，实现求差（$CH_1 - CH_2$）。

4）交替（ALT）。交替（Alternate，ALT）状态时，开关 S3、S4、S5、S6 和 S1、S2、S7、S8 断开或闭合的状态受时基闸门脉冲的控制，并且每隔一个扫描周期变换一次状态，使得通道 1 和通道 2 输入的信号轮流接通、轮流显示，只要轮流显示的间隔时间按扫描周期进行交替，就可交替显示出两个信号的波形。设通道 1 和通道 2 的输入分别为梯形波、三角波信号，示波器交替显示的波形如图 5-30b 所示。

交替方式不适于观测频率较低的信号。这是因为被测信号频率较低时，所需扫描的周期长，即交替显示同一信号的间隔时间长，即交替频率低。当间隔时间接近或超过人眼视觉暂留时间时，显示波形会产生闪烁，不便于观测。

5）断续（CHOP）。断续（CHOP）状态时，在每一次扫描过程中，开关 S3、S4、S5、S6 和 S1、S2、S7、S8 的断开或闭合受电子开关内断续器（自激多谐振荡器）产生的高频振荡信号（如 200kHz 的方波）的控制，快速轮流接通两个输入信号，从而一次接通时间很短，只能显示出每个被测信号的某一小段，以后各次扫描重复以上过程。这样显示的波形是由许多断续的线段组成的，只要开关变换频率很快、水平扫速又较慢，这些线段就很短，看起来显示的波形好像是连续的，如图 5-30c 所示。

断续方式时，断续器（Chopper）还产生"断续"消隐信号，以对信号切换过程中产生的光迹进行消隐。

断续方式不适于观测频率较高的信号，这是因为，被测信号频率较高时，所需扫描电压的周期短，亦即电子束水平移动速度快，但显示每一线段的时间是相等（断续器频率不变）的，这样显示波形的断续感比较明显，甚至严重失真，不便于观测；另外，当被测信号频率很高时，要求断续器的振荡频率也很高，但断续器的频率一般是不可调的，因此断续方式不适于观测高频信号。

3. 双扫描显示

双扫描又称双时基扫描，示波器 X 通道有两个独立的触发和扫描电路，双扫描示波器的基本组成框图如图 5-31 所示。A 扫描又称为主扫描（MTB）。B 扫描又称为延迟扫描（DTB）。在水平电子开关的控制下，A、B 扫描配合以实现双扫描显示。双扫描电路具有如下特点：

1）A 扫描由被观测信号触发，B 扫描由 A 扫描触发。B 扫描相对 A 扫描的延时可在 0 ~ T_A（A 扫描正程时间）范围内调节。

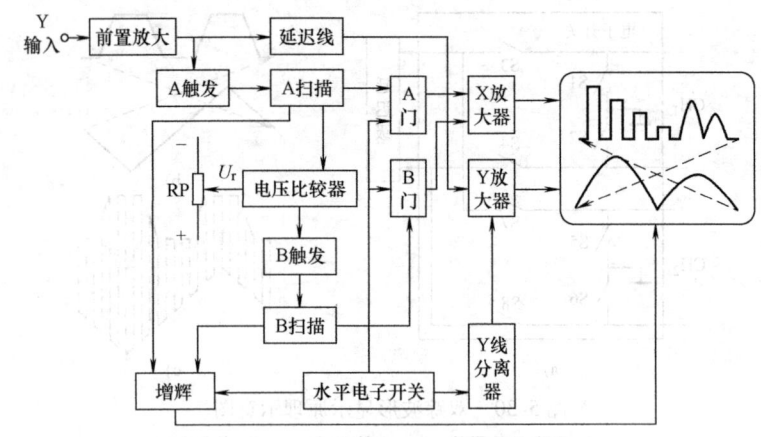

图 5-31　双扫描示波器的基本组成框图

2) A 扫描速度较慢，B 扫描速度较快，两个扫描电路的扫描速度可以相差很多倍。

双扫描显示有五种方式，分别为 A 扫描、B 加亮 A 扫描、A 延迟 B 扫描、自动交替扫描、混合扫描。

(1) A 扫描

A 扫描方式只有 A 扫描电路（A 触发和 A 扫描）工作，显示波形的全部或局部。

(2) B 加亮 A 扫描

图 5-32a 为 B 加亮 A 扫描时的工作波形图。该工作方式下，A 门打开、B 门关闭，A 扫描电压加至 X 放大器，并将电压比较器产生的脉冲作为 B 触发的输入信号。当 A 扫描电压超过由图 5-31 所示的 RP 确定的 U_r 时，B 扫描产生的 B 增辉脉冲被送至增辉电路与 A 增辉脉冲合成，使得 A 扫描显示波形的局部被 B 增辉脉冲加亮，即 B 加亮 A 扫描的扫描方式，如图 5-32b 所示。

显然，B 触发和 B 扫描相对 A 扫描都延迟了一段时间，调整 U_r 则可以改变其延迟时间，U_r 称为延迟触发电平，所以 B 增辉脉冲可以在 A 扫描电压正程的任意时刻产生，即 B 可以加亮 A 扫描波形的任意细节。

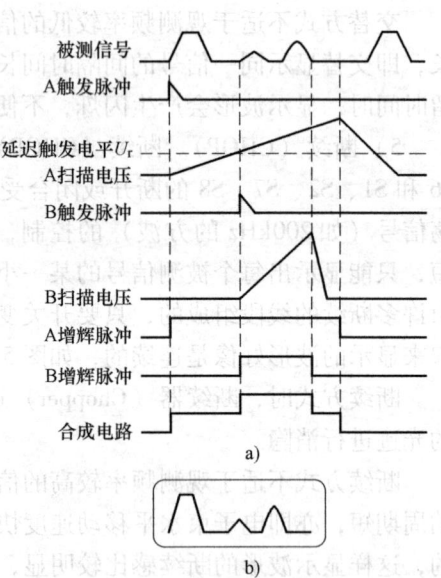

图 5-32　B 加亮 A 扫描工作波形图

(3) A 延迟 B 扫描

该工作方式下，A 门关闭，B 门开启，只有 B 扫描电压加至 X 放大器，显示的是与 B 扫描电压正程对应的波形的细节，如图 5-33a 所示。由于 B 扫描较快且可调，使显示的波形细节被展开且宽度可调，调整 U_r 即可改变波形细节的起始位置。

(4) 自动交替扫描

该方式又称为自动双时基扫描，是在水平电子开关的控制下，A 门和 B 门交替地开启。以 A 扫描的周期为间隔，交替进行 B 加亮 A 扫描（A 门开启）、A 延迟 B 扫描（B 门开启）。因此，自动交替扫描可以同时显示被加亮细节的信号整体与被展开的波形细节，它实际上是

X通道的一种"交替"工作方式，如图5-31所示。

在水平电子开关的控制下，Y线分离器交替地使Y放大器输出叠加极性或大小不同的直流电压，使显示波形的整体和局部能够在垂直方向上分隔开来，同时显示在屏幕上。

（5）混合扫描

该方式与B加亮A扫描的区别是：A扫描电压和B扫描电压均被加至X放大器进行叠加。由于B扫描速度较快，使得被加亮的细节被展宽，但荧光屏上仅出现一个波形，如图5-33b所示。

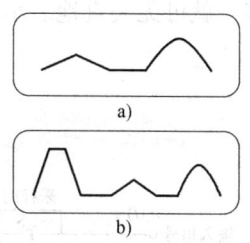

图5-33 A延迟B扫描与混合扫描时显示的波形

5.4 采样示波器

前面介绍的通用示波器显示波形的过程，无论是连续扫描还是触发扫描，都是在信号经历的实际时间内显示信号波形，即测量时间（一个扫描正程）与被测信号的实际持续时间相等，故称实时（Real Time）测量方法。与此相应，这种示波器称为实时示波器，一般通用示波器都属于实时示波器。实时示波器的上限工作频率现在只做到1500MHz左右，若再提高会受到下列因素的限制：①受到示波管的上限工作频率的限制。具有行波偏转系统的行波示波管虽然可以把上限工作频率提高到GHz量级，但其屏幕显示的有效尺寸小，偏转灵敏度低，而且价格昂贵。②受Y通道放大器带宽的限制。③受时基电路扫描速度的限制。实时示波的特点是扫描速度必须与所观测快速过程相当，这样才能把被测波形展宽。但是，扫描速度过高将给扫描信号的产生和同步带来困难。

随着电子信息技术的发展和人们对观测高频信号波形要求的迅速提高，促使人们去寻找新的途径来扩展示波器的工作频率。在信号波形测量中应用采样技术进行下变频，是扩展示波器频带的一种行之有效的方法。

5.4.1 采样示波器的基本原理

1. 采样原理

采样的概念是以少量间断的样品表征一个连续的完整过程。例如，电影、数字音视频技术都是建立在采样技术基础上的。同理，欲观察一个波形，可以把这个波形在示波器上连续显示，也可以在这个波形上选取很多的采样点，把连续波形变换成离散波形。只要采样点数足够多，满足采样定理的要求，显示这些离散点也能够反映原波形的形状。因此采样就是从被测波形上采得样点的过程。采样分为实时采样和非实时采样两种。

（1）实时采样

实时采样就是从单个信号波形或周期性重复信号的一个周期的波形中取得一定数量的间断采样点，来表示一个信号波形的方法。采样电路的核心是采样保持器，它在原理上可等效为一个采样开关（采样门）和保持电容的串联，如图5-34所示。对于一连续时间信号的采样过程可用图5-35来说明。采样脉冲$p(t)$未出现时，采样门开关S断开，输出信号电压为零。在采样脉冲$p(t)$到来的脉宽τ期间，采样门开关S闭合，输入信号$u_i(t)$被采样，形成离散输出信号$u_o(t)$，$u_o(t)$称为"采样信号"。若采样脉冲宽度τ很窄，则可以认为每次采样所得离散的采样信号幅度就等于该次采样瞬间输入信号的瞬时值。若采样样点足够多,就可无失真地表示原信号的波形。

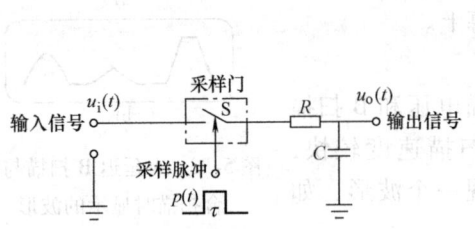

图 5-34 采样/保持器的基本模型

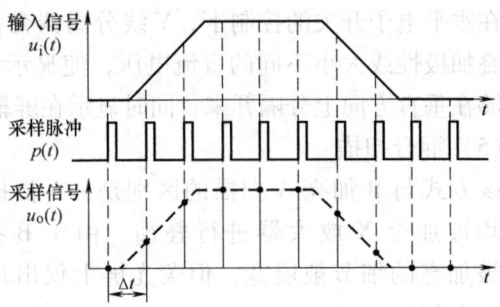

图 5-35 实时采样示意图

假设采样脉冲由下面的函数来表示

$$p(t) = \begin{cases} 1 & t_n \leq t \leq t_n + \tau \\ 0 & t_n + \tau < t < t_n + T_0 \end{cases}$$

则采样信号可写为

$$u_o(t) = u_i(t)p(t) \tag{5-5}$$

将式(5-5)作傅里叶变换,可以证明,采样信号 $u_o(t)$ 的带宽比输入信号 $u_i(t)$ 的带宽更宽。因此,在示波器中利用实时采样的办法提高观测信号的频率是不可行的。

假定在实时采样时,以 Δt 为采样间隔(应满足采样定理,即 $\Delta t \leq 1/(2f_h)$),完成一个信号周期(T)的采样需 n 次,即 $T = n\Delta t$(式中 $n \geq 2$)。

(2) 非实时采样

非实时采样是指从被测的周期性信号的许多相邻波形上取得样点的方法,也称为等效采样。它与实时采样的主要区别在于,非实时采样不是在一个信号周期内完成全部采样过程,采样点是在若干个信号周期内,分别取自各个信号波形的不同位置,如图 5-36 所示。首先,在时间 t_1 进行第一次采样,对应于第一个信号波形上为采样点 1,第二次采样在时间 t_2 进行,$t_1 \sim t_2$ 可以相隔很多个信号周期(图中只相隔一个信号周期),且满足

$$t_{n+1} = t_n + (mT + \Delta t) = t_n + T_s \tag{5-6}$$
$$T_s = mT + \Delta t$$

式中,T 为被测信号的周期;Δt 为步进延迟时间;T_s 为采样脉冲的周期;m 为两个采样脉冲之间的被测信号的周期个数。

显然,只要每采样一次,采样脉冲比前一次延迟时间 Δt,那么采样点将按顺序 1、2、3…取遍整个信号波形。从图 5-36 可见,采样后的采样信号虽然也是一串脉冲列,但是这个串脉冲列的持续时间却被大大拉长了,这是因为在非实时采样的情况下,两个采样脉冲之间的时间间隔 T_s 变为 $mT + \Delta t$,非实时采样后得到的 n 个采样点形成的包络可等效为原信号的一个周期,只是这 n 个采样点来自于原信号的 $(mn+1)$ 个周期,而不是实时采样时只来自于原信号的 1 个周期,因而,采样后的信号频率比原信号频率降低了 $(mn+1)$ 倍,这就是采样技术实现下变换的原理。因此,采用非实时采样所得到的采样信号脉冲序列,其包络波形同样可以重现原信号波形,而且由于包络波形的持续时间变长了,这就有可能用一般低频示波器来显示。由于显示一个采样信号包络波形所需时间(称测量时间)远远大于一个被测信号波形实际经历的时间,故这种方法称为非实时示波方法。利用非实时采样方法组成的

采样示波器，在屏幕上显示的信号波形，由一系列不连续光点构成。

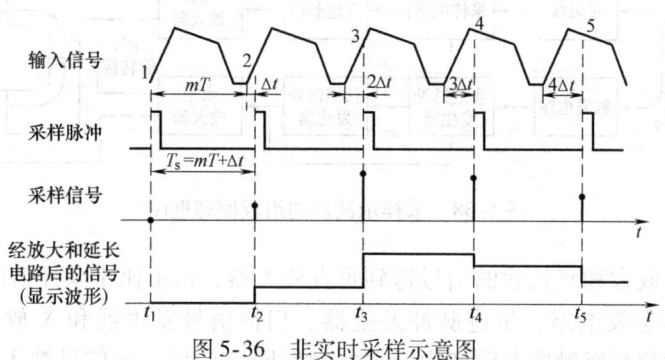

图 5-36 非实时采样示意图

2. 显示原理

为了在荧光屏上显示由不连续的光点构成的波形，应该给示波器的两对偏转板上加什么样的电压呢？时基电路应提供什么样的扫描信号呢？图 5-37 表示在屏幕上由采样点合成信号波形的过程。图中合成波形的 X 偏转板上每两个点间的时间虽然代表 Δt，但实际上要经过 $mT + \Delta t$，也就是说要在每一点停留 $mT + \Delta t$ 的时间，然后跳至下一点。可见 X 和 Y 偏转板上都应该加阶梯波，每个阶梯持续时间亦应为 $mT + \Delta t$，只不过在 Y 偏转板各阶梯的电压值对应信号的采样值，而 X 偏转板各阶梯的电压值与时间成正比变化，即 X 轴时基电路产生的扫描信号是电压值等距离跳变的阶梯波。

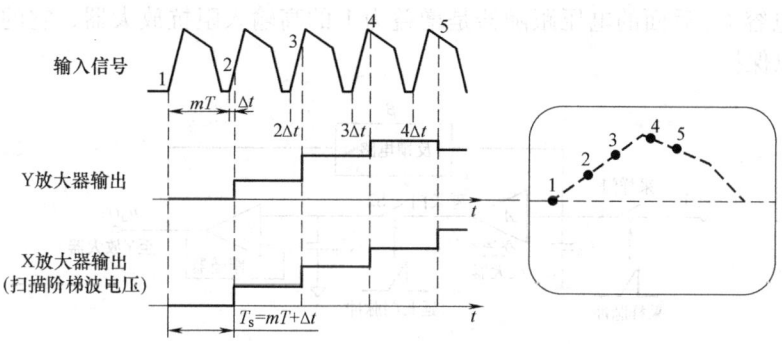

图 5-37 非实时采样示波器的显示过程

5.4.2 采样示波器的组成及工作原理

1. 采样示波器的组成框图

图 5-38 为采样示波器的组成原理框图，与通用示波器类似，采样示波器主要由示波管、X 通道和 Y 通道组成。它与普通示波器相比，主要差别是增加了 Y 通道的采样电路和 X 通道的步进脉冲发生器，这些电路都是为了对被测信号进行逐点采样而加入的。此外，为了观测信号前沿，必须把延迟线放在采样示波器的输入端。

垂直 Y 通道由延迟线、采样电路、延长门和 Y 放大器等电路组成，最关键的电路是采样电路。被测信号经延迟线送至采样门，在步进延迟的采样脉冲控制下采样。采样后得到的是一连串很窄的采样信号，采样的幅度一般只能达到被测信号的 2% ~ 10%，所以在采样后必须对采样信号进行放大，并通过脉冲延长电路，使得采样脉冲结束后，仍能保持采样时的

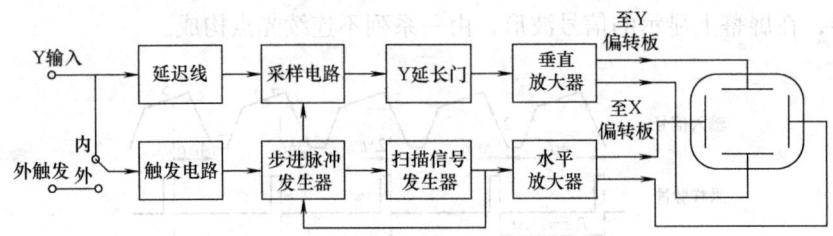

图 5-38 采样示波器的组成原理框图

信号幅度。最后将放大和延长后的信号送到垂直放大器，是正比于采样值的阶梯电压。

水平 X 通道由触发电路、步进脉冲发生器、扫描信号发生器和 X 放大器等电路组成。被测信号或外触发信号经触发电路产生所需的触发同步信号，该信号馈入步进脉冲发生器，产生步进延迟脉冲。步进延迟脉冲送到垂直系统，控制采样脉冲发生器和延长门控制器，另外，步进延迟脉冲还用于控制水平扫描电路。每一个步进延迟脉冲送至阶梯波发生电路，产生阶梯电压。阶梯波每上升一个阶梯，屏幕上隔一定距离就显示一个光点，所以采样示波器屏幕上扫描线是由断续的光点组成的，每两点相差一个阶梯电压上升一级对应的时间。

2. 采样示波器的垂直通道

垂直通道中的采样电路产生正比于采样值的阶梯电压。采样门的种类很多，有单管门、平衡门、行波门和闭环采样电路等。闭环采样电路的组成框图如图 5-39 所示，由采样门 S1、采样电容 C_s、交流放大器 A、延长门 S2、保持电容 C_m、电压跟随器和反馈电路组成。其中，保持电容 C_m 后面的电压跟随器是增益为 1 的高输入阻抗放大器，它的作用是使 C_m 上的电压得以保持。

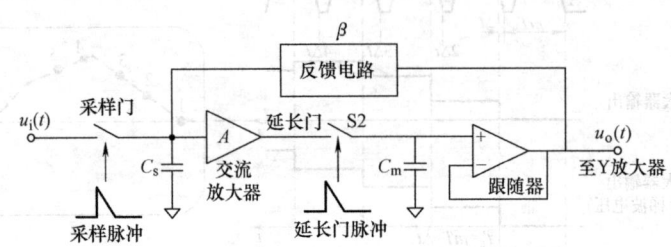

图 5-39 闭环采样电路的组成框图

第一个采样脉冲到来时，采样门 S1 闭合，输入的被测信号对采样电容 C_s 充电，充电的电压值为

$$u_{cs} = Ku_{i1} \tag{5-7}$$

式中，u_{i1} 为被测信号在 t_1 时刻的瞬时电压值；K 为采样门的传输函数。

采样电容 C_s 上的电压送到交流放大器 A 放大，在延长门 S2 闭合期间对保持电容 C_m 充电，充电的电压值 u_{cm}，也即是跟随器输出电压值 u_{o1} 为

$$u_{o1} = u_{cm} = KAu_{i1} \tag{5-8}$$

式中，A 为交流放大器的增益。即采样电路的输出电压值正比于输入电压的采样值。

另一方面，保持电压经过反馈电路送回采样电容 C_s，故采样电容 C_s 上最终得到的电压为

$$u_{cs} = KA\beta u_{i1} \tag{5-9}$$

式中，β 为反馈电路的反馈系数。若 $KA\beta=1$，则 $u_{cs}=u_{i1}$。

第二个采样脉冲到来时，采样门闭合，输入的被测信号与 C_s 上的电压 u_{i1} 之差给采样电容 C_s 充电，充电的电压值经过传递系数 K 和增益 A 后，将在保持电容上与前一次的输出信号叠加，得到 u_{o2} 为

$$u_{o2} = KAu_{i1} + KA(u_{i2} - u_{i1}) = KAu_{i2} \tag{5-10}$$

式中，u_{i2} 为被测信号在 t_2 时刻的瞬时电压值。

同理，对于每次采样，采样电路的输出电压值正比于输入电压的采样值。依次类推，采样电路的输出是由离散的、与被测信号采样时刻的瞬时值成正比的阶梯波构成的。

图 5-39 所采用的采样方式称为差值采样，即每次给电容 C_s 充电（或放电）的电压等于两次采样信号的差值，充放电电流小，有利于示波器输入阻抗的提高；差值信号动态范围小，放大器 A 容易制作，分布性电抗元件的影响也会减弱。因此这种差值采样方式是采样电路常用的一种形式。

3. 采样示波器的水平通道

采样示波器的 X 通道主要包括触发电路（含触发、放大、m 倍分频单元等）、步进脉冲发生器（含快斜波发生器、比较器、阶梯波发生器）和 X 放大器。最有特色的步进脉冲发生器的组成如图 5-40 所示，图中的阶梯波发生器，主要用来产生每隔 $mT+\Delta t$ 上升一级的阶梯波，通过与快斜波发生器产生的快斜波进行电压比较，产生采样的 Δt 步进延迟脉冲，作为采样脉冲。

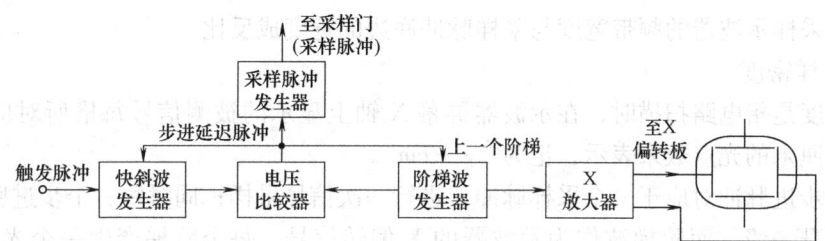

图 5-40 步进脉冲发生器的原理框图

触发脉冲由被测信号经 m 倍分频产生，用于启动快斜波发生器，使之输出快斜波。

在电压比较器中，快斜波与阶梯波发生器产生的阶梯波进行比较，当快斜波达到阶梯波的幅度时，电压比较器的输出状态发生变化，再由脉冲形成电路形成"步进延迟脉冲"。它有三个作用：一是使采样脉冲发生器输出一个采样步进脉冲加到 Y 通道的采样门，对被测信号进行采样；二是驱动阶梯波发生器的输出电平上升一个台阶；三是控制快斜波发生器结束快斜波输出，产生回程。

由于在采样过程中阶梯波不断逐阶提高，快斜波又具有良好的线性，以至每一次快斜波到达阶梯波高度的时刻都要比上一次推迟一段时间 Δt。工作波形如图 5-41 所示。

从图 5-41 中可以看出，每个步进延迟脉冲相对于它自己的触

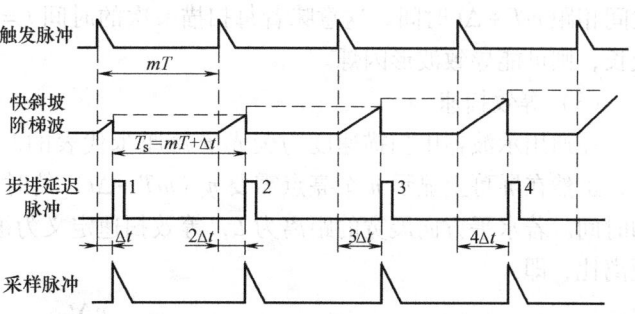

图 5-41 步进延迟脉冲产生的波形图

发脉冲而言，产生了不同的延迟，步进延迟脉冲 2 比脉冲 1 延迟了 Δt 时间，步进延迟脉冲 3 比脉冲 1 延迟了 $2\Delta t$ 时间，最后的脉冲 4 比脉冲 1 延迟了 $3\Delta t$ 时间，即延迟脉冲是步进延迟的。步进延迟脉冲的周期为 $T_s = mT + \Delta t$。由步进延迟脉冲再通过采样脉冲发生器，得到同步的采样窄脉冲。

4. 采样示波器的主要参数

（1）采样示波器的带宽

采样示波器的频率限制主要在采样门，首先采样门用的元件（例如采样二极管）的高频特性要足够好；其次采样脉冲本身要足够窄，以保证在采样期间被观测信号基本不变。当采样门所用元件工作频率足够高时，采样门的最高工作频率与采样脉冲底边的宽度 τ 成反比。

采样脉冲通常有两种形式，即规则脉冲和尖三角脉冲。对于脉冲宽度为 τ 的规则脉冲，其频谱为 $\tau Sa\left(\dfrac{\omega\tau}{2}\right) = \tau\dfrac{\sin(\pi f\tau)}{\pi f\tau}$，其下降 3dB（0.707 倍）的截止频率作为采样门的最高工作频率，则可得到 $f_{3dB} = \dfrac{0.44}{\tau}$。对于底宽为 τ 的尖脉冲，对应频谱为 $\dfrac{\tau}{2}Sa^2\left(\dfrac{\omega\tau}{4}\right) = \dfrac{\tau}{2}\dfrac{\sin^2(\pi t\tau/2)}{(\pi t\tau/2)^2}$，其 3dB 截止频率为 $f_{3dB} = \dfrac{0.64}{\tau}$。因此，采样门的最高工作频率可表示为

$$f_{3dB} = \frac{0.44 \sim 0.64}{\tau} \tag{5-11}$$

可见，采样示波器的频带宽度与采样脉冲底边的宽度成反比。

（2）采样密度

采样密度是指电路扫描时，在示波器屏幕 X 轴上显示的被测信号每格所对应的采样点数，常用每厘米的光点数来表示，记为 "···/cm"。

每一个步进脉冲对应于一个采样脉冲，进行一次信号采样；同时每一个步进脉冲使扫描阶梯电压上升一级，而阶梯波作为示波器的 X 偏转信号，每个阶梯产生一个光点，因此，屏幕上的光点总数为

$$n = \frac{U_s}{\Delta U_s} \tag{5-12}$$

式中，U_s 为 X 方向最大偏转电压；ΔU_s 为阶梯波每级上升的电压；n 为屏幕上的光点总数。

由于屏幕宽度是确定的，采样密度即每厘米的点数亦被确定。调整水平通道中阶梯波发生器的元件参数，使 ΔU_s 变小，可使光点总数增加，即采样密度变大。采样点越多，经采样后显示的波形越逼真。但采样密度过密（光点数 n 过大），即阶梯数增加，由于相邻采样点之间相距 $mT + \Delta t$ 时间，这意味着每扫描一次的时间 $t = n(mT + \Delta t) = (mn + 1)T \approx mnT$ 较长，则可能导致波形闪烁。

（3）等效扫速

在通用示波器中扫描速度为荧光屏每厘米代表的时间（t/cm 或 t/div）。在采样示波器中，虽然在屏幕上显示 n 个亮点需要 $n(mT + \Delta t)$ 的时间，但它等效于被测信号经过了 $n\Delta t$ 的时间。若水平方向展宽的距离为 L，等效扫速定义为被测信号经历时间与水平方向展宽的距离比，即

$$S_{ea} = \frac{n\Delta t}{L}$$

设扫描阶梯波电压的最大幅度为 U_s，每个阶梯上升的幅度为 ΔU_s，则总光点数 $n = U_s/\Delta U_s$（参见式（5-12））。而对于快斜波，首先，每一个快斜波上升时间为 Δt，最大幅度为 ΔU_s；第二个快斜波上升时间为 $2\Delta t$，最大幅度为 $2\Delta U_s$；依此类推，最后一个快斜波上升时间为 $n\Delta t$，最大幅度为 $n\Delta U_s = U_s$。即快斜波的斜率为 $D = \dfrac{U_F}{T_F} = \dfrac{\Delta U_s}{\Delta t} = \dfrac{U_s}{n\Delta t}$，则

$$n\Delta t = \dfrac{U_s}{D}$$

于是，等效扫速为

$$S_{ea} = \dfrac{n\Delta t}{L} = \dfrac{U_s}{L}\dfrac{1}{D} \tag{5-13}$$

式中，U_s 为 X 方向扫描阶梯波最大电压（也是最大偏转电压）；L 为 X 轴偏转格数；D 为快斜波的斜率。

由式（5-13）可见，调节 U_s 和 D 均可调节等效扫速，通常，调节 U_s 实现等效扫速的粗调，而调节 D 实现等效扫速的细调。

模拟采样示波器出现较早，由于只能观测周期信号，故其发展缓慢，随着波形数字测量技术的发展，基于高速采集和存储技术的数字存储示波器，取代了模拟采样示波器。

5.5 数字存储示波器

5.5.1 数字存储示波器的组成和原理

各种电信号可归纳为两大类：一类是周期性重复信号，另一类是非周期和单次的信号。对于第一类信号，可以用模拟示波器（例如宽带示波器和采样示波器）观测；对于第二类信号，在模拟示波器的荧光屏幕上，信号波形将一闪而过，无法观测和记录。而现代科技和生产中常常要求观察单次和非周期性的动态信号，对于这样的要求，只有数字存储示波器（简称数字示波器）才能满足。

数字存储示波器（Digital Storage Oscilloscope，DSO），是 20 世纪 70 年代初随着数字技术的应用而发展起来的一种新型示波器。它是将输入信号波形进行数字化，而后存入数字存储器中，并通过显示技术还原被测波形。它可以方便地实现对被测信号进行长期存储，并利用机内微处理器系统作进一步的分析与处理。

数字示波器的出现使传统示波器的功能发生了重大变革。目前数字示波器得到了高速发展，从发展趋势来看，数字示波器将取代模拟示波器。

1. 数字存储示波器的基本组成

数字存储示波器的基本组成框图如图 5-42 所示，它主要由采样与存储、触发与时基、处理与显示三大部分组成。采样与存储部分包括衰减及放大、采样保持及 A-D 转换、采样存储器三部分。触发与时基部分包括触发与时基两部分。触发电路部分包括触发源选择、触发脉冲形成和触发方式设置等；时基电路部分包括采样脉冲产生、扫描时间因数（t/div）控制等。处理与显示包括波形处理、显示控制、波形再现电路（D-A）及显示屏等。

2. 波形数字化测量原理

数字示波器是基于波形数字化测量原理工作的。波形数字测量包含模拟波形数字化处理、

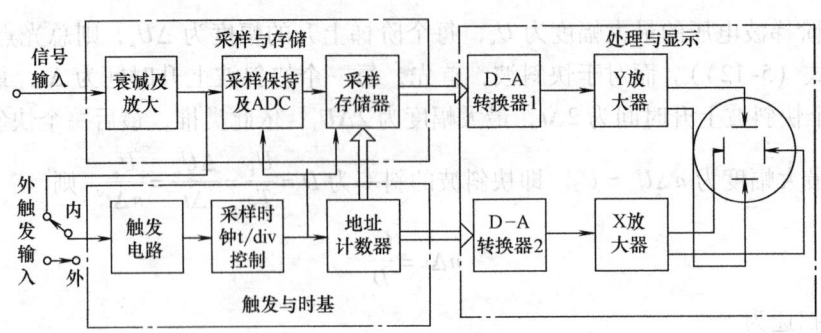

图 5-42 数字存储示波器的基本组成框图

数字波形存储和数字波形显示等环节,其工作过程可以归结为采样存储和波形显示两个阶段。

1) 采样存储工作阶段如图 5-43 所示,模拟输入信号 u_i(以观测正弦波为例)先经过适当放大或衰减,然后再进行数字化处理。数字化处理包括时间"采样"和幅度"量化"两个过程,采样是获得模拟输入信号的离散值,而量化则是使每个采样的离散值经 A-D 转换器转换成数字量(D_0、D_1、D_2、$\cdots$、D_n)后,数字化的信号在控制电路的控制下依次存入到首地址为 A_0 的 $n+1$ 个存储单元中。

2) 显示工作阶段如图 5-44 所示。采用了较低的读时钟脉冲频率从采样存储器中依次把数字信号(D_0、D_1、D_2、$\cdots$、D_n)读出,并经 D-A 转换器 1 转换成模拟信号 u_Y,经垂直放大器放大,加到 CRT 的 Y 偏转板。与此同时,采样存储器的读地址信号也加至 D-A 转换器 2,得到一个线性上升的阶梯形扫描电压 u_X,加到 X 放大器,驱动 CRT 的 X 偏转板,从而实现在 CRT 上以稠密光点形成的包络,重现模拟输入信号。显示屏上显示的每一个点都代表采样存储器中的一个数据,点的垂直屏幕位置与相应的存储单元中数据的大小相对应,点的水平屏幕位置与存储单元的地址相对应。

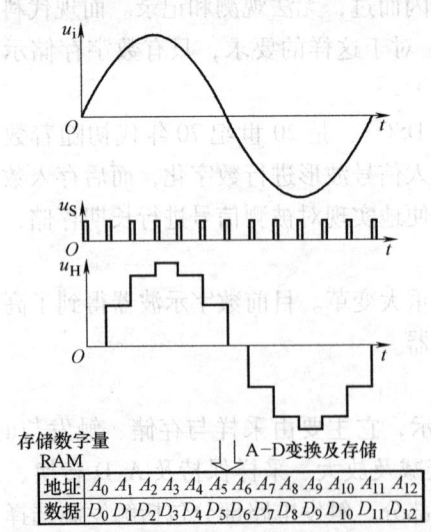

图 5-43 数字存储示波器的采样和存储过程

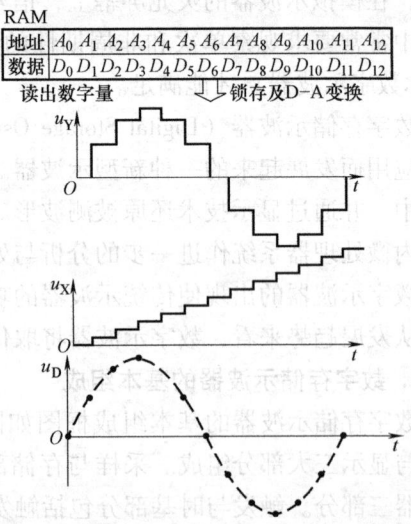

图 5-44 数字存储示波器的读出和显示过程

3. 现代数字示波器的一般组成

一个典型的现代 DSO 主要由输入通道、采集与存储、时钟与采集控制、触发电路系统、微处理器系统、显示与键盘及各种接口与控制电路组成,其组成示意图如图 5-45 所示。

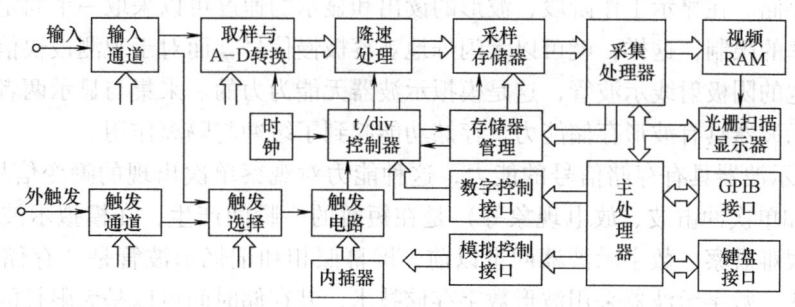

图 5-45　现代 DSO 组成示意图

"输入通道"主要由阻抗变换器、步进衰减器、可编程增益放大电路组成。主要任务是对被测信号进行调理,以便使送到 A-D 转换器的信号幅度调整到合适幅度。

"采集与存储部分"包括采样与 A-D 转换电路、降速处理电器、采样存储器等。在高速 DSO 中,A-D 转换器采集速率非常高,而采样存储器写入速度有一定的限制,因而 A-D 转换器之后的数据需要经过降速处理之后才能写入到采样存储器中。

"触发与时基电路系统"用于提供测量用的触发参考点,由触发通道、触发选择和触发电路等组成。时基电路系统包括 t/div 控制器及采样存储器管理电路,此外,还包括顺序采样方式所需要的步进系统电路或者随机采样方式所需要的模拟内插器电路等。t/div 控制器根据前面板设置的扫描速度,改变采样时钟频率,控制降速处理电路的数据抽取和采样存储器(RAM)的写入。采样存储器管理电路包括采样存储器的地址计数器及读/写信号的接口电路。

"波形显示部分"的任务从采样存储器中取出数字信号进行显示。在波形的数字测量中,对波形的显示通常有模拟和数字两种处理方式:模拟显示方式,将进行插值或抽取处理后的数字信号经由 D-A 转换器模拟化,然后再通过该模拟信号驱动 CRT 显示器进行显示(见图 5-42);数字显示方式,将采样存储的波形数据,直接转换成 CRT 光栅扫描显示器或液晶显示器(LCD)的像素点进行显示(见图 5-45)。

现代数字示波器是以微处理器为基础的智能仪器。早期的数字示波器的控制一般只使用一个微处理器,难以实现高速采集处理与显示的要求。现代 DSO 一般都采用多微处理器方案。由于采用多个处理器各负其责,因而可使信号的采集与显示两个过程做并行处理。数据的采集及存储过程采用一个专用的采集处理器;而波形的显示、数据处理以及各种接口的控制则由主微处理器进行处理。除此之外,现代 DSO 还采用先进高速采集器件和技术、多种采集方式、插值技术以及专用的波形翻译器等,使采样率及显示更新率有很大提高。目前,数字存储示波器得到高速发展,其功能和性能有很大提升。例如,在数字存储示波器基础上增加逻辑分析仪功能,而构成的混合信号示波器(MSO),以及可以实现三维图形显示的三维示波器(Digital Three-dimensional Ossilloscope,DTO)、数字荧光示波器(DPO)和高分辨率彩色液晶显示数字示波器等。

4. 数字示波器的特点

数字示波器由于对波形进行数字化后,具有数字存储和数字处理的能力,因此,无论在功能方面还是性能方面,均大大超过了模拟示波器。数字示波器有下述几个特点。

1)数字示波器对波形的采集与波形的显示是可以分离的。在采集工作阶段,采集速率应根据被测信号来选择,对快速信号用较高的速率进行采样与存储,对慢速信号用较低速率进行采样与存储。在显示工作阶段,波形的读出和显示的速度可以采取一个固定的速率,并不受采样速率的限制,这样,就可以无闪烁地观察极慢信号,而对于观测极快信号来说,不必用带宽很宽的阴极射线示波管,这是模拟示波器无能为力的。采集与显示两者能分离的关键在于数字示波器具有波形存储能力,存储功能起到了缓冲与隔离作用。

2)数字示波器具有存储信号的能力,这种能力对观察单次出现的瞬变信号尤为有利。动态信号(如单次冲击波、放电现象等)是在短暂的一瞬间产生,在模拟示波器的屏幕上一闪而过,很难观察。数字示波器问世以前,屏幕照相和记忆示波管是"存储"波形所采取的主要方法。数字示波器采用波形数字存储技术,其存储时间可以是无限长的。

3)数字示波器的存储波形的能力极大丰富了显示内容,方便对信号的观测。数字存储示波器具有多种显示方式,如存储显示、滚动显示和触发显示等。它可存储多个波形,并且可以多个波形同时显示。由于具有存储能力,不仅能显示触发后的信号,而且能显示触发前的信号,并且可以任意选择超前或滞后显示的时间。除此之外,数字示波器具有先进的触发功能,与存储器配合可提供多种触发方式,方便对信号进行观测与分析。

4)测量精度高。模拟示波器的水平精度由锯齿波的稳定性和线性度决定,故很难实现较高的时间精度,一般限制在3%~5%。而数字示波器由于使用晶振作时钟,有很高的时间精度。采用 A-D 转换器也使幅度测量精度大大提高。波形参数的直接数字显示,克服了示波管模拟显示精度的影响,使数字示波器的测量精度优于1%。

5)具有很强的处理能力。这是由于数字示波器内含有微处理器,因而能自动实现多种波形参数的数字式测量与显示,例如上升时间、下降时间、脉宽、频率、峰—峰值等参数的测量与显示。数字示波器能对波形实现多种复杂的处理,例如取平均值、取上下限值、频谱分析以及对两波形进行加、减、乘等运算处理。同时它还具有许多自动功能,例如自检与自校等。

6)具有数字信号的输入/输出功能。可以通过各种通信接口,很方便地将存储的数据送到计算机、合成信号源或其他外部设备,进行更复杂的数据运算或分析处理,以及复杂波形的产生。同时还可以通过各种通信接口与计算机一起构成自动测试系统。

5.5.2 波形数字化——采样与量化

下面将分别介绍数字示波器的几个组成部分——波形数字化(采样与量化)、波形存储、触发与时基、波形显示等的原理。

波形数字化部分包括衰减及放大、采样保持及 A-D 转换三部分。衰减及放大电路的作用与模拟示波器类似。它们的输出信号经采样/保持电路,由连续信号变为离散信号,各离散点的采样值正比于采样瞬间的幅值。经过 A-D 转换,离散的模拟量被量化为数字量,然后由采集存储器存储。在许多 DSO 中采样与 A-D 转换合为一体。

本节先讨论波形数字化(A-D 转换)的两个环节:采样和量化。

1. 采样方式

数字存储示波器的采样方式分为实时采样和非实时采样。非实时采样又分为顺序采样和随机采样两种。术语"采样"(Sample)也常被译为"取样"。

(1)实时采样

实时采样是指在信号经历的实际时间内对一个信号波形进行取样。在实时采样中,一个信号的所有采样点按时间顺序在一个信号波形上等间隔采集取得,如图 5-46a 所示。由于一个波形只在单一非重复的一个变化中被采样到,因而采样速率必须足够高,根据采样定理,在理想情况下,对一个最高频率分量为 f_h 的信号,只要用不小于 $2f_h$ 的频率进行采样,就可不失真地恢复被测波形。

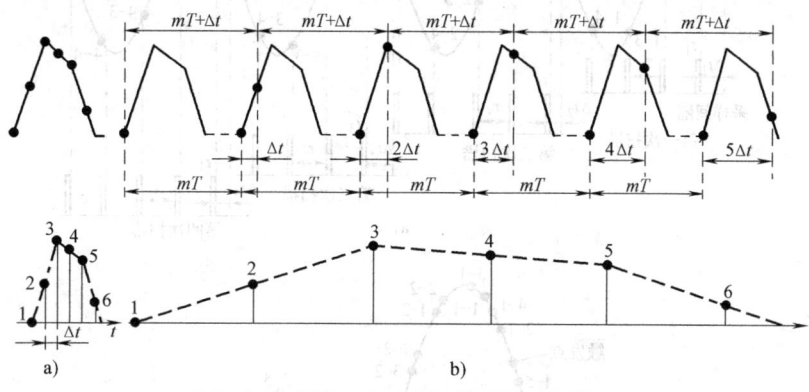

图 5-46 实时采样和非实时顺序采样
a) 实时采样 b) 非实时顺序采样

实时采样是最简单和最直观的采样方式,这类采样只需简单地在时间上等间隔地分布采样点,而且所有的采样点是对应示波器的一次触发而获取的。这种方式的主要好处是可以观测非周期性的瞬变信号(或称单次信号),缺点是 DSO 的最高采样率(A-D 转换速率)必须高于信号最高频率的两倍,也就是说,实时采样的示波器观测高频信号的能力受 A-D 转换器的速率限制。

(2) 非实时顺序采样

非实时采样是指从被测的周期性信号的许多相邻波形上取得样点的方法,一次信号的采样需经过若干个信号重复周期才能完成,称为非实时采样,也称为等效采样。

非实时顺序采样通常对周期为 T 的信号每经大约 m 个周期采集一点(m 为正整数),但每次采样都比前次在波形的相对位置上滞后 Δt,也就是说每经 $(mT+\Delta t)$ 采集一点,如图 5-46b 所示(图中 $m=1$)。比较该图的 a、b 可见,只要采集起始点和时间 Δt 相同,图 b 采集的样值与图 a 完全相同。只不过这种非实时采样对采样速度的要求大大降低了,或者说它可以用不太高的采样速率,"等效"极高的采样速率,进而使示波器的通频带做得很宽。这种采样方式常用于所谓采样示波器中,目前高端频率已做到 50GHz(实际采样率只需 10kSa/s)(注:Sa/s 为每秒采样点数。后同)。

所有非实时采样的示波器都不能观测单次信号。它们通常只能观测周期性信号,但是只要重复波形完全相同,触发点又容易识别,非实时顺序采样亦可观测有些非周期性的重复信号。此外,顺序采样示波器因以触发点为参考每次相对延迟 Δt 采样,因而不能观测触发前的信号;在实际使用中也不便于观测频率较低的信号,以免采样时间过长。

(3) 非实时随机采样

与顺序采样方式一样,随机采样也需要经过多个采样周期才能重构一幅波形。与顺序采样方式不同的是:随机采样方式在每个采样周期可以连续采集多个采样点(采样频率相同),并且每个采样周期触发其后的每一个采样点的时间(t_1、t_2、t_3、t_4、…时刻)是随机的。随机采样方式的示意图如图 5-47a 所示,图中每个采样周期触发点与其后第一个采样点的时间 t_1、t_2、t_3、t_4、…之间的时间间隔分别为 Δt_1、Δt_2、Δt_3、Δt_4、…,它们是随机的。

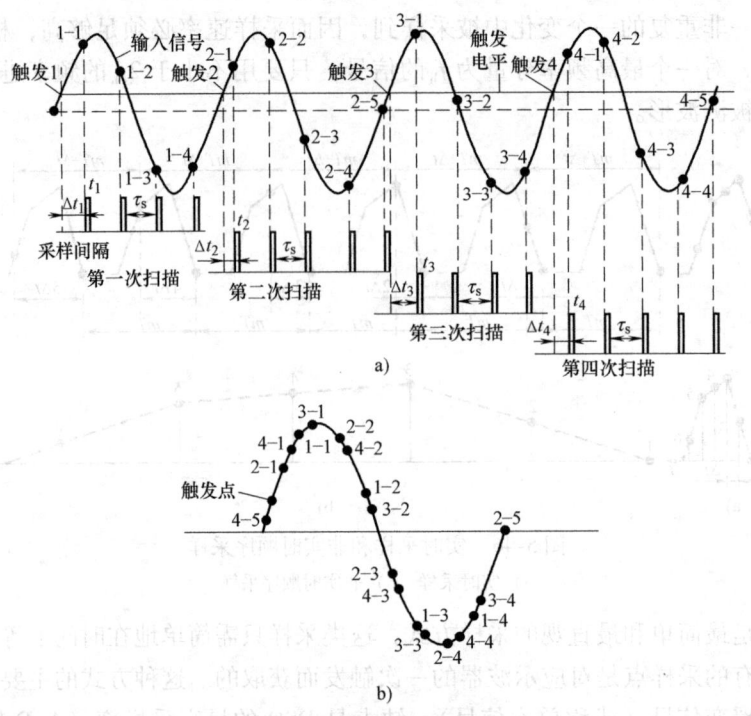

图 5-47 非实时随机采样
a) 采样过程示意图 b) 重建的波形

当第一次触发后,延时 Δt_1 后的 t_1 时刻开始第一次采集,采样若干样点直到采样结束(经历被测信号的多个周期)并存储这些采样点数据(图中标记"1"的各点)后,等待第二次触发事件,触发后再延时 Δt_2 后的 t_2 时刻,进行第二次采集并存储各采样点数据(图中标记"2"的各点)。由于是重复周期信号,第二次采样虽然是在第一次采样后间隔了信号的若干周期中进行,可认为信号的不同周期的幅度上并无差异(注意图中只是为了画图方便,将第二次触发采样画在了紧接着第一次采样后的一个周期)。同样进行第三次(图中标注"3"的各点)、第四次采样(图中标注"4"的各点)。

在进行波形重建时,首先精确测出每个采样周期的时间间隔 Δt_1,Δt_2,Δt_3,…,然后以触发点为基准,将在各次采样周期中采集的采样点进行拼合(按时间先后的次序将数据重新排列,并写入显示存储器相应的地址单元中),就能在显示时重构信号的一个完整的采样波形。如果采集的次数足够多,重构波形的采样点将非常密集,相当于用较高的采样率进行一次实时采集而形成的波形。关于波形重建算法将在后面讨论。

随机采样通过记录各次采样时刻与触发点的时间差来确定采样点在信号中的位置,以此重建波形。因此,在随机采样中,准确测量和记录下该时间差,是实现随机采样的关键。通常可采用时间展宽(或精密时间内插)技术进行精确测量。也正因为随机采样需要进行精确时间测量,所以在重建波形时,需要较顺序采样更多的时间。

由于随机采样亦可用不太高的实际采样率,"等效"成高速采集,所以对重复信号可取得很高的带宽。又由于一次采集就可取得较多的样点,比非实时顺序采样快了很多。

(4) 随机采样方式与顺序采样方式的比较

随机采样与顺序采样一样,都只能对重复周期信号进行采样和观测。它们有几点不同:从采样时刻来讲,顺序采样的采样点与触发点有 Δt 的固定延迟时间关系,而随机采样的采样点与触发点之间的时间关系,完全是随机的;从信号周期来讲,顺序采样触发后每个采样周期只取样一个采样点,而随机采样每个采样周期内进行多次重复采样后得到一组采样点,因此,随机采样可以用较低的采样速率获得很高的重复带宽,比如,假设经过多次采样并排列出采样点数据后,相邻采样点间隔20ps,则等效采样率达到50GSa/s。

随机采样方式容许在触发信号之前采样,可以提供预触发信息;而顺序采样方式的全部采样必须在触发信号之后产生,不能提供预触发信息。因而,随机采样方式已在很大的范围内取代了顺序采样方式。但从实现技术来说,随机采样较复杂。目前,多数的数字示波器都具备实时采样和随机采样两种采样方式,以便既能观测单次信号,又可观测频率很高的重复信号。

微波频率段信号的示波器通常还是采用顺序采样方式,这是因为对100GHz微波频率,被测信号的周期仅为0.01ns,示波器在如此小时间窗口中进行随机采样,有效的随机采样出现的概率就很小,想要获得恢复整个波形所需要的全部采样点,将会花去很长的时间。顺序采样方式可迫使采样点发生在所需的时间窗口内,因此易于很快获得整个波形。

2. 高速 A-D 转换

A-D 转换器是波形采集的关键部件,它决定了示波器的最大采样速率、存储带宽以及垂直分辨率等多项指标。目前数字示波器采用的高速 A-D 转换器有并联(并行)比较型、串并联型以及 CCD 器件与 A-D 转换器组合型等。

(1) 并行比较式 ADC

采用如图 5-48 所示的直接比较原理。待转换的信号 u_i 同时作用于若干个并行工作的比较器的输入端,这些比较器与不同的参考电平比较。对于 n 位 A-D 转换器而言,一共用 (2^n-1) 个比较器,与 (2^n-1) 个量化等级相对应,每一个比较器的比较参考电平从基准电压 $U_r \sim -U_r$ 经分压而得(共 2^n 个分压电阻),它们依次相差一个量化等级。当作用于输入端的信号 u_i 大于某比较电平时,则该比较器输出高态("1"),反之则为低态("0")。(2^n-1) 个比较器的输出经编码逻辑电路得到 n 位二进制码,送至输出寄存器,即为 A-D 转换结果。图 5-48 电路是在采样时钟的作用下工作的,当信号 u_i 作用于输入端时,比较器的输出就跟踪 u_i 的变化,只有在采样时钟为有效时,比较器的结果才被保持、输出。由于并行比较式 A-D 的各个比较器同时进行比较,它的转换速度只取决于比较器、编码器、寄存器的响应速度,其转换速度是各类 ADC 中最快的,故有闪烁式 ADC(Flash 型 ADC)之称。

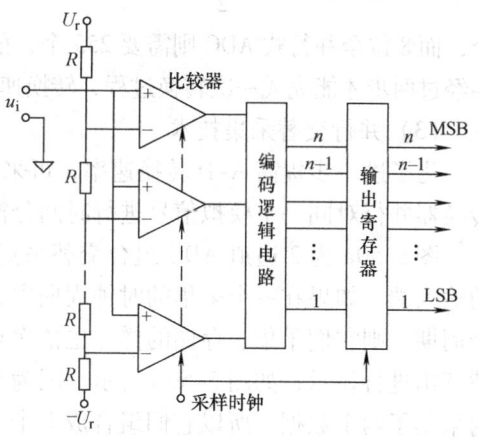

图 5-48 并行比较式 ADC 原理框图

目前,并联比较式 A-D 转换器技术已经非常成熟,8bit 并行 A-D 转换器的转换速率已达到 2GSa/s 以上,并且片内都集成了采样/保持电路、基准(参考)电压、编码电路等,使用时,只需外加少量器件,即可组成完整的数字化电路,给 DSO 的设计带来了很大方便。设计高速 A-D 转换器时还必须提供高质量的转换时钟信号,并且注意进行输出数据的降速处理等。

(2) 并串式 ADC

并行式 ADC 的转换速度最快,但是,电路结构复杂,成本高。例如 8 位 ADC,需要

255个比较器,如果位数更多,电路规模将剧增。

并串式ADC既吸取了并行式ADC快速的优点,又相对减少了比较器的数量,其原理框图如图5-49所示。下面以8位并串式ADC为例说明其组成原理,它由2片4位并行比较式A-D、4位D-A转换器、减法放大器及其他电路组成。工作过程分两步,第一步是前置的4位A-D对信号u_i进行转换,得二进制转换结果的高4位($b_7 \sim b_4$);第二步是将所得高4位数码经D-A(也是4位)转换得输出电压u_1,并作用于减法放大器反相端。u_i和u_1相减并放大后作用于下一级4位A-D的输入端,得二进制码转换结果的低4位($b_3 \sim b_0$)。转换结束后得到一个完整的8位二进制码$b_7 b_6 b_5 b_4 b_3 b_2 b_1 b_0$。

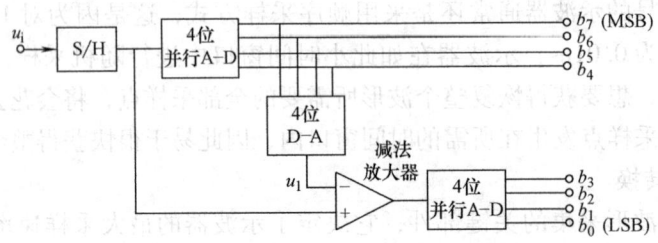

图5-49 并串式8位ADC原理框图

现在考虑图5-49中减法放大器的增益。因为A-D转换结果是两组二进制码的加权组合而成,在两片A-D转换器采用相同基准电压的情况下,按二进制位权的高4位码加权系数为2^k,k为第一片A-D转换器的位数。即$k=4$,故放大器的增益为$2^4=16$,并且该增益误差不得超过转换结果的$\frac{1}{2}$LSB。图5-49并串式8位ADC所需比较器的数量为$(2^4-1) \times 2 = 30$个,而8位全并行式ADC则需要255个,前者所用比较器的数量显著减少,但是由于并串式要经过两步才能完成一次转换过程,转换速度比全并行式慢。

(3)并行交替采集技术

为了进一步提高A-D转换速率,可采用并行交替采集技术。交替采集是利用多片A-D转换器并行对同一个模拟信号进行时间分割的交替采样,来提高整体采样率。

图5-50a为2通道ADC组合交替采集原理框图。被测信号u_i同时作用于两个采集通道的输入端,如果在一个采集的时钟周期内,通道1和通道2的采样、存储控制的时钟相差半个周期,则它们采集、存储的样点也依次相差半个时钟周期,在显示时再将这些样点依次交替读出进行显示,如图5-50b所示。因为每半个时钟周期可以采集一个数据,一个时钟周期内采集了两个数据,所以它们组合成1个A-D转换器的速率提高一倍。

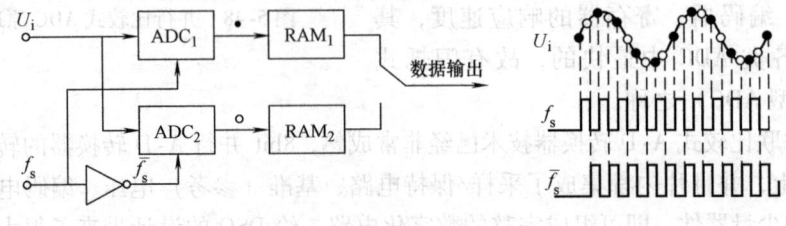

a)

b)

图5-50 2通道交替采集原理
a)原理框图 b)时序波形图

图 5-51 为多片 ADC 基于时间交替采集而并行工作的原理框图。图中，N 片 ADC 采集同一个模拟信号，各 ADC 的采样时钟频率相同（均为 f_0，周期为 T_0），但它们是由同一个时钟通过时钟分配电路得到的，各时钟保持固定的相位差 $\frac{2\pi}{N}$，相当于依次延迟 $\frac{T_0}{N}$，这样，将 N 个 ADC 的采样数据按相位的先后次序排列（"拼合"）后得到的全部采样数据，就等效于 1 个 ADC 在采样时钟频率为 Nf_0 时的采样输出。该技术的难点是高精度多相时钟电路的设计。

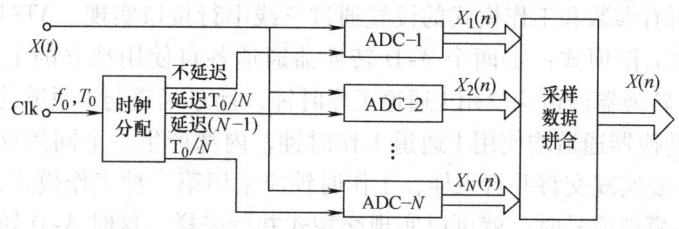

图 5-51 多片 ADC 并行时间交替采样原理框图

（4）高速 A-D 转换器实例简介

上述的多片并行交错采样方案需要许多芯片，另外增加许多射频元件，这不仅给实际制作带来许多困难，而且也使性能的进一步提高受到限制。目前，一些器件厂家生产了一种集成度很高的 A-D 转换器，该器件不仅含有多路（两路或四路）高速 A-D 转换器，还提供了支持交错工作方式和输出数据降速（两倍或四倍）处理的电路。单片内便可同时实现并行交错采集和输出数据降速处理。

AT84AD001 是一种具备交替功能的高速 A-D 转换器，其内部结构框图如图 5-52 所示。该器件在同一芯片上集成了两个（I 和 Q）独立的 A-D 转换器，每个通道都具有 1GSa/s 的采样率、8 bit 分辨力。该器件支持交错工作方式，双路 A-D 转换器并行采样的最高采样率可以达到 2GSa/s。为了降低输出数据流的速度，器件内部集成了 1∶1 和 1∶2 可选的数据多路分离器（DMUX），当选择 DMUX 工作在 1∶2 时，可以使输出数据流的速度降低一半。从而可以在芯片内部方便地实现高速率的数据采集和输出数据的降速处理。

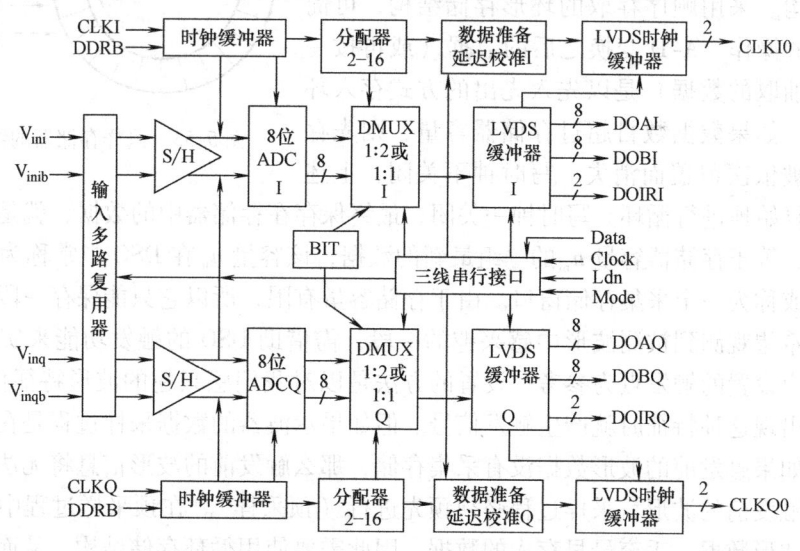

图 5-52 AT84AD001 内部结构框图

AT84AD001 的模拟输入端由两对差分模拟输入引脚 V_{ini}、V_{inib} 和 V_{inq}、V_{inqb} 组成，最大输入电压为 $500mV_{p-p}$。数字信号的主要控制引脚是：I 和 Q 通道的时钟输入引脚 CLKI 和 CLKQ。通道 I 和 Q 的数据输出引脚分别是 $DOAI_{0\sim7}$、$DOBI_{0\sim7}$ 和 $DOAQ_{0\sim7}$、$DOBQ_{0\sim7}$。当器件工作于 1:1 DMUX 模式时，每路 A-D 转换器使用 DOA 的 8 位总线，这时，AT84AD001 的数据输出率为 1GHz；当器件工作于 1:2 DMUX 模式时，使用 DOA 和 DOB 共 16 位总线，这时，AT84AD001 的数据输出率为 500MHz，数据输出速率降低了一半。

AT84AD001 所有参数和工作模式的设置通过三线串行接口实现。AT84AD001 的工作时钟可以预置为三种工作模式：①两个 A-D 转换器通道各自使用独立的工作时钟（两个时钟）；②两个 A-D 转换器通道均使用 I 通道工作时钟，且 Q 通道与 I 通道的工作时钟同频同相；③两个 A-D 转换器通道均使用 I 通道工作时钟，内部产生一个同频反相的时钟作为 Q 通道工作时钟。若要实现交替并行采样，工作时钟应采用第三种工作模式，在这种模式下，当两通道输入同一模拟信号时，就可以实现交替式并行采样，这时 A-D 转换器组合后的等效采样速率为输入工作时钟频率的 2 倍。

5.5.3 波形存储

1. 存储器的作用

1）波形存储器使 DSO 具有长时间地保存信号的能力，数字存储示波器能把瞬间产生的信号采集存储和显示出来，有利于观测单次出现的瞬变信号。

2）存储起到了速度的缓冲与隔离的作用，可实现波形的快速采集和慢速显示的分隔。DSO 中采集速率很高，通常很难实现实时处理和实时显示，因此，只要把高速数据流快速存储起来，可以再作后续处理。

2. DSO 存储器的结构

DSO 的采样存储器具有循环存储功能。所谓循环存储，就是将存储器的各存储单元按串行方式依次寻址，且存储区的首尾相接，形成一个类似于图 5-53 所示的环形结构。采用顺序存取的环形存储结构，可简化数据存取的操作。A-D 变换之后的数据（或再按一定比例间隔抽取的数据）是以先入先出的方式存入环形存储器的。如果数据数目超过存储器容量，则先存入的数据将被依次覆盖而消失。写时钟不关闭，上述

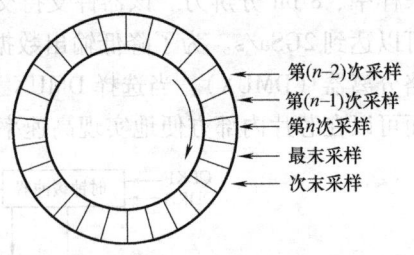

图 5-53 采样存储器的结构形式

过程将周而复始地进行循环。写时钟一关闭，最终保存在存储器中的数据，就是在关闭写时钟前存入的、等于存储器容量 n_m 的一组最新的数据，该容量 n_m 在 DSO 中常称为记录长度或存储深度，或称为一个采集存储窗口。由于存储容量有限，所以它只能保存一段被测波形数据。若人们希望观测到被测波形中感兴趣的一段，需借助 DSO 的触发功能来实现，窗口的位置是以用户设置的触发点为参考。设置的方法是以对我们感兴趣的波形特征作预先定义，当被测波形出现这种特征时就产生触发信号。但如果示波器的数据采样过程是在触发产生后才开始的，如果触发前的波形数据没有采集存储，那么触发前的波形信息将无法观测到。为了能观测到触发前的波形，采样过程必须预先进行（预采样）。在预采样过程中还需要保存一段最新的波形数据，丢弃最早存入的数据，因此需要使用循环存储结构，从而保证在触发发生时，触发点以前的波形数据已存入存储器中，就能观测触发之前的波形情况。

环形结构的采样存储器可用 FIFO、双口 RAM、高速 SRAM、DRAM 等来实现，其中，FIFO 本身就具有先入先出的顺序存储结构，使用较简便。

3. 存储深度

存储深度是指采样存储器容量的大小，它决定了记录波形的采样时间长度，因此，也简称为记录长度，用可存储的波形采样点数 pts（样点）或存储容量的字节数 KB 或 MB 表示。

记录长度、采样速率和扫描时间因数三者之间存在以下关系式

$$L = f_s \times (t/\text{div}) \times 10$$

式中，L 为记录长度；f_s 为采样速率；t/div 为扫描时间因数；10 为显示屏幕水平方向的刻度为 10 格。由此表明，当记录长度 L 确定之后（由硬件确定，不能改变），DSO 的采样速率 f_s 与扫描时间因数 t/div 成反比。

早期 DSO 设计的记录长度与显示器水平方向的分辨率在数值上是一致的。例如，对于一个 21 万像素（575×368）的显示屏幕来讲，为了保证显示的波形能达到该显示屏的最高的空间分辨率，水平方向应显示 500 个采样点的数据（相当于 50 点/div）。为了在应用中保持这个空间分辨率，较简单的设计方案是：以显示窗口的最高水平分辨率来确定 DSO 的记录长度，并根据所选的扫描速度来决定采样速率。例如，当扫描速度选择 1μs/div 时，就应提供 50MSa/s 的采样速率，正好保证水平方向有 500 个采样点。

这种设计方案存在以下两个缺点：①由于记录长度是以显示窗口的最高水平分辨率来设计的，DSO 的记录长度不可能太长（一般在 500B 左右或 1000B 左右），因此，只适宜观测一些简单的信号，很难完整地记录并显示一个较复杂的信号。②不便观测一个同时含有高频和低频成分的信号波形。例如，要求显示一行含有行同步信号的电视信号，若以低频的行频信号调整扫描速度，可以看到一行完整的信号，但看不清楚其中电视信号的波形；若以其中高频的电视信号调整扫速，则又看不到一行完整的信号。

要想观察到又长又复杂波形的细节，就需要在较高采样速率情况下进行较长时间的记录，因而现代 DSO 都把增加记录长度（提高存储深度）作为提高 DSO 性能的一项重要改进措施。目前 DSO 记录长度已能做到多达 48MB 的超长存储深度，从而支持在高采样率情况下对复杂波形的捕获。

增加记录长度后，一次捕捉的波形样点多了，使一帧数据可同时含有高频和低频的完整信号。但是屏幕水平方向一般只有 500 点左右（或 1000 点左右）的像素，也许只能看到波形中的某一个局部。例如，若捕获了 100000 点的波形，但仅有 500 点（或 1000 点）数据能在屏幕上显示。为此，除采取抽样处理外，人们又提出"窗口放大"或"波形移动"等显示功能，使用户通过多次放大或左右移动，既可看到波形的全貌又可看到局部细节，解决了长记录长度和显示处理之间的矛盾。

4. 存储数据的降速处理

高速 ADC 输出的数据速率高，欲使每一个采样数据能够及时存储起来，要求数据存储速率不得低于采集速率，例如，在 2GSa/s 采样速率下，要求存储器的写入时间不得大于 0.5ns，单片大容量高速存储器很难达到这一要求。为了降低对采样存储器读写速度的要求，DSO 还广泛采用了数据存储的降速处理技术。

（1）分时存储

采集的高速数据可分流成为低速数据进行存储，例如可分流为 2 路甚至 4 路 RAM 来存储，将存储器的速度要求可以降低到 1/2 或 1/4，就可采用廉价的慢速存储器存储高速信

号。图5-54表示采集数据由2路存储器交替地分时存储的原理图及2相时钟锁存数据的时序图。

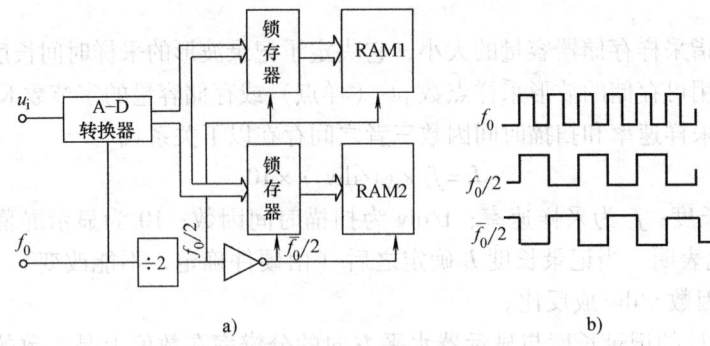

图 5-54 高速数据的 2 分路存储
a) 原理框图（2路） b) 2 相时钟锁存（前沿锁存）时序图

（2）分路存储

DSO 实现分时存储的方法通常采用"串-并转换"来降低输出数据流的速度。例如，某 DSO 采用的 A-D 转换器的最高采样率为 1000MSa/s，分辨率为 8bit。而采样存储器的最高读写频率为 266MHz、宽度是 32bits 的 SDRAM。由于 SDRAM 的最高读写频率为 266MHz，所以必须将 A-D 数字化后的数据速率降到 266MHz 以下才能存储。采用串-并转换方法实现降低 A-D 转换器输出数据的原理示意图如图 5-55 所示。

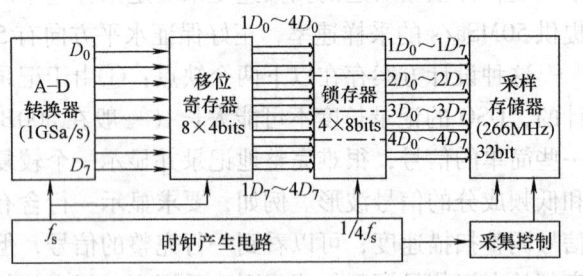

图 5-55 数字化与分路存储电路的原理示意图

首先，将 A-D 转换器输出的 8 位并行数据 $D_0 \sim D_7$ 送入 8 个 4 位移位寄存器的串行输入端，当 A-D 采集了 4 个数据，移位寄存器移满后，从其 4 位并行输出端输出数据，即完成了 4 位串-并转换过程，再由 4 个 8 位并行锁存器锁存一次数据，即通过把一路数据分路成了 4 路数据来存储，把锁存数据流降速为 1/4 后再送到采样存储器（SDRAM）的输入端。A-D 转换器输出数据流的最大速度为 1000MHz，为了保证移位正确，移位寄存器串行移位的最大工作频率选为 1200MHz。由于移位寄存器移位 4 次后才向锁存器锁存一次，因此，通过分路把每个锁存器锁存和输出数据的频率降为 1000/4 = 250MHz，满足低于 SDRAM 读写最高频率（266MHz）的要求。32 位的 SDRAM 一次就写入了 4 个 8 位的数据，因此使写入速度降低 3/4。

5.5.4 触发与时基

触发与时基电路控制每次波形采集周期的全过程，是数字存储示波器波形采集与存储操作的控制中心。在每个采样周期内，完成触发点的确定，采样方式的控制，采集的启动与停止，触发前和触发后存储的数据量大小，采集与存储的速率，测量触发点与采样点之间的准确时间的控制等操作。触发与时基电路的优劣，直接关系到数据采集的正确性和显示波形的质量，对数字存储示波器的测量精度、触发抖动和波形显示的稳定都有直接影响。

触发与时基部分主要包括触发通道、触发选择、触发比较、触发脉冲发生器、触发抑制，以及采样时钟产生、采样速率控制（通过调节扫描时间因数 t/div）等。除此之外，触发与时基电路还包括顺序采样方式所需要的步进系统电路以及随机采样方式所需要的时间测量电路等。

1. 触发电路系统

触发电路系统的作用是根据人们所希望观测的波形，为采集与存储控制电路提供一个触发参考点，以使 DSO 的每次采集都发生在被测信号特定的相位点上，使每一次捕获的波形完全重叠，以达到波形稳定显示的目的。触发电路是实现同步采集所必需的。

（1）触发点的确定——触发类型

触发电路系统一般由外触发信号通道电路、触发源选择和触发电路组成，其中触发电路应包括触发耦合方式选择、触发比较器、触发释抑电路等部分，其一般原理框图如图 5-56 所示。

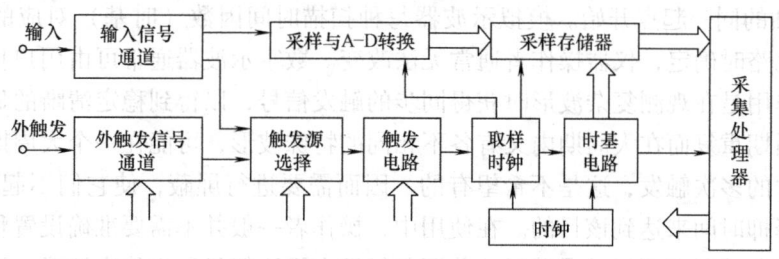

图 5-56　数字示波器触发电路系统一般原理框图

数字存储示波器中，触发点的确定与模拟示波器类似，与选用的触发源、触发模式和触发类型等有关。如触发源选择有：内触发（来自于被测信号）、外触发、电源触发；触发模式有：自动（不论是否满足触发条件都有波形显示）、常态（不满足触发条件时没有波形显示）、单次（满足触发条件采集一次后停止下来）。数字示波器触发类型则很丰富，以下重点讨论几种常见的确定触发点的形式。

1）自动电平触发。为使显示稳定，示波器根据实际输入信号自动选择一个触发电平，通常，自动选择的触发电平处于显示波形幅度 50% 的位置。如果没有信号输入到示波器，则显示一条时基线。

2）逻辑触发。数字示波器通常有 2 或 4 路输入，其触发可以由一路信号的某种跳变沿与其他路信号的逻辑状态或逻辑组合共同确定。例如，可用 I/O 请求信号为逻辑真时的写时钟边沿来触发，这就可以观测向 I/O 设备写数据时有关信号的情况，而不是向内存写数据的情况。几路信号的逻辑组合，可以是"与"、"或"、"与非"、"或非"、"异或"、"异或非"等多种。这种逻辑模式触发又称为码型触发，在观测包含多路信号的数字系统时非常有用。

3）毛刺触发。毛刺是数字系统发生故障的重要原因之一，检测毛刺对数字系统的硬件故障分析有显著作用。很多数字示波器可以规定当输入信号中含有正、负或任意方向的毛刺时产生触发。

4）脉冲边沿时间或脉冲宽度不恰当触发。数字电路常因信号边沿不够陡，脉冲持续时间过长或过短，或信号的建立时间、保持时间不足，致使某段时间信号的逻辑关系不对。这些容易造成故障的情况均可设置为数字示波器的触发条件，这种触发又称为时间限定触发。

5）逻辑电平不规范触发。按照规定的两个门限电平，若信号连续两次穿越其中一个电平，而不穿越另一个电平，则说明信号值不规范。例如对于正电平的 TTL 电路，可规定 0.8V 和 2.0V 两个门限电平，若信号从低电压端穿过 0.8V 而未穿过 2.0V，然后又向下端再次穿过 0.8V，则说明信号幅值处于两个门限电平之间。这种情况往往难于判断信号值是逻辑 0 还是逻辑 1，容易造成故障。因此，可把电平不规范作为触发条件，这种触发亦称为矮脉冲触发。

6）专用信号的触发。这种触发为观测某些专用信号提供了方便。例如，在电视信号观测中，常需显示与行信号、场信号有关的波形。因此，很多数字示波器设置了 TV 触发，并提供多种与 TV 相关的触发项选择。又如 I^2C 总线（Inter IC bus）是一种集成电路间互联用串行总线，在很多领域得到广泛应用。这种总线有相应的规范，I^2C 触发就是便于观测该总线相关信号的一种触发方式。

7）触发释抑时间。释抑（Holdoff）时间用来控制从一次触发到允许下一次触发之间的时间。在模拟示波器中的释抑时间，是用来保证扫描回程结束后才允许新的触发，即保证每次扫描都从 X 轴的同一起点开始。模拟示波器每种扫描时间因数（时基）对应的释抑时间由厂商在设计电路时确定，仪器操作者通常无法改变。数字示波器通常可由用户自己控制释抑时间，它的作用是在观测复杂波形时获得同步的触发信号，以得到稳定清晰的显示。

对于大周期重复而在大周期内又有各不相同的特殊波形，可能在一个大周期内存在很多满足触发条件的多次触发，这是不希望有的，因而需要进行屏蔽，使它们不起作用。为此，可通过调节释抑时间来达到该目的。在使用中，操作者一般并不需要准确设置释抑时间，而只是在观测复杂波形遇到显示混乱时，若调节触发电平不能显示出稳定波形，可调节触发释抑时间，达到显示稳定波形的目的。

8）序列触发。操作者可规定一个触发事件序列，当该序列的若干条件依次均得到满足时才产生触发。这些触发事件可以是脉冲沿、脉冲宽度或某种模式等，也可以是对某事件的计数或延时等。在有些数字示波器中加进了逻辑分析仪功能，这时更常用到序列触发功能。单纯的数字示波器用到序列触发时，通常是较短的简单序列。

（2）触发对存储窗口的控制——触发控制模式

在模拟示波器中，出现触发信号后才开始产生扫描锯齿波，从而总是观测到触发点后的信号波形。在 DSO 中，触发（triggering）概念与模拟示波器相同，它是指在满足设定的触发条件下，示波器即实时捕获该波形和其相邻部分，并利用对波形存储的控制，可以更加灵活地观测到感兴趣的那段波形。它不但可以观测触发点后的信号波形，而且可以观测触发点前的信号波形。前面曾指出，为了能观测到触发前的信号波形，采样过程必须预先进行，即预采样，并且，利用循环存储结构来存储触发前的波形，这是数字存储示波器的一大特点。

触发可分为始端触发和终端触发，正延迟触发和负延迟触发等几种模式。在数字示波器中可以通过控制采样存储器的写操作过程的开始或结束来实现，并且正负延迟及延迟时间都可以进行预置。

1）触发模式。当被测信号达到预置电平时，触发电路便产生触发信号，于是采样存储器就从零地址开始写入采集的数据，设示波器的存储容量为 1024，则当写满 1024 个单元后便停止写操作。显示也从零地址开始读数据，则对应示波器屏幕上显示的信号便是触发点开始后的波形，这种方式称为存储窗口的始端触发。

2）正延迟触发（延迟触发点 N 个采样点时间）模式。触发信号到来后，采样存储器不立即写入数据，而是延迟 N 次采样之后才开始写入。这样当显示时，示波器屏幕上显示的信号便是触发点之后 N 个采样点的波形。这等效于示波器的时间窗口右移,如图 5-57b 所示。这种方式称为存储窗口的正延迟触发。

3) 终端触发模式。如果在触发信号到来前,采样便不断进行着,采样存储器便一直处于 0~1023 单元不断循环写入的过程中,当写满 1024 个单元之后,新内容将覆盖旧内容继续写入。当触发信号到来后,采样存储器立即停止写入,则对应示波器屏幕上显示的信号便是触发点前的波形,这种方式称为存储窗口的终端触发。

4) 负延迟触发(显示超前触发点 N 个采样点时间)模式。当触发信号到来之前,采样存储器不断循环写入,当触发信号到来后,使采样存储器再写入 $1024-N$ 个采样点之后停止写操作。显示时,不是从零地址读数据,而是从停止写操作时地址的下一个地址作为显示首地址连续读 1024 个单元的内容。这样,示波器屏幕上显示的便是触发点之前 N 次采样点为起点的波形,这等于示波器的时间窗口左移,如图 5-57a 所示。这种方式称为存储窗口的负延迟触发。

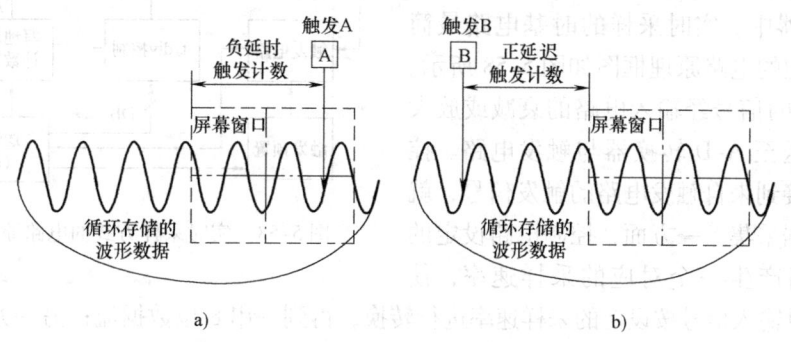

图 5-57 延迟触发显示波形示意图
a) 负延迟触发 b) 正延迟触发

2. 时基电路部分

时基是示波器的时间基准,它决定了信号波形在水平时间轴的测量范围和精度。观测不同频率或不同变化速率的信号,应选用不同的时基。

时基电路的任务是产生采集、存储与显示所需要的时钟信号和时序控制信号。时基电路由高精度的主时钟信号源、采样速率和时基(t/div)控制电路以及各种采样方式(实时采样、非实时顺序采样和随机采样等)所需要的时基信号产生与控制电路等组成。

(1) 采样率与时基因数

与模拟示波器的时基概念相同,DSO 的时基因数用示波器水平方向每格(1cm,用 div 表示)所代表的时间 t/div 来表示,单位为 s/div。在选定的任意一个时基挡(用 t_{div} 表示每格代表的时间)下,设每格采样点数为 N_{div},则采样速率 f_s 为

$$f_s = \frac{N_{div}}{t_{div}} = \frac{1}{t_{div}/N_{div}} \tag{5-14}$$

示波器水平方向有 10 格,若显示一幅波形的采样点共 1024 个,则每格采样点数为 $N_{div} \approx 100$ 个。以时基为 $10\mu s$/div 为例,则采样间隔时间(采样时钟周期)为 $10\mu s/100 = 0.1\mu s$,采样频率 f_s 为 10MHz。采样频率即采样时钟信号频率,习惯上采样率也用每秒采样点数表示,即 Sa/s 或 sps,若每个采样时钟周期采样一个点,则以 Hz 表示的采样时钟信号频率与用 Sa/s 或 sps 表示的采样率数值上相等。

通常每台 DSO 的最大采样速率是一个定值。A-D 转换器决定了最大采样速率,但实际

观测信号时，示波器应根据被测信号频率，选择合适的时基挡位（使示波器显示屏上显示出适于观测的信号周期数），来确定实际所需采样率。如式（5-14），N_{div} 为一定值，f_s 与时基 t_{div} 成反比，时基越大则采样速率越低。表 5-2 给出了某 DSO 当 N_{div} = 100 时的一组时基与采样率之间的对应数据。

表 5-2　时基与采样率的关系（设每格采样点数 N_{div} = 100）

时基 t_{div} (ns/div)	5	10	20	50	100	200	500	1000
采样率 f_s (GSa/s)	20	10	5	2	1	0.5	0.2	0.1

(2) 实时采样方式时基电路

实时采样是最简单的采样方式，它对被测信号波形进行等时间间隔采样和 A-D 转换，并将 A-D 转换的数据按照采样先后的次序存入采样存储器中。实时采样的时基电路最简单，一个典型的电路原理框图如图 5-58 所示。从 Y_1 端输入的信号经输入电路的衰减或放大处理后，分送至 A-D 转换器与触发电路。控制电路一旦接到来自触发电路的触发信号，就启动一次数据采集。一方面，控制电路设定的 "t/div" 电路产生一个对应的采样速率，使

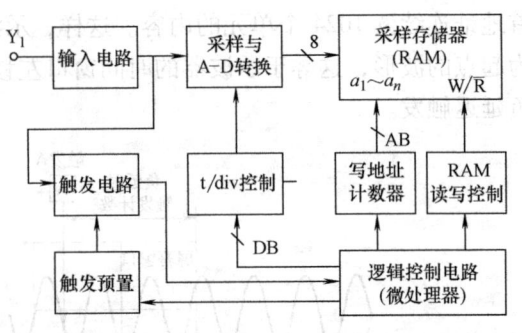

图 5-58　实时采样方式的电路原理框图

A-D 转换器对输入信号按设定的采样速率进行转换，得到一串 8 位数据流；另一方面，控制电路产生写使能信号送至 RAM 读/写控制和写地址计数器，使写地址计数器按顺序递增，并确保每个数据写入到 RAM 相应的存储单元中。

扫描速度（t/div）控制器实际上是一个时基分频器，用于控制 A-D 转换速率以及数据写入存储器的速度，它应由一个准确度、稳定性很好的晶体振荡器和一组可变分频器电路组成。一个典型的 t/div 控制电路原理图如图 5-59 所示。t/div 控制电路的状态（分频比）由微处理器发出的控制码决定。例如，将 20MHz 的晶振频率，按 1、2、5 的步进挡位控制分频比，获得在 20MHz ~ 20Hz 频率范围内的 19 个频率值，相应的扫描速率 t/div 值为在 5μs ~ 5s 内的 19 个挡位值。

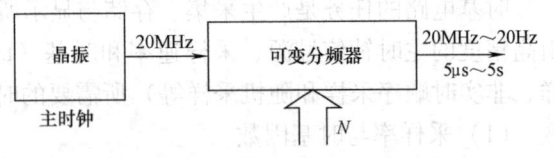

图 5-59　时基分频器（t/div 控制）

例如，某 DSO 采用 1K×8 的采样存储器，显示屏幕水平方向有 1024 个像素点，若扫描线的长度控制在 10.24 格，则每分格为 100 个点。若控制采样速率为 20MHz，则完成 100 次转换需 5μs，即对应的扫描速度应为 5μs/div；若控制采样速率为 20Hz，则对应的扫描速度应选 5s/div。

(3) 随机采样方式的时基电路

1) 随机采样方式的组成。随机采样方式 DSO 系统框图如图 5-60 所示，该系统主要由采集部分和时基部分组成。采集部分由信号调理、高速 A-D 转换器、小容量的高速缓存 RAM1（采样 RAM）等组成；时基部分由触发电路、Δt 测量电路、CPLD 控制电路、大容量高速缓存 RAM2（显示 RAM）、采集处理器等电路组成。等效采样数据的排序算法由采集处理器完成，排序后的结果存放于 RAM2，并通过接口随时将 RAM2 中的数据上传到主处理器

进行波形显示的处理。

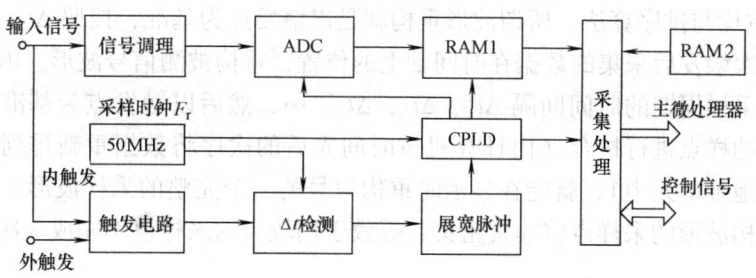

图 5-60 随机采样方式 DSO 系统框图

2）短时间间隔的测量。与顺序采样方式相同的是：随机采样也需要经过多个采样周期才能重构一幅波形。与顺序采样方式不同的是：随机采样方式在每个采样周期内可以重复采集多个采样点，并且每个采样周期触发点与其后的第一个采样点的时间（t_1、t_2、t_3、…）是随机的，如图 5-61 所示。

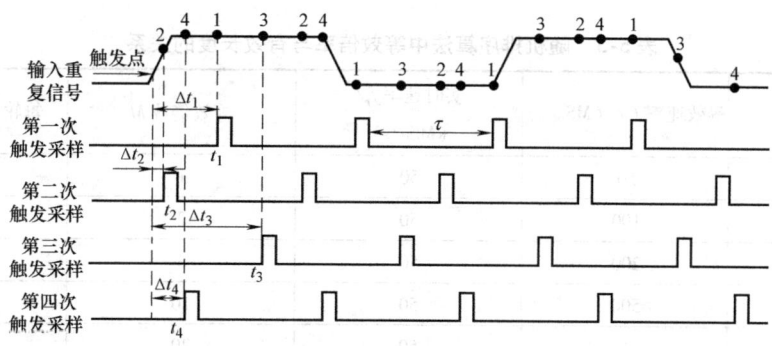

图 5-61 随机采样方式的示意图

实现随机采样方式的关键技术是短时间间隔测量和波形重建。

所谓短时间间隔是指每次采样周期的触发点与其后的第一个采样时刻点之间的时间间隔 Δt_1、Δt_2、Δt_3、…，这些时间间隔极短（小于采样周期 T），很难直接测量，一般采用精密的模拟内插器进行扩展后再进行测量。模拟内插器的电路原理如图 5-62 所示，它主要包括时间检测、时间展宽、方波转换和时间测量四个部分。

时间检测部分主要完成在进行随机采样时，将触发到来时刻与触发到来后第一个采样点之间的时间间隔，转换成脉冲宽度为 Δt 的窄脉冲；时间展宽部分主要完成将检测到的窄脉冲按照一定的比例展宽，展宽比由时间展宽电路中电容的放电电流与充电电流之比来决定；方波转换部分完成将时间展宽后得到的锯齿波信号转换成脉冲信号，作为计数的闸门信号；时间测量部分完成对闸门信号的宽度进行测量（用计数方式），测

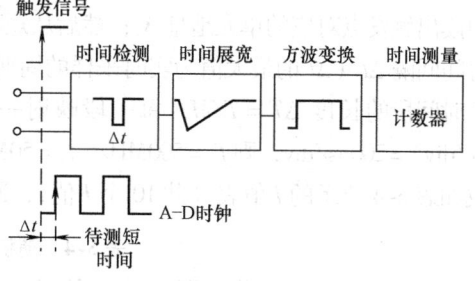

图 5-62 内插器的短时间测量原理

量出的计数结果送给 CPU 进行处理。这种短时间间隔测量技术通常称为模拟内插扩展技术。

它在本书第 3 章已做过详细的讨论，不再赘述。

3）波形重构与排序算法。所谓波形重构就是以触发点为基准，按照 Δt_1、Δt_2、Δt_3、…的大小摆正每次触发后采集的数据在时间轴上的位置，重构被测信号波形。因此，首先必须精确测出每个采样周期的时间间隔 Δt_1、Δt_2、Δt_3、…，然后以触发点为基准，将在各次采样周期中采集的样点进行拼合（由计算机按时间先后的次序将数据重新排列，并写入显示存储器相应的地址单元中），就能在显示时重构信号的一个完整的采样波形。如果采集的次数足够多，重构波形的采样点将非常密集，等效于用较高的采样速率完成一次实时采集而形成的波形。

设 DSO 实时采样速率 f_r 为 50MSa/s，记录长度 L 为 1KB，则在不同的扫描速度挡位下，所需的等效采样速率为 $f_e = N_{div}/t_{div}$（见式 5-14），因此波形恢复所需要的最少随机采样次数 $M = f_e/f_r$（等效速率 f_e 与实时速率 f_r 的倍数）和每轮采集所重复采集数据的个数 $L_e = L/M$（有效长度）之间的关系见表 5-3。从表中可以看出，要求等效采样速率 f_e 越高，波形恢复所需要的有效随机采样次数 M 就越多，每轮进行重复采样的数据个数 L_e 就越少。

表 5-3　随机排序算法中等效倍率与有效长度的关系

扫描速度	等效速率 f_e/（MSa/s）	实时速率 f_r/（MSa/s）	等效倍数 M	每轮有效长度 L_e/B
2000 ns/div	50	50	1	1000
1000 ns/div	100	50	2	500
500 ns/div	200	50	4	250
200 ns/div	500	50	10	100
100 ns/div	1	50	20	50
50 ns/div	2	50	40	25
20 ns/div	5	50	100	10

排序算法的步骤如下：

① 建立 I 值表，并根据测量的 Δt，求出 I 值。在进行随机采样时，首先用户根据被观测信号的频率设置好扫描速度（t/div）；这样对应的 M 和 L_e 值已知。每轮触发采集后，在采样 RAM（RAM1）中以触发点为中心存入 L 个采集数据。每轮采样结束后，采集处理器首先从采样 RAM1 中读出触发点对应的单元地址 X_i；然后从短时间测量电路中读取触发信号与第一个采样点之间的时间间隔 Δt（Δt 的最大值为实时采样的周期 $T_r = 1/f_r$）；最后将 T_r 分成等长度的 M 个时间段，每个时间段的长度 $\Delta T = T/M$，每一段映射一个 0～(M-1) 间的整数值 I，例如，选扫描速度（t/div）= 200ns/div，则 f_e = 500MHz、f_r = 50MHz（T_r = 20ns）、M = 10，ΔT = 20ns/10 = 2ns，则构成如表 5-4 所示的 I 值表（共 10 个 I 值），通过查表的方法得出 Δt 对应的 I 值。

表 5-4　随机采样 Δt 与 I 的取值表

(t/div = 200ns/div, M = 10, T_r = 20ns, $\Delta T = T_r/M$ = 20ns/10 = 2ns)

Δt 的范围/ns	0～2	2～4	4～6	6～8	8～10	10～12	12～14	14～16	16～18	18～20
I 的取值	0	1	2	3	4	5	6	7	8	9

② 把 RAM1 中采集的数据，排序写入到 RAM2 中。有了 X_i、I、M 和 L_e 这四个值，采集处理器就能按照排序算法，对采样 RAM1 中的数据排序并写入到显示 RAM2 中。

将数据写入到显示 RAM2 中的排序算法流程图，如图 5-63 所示。采集处理器从采样存储器 RAM1 的地址单元 X_i 前后各读取连续的 $L_e/2$ 个单元的数据（本次采样的有效点数 L_e），以触发点（基地址）为中点，以 I 为地址偏移量，以 M 为地址步长，把数据从采样 RAM1 中写入到显示 RAM2 中。排序算法的公式为

$$ADD = BASE + I + K \times M \quad (5-15)$$

式中，ADD 为某个数据写入 RAM2 中对应单元的地址；K 为从 RAM1 中顺序读取的数据的次序值，K 的范围是 $-L_e/2$ 到 $(L_e-1)/2$；$BASE$ 为触发点对应在显示 RAM2

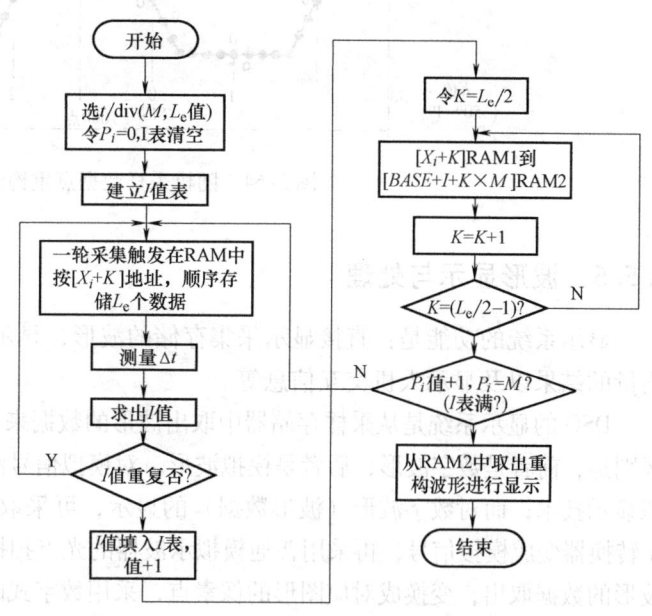

图 5-63 随机采样数据排序算法流程图

中的基地址，这里该地址取 500，从而保证触发点前后各取 500 个数据。

下面举例说明如何把每次采集存入 RAM1 的数据，进行重构排列到 RAM2 中去。例如，当等效采样速率 f_e 为 500MSa/s 时，采样倍率 M 为 10，有效长度 L_e 为 100（见表 5-3）。每次触发并采集后，采集处理器首先得到触发点在 RAM1 上的对应地址 X_i，并根据 $L_e/2 = 50$，在该起始地址的前后从 RAM1 中各连续读取 50 个地址空间（其地址为 $X_i - 50$、$X_i - 49$、…、$X_i - 1$、X_i、$X_i + 1$、…、$X_i + 48$、$X_i + 49$）中的数据；为了将这 100 个数据写入显示 RAM2 中，首先要求出 I 值。I 值在 $0 \sim (M-1)$ 之间划分为 M 个等级，每个等级的时间间隔 ΔT 为 $T_r/M = 20\mathrm{ns}/10 = 2\mathrm{ns}$。根据 Δt 求出对应的 I 值，例如，测得 Δt 在 $0 \sim 2\mathrm{ns}$ 之间，则取 $I = 0$；Δt 在 $2 \sim 4\mathrm{ns}$ 之间，取 $I = 1$；…，Δt 在 $18 \sim 20\mathrm{ns}$ 之间，取 $I = 9$；如表 5-4 所示。因此，根据测出的 Δt 值，求出对应的 I 值。然后根据求出的 I 值，确定本轮采样的数据在显示 RAM2 中起始地址为 $BASE + I$；再根据 $M = 10$，确定每次写入的地址步长为 10；最后，采样 RAM1 中地址为 $X_i + K$（$K = -50$，-49，…，-1，0，1，…，48，49）存储单元的数据（共 100 个）就逐个按顺序写入显示 RAM2 中的地址为 $500 + I + K \times 10$ 的存储单元中（见图 5-63）。

以上仅仅是触发后一轮采样与写入过程，即只采集到一个完整重构波形的一部分数据。要得到完整波形的全部数据须经过多次触发进行多轮采样与写入，且每一轮采样并不一定都有效（只有不重复的 I 值对应的采样才有效，见图 5-63）。经过若干次采样，如果 I 值取遍 $0 \sim M-1$ 间的整数值，即图 5-63 中 $P_i = M$ 时 RAM2 已写满，一次完整的采样与写入过程才能完成。

上述过程完成后，如果被测波形为梯形波，则从 RAM2 中取出重构波形如图 5-64 所示。

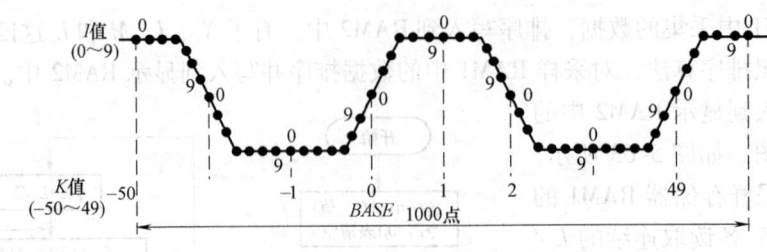

图 5-64 随机采样数据点重构波形图

5.5.5 波形显示与处理

显示系统的功能是：直接显示采集存储的波形，显示经内插或滤波处理后的波形，显示测量的结果以及显示人机交互信息等。

DSO 的显示系统是从采样存储器中取出波形的数据来显示，它与模拟示波器的显示系统的区别是，前者是数字波形，后者是模拟波形。对模拟信号波形的显示，可采用光点扫描式的模拟显示技术；而对数字波形（波形数据）的显示，可采取两种途径：①先把数字信号通过 D-A 转换器变成模拟信号，再采用普通模拟示波器的光点扫描显示技术显示波形；②把数字信号波形的数据取出，变换成对应图形的像素点，采用数字式的光栅扫描图形显示技术进行显示。

电子仪器的波形显示器件可以采用示波管，也可以采用显像管。示波管是静电偏转，因此要在 X、Y 偏转板上加锯齿波扫描电压；而显像管是磁偏转，应该用锯齿电流波驱动线圈以产生线性扫描。磁偏转的偏转角度大，显像管的显示屏可做得很大，广泛用于电视机和计算机的显示器，光栅扫描显示常采用磁偏转方式的显像管，目前，现代电子仪器广泛采用液晶显示（LCD）方式。

1. DSO 显示系统的组成

下面介绍数字示波器采用的光点扫描和光栅扫描两种显示方式。

（1）光点扫描显示

DSO 显示电路采用的光点扫描方式与模拟示波器的扫描方式相同，可用图 5-65 来说明。图 5-65a 是控制原理图，读地址计数器在显示时钟的驱动下产生了连续的地址信号，这些地址信号分为两路：一路提供给采样 RAM 作为读地址，依次将采样 RAM 中的波形数据读出，经 D-A 转换器将数据恢复为模拟信号，然后送至 CRT 的 Y 轴；另一路直接送给另一个 D-A 转换器而形成阶梯波，然后送至 CRT 的 X 轴作扫描信号。由于从采样 RAM 中读出并恢复的模拟信号与形成的阶梯波是同步的，根据模拟示波器的显示原理，CRT 屏幕上便能显示稳定的模拟波形，显示原理示意图如图 5-65b 所示。应当指出的是，由于 X、Y 偏转板上加的是阶梯形状的电压，显示的模拟波形是由断续的光点构成的。显示速度仅取决于显示时钟的速率，其速度的快慢是可以选择的。

光点扫描显示方式的原理直观，电路简单，较易实现，但这种显示方式在实现人机交互等方面不够方便，它主要应用于一些较简单的数字示波器中。

（2）光栅扫描显示

光栅扫描显示的原理是，电子束先要在行、场（X、Y）扫描的配合下，从左到右、从上到下扫出略有倾斜的水平亮线，这些亮线合成为光栅，故称为光栅扫描。

光栅扫描显示是三维（X、Y、Z）坐标显示。X、Y 偏转只用于决定光点在屏幕上

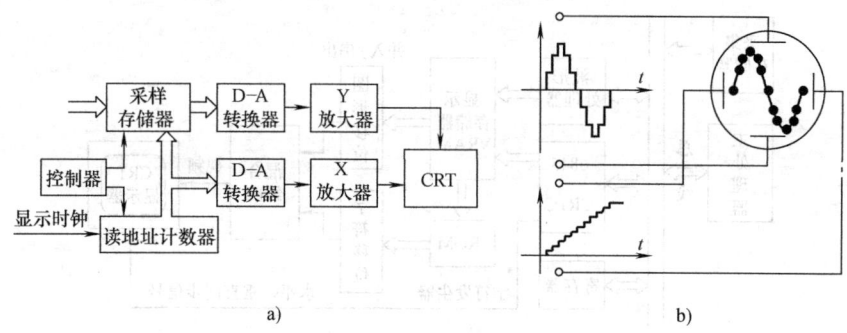

图 5-65 光点扫描方式的 DSO 显示电路
a) 控制原理图 b) 显示原理示意图

的位置，而 Z 轴电路（见示波管第一栅极）则用于控制光点显示的强弱亮暗，这是由被测信号控制的。扫描过程如图 5-66 所示，通常，X 方向偏转信号的速率较快（或称行频较高），而 Y 方向偏转信号的速率较慢（或称场频较低）。X 信号的一个周期（如 $t_1 \sim t_2$）决定了屏幕上一次水平方向上的扫描过程（称一行扫描），而 Y 信号的一个周期（$t_1 \sim t_n$）却决定了整个屏幕的一次扫描过程（称一帧扫描）。若行频是场频的 625 倍，则在屏幕上形成 625 条水平光栅。当扫描到某一点有信号的位置时，该点为变亮（或变暗）的光点（像素点）。若形成像素点的时钟频率（点频）是行频的 1024 倍，则一条水平光栅上可形成 1024 个像素点。图 5-66 中的 a、b、c 光点表示了被测信号波形的轨迹，信号就得到显示。

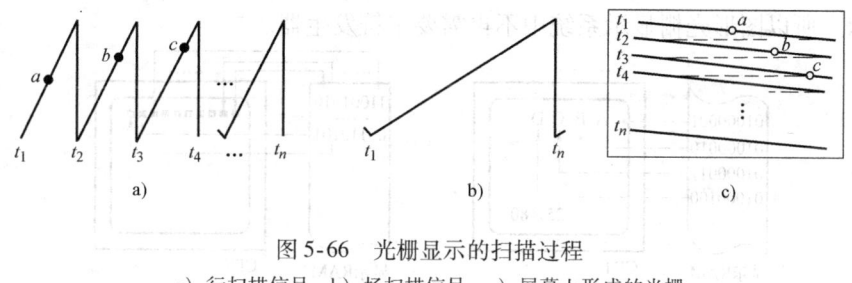

图 5-66 光栅显示的扫描过程
a) 行扫描信号 b) 场扫描信号 c) 屏幕上形成的光栅

  光栅扫描式与电视的扫描方式相同，所以又称电视式扫描方式。光栅扫描的显示方式还可进一步分为字符工作模式和图形工作模式。光栅显示与光点显示相比，具有便于显示字符的优点。这样则可将测量结果用字符直接显示在屏幕上。字符包括数字量、单位及有关说明。光栅扫描显示器控制灵活，并且可以生成多种色彩高逼真度的图形，显示方式能提供友好的人机交互界面，也能支持较高的屏幕刷新率。

  下面以图 5-67 所示的框图为例，简述光栅扫描显示系统的组成原理。光栅扫描显示方式不用 D-A 转换器，而是采用一个专用的 CRT 控制器（CRTC），直接将显示存储器 VRAM 的波形数据变换成屏幕上的字符或图像。图中所示的光栅显示电路使用了 MC6845 作为 CRTC，上电后主处理器通过数据总线对 MC6845 的内部寄存器初始化，设置屏幕范围、显示区域、扫描方式、起始行位置等。MC6845 经初始化后，便能独立自动产生显示器的行、场扫描、刷新信号，无需占用主处理器的时间，这样，主处理器可以有更多的时间处理数据和对波形区数据的送显，提高了资源的利用率。

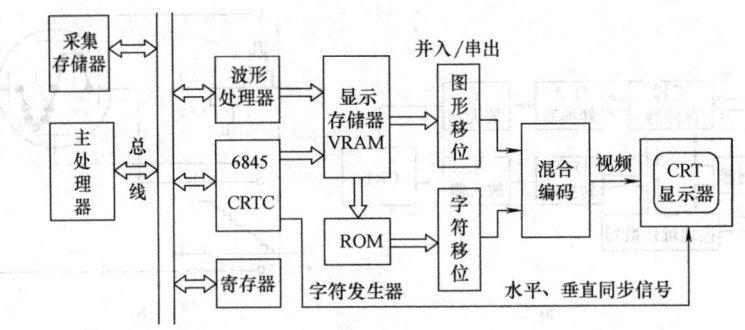

图 5-67 光栅扫描显示系统框图

波形处理器是一个专用处理器，它从采样存储器中取出按时间顺序的采集数据，并将波形对应的数据点相关的电压值和时间值，翻译成显示器 X、Y 坐标上的像素点位置，再将这些波形的像素位置对应地送至显示存储器 VRAM 相应的存储位置上（VRAM 的存储单元与 CRT 屏幕像素位置一一对应）。在 CRT 显示控制器（CRTC）的控制下，从显示 VRAM 中取出与波形对应的各像素，送至 CRT 显示器进行显示。故波形处理事实上是一个波形翻译器或波形译码器。

在字符光栅显示系统中，显示 RAM 中存放的是字符的 ASCII 码，所以必须经字符发生器变成相应的点阵码才能传输至显示器，显示器显示内容与显示 RAM 存放内容的关系如图 5-68a 所示。而在图形显示系统中，显示 RAM 存放的是由波形处理软件形成的图形点阵，显示 RAM 中每个存储单元中的每个数位都与显示屏上的某一像素点一一对应，其关系如图 5-68b 所示。所以图形光栅显示系统中不再需要字符发生器。

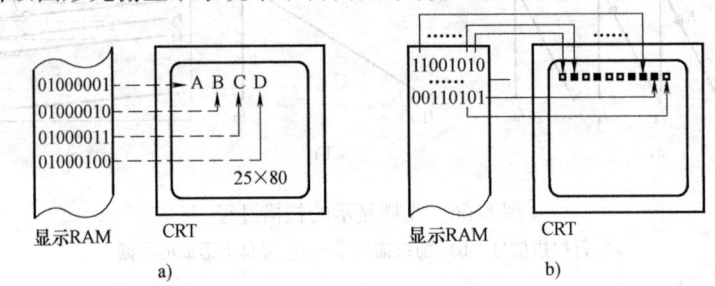

图 5-68 显示 RAM 的内容与显示器显示内容的关系
a) 字符显示系统 b) 图形显示系统

从显示 RAM 读出一位的时间应该与电子束扫过一个像素点的时间相同，大约为 100ns，由于对存储器的访问是以字节为单位进行的，每次读出一个字节中包含 8 个连续的像素点，再由并-串转换的移位电路，将 8 位数据串行输出。这样读取存储器的速度就可以降低 7/8。

图形光栅扫描系统也可处理文字，与字符方式所不同的是，这里的文字是当作图形来处理的，即把字符以点阵码形式直接存于 RAM 中，再按上述的图形显示原理处理。在显示的图形上还可方便地叠加所需的光标等辅助功能。因而光栅扫描图形系统是一种功能很强、使用灵活方便的仪器显示装置。

2. 显示方式

由于显示波形的数据取自采样存储器，因此 DSO 通过软件编程可以实现多种显示方式。

(1) 点显示与插值显示

点显示就是在屏幕上以间隔点的形式将采集的信号波形显示出来。由于这些点之间没有任何连线，每个信号周期必须要有足够多的点才能正确地重现信号波形，一般要求每个正弦信号周期显示 20～25 个点。在点显示的情况下，当被观察的信号在一周期内采样点数较少时会引起视觉上的混淆现象。为了克服视觉的混淆现象，数字示波器往往采用插值显示。所谓插值显示，就是利用插值技术在波形的两个采样点数据间补充一些数据。数字示波器广泛采用线性插值法和正弦插值法两种方式。采用插值显示可以降低对 DSO 采样速率的要求。

(2) 基本（刷新）显示与单次触发显示

基本显示方式又称刷新显示方式，它的工作过程是：每当满足触发条件时，就对信号进行采集并存到存储器中，然后将存储器中的波形数据复制到显示存储器中去，从而使得屏幕的显示内容不断随着信号的变化而更新。这种连续触发显示的方式与模拟示波器的基本显示方式类似，是最常使用的一种显示方式。

单次触发显示是：当满足触发条件时，就对信号进行连续地采集并将其存在存储器中的连续地址单元中，一旦数据将存储器的最后一个单元填满以后，采集过程即告结束，然后不断地将存储器中的波形数据复制到显示存储器中去，在此时期示波器不再采集新的数据。这种方式对观测单次出现的信号非常有效。模拟示波器不具备这样的显示方式。

(3) 滚动显示

滚动显示是一种很有特点的显示方式，被测波形连续不断地从屏幕右端进入，从屏幕左端移出，这时示波器犹如一台图形记录仪，记录笔在屏幕的右端，记录纸由右向左移动。实现这种方式的机理是：每当采集到一个新的数据时，就把已存在采样存储器中的所有数据都向前移动一个单元，即将第一个单元的数据冲掉，其他单元的内容依次向前递进，然后再在最后一个单元中存入新采集的数据。并且，每写入一个数据，就进行一次读（显示）过程，读出和写入的内容不断更新，因而可以产生波形滚滚而来的滚动效果。示波器屏幕上显示的波形总是反映出信号对时间变化的最新情况。

滚动显示主要适于缓慢变化的信号。示波器的滚动显示模式可以用来代替图表记录仪来显示缓慢变化的现象，诸如电池的充放电周期或温度对系统性能的影响等。

(4) 存入/调出显示

"存入"功能即当采集的信号波形数据存入存储器以后，将这些波形数据以及面板参数一起复制到后备非易失存储器中，以供以后进行分析、参考及比较使用。后备非易失存储器的容量通常可以容纳多幅波形数据及面板参数。使用时，只要按下"SAVE"键和一个数字键，示波器会自动把当前的波形数据和参数存到对应编号的非易失存储器区域中。

"调出"是把已存储的波形调出并显示。使用时，只要按下"RECALL"键和一个数字键，示波器会把对应编号的波形数据和参数调出，并显示在屏幕上。"调出"是"存入"的逆过程。

示波器的存入/调出显示功能在现场中使用是很方便的。可以把现场测量期间所有的有关波形存储下来，以便以后分析，或传送到计算机作进一步处理。

(5) 锁存和半存显示

锁存显示就是把一幅波形数据存入采样存储器之后，只允许从采样存储器中读出数据进行显示，不准新数据再写入，即前述的单次触发显示。

半存显示是指波形被存储之后，允许采样存储器奇数（或偶数）地址中的内容更新，但偶数（或奇数）地址中的内容保持不变。于是屏幕上便出现两个波形，一个是原来已存储的信号波形,另一个是当前实时测量的信号波形。这种显示方法可以实现将现行波形与过去存储下来的波形进行比较。

3. 波形的处理

在数字存储示波器中,被测波形被转化为离散的数字序列并被采集、存储下来后,其最大好处便是可以利用处理器强大的功能进行波形的各种运算和处理。这一环节主要包含两方面的工作,即波形重构和波形参数的测量。

(1) 波形重构

波形重构,即信号波形的重建,就是利用有限的采样数据按照一定的法则进行计算,以确定重建原始信号所需其他各个实际非采样点的值,能够获取信号的全貌和所需的更多波形细节。波形重建的具体实现是通过对获取到的波形数据进行信号的抽样或插值。减少采样率以去掉多余数据的过程称为信号的抽样,增加采样率以增加数据的过程称为信号的插值。

1) 抽样。在信号的采集中,一次触发采集能够获取到足够多的数据量进行存储,而由于屏幕显示分辨率的限制无法将所有数据展现在屏幕上,必须对信号数据抽样,进行二次再处理,即从原始波形数据中抽取屏幕显示所需要的样点量进行处理,如图 5-69 所示。

2) 插值。在进行实时采样时,如果时基过小,而采样率已到极限,则无法采集到足够的样点进行显示,此时就需要采用插值算法,在两个实际采样点间插入一个或几个有效样点来恢复波形,如图 5-70 所示。

一般地,对于信号插值有两种方法:线性插值和正弦插值。

① 线性插值。线性内插是在各个采样点之间用直线连接,只要每个信号周期内有 10 个以上的原始采样点,即各采样点之间距离得较近,用这种方法就能获得足够的重建波形数据点。

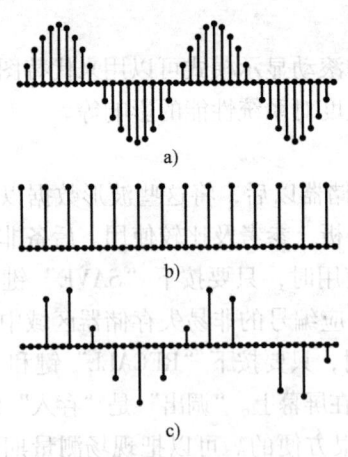

图 5-69 信号抽样示意图
a) 采样信号 b) 抽样函数
c) 抽样后的信号

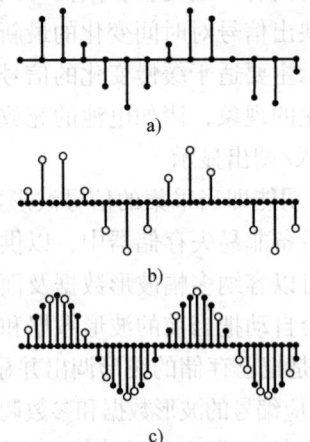

图 5-70 信号插值示意图
a) 采样信号 b) 插值样点
c) 插值后的信号

线性插值算法比较简单,计算速度比较快,但由于它不是根据波形的特点来进行计算的,还原波形的能力就比较差。局限于重构直边缘的信号,比如方波。

② 正弦插值。正弦插值就是将各个采样点用幅度和频率均可变的最佳正弦拟合曲线连

接起来，较之线性插值通用性更强。采用了正弦内插的方法以后，即使屏幕上每格的采样点数较少时也能得到和模拟示波器显示波形类似且自然平滑的重建波形。

由此可见，正弦插值和线性插值相比，在重构正弦波方面更有优势，正弦插值考虑到重构波形的特点，所以还原波形的能力比较强。

(2) 波形参数计算

参数测量是波形数字化测量时很重要的一项功能，它主要描述用户所关心的信号的数字特征。波形参数主要分为时间类参数和幅度类参数两大类。

时间类参数主要包括频率、周期、上升/下降时间、正/负脉宽、突发脉宽、正/负占空比、相位、延迟等。

幅度类参数主要包括最大值、最小值、顶端值、底端值、中间值、峰-峰值、幅度、平均值、有效值、过冲、预冲、方均根、有效值等。DSO 均可实现多参数的自动测量，一般可有十多种参数的自动测量功能。此外，DSO 还可以进行 FFT 等运算，显示出信号的频谱。

5.5.6 数字存储示波器的主要技术指标

1. 采样速率

(1) 最高采样速率

采样速率也称采样率，是指单位时间内获取被测信号的样点数，其单位用 Sa/s 表示。DSO 的最高采样速率由 A-D 转换器的速率决定，最高采样速率表示了 DSO 在时间轴上分辨信号细节的最大能力。

示波器不能总以最高采样速率工作，为了能在屏幕上清晰地观测不同频率的信号，应当选用不同的采样速率，DSO 设置了多挡扫描速度（亦称扫描时间因数），对应不同的采样速率。

(2) 扫描速度（t/div）

扫描速度（简称为扫速），定义为示波器光点在屏幕水平方向上每秒钟所移动的距离（格数），实际中常用它的倒数形式——水平方向上移动一格所占用的时间（t/div）称扫描时间因数来表示。沿用模拟示波器的习惯，数字示波器也按 1-2-5 步进方式分挡，每挡也能细调。扫描速度表明了示波器能测量信号频率的范围。扫描速度用扫描时间因数表示为

$$t_{div}(t/div) = N_{div}/f_s \tag{5-16}$$

式中，f_s 为采集速率；N_{div} 为每格采样点数；t_{div} 为每格的扫描时间，常记为 t/div。

(3) 实时采样速率

实时采样速率是指 DSO 工作在实时采样方式时的采样速率，在 DSO 中实际采样速率根据用户选择的时基因数 t_{div}（t/div）和显示器每格采样点数 N_{div} 决定，在选定一个扫描时间因数 t_{div} 时，实时采样速率 f_r 应为

$$f_r = \frac{N_{div}}{t_{div}} = \frac{N_{div}}{t/div} \tag{5-17}$$

假设某 DSO 当前设定的每格样点数为 100 点/div，其时基因数为 100ns/div，则 f_r 是 1Sa/s 或 1GHz。

(4) 非实时等效采样速率

非实时等效采样速率是指 DSO 工作在非实时等效采样（顺序采样或随机采样），观测周期性高频信号时所表现出的采样速率，它等效于实时采样的速率为

$$f_e = Mf_r \tag{5-18}$$

式中，f_e为等速采样速率；f_r为实时采样速率；M为等效的扩展倍率（见表5-3）。

2. 频带宽度 BW

（1）模拟带宽

数字示波器的模拟带宽是指采样电路以前模拟信号通道电路的频带宽度，主要由Y通道电路的幅频特性决定。当Y通道输入不同频率的等幅正弦信号时，屏幕上显示的信号幅度下降3dB时所对应的输入信号上、下限频率之差，称为示波器的频带宽度，单位为MHz或GHz。模拟带宽通常很宽，一般它能让重复信号通过，进行非实时等效采样。如不特殊说明，一般数字示波器的频带宽度是指其模拟带宽，它是Y通道带宽的一个标称值。

（2）等效带宽（重复带宽 repeat BW）

等效带宽是指DSO工作在等效采样工作方式下测量周期信号时所表现出来的频带宽度。在等效采样工作方式下，要求信号必须是周期重复的，DSO一般要经过多个采样周期，并对采集到的样品进行重新组合，才能精确地显示被测波形，所以等效带宽又称为重复带宽。等效带宽取决于实现等效采样所采用的技术和器件，即取决于等效采样速率（见式(5-18)）。等效带宽可以做得很宽，有的DSO可达到几十吉赫以上。等效带宽表征DSO观测周期性信号的能力，但实际中，DSO观测周期性信号的实际带宽还要受模拟带宽的限制。

（3）数字实时带宽（单次带宽，Single shot BW）

数字实时带宽是指用DSO测量单次信号时，采用实时采样方式能完整地无失真地显示被测信号波形的带宽，也称为有效存储带宽（USB）。

实时带宽主要取决于A-D转换器的采样速率和显示所采用的内插技术。根据采样定理，如果采样速率大于或等于信号最高频率分量的2倍，便可重现原信号波形。理论上，实时带宽可取为$f_s/2$。实际上，为保证波形显示的分辨率，往往要求增加更多的采样点。若每个周期的采样点数为k，则其实时带宽为

$$BW = \frac{f_s}{k} \tag{5-19}$$

采用点显示方式时，k一般取为20（或再大些），即示波器的f_s应大于被观测信号最高频率分量的20倍以上。采用插值技术可以降低对示波器的f_s的要求，当采用线性内插方式显示时，一般情况下取$k=10$，即可恢复波形；当采用正弦内插方式时，一般情况下取$k=2.5$就可以构成一个较完整的正弦波形。

（4）DSO观测单次信号的带宽和采样率的估算

DSO观测一个单次信号的能力取决于两个方面的要求：一方面，模拟通道硬件的带宽（模拟带宽）应足够宽；另一方面，DSO的实时采集速率要足够高。

根据DSO观测一个单次信号的上升波形质量（时域特性）要求，来决定示波器所需要的模拟带宽和实时采样速率，其步骤如下：

1) 决定信号的边沿速度（用上升时间t_r表示）。
2) 决定边沿带宽$BW_{边沿} = 0.35/$边沿速度$= 0.35/t_r$（-3dB带宽，误差近30%）。
3) 决定所需的示波器的带宽$BW = p \times BW_{边沿}$。

（当幅度容许的误差为5%时，$p=3$；当误差为2%时，$p=5$；当误差为1%时，$p=7$）

4) 决定所要的实时采集速率$f_s = q \times BW$。

（有内插处理时$q=4$，无内插处理时$q=10$）

【例 5-1】 设被观测信号的上升时间为 2ns,请决定所选用的数字示波器的带宽及采样速率。

解: ① 求边沿带宽: $BW_{边沿} = 0.35/t_r = 0.35/2\text{ns} = 175\text{MHz}$。

② 求示波器的带宽: $BW = 5 \times 175\text{MHz} = 875\text{MHz}$(对 2% 的误差)。

③ 计算采样速率: $f_{s1} = 4 \times 875\text{MHz} = 3.5\text{GHz}$(有内插),$T_{s1} = 0.29\text{ns}$,在上升时间内有 7 个采样点;$f_{s2} = 10 \times 875\text{MHz} = 8.75\text{GHz}$(无内插),$T_{s2} = 0.11\text{ns}$,上升时间内有 18 个采样点。

3. 记录长度 L

一个采集点的量化数据称为一个记录(通常数字示波器采用 8 位 ADC,每个记录为 8bit)。记录长度是指一次采样、存储过程中存储器所能存储的记录字的最大数量,即表示 DSO 一次测量中所能存储的被测信号的采样点多少的量度。记录长度取决于存储深度或存储容量,故记录长度又称存储容量或存储深度,单位为 kB 或 MB 等。

记录长度越长,允许用户捕捉更长时间内的事件,就能为复杂波形提供更好的描述。一般说来,记录长度越长越好,但是由于高速存储器制造技术和成本的限制,记录长度是有限的。而对于某个 DSO,其记录长度是个确定的值,但实际测量使用的存储容量可以是变化的。

现代 DSO 中实际使用的存储容量不受显示屏像素点数的限制时,存储容量与扫描速度、采样率的关系是:

① 在给定扫描速度时,随着存储容量增加,采样率增加,信号时间分辨力提高,有利于观察快速变化的信号。

② 当给定采样速率时,随着存储容量的增加,记录时间长度越长,对事件全过程的观测也就越完整、细致,能显示一个长时间内的较复杂的波形。

③ 当给定存储容量时,随着采样率的提高,记录时间长度相应地要缩短。

4. 分辨力

在数字存储示波器中,屏幕上的点是不连续的,而是"量化"的。分辨力是指"量化"的最小单元。分辨力包括垂直分辨力和水平分辨力。

(1)垂直分辨力

数字存储示波器的垂直分辨力亦称电压分辨力,可以定义为数字存储示波器所能分辨的最小电压增量。数字存储示波器的垂直分辨力取决于 A-D 转换器进行量化的最小单位数。它通常用 A-D 转换器的位数 n 来表示。若 A-D 转换器是 n 位编码,n 位的二进制数可以代表 2^n 个不同值或不同码,则最小量化单位为 $1/2^n$,假设某个数字存储示波器的 A-D 转换器的转换参考电压为 U_r,A-D 转换器的位数为 n,那么该数字存储示波器的垂直分辨力(电压分辨力)为

$$U_0 = U_r/2^n \tag{5-20}$$

垂直分辨力也可用相对分辨率 $U_0/U_r = 1/2^n$ 的百分比表示,见表 5-5。

表 5-5 A-D 转换器的位数和垂直分辨力

位数	6	7	8	9	10	11	12
分辨率	1.56%	0.78%	0.39%	0.20%	0.098%	0.049%	0.024%

垂直分辨率也可以用每格分级数(级数/div)来表示。设某 DSO 采用 8bit 的 A-D 转换器,共有 256 级,屏幕垂直方向的刻度为 8div,则该 DSO 的垂直分辨率为 32 级/div。

需要说明的是,由于噪声存在、带宽有限等因素的影响,A-D 转换器的实际比特分辨率会有所下降,例如,转换速率为 200MSa/s 的 8 位 A-D 转换器,当输入 100MHz 满刻度信

号时,它的实际比特分辨率仅为5bit。高速 A-D 转换器简单地用标称的比特位数来表示 DSO 的垂直分辨率并不科学。因此,有人提出采用有效比特分辨率(EBR)来代替理想的垂直分辨率。

(2) 水平分辨力

水平分辨力包含时间分辨力和空间分辨力两个概念。

时间分辨力,是指示波器 X 坐标上相邻两个样点之间的时间间隔 Δt 的大小,即 s/点,通常取决于实际采集速率。时间分辨力越高,观察高频或快速变化信号的能力越强,信号变化的细节观察得越清晰,突发事件遗漏丢失的概率就越小。

空间分辨力亦称采样密度,是指显示屏在 X 轴上的像素点数,常以每格的点数 N_{div}(点/div)来表示。例如,某台数字存储示波器的显示屏的格式为 1024×768 = 786432 个像素点,水平轴长度为 10 格,每格有 100 个样点,即用 100 点/div 来描述其水平分辨率。

【例 5-2】 已知某台 DSO 的存储深度 L 为 1000 点,其时间显示时基线共有 10div(N=10),时基因数 t_{div} 为 0.1ms/div,请问其水平时间分辨力为多少?

解:$\Delta t = \dfrac{0.1\text{ms/div}}{1000\text{ 点}/10\text{div}} = 0.001\text{ms/点} = 1\mu\text{s/点}$。

5. 垂直灵敏度

垂直灵敏度是指 DSO 显示屏在垂直方向(Y 轴)每伏输入电压值引起的偏转距离,实际中常用它的倒数形式——每格所代表的电压幅度值(V/div),称为垂直偏转因数 D_Y 来表示。D_Y 与 Y 通道的量程增益有关。根据模拟示波器的习惯,DSO 也按 1-2-5 步进方式进行垂直灵敏度分挡,每挡也可以细调。垂直灵敏度参数表明了示波器测量最小信号幅度的能力。

6. 屏幕刷新率

屏幕刷新率也称波形捕获率,是指示波器的屏幕每秒钟刷新波形的最高次数。波形捕获率高就能捕获更大数据量的信息予以显示,尤其是在捕捉隐藏在波形信号下异常信号方面,有着特别的作用。

早期 DSO 的工作流程是:先对采集的信号进行 A-D 转换并将数据存在采样存储器中,之后再对采集数据进行处理,并将处理后的数据经 D-A 转换器变成模拟信号后送屏幕显示;然后再采集下一帧信号。如图 5-71 所示,在两次采集时间之间存在一个较长的盲区时间(在这个盲区内出现的信号被漏掉),降低了屏幕的刷新率。

相对而言,模拟示波器拥有好的"波形捕获率",这是因为模拟示波器从信号采集到屏幕上显示几乎是同时完成,仅仅在扫描的回扫时间及释抑(Hold off)时间内不采集信号,因而屏幕刷新率一般可达 20 万次/s 以上。现代数字示波器将数据采集与存储单元和显示单元形成并列结构,

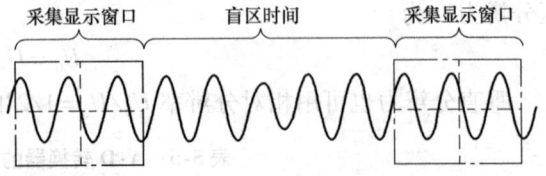

图 5-71 示波器采集过程中的"盲区时间"

分别由各自的处理器控制。这样,数字示波器在对数据进行采集、存储和处理的同时,显示单元也在不断地刷新屏幕显示,使屏幕刷新率有了很大的提高。目前,数字示波器的屏幕刷新率已达到 40 万次/s,超越了模拟示波器。

5.6 示波器的基本测量技术

由于示波器可以将被测信号显示在屏幕上，因此可以定性观察信号波形，并测量信号的很多参量，进行数据处理与信号分析。若使用数字存储示波器，则更为方便，简单操作时，可直接使用其自动设置、自动测量功能。因此，下面主要以模拟示波器为主，说明其操作和使用。

5.6.1 示波器的选用

应根据测量任务并考虑性价比来选择示波器。反映示波器适用范围的两个主要工作特性是垂直通道的频带宽度和水平通道的扫描速度，这两个特性决定了示波器可以观察的最高信号频率或脉冲的最小宽度。要使显示屏幕能不失真地显示被测信号的波形，基本条件之一就是垂直通道有足够的频宽和合适的扫描速度。

示波器的带宽 BW 是一项核心技术指标，它反映了示波器观测高频信号时显示波形的失真程度，一般应根据所需观测信号的最高频率分量予以选用，并满足"5 倍带宽法则"。与带宽相关的参数是上升时间 t_r，它表示示波器输入理想方波时，由于带宽限制，示波器所显示波形的上升时间；当输入实际上升时间为 t_x 的方波时，示波器显示波形的上升时间为 t_{rx}（$t_{rx} > t_x$），t_r 应远小于 t_x（对应"5 倍带宽法则"，一般应满足 $t_r < \frac{1}{5} t_x$），否则，应由下式进行修正

$$t_x \approx \sqrt{t_{rx}^2 - t_r^2}$$

从示波器带宽和性价比考虑，一般 100MHz 以下示波器可考虑选用模拟示波器，100MHz 以上则选用数字存储示波器，其使用上更为方便。对于 DSO，还应综合考虑采样率、存储深度、垂直和水平分辨率、波形更新率、外部通信接口等，其中，有些指标还相互联系，应深入理解其含义。

5.6.2 用示波器测量电压

利用示波器测量电压有它独特的特点，除了可以测量各种波形的瞬时值外（如电压幅度，包括测量脉冲和各种非正弦波电压的幅度），还可以直接测量非正弦波形。这是其他电压测量仪表无法做到的。如利用示波器，可以测量一个脉冲电压波形的各部分的电压幅值。例如，上冲量和顶部下降量等。利用示波器测量电压的基本方法有下面几种。

1. 直流电压的测量

（1）测量原理

示波器测量直流电压的原理是利用被测电压在屏幕上呈现一条直线，该直线偏离时间基线（零电平线）的高度与被测电压的大小成正比的关系进行的。被测直流电压值 U_{DC} 为

$$U_{DC} = h \times D_Y \tag{5-21}$$

式中，h 为被测直流信号线的电压偏离零电平线的高度；D_Y 为示波器的垂直偏转因数。

若使用带衰减器的探头，应考虑探头衰减系数 k。此时，被测直流电压值为

$$U_{DC} = h \times D_Y \times k \tag{5-22}$$

（2）测量方法

1）首先应将示波器的垂直偏转灵敏度微调旋钮置于校准位置（CAL），否则电压读数不准确。

2）将待测信号送至示波器的垂直输入端。

3）确定零电平线。将示波器的输入耦合开关置于"GND"位置，调节垂直位移旋钮，将荧光屏上的扫描基线（零电平线）移到荧光屏的中央位置，即水平坐标轴上。此后，不能再调节垂直位移旋钮。

4）确定直流电压的极性。调整垂直灵敏度开关到适当位置，将示波器的输入耦合开关拨向"DC"挡，观察此时水平亮线的偏转方向，若位于前面确定的零电平线之上，则被测直流电压为正极性；若向下偏移，则为负极性。

5）读出被测直流电压偏离零电平线的距离 h。

6）根据式（5-21）或式（5-22）计算被测直流电压值。

【例5-3】 示波器测直流电压如图5-72所示，$h = 4\text{cm}$、$D_Y = 0.5\text{V/cm}$，若 $k = 10:1$，求被测直流电压值。

解：根据式（5-22）可得
$$U_{DC} = h \times D_Y \times k = 4 \times 0.5 \times 10\text{V} = 20\text{V}$$

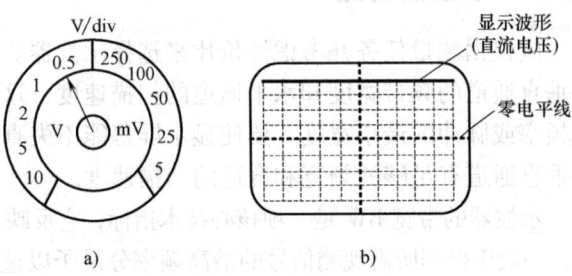

图 5-72　示波器测直流电压
a) 垂直灵敏度开关示意图　b) 显示波形图

2. 交流电压的测量

（1）测量原理

使用示波器测量交流电压的最大优点是可以直接观测到波形的形状，可看到波形是否失真，还可显示其频率和相位。但是，使用示波器只能测量交流电压的峰-峰值，或任意两点之间的电位差值，其有效值或平均值是无法直接读数求得的。被测交流电压峰-峰值 U_{PP} 为

$$U_{PP} = h \times D_Y \tag{5-23}$$

式中，h 为被测交流电压波峰和波谷的高度，也可是欲观测的任意两点间的高度；D_Y 为示波器的垂直偏转因数。

若使用带衰减器的探头，应考虑探头衰减系数 k。此时，被测交流电压的峰-峰值为

$$U_{PP} = h \times D_Y \times k \tag{5-24}$$

（2）测量方法

1）首先应将示波器的垂直偏转灵敏度微调旋钮置于校准位置（CAL），否则电压读数不准确。

2）将待测信号送至示波器的垂直输入端。

3）将示波器的输入耦合开关置于"AC"位置。

4）调节扫描速度，使显示的波形稳定。

5）调节垂直灵敏度开关，使荧光屏上显示的波形适当，记录 D_Y 值。

6）读出被测交流电压波峰和波谷的高度或任意两点间的高度 h。

7）根据式（5-23）或式（5-24）计算被测交流电压的峰-峰值。

【例5-4】 示波器显示的正弦电压如图5-73所示，$h = 8\text{cm}$、$D_Y = 1\text{V/cm}$，若 $k = 1:1$，

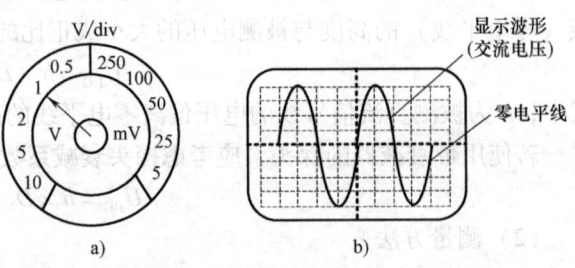

图 5-73　示波器测交流电压
a) 垂直灵敏度开关示意图　b) 显示波形图

求被测正弦信号的峰-峰值和有效值。

解：根据式（5-24）可得正弦信号的峰-峰值为

$$U_{PP} = h \times D_Y \times k = 8 \times 1 \times 1\text{V} = 8\text{V}$$

通过计算，也可得到其有效值为

$$U = \frac{U_P}{\sqrt{2}} = \frac{U_{PP}}{2\sqrt{2}} = \frac{8\text{V}}{2\sqrt{2}} = 2.3\text{V}$$

5.6.3 用示波器测量时间和频率

线性扫描时，若扫描电压线性变化的速率和 X 放大器的电压增益一定，那么扫描速度也为定值，示波管荧光屏的水平轴就是时间轴，这样，可用示波器直接测量整个波形（或波形任何部分）持续的时间。

1. 测量周期和频率

（1）测量原理

对于周期性信号，周期和频率互为倒数，只要测出其中一个量，另一个参量可通过公式 $f = 1/T$ 求出。

用示波器测量时间与用示波器测量电压的原理相同，它们的区别在于测量时间要着眼于 X 轴系统。被测交流信号的周期 T 为

$$T = xD_X \tag{5-25}$$

式中，x 为被测交流信号的一个周期在荧光屏水平方向所占的距离；D_X 为示波器的扫描速度。

若使用了 X 轴扩展倍率开关，应考虑扩展倍率 k_X 的使用。此时，被测交流信号的周期为

$$T = xD_X/k_X \tag{5-26}$$

（2）测量方法

1）首先将示波器的扫描速度微调旋钮置于"校准"（CAL）位置，否则时间读数不准确。

2）将待测信号送至示波器的垂直输入端，调节垂直灵敏度开关，使荧光屏上显示的波形适当。

3）将示波器的输入耦合开关置于"AC"位置。

4）调节扫描速度开关，使显示的波形稳定，并记录 D_X 值。

5）读出被测交流信号的一个周期在荧光屏水平方向所占的距离 x。

6）根据式（5-25）或式（5-26）计算被测交流信号的周期。

【例 5-5】 荧光屏上的波形如图 5-74 所示，信号一周期的 $x = 7\text{cm}$，扫描速度开关置于"10ms/cm"位置，扫描扩展置于"拉出×10"位置，求被测信号的周期。

解：根据式（5-25）可得被测交流信号的周期为

$$T = xD_X/k_X = \frac{7 \times 10\text{ms}}{10} = 7\text{ms}$$

由上例可见，用示波器测量信号周期是比较方便的。但由于示波器的分辨率较低，所以测量误差较大。有时为了提高测量准确度，可

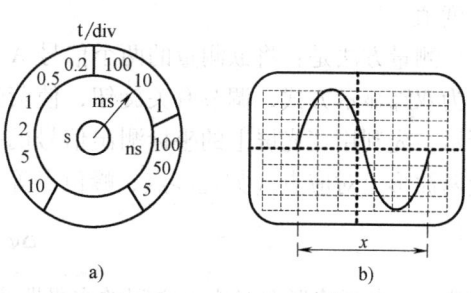

图 5-74 示波器测量信号的周期
a）扫描速度开关示意图 b）显示波形图

采用"多周期测量法",即测量周期时,取 N 个信号周期,读出 N 个信号周期波形在荧光屏水平方向所占的距离 x_N,则被测信号的周期 T 为

$$T = x_N D_X / N \tag{5-27}$$

2. 测量时间间隔

1)用示波器测量同一信号中任意两点 A 与 B 的时间间隔的测量方法与周期的测量方法相同。如图 5-75a 所示,A 与 B 的时间间隔 T_{A-B} 为

$$T_{A-B} = x_{A-B} D_X \tag{5-28}$$

式中,x_{A-B} 为 A 与 B 的时间间隔在荧光屏水平方向所占的距离。

2)若 A、B 两点分别为脉冲波前后沿的中点,则所测时间间隔为脉冲宽度,如图 5-75b 所示。

3)若采用双踪示波器,可测量两个信号的时间差。将两个被测信号分别输入示波器的两个通道,采用双踪显示方式,调节相关旋钮,使波形稳定且有合适的长度,然后选择合适的起始点,即将波形移到某一刻度线上,如图 5-75c 所示,最后由式(5-28)可得时间差 T_{A-B}。

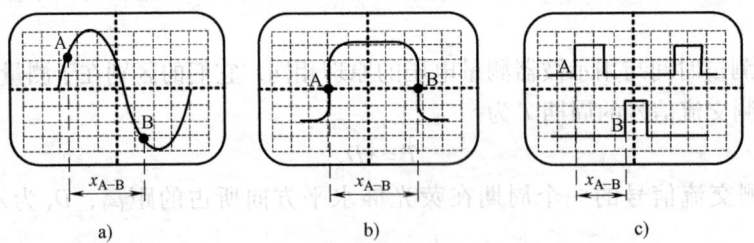

图 5-75 示波器测量信号的时间间隔

a) A 与 B 的时间间隔 b) 脉冲宽度的测量 c) 两个信号的时间差

5.6.4 用示波器测量相位

相位的测量实际是相位差的测量,因为信号 $U_m \sin(\omega t + \phi)$ 的相位 $(\omega t + \phi)$ 是随时间变化的,测量绝对的相位值是无意义的。因此,具有实际意义的相位测量是指两个同频率的正弦信号之间的相位差的测量。

1. 用双踪示波法测量相位

利用示波器线性扫描下的多波形显示是测量相位差最直观、最简便的方法。相位测量的原理是把一个完整的信号周期定为 360°,然后将两个信号在 X 轴上的时间差换算成角度值。

测量方法是:将欲测量的两个信号 A 和 B 分别接到示波器的两个输入通道,示波器设置为双踪显示方式,调节有关旋钮,使荧光屏上显示两条大小适中的稳定波形,如图 5-76 所示。先利用荧光屏上的坐标测出信号的一个周期在水平方向上所占的长度 x_T,然后再测量两波形上对应点(如过零点、峰值点等)之间的水平距离 x,则两信号的相位差为

$$\Delta \varphi = \frac{x}{x_T} \times 360° \tag{5-29}$$

式中,x 为两波形上对应点之间的水平距离;x_T 为被测信号的一个周期在水平方向上所占的距离。为减小测量误差,还可取波形前后测量的平均值,如图 5-76 中,可取 $x = \dfrac{x_1 + x_2}{2}$。

用这种方法测相位差时应该注意，只能用其中一个信号去触发另一路信号，最好选择其中幅度较大的那一个，而不要用多个信号分别去触发，以便提供一个统一的参考点进行比较。

尽管可以采用一些措施减小误差，但由于光迹的聚焦不可能非常细，读数时又有一定误差，使用双踪示波法测量相位差的准确度是不高的，尤其是相位差较小时误差更大。

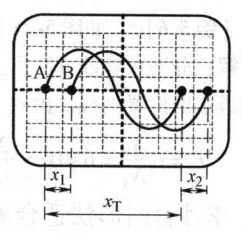

图 5-76　测量两信号的相位差

2. 用李沙育图形法测量频率或相位

李沙育图形法测相位是利用示波器 X 和 Y 通道分别输入被测信号和一个已知信号，调节已知信号的频率使屏幕上出现稳定的图形，这些图形称为李沙育图形，根据已知信号的频率（或相位）便可求得被测信号的频率（或相位）。李沙育图形法既可测量频率又可测量相位。

（1）测量频率

李沙育图形法测量频率时，示波器工作于 X-Y 方式下，频率已知的信号与频率未知的信号分别加到示波器的 X、Y 两个输入端，调节已知信号的频率，使荧光屏上得到李沙育图形，由此可测出被测信号的频率。

示波器工作于 X-Y 方式时，X 和 Y 两信号对电子束的使用时间总是相等的，而且 X 和 Y 信号分别确定的是电子束水平、垂直方向的位移，所以信号频率越高，波形经过垂直线和水平线的次数越多（如正弦波每个周期经过两次），即垂直线、水平线与李沙育图形的交点数分别与 X 和 Y 信号频率成正比。因此，李沙育图形存在关系

$$\frac{f_Y}{f_X} = \frac{N_H}{N_V}$$

式中，N_H 和 N_V 分别为水平线、垂直线与李沙育图形的交点数；f_Y、f_X 分别为示波器 Y 和 X 信号的频率。图 5-77 所示为常见的几种不同频率、不同相位的李沙育图形。

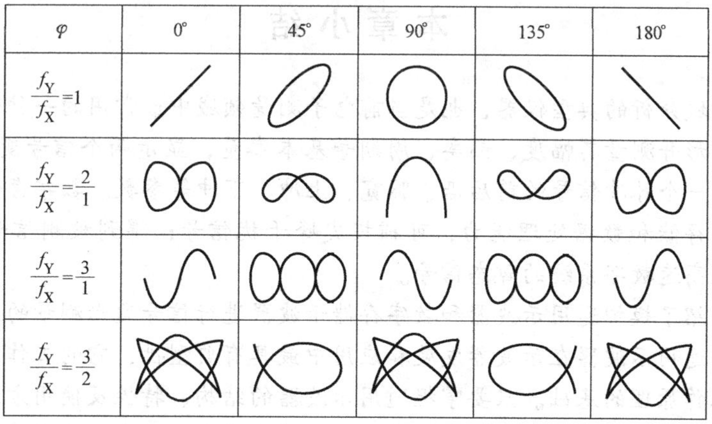

φ	$0°$	$45°$	$90°$	$135°$	$180°$
$\dfrac{f_Y}{f_X}=1$					
$\dfrac{f_Y}{f_X}=\dfrac{2}{1}$					
$\dfrac{f_Y}{f_X}=\dfrac{3}{1}$					
$\dfrac{f_Y}{f_X}=\dfrac{3}{2}$					

图 5-77　几种常用的李沙育图形

事实上，垂直线（或水平线）与李沙育图形的切点数 N'_V（或 N'_H）也与 X（或 Y）信号频率成正比，即

$$\frac{f_Y}{f_X} = \frac{N'_H}{N'_V} = \frac{N_H}{N_V} \tag{5-30}$$

【例 5-6】 如图 5-78 所示的李沙育图形，已知 X 信号频率为 6MHz，问 Y 信号的频率是多少？

解：分别在李沙育图形上画出垂直线和水平线，则 $N_H=2$，$N_V=6$，或 $N'_H=1$，$N'_V=3$。注意必须在交点数最多的位置画线。由式（5-30）得

$$f_Y = f_X \frac{N_H}{N_V} = 6\text{MHz} \times \frac{2}{6} = 2\text{MHz} \quad \text{或} \quad f_Y = f_X \frac{N'_H}{N'_V} = 6\text{MHz} \times \frac{1}{3} = 2\text{MHz}$$

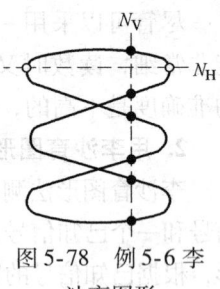

图 5-78 例 5-6 李沙育图形

李沙育图形法适合测量频率比在 1:10 至 10:1 之间的信号，否则波形显示复杂，难以确定交点数或切点数，给调整和测量带来困难。

（2）测量相位差

在低频相位差的测量中，常采用李沙育图形法（也称为椭圆法）。这种方法是要把比较相位差的两个同频率、同幅度的正弦信号分别送入示波器的 Y 通道和 X 通道，使示波器工作在 X-Y 显示方式，这时示波器的屏幕上会显示出一个椭圆波形，即李沙育图形，如图 5-79 所示。最后由椭圆上的坐标可求得两信号的相位差为

$$\Delta\varphi = \arcsin\frac{y_0}{y_m} \text{ 或 } \Delta\varphi = \arcsin\frac{x_0}{x_m} \quad (5\text{-}31)$$

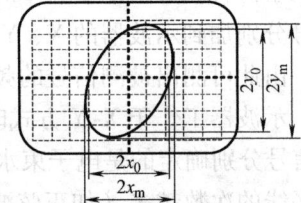

式中，$\Delta\varphi$ 为两信号的相位差；x_0、y_0 为椭圆与 X 轴、Y 轴截距的一半；x_m、y_m 为荧光屏上光点在 X 轴、Y 轴方向上的最大偏转距离的一半。

由式（5-31）可以看出，x_0、x_m 或 y_0、y_m 都是在一个轴上测量的，因而与示波器的垂直或水平灵敏度没有关系。特别地，当 $\Delta\varphi=0°$、$\Delta\varphi=180°$ 时，椭圆变成了 45° 或 135° 的斜线；当 $\Delta\varphi=90°$、$\Delta\varphi=270°$ 时，椭圆变成了圆。

图 5-79 椭圆法测信号的相位差

虽然李沙育图形法测量过程比双踪示波法复杂，但其测量结果比双踪示波器要准确。

本 章 小 结

示波器是时域分析的典型仪器，也是当前电子测量领域中最常用的一种仪器。示波器可直接观察信号波形并测量其幅度、频率、周期等基本参量，显示两个信号变量之间的关系，也可以直接观测一个脉冲信号的前后沿、脉宽、上冲、下冲等参数。数字存储示波器具有良好的信号采集、存储和数据处理能力，可捕捉尖峰干扰信号；得到被测信号的平均值、频谱；测量和处理高速数字系统的暂态信号。

本章主要介绍了模拟通用示波器和数字存储示波器进行信号波形测量的基本原理、组成结构及其应用。通用示波器在示波器发展和应用中最具有典型性，它的工作原理是其他大多数类型示波器工作原理的基础。只要掌握通用示波器的结构、特性及使用方法，就可以较容易地掌握其他类型示波器的原理与应用。通用示波器主要由示波管、垂直通道和水平通道三部分组成。此外，还包括电源电路，它产生示波管和仪器电路中所需要的多种电源。

Y 通道要求能保证在很宽的频率范围内使显示器 Y 方向偏转距离合适，并与 Y 输入信号电压成正比。为使信号在 X 方向展开，模拟示波器要在 X 偏转板上加与时间成正比的锯齿波电压。X 方向展开波形的周期即扫描周期应为被测信号周期的整数倍，这称为同步。当 X 通道加任意信号时，示波器相当于 X-Y 图示仪。

采样示波器解决了通用实时示波器的带宽、频率响应受限制的问题，可以测量更高频率

的信号，有更陡峭的脉冲前沿。与普通示波器相比，其主要差别是增加了采样电路和步进脉冲发生器。

数字存储示波器基于波形数字测量技术的原理，在多微处理器的控制和管理下，通过高速信号采样、量化和存储技术，数字信号处理与数据运算，由 LCD 液晶等显示波形和测量参数。数字存储示波器主要由采样与存储、触发与时基、波形处理与显示三部分构成，本章分别阐述了它们的工作原理和相关的技术。数字存储示波器与普通模拟示波器相比，具有很多独特的优点：如利用数字存储示波器可观察短暂或单次事件；丰富的触发功能，可对不同波形进行比较，对偶发事件自动监测、记录并保留其信号过程；自动测量波形参数并数字显示结果；通过与计算机接口，还可分析瞬变信号；使用操作方便，由自动设置（Autoset）一键完成采样率、扫描速度、垂直灵敏度、触发等的繁琐设置。数字存储示波器由于使用简单、功能齐全、带宽高、性价比高等，已成为示波器的主流。

思考与练习

5-1 通用示波器应包括哪些单元？各有什么功能？什么是扫描？为何示波器必须扫描才能显示波形？

5-2 用逐点描迹法来说明示波器的信号显示过程。示波器稳定显示波形的条件是什么？

5-3 如果被测正弦信号的周期为 T，扫描锯齿波的正程时间为 $T/4$，回程时间可以忽略，被测信号加在 Y 输入端，扫描信号加在 X 输入端，试用作图法说明信号的显示过程。

5-4 为什么示波器中扫描信号与被测信号需要同步？试以扫描电压周期 $T_X = 4T_Y$ 和 $T_Y = 4T_X$ 两种情况的显示草图加以说明。

5-5 某人用示波器观测三角波，发现显示波形轻轻从左向右移动，已知示波器良好，请帮他分析具体原因并提出解决方法。

5-6 某人想用示波器作 X-Y 图示仪，观测 y 与 x 的关系 $y = f_1(x)$，发现示波器显示的却是 y 随时间 t 的关系 $y = f_2(t)$。请帮助他分析原因。

5-7 对通用示波器的扫描电压有什么要求？怎样控制扫描电压的幅度？

5-8 如何判断探极补偿电容的补偿是否正确？如果不正确应怎样进行调整？

5-9 比较触发扫描和连续扫描的特点，试说明触发电平和触发极性调节的意义。

5-10 通用示波器中延迟线的作用是什么？延迟线为什么要在内触发信号之后引出？

5-11 有 Y_1、Y_2 和 X 三个电压如图 5-80 所示，其时间坐标相同。现用示波器进行两次观测：第一次将 Y_1、第二次将 Y_2 加至 Y 偏转板，两次均将 X 加至 X 偏转板。不必仔细作图，通过分析分别给出两次观察到的图形。

5-12 某人观测一个上下对称的方波，得到图 5-81a 的显示，这完全是正常的显示图形，但他希望看到图 5-81b 的样子，请问如何帮他调整一下示波器？

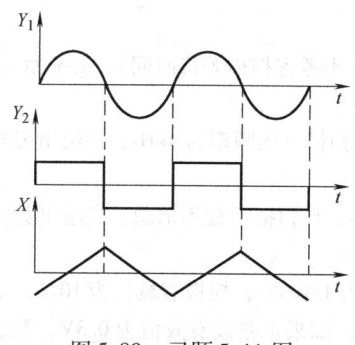

图 5-80 习题 5-11 图

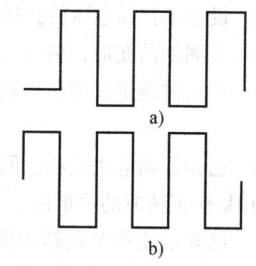

图 5-81 习题 5-12 图

5-13 用示波器观察正弦波，荧光屏上得到的波形如图5-82所示，试分析示波器哪个部位工作不正常。

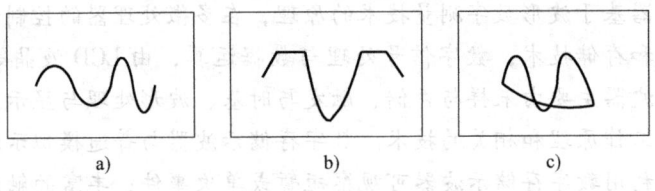

图5-82 习题5-13图

5-14 用双通道示波器观察图5-83中正弦波和方波之间的相位关系，采用零电平、正极性触发。图a为两个波形分别触发产生扫描电压；图b为只用其中第一路信号触发产生扫描电压。

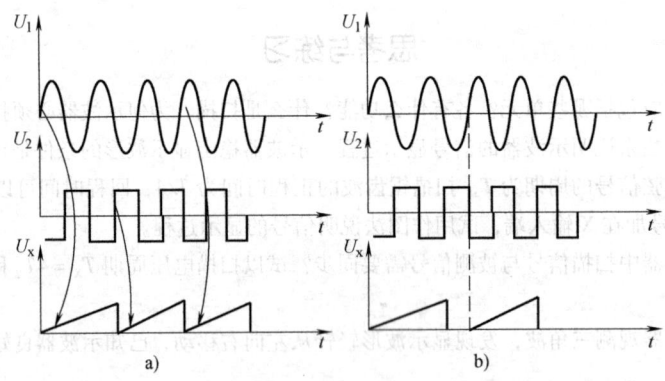

图5-83 习题5-14图

（1）试画出a、b两种情况下显示器上显示的波形；

（2）用双通道示波器观测两个波形的相位和时间关系时采用哪种方法进行触发。

5-15 一示波器荧光屏的水平长度为10cm，要求显示10MHz的正弦信号两个周期，问示波器的扫描速度应为多少？

5-16 有一正弦信号，使用垂直偏转因数为10mV/div的示波器进行测量，"微调"置校正位，测量时信号经过10:1的衰减探头加到示波器，测得荧光屏上波形的高度为7.1div，问该信号的峰值、有效值各为多少？

5-17 示波器时间因数、偏转因数分别置于1ms/cm和10mV/cm，试分别给出下列被测信号在荧光屏上的显示波形。

（1）方波，频率为500Hz，峰-峰值为20mV；

（2）正弦波，频率为1000Hz，峰-峰值为40mV。

5-18 设连续扫描电压的扫描正程是扫描回程的4倍（不考虑扫描等待时间），要显示出频率为2kHz的正弦波4个周期的波形，请问连续扫描电压的频率是多少？

5-19 如果被测正弦波信号频率为10kHz，理想的连续扫描电压频率为4kHz，试绘出荧光屏上显示出的波形。

5-20 已知扫描电压正程、回程时间分别为3ms和1ms，且扫描回程不消隐，试绘出荧光屏上显示出的频率为1kHz正弦波的波形图。

5-21 已知示波器Y偏转因数为10mv/div，时间因数为1ms/div，探极衰减比为10:1，正弦波频率为200Hz，峰-峰值为0.5V，试绘出显示出的正弦波的波形图。如果正弦波有效值为0.3V，重绘显示出的正弦波波形图。

5-22 已知示波器最小时基因数为 0.01μs/div，荧光屏水平方向有效尺寸为 10div，如果要观察两个周期的波形，问被测波形的最高频率是多少？示波器最高扫描频率是多少？（不考虑扫描回程、扫描等待时间）

5-23 题 5-22 中，将最小时基因数改为最大时基因数 5ms/div，问示波器最低扫描频率是多少？

5-24 某示波器的带宽为 120MHz，探头的衰减系数为 10:1，上升时间为 $t_{r0} = 3.5$ns。用该示波器测量一方波发生器输出波形的上升时间 t_x，从示波器荧光屏上测出的上升时间为 $t_{r0} = 11$ns。问方波的实际上升时间为多少？

5-25 什么是"交替"显示？什么是"断续"显示？对被观测信号的频率有何要求？

5-26 根据李沙育图形法测量相位的原理，试用作图法画出相位差为 0° 和 180° 时的图形。并说明图形为什么是一条直线。

5-27 示波器测量电压和频率时产生误差的主要原因是什么？

5-28 在通用示波器中调节下列开关、旋钮的作用是什么？应在哪个电路单元中调节？
（1）辉度；（2）聚焦和辅助聚焦；（3）X 轴移位；（4）触发方式；（5）Y 轴移位；（6）触发电平；（7）触发极性；（8）偏转灵敏度粗调（V/div）；（9）偏转灵敏度细调；（10）扫描速度粗调（t/div）；（11）扫描速度微调；（12）稳定度。

5-29 非实时采样示波器能否观察非周期性重复信号？能否观察单次信号？为什么？

5-30 简述记忆示波器和数字存储示波器的特点。

5-31 已知示波器的偏转因数 $D_Y = 0.2$V/cm，屏幕的水平有效长度为 10cm。

（1）若时基因数为 0.05ms/cm，所观测的波形如图 5-84 所示。求被测信号的峰-峰值及频率。

（2）若要在屏幕上显示该信号的 10 个周期波形，时基因数应该取多大？

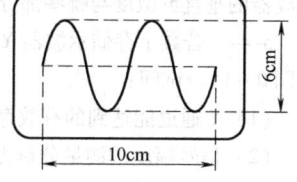

图 5-84 习题 5-31 图

5-32 设示波器的 X、Y 输入端偏转灵敏度相同。在 X、Y 输入端分别施加电压 $u_X = A\sin(\omega t + 45°)$ 和 $u_Y = A\sin\omega t$，试画出荧光屏上显示的李沙育图形。

5-33 若由于示波器增辉电路不良或对回扫的消隐不好，使得扫描正程和回程在荧光屏上的亮度相差不多，画出图 5-85 所示被测信号及扫描电压在荧光屏上合成的波形。

5-34 现用示波器观测一周期为 T 的正弦信号。假设扫描周期为信号周期的 2 倍（$2T$），扫描电压幅度为 U_m 时屏幕 X 方向达到满偏。当扫描电压波形分别为如图 5-86 的 a、b、c、d 时，试画出屏幕上相应的显示图形。

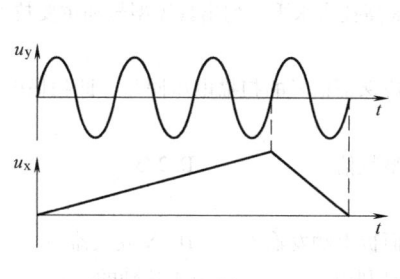

图 5-85 习题 5-33 图

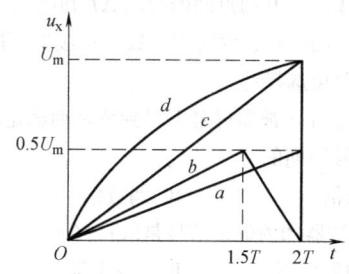

图 5-86 习题 5-34 图

5-35 已知方波的重复频率为 20MHz，用带宽为 $f_{3dB} = 30$MHz 的示波器观测它，问示波器屏幕上显示的波形是否会有明显的失真？为什么？

5-36 欲观测一个频率为 10MHz 的方波，选用带宽为 20MHz 的示波器是否恰当？

5-37 欲观测一个上升时间 t_{r0} 约为 50ns 的脉冲波形,现有下列 4 种带宽的通用示波器,问选用其中哪种示波器最好?为什么?

(1) $f_{3dB}=10\text{MHz}$, $t_{r0} \leq 40\text{ns}$ (2) $f_{3dB}=30\text{MHz}$, $t_{r0} \leq 12\text{ns}$

(3) $f_{3dB}=15\text{MHz}$, $t_{r0} \leq 24\text{ns}$ (4) $f_{3dB}=100\text{MHz}$, $t_{r0} \leq 3.5\text{ns}$

5-38 试简要叙述典型数字存储示波器的组成,与模拟示波器相比,具有哪些特点?

5-39 试描述数字存储示波器下列术语的涵义:模拟带宽、有效存储带宽、实时采样、非实时(等效)顺序采样、非实时(等效)随机采样、采样率、扫描速度、存储深度、峰值采样方式、垂直分辨率、水平分辨率、预触发、延迟触发、触发释抑(Hold off)。

5-40 非实时采样示波器能不能观测下列两种信号?如果能,如何观察?如果不能,为什么?

(1) 非周期性重复信号。

(2) 单次信号。

5-41 为什么非实时顺序采样只能观测触发点以后的波形,而非实时随机采样和实时采样都可以观测触发前、触发点附近及触发后的波形?

5-42 用非实时顺序采样的示波器观测波形时,如果被测信号周期为 T,每经 $mT+\Delta t$ 采样一点,那么在显示器上点显示时,对应 n 点坐标轴上标度的时间应为多少?

5-43 说明为什么存储示波器的存储容量不够大时,不容易同时观测快速变化和慢速变化的信号,也不容易同时观测全景信号和局部信号?数字示波器的采样方式有几种?它们各有何特点和适用范围?数字示波器的垂直灵敏度与哪些部分有关?水平扫描速度与哪些部分有关?

5-44 若数字存储示波器 Y 通道的 A-D 转换器主要指标为:分辨力 8bit,转换时间 100ns,输入电压范围 0~1V。试问:

(1) Y 通道能达到的有效存储带宽是多少(不考虑插值显示)?

(2) 信号幅度的测量分辨力是多少?

(3) 若要求水平方向的时间测量分辨率优于 0.2%,则存储每幅波形所需存储容量至少是多少?

5-45 某数字存储示波器,设水平方向 100 点/格,当时基因数分别为 $1\mu\text{s/div}$、1ms/div、1s/div 时,对应的采样率是多少?采样率与时基因数存在怎样的关系?

5-46 现有 A、B 两台数字存储示波器,最高采样率相同,均为 200MSa/s,但 A 示波器存储深度为 1k(pts),B 示波器存储深度为 1M(pts),问当时基因数从 10ns/div 变化到 1000ms/div 时,试计算它们的采样率相应变化的情况,并描绘出在不同存储深度时,采样率与时基因数的关系曲线。说明存储深度对数字存储示波器的选用有何启示。

5-47 使用数字示波器观测某信号时,其扫描速度为 $5\mu\text{s/div}$,灵敏度为 $0.1\mu\text{V/div}$,水平和垂直方向均为 10div,若显示的信号波形中 A、B 两点的位置(X,Y)分别为:A 点(3EH,72H)、B 点(6DH,23H),试计算 A、B 两点间的时间 ΔT 和电压 ΔU 大小(设 X 和 Y 的量化满度值均为 FFH)。

5-48 查阅资料,说明当前数字示波器所能达到的最高技术水平,列出具体型号和主要技术指标。

5-49 单项选择题

(1) 为了在示波器屏幕上得到清晰而稳定的波形,应保证信号的扫描电压同步,即扫描电压的周期应等于被测信号周期的( )。

 A. 奇数倍   B. 偶数倍   C. 整数倍   D. 2/3

(2) 示波器的内触发信号是取自( )。

 A. 扫描发生器   B. Y 放大器   C. 面板上触发输入   D. X 放大器

(3) 双扫描示波器要观测复杂波形上的某一细节,是利用( )调节来达到的。

 A. 延迟触发电平   B. 扫描时间   C. 增辉电路   D. X 位移

(4) 采样示波器只适于观测( )信号。

 A. 低频周期   B. 高频周期   C. 瞬变非周期   D. 缓变非周期

(5) 示波器上表示亮点在荧光屏上偏转 1cm 时,所加的电压数值的物理量是( )。

A. 偏转灵敏度　　　B. 偏转因数　　　C. 扫描速度　　　D. 频带宽度

(6) 若给示波器接入一理想阶跃信号,而示波器显示的波形上升时间为10ns,则该示波器的带宽约为( );又若欲观测一个具有10ns上升时间的脉冲信号,应选择具有( )带宽的示波器。

A. 20MHz　　　B. 35MHz　　　C. 50MHz　　　D. 100MHz

(7) 若选用20MHz示波器观测一个阶跃信号时,示波器显示的波形上升时间为26ns,则被测阶跃信号的上升时间约为( )。

A. 10ns　　　B. 13ns　　　C. 20ns　　　D. 26ns

(8) 用示波器显示微弱信号时,必须选择合适的性能指标——( )。

A. 瞬态响应　　　B. 频率响应　　　C. 偏转灵敏度　　　D. 扫描频率

(9) 下列示波器中,属于实时示波器的有( )。

A. 通用示波器　　　B. 记忆示波器　　　C. 采样示波器　　　D. 数字存储示波器

(10) 下列指标哪一项不是数字存储示波器的特有指标( )。

A. 存储容量　　　B. 采样率　　　C. 读出速度　　　D. 上升时间

第 6 章 信号频谱的测量

6.1 概述

6.1.1 信号频谱分析的意义

对许多测量应用领域来说，频谱测量和时域测量同等重要。例如，在无线通信领域中，了解信号的频谱状况是非常必要的，对于有限带宽的系统更是如此。发射机的信号失真是通信领域中关心的问题之一，发射机输出端过多的谐波失真可能影响其他频带的系统，而蜂窝无线电系统的载波信号的谐波会使工作于同一谐波频率下的其他系统受到干扰。另外，调制质量对确保通信系统正常工作和信息正确传输具有非常重要的意义，如果三阶交调失真分量恰好落在工作频带内，就会影响通信质量，因而必然需要进行通用的模拟调制测量（包括调制度、边带、占用带宽等）和数字调制测量（包括误差矢量幅度、相位误差等）。频谱监测是频域测量的又一个重要应用领域，信号的频谱占用情况受到越来越多的关注，管理机构必须保证为诸如广播电视、无线通信、移动通信等各种无线业务分配不同的频段，无线电设备生产厂家则必须保证电子产品满足 EMI、EMC 的要求……。对于上述问题，时域测量通常是无能为力的，比如通过示波器对如图 6-1 所示的复杂信号进行时域分析，除了波形、周期和幅度外，基本上无法获得更多的信息。而频域测量可获得信号的频谱分量、有效频宽，以及谐波、杂波、噪声、干扰和失真等特性，基于数字技术还可以进行数字调制测量及矢量信号分析。可见，频域测量是电子测量的一

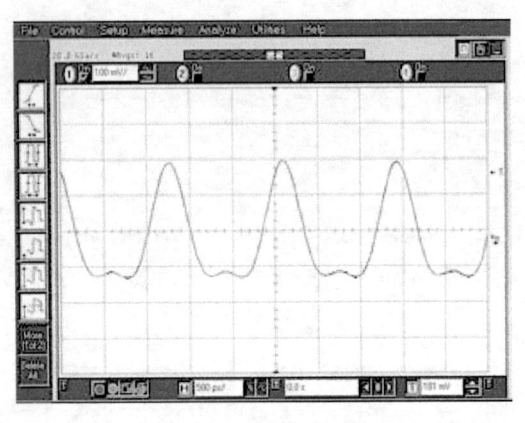

图 6-1 复杂的时域信号

个重要内容和组成部分，并且随着电子信息、通信技术的不断发展，现代社会对频域测量的需求正日益变得迫切。

6.1.2 信号的时域与频域

在时域中用示波器来观察信号波形，是以时间为参照来记录某个电信号的瞬时值随时间的变化。然而傅里叶理论告诉我们，时域中的任何电信号都可以通过一个或多个具有适当频率、幅度和相位的正弦波叠加而成。换句话说，任何时域信号都可以变换成相应的频域信号，通过频域测量可以得到信号在某个特定频率上的能量值。为了正确地从时域变换到频域，按照傅里叶变换理论，理论上必须涉及信号在整个时间范围——即在正负无穷大的范围内的各时刻的值，但实际测量通常只取有限的时间长度，因为在有限带宽内进行的测量已获

取了信号的大部分能量。

图 6-1 所示的复合信号在时域和频域上的测量结果如图 6-2 所示。可以看到，时域分析与频域分析是对信号的两个观察角度：时域分析以时间为横轴，展示信号波形随着时间的动态变化；频域分析以频率为横轴，表示信号的频谱特性，即频域图形描绘了信号中每个正弦波的幅度随频率的变化情况。

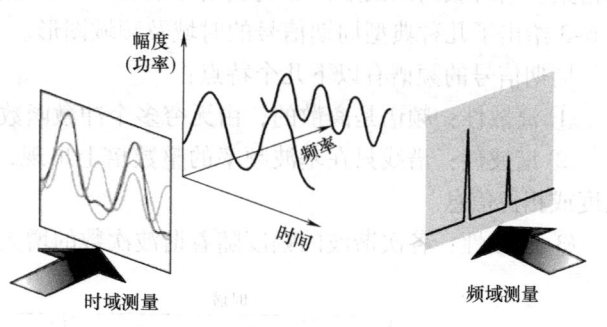

图 6-2 信号的时域和频域

现在来讨论信号频谱的定义：信号频谱是指组成信号的全部频率分量的总和。频谱测量（或频谱分析）的目的就是测量信号的各频率分量，即分析信号由哪些不同频率、相位和幅度的正弦波构成。频谱测量的基础是傅里叶变换，它以复指数函数 $e^{j\omega t}$ 为基本信号来构造其他各种信号，其实部和虚部分别是余弦函数和正弦函数。一旦知道了频谱，频率特性也就一目了然，可以通过计算获得频域内的其他参量。通常将随频率变化的幅度谱称为频谱，而事实上，各频谱分量的相位同样是至关重要的频谱参数。例如，在将方波变换到频域时如果不保存相位信息，再反变换所得的波形可能会变成锯齿波。因此，信号的频谱分析包括对信号的所有频率特性的分析，如对幅度谱、相位谱、能量谱、功率谱等进行测量，从而获得信号在不同频率上的幅度、相位、功率等信息；还包括对信号的相位噪声、失真度、调制度等的测量。

6.1.3 常见信号的频谱

前面曾经指出，信号一般可表示为一个或多个变量的函数。根据信号随时间变化的特点，可以将它分为：确定信号与随机信号；周期信号与非周期信号；连续信号与离散信号。

根据信号的来源，可以将它分为人造信号和天然信号。通常由人为产生的特殊信号（或复杂信号），可能由某几类简单信号组合、叠加或调制而成，专门用于通信、雷达等应用领域。如：为了提高通信可靠性而对原始信息进行频谱扩展，由此形成的扩频信号；为了增强安全性而不断改变载波频率，由此形成的跳频信号；为了确定微波射频器件在某特定频段的频响及非线性特性，特别构造的高频带限信号等。

常见信号的频谱有两种基本类型：①离散频谱，又称线状谱线。各种周期性信号的频谱都是离散的。这种频谱的图形呈线状，各条谱线分别代表某个频率分量的幅度，每两条谱线之间的间隔相等，等于周期信号的基频或基频的整倍数。②连续频谱，可视为谱线间隔无穷小以致连成一片。非周期信号和各种随机噪声的频谱都是连续的，即在所观测的全部频率范围内都有频率分量存在。

实际的信号频谱往往是上述两种频谱的混合，被测的连续信号或周期信号频谱中除了基频、谐波和寄生信号所对应的谱线之外，还不可避免地会有随机噪声所产生的连续频谱基底。

1. 周期信号的频谱

利用傅里叶级数可以将周期信号展开成无限多个正弦项与余弦项之和，傅里叶级数明确地表现了信号的频域特性。时域内的重复周期与频域内谱线的间隔成反比，周期越大，谱线越密集。当时域内的波形向非周期信号渐变时，频域内的离散谱线会逐渐演变成连续频谱。图 6-3 给出了几种典型周期信号的时域及频域图形。

周期信号的频谱有以下几个特点：

① 离散性：频谱是离散的，由无穷多个冲激函数组成。

② 谐波性：谱线只在基波频率的整数倍上出现，即谱线代表的是基波及其谐波分量的幅度或相位信息。

③ 收敛性：各次谐波的幅度随着谐波次数的增大而逐渐减小。

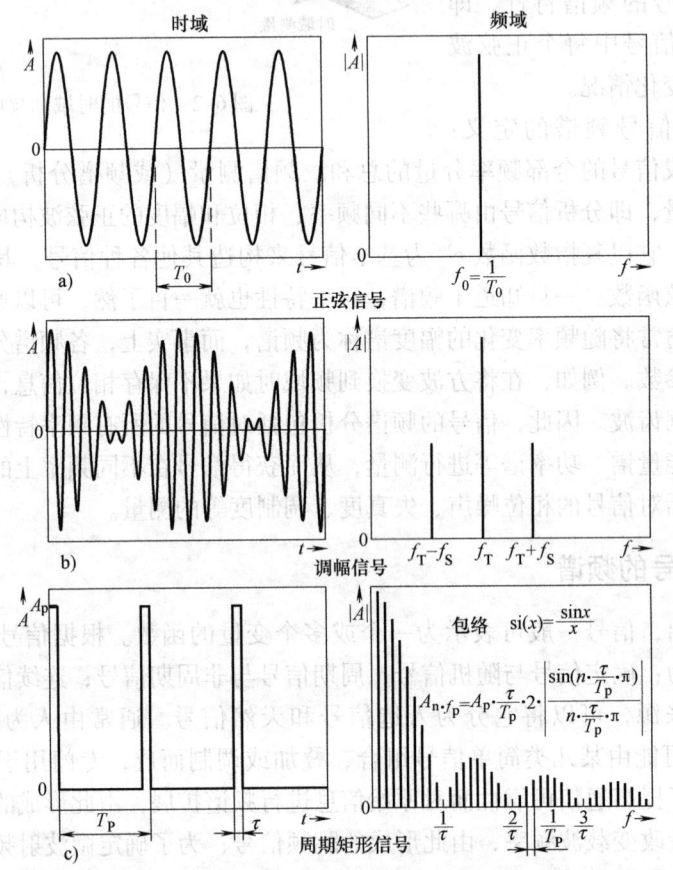

图 6-3 几种典型周期信号的时域和频域图

2. 非周期信号的频谱

将非周期连续时间信号视为周期为无穷大的周期连续信号，非周期信号可以通过连续时间信号的傅里叶变换表示在频域中。图 6-4 给出了几种典型的非周期信号的时域及频域图形。

非周期信号的频谱有以下特点：

1）连续性：非周期信号的频谱是连续的，相对于周期信号的频谱成分可列特点，非周期信号的频谱成分是不可列的。

2）收敛性：非周期信号的幅值频谱总体趋势具有收敛性，谐波的频率越高，则其幅值密度越低。

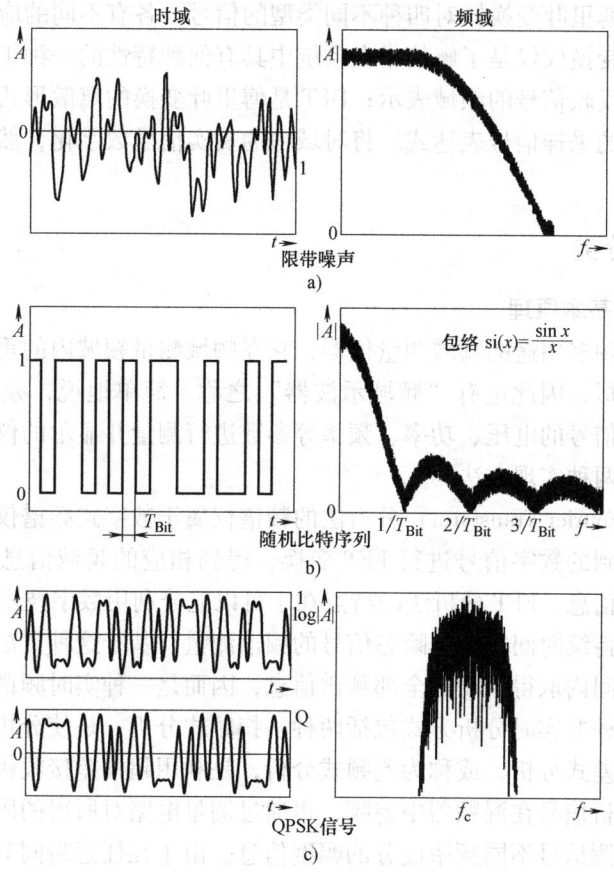

图 6-4 几种典型的非周期信号的时域和频域图

3. 离散信号的频谱

离散时间信号的傅里叶变换（Discrete Fourier Transform，DFT）又称序列的傅里叶变换，它是分析离散时间信号与系统特性的重要工具。序列傅里叶变换的基本特性是以 $e^{j\omega n}$ 作为完备正交函数集，对给定序列作正交展开，很多特性与连续信号的傅里叶变换相似。离散傅里叶变换的频谱 $F(e^{j\omega})$ 是 ω 的周期函数，周期为 2π，即离散时间序列的频谱是周期性的。

综合周期/非周期连续时间信号的频谱特点，可对不同信号的频谱特性作如下小结：如果一个信号在时域内是周期性的，那么它在频域内一定是离散信号，反之亦然。同样，若信号在时域内是非周期的，它在频域内一定是连续的，反过来也成立。信号与傅里叶变换的对应关系见表 6-1。

表 6-1 信号与傅里叶变换的对应关系

时域特性	连续、非周期	连续、周期	离散、非周期	离散、周期
频域特性	非周期、连续	非周期、离散	周期、连续	周期、离散
变换名称	FT 傅里叶变换	FST 傅里叶级数变换	DTFT 时间离散傅里叶变换	DFST 离散傅里叶级数变换

表 6-1 中的四种傅里叶变换针对四种不同类型的信号，各有不同的应用背景及性质。连续时间信号的傅里叶变换仅仅是了解信号在系统中具有何种特性的一种工具和手段，并不直接用于在测量系统中反映信号的频域表示；DFT 是傅里叶变换的离散形式，能将时域中的采样信号变换成频域中的采样信号表达式。将时域中的真实信号数字化，然后进行 DFT，便可实现信号的频谱分析。

6.1.4 频谱仪的分类

1. 频谱分析仪的基本原理

频谱分析仪是一种多用途的频域测量仪器，它在频域测量领域内的重要地位可以与时域测量中的示波器相比拟，因此也有"频域示波器"之称。简单地说，频谱分析仪就是使用不同方法在频域内对信号的电压、功率、频率等参数进行测量并显示的仪器。一般有实时分析法和非实时分析法两种实现方法。

采用 FFT（Fast Fourier Transform）分析法的频谱仪属于数字式频谱仪，它是在一个特定时段中对时域内采集到的数字信号进行 FFT 变换，得到相应的频域信息，并从中获取相对于频率的幅度、相位信息。FFT 分析法的特点在于可以充分利用数字技术和计算机技术，非常适于非周期信号和持续时间很短的瞬态信号的频谱测量。基于这种方法的频谱仪能够在被测信号发生的实际时间内取得所需的全部频谱信息，因而是一种实时频谱分析仪。

与之对应的另一种非实时分析方式包括两种：扫频式分析，是使分析滤波器的频率响应在频率轴上扫描；外差式分析，或称为差频式分析，是利用超外差接收机的原理，将频率可变的扫频信号与被分析信号在混频器中差频，再通过测量电路对所得的固定频率信号进行分析，由此依次获得被测信号不同频率成分的幅度信息。由于在任意瞬间只有一个频率成分能够被测量，这种方法只适用于连续信号和周期信号的频谱测量，无法得到相位信息。

2. 频谱分析仪的分类

频谱仪种类很多，且有多种分类依据。按照分析处理技术的不同，可分为模拟式频谱仪、数字式频谱仪和模拟/数字混合式频谱仪；按照基本工作原理，可分为扫描式频谱仪和非扫描式频谱仪；按照处理的实时性，可分为实时频谱仪和非实时频谱仪；按照频率轴刻度的不同，可分为恒带宽分析式频谱仪、恒百分比带宽分析式频谱仪；按照工作频带的高低，可分为微波、射频等频谱仪等。

模拟式频谱仪以扫描式为基础构成。扫描式频谱仪根据组成方法的差异又分为射频调谐滤波器型、超外差型两种，分别采用滤波器或混频器实现被分析信号中各频率分量的逐一分离。所有早期的频谱仪几乎都属于模拟滤波式或超外差结构，这种方法至今仍被沿用。数字式频谱仪分为扫描式及非扫描式两种，其中非扫描式数字频谱仪以数字滤波器或快速傅里叶变换为基础构成。数字频谱仪精度高、实时性好、性能灵活，但由于受到高速大动态采样技术等限制，目前单纯的数字式频谱仪一般适用于较低频段的实时分析，尚达不到宽频带高精度频谱分析；扫频式数字频谱仪的前端采用外差式结构，在中频输出级对信号直接采样，即通过数字信号处理来完成传统模拟外差式频谱仪的中频信号处理，因而在分辨率带宽、幅度精度等指标方面获得了显著提升。

实时和非实时的分类方法主要针对频率较低或频段覆盖较窄的频谱仪而言。所谓"实时"并非是指时间上的快速，实时分析应达到的速度与被分析信号的带宽及所要求的频率分辨率有关。一般认为，实时分析是指在长度为 T 的时段内，能够完成频率分辨率达到 $1/T$

的谱分析；或待分析信号的带宽小于仪器所能同时分析的最大带宽。显然，在一定频率范围内讨论实时分析才有现实意义：在该范围内，数据分析速度与数据采集速度相匹配，不会发生数据积压现象，这样的分析就是实时的；如果待分析的信号带宽超过这个范围，则分析变成非实时的。

恒带宽分析与恒百分比带宽分析的重要区别在于，恒带宽分析式频谱仪的频率轴为线性刻度，此时信号的基频分量和各次谐波分量在频谱上等间距排列，便于表征信号特性，因此适用于周期信号的分析和波形失真分析。而恒百分比带宽分析式频谱仪的频率轴采用对数刻度，可以覆盖较宽的频率范围，能够兼顾高、低频段的频率分辨率，适于进行噪声类广谱随机信号分析。现在，许多数字式频谱仪可以方便地实现不同带宽的 FFT 分析以及两种频率刻度的显示，所以对数字式频谱仪而言这种分类方法并不适用。

6.2 周期信号的频谱测量

如前所述，非实时的频谱分析方式包括扫频式和外差式两种，适用于进行连续信号和周期信号的频谱测量。本节将讲述采用这两种频谱分析方式进行周期信号频谱测量的原理。

6.2.1 扫频式频谱分析原理

这类频谱仪的原理可大致描述为：先使用带通滤波器选出待分析的输入信号，然后通过检波器将该频率分量变为直流信号，再送到显示器将直流信号的幅度显示出来。为了显示输入信号的各频率分量，带通滤波器有两种不同的实现形式：要么有多个固定中心频率的并行滤波器组，要么是中心频率可变的调谐滤波器。

1. 并行滤波型频谱分析仪

并行滤波型频谱分析仪也称显示扫频型频谱仪，它使用电子开关进行扫描，使显示器上轮流显示各窄带滤波器的输出，原理框图如图 6-5 所示。图中，各窄带滤波器的中心频率 f_{01}、f_{02}、…、f_{0n} 是固定的，依次排列起来可覆盖整个测量频率范围，且 $f_{01} < f_{02} < \cdots < f_{0n}$。由于采用多个中心频率固定而且相邻的窄带带通滤波器阵列，故可将被测输入信号的各频率成分区分开来，即获得被测信号的频谱。

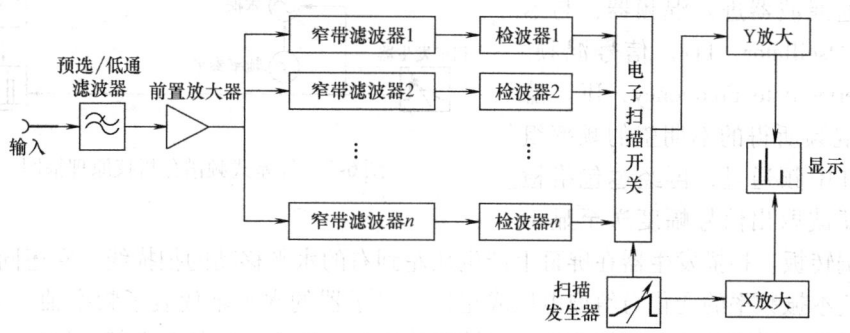

图 6-5　并行滤波型频谱分析仪原理框图

并行滤波型频谱仪的每个滤波器之后都有各自的检波器，无需检波建立时间，因此速度快。但扫描开关完成一次扫描需要一定的时间，若当扫到第 i 个滤波器时输入信号的频谱发生了变化,那么第 1 个到第 $i-1$ 个滤波器输出所对应的显示是变化前的信号谱,而第 i 个到第 n 个滤波器输出所对应的显示则是变化后的信号谱。因此,这种频谱仪不能显示随机信号的实时频谱分布,主要应用于较平稳的周期信号及准周期信号的分析。

2. 调谐滤波型频谱分析仪

也称扫频滤波型频谱仪,实质是一个中心频率及带宽在整个频率测量范围内可调谐的带通滤波器。当改变它的谐振频率时,滤波器就分离出特定的频率分量。调谐滤波型频谱分析仪原理框图如图 6-6 所示。图中,被测的输入信号依次通过可调谐滤波器、放大器和检波器之后,加到显示器的 Y 通道。在锯齿波电压的同步控制下,可

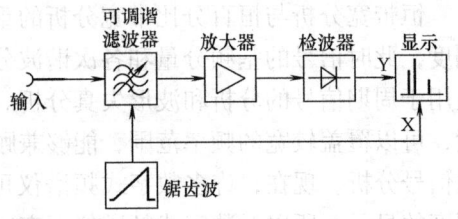

图 6-6　调谐滤波型频谱分析仪原理框图

调谐滤波器的中心频率和通带随着频率轴(X 轴)同时改变,由此可实现全频带范围内的频谱分析。

调谐滤波型频谱仪的优点是结构简单、价格低廉。缺点是灵敏度低,可调谐滤波器损耗大、调谐范围窄、频率特性不均匀、分辨率差。它也是一种非实时频谱测量仪器,主要适用于进行信号较强、频谱分布较稀疏的窄带频谱分析。

6.2.2　外差式频谱分析仪

外差式频谱分析是最常用的方法,其频率变换和频率选择原理与超外差收音机的原理完全相同,只是把扫频振荡器用作本振,通过改变本地振荡器频率来捕获信号中的不同频率分量。所以外差式频谱分析仪本质上仍属于扫频式分析,也被称为扫频外差式频谱仪。扫频外差式方案具有工作频率高、动态范围宽、灵敏度和选择性好的优点,在各类频谱仪中被普遍采纳。

1. 外差式频谱仪原理

所谓"外差"是指采用混频的方式对频率进行变换。一个外差式频谱仪原理框图如图 6-7 所示:输入信号先经过低通滤波器进入混频器,与本振(Local Oscillator, LO)信号混频。中频(Intermediate Frequency, IF)滤波器滤除混频所得的不期望的频率组合,仅允许中频通过,再经过包络检波、视频滤波取出信号幅度送至显示

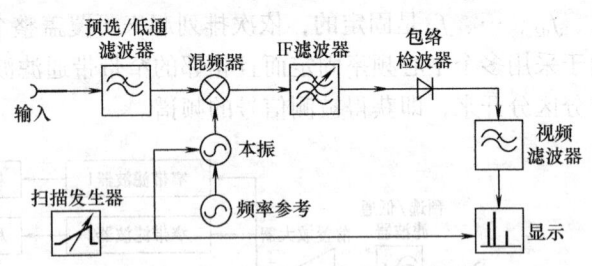

图 6-7　外差式频谱分析仪原理框图

器的垂直偏转板。扫描发生器在屏幕上产生从左到右的水平移动的扫描线,它还同时控制本振频率,使本振频率的变化与斜坡电压成正比。显示器的水平轴代表了频率轴。由图可见,外差式频谱仪可看成是外差式接收机和示波器的组合。以下将从外差选频、扫频、调谐方程三方面来阐述外差式频谱仪的工作原理。

(1) 外差选频原理

外差式频谱仪与外差式接收机一样,使用混频器把输入信号频率变换到一个固定的中频上。混频器是一个三端器件,它的两个输入端信号的频率为输入信号 f_x 和本振信号 f_{LO},其

输出信号频率为 f_{IF}，它是两个输入端信号频率的和频与差频，即
$$f_{IF} = |f_x \pm f_{LO}| \tag{6-1}$$

事实上，两个频率信号的乘法运算具有变频的作用，乘法器是一个理想的混频器，而实际中混频器所需的乘法运算功能是通过非线性器件来实现的。由于采用了非线性器件变频，除了式（6-1）的频率分量外，通常还有高次分量的各种组合频率成分，即
$$f_{IF} = |m f_x \pm n f_{LO}| \tag{6-2}$$
因此，混频器之后往往需要使用具有窄带带通特性的中频滤波器。将该滤波器调谐到固定中频 f_{IF} 上，就可以从混频器输出的组合频率中选出所需的中频输出信号，即实现选频输出。选频的性能取决于中频滤波器。

接在混频器之后的中频滤波器具有如图 6-8 所示的带通滤波器的频率特性，它调谐在一个固定中频 f_{IF} 上，用于从混频器输出的各种频率分量中选出需要的混频分量，即输入信号与本振的差频 $f_{LO} - f_x$。

由式（6-1）可知，在理想混频的情况下，对于某固定的本振频率 f_{LO}，总有两个信号 f_x 和 f_x' 可变换为中频 f_{IF}：f_x 比 f_{LO} 低 1 个中频频率 f_{IF}，f_x' 则比 f_{LO} 高 1 个中频频率 f_{IF}，即有
$$f_x = f_{LO} - f_{IF}, \quad f_x' = f_{LO} + f_{IF} \tag{6-3}$$
f_x 和 f_x' 关于本振频率 f_{LO} 呈镜像式对称，因此 f_x' 称为 f_x 的镜像频率（简称镜频），如图 6-9 所示。

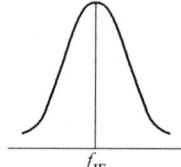

图 6-8 中频滤波器的频率特性

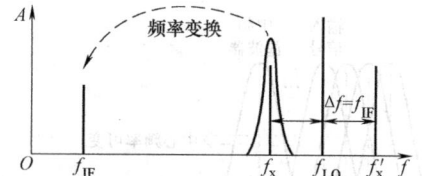

图 6-9 外差原理及镜频

（2）扫频原理

外差式频谱仪和外差式接收机的显著不同在于，频谱仪通常需要分析信号在一定范围内的频谱，而不仅仅是调谐到单个频率点上。频谱仪依靠扫频本振来实现它在指定的整个频率范围内的自动扫频测量。假定分析的信号频率范围为 $f_{x\,min} \sim f_{x\,max}$，选定的中频为 f_{IF}，扫频本振的调谐范围为 $f_{LO\,min} \sim f_{LO\,max}$，则有下式成立：
$$f_{LO\,min} = f_{x\,min} + f_{IF}, \quad f_{LO\,max} = f_{x\,max} + f_{IF} \tag{6-4}$$
扫频本振是实现扫频测量的关键，频谱仪的许多重要性能指标如频率分辨率、相位噪声等均与之相关，详见后述。

扫频过程中，本振频率 f_{LO} 在斜坡电压的作用下、在一定频率范围内自动地扫动，因此本振频率也可记为 $f_{LO}(t)$，表示随着时间作线性变化。若输入信号 f_x 固定，则混频器输出的中频信号 f_{IF} 也是扫频的，记为 $f_{IF}(t)$，且有
$$f_{IF}(t) = f_{LO}(t) - f_x \tag{6-5}$$
当外差式频谱仪分析一个单频正弦信号（点频信号）时，式（6-5）所示的扫频的中频信号 $f_{IF}(t)$ 扫过固定的中频滤波器，中频滤波器频率特性的形状就被一段一段绘制在显示屏上，如图 6-10 所示。这是外差式频谱仪获得对应于单个频率分量的一个谱峰的过程。

由傅里叶变换可知，点频信号本应对应于惟一的一根谱线，但事实上，通过外差式频谱

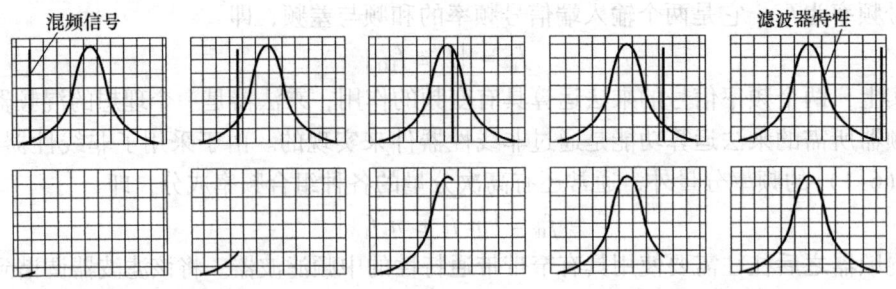

图 6-10 混频输出扫过 IF 滤波器时，显示器上描绘出滤波器的特性曲线

仪获得的响应是具有一定带宽的中频带通滤波器的幅频特性曲线的形状。

上述外差式扫频的过程，在效果上等同于用一个中心频率可变的带通滤波器扫过固定频率的信号的过程，如图 6-11 所示。如果需要对含有多个频率分量（如基波 f_{x1}，二次谐波 f_{x2}，三次谐波 f_{x3}，…，高次谐波 f_{xn}）的方波信号进行分析，则在一次扫频过程中，当 $f_{LO}(t)$ 在斜坡电压的作用下线性增加时，方波的各频率分量由低到高按时间先后的顺序依次落入中频滤波器的通带内，亦即中频滤波器依序选出一系列被测信号的频率成分。最后，在屏幕上对应于每一个频率分量的位置处显示出中频滤波器的特性曲线，多个谱峰共同形成被测信号的频谱图，如图 6-12 所示。

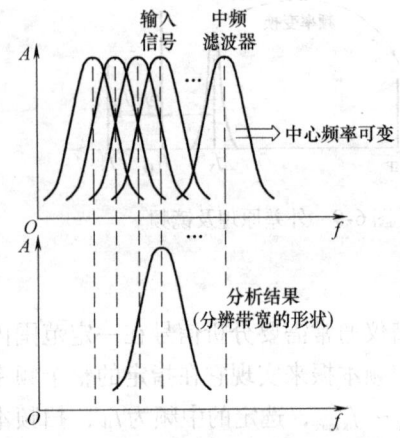

图 6-11 可变的滤波器扫过固定信号的显示过程

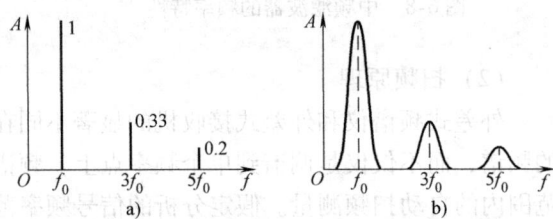

图 6-12 方波的频谱
（含基波、三次谐波、五次谐波）
a) 理想的谱线 b) 实际显示的谱线

需特别说明的是，图 6-12 所示的方波频谱并非实时的信号谱，因为在扫频测量过程中，方波的各频率分量按扫描时间的先后顺序依次被检测出来，而不是同时被检测到的。从这个意义上来说，外差式频谱仪不能分析瞬变、单次出现的信号，它仅适宜于分析周期性信号。

（3）调谐方程

在外差式频谱仪中，如何选择中频频率和确定混频方案至关重要。

首先，中频不能选择在输入信号频率范围（$f_{x\min} \sim f_{x\max}$）内。由于混频器的输出包含原始输入信号，如果输入信号频率为 f_{IF} 的话，它将直接通过混频器而输出至中频滤波器，无论本振如何调谐，该直通信号都会通过系统并在屏幕上给出恒定的幅度响应，结果是在输入频率范围内形成一个无法进行测量的空白频点，因为这个频点的信号幅度响应独立于本振。因此，中频应选择在输入信号频率范围以外，故有低中频（$f_{IF} < f_{x\min}$）、高中频（$f_{IF} > f_{x\max}$）两种可能的选择。

图 6-13 所示为在选取低中频的条件下，当外差式频谱仪的本振连续调谐时，输入频率范围与镜像频率范围的情况及其相互关系。由图可知，如果输入频率范围跨度较大时（$(f_{x\max} - f_{x\min}) > 2f_{IF}$），具有相同跨度的镜像频率范围将会与输入频率范围产生交叠。不幸的是，频谱仪通常都具有非常宽的输入频率范围（典型的如 100kHz ~ 3GHz），选择低中频将必然导致输入频率范围与镜像频率范围有部分的交叠，此时无论怎样设计输入滤波器，均无法做到仅允许输入信号通过而抑制所有的镜频干扰。

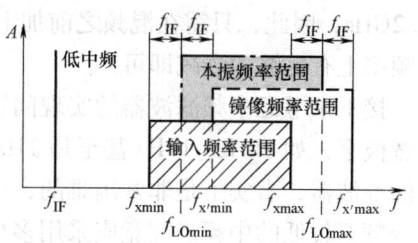

图 6-13 输入频率范围与镜像频率范围（低中频）

解决这个问题的办法是选取高中频。如图 6-14 所示，由于 $f_{x\max} < f_{IF}$，一定有 $(f_{x\max} - f_{x\min}) < f_{IF}$，所以镜像频率范围远在输入频率范围之上；中频越高，镜频距输入频率越远，二者不会产生任何交叠。因此，只需在混频之前使用一个固定调谐的低通滤波器，即可方便地滤除镜频。

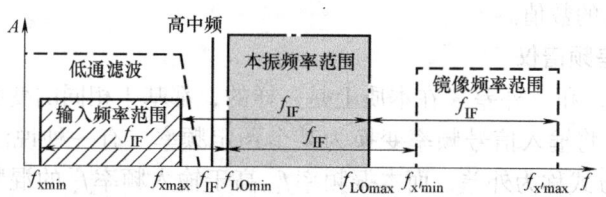

图 6-14 输入频率范围与镜像频率范围（高中频）

然而从工程的角度出发，中频频率并非选得越高越好，因为在高频上制作窄带带通中频滤波器是一件困难的事。为了同时解决镜像抑制和中频滤波器的实现问题，外差式频谱仪都无一例外地采用多级混频的方式完成频率变换。让我们通过图 6-15 所示的一个 4 级混频的外差式频谱仪简化框图来进行分析。

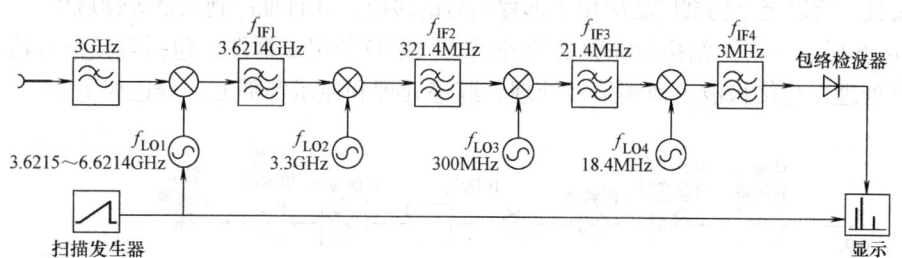

图 6-15 采用 4 级混频的外差式频谱仪

对于 100kHz ~ 3GHz 范围内的输入信号，假如采用高中频方案（例如 f_{IF} 为 3.6GHz），使本振频率自 f_{IF} + 100kHz 向上调谐到 f_{IF} + 3GHz，则本振与中频频率之差刚好能覆盖输入频率范围。由此可写出调谐方程（Tuning Equation）为

$$f_x = f_{LO} - f_{IF}, \quad f_{LO} = f_x + f_{IF} \tag{6-6}$$

因而有 $f_{LO\ min} = 100\text{kHz} + 3.6\text{GHz} = 3.6001\text{GHz}$，$f_{LO\ max} = 3\text{GHz} + 3.6\text{GHz} = 6.6\text{GHz}$，即本振的调谐范围是 $3.6 \sim 6.6\text{GHz}$。进一步考虑镜像干扰问题，由于此例的镜像频率范围为 $7.2 \sim 10.2\text{GHz}$，因此，只需在混频之前加上一个截止频率为 3GHz 的低通滤波器，使其在 f_{IF} 和镜像频率上有足够的衰减即可。

接下来考虑中频滤波器的实现问题。为了具有良好的频率分辨力，频谱仪的中频滤波器带宽极窄，如 1kHz、10Hz 甚至是 1Hz。要想在中心频率 3.6GHz 的频率上设计实现如此窄带的滤波器，事实上是非常困难的，于是只能通过增加混频器的方法，将高中频信号继续向下变频至较低的中频。究竟应采用多少级混频，仍应从易于工程实现的角度来讨论：一般说来，以中频频率逐级下变频的频率比不超过 $10:1 \sim 15:1$ 为宜。本例中，共采用 4 级混频将输入信号经高中频向下变换至 3MHz。

在图 6-15 中，输入信号频率与各级本振、中频频率之间具有如下关系

$$f_x = f_{LO1} - f_{IF1}, \quad f_{IF1} = f_{LO2} + f_{IF2}$$
$$f_{IF2} = f_{LO3} + f_{IF3}, \quad f_{IF3} = f_{LO4} + f_{IF4} \tag{6-7}$$

将后三式代入第一式，可得该多级混频链的全调谐方程为

$$f_x = f_{LO1} - (f_{LO2} + f_{LO3} + f_{LO4} + f_{IF4}) \tag{6-8}$$

将具体数值代入式（6-8），有 $f_{LO2} + f_{LO3} + f_{LO4} + f_{IF4} = 3.3\text{GHz} + 300\text{MHz} + 18.4\text{MHz} + 3\text{MHz} = 3.6214\text{GHz}$，正是 f_{IF1} 的数值。

2. 典型的超外差频谱仪

所谓"超外差"，和"外差"在本质上是一样的，都基于相同的变频原理，即利用本振与输入信号相混频，将输入信号频率变换为某个预定频率。有一种说法是输入频率 f_x 高于本振频率 f_{LO} 的混频方式称为外差，而本振频率 f_{LO} 高于输入频率 f_x 的混频方式为超外差。其实，上述两种混频方式都属于超外差，用以区分它们的名称是本振下注入式（Low-side Injection）超外差（$f_x > f_{LO}$），以及本振上注入式（High-side Injection）超外差（$f_{LO} > f_x$）。

超外差原理是为了适应远程通信对高频率、弱信号接收的需要，在外差原理的基础上发展而来的，最早由 E. H. 阿姆斯特朗于 1918 年提出。此前沿用的外差法是将输入信号频率变换为音频，而阿姆斯特朗提出的方法是将输入信号变换为超音频，故被称为超外差。1919 年第一台超外差接收机问世，这种接收方式加强了选择性、提高了灵敏度，性能优于高频（直接）放大式接收，所以至今仍被广泛应用于远程信号的接收，并且推广到测量等领域中。

图 6-16 所示为一个结构较完整的超外差式频谱仪的组成框图，包括射频信号输入部分、中频信号处理、包络检波、视频信号处理、踪迹处理和显示等部分。分述如下。

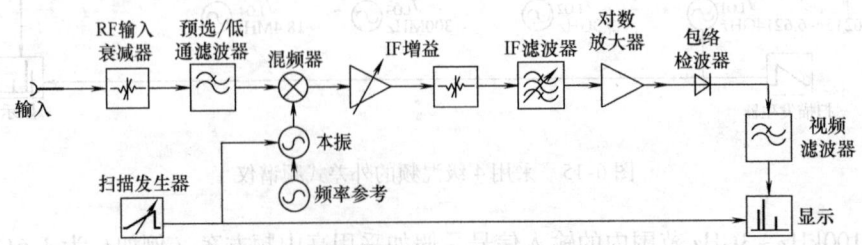

图 6-16 典型的超外差式频谱仪组成框图

(1) 射频信号输入部分

射频信号输入部分也叫射频前端（RF Front-End），通常包括输入衰减器、预选/低通滤波器和扫频本振等部件。

频谱仪的第一个单元是输入衰减器，它的作用是保证信号在送至混频器时处于合适的电平上，以防止发生过载、增益压缩和失真。由于输入衰减是频谱仪的一种保护电路，所以输入衰减量通常根据对参考电平的设置来自动取值，以 10dB 为步进可调；不过，为了使频谱仪获得较大的测量动态范围，有的仪器也允许以 5dB、2dB 甚至 1dB 的步进来手动选择输入衰减量。

预选/低通滤波器的作用是抑制镜像或进行信号预选，以防止带外信号与本振混频而在中频产生多余的频率响应。对于较低的输入频率段（如 1kHz～9GHz），频谱仪采用高中频方案，此时只需一个固定的低通滤波器即可抑制镜像频率；当输入频率高至微波波段（如 3～26.5GHz）时，过高的本振信号不易实现，因而采用低中频，这就要求用一个可调的带通滤波器（预选器）来抑制镜频。

扫频本振是频谱仪中最关键的部件，它的频率稳定度和频谱纯度对整机性能影响很大。为了增加频谱仪的频率精度，必须保证本振的频率稳定度，剩余调频（Residual FM，或残余调频）是表征本振稳定度的一个参数。理想的本振应当完全稳定且没有频率调制，在分辨率带宽很窄的频谱仪中，几赫兹的频率调制可能引起谱线模糊，带宽越窄，图像越模糊。因此，本振稳定度决定了最小的分辨带宽。即使本振频率很稳定，仍存在残余的不稳定，这就是相位噪声（Phase Noise，简称相噪）。相噪可能妨碍对邻近信号的观察，见后述。

(2) 中频信号处理

中频信号处理部分通常包括多级，每一级都具有相同的结构，由中频增益（可调放大器）、混频器和中频带通滤波器组成，如图 6-17 所示。中频信号处理部分是信号检测之前的预处理，主要完成对频率固定的中频信号的自动增益、分辨率滤波等功能。

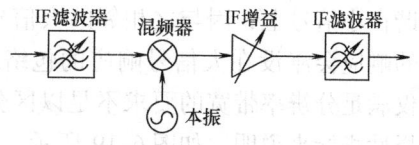

图 6-17　一级中频环节的典型构成

通常希望在调节输入衰减时保持参考电平不变，这个功能由中频增益环节中的可调放大器实现。因此，射频输入衰减器和中频增益是联动的。

在混频和增益单元前后各加一个带通滤波器的好处在于，前级滤波器可抑制中频滤波器的带外混频产物，以避免在末级中频放大器上产生互调；后级滤波器可减少噪声带宽。如果把滤波器都置于放大器之前，就不能有效抑制宽带中放噪声，可能导致后面的包络检波总噪声的功率增大。

中频增益之后的滤波器还有一个重要任务：实现对各频率分量的分辨，完成信号的实际分析，即频谱仪的分辨率带宽由中频滤波器的带宽决定。如果使用多级中频滤波器，它们的组合响应决定了频谱仪的分辨率带宽；通常总有某个中频滤波器的带宽远比其他滤波器窄，则该滤波器单独决定了仪器带宽。只要改变中频滤波器，就可以实现多种分辨率带宽。一般地，宽带滤波器建立时间短，可提供较快的扫频测量；窄带滤波器建立时间长，但可提供更高的频率分辨力和更优的信噪比。

模拟中频滤波器的带宽通常指 3dB 带宽，如图 6-18a 所示。意即当滤波器的特性曲线从最高点下降 3dB 时，两个 3dB 点之间的频带宽度。由于 3dB 功率对应于功率谱的功率中点，因而 3dB 带宽也称为半功率带宽。

频谱仪的频率分辨率是指频谱分析仪明确分离出两个频率邻近的正弦输入信号的能力，

它主要取决于中频滤波器的3dB带宽。无论两个输入信号在频率上如何接近，理论上都应在屏幕上显示两条可区分的谱线，而事实上由于滤波器的响应特性曲线存在一定带宽，实际的谱线总有一定宽度，因此限制了频谱仪的频率分辨能力。当两个幅度相等、频率分别为f_1、f_2的信号同时加到频谱仪的输入端时，在外差扫频过程中它们各自独立的响应曲线如图6-18b中两条粗虚线所示，而两个信号的合

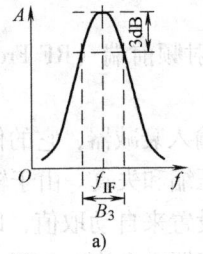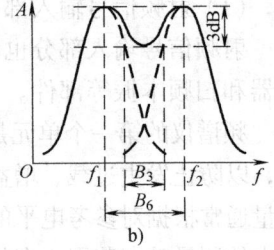

图6-18 带通滤波器的带宽

成响应则是二者的叠加，即图中的实线。f_1和f_2间距较大时（$\Delta f = |f_2 - f_1| \geqslant 3\text{dB}$带宽），合成曲线中间的凹陷非常明显；如果$f_1$和$f_2$靠得很近以至于$\Delta f < 3\text{dB}$带宽，凹陷将渐渐被拉平，合成曲线变成近乎单峰，表示此时频谱仪已无法区分这两个频率。一般认为当凹陷相对于峰值下降3dB时，可以明确区分两个等幅信号，这时的两个信号频率间距即定义为频谱仪的分辨力，它等同于中频滤波器的-6dB通频带宽。但习惯上仍以中频滤波器的3dB带宽作为分辨力的技术指标，并称之为分辨率带宽（Resolution Band Width，RBW）。

模拟中频滤波器的另一个指标是选择性（Selectivity，也称形状因子 Shape Factor），它表征着频谱仪分辨不等幅信号的能力。在实际测量应用中，区分不等幅的频率分量往往更普遍。如果两个频率邻近的信号的幅度相差较大，即使将中频滤波器调谐在小信号上，因与之相邻的大信号不能被有效抑制，小信号的响应会淹没在大信号响应的包络之中而无法分辨。此时，仅仅满足分辨率带宽的要求不足以区分它们，需要借助带宽的选择性指标来说明，如图6-19所示。选择性用形状因子SF进行度量，它定义为带通滤波器的60dB带宽（B_{60}）和3dB带宽（B_3）之比，即

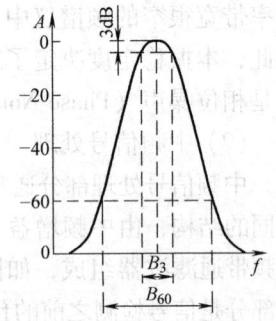

图6-19 带通滤波器的选择性

$$SF = \frac{B_{60}}{B_3} \tag{6-9}$$

选择性数值越小，说明滤波器的特性曲线边沿越陡峭，其形状也就越接近矩形，因此形状因子又称矩形系数。通常，模拟滤波器的形状因子为15~25，高性能窄带滤波器可达11，而数字滤波器可以达到5。

（3）包络检波

频谱分析仪通常使用包络检波器将中频信号转换为包络信号，亦称为视频信号。这里把包络信号称之为视频信号是由于在早期的模拟频谱分析仪中，包络检波器输出的信号被用来直接驱动CRT显示器的垂直偏转，成为可视的谱

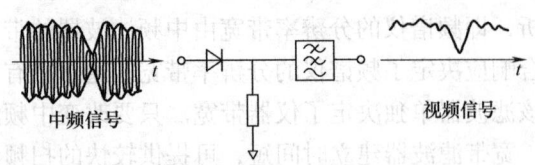

图6-20 包络检波器

线。最简单的包络检波器由二极管、负载电阻和低通滤波器组成，如图6-20所示。中频输出通常是稳定的正弦波，检波器的输出响应随中频信号的幅度（包络）而变化，而不是跟随中频信号本身的瞬时值变化。只要恰当选择检波器的参数值（合适的时间常数），即可保

证检波器跟随中频信号的包络变化。检波时间常数过大会使检波器跟不上包络变化的速度；另一方面，频率扫描速度的快慢会对检波输出产生影响，扫速太快也会使检波器来不及响应。

(4) 视频信号处理

频谱仪显示的不单单是信号本身，还包括其内部噪声，如果噪声电平大于或等于有用信号的电平，有用信号就会被淹没。为了减小噪声对有用信号幅度的影响，常常对包络检波的结果进行平滑或平均，这就是视频滤波器的作用。视频滤波器置于包络检波器之后，实质是一个低通滤波器，它决定了驱动显示器垂直方向的视频电路带宽。视频滤波器在频域内对包络电压进行低通滤波，相当于在时域内进行平均。当视频滤波器的截止频率不大于分辨率带宽（RBW）时，视频系统跟不上中频信号包络的快速变化，因而使显示信号的起伏被"平滑"掉了。

包络检波的输出既有直流分量也有交流分量，因此，通过视频滤波会去除一些交流分量，给出更稳定的无噪声输出。如果视频滤波器的带宽（Video Band Width，VBW）较宽，则输出噪声波动较大；带宽较小，输出的噪声波动变小。但输出的平均噪声电平是相同的，也就是说，视频滤波器不会降低平均噪声电平，但能减少噪声的峰值电平。

视频滤波的效果在测量噪声时表现得最为明显，它有助于噪声功率的稳定测量，特别是采用较宽的RBW时。减小VBW，噪声的峰-峰值变化将被削弱，其被削弱的程度或平滑程度与VBW和RBW带宽之比有关。VBW和RBW的关系是：检波前的噪声电平可使用较窄的RBW来降低，从而降低检波器的输出噪声电平；检波后的噪声电平则通过较窄的VBW来平滑噪声波动。减小VBW有助于噪声背景下的连续波信号测量，但VBW的设置不能无限小，必须综合考虑RBW的设置以及被测信号本身的特性。

正弦波、脉冲和随机信号是频谱仪测量的三种基本信号类型。VBW的设置对于纯正弦无关紧要，即使设置了较小的VBW而导致测量时间延长，显示的谱线形状都不会因VBW的变化而不同。常见的默认设置是使VBW与RBW相等。对于脉冲信号，为了获得最精确的测量结果和显示效果，通常需要较宽的VBW，例如 *VBW/RBW* 取值为 3:1~10:1。随机信号的不确定性使得对它进行的测量相对较复杂，要想得到稳定、重复的显示的简单方法就是选用较窄的VBW，一般要求 *VBW/RBW* < 1:100，甚至达到1:1000，平滑效果会非常明显。但是，这样窄的VBW会大大增加测量时间，故仅在必要时使用。

(5) 踪迹处理及显示

这里所说的"踪迹"（Trace）是指频谱仪进行一次扫描所得的频谱图的迹线，也有"扫迹"、"轨迹"、"轨迹线"等不同译法。在现代频谱分析仪中，由于测量结果是数字形式的，便于显示和处理，因此产生了许多处理踪迹的方法。

标记（Marker）实际上就是踪迹上特定的幅度点或频率点，通常在不同测量功能下可以代表不同的测量值。标记功能是一种非常有用的踪迹处理，通过标记可以非常方便、直观地实现诸如查找最大/最小值、测量两点间的幅度差或频率差等功能，并有助于改善相对测量精度、减小读数误差。在对特定值搜索和定位的基础上，现代频谱分析仪通常加强了标记的计算处理功能，使得直接测量噪声、邻道功率等参数成为现实。

踪迹平均处理是对同一输入信号多次扫描得到的踪迹进行平均，以达到平滑图像、降低噪声的目的。踪迹平均的基本算法是将来自多个踪迹的相同频率点上的数据一一进行线性加权或指数加权平均，形成一个平滑踪迹。需要指出的是，对踪迹的平均处理是在一个踪迹上取多个不同频点的数据,再将它们与其他踪迹的对应频点上的数据进行平均。这种平均不同于在一次扫描过程中相邻频点之间的平滑处理。踪迹平均不会增加新的频率,也不影响扫描速度。当然,它必须进行多次扫描,而扫描次数越多,所需的速度也就越慢。

线性加权踪迹平均是一种最便捷的数据加权计算,采用相同的加权系数,实际上是算术平均。计算式为

$$A_{avg} = \frac{1}{n} \sum_{i=1}^{n} S_i \tag{6-10}$$

式中,n 为进行平均的踪迹数目;A_{avg} 为平均之后的踪迹值;S_i 为未经平均的各次踪迹的测量值,$i = 1, 2, \cdots, n$。

指数加权踪迹平均也称扫描平均、视频平均,它是在每个扫描点上采用指数加权的方法,将当前踪迹的测量值平均之后加到先前已经平均的踪迹数据上,于是得到新的平均踪迹。指数加权意味着选用加权函数的原则是最新(最近)的踪迹样本或记录的权最重、先前踪迹的样本或记录的权呈指数减小。指数加权平均的计算公式为

$$A_{avg} = \frac{A_{n-1}}{n} + \left(1 - \frac{1}{n}\right) \times S_n \tag{6-11}$$

式中,n 为加权平均因子,也就是已经完成扫描的踪迹数目;A_{avg} 为平均之后的踪迹值;S_n 为未经平均的当前踪迹的测量值;A_{n-1} 为前一次扫描的平均踪迹值。

踪迹的指数加权平均所得的输出包含了多次扫描的信息,在效果上与视频滤波的平滑效果类似。可以通过设定扫描次数来实现不同程度的平均或平滑效果:n 越大,平均效果越好,测量信噪比越高,但要以更长的扫描完成时间为代价。从这个角度来讲,视频平均与视频滤波的差别在于视频滤波是实时的,而视频平均要经过多次扫描之后通过计算才能实现。

踪迹平均不会改变单频点连续波信号的测量结果。但需要注意的是,对于噪声和类噪声信号进行踪迹平均,结果是去除频谱"毛刺";而在进行功率测量时,因功率值通过电压采样和检波计算而得,踪迹平均会导致测量值小于实际功率值,故在这种情况下,通常不允许进行踪迹平均。

6.3 动态瞬变信号的频谱测量

如前所述,传统的扫频式频谱分析仪适于进行周期信号的频谱测量,而基于 FFT 分析的现代频谱仪,则可借助数字技术和计算机技术,在被测信号持续的有限时间内提取其全部频谱信息,因而能够对瞬态非重复平稳随机过程和暂态过程进行实时分析。

6.3.1 FFT 分析仪原理

1. FFT 分析仪的理论基础

FFT 分析仪的理论基础是均匀采样定理和傅里叶变换。

均匀采样定理表述如下:一个在频谱中最高频率为 f_{max} 分量的带限信号,通过对该信号以不大于 $1/(2f_{max})$ 的时间间隔进行采样,其样本值能够唯一地确定。

傅里叶变换:信号可用时域函数 $f(t)$ 完整地表示,也可用频域函数 $F(j\omega) = f_{傅里叶变换}[f(t)]$ 完整地表示,且两者之间有确定的联系。只要获得其中一个,另一个即随之获得,所以可实现时域和频域之间的转换。

在不同的研究领域，傅里叶变换具有多种不同的变体形式，如连续傅里叶变换和离散傅里叶变换（Discrete Fourier Transform，DFT）。DFT是连续傅里叶变换在时域和频域上都离散的形式，为了使用计算机进行傅里叶变换，必须将信号定义在离散域内，在满足有限性或周期性条件下，可使用DFT。由于DFT的运算量与变换点数N的二次方成正比关系，因而在N较大时，直接应用DFT算法进行谱变换是不切合实际的。在实际应用中，通常采用快速傅里叶变换（FFT）来高效计算DFT。

FFT是1965年由J. W. 库利和T. W. 图基提出的算法，它能使计算机运算DFT所需的乘法次数大为减少，特别是在变换点数N越多的情况下，FFT对计算量的节省就越显著。FFT的计算方法有按时间抽取的FFT算法和按频率抽取的FFT算法两种，前者将时域信号序列按偶奇排列，后者将频域信号序列按偶奇排列。它们都借助于DFT中离散傅里叶级数W_N因子的周期性及对称性，把DFT的计算分成若干步进行，大大提高了计算效率。最常见的是基2的时间抽取算法，即蝶形算法。

均匀采样定理说明，可以对带限信号进行时域采样而不丢失任何信息；FFT变换则说明，对时间有限的信号（有限长序列）也可以进行频域采样，而不丢失任何信息。因此，只要时间序列足够长、采样足够密，频域采样可较好地反映信号的频谱趋势，就可通过FFT进行连续信号的频谱分析。

但是，本书在此并不详细讨论有关傅里叶变换、DFT算法及FFT算法的细节。提及它们的原因是，我们将之视为一套有效的时-频域分析手段，在数字式频谱仪中广泛使用。

2. FFT分析仪的组成

FFT分析仪属于数字式实时频谱分析仪。它将被分析的输入信号经A-D转换电路进行数字化，然后对时域数字信息进行FFT以获得频域表征。由于采用微处理器或专用集成电路，基于FFT的频谱分析仪在速度上明显超过传统的扫频或外差式模拟频谱仪，能够进行实时分析，现代的实时频谱分析仪即是FFT分析技术的典型应用；但由于它受到A-D转换电路的指标限制，通常只具有有限带宽，工作频段较低。

图6-21所示为FFT分析仪的简化原理框图。输入射频信号首先经过可变衰减器以提供不同的幅度测量范围，然后经低通滤波器除去仪器频率范围之外的高频分量。接下来对信号进行时域波形的采样和量化，转变为数字信息。最后由数字信号处理器利用FFT计算波形的频谱，并将结果显示出来。

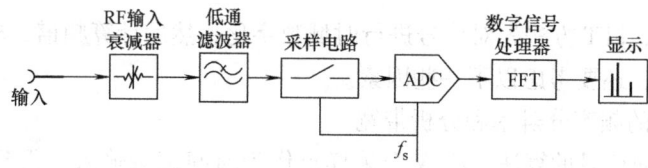

图6-21　FFT分析仪的组成

数字信号处理是FFT分析仪的关键，运算过程中存在大量乘法、加法操作，普通微处理器无法满足要求，通常采用专门的数字信号处理器（Digital Signal Processor，DSP）系统。DSP具有强大的数值计算能力，除了完成FFT运算这个核心功能外，还可以进行多种相关的频域分析，如通过复数谱变换得到幅度谱、相位谱、功率谱，通过同时对两路信号的频谱测量而得到它们之间的自功率谱、互功率谱及频谱响应等。

目前可实现 FFT 分析的方案和途径，除了 DSP 以外还有用户定制的专用集成电路（Application Specific Integrated Circuit，ASIC）以及现场可编程门阵列（Field Programmable Gate Array，FPGA）。在选择 ASIC、FPGA 或 DSP 时，应综合考虑可编程性、集成度、开发周期、性能以及功耗等多方面。一般说来，ASIC 只能提供有限的可编程性和集成水平，通常可为某项固定功能提供最佳解决方案；FPGA 可为高度并行或涉及线性处理的高速信号处理功能提供最佳解决方案，如特别适于进行数字滤波器等的设计；DSP 可为涉及复杂分析或决策分析的功能提供最佳可编程解决方案，如适于执行像 FFT 这样具有顺序特性的信号处理程序。鉴于频谱分析通常需要较高的可编程性，故通常使用 DSP 实现 FFT，而将 FPGA 用在滤波、抽取等其他数字信号处理方面。

实现 FFT 算法的程序非常多而且成熟，大多可以免费获取其源代码，使用者只需根据实际要求设置分析点数等参数即可。本节给出一种典型的基于 DSP 的 FFT 实现流程。

蝶形算法的基本原理为：对于任何一个 2 的整数次幂 $N=2^M$，总可以通过 M 次分解，最后成为 2 点 DFT 计算。这样分解 M 次，就构成了从时域信号 $x[n]$ 到对应的频域信号 $X(k)$ 的 M 级迭代运算，每级均由 $N/2$ 个蝶形运算组成。

$$X_{m+1}(p) = X_m(p) + W_N^k X_m(q)$$
$$X_{m+1}(q) = X_m(p) - W_N^k X_m(q) \tag{6-12}$$

式中，W_N^k 为蝶形因子。完成 $N=2^M$ 点的 DFT 计算共需 $\log_2 N$ 级迭代运算，如 64 点需要 6 级。

一个基 2 的 64 点 FFT 计算过程可分为四个步骤：第一步，将输入数据做位倒序，以便在输出时得到正确的序列；第二步，进行蝶形运算；第三步，按照下式计算 $x[n]$ 的频谱：

$$X(k) = \sum_{n=0}^{N-1} x[n] W_N^{-nk} \tag{6-13}$$

最后，由频谱求二次方得到功率谱。图 6-22 所示为一种常见的 FFT 硬件实现框图。

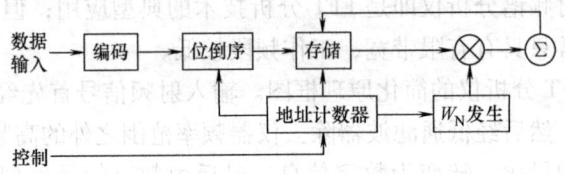

图 6-22　FFT 的硬件实现框图

单从概念上讲，FFT 方法先对信号进行时域数字化，然后计算频谱，非常简单明确。实际上在具体实现中，还要考虑以下一些因素。

（1）FFT 分析的频率分辨率和分析带宽

FFT 是一种面向记录的算法。将 N 个采样点作为时间记录输入，得到 N 个点的频谱输出。输出记录的复数值既包含幅度信息，又包含相位信息。由于 FFT 形成的频谱是关于折叠频率 f（$f=f_s/2$，f_s 为采样频率）对称的，因此输出数值有一半为冗余，只需保留 $(N/2)+1$ 个有效的输出信息点，称为频率节点（frequency bin）。各节点之间的频率间隔 f_{step} 由时间记录长度 N 和采样频率 f_s 决定，即

$$f_{\text{step}} = \frac{f_s}{N} = \frac{1}{NT_s} \tag{6-14}$$

式（6-14）所确定的 f_{step} 即为 FFT 分析仪的频率分辨率。FFT 输出记录的最后一个节点是

$N/2$,因此 FFT 的输出频率范围为 $0 \sim f_s/2$,即 FFT 的分析带宽。为与外差式频谱仪的分辨率带宽 RBW 相区别,有的文献将 FFT 分析带宽称为实时分析带宽(Real-Time Analysis Band Width,RTBW)。

(2)频谱泄漏和加窗

时域离散与时域有限是 DFT 描述信号频谱的前提。为了使原本连续的被分析信号在时域上有限,通常的做法是在时域采样之前或之后,将输入信号与一个特殊的窗函数相乘。这个过程称为"加窗(Windowing)",如图 6-23 所示。

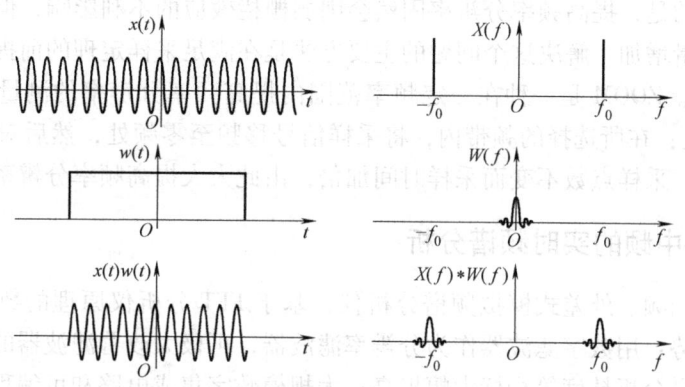

图 6-23 信号的加窗截断

窗函数是一个频带无限的函数,如图 6-23 中第二行所示的矩形窗(左右两图分别为矩形窗的时域波形和频谱图)。即使被分析信号是带限的,截断后也必然成为无限带宽。由图可见,截断后的信号谱已不再仅有原信号在 $\pm f_0$ 处的两条谱线,而是两段振荡的连续谱。原本集中在 $\pm f_0$ 处的能量被分散到两个较宽的频带中,这种信号能量扩散的现象称为频谱泄漏(Spectral Leakage)。显然,通过增加窗的时域长度可减少泄漏,但记录长度的增大将导致计算量增加。

实际应用中,需要根据对频谱分析精度和减小泄漏误差的要求来决定适用的窗函数类型。常用的窗函数有矩形窗、三角窗、余弦窗、汉宁窗(Hanning Window)、海明窗(Hamming Window)、恺撒窗(Kaiser Window)等。对窗函数频谱的一般要求为:①主瓣尽可能宽,使能量尽量汇集在主瓣;②旁瓣衰减尽可能大,第一旁瓣与主瓣高度之比尽可能小,每倍频程旁瓣的衰减率较大。但这两个要求是相互矛盾的。在选择窗函数时,应综合各方面因素折中考虑。

(3)栅栏效应

从频域采样的观点来看,对任一信号实行采样,即抽取采样点上对应的函数值,N 个时域样本观察 N 个离散频谱值,其效果如同透过栅栏的缝隙观看外景一样,只有落在缝隙(采样点)前的景象(频谱)会被看到,其余景象均被栅栏"挡住"而视为零,这种现象称为栅栏效应(Barrier Effect)。

无论时域采样还是频域采样,都有相应的栅栏效应。只是当时域采样满足采样定理时,栅栏效应不会造成影响;而频域采样的栅栏效应则影响较大,如果被"挡住"或丢失的频率成分刚好是具有特征的频谱分量,则接下来的信号处理近乎无意义。

减小栅栏效应可通过增加 DFT 数据量的办法以减小频率采样间隔,也就是提高频率分辨率的方法来解决。频率间隔越小，频率分辨率越高，被"挡住"或丢失的频率成分就会越少。整周期截取是另一个主要措施。由 DFT 原理可知，离散的谱线均处于频率轴的各频率节点上，同样也希望被测信号的频谱也落在这些频率节点上，以获取准确的谱值信息。例如，对于一个频率为 f 的单音正弦信号，为获取准确幅值，要求 f/f_{step} 为整数（f_{step} 为 DFT 的频率节点间隔）。由于 f_{step} 与信号的时域长度 NT_s 互为倒数，即仅当加窗截取的信号长度正好等于信号周期的整数倍时，正弦信号的 DFT 频线才能准确落在频率 f 上，幅值才能准确无畸变。因此，对周期信号实行整周期截断是获得准确频谱的先决条件。

另外需说明的是，提高频率分辨率固然会削弱栅栏效应的不利影响，但也会同时增加采样点数，使计算量增加。解决这个问题的主要方法是在满足采样定理的前提下，采用频率细化技术（ZOOM）。ZOOM 是一种在一定频率范围内提高频率分辨率的测量技术，也叫细化 FFT。基本思想是：在所选择的频带内，将采样信号移频至零频处，然后对位于基带的时间序列进行重采样，采样点数不变而采样时间加倍，由此大大提高频率分辨率。

6.3.2 全数字中频的实时频谱分析

相比传统的扫频、外差式模拟频谱分析仪，基于 FFT 分析仪原理的数字式频谱分析及处理具有明显优势：用数字滤波器作为分辨率滤波器，可极大改善滤波器的形状因子，使得频率分辨率、频谱分析精度等指标大幅提高；大规模数字集成电路和可编程器件的应用，有利于减小系统误差、增强系统可靠性，同时能有效降低仪器体积与功耗；另一方面，基于数字信号处理方法的频谱仪能够实现实时频谱分析、相位分析、数字域调制解调分析等功能，在矢量信号分析方面具有无可替代的能力。

1. 矢量信号及其表述方法

在现代通信技术中，为了提高频段的利用率，常采用 I/Q 正交矢量信号调制，因此现代频谱分析仪和矢量信号分析仪也需要分析 I/Q 信号。理解信号的矢量表达及 I/Q 信号的概念，是理解和应用现代频谱分析和矢量信号分析技术的基础。

矢量在直角坐标系中可用一个带箭头的线段表示，如图 6-24 所示。箭头线段的长度 A 代表信号峰值幅度，箭头与横轴正半轴的夹角 ϕ 为相位，可用旋转的箭头表示矢量信号。箭头旋转一周的时间对应于信号周期，箭头旋转的角速度 ω 对应于信号角频率。信号矢量在纵轴上的投影长度等于幅度峰值与相位正弦值的乘积，因此，正弦信号的投影 $A\sin\omega t$ 就对应于信号的瞬时幅值。

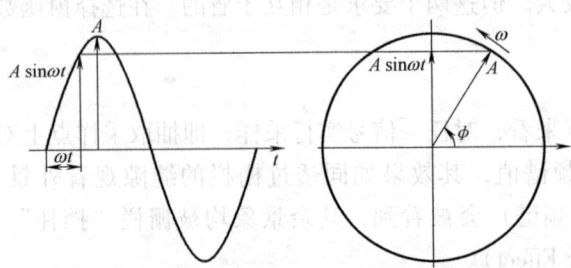

图 6-24 正弦信号的时域波形与矢量表述方法的对应关系

由于矢量可以完整表述信号的幅度、频率和相位信息，因此在信号分析中，我们常对信号进行矢量分解，也就是将信号分解为频率相同、峰值幅度相等但相位正交的两个分量。其中,余弦分量被称为同相(In-phase)分量,即 I 分量;正弦分量被称为正交(Quadrature)分量,即 Q 分量。

2. 全数字中频处理技术方案

实现数字式实时频谱分析的技术方案有多种:

"模拟视频检波 + 数字化分析处理"(包络数字化):在中频滤波、包络检波之后,对检波输出的包络幅度信息进行 A-D 转换,再由计算机进行处理,从而实现低端窄带信号幅度的数字化。

"低中频直接采样 + 数字化频谱分析"(中频数字化):将输入信号经多级下变频变为一个较低的中频信号,在中频上直接进行 A-D 转换,然后在数字域对数字中频信号进行数字下变频(Digital Down Coventer,DDC)、I/Q 正交分解以及数字滤波,最后通过 FFT 得到频谱信息。

"直接射频实时采样 + 数字化频谱分析"(射频数字化):对输入的射频信号不经下变频,直接进行采样和量化,然后对所得的大量的数字信息进行分析处理。

低端窄带的包络数字化方案的运算量相对较小,易于实现,但因这种方式是在检波之后再进行 A-D 转换,只能获得数字化的幅度信息,并且不具备实时频谱分析能力。射频数字化方式原则上具有最宽的分析带宽,但对关键器件如 A-D 转换器、滤波器等的要求非常高,实现难度非常大。因此,现代的数字式频谱仪通常采用"直接中频实时采样 + 数字化分析"的中频数字化技术路线,并将对应的具体实现称为"全数字中频处理技术"。

全数字中频处理技术的核心是基于数字检波的扫频调谐分析法和基于 FFT 的数字信号处理分析法的结合。它以数字滤波器和 FFT 技术为基础,兼具模拟扫频分析和数字信号处理分析两方面的优点,幅度精度与分辨率高、动态范围大、测量速度快、实时性强,借助现代数字信号处理技术可获得更多的分析能力。

图 6-25 所示为全数字中频整体结构框图。模拟中频信号经 A-D 转换器(Analog to Digital Converter,ADC)被数字化,在 DDC 单元中通过数字下变频,将数字化后的信号与数控振荡器(Numerical Controlled Oscillator,NCO)输出的两路互相正交的数字本振进行混频,产生两路零中频数字 I、Q 信号。此时的 I/Q 数据尚具有较高的采样率,需做降采样率的处理以适应后级模块的要求,为此需进行"抽取",由 CIC 滤波器(积分梳状滤波器)和 HB 滤波器(半带滤波器)共同完成。DDC 之后,根据不同的分析带宽需求,再对抽取后的低采样率 I/Q 数据进行分辨率滤波。末级滤波可选用数字有限脉冲响应(Finite Impulse Response,FIR)滤波器或 FFT 滤波器两种方法。

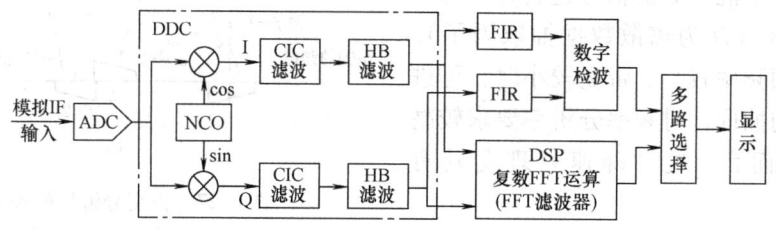

图 6-25 全数字中频整体结构框图

3. 数字下变频

在基于 FFT 的数字式频谱分析仪中,采样率和信噪比、频率分辨率等是相互制约的因素。为了保证较好的信噪比,通常需要相当高的 ADC 采样频率,但在全数字中频方案中,每秒数十兆采样点的数字数据速率会使 DSP 等后续器件的处理负担很重;为了获得良好的频率分辨率,可采取的措施是要么降低采样率,要么增加 FFT 点数,而这两种方法都会造成其他性能的损失。为了兼顾各方面指标,借鉴软件无线电中对类似问题的解决方法,可在 FFT 之前对过采样的数字信号进行正交分解,分解之后的频带被"搬移"到基带,再经抽取得到低速基带信号,可由此方便地进行时-频分析。

由傅里叶变换的特性可知,实现频带搬移的方法是将待搬移信号在时域上与频移因子 $e^{j\omega t}$ 相乘。对于中心频率为 f_0、带宽为 B 的带限信号,如果选择频移因子为 $e^{-j2\pi f_0 t}$,就会将原信号的频带搬移至零频。由于采样频率的影响,实信号的频谱关于采样频率的一半对称,因此实际上会有两部分频谱同时被向下搬移 f_0 的宽度,如图 6-26 所示。

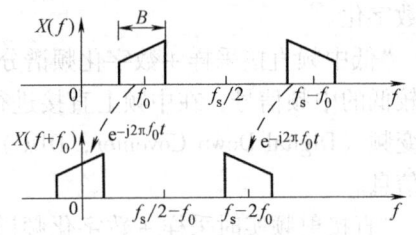

图 6-26 中频带限信号的频谱搬移

在实际实现中,由于无法直接产生复信号的频移因子,所以工程上通常采用以一对互相正交的本振信号 $\cos\omega t$、$\sin\omega t$ 代替 $e^{j\omega t}$ 进行混频的办法,由此产生的混频结果分别为原信号的 I 分量和 Q 分量,故这种混频也称为正交分解。

设原中频带限信号为 $x(t)$,其对应的频谱为 $X(f)$,正交分解得到的 I、Q 分量及其频谱分别为

$$x_I(t) = x(t)\cos(2\pi f_0 t) \leftrightarrow \frac{1}{2}X(f-f_0) + \frac{1}{2}X(f+f_0)$$

$$x_Q(t) = x(t)\sin(2\pi f_0 t) \leftrightarrow \frac{1}{2j}X(f-f_0) - \frac{1}{2j}X(f+f_0) \quad (6-15)$$

图解如图 6-27 所示。由图 6-27 可见,使用低通滤波器滤掉混频所得 $2f_0$ 及以上的高频成分,原中频带限信号在正交分解后被搬移到了零中频,I、Q 分量的频带宽度均仅占原带宽的一半。如果原中频信号的采样率为 f_s,按照采样定理应至少满足 $f_s > 2(f_0 + B/2)$;而在正交分解和滤波之后,实际采样频率只需满足 $f_s' > 2(B/2)$ 即可,因此,可以对数字混频后的信号进行 $f_s' = f_s/D$ 的降速率处理(D 为离散数据抽取因子)。易知,当中频频率较高、带宽较小时,可进行较大倍数的抽取,对频率分辨率要求较高的分析应用而言,这种降速处理尤其有意义。

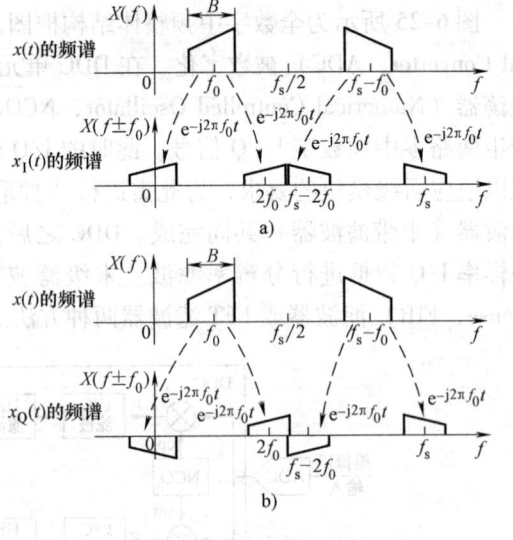

图 6-27 正交分解后的频谱
a) I 分量 b) Q 分量

在全数字中频方案的频谱分析仪中,实现数字正交分解、滤波及抽取的零中频 DDC 电路框图如图 6-28 所示。图中,"$D\downarrow$"表示对时域数据进行的整数倍抽取,实际采样率的降低有利于减轻后续器件处理负担,提高 FFT 分析的频率分辨率;低通滤波器(Low-Pass Filter,LPF)则可有效避免产生频谱混叠。抽

取与低通滤波器同在一个框内，表示这两种功能在 DDC 中能够同时实现。

实现抽取功能的数字滤波器的设计直接影响数字下变频器对信号的抽取能力。当抽取因子 D 很大时，要求抗混叠数字 LPF 的带宽极窄、过渡带极陡，在实际设计中一般采用多阶滤波和抽取的级联方式来逐阶降低采样率——通常的做法是将积分梳状滤波抽取组

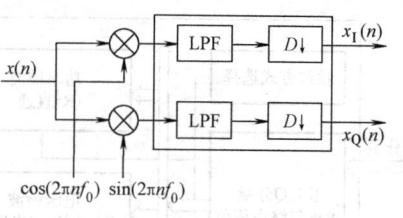

图 6-28 零中频 DDC 方案

（CIC）和半带滤波抽取组（HB）级联，由此降低对各阶滤波器的要求。CIC 抽取滤波器只涉及加法运算，运算速度快，适于抽取系统中的第一级抽取和进行大抽取因子的工作；HB 滤波器用作第二级抽取，它的系数几乎一半为零，因此抽取因子固定为 2。

图 6-29 所示为 DDC 内部结构，其中，末级的 FIR 滤波器主要用作最后的整形滤波，其输出的信号带宽即为实时分析带宽 RTBW。考虑到滤波器通带平坦度问题，FIR 的带宽设计为用户所设 RTBW 数值的固定倍数，并在其后的数字信号处理过程中对放宽的频带进行截取。

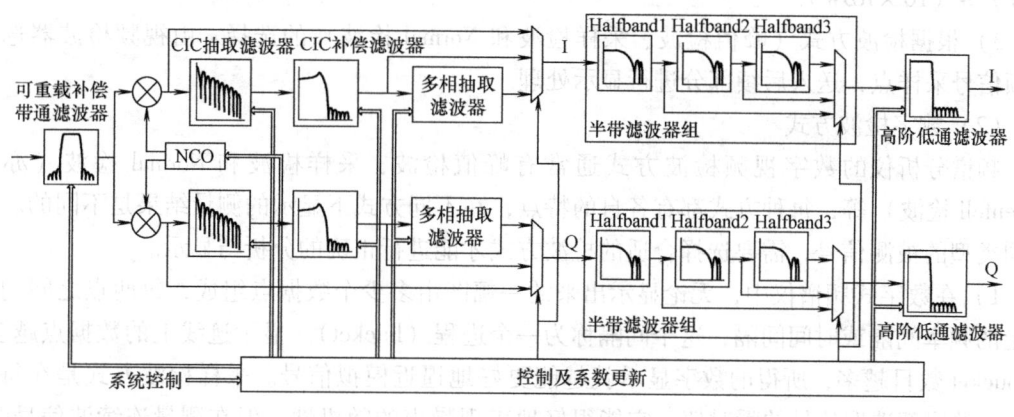

图 6-29 DDC 内部结构

4. 数字检波

在采用全数字中频方案的频谱仪中，根据频率扫描宽度 Span 的大小，既可以借助数字信号处理方法进行 FFT 分析，也可以通过数字检波的方式实现扫频分析。当用户设置的频率扫描宽度很大（例如，远大于最大分析带宽）时，使用数字检波方式进行扫频分析。数字检波能够完成传统模拟式频谱分析仪中的包络检波功能，以及模拟式频谱分析仪所不具备的相位检测功能。

（1）数字检波组成原理

数字检波单元的作用是在分辨率滤波器 FIR 之后进行包络检波，变为视频信号，然后对检波输出的视频信号经过视频滤波器进行平滑降噪，最后由视频检波器选出部分采样点用于显示。数字检波由包络检波、视频滤波和视频检波三部分组成，如图 6-30 所示。

数字检波的具体实现分为三个步骤：

1）对分辨率滤波器 FIR 输出的对应频点信号的 I/Q 正交分量进行包络检波。根据检波方式的选择，求出其对应的功率值、电压值或对数电平，变为视频信号。

2）根据不同的 RBW 和采样速率，选择不同带宽的视频滤波器，然后对包络检波输出的视频信号进行平滑降噪处理。视频滤波器的带宽（VBW）一般设置为 $VBW = (0.01 \times$

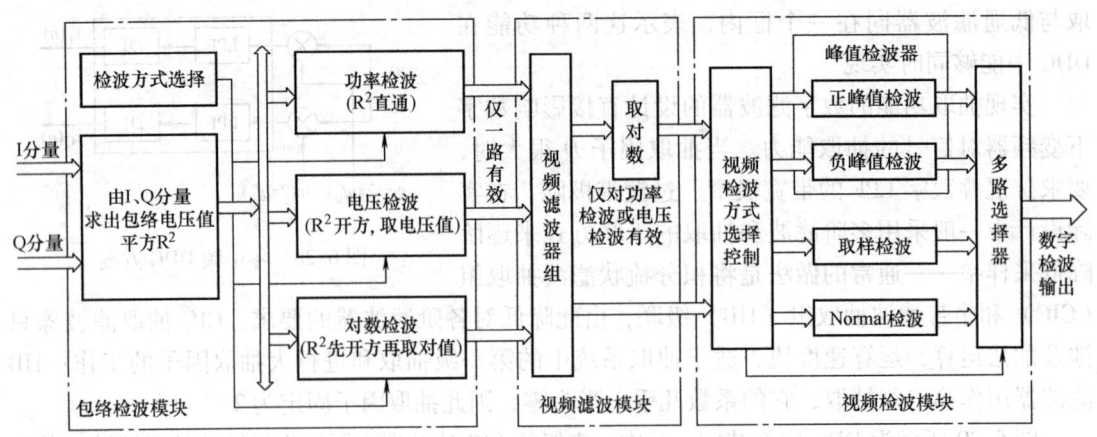

图 6-30 数字检波功能框图

RBW）~（$10 \times RBW$）。

3）根据检波方式（峰值检波、采样检波和 Normal 检波）的选择，由视频检波器选出视频信号采样点，送入后续部分进行显示处理。

（2）数字检波方式

频谱分析仪的数字视频检波方式通常有峰值检波、采样检波和 Normal 检波（亦称 Rosenfell 检波）等，每种方式都有各自的特点，在不同方式下显示的测量结果是不同的。对不同类型的被测信号，需要选择合适的检波方式才能进行正确的分析与显示。

1）在数字式频谱仪中，无论显示出来的一幅图由多少个数据点组成，每两点之间均有一定的频率间隔或时间间隔，这个间隔称为一个进程（bucket）。显示迹线上的数据点越多，即 bucket 数目越多，所得的数字显示就越能更好地逼近模拟信号。采样检波方式是在每个 bucket 的尾部选取信号的瞬时值，它能很好地表现噪声的随机性，但在测量连续波信号时，显示信号幅度可能上下跳动甚至丢失信号。因此，采样检波方式适于测量噪声，而不适宜于连续波信号。

2）峰值检波方式采用了峰值保持电路，显示的是每个 bucket 中的极值：只保持最大值，即为正峰值检波，只保持最小值的为负峰值检波。峰值检波的显著特点是不丢失信号，是大多数频谱仪的标准或必备检波显示方式。然而在噪声测量方面，因峰值检波只能捕获噪声的峰值，不能很好地描述噪声的随机性。

3）Normal 检波方式基于正/负峰值检波方式的测量结果，再按照一定的算法获得最终显示。对相关算法的规则简单描述如下：

① 若一个 bucket 中的信号幅值有升有降，则将该信号归类为噪声，并规定奇数号 bucket 显示正峰值、偶数号 bucket 显示负峰值。

② 若一个 bucket 中的信号幅值单调递增或递减，则规定显示每个 bucket 中的正峰值。

③ 在分辨率带宽小于 bucket 的情况下，规定偶数号 bucket 显示最小值，同时保留其中的最大值；在其后的奇数号 bucket 中，将当前最大值与保留的最大值相比较，显示其中的大值，同时更新最大值寄存器。

可见，Normal 检波方式通过使用相对复杂的算法规则去适应各种不同情况，因此既继承了峰值检波不丢失信号的优点，同时具备采样检波能较好地描述噪声随机性的特点。

图 6-31 所示为几种检波方式下显示的噪声峰-峰值迹线,左起依次为:Normal 方式、正峰值方式、负峰值方式、采样方式。

由图可见,Normal 方式所显示的噪声峰-峰值最大,峰值检波最小;正峰值方式时的噪声平均值偏高,负峰值时的噪声平均值偏低。

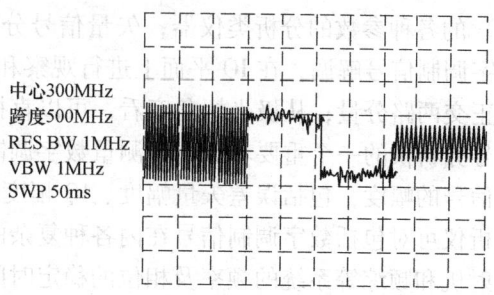

中心 300MHz
跨度 500MHz
RES BW 1MHz
VBW 1MHz
SWP 50ms

图 6-31 几种数字检波方式下的噪声

需要说明的是,如果用户设置的频率扫描宽度较小,宜采用 FFT 方式进行频谱分析。在适当设置分析带宽及 FFT 点数的情况下,通过 FFT 分析可获得小到 1Hz 甚至更为精细的频率分辨率,这是扫频分析所无法达到的。当设置的频率扫描宽度略大于分析带宽时,要在整个 Span 内进行 FFT 分析,就必须分段进行"拼接",通过步进地改变扫描本振的频率来使输入信号依次落入末级中频带宽中,并分别进行 FFT 运算,将所得结果拼接为一个完整的 Span,最后进行显示处理。

5. 基于全数字中频方案的实时频谱分析仪

基于全数字中频方案的实时频谱分析仪的构成如图 6-32 所示,主要由射频模拟信号处理(射频前端)、数字中频信号处理、数字基带信号处理等部分组成。

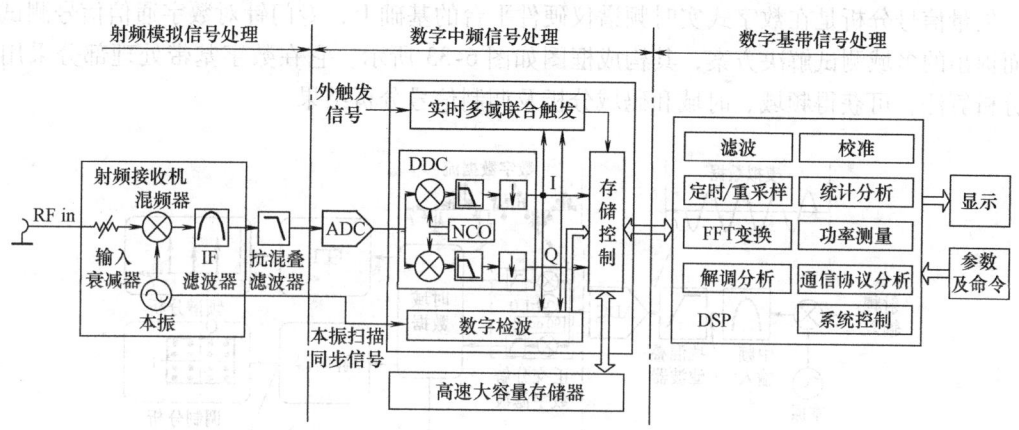

图 6-32 实时频谱分析仪的构成

在射频前端,射频接收机采用超外差原理,通过多级模拟混频电路将射频输入信号转换为固定的中频信号。在数字中频处理部分,末级中频信号经过中频预处理及 ADC 变成数字信号,然后在 DDC 中进行数字正交分解和抽取、滤波,同时完成数字检波、实时多域联合触发及数据高速存储等处理。数字基带信号处理部分在数字域完成信号的频谱分析、调制分析及多域联合分析,实现的处理功能包括:滤波加窗、FFT 变换、通信解调、统计分析、功率测量、通信协议分析和系统命令解析及控制等。

6.3.3 矢量信号分析

1. 矢量信号分析技术概述

矢量信号分析仪(Vector Signal Analyzer)是用来测量矢量信号(特指各类数字调制信

号）的各种参数的分析类仪器，矢量信号分析是通过正交解调的方法，对各种常见模拟和数字调制信号解调，在 IQ 平面上进行观察和分析。从直角坐标角度看，可以直接观察同相和正交两路分量；从极坐标角度看，可以直接观察信号的幅度和相位两种参量的变化。矢量信号分析仪的一个重要功用就是测量数字调制信号的矢量调制误差，即实际调制信号偏离理想信号的幅度，包括误差矢量幅度、IQ 幅度误差、IQ 相位误差、IQ 原点偏移等。矢量信号分析仪可对包括数字调制信号在内各种复杂的信号的各种误差进行精确分析，同时也适于对发射机和频综等系统的频率及相位的稳定时间进行精确的瞬态分析。矢量信号分析主要应用于数字移动通信、卫星通信、数字音/视频、无线局域网及局域多点分配服务等产品的初始设计、仿真及最后的硬件样机设计和调试等场合。它在通信、雷达、检测等领域具有广阔的应用前景。

传统的频谱分析仪需要测量未知的和任意的输入频率，矢量信号分析仪则需测量已知的或受控的通信信号频率；传统频谱仪仅测量输入信号的幅度，因而是一种标量仪器，而矢量信号分析仪测量的是输入信号的幅度和相位，是一种矢量仪器。随着现代频谱分析技术及数字中频处理技术的发展，采用 DDC 和 FFT 技术的数字式频谱仪也能同时获得输入信号的幅度和相位信息，因此，基于全数字中频结构的现代数字式频谱分析仪已可用作矢量信号分析仪。

2. 矢量信号分析的实现原理框图

矢量信号分析是在数字式实时频谱仪硬件平台的基础上，专门针对数字通信信号测试问题而提出的多域测试解决方案，其构成框图如图 6-33 所示。它在数字基带处理部分采用多种分析算法，可获得频域、时域和码域分析及调制信号分析结果。

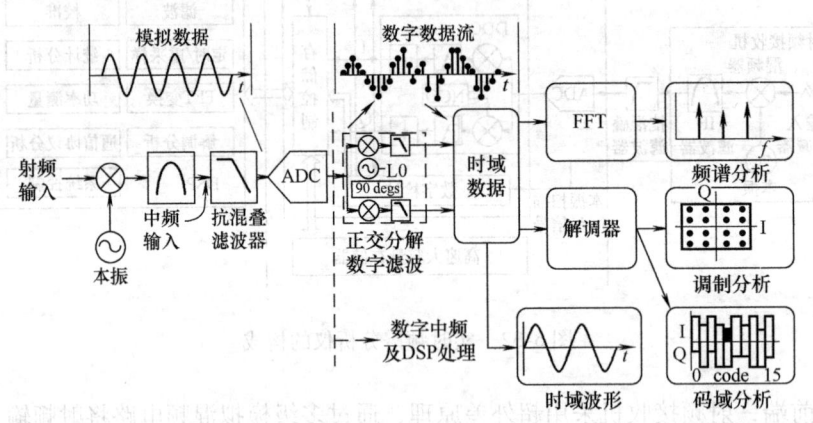

图 6-33 矢量分析仪的构成框图

图 6-34 所示为实现数字通信信号多域测试和分析的处理流程，所有处理均在数字基带部分进行。作为输入信号的基带 I/Q 信号首先经过等效采样率调整、测量滤波（测量滤波一方面对被测通信信号进行匹配滤波，另一方面对测试信道进行固定补偿），然后依次通过均衡、载波同步、定时同步，最后进行解调，得到测量信号并生成星座图（Constellation）、符号表、眼图（Eye Diagram）等测试结果。解调之后的符号被重新调制并进行参考滤波，重构为理想的参考 I/Q 信号，将该参考信号与测量信号相比较，得到误差矢量幅度（Error Vector Magnitude，EVM）、互补累积分布函数（Complementary Cumulative Distribution Function，CCDF）和概率密度函数（Probability Density Function，PDF）等测试结果。

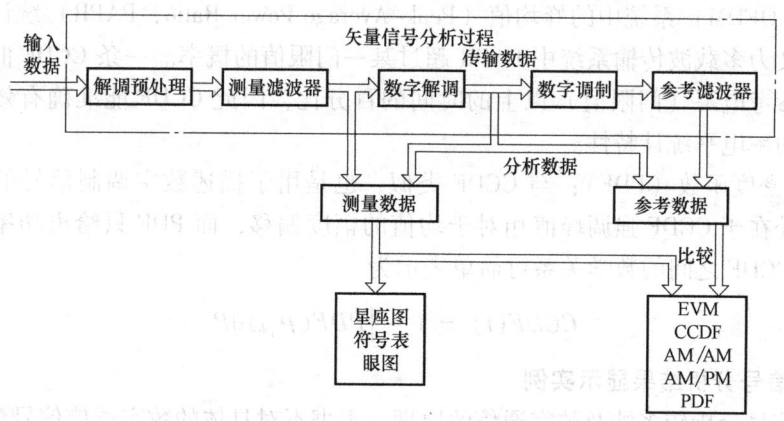

图 6-34 数字通信信号分析处理流程

3. 矢量信号分析的有关概念

对上述一些有关矢量信号分析的专有名词简单解释如下：

1）星座图：数字调制信号矢量端点的分布图，通过类于直角坐标系内的点表示，用以直观反映数字调制的质量。星座图包含两方面内容：信号分布（星座点）及其与调制数字比特（bit）之间的映射关系。不同调制方式的星座图各不相同；任一种数字调制方式的基本特性均可通过星座图来完全定义。

2）眼图：在时域中观察数字调制信号的码元波形，当水平扫描周期与接收码元周期同步时，由于显示余辉作用，扫描所得的所有码元波形重叠在一起，从而使观察到的波形很像人的眼睛，故称"眼图"。眼图主要用于评估数字信号传输系统的性能，因为"眼睛"张开的幅度及端正与否可反映码间串扰的强弱，而"眼睛"迹线的清晰程度可反映噪声的大小。

图 6-35 显示了无线移动通信中的 GMSK 信号的眼图和星座图。从图可以看到，其眼图呈现"双眼皮"的特征，而星座图的每个点分裂出两个小点，这都是 GMSK 信号的典型性特征，在实际测试中，了解这些特征是有用的。

3）误差矢量幅度 EVM：误差矢量是在给定时刻的理想无误差参考信号与实际测量信号之间的矢量差，如图 6-36 所示；EVM 即误差矢量的幅度，通常取信号平均功率的方均根值与参考信号平均功率的方均根值之比，以百分比表示。EVM 反映了接收机解调产生的 IQ 分量与参考信号分量的接近程度，因此是衡量调制信号质量的一个指标。显然，EVM 越小，信号质量越好。

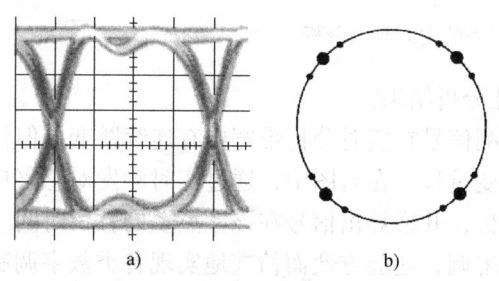

图 6-35 GMSK 信号的眼图和星座图
a) 眼图 b) 星座图

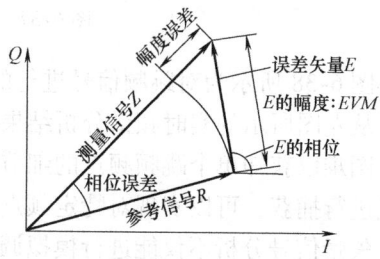

图 6-36 误差矢量及 EVM 的定义

4）互补累积分布函数（CCDF）：为了表示正交频分复用（Orthogonal Frequency Division Multiplexing，OFDM）系统中的峰均值（Peak-Average Power Ratio，PAPR）统计特性而引入的概念，定义为多载波传输系统中 PAPR 超过某一门限值的概率。一条 CCDF 曲线显示了信号功率居于参考电平（门限值）以上的时间的百分比，因此 CCDF 能准确有效地描述数字调制信号的功率电平统计特性。

5）概率密度函数（PDF）：与 CCDF 类似，也是用于描述数字调制信号的功率统计特性。不同之处在于 CCDF 强调峰值相对于均值的幅度偏移，而 PDF 只给出功率谱的分布密度。PDF 与 CCDF 之间的数学关系可简单表示为

$$CCDF(t) = 1 - \int PDF(P,t)\mathrm{d}P$$

4. 矢量信号分析结果显示实例

因矢量信号分析较多涉及数字通信的原理，本书不对具体的数字通信信号测试分析过程作详细展开，仅通过以下图示，给出一些现代数字式频谱仪所能实现的矢量信号实时测试及多域分析的结果。

图 6-37 中，上方为传统频谱图，仅能给出调频信号在某一时刻的谱分布；下方所示为采用瀑布图（Waterfall spectrogram）方式显示的线性调频信号实时频谱。瀑布图实际上包含了三个维度的信息：水平轴表示频率，纵轴表示时间，像素点的灰度（黑白图）或颜色（彩色图）则表征着信号功率。瀑布图上任一点均代表在某确定时刻的某一频点上的功率大小，由此可以清晰地展示出调频信号的频率随时间而变化的过程。

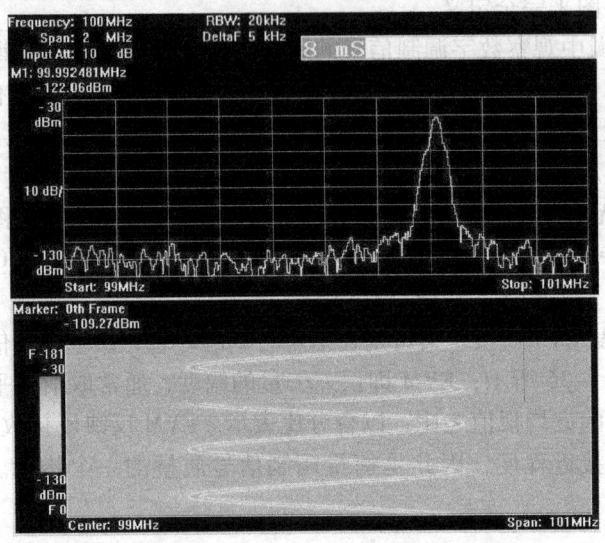

图 6-37　线性调频信号的实时频谱分析

图 6-38 所示为对跳频信号进行的瞬态特性分析结果。

从左图所示的实时频谱分析结果可知，被测信号在实时分析带宽内有连续跳变，但仅凭瀑布图难以获知单个跳频频点的细节及频率捷变过程。在右图中，通过实时触发对感兴趣的频点进行捕获，可以实现对特定频点的精细分析，并换算出信号在该频点上的驻留时间。

矢量信号分析不仅能进行模拟调制信号的解调，还能方便而精准地实现各类数字调制信号解调的分析。图 6-39 为采用多视窗方式显示的数字调幅信号（256QAM）的多域分析结果：左图同时显示了 256QAM 信号的功率-时间、频谱图和星座图；右图的下方显示了

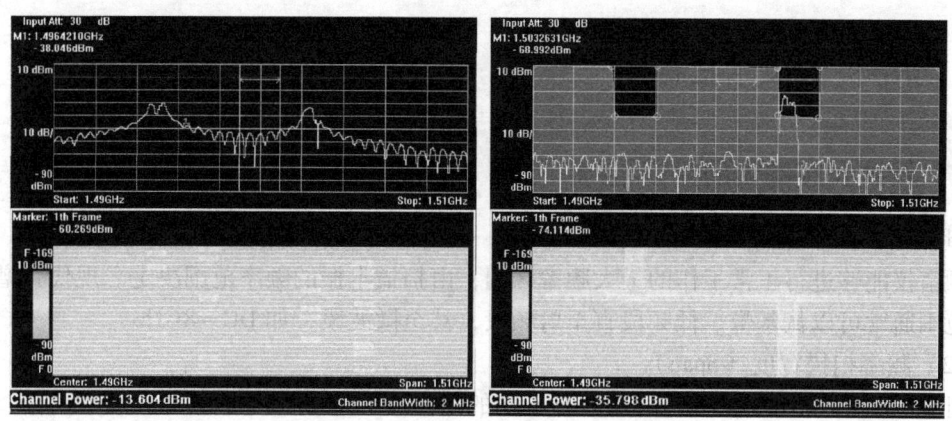

图 6-38 OQPSK 跳频信号的瞬态特性分析

256QAM 信号的基带 I/Q - 时间图。

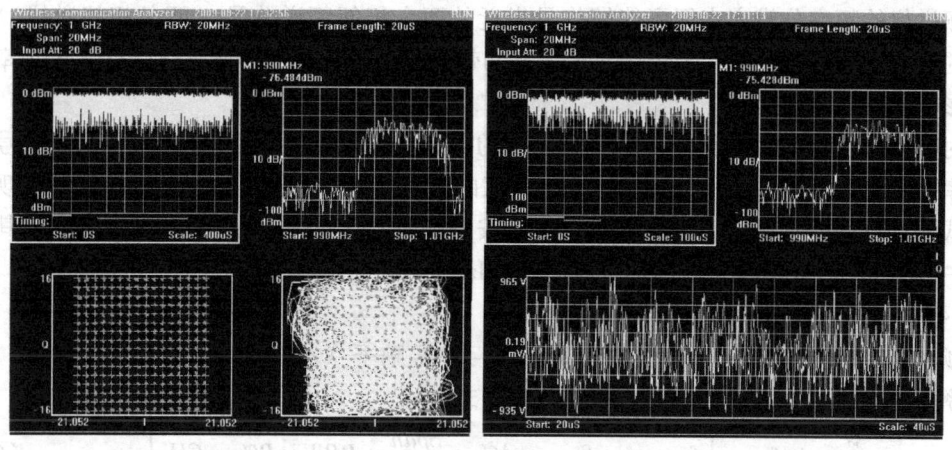

图 6-39 数字调幅信号实时多域分析（256QAM 信号）

图 6-40 所示为采用多视窗方式显示的数字调相信号（QPSK）的多域分析结果。左图同时显示了 QPSK 信号的功率-时间、频谱图和星座图；右图的下方显示了 QPSK 信号的眼图。

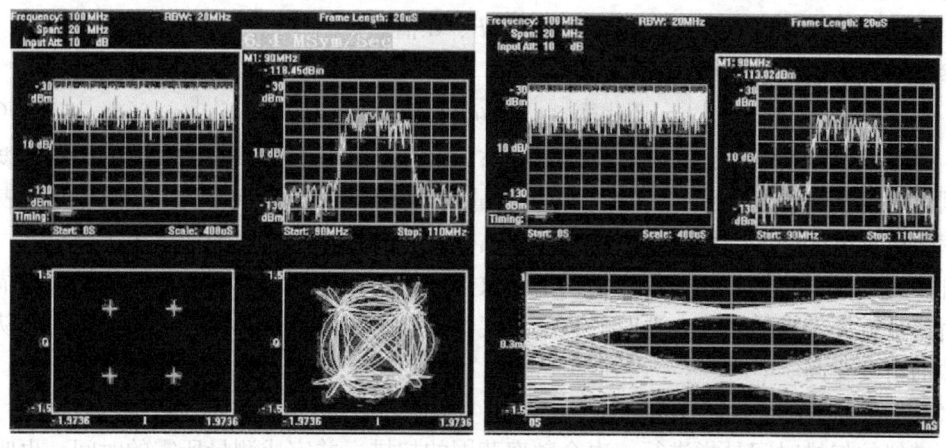

图 6-40 数字调相信号实时多域分析（QPSK 信号）

6.4 频谱仪的技术指标

6.4.1 外差式频谱仪的主要指标

(1) 输入频率范围（Frequency Range）

频谱仪能够进行正常工作的最大频率区间，由扫描本振的频率范围决定。现代频谱仪的频率范围通常可以从基带、低频段直至射频段，甚至微波段，如 DC～8GHz。

(2) 频率扫描宽度（Span）

对于 Span 这个术语，不同的文献有不同的叫法，如分析谱宽、扫宽、频率量程、频谱跨度等。扫描宽度表示的是频谱仪在一次测量过程中（也即一次频率扫描）所显示的频率范围，可以小于或等于输入频率范围。它通常是根据测试需要自动调节或可人为设置的。

(3) 频率分辨率（Frequency Resolution）

频谱仪的频率分辨率表征了能够将最靠近的两个相邻频谱分量（两条相邻谱线）分辨出来的能力。频率分辨率主要由中频滤波器的带宽决定，但最小分辨率还受到本振频率稳定度的影响。

对模拟式频谱分析仪而言，中频滤波器的 3dB 带宽决定了可区分的两个等幅信号的最小频率间隔。如果要区分不等幅信号，频谱仪的分辨率还与滤波器的形状因子有关。现代的数字式频谱仪通常具有可变的分辨率带宽，按照 1-3-10 或 1-2-5 的典型步进变化。其中最小的一挡 RBW 值就是频率分辨率指标，如 1Hz。

(4) 频率精度（Frequency Accuracy）

频率精度即频谱仪频率轴读数的精度，与参考频率（本振频率）稳定度、扫描宽度、分辨率带宽等多项因素有关。通常可以按照下式计算

$$\Delta f = \pm \left[f_x \times \gamma_{ref} + Span \times A\% + \frac{Span}{N-1} + RBW \times B\% + CHz \right] \quad (6\text{-}16)$$

式中，Δf 为绝对频率精度，以 Hz 为单位；γ_{ref} 代表参考频率（本振频率）的相对精度，是百分比数值；f_x 表示显示频率值或频率读数；$Span$ 为频率扫描宽度；N 表示完成一次扫描所需的频率点数；RBW 为分辨率带宽；$A\%$ 代表扫描宽度精度；$B\%$ 代表分辨率带宽精度；C 则是频率常数。不同的频谱仪有不同的 A、B、C 值。

参考频率精度由下式给出：

$$\gamma_{ref} = 老化率 \times t + Settability + 温度稳定度 \quad (6\text{-}17)$$

式中，t 为距最近一次校准的时间，单位为年；老化率通常的数量级 < $\pm 10^{-7}$/年；温度稳定度即因温度变化而引起的频率漂移，通常数量级 < $\pm 10^{-8}$；Settability 是初始精度，表示参考频率偏离真值的程度，即作为参考频率的晶体振荡器精度，通常数量级 < $\pm 10^{-8}$。

许多具有标记功能的频谱仪内含频率计数器，使用它进行频率测量能够消除由扫描宽度和分辨率带宽等带来的误差，这时的频率精度仅取决于频率计数器的分辨率，因而比从频率轴读数的精度要高。

(5) 扫描时间（Sweep Time）

频谱仪的扫描时间是指进行一次全频率范围的扫描、并完成测量所需的时间，也叫分析时间。通常希望扫描时间越短越好，但为了保证测量精度，扫描时间必须适当。与扫描时间

相关的因素主要有频率扫描范围、分辨率带宽、视频滤波。

(6) 相位噪声/频谱纯度（Phase Noise / Spectrum Purity）

相位噪声简称相噪，是频率短期稳定度的指标之一。它反映了频率在极短期内的变化程度，表现为载波的边带，所以也叫做边带噪声。相噪由本振信号频率或相位的不稳定引起，本振越稳定，相噪就越低；同时它还与分辨率带宽有关，RBW 缩小为原来的 1/10，相噪电平值减小 10dB。通过有效设置频谱仪的参数，相噪可以达到最小化，但无法消除。相噪也是影响频谱仪分辨不等幅信号的因素之一。

相位噪声通常用在源频率的某一频偏上相对于载波幅度下降的 dBc 数值表示。典型指标如：-90dBc @ 10kHz offset。

(7) 幅度测量精度（Level Accuracy）

信号的幅度测量总是包含一定的不确定度。通常仪器在出厂之前要经过校准，各种来源的误差已被分别记录下来并用于对测量数据进行修正，因此显示出来的电平幅度精度已有所提高。

频谱仪性能同时受到温漂、老化等影响，因而大多数频谱仪还需要进行实时校准，即对仪器内部的校准信号进行标准设置，然后测量其幅度值以得到修正值。

频谱仪的幅度测量精度有绝对幅度精度和相对幅度精度之分，均由多方面因素决定。绝对幅度精度都是针对满刻度信号给出的指标，受输入衰减、中频增益、分辨率带宽、刻度逼真度、频响以及校准信号本身的精度等几种指标的综合影响。相对幅度精度与相对幅度测量的方式有关，在与标准设置相同的理想情况下，相对幅度仅有频响和校准信号精度两项误差来源，测量精度可以达到非常高。

(8) 本底噪声（Noise Floor）

本底噪声即来自频谱分析仪内部的热噪声，也叫噪底，是系统的固有噪声。本底噪声会导致输入信号的信噪比下降，它是频谱仪灵敏度的量度。本底噪声在频谱图中表现为接近显示器底部的噪声基线，常以 dBm 为单位。

(9) 动态范围（Dynamic Range）

动态范围即同时可测的最大与最小信号的幅度之比。通常是指从不加衰减时的最佳输入信号电平起，一直到最小可用的信号电平为止的信号幅度变化范围。动态范围的上限由频谱仪的非线性失真决定。采用对数刻度显示幅值时，在有限的屏幕高度内可获得大的动态范围显示。

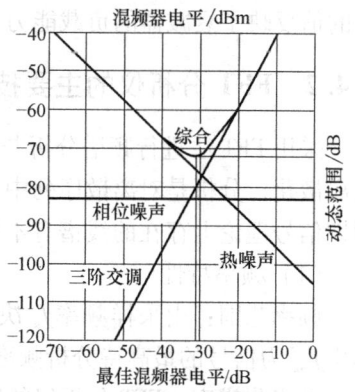

图 6-41　动态范围与热噪声、
相位噪声及三阶交调有关

频谱分析仪的动态范围受限于三个因素：输入混频器的失真特性（主要是三阶交调）、系统灵敏度（热噪声）、本振信号的相位噪声。热噪声和交调的影响取决于加到第一混频输入端的电平，由于热噪声的效应与混频器输入电平的高低成反比，而较高的输入电平会导致交调失真加重，因此，必须在三者之间权衡选择以获得最佳动态范围。如图 6-41 所示，综合考虑热噪声、相位噪声和三阶交调之后所得的特性曲线呈不对称的盆状，可能获得的最大动态范围应该在不同的混频器电平上分别确定。

(10) 灵敏度/噪声电平（Sensitivity）

灵敏度规定了频谱仪在特定的分辨率带宽下或归一化到 1Hz 带宽时的本底噪声，常以

dBm 为单位。或者可以说，灵敏度指标表达的是频谱仪在没有信号存在的情况下因噪声而产生的读数，只有高于该读数的输入信号才可能被检测出来。因此，灵敏度常常也用最小可测的信号幅度来代表，数值上等于显示平均噪声电平（Displayed Average Noise Level, DANL）。典型指标如：-142dBm（1Hz BW）。

（11）本振直通/直流响应（LO Feedthrough）

本振直通/直流响应指因频谱仪的本振馈通而产生的直流响应。理想混频器只在中频产生和频与差频，而实际的混频器还会出现本振信号及射频信号。当本振频率与中频中心频率相同或非常接近时，这个对应于零频（直流）输入的本振信号将通过中频滤波器出现，这就是本振馈通。

对这种零频响应的电平，通常用相对于满刻度响应的 dB 数作为度量。典型指标如：低于满刻度输入电平 33dB。如果频谱分析仪的低端频率距离零频较远（如 100kHz），该指标可以略去。

（12）1dB 压缩点和最大输入电平

1dB 压缩点（1dB Gain Compression Point, P_{-1dB}）是指在动态范围内，因输入电平过高而引起的信号增益下降 1dB 的点。1dB 压缩点通常出现在输入衰减 0dB 的情况下，由第一混频决定。输入衰减增大，1dB 压缩点的位置也将与衰减同步增高。为了避免非线性失真带来的不期望的频率成分，所显示的最大输入电平（参考电平）必须位于 1dB 压缩点之下。通常，参考电平与输入衰减是联动（Coupling）设置的，在 0dB 输入衰减的情况下将得到最大参考电平，此时无法直接测量 1dB 压缩点。

1dB 压缩点提供了有关频谱仪过载能力的信息；与之不同的是，最大输入电平（Maximum Input Level）反映的是频谱仪可正常工作的最大限度。只有保证不逾越最大输入电平指标，频谱仪才不致受损。最大输入电平的值一般由处理通道中第一个关键器件决定，因而也同输入衰减直接相关：衰减量为 0dB 时，信号直接进入第一混频器中，因此第一混频是最大输入电平的决定性因素；衰减量大于 0dB 时，输入信号的电平被减小，因此最大输入电平的值反映了衰减器的负载能力，其后续部分的作用就可以忽略不计。

6.4.2 FFT 分析仪的主要技术指标

采用 FFT 法进行频谱分析与采用传统方法有很大的不同。信号在时域、频域两个方向上离散化，分析是对离散序列中一个长度为 N 点的样本数据（记录）进行的，所得频谱与周期信号理论上存在的线谱有不同的意义，因此需要不同的评价指标。

（1）频率特性

频率范围：由采样频率 f_s 决定。为了防止频谱混叠，一般采取过采样：$f_s > 2.56 f_{max}$，其中 f_{max} 为信号的最高待分析频率。采样频率则由 ADC 的性能决定。

频率分辨率：FFT 分析仪的频率分辨率和信号的采样频率以及离散傅里叶变换的点数 N 有关。当采样频率一定时，离散傅里叶变换的点数越多，频率分辨率越高，反之亦然。频率分辨率 Δf、采样频率 f_s 和分析点数 N 三者之间的关系为 $\Delta f = f_s / N$。

（2）幅度特性

动态范围：取决于 ADC 的位数、数字数据运算的字长或精度。

灵敏度：取决于本底噪声，主要由前置放大器噪声决定。

幅度读数精度：幅度谱线的误差来源包括计算处理误差、频谱混叠误差、频谱泄漏误差等多种系统误差,以及每次单个记录分析所含的统计误差。其中,不同的系统误差应采用不同方法解决;统计误差与信号的处理、谱估计方法、统计平均方法及次数有关,往往需要使用者在更换设置和多次分析之后才能获得较好结果。

(3) 分析速度

分析速度主要取决于 N 点 FFT 的运算时间、平均运行时间及结果处理时间。实时频谱分析的频率上限可由 FFT 的速度推算而得。分析仪通常会给出 1024 点复数 FFT 的时间,如果该时间为 τ,则实时工作频率的上限为 $400/\tau$;考虑到还要进行平均等其他处理,实际频率还会低于此值。若是实信号的功率谱计算,则速度可以提高一倍。

(4) 其他特性

例如:可选的窗函数种类、数据触发方式、显示方式、结果存储、输入/输出功能等。

6.4.3 外差式频谱仪和 FFT 分析仪的比较

通过本章的介绍,我们已经了解到,外差式频谱仪和 FFT 分析仪在系统组成、技术特点、应用领域、主要指标等方面均有所区别。表 6-3 集中给出它们的对比结果。

表 6-3 外差式频谱仪和 FFT 分析仪的比较

比较内容	外差式频谱仪	FFT 分析仪
关键技术	模拟技术(外差式)	数字技术(数字中频)
频率范围	较宽,可至微波段(几百吉赫)	相对较窄,最高几十吉赫
扫描速度	较快,取决于硬件速度	较慢
动态范围	较大	相对较小
频率分辨率	取决于模拟滤波器性能,不可能做得很高	可达 1Hz 以下,极其精细
应用领域	周期信号的非实时分析。适于进行大频率范围内的快速扫频分析	瞬态信号的实时分析。适于窄带信号的精密分析及通信信号多域分析

为集成两者的优点,现代频谱仪采用综合的系统框架,即射频前端采用超外差式接收机结构,中频及以后采用全数字方式。

6.4.4 频谱仪各参数间的联动关系

无论模拟式还是数字式,要对频谱仪各项参数进行合理设置,各设置参数的选择并不是孤立的。为了避免因不适当的参数设置而引入测量误差,频谱仪通常提供参数的独立调节(也称手动)及自动关联(也称自动)两种模式,在自动关联模式下,这些参数相互之间以某种方式"联动"(Coupling)设置。也就是说,只要改变其中任何一项设置,其余各项参数都会随之自动调节以适应变化,这种模式通常用于常规的快速测量。当用户有特定的测量需求时,例如只希望改变某些参数,则可能使用独立调节模式。因此,有必要简单了解参数之间的相互关系。

1. 扫描时间、扫描宽度、频率分辨率和视频带宽

由于滤波器的使用,仪器所允许的最快扫描时间(或扫描速度)受限于中频滤波器和视频滤波器的响应时间。若扫描时间过短,未达到所需的最短扫描时间,使滤波器达不到稳态,则会引起显示失真,体现为信号幅度的减小和频率的偏移。为了避免扫速过快或扫描时间过短引起的测量误差，分辨率带宽、视频带宽、扫描时间及扫描宽度应当联动设置。

在视频带宽大于分辨率带宽的情况下，扫速不会受视频滤波器的影响。此时，中频滤波器的响应时间仅与分辨率带宽的二次方成反比。一般可通过下式反映上述指标之间的制约关系，即

$$ST = K\frac{Span}{RBW^2} \quad (RBW < VBW) \tag{6-18}$$

式中，ST 为扫描时间；$Span$ 为频率扫描宽度，或称扫描跨度；RBW、VBW 分别为分辨率带宽和视频带宽；K 为比例因子，取值与滤波器的类型及其响应误差有关。对 4 级或 5 级级联的模拟滤波器，K 取 2.5；对高斯数字滤波器，K 可取 1 甚至小于 1 的值。

当视频带宽小于分辨率带宽时，所需的最小扫描时间受限于视频滤波器的响应时间。与前一种情况类似，视频带宽越宽，视频滤波器的响应或建立时间越短，扫描时间相应也越短。视频带宽与扫描时间之间成线性反比：视频带宽减小为原来的 $1/n$，扫描时间增加 n 倍。

上述参数也可以部分联动。例如，当手动设置分辨率带宽、视频带宽时，扫描时间能够同时自动改变。分辨率带宽应随扫描宽度的改变而自动切换，这两者之间的联动比值可以由用户自行设置；在现代频谱仪中，视频带宽与分辨率带宽也可以联动设置，它们的比值取决于不同的测量应用场合，因而也是由用户设置的。当然，对不同被测信号还可以使用以下经验设置：

正弦信号　　　　　　　　$RBW/VBW = 0.3 \sim 1$
脉冲信号　　　　　　　　$RBW/VBW = 0.1$ （6-19）
噪声信号　　　　　　　　$RBW/VBW = 10$

默认的视频带宽设置原则是：在保证不增加扫描时间的前提下，尽最大可能实现滤波平均。当 $K = 2.5$ 时，视频带宽必须至少等于分辨率带宽，即有 $RBW/VBW \leqslant 1$；如果使用的是数字滤波器，可以取 $K = 1$，因而扫描时间得以提高。此时为了确保视频滤波器的稳定，视频带宽应该至少三倍于分辨率带宽，即 $RBW/VBW \leqslant 0.3$。

2. 输入衰减、中频增益和参考电平

频谱分析仪的幅度测量范围上限由允许输入的最大电平决定，下限取决于仪器的固有噪声或本底噪声。因为放大器、检波器及 A-D 转换器的动态范围都很小，通常不可能在同一次测量中同时达到这两个限制，只能在不同的设置下得到。用户会在不同的应用场合下根据需要选择最大显示电平——参考电平，为此，输入衰减、中频增益是两个可以自动调节的决定性因素。

由于过大的输入信号可能导致第一混频受损，因此对高电平输入必须进行衰减，衰减量取决于第一混频及其后续处理部分的动态范围。第一混频器的输入电平必须位于 1dB 增益压缩点之下。如果混频器电平过高，失真产生的频率分量将会干扰正常显示，从而降低无交调范围；如果衰减量过大导致混频器电平过低，又会降低信号的信噪比，从而使噪底抬高，减小动态范围。因此，必须在信噪比与失真之间折中考虑输入衰减及后续的中频增益的选择。

在实际应用中，即使是对非常低的参考电平，通常也会将输入衰减设置为最小值（如 10dB）而不是零，这样做的目的是为了获得较好的匹配，从而可以得到较高的绝对幅度测量精度。

6.5 频谱仪的应用

除了完成幅度谱、功率谱等一般功能的测量外，频谱仪还能够用于对如相位噪声、邻近信道功率、非线性失真、调制度等频域参数进行测量，甚至进行时域波形的测量。

6.5.1 脉冲信号的测量

脉冲信号是雷达和数字通信系统中一类重要的信号，它的测量比连续波形要困难。如果采用窄分辨带宽进行频谱测量，频谱显示将呈现出离散的谱线；如果采用较宽的分辨带宽，这些谱线就会连成一片。不同的频谱仪设置可能对同一个脉冲信号的测量结果产生不同的影响。

1. 测量原理

单脉冲的傅里叶变换具有采样函数的曲线形状，即

$$U(f) = \tau \frac{\sin\left[2\pi f\left(\frac{\tau}{2}\right)\right]}{2\pi f\left(\frac{\tau}{2}\right)} \tag{6-20}$$

式中，τ 为脉冲宽度。频谱的零点发生在 $1/\tau$ 的整数倍处；频谱幅度与脉冲宽度成正比，即脉冲越宽，能量越大。为了确定单脉冲波形中的谐波成分，将单个脉冲周期性复制形成脉冲串，于是可以展开为傅里叶级数，即

$$x(t) = \frac{\tau}{T} + \frac{2\tau}{T}\sum_{n=1}^{\infty}\frac{\sin(n\pi\tau/T)}{n\pi\tau/T}\cos\frac{2n\pi}{T}t \tag{6-21}$$

对应的波形具有大小为 τ/T 的直流分量，恰好是波形的平均值。脉冲信号谐波将位于该波形的基频即 $1/T$ 的整数倍处，波形周期称为脉冲重复频率（Pulse Repeated Frequency，PRF），有 $PRF=1/T$。谐波的总体形状或包络与单脉冲的傅里叶变换相同，呈现采样函数特性，并在 $1/\tau$ 的整数倍处出现频谱包络的零点，如图 6-42 所示。

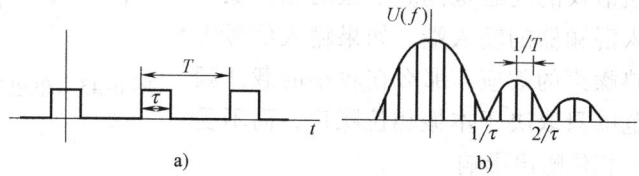

图 6-42 时域中的脉冲及频域中的脉冲串频谱
a）时域中的重复脉冲 b）频域中的脉冲串频谱

由于实时性的限制，扫频式频谱分析仪无法完成测量单脉冲这样的瞬态时间。能够完成测量任务的 FFT 分析仪的分析带宽必须将脉冲信号包含在内。

2. 测量实现

当频谱分析仪的分辨率带宽比脉冲谐波的频率间隔 PRF 还要窄时，频谱仪能够区分每一条谐波的谱线，因此将清楚地显示出脉冲波形的线状谱。窄的分辨率带宽能够改善信噪比，使显示结果与信号的实际频谱非常接近。改变测量的频率扫描宽度，能够适当使被测频谱加宽或变窄，但改变扫描时间不会影响频谱的形状。

线状谱对分辨率带宽有较高的要求，因而需要较长的扫描时间。在用户并不过多关心单独谱线的情况下，通过选择较宽的分辨率带宽（例如大于脉冲谐波的 PRF），频谱仪可以显示脉冲波形的包络而不展示谱线的细节，这类频谱叫做包络谱或脉冲谱。

根据经验，通常对获得清晰的脉冲线状谱显示的要求为 $RBW < 0.3PRF$；对包络谱显示的要求为 $RBW > 1.7PRF$。但过大的 RBW 会导致无法分辨包络谱线的零点，故要求即使是在显示包络谱时，分辨率带宽也不能过宽。因此，分辨率带宽必须保持小于包络谱中的零点间隔，即小于 $1/\tau$。综合起来，在显示包络谱时的分辨率带宽设置条件是：大于脉冲重复频率，但远小于 $1/\tau$。即有 $1.7PRF < RBW < 0.1/\tau$。

使用频谱仪测量脉冲时，扫描时间可能与脉冲重复频率相互作用而形成离散谱线。如果扫描时间远大于脉冲串的周期，则脉冲的包络谱变成连续谱。扫描时间较短时，快速通断的脉冲串可能表现为谱线，会使观测者对脉冲信号的实际频谱产生误解。解决这个问题的办法是将扫描时间设置到远大于 $1/PRF$，并使频谱表现为连续的采样函数。例如，按照经验式 $ST \geq 100/PRF$ 来设置扫描时间 ST，至少会在频谱中形成 100 根谱线。

6.5.2 相位噪声的测量

1. 相位噪声的概念

相位噪声是本振短期稳定度的表征，也是频谱纯度的一个重要度量指标。它通常会引起波形在零点处的抖动，在时域中不易辨别，而在频域中表现为载波的边带，所以常在频域内进行测量。

信号源的确定性频率变化具有性质确定的变化规律或变化量，而随机性频率变化的相位不稳定度是随机的，故被称为相位噪声。晶振的单边带（Single Side-band，SSB）相位噪声通常是指在载波频率的某一固定频偏处，在 1Hz 带宽内相对于载波电平的幅度，单位为 dBc（1Hz）或 dBc/Hz，如图 6-43 所示。

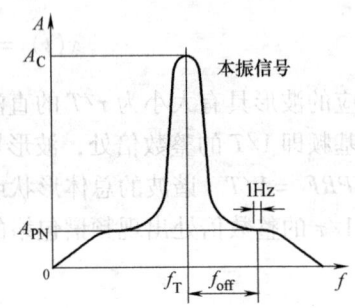

图 6-43 单边带相位噪声的定义

相位噪声影响频谱仪的动态范围。本振的相位噪声与输入信号一同进入混频器的输入端，如果输入信号大到足以忽略频谱仪热噪声的效应，那么在较小的载波频偏处，系统的动态范围只取决于本振相位噪声，而不受系统本身的（固有）相位噪声影响。

频谱仪的热噪声和系统固有的相位噪声总是交织在一起，通常很难明确地区分它们各自的效应。不过，系统固有相噪会随载波频偏的增加而减小，因而在较大频偏处，动态范围更多地是受热噪声的影响。

为了尽可能降低热噪声对系统性能的限制，尽量提高第一混频的输入电平可以获得较高的信噪比。但信号电平过高会对第一混频引入谐波，如果输入信号频率大于所能测量的相位噪声的最大频偏值，那么谐波就会落在感兴趣的频段之外，而不致造成任何影响。要是输入信号电平已超出了仪器的动态范围，就必须进行适当的衰减。

2. 测量过程

使用频谱仪测量相位噪声是一种直接测量。相对于频谱仪的扫描时间，被测器件必须具有较小的频率漂移，否则测得的本振频偏将过大以至于导致测量结果无效。从这个意义上讲，频谱仪适合于测量锁定状态下的合成频率源，而不适于失锁的情况。使用频谱仪测量相位噪声需分两步进行：

1) 测量载波电平幅度 A_C。
2) 测量在频偏 f_{off} 处的相位噪声幅度 A_{PN}。使用有效值检波器进行检波之后，相位噪声的计算式为

$$A_{PN}(f_{off}) = A_{PN,rms}(f_{off}) - 10\log B_{N,IF} \tag{6-22}$$

式中，$A_{PN}(f_{off})$ 是在距载波频偏 f_{off} 处 1Hz 带宽内的噪声电平，单位为 dBm；$A_{PN,rms}(f_{off})$ 是在噪声带宽 $B_{N,IF}$ 内使用有效值检波器测得的噪声电平，单位为 dBm；$B_{N,IF}$ 是分辨率带宽滤波器的噪声带宽，单位为 Hz。

如果使用采样检波器代替有效值检波器，并在很窄的视频带宽内对踪迹进行平均，所得的相位噪声已被削弱。此时相应的计算式为

$$A_{PN}(f_{off}) = A_{PN,smp}(f_{off}) - 10\log B_{N,IF} + 2.5\text{dB} \tag{6-23}$$

式中，$A_{PN,smp}(f_{off})$ 是在噪声带宽 $B_{N,IF}$ 处使用采样检波器测得的平均噪声电平，单位为 dBm。

在 1Hz 带宽内的相位噪声即相对于载波电平的幅度为

$$A(f_{off}) = A_{PN}(f_{off}) - A_C \tag{6-24}$$

式中，$A(f_{off})$ 是在距载波频偏 f_{off} 处 1Hz 带宽内的相对噪声电平，单位为 dBc(1Hz)；A_C 是载波电平，单位为 dBm；$A_{PN}(f_{off})$ 仍然是在距载波频偏 f_{off} 处 1Hz 带宽内的噪声电平，单位为 dBm。

为了简化相位噪声测量，现代的大多数频谱仪可使用标记（Marker）功能直接读出给定频偏处的相位噪声值，其中一些必需的计算功能已经被自动完成。

由于相位噪声总是在一定频偏处进行测量，所以通常需要选择较小的分辨率带宽。如果选择的 RBW 过大，中频滤波器就不能够有效抑制在频偏 f_{off} 处的载波功率，造成进入包络检波器的内部噪声电平大于被测相位噪声电平，因而无法测量。所允许的最大 RBW 取决于载波的频偏以及中频滤波器本身的波形因子，通常并没有固定的关系式。当然，RBW 过小会导致很长的扫描时间。为了达到高分辨率带宽，在使用宽带中频滤波器的情况下可以分步降低 RBW，即采用多级中频滤波器级联的方法实现。

6.5.3 非线性测量

纯正弦波信号通过电路（或网络）后，如果电路（或网络）存在非线性，则输出信号中除了含有原基波分量外，还会有其他谐波成分，这就是电路产生的谐波失真（或称非线性失真），简称失真。谐波失真是描述信号失真程度的参量；可进行失真度测量的专用设备是失真度仪，频谱仪也能完成部分测量失真度的任务。

1. 谐波失真的定义

用频谱分析仪测量的大多数"线性电路"失真都是低电平，亦即产生失真的器件大都是线性器件，只表现出轻微的非线性。这种弱非线性系统的失真可以用幂级数来模拟，即

$$U_{out} = k_0 + k_1 U_{in} + k_2 U_{in}^2 + k_3 U_{in}^3 + \cdots + k_n U_{in}^n \tag{6-25}$$

式中，k_0 代表系统输出的直流分量；k_1 代表线性电路理论所给出的电路增益；k_2 以上的其余系数代表电路的非线性特性。如果电路是完全线性的，则除 k_1 之外的所有系数均应为 0。

由于对渐变形式的非线性，k_n 的大小随 n 增大而迅速变小，只有二次效应和三次效应起决定作用。故可以忽略式（6-25）中 k_3 之后的各项，因而得到简化的失真模型为

$$U_{out} = k_0 + k_1 U_{in} + k_2 U_{in}^2 + k_3 U_{in}^3 \tag{6-26}$$

考虑一个最简单的系统失真情况的测试。输入单音信号，即一个单频纯正弦波 $U_{in} = A\cos\omega t$，并测量输出信号的频率成分。将 U_{in} 代入简化失真模型式（6-26）中，得

$$U_{out} = k_0 + k_1 A\cos\omega t + \frac{1}{2}k_2 A^2(1+\cos 2\omega t) + k_3 A^3\left(\frac{3}{4}\cos\omega t + \frac{1}{4}\cos 3\omega t\right)$$

$$= k_0 + \frac{1}{2}k_2 A^2 + \left(k_1 A + \frac{3}{4}k_3 A^3\right)\cos\omega t + \frac{1}{2}k_2 A^2\cos 2\omega t + \frac{1}{4}k_3 A^3\cos 3\omega t \tag{6-27}$$

输出信号表达式中包含直流分量、原始频率（基波）及二次、三次谐波。可见，直流分量受非线性模型的二次系数 k_2 的影响，而基波幅度受三次系数 k_3 的影响；基波幅度主要与输入信号的幅度 A 成正比、二次谐波的幅度与 A^2 成正比、三次谐波幅度与 A^3 成正比。式（6-27）也可以对数形式表示。

另一种常用于失真测量的输入信号是双音信号 $U_{in} = A_1\cos\omega_1 t + A_2\cos\omega_2 t$，按照简化失真模型有下列形式的输出结果：

$$U_{out} = c_0 + c_1\cos\omega_1 t + c_2\cos\omega_2 t + c_3\cos 2\omega_1 t + c_4\cos 2\omega_2 t + c_5\cos 3\omega_1 t + c_6\cos 3\omega_2 t +$$
$$c_7\cos(\omega_1 t + \omega_2 t) + c_8\cos(\omega_1 t - \omega_2 t) + c_9\cos(2\omega_1 t + \omega_2 t) +$$
$$c_{10}\cos(2\omega_1 t - \omega_2 t) + c_{11}\cos(2\omega_2 t + \omega_1 t) + c_{12}\cos(2\omega_2 t - \omega_1 t)$$

式中，c_0、c_1、$\cdots$、c_{12} 是由 k_0、k_1、k_2、k_3 及 A_1、A_2 决定的系数。

失真度的计算式被定义为全部谐波能量与基波能量之比的平方根值。对于纯电阻负载，则定义为全部谐波电压（或电流）有效值与基波电压（或电流）有效值之比的平方根，即

$$D_0 = \frac{\sqrt{\sum_{m=2}^{M} u_m^2}}{u_1} \times 100\% \tag{6-28}$$

式中，u_1、u_2、$\cdots$、u_m 分别表示基频及其各次谐波的方均根值。失真度 D_0 以百分比（%）或分贝（dB）为单位，亦称失真系数。

2. 谐波失真的测量方法

测量谐波失真度，可利用频谱仪将信号的基波和各次谐波的幅值一一测出，然后按定义计算，这种间接测量法称为谐波分析法。在产品检验中更常用基波抑制法，又称静态法，是对被测件输入单音信号，并通过基波抑制网络进行直接测量。此外还有动态法，以白噪声作为测试信号，测量被测件在通带内的各频率分量因交调产生的谐波。

（1）基波抑制法（静态测量）

由于基波难以单独测量，当失真度较小时，式（6-28）可近似为

$$D = \frac{\sqrt{\sum_{m=2}^{M} u_m^2}}{\sqrt{\sum_{m=1}^{M} u_m^2}} \times 100\% \tag{6-29}$$

在基波抑制法中通常按照式（6-29）来测量失真度，亦即实际测得的失真度是谐波电压的总有效值与被测信号的总有效值之比。这种近似不是无条件的：当失真度小于 10% 时，可用失真度测量值 D 代替定义值 D_0，否则需对 D 值进行换算或修正才能替代 D_0。修正公式为

$$D_0 = \frac{D}{\sqrt{1-D^2}} \quad (6\text{-}30)$$

基波抑制法测量谐波失真度框图如图 6-44 所示。图中的基波抑制网络实质上是一个陷波滤波器，专用于滤掉基波信号而使其余谐波分量通过。

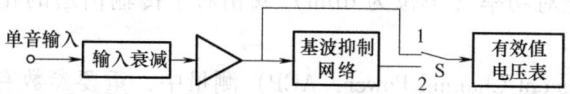

图 6-44　基波抑制法测量谐波失真度框图

谐波失真测量分两次完成：先将开关 S 打到"1"位，测量结果为被测信号的电压总有效值。适当调节输入电平使电压表指示为某一规定的基准电平值，该值完全对应于失真度大小，也就是使式（6-29）中的分母为 1。这个过程称为"校准"。然后将开关打到"2"位，调整基波抑制网络使电压表指示最小，表明此时电路对基波的衰减量最大。由于基波已被抑制，这个步骤所得结果即是谐波电压总有效值。由于电压表已经过校准，故指示值就是 D_0。

因为 D 与 D_0 并不完全相等，基波抑制法在理论上存在恒定的系统误差，可通过式（6-30）修正。此外，可能因为基波抑制网络不够理想而使基波抑制不完全，也会引起测量误差。为了提高基波抑制度，可在信号进入测量电路前先经过前置的基波抑制网络。

（2）白噪声法（动态测量）

使用白噪声发生器产生均匀频谱密度分布的白噪声，相当于将一系列不同频率、不同相位的正弦信号加到被测电路上，可以得到被测电路在通带内的任一频率分量所产生的谐波及其互调结果，是一种广谱测量技术。

白噪声法测量谐波失真度框图如图 6-45 所示。白噪声发生器输出幅度为 U_N 的广谱噪声信号，经过中心频率为 f_0 的带阻滤波器后，f_0 及附近的频率分量被滤掉，使输出频谱产生了缝隙。该信号通过被测电路时，如果电路是线性的，输入、输出信号频谱应相同；如果电路存在失真，由于噪声各分量的互调会导致大量的组合频率，使输出信号在 f_0 及附近的频率处有新的频率分量。用选频电压表选出 f_0 分量，并测得其电压幅度 U_{out}。最终的谐波失真度 D 为

$$D = \frac{U_{out}}{U} \times 100\% \quad (6\text{-}31)$$

式中，U_{out} 为选频电压表在频率 f_0 处的读数，U 为选频电压表在同一带宽下其他频率处的读数。

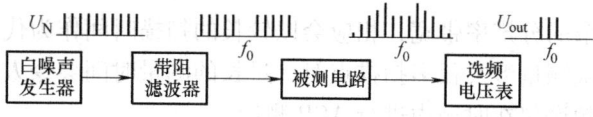

图 6-45　白噪声法测量谐波失真度框图

可见，白噪声法测量所用的式（6-31）也与其定义式不同。要用它衡量被测电路谐波失真的程度，必须满足带阻滤波器带宽应小于被测电路带宽的 10% 这个条件。

6.5.4 信道功率测量

现代 CDMA 无线通信系统中，多用户共享着很宽的传输信道和接收信道。为了确保各用户正常通信，必须避免在各频段上没有相邻信道的发射干扰。因此，有必要对邻近信道的功率进行限定，使其绝对功率（单位为 dBm）或相对于传输信道的相对功率不致大到影响传输的地步。

在邻道功率（Adjacent Channel Power，ACP）测量中，重要参数有 ACP、信道带宽、信道间距等。其中信道间距（Channel Spacing）是指用户信道与邻近信道的中心频率之差。另外，被测信道的邻道数目也很重要。在不同的邻道数目条件下，被测信道情况见表 6-4。

表 6-4 邻道数目对邻道功率测量的影响

邻道数目	信道功率测量
0	仅用户信道
1	用户信道、左/右邻道
2	用户信道、左/右邻道、第一备用信道
3	用户信道、左/右邻道、第一备用信道、第二备用信道

频谱仪通常使用带宽功率积分法在频域内进行邻道功率 ACP 的测量。测量之前，必须先将分辨率带宽设置得非常小（典型地，可以把 RBW 设置为信道带宽的 1%～3%），以确保能够准确测量信道带宽。然后对邻近信道进行频率扫描，从起始频率一直扫到截止频率，所有测得的像素点显示电平在选定的信道带宽内按线性刻度进行积分，最终得到相对于用户信道的邻道功率 ACP，以 dBc 为单位。具体步骤如下：

1）采用线性坐标刻度测量信道内所有点的电平，应用下式进行计算：$P_i = 10^{A_i/10}$，其中 P_i 为线性坐标上第 i 个像素点处的功率测量值，单位为 mW；A_i 为第 i 个像素点处的电平测量值，单位为 dBm。

2）将信道内所有点上的功率累加，并除以点数。

3）用所选信道带宽除以中频滤波器（分辨率滤波器）的等效噪声带宽，再将商乘到前述步骤所得结果中。

最终得到的绝对信道功率计算式为

$$L_{CH} = 10\log\left(\frac{B_{CH}}{B_{N,IF}} \frac{1}{N} \sum_{i=1}^{N} 10^{P_i/10}\right) \tag{6-32}$$

式中，L_{CH} 表示信道功率电平，单位为 dBm；B_{CH} 为信道带宽，单位为 Hz；$B_{N,IF}$ 为中频滤波器的等效噪声带宽，单位为 Hz；N 为测量的总点数；P_i 为第 i 个像素点处的功率测量值，单位为 mW。

上述方法需要很窄的分辨率带宽，相应会以较长的扫描时间作为代价。如果有好几个邻道需要测量，而且每次测量涉及很多扫描点时，过长的测量时间会令人无法容忍。为了解决这个问题，可以使用频谱仪在时域内进行 ACP 测量。

具有时域分析功能的实时频谱分析仪可根据用户设置的信道带宽和间距，直接读出邻道功率比（Adjacent Channel Power Ratio，ACPR），必需的计算功能已经被自动完成。图 6-46 所示为 ACPR 测量结果，屏幕下方显示的数值即为 ACPR 的 dB 值。通过同时给出的主信道（用户信道）功率（dBm 值），可以方便地获得每个信道功率。

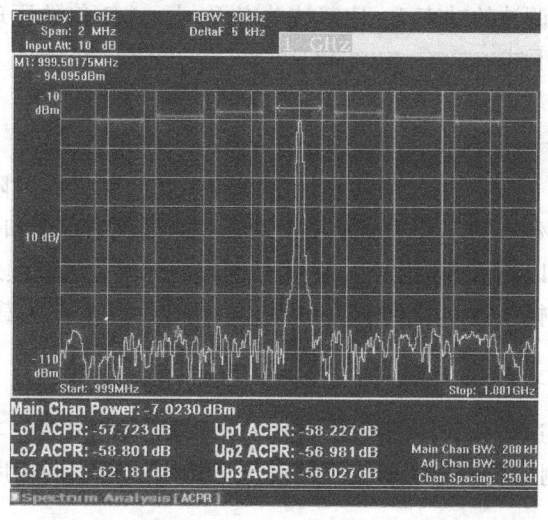

图 6-46 通过实时频谱分析直接获得 ACPR

6.5.5 调制度测量

1. 调制度的定义

幅度或频率被调制的程度通称为调制度,它是已调波的重要参数,反映了载波的幅度、频率或相位受低频调制信号控制的程度。在调幅波、调频波中分别用调幅度(或称调幅深度、调幅系数)和调频度(或称调频指数、调频系数)表示调制度。

调幅度的定义式为

$$m_上 = \frac{U_上}{U_0} \times 100\% \ , \quad m_下 = \frac{U_下}{U_0} \times 100\% \tag{6-33}$$

式中,$m_上$、$m_下$ 分别称为上调幅度和下调幅度;U_0 为载波的幅度峰值;$U_上$、$U_下$ 分别是调制信号的正、负半周幅度峰值。对调幅信号进行正、负峰值检波(解调),即可根据定义式求出调幅度大小。

调频系数是指最大频偏与调制信号的频率之比,即

$$m_f = \frac{\Delta f}{f_0} \tag{6-34}$$

式中,Δf 为调制信号的最大频偏;f_0 为载波频率。对调频信号进行鉴频,获得与频偏成正比的低频信号电压,即可测出最大频偏。在已知调制信号频率时,可由定义式求出调频系数。

2. 调制度的测量方法

(1)调幅信号测量

常见的调幅度测量方法有双重检波法、功率计法、频谱仪法等几种。

双重检波法实质上是利用外差式接收机的原理,在线性包络检波器中将已调波恢复成调制信号,以及大小与载波幅度成正比的直流电压 U_0;然后用峰值检波器检出调制信号的峰值电压 $U_上$ 和 $U_下$。用两个电压表分别测量 $U_上$、$U_下$ 和 U_0,用归一化处理技术使 U_0 设定为 1,则可以直接读出 $U_上$、$U_下$ 的数值。双重检波法的测量精度通常为 ±3 ~ ±5%,被广泛应用于调幅度测量仪中。

功率计法是基于已调波的功率 P_m 比载波功率 P_0 大 $m^2/2$ 倍的原理,利用功率计分别测量 P_m 和 P_0,然后根据下式

$$m = \sqrt{2\left(\frac{P_m}{P_0} - 1\right)} \tag{6-35}$$

计算而得调幅度 m。m 的值减小,用功率计法测调幅度的测量误差随之增加,当 $m > 30\%$ 时,测量精度可优于 1%。功率计法通常用于调幅度测量仪的定标和计算。

利用频谱仪同样可以测量调幅度。正弦信号调幅的结果除了载频之外还有上、下两个边频,边频的幅度 S 与调幅系数 m 之间有关系式 $S = mC/2$,其中 C 为载频幅度。因此有

$$m = \frac{2S}{C} \times 100\% \tag{6-36}$$

可见只要用频谱仪测出边频和载频的幅度,就可以计算而得调幅度。在频谱仪动态范围大于 66dB 的条件下,可以测出 0.1% 的 m 值。频谱仪法特别适于小调幅度的测量,并可同时测出非线性失真。

另外,也可以借助标记功能直接读出调幅度的数值:利用双标记(ΔMarker)进行相对幅度(以 dB 为单位)的测量,可得载频与边频的幅度之比,再换算得到调幅度。

(2) 调频信号测量

除了调频系数的定义式 (6-34) 外,调频波的调制信号电压幅度 u_f 与调制信号频偏 Δf 之间满足关系 $\Delta f = au_f$,其中 a 为比例系数。测出 u_f 即可得到 Δf;当 f_0 已知时,测出 m_f、Δf 中的任何一个,即可求得另一个值。

常用的调频测量方法也有多种,简介如下。

鉴频器法广泛用于直读式频偏表中。基本原理是使用鉴频器对调制信号进行解调,然后用峰值检波器检出 u_f,并根据关系式 $\Delta f = au_f$ 直接读出频偏 Δf,再进一步根据定义式计算得到调频系数 m_f。在鉴频器法的基础上加以改进,使用脉冲鉴频器测量可以获得更大的线性鉴频范围,测量精度也可达到较高。

极值法使用搜索振荡器找出已调频波的瞬时频率的极值 f_{max} 和 f_{min},从而求得频偏 Δf:$\Delta f = (f_{max} - f_{min})/2$。此法的优点是能够测量正弦波以及方波、锯齿波等非正弦波调制的频偏,适用于较低的调制频率;在 $m_f > 50$ 时具有很高的测量精度。

频谱幅度比较法利用调频波各谱线的幅度之比与 m_f 有对应关系,在 $m_f < 2.4$ 的范围内,可用频谱仪测出两条谱线的幅度比,然后查表求得 m_f。这种方法测量 m_f 的范围有限,精度为百分之几。

频谱仪法则利用边频的谱线条数 n 与 m_f 之间的对应关系 $n = 2(m_f + 1)$,简单地根据边频谱线的数目来确定 m_f。由于 m_f 太大时,边频的谱线数目不易数清,因此这种方法适用于 $m_f < 30$ 的场合。

本 章 小 结

信号可以分为连续时间信号、离散时间信号;周期信号、非周期信号等。除了可以进行时域分析之外,频域内的分析也同样重要。傅里叶分析是联系时域和频域的桥梁,也是在频域内进行数字化分析的理论基础。频谱分析仪就是使用不同方法在频域内对信号的电压、功率、频率等参数进行测量并显示的仪器。一般有非实时分析法、FFT 分析(实时分析)法

两种实现方法。

非实时分析法中，外差式频谱分析仪是实施频谱分析的传统仪器，它借用超外差接收机的原理，通过改变本地振荡器的频率来捕获欲接收信号的不同频率分量。外差式频谱仪主要包括输入通道、混频电路、中频处理电路、检波和视频滤波等部分，主要指标有：输入频率范围、频率扫描宽度、扫描时间、频率分辨率、动态范围、灵敏度、相位噪声、幅度测量精度等。具有频率范围宽、灵敏度高、频率分辨率可变等特点，是目前频谱仪中数目最多的一种，尤其在高频段应用更多。但它不能进行实时频谱分析。

快速傅里叶变换（FFT）式分析仪属于数字式频谱分析仪，是将输入信号数字化，并对时域数字信息进行FFT以获得频域表征。基于FFT的频谱分析仪除了电路结构本身较简单之外，由于采用微处理器或专用集成电路，在速度上明显超过传统的模拟式扫描频谱仪，能够进行实时分析；但它同时也受到A-D转换电路的指标限制，在频率覆盖范围上不及外差式频谱仪，工作频段较低。FFT分析仪所得的频谱与周期信号理论上的线谱有不同的意义，要用不同的评价指标。

除了完成幅度谱、功率谱等一般功能的测量外，频谱仪还能够用于对如相位噪声、邻近信道功率、非线性失真、调制度等频域参数进行测量。

思考与练习

6-1 什么是频谱分析仪？分别用示波器和频谱仪观察同一个信号，结果有何不同？

6-2 试述滤波式频谱分析仪的原理、滤波式频谱仪的分类及其各自的特点。

6-3 使用并行滤波式频谱分析仪来测量1MHz～10MHz的信号，如果要求达到的频率分辨率为50kHz，共需要多少滤波器？

6-4 频谱仪的动态范围是怎么定义的？动态范围取决于哪些因素？

6-5 什么是频谱分析仪的频率分辨率？在外差式频谱仪和FFT分析仪中，频率分辨率分别和哪些因素有关？

6-6 视频滤波器在频谱分析仪中有何作用？试述VBW的选择原则。

6-7 带通滤波器在频谱分析仪中的作用如何？描述其性能有哪些主要指标？

6-8 包络检波器在频谱分析仪中有什么作用？如何确定检波器中RC元件参数值？

6-9 请画出超外差式频谱分析仪的原理框图，并说明各组成部分的功能。

6-10 中频的选择原则是什么？低中频及高中频各适用于什么场合？

6-11 什么是镜频干扰？如何抑制？

6-12 如果已将外差式频谱仪调谐到某一输入信号频率上，且信号带宽小于调谐回路带宽，此时停止本振扫描，屏幕将显示什么？

6-13 某外差式频谱仪的工作频率范围为0～1.4GHz，中频为1.8GHz，则本地振荡器的频率范围是多少？镜像频率范围是多少？

6-14 设计一个工作频率范围为0～1.8GHz的四级混频的外差式频谱仪，回答下列问题：

（1）画出原理框图，并说明采用多级混频的理由。

（2）写出频谱仪的调谐方程组，并说明其含义。

（3）中频能否选择在工作频率范围内？本例中应选择低中频还是高中频？

（4）该频谱仪的镜像频率范围？

（5）若中频频率设计为f_{I_1} = 2420MHz、f_{I_2} = 220MHz、f_{I_3} = 20MHz、f_{I_4} = 3MHz，则各级本振频率应为f_{L_1} = ＿＿＿＿，f_{L_2} = ＿＿＿＿，f_{L_3} = ＿＿＿＿，f_{L_4} = ＿＿＿＿。

6-15 简述现代频谱分析仪中采用的数字中频技术。

6-16 FFT 分析仪的性能指标中，频率范围、频率分辨力、动态范围、灵敏度、幅度读出精度、分析速度等分别取决于哪些环节？

6-17 试比较 FFT 分析仪与外差式频谱分析仪，它们各适应于什么应用领域？

6-18 如何理解"实时"频谱分析的含义？传统的扫频式频谱仪为什么不能进行实时频谱分析？FFT 分析仪为什么能够进行实时分析？

6-19 矢量信号分析仪可以对信号进行哪些测试？由此说明 FFT 分析仪和矢量信号分析仪的不同。

6-20 要想较完整地观测频率为 20kHz 的方波，频谱仪的扫描宽度应至少达到多少？

6-21 使用频谱分析仪观测调幅信号，如果测得边带信号的幅度相对载波幅度为 A（单位：dB），试证明：调幅系数为 $m = 10^{(6-A)/20}$。

6-22 选择题：

(1) 分辨带宽是指（ ）
①等效噪声带宽　　　　　　　　　　　②视频带宽　　　　　　　③3dB 带宽　　　　　　　④60dB 带宽

(2) 频谱仪的选择性取决于（ ）
①3dB 带宽　　　　　　　　　　　　　②60dB 带宽
③60dB 带宽与 3dB 带宽之比　　　　　④视频带宽

(3) 分辨力带宽表征了频谱仪（ ）
①分辨两个频率接近的等幅信号的能力　②分辨镜像干扰频率的能力
③分辨两个频率接近、幅度不等的信号能力　④抑制各种组合干扰信号的能力

(4) 一个分辨带宽为 1kHz 的中频滤波器的形状因子为 15:1，它能区分（ ）
①偏离 7kHz、相差 60dB 的两个信号　②偏离 7.5kHz、相差 65dB 的两个信号
③偏离 5kHz、相差 35dB 的两个信号　④偏离 3kHz、相差 25dB 的两个信号

(5) 选择性表征了频谱仪（ ）
①分辨两个频率接近的等幅信号的能力　②抑制各种组合干扰信号的能力
③分辨两个频率接近、幅度相差很大的信号的能力　④抑制镜像干扰频率的能力

(6) 改变分辨力会使扫描时间发生明显变化，当分辨力带宽减少为原来的 1/10 时，扫描时间就应变为原来的（ ）
①1/10　　　　　②1/100　　　　　③10 倍　　　　　④100 倍

(7) 中频（IF）信号检波器时间常数的选择应当保证检波器的输出能跟随（ ）
①IF 信号的包络而变化　　　　　　　②IF 信号的瞬时值而变化
③IF 信号的平均值而变化　　　　　　④IF 信号的最大值而变化

(8) 频谱仪的视频滤波器是一个（ ）
①带通滤波器　　②带阻滤波器　　③低通滤波器　　④高通滤波器

(9) 频谱仪的垂直轴有线性标度和对数标度两种。对数标度比线性标度更常用，这是因为对数标度（ ）
①精度更高　　　　　　　　　　　　　②可用范围变大
③便于表示相对值　　　　　　　　　　④更符合人们的读数习惯

(10) 外差式频谱分析仪能在很宽的频率范围内分析出信号的频谱，这是因为它具有（ ）
①宽频带的动态分析能力　　　　　　　②快速的实时分析能力
③宽扫频范围的选频分析能力　　　　　④宽动态范围的高灵敏分析能力

(11) 与外差式扫频频谱仪比较，FFT 分析仪优势在于特别适合测量（ ）
①周期性正弦信号的频谱　　　　　　　②瞬变的动态信号频谱
③周期性脉冲信号的频谱　　　　　　　④射频信号的频谱

第 7 章 数字信号的测量

7.1 概述

7.1.1 数字信号的基本概念

随着数字技术的发展,数字化已成为当今电子设备的发展趋势。尤其是大规模数字集成电路和微处理器的普遍应用,数字化、智能化产品的大量研制、生产和使用,在通信、控制、仪表、日用电子等各个领域里,大多数产品都已数字化成为一个数字系统。我们的日常生活已完全为数字产品所包围。

数字信号是获取数字系统信息的载体。数字系统的激励和响应都是数字信号,同时数字信号也是数字系统传输和处理的对象。数字信号通常是以二进制数字方式来表示信息,在每一变量下的多位 0 与 1 数码的组合(二进制码)称为一个数据字,数据字随时间(或事件)的变化,形成了一定的时序关系和逻辑关系的数据流。即数字信号是以离散时间或事件(Event)作为自变量的二进制数据流。

图 7-1 表示一个简单的十进制计数器工作过程中产生的数字信号,自变量为计数时钟的作用(事件)序列,其输出值是计数器的状态。这个计数器的输出是由 4 位二进制码(数据字)组成的数据流。对这种数据流(数字信号)可以用两种方法表示:用各有关位在不同时钟作用下的高、低电平表示的时序波形图(见图 7-10b)表示;或者用在时钟序列作用下的状态数据表来表示(见图 7-10c),这个数据表是由各触发器状态的 4 位二进制码组成的。两种表示方式虽然不同,表示的数据流内容却是一致的。前者是用离散的时间作为自变量,后者是用事件序列作自变量。在数字信号中,关于 0 和 1 的取值人们关注的通常并不是每条信号线上电压的确切数值和对它们测量的准确程度,而是表征各信号的逻辑电平是低电平还是高电平。

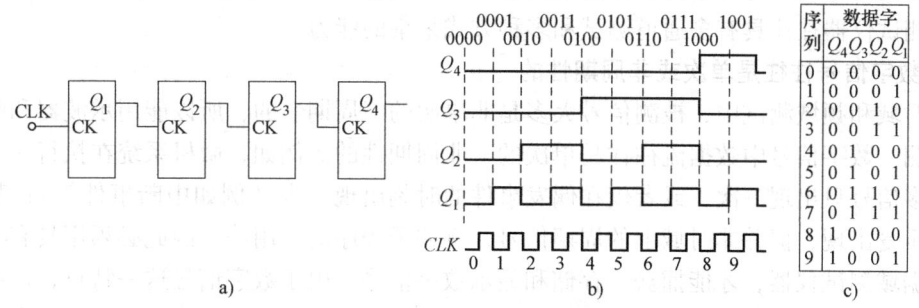

图 7-1 十进制计数器输出的数字信号
a)原理图 b)时序波形图 c)逻辑状态图(真值表)

前面章节讨论了信号的时域测量及频域测量。在时域测量中,是以时间为自变量,以被测信号的幅值（电压、电流、功率等）为因变量进行分析，示波器是观察信号电压的瞬时值随时间变化的时域测量仪器。与此类似，频域测量是以频率为自变量，以各频率分量的信号幅度值为因变量进行分析，频谱分析仪是典型的频域测量仪器。数字信号的测试和时域、频域测试有很大的不同，这是由数字系统内的数字信号所决定的。对数字信号和数字系统的测试分析称为数据域测试。数据域测试是研究以离散时间或事件为自变量的数据流，研究因变量与自变量之间的函数关系、逻辑关系和时序关系，它的典型测量仪器是逻辑分析仪。

7.1.2 数字信号的特点

与模拟信号比较，数字信号具有如下特点。

1. 数字信号是多位的，并按一定的数据格式和空间结构组成

在时域、频域测试中，被测量一般是单通道的连续变量，所以通过个别点的测试，可以获得被测信号的概貌。在数据域测试中，被测信号是离散的、多位的，每一位仅有"1"或"0"两种二进制数值，数字信号所表示的数据具有一定的格式和结构，因此，在数据域测试中，要注意被测信号或数据的空间结构、数据格式、测试点的选择以及彼此间的逻辑关系。例如，计算机的地址可用几个十六进制数据显示，指令或数据有 8 位、16 位等，而控制信号用 "0" 和 "1" 逻辑电平的时序波形显示。典型的数据域测试仪器应具备同时进行多路测试的能力。

2. 数字信号是符合一定逻辑的有序数据流，通常是按时序传递的

数字系统的正常工作，要求其各个部分要严格按照预先规定的逻辑程序进行工作，数字信号虽然具有时间上离散的特征，但各信号之间有严格的逻辑关系和时序关系。这些关系体现在数字信号的数据流中，每位数据线上传递的 "0"、"1" 数据的先后顺序不容颠倒；多位数据线中，各位数据出现时间上要严格同步。数字系统的工作严格按照时钟规定的节拍动作，任何迟延都可能导致逻辑上的错误。测量检查各数字信号或各数字系统之间的逻辑关系和时序关系是否符合设计，是数据域分析测试的最主要任务。

3. 数字系统中信号的传递方式多种多样

从宏观上来讲，数字信号的传递方式有串行和并行、同步和异步之分；但从微观上来讲，不同的系统、系统内不同的单元，采用的传递方式都可能不同，即便是采用同一类传递方式（串行或并行），也存在着数据宽度（位数）、数据格式、传输速率、接口电平、同步/异步等方面的不同。有时串行、并行之间还要互相转换。因而为适应不同数字信号的测试，数据域测试仪器往往具有多通道测试和多种方式采集的能力。

4. 数字信号往往是单次或非周期性的

在时域和频域测试中，被测信号大多是非单次的、周期性的，所以能用示波器和频谱分析仪检测。数字信号中数据流往往是单次的、非周期性的。例如，微机系统在执行一个程序时，许多信号只出现一次，或者仅在偶发事件的时刻出现一次（例如中断事件等）；某些信号可能重复出现，但并非时域上的周期信号，例如子程序的调用等。因此必须用具有存储功能的数据域测试仪器，才能捕获、存储和显示数字信号。由于数字信号这一特点，传统的模拟信号时域或频域测量技术及仪器已很难适应需要，数据域测量技术及仪器也随之应运而生。

5. 数字信号为脉冲信号，被测信号的速率变化范围很宽

由于被测数字信号为速率可能很高的脉冲信号，各通道信号的前沿很陡，其频谱分量十分丰富。因此，数据域测量必须能够测量其建立和保持时间短至皮秒级（10^{-12}s）的脉冲信号。此外，数字信号的速率也可能相差很大，即使在同一数字系统内，有外部总线速率达几百兆比特/秒、内核速率达数吉比特/秒的中央处理器，也有打印机、键盘等慢速外部设备。

6. 被测信号故障定位难

通常，数字信号只有"0"、"1"两种电平，数字系统的故障不只是信号波形、电平的变化，更主要的在于信号之间的逻辑时序关系，电路中偶尔出现的干扰或毛刺等引起的系统故障难于诊断。同时，由于数字系统内许多器件都挂在同一总线上，因此当某一器件发生故障时，用一般方法进行故障定位是很困难的。

7.2 数字信号测量的基本原理

逻辑分析仪是数字信号测量的典型仪器，它是基于数字信号测量原理工作的。数字信号测量的原理框图如图 7-2 所示，它包括信号采集、触发识别、数据存储和数据显示等几个功能单元。

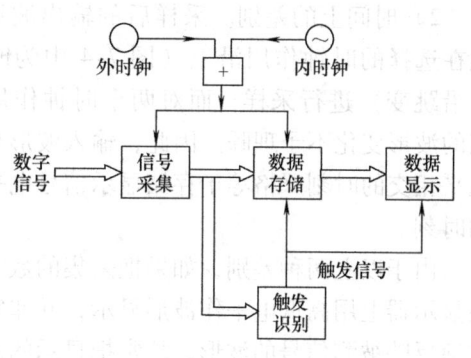

图7-2 数字信号测量的原理框图

7.2.1 信号采集

1. 数字信号的采样

（1）采集通道的组成原理

数字信号中的数据获取采用采样方式，即输入锁存器在时钟的跳变沿上，锁存输入的数字信号。采样电路由电平判别、输入锁存和采样时钟组成，如图 7-3a 所示。一个数字信号是由多路构成的，每路输入数据在经过电平判别电路以后，在采样时钟沿的作用下，以数据码 0、1 形式存入输入锁存器中。通过采样后获取到的数字信号，是以离散时间作自变量还是以事件作为自变量，取决于采样时钟的选取。

图 7-3b 所示电平判别电路是一个电平比较器。由于被测数字电路可能工作在 TTL、ECL 或 CMOS 等不同的门限电平，逻辑分析仪在对输入信号电平判别时，设定的门限应与被测系统的逻辑门限电平一致。例如对 TTL 电路，选取的门限电平应为 1.4V 左右。

时钟信号也需要进行电平判别，以确定其前后沿的作用时间。判别电路的构成与对输入信号的判别类似。逻辑分析仪本身要求的时钟采样沿是确定的，例如选用上升沿或者下降沿采样，使用时要根据需要选择，特别是当选用被测系统的时钟作为逻辑分析仪的外时钟时，作用沿应选得与被测系统中要求一致。为此采样电路中设置了作用沿选择电路。时钟沿选择的电路可以采用倒相器输出极性相反的两脉冲，选择其中一种就实现了对时钟沿的选择，如图 7-3c 所示。

输入锁存器是快速捕获数字信号的关键器件，常用 D 触发器作为输入锁存器，它在时钟上升沿锁存数据，图 7-4 为采样过程波形图。

（2）获取的数字信号的特点

由图 7-4 可见，采样后的存储数据与原来的输入信号主要有以下两点不同。

1）幅变上的差别。由于信号的采样是对电平判别后的输出信号进行采样。它只反映信号的高、低两种逻辑电平，而不反映原输入信号幅度的实际大小。

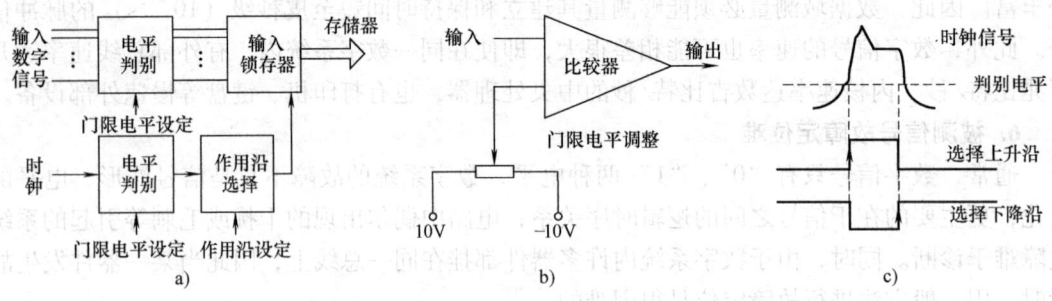

图 7-3 数据采集电路原理图
a) 数据采集电路 b) 电平判别电路 c) 时钟作用沿选择

2) 时间上的差别。采样后的输出波形，只能在选择的时钟作用沿上（图 7-4 中为时钟上升沿跳变）进行采样，而对两个时钟作用沿之间的波形变化不予理睬。因此，输入波形与判别电平相交的时刻严格等于存储显示信号电平跳变的时刻。

由于以上两种差别，如果把采集的数字信号在显示器上用高低电平作波形显示，并非完全真实地反映被测信号的波形，故常把显示的波形叫做伪波形。

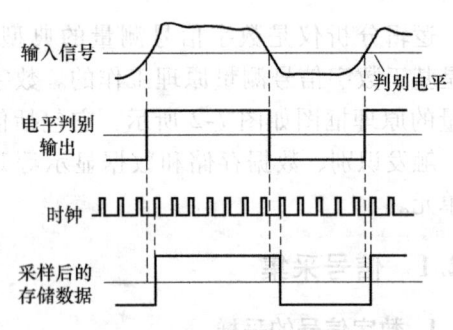

图 7-4 采样过程波形图

2. 同步采样和异步采样

(1) 同步采样

同步采样是与被测系统的工作节拍同步地进行采样，它是利用被测系统的时钟或表征某事件出现的信号作为采样的时钟。这个从被测对象取得的时钟，对逻辑分析仪来说是外时钟。

外时钟可以是等时间间隔的，也可以是非等时间间隔的。例如测试计算机程序时若选用它的读信号作采样时钟，就不是等时间间隔的。同步采样充分体现了数据域测试的特点，即显示的数据流不是以时间为自变量，而是以事件序列为自变量，它对于分析被测系统逻辑状态特别有用。

(2) 异步采样

采样时钟如果与被测系统没有同步关系，则称为异步采样。异步采样通常是利用逻辑分析仪内部的采样时钟，等时间间隔地采集出离散的数据。显示的数据流是以时间为自变量。如果采样的内时钟频率选择恰当，即采集的时间分辨力足够高，显示器上显示的图形就能反映信号的电平随时间的变化，但是如果内时钟频率选择不当，采样后的波形将会严重失真。通常应选内时钟频率为被测信号频率（或相当于最窄观察脉冲对应频率）的 5~10 倍。目前异步采样的最高采样时钟频率可达几十吉赫兹。

(3) 同步采样和异步采样的应用特点

同步采样受与被测系统相关的外部时钟信号控制，这种方式实际上得到的是被测数据信号与事件信号的相对关系。由于时钟信号与时间不一定成线性关系，因此检测结果也不是被测信号与时间的关系。同步采样对于系统相邻两个时钟边沿之间产生的毛刺干扰是无法检测的（如图 7-5 中输入通道 2 的情况）。

异步采样所使用的内部时钟信号则是等时间间隔的，与时间存在严格线性关系，所以它显示出的是信号逻辑状态与时间的变化关系，检测结果含有严格的时间信息，如同一个时域测试的波形。只要时钟频率足够高，就能获得比同步采样更高的时间分辨力。由图 7-5 可以看出，异步采样不仅采集输入数据的逻辑状态，还能反映各通道输入数据间的时间关系，如图中异步采样表示出了通道 2 数据的最后一次跳变发生在通道 1 数据最后一次跳变之前；同时，又将通道 2 被测信号中的毛刺干扰记录下来。毛刺宽度

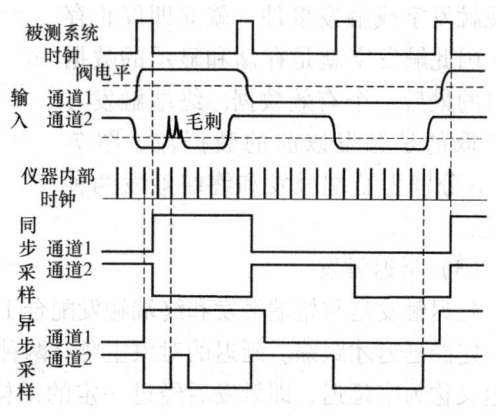

图 7-5　同步采样和异步采样示意图

往往很窄，如果在相邻两时钟之间，就无法检出。但是，定时逻辑分析仪内部时钟可高达数百兆，通过锁定功能，它可以检测出最小宽度仅几纳秒的毛刺。

从以上特点可知，同步采样用于状态分析，而异步采样则用于定时分析。

7.2.2　触发识别

一个运行着的被测数字系统，对它连续不断地检测得到的数据流非常大，甚至是无穷尽的，而存储数据的存储器的容量和显示数据的屏幕尺寸总是有限的。要全部一个不漏地一次存储或显示它们是不可能的。事实上，也是不必要的，因为用户通常只对数据流中的某些片段感兴趣。逻辑分析仪也需要从大量的数据流中适当截取一个片段进行显示、分析，这个片段数据称为观察窗口。从大量连续数据流中截取的片段应当是所感兴趣的，因此需要设定一定的条件，在满足该条件时说明数据流中出现了需要观察的片段，这个条件即为触发条件。逻辑分析仪的触发条件由一个或一组数据字构成，这种数据字称为触发字。

在测试过程中，若预先设置的触发条件与输入数据相符，则产生触发。由于被测数据流往往是很复杂的，为了有效地捕捉数据流，逻辑分析仪一般都配置有不同的触发功能，用不同的方法产生触发信号。可以用触发字启动数据的采集，也可用触发字停止数据的采集，因此触发方式也是各种各样的。

1. 基本触发方式

若逻辑状态分析仪检测的信号相对简单，其触发方式也比较简单，这时可采用基本触发方式。基本触发也称为字组合触发。基本触发方式是将各输入通道信号的逻辑状态和各通道预置的触发字进行比较，当一一对应的各位相同时，则产生触发信号。字组合触发又分为始端触发和终端触发两种。

（1）始端触发

始端触发是用触发字启动数据的存储，即触发字后面的数据将连续存储，直到存储器存满窗口所规定的长度为止。触发字为存储、显示的数据窗口的第一个有效数据。

（2）终端触发

终端触发是用触发字停止数据的存储。在触发以前，逻辑分析仪就向存储器中以先入先出的方式存储着数据。当存储器存满以后，逻辑分析仪才开始搜索触发字，与此同时仍继续

用新数据更新存储器中的旧数据。一旦发现触发字或触发事件,就立即停止存储。因此触发字就是存储和显示的数据窗口的最后一个有效数据。终端触发方式获取的是触发以前的数据流。图7-6a、b 分别为始端触发和终端触发两种情况。

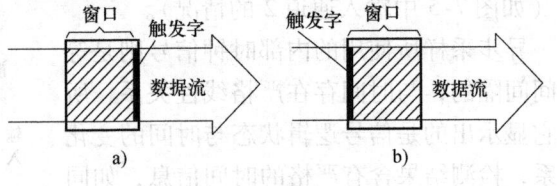

图 7-6　始端触发和终端触发
a) 始端触发　b) 终端触发

(3) 延迟触发

延迟触发是与始端触发和终端触发配合工作的,即在触发产生时并不立即跟踪,而是经过一定的延迟才跟踪。延迟的对象主要有两种:一种是时钟延迟,另一种是事件延迟。时钟延迟又称为字延迟,即触发后经过一定的采样时钟数后才开始或终止存储有效数据(视选用始端触发还是终端触发而定)。事件延迟通常是对触发字进行延迟,即检出一定数目的触发字后再触发。事件延迟也可以对特定的其他事件进行延迟。

采用延迟的方法可以逐段观测数据流。若每次延迟数字较上次的增加值等于内存容量,则可在不改变触发字的情况下使窗口扫遍整个数据流。如果采用终端触发加适量延迟,并令延迟量不大于存储器容量,则触发字可处在显示窗口的任意位置。终端触发中延迟数恰为存储器容量一半时,触发字处于数据窗口的中央,称为中心触发。这种触发方式可以用来分析触发前后的情况。图7-7 为延迟对显示窗口的影响。

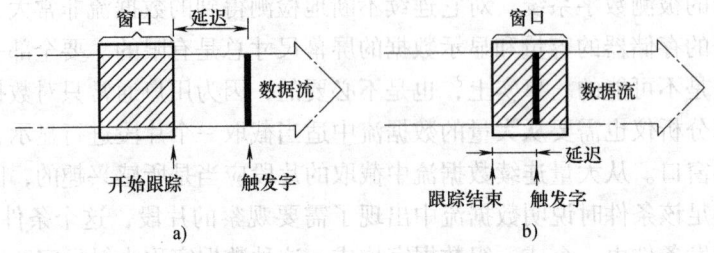

图 7-7　延迟对显示窗口的影响
a) 始端触发加延迟　b) 终端触发加延迟

除此之外,逻辑分析仪的基本触发方式还有手动触发和外触发。可利用手动在任何时候产生触发信号,也可由外部信号产生触发。

2. 扩展触发方式

在基本触发方式的基础上进行扩展,引入一些其他的条件即可实现较为复杂的触发操作,常见的方式包括计数触发、序列触发和限定触发。

(1) 计数触发

计数触发是延迟触发的一种变型。在检测软件中的循环程序时,常常遇到这样的情况,要观察循环中某个特定循环的状态,则可以设定循环起始状态为触发字,但并不立即引起触发,而是等到这个触发字第若干次出现时引起触发。

(2) 序列触发

基本触发方式只对某一时刻输入信号的状态进行比较,在此基础上可扩展为对连续一段时间内信号逻辑状态的变化进行比较,这样就构成了序列触发方式。序列触发的触发条件是多个触发字的序列,它是当数据流中按顺序出现各个触发字时才触发,即顺序在前的触发字必须出现后，后面的触发字才有效。序列触发常用于复杂分支程序的跟踪。图 7-8 所示是一个两级序列触发的工作原理。

在两级序列触发中，第一级触发字为导引条件，当其满足（数据流中出现第一级触发字）后，第二级触发字才使能，如果数据流中这时出现第二级触发字才触发。如果在导引条件未满足前，出现第二级触发字并不会触发。图 7-8 中将子程序入口作为导引条件（第一级触发字），子程序返回主程序作为触发条件（第二级触发字），这样就可以把窗口准确定位在经过子程序的通路上。

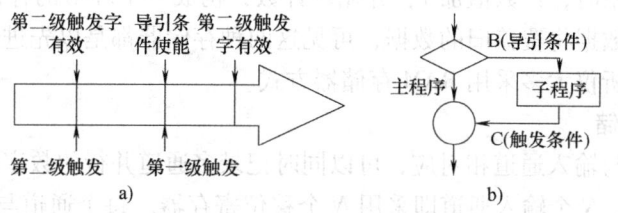

图 7-8　两级序列触发工作原理

(3) 限定触发

限定触发是对基本触发方式设置的触发字再加限定条件的触发方式。如果选定的触发字在数据流中出现较为频繁，为了有选择地捕获特定的数据流，可以给触发字附加一些约束条件。这样，即使数据流中频繁出现触发字，只要这些附加的条件未出现，也不能进行触发。图 7-9 是限定触发的原理框图。

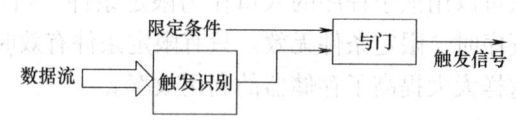

图 7-9　限定条件触发产生原理

利用组合字和另外一个通道信号的逻辑与进行触发，即为"与"触发。利用组合字和另外一个通道信号的逻辑或进行触发，即为"或"触发。利用这些逻辑变换可以扩展触发条件。利用"与"触发可将多个控制信号和触发字"与"在一起，构成多级触发限定。而在故障原因较多时，利用"或"触发可以捕捉发生次数少且难于捕捉的状态。

将上面各种触发方式组合在一起，可得到很多触发方式。例如：用多个触发字"与"、"或"后得到复杂的触发字，再构成多级序列触发；把多级序列触发与延迟触发结合起来；若在识别触发字 1、并且延迟若干个时钟后不出现触发字 2，则产生"非"触发；如果两个触发字之间的间隔时间超过预定时间，则产生间隔超时触发。

7.2.3　数据存储

由于数字信号具有突发性和非周期性的特点，数字信号的测量仪器必须具有存储功能。逻辑分析器与数字存储示波器的存储功能相似，能连续采集大量的数据，以环形结构存入存储器，并能存储触发点以前的信号。下面介绍逻辑分析仪数据存储的一些特点。

1. 顺序存储

依次记录数据流是所有的逻辑分析仪都具备的一种基本存储形式，数据的写入与读出都是顺序进行的。对于多通道的测量，数据须按照一定的方式进行组织，在存储器控制电路的控制下逐次存入。根据所采用的存储器的不同，可分为移位寄存器存储和随机存储器（RAM）存储两类。

移位寄存器式存储器每存入一个新数据，以前存储的数据就移位一次，待存满后最早存入的数据就被移出。随机存取存储器是按写地址计数器规定的地址顺序地向 RAM 中写入数据。每当写时钟到来时，计数值加 1，并循环计数，构成一个环形的存储结构。因而在存储器存满以后，新的数据将覆盖旧的数据，可见这两种存储器都是以先进先出的方式顺序存储的，但现代逻辑分析仪大多采用 RAM 存储器方式。

2. 多位并行存储

存储器的组织与输入通道相对应，可以同时记录多通道并行的数字信号，若采用移位寄存器式存储器方式，N 个输入通道即采用 N 个移位寄存器。每个通道与相应的寄存器对应，互不影响。若采用 RAM 存储器方式，N 个输入通道即采用 N 位 RAM，每个通道对应一位存储空间。

3. 选择性存储

利用上述基本存储方式，在长时间的检测过程中只能存储有限的数据流。很多情况下，我们关心的只是这个数据流中的某些片断。这时，基本存储方式对存储器的利用效率很低，可通过触发功能选取我们感兴趣的片断，并采用一定的限定条件选择数据流中符合条件的数据进行存储，称为选择性存储。例如，在检测某程序的运行状况时，要观察的只是其中某个子程序的运行情况，那么可以用该子程序的入口作为限定条件。当计算机进入该子程序时，限定条件有效；退出了程序时，限定条件无效。只有限定条件有效时，子程序运行过程中的信号状态存入存储器。这样大大提高了存储器的利用效率。

4. 毛刺存储

逻辑定时分析仪中，毛刺是信号的重要组成部分。在锁定方式下，毛刺混在数据信号中一起存入数据存储器，一个毛刺占据一位存储空间。显示时，毛刺也和数据一样被读出，显示宽度与一个采样周期相当。在毛刺方式下，毛刺与数据的检测分别由不同的系统完成，也分别存入各自从存储器，显示时再把它们相加在一起。显示时，毛刺为一个垂直的加亮线段。

5. 存储时间

数据存储的另一个重要问题是存储器操作的建立和保持时间。任何存储器都存在一定的建立和保持时间。也就是说，数据的存储在时钟跳变时实现。在写时钟跳变之前，数据必须已经出现在存储器输入端一段时间，而时钟沿跳变之后，数据还应保持一段时间。数据建立时间与数据保持时间之和决定了能够检测到数据的最小时间间隔，即最高采样速率，也就是逻辑分析仪的最高测试频率。在测试中，如果数据建立时间和数据保持时间不能满足要求，那么数据的采样和存储将是不正确的。

7.2.4 数据显示

在触发信号到来之前，逻辑分析仪不断地采集和存储数据，一旦触发信号到来，存满观察窗口数据后，逻辑分析仪立即转入显示阶段。根据逻辑分析仪的用途不同，显示的方式也是多种多样的，主要有状态表显示和定时图显示两类，此外，还有矢量图显示、映射图显示、分解模块显示等几种形式。

1. 状态表显示

所谓状态表显示，就是将数据信息用"1"、"0"组合的逻辑状态表的形式显示在屏幕上。状态表的每一行表示一个时钟脉冲（与被测系统同步的外时钟）对应的一个多通道数据采集的数据，并可将存储器的内容以二进制、八进制、十六进制数的形式显示在屏幕上，如常用十六进制数显示地址和数据总线上的信息，也可用二进制数显示控制总线和其他电路节点上的信息，如图7-10所示，或者将总线上出现的数据翻译成各种微处理器的汇编语言源程序，实现反汇编显示。这种显示特别适用于软件调试。

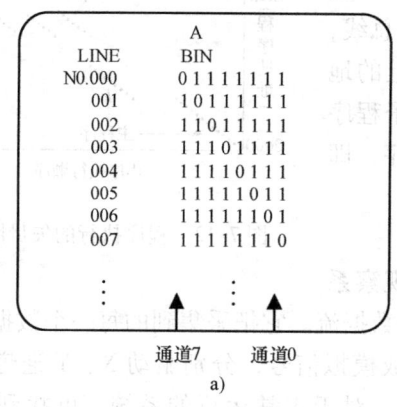

图 7-10 状态表显示
a) 一组二进制数状态表 b) 两组十六进制数状态

为了便于测试，有些逻辑分析仪中设置有两组存储器，一组存储标准数据或正常响应的数据，另一组存储被测数据。这样，可在屏幕上同时显示两个状态表，并把两个表中的不同状态用高亮字符显示出来，自动地进行比较。

2. 定时图显示

定时图显示好像多通道示波器显示多个波形一样，将存入存储器的数据流按逻辑电平及其时间关系显示在屏幕上，即显示各通道波形的时序关系，如图7-11所示。定时图方式是一种时域测试方式，但定时图显示的波形不是实际波形，而是该通道在等间隔采样时间点上采样的信号的逻辑电平值，是一串已被重新构成、类似方波的波形，称为"伪波形"。为了实时地再现波形，要求用尽可能高的时钟频率（通

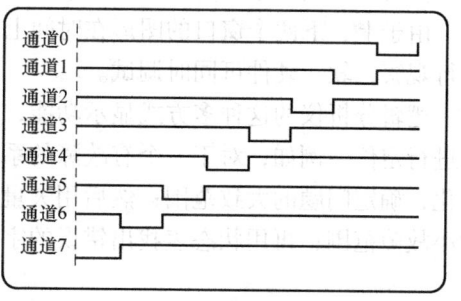

图 7-11 3-8译码器输出的定时图显示

常是逻辑分析仪的内时钟）来对输入信号进行采样，但由于受时钟频率和存储容量的限制，采样点不可能无限密，应合理地选用时钟频率。

定时图显示多用于硬件的时序分析，以及检查被测波形中各种不正常的毛刺脉冲等，例如分析集成电路输入/输出端的逻辑关系，计算机外部设备的中断请求与CPU的应答信号的

定时关系。

3. 图解显示

（1）矢量图显示

矢量图又称点图，是把要显示的数字量用 D-A 转换电路转化成模拟量，然后显示在屏幕上。它类似于示波器的 X–Y 模式显示，X 水平轴表示数据出现的实际顺序，Y 垂直轴表示被显示数据的模拟数值（刻度可由用户设定），每个数字量在屏幕上形成一点，称为"状态点"。系统的每个状态在屏幕上各有一个对应的点，这些点分布在屏幕上组成一幅图，称为"矢量图"。

矢量显示模式显示出状态点的变化轨迹可用于检查一个带有大量子程序的程序的执行情况。图 7-12 显示程序的执行情况，被监测的是微机系统的地址总线，X 轴是程序的执行顺序，Y 轴是呈现在地址线上的地址。主程序从 2000H 开始执行，后来执行一段子程序（地址跳变），再执行一段主程序后进入循环程序，即某段地址内的程序反复被执行。

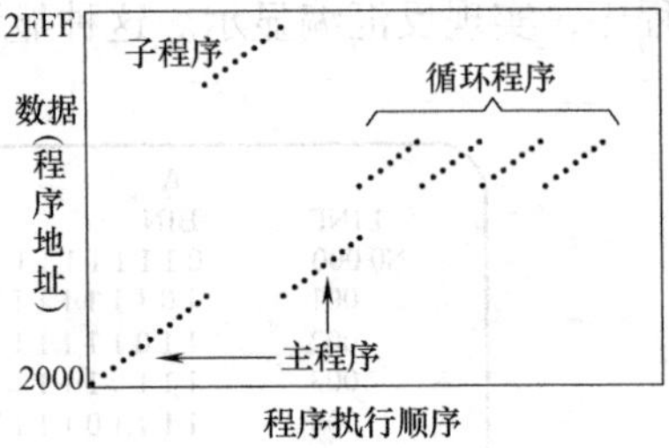

（2）映射图显示

图 7-12 程序执行的矢量图显示

映射图显示可以用来宏观地分析数据流，观察系统动态运行的全貌，它是用一系列光点表示一个数据流。它把采集到的每一个数据分成高位和低位两部分，再分别用两个 D-A 转换器变换成模拟信号，分别驱动 X、Y 通道显示。这样每个数据就对应显示器上的一个确定的光点。对于正常运行的系统，可找到映射图的"模板"，作为参考模板，当测出同样系统的映射图发生了变化，有别于参考模板时，即可发现运行不正常，可根据变化部分的位置进一步查找故障。如果用逻辑分析仪观察微机的地址总线，则每个光点均是程序运行中一个地址的映射。

4. 多窗口显示

逻辑分析仪可设置多个显示窗口。如将一个屏幕分成两个窗口显示，上窗口显示该处理器系统的 I/O 端在某一时段的定时图，下窗口显示经反汇编后的微处理器的汇编语言源程序。由于上、下两个窗口的图形在时间上是相关的，因而对电路的定时和程序的执行可同时进行观察，软、硬件可同时调试。

逻辑分析仪的这种多方式显示功能，在复杂的数字信号与数字系统中能较快地对错误数据进行定位。例如，对于一个有故障的系统，首先用映射图对系统全貌进行观察，根据图形变化，确定问题的大致范围；然后用矢量显示对问题进行深入检查，根据图形的不连续特点缩小故障范围；再用状态表找出错误的字或位。

7.3 逻辑分析仪及应用

7.3.1 逻辑分析仪简介

在现代电子装备系统中，广泛采用了数字技术和计算机技术来提高装备的技术性能和自动化能力。随着数字系统的广泛应用，对于数字信号和总线数字系统的测试，各种模拟信号的测量仪器已显得无能为力了。为解决数字信号与系统的测试问题，1973 年推出了逻辑分析仪（Logic Analyzer）。逻辑分析仪的基本功能是采集、存储并以多种方式显示数字系统中的数据流，观测总线（或多线）上的数字信号，对于数据有很强的选择能力和跟踪能力。在数字信号与系统的研制、开发、测试和维修中都需要使用逻辑分析仪。逻辑分析仪是基本的数据域测试仪器，是调试和开发数字系统，特别是微机化系统的有力工具。

1. 逻辑分析仪的组成结构

各种逻辑分析仪虽然在通道数量、采样频率、内存容量、触发方式及显示方式等方面有较大区别，但其基本结构是相似的，图7-13给出了逻辑分析仪的基本组成框图。

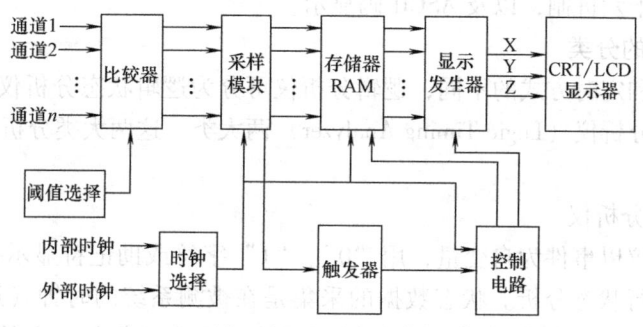

图7-13 逻辑分析仪的基本组成框图

被测信号经过多通道逻辑测试探头送至比较器，输入信号在比较器中与外部设定的门限电平进行比较，大于门限电平值的信号在相应的线上输出高电平，反之输出低电平，对输入波形进行整形，量化为0或1的数据。

经比较整形后的信号送至采样器，在时钟脉冲控制下进行采样。采样获得的数据流分成两路，一路送到存储器RAM，另一路送到触发器进行触发识别。根据数据捕获方式，触发器在数据流中搜索特定的数据字（触发字），当搜索到符合条件的触发字时，就产生触发信号。触发信号送至控制电路，进而实现数据存储控制，拟保存的信息以"先进先出"（First In First Out，FIFO）的原则组织在存储器中。得到显示命令时，存储器按照顺序逐一读出信息，在显示发生器中形成X、Y、Z三个轴向的模拟信号，由显示器按设定的方式进行被测量值的显示。

2. 逻辑分析仪的特点

从逻辑分析仪的测试对象和测试原理可知，逻辑分析仪具有下述特点。

1）较多的信号测试通道。逻辑分析仪能同时检查几十路甚至上百路信号，因而能同时检测16位、32位微机系统的地址、数据和控制总线。

2）存储记忆功能。所有的逻辑分析仪都内置有高速随机存储器（RAM），具有能快速地存储采集数据的功能，它能够观察单次脉冲和捕获突发信号，可以捕获、显示触发前或触发后的数据，这样有利于观测数字信号和分析数字系统的故障。

3）极高的分析速率。为了对高速数字系统中的数据流进行定时分析，逻辑分析仪必须以高于被测系统时钟频率5~10倍的速率进行采集。进行状态分析时，逻辑分析仪的采样速率也必须与高速数字系统的时钟同步。

4）丰富的触发功能。逻辑分析仪具有灵活的触发能力，它可以在很长的数据流中对要观察分析的那部分信息做出准确定位，从而捕获出对分析感兴趣的信息。现今逻辑分析仪的触发方式很多，如可与内、外时钟同步，也可利用输入数据的组合进行触发，触发条件可编程，触发点可任意设置。触发功能可用于跟踪系统运行中的任意一段程序，进行软件分析，也可以检测数字系统中存在的干扰及毛刺，进行故障诊断。

5）多种灵活而直观的显示方式。采用不同的显示方式，更有利于快速地观察和分析问题。逻辑分析仪具有多种显示方式。例如，为便于了解系统工作的全貌，可用图解显示；对时间关系进行分析时，可用定时图显示等；对系统功能进行分析时，可对逻辑状态进行显示，可以使用字符、助记符或用汇编语言显示程序。为适应不同制式的系统，可用二进制、八进制、十进制、十六进制，以及 ASCII 码显示。

3. 逻辑分析仪的分类

根据显示方式和定时方式的不同，逻辑分析仪可分为逻辑状态分析仪（Logic State Analyzer）和逻辑定时分析仪（Logic Timing Analyzer）两大类。这两大类分析仪的基本结构是相同的。

（1）逻辑状态分析仪

逻辑状态分析仪以事件为自变量，用"0"、"1"字符或助记符显示被测系统的逻辑状态，以便对系统进行状态分析。状态数据的采集是在被测系统的时钟（逻辑分析仪的外时钟）控制下实现的，即逻辑状态分析仪与被测系统是同步工作的。它的特点是显示直观，显示的每一位与各通道输入数据一一对应。状态分析仪对系统进行实时状态分析，即检测在系统时钟作用下总线上的信息状态，从而有效地进行程序的动态调试。因此，逻辑状态分析仪主要用于系统的软件测试。

（2）逻辑定时分析仪

逻辑定时分析仪以时间为自变量、用定时图方式来显示被测信号。与示波器的时域显示方式类似，水平轴代表时间，垂直轴显示的是一连串用"0"、"1"两种电平表示的逻辑波形。能在时域内同时显示出很多个通道之间波形的时序关系。为了能显示出这种时序关系，逻辑定时分析仪内部提供采样时钟，即所谓的内时钟。在内部时钟控制下等间隔地采集、存储数据，与被测系统异步工作。为了提高测量准确度和分辨率，要求内部时钟频率远高于被测系统的时钟频率（通常高 5~10 倍）。

通过定时分析，对输入信号的高速采样、大容量存储，有利于捕捉各种不正常的"毛刺"脉冲，便于对数字系统的硬件进行调试和维修。

（3）逻辑状态分析仪与逻辑定时分析仪的比较

两类分析仪的比较见表 7-1，虽然在采样显示方式、功能侧重上有所不同，但其基本用途是一致的，即可对一个数据流进行快速的测试分析。在微机系统的调试和故障诊断过程中，往往既有软件故障也有硬件故障，因此近年来出现的逻辑分析仪，把"状态"和"定时"分析的功能组合在一起，这给使用者带来了更大的便利，它已成为逻辑分析仪的主流。

表 7-1　逻辑定时分析仪与逻辑状态分析仪的比较

仪　器	逻辑定时分析（异步采样）	逻辑状态分析（同步采样）
使用目的	观察信号线之间的时间关系，检测数据脉冲毛刺干扰，常用于硬件分析	观察总线数据的值及状态迁移，进行程序检测，常用于软件分析
采样方式	用仪器内部基准时钟，为提高测试能力，尽量用高速时钟（异步采样方式）	用被测系统的时钟进行采样（同步采样方式）

(续)

仪　器	逻辑定时分析（异步采样）	逻辑状态分析（同步采样）
显示方式	定时显示 CH_0 ～ CH_{15} 同一时刻信号 时间	状态显示 CH_{15} ---------- CH_0 0011　0101　0000　0000 0001　0010　0000　0000 0001　0011　0000　0000　同一时刻信号 0001　0011　0000　0000 0010　0011　0000　0000 0011　0101　0000　0000 0100　0100　0000　0000　时基 0101　0110　0000　0000 0001　0111　0000　0000 0110　0111　0000　0000 0111　0111　0000　0000 1000　1000　0000　0000 1001　1010　0000　0000 1001　1011　0000　0000 1010　1011　0000　0000 1011　1101　0000　0000　触发字

4. 主要技术指标

逻辑分析仪的主要技术指标有测试速率、数据通道数、存储深度、触发功能和显示方式等。

（1）测试速率

逻辑分析仪的测试速率应大于被测系统的工作速率，才能可靠地捕捉被测系统的数据。在逻辑分析仪的技术指标中，分别给出定时分析速率和状态分析速率。逻辑分析仪的定时分析速率一般在 100MHz～4GHz 之间；状态分析仪的速率一般在 35MHz～1.5GHz 之间。

最高工作频率是逻辑定时分析仪的重要指标。在定时分析一个实际对象时，总是希望最高工作频率越高越好，如此可得到更高的时间分辨率，因为系统可达到的时间分辨力是采样的一个周期，即采样间隔越小，可检测的时间间隔越小。但是，由于仪器内部存储器容量是有限的，频率过高将使逻辑定时分析仪只能跟踪很窄时间范围的数据，提高仪器的时间分辨率与增加捕获信息的时间窗口要求是矛盾的。

（2）数据通道数

为了同时观测数字系统的多路信息（数据），逻辑分析仪应具有足够多的数据通道。数据通道越多，所能同时观测到的数据信息量就越大。例如，为了对 16 位微机系统的数据总线（16 条）、地址总线（20 条）和控制总线同时进行测试，则要求逻辑分析仪至少有 40 个通道以上。目前，逻辑分析仪的数据通道一般在 64～680 路之间，有的甚至多达几千路。

（3）存储深度

所有逻辑分析仪都有高速存储器（RAM），它能快速地将采集到的数据进行存储。存储器的存储速度往往决定了逻辑分析仪的定时分析速度；而存储器的存储深度（容量）则决定了采集数据的多少，存储深度越大，采集的数据就越多，观测分析的数据流越长，就越有利于软、硬件的分析。当然，由于在分析数据信息时，只对感兴趣的数据进行分析，有针对性和选择性地存储，因而没有必要无限制地增加容量。逻辑分析仪总的内存容量可以表示为 $N \times M$，其中 N 为通道数，M 为每个通道的容量。目前逻辑分析仪由于通道数很多，因而其总存储容量也设计得较大，通常为 256KB 到几兆字节，也有的达到 64MB/128MB。

在进行高速定时分析时，由于采样时钟频率很高，因而跟踪存储数据的时间范围也很有限。通常，在使用通道数不多时，可以通过减少显示的数据通道数，把不用的通道的存储容量充分利用起来，以增大单个通道的存储容量的方法来提高一次可记录的字数。

（4）触发功能

触发功能是评价逻辑分析仪水平方向的重要指标，只有具有灵活、方便、准确的触发功能，它才能在很长的数据流中对人们感兴趣的那部分信息进行准确的定位、捕获和分析。当今的逻辑分析仪大都具有前述的组合触发、终端触发、始端触发、延迟触发、毛刺触发、手动触发、外部触发、锁定功能、限定触发、序列触发、计数触发等多种触发方式，选择恰当的触发方式对系统的分析可以起到事半功倍的效果。

（5）显示方式

现代逻辑分析仪的显示方式多种多样，有各种进制的显示、ASCII 码显示、各种光标显示、助记符的显示、菜单显示、反汇编、状态比较表显示、矢量图显示、时序波形显示，以及以上多种方式的组合显示等。

5. 典型仪器简介

国外逻辑分析仪主要有 Agilent 系列和 Tecktronix 系列。

在 Agilent 系列中，近年来，相继推出了 Agilent 1680 和 Agilent 1690 系列逻辑分析仪，其主要技术性能见表 7-2。对于要求更高的应用领域，Agilent 16700B 和 Agilent 16702B 模块化逻辑分析仪系统可高达 4GHz 的定时分析功能和高达 1.5Gbit/s 的状态分析功能，能配置多达 8160 个通道，分析最复杂的多总线、多处理器体系结构。

表 7-2　Agilent 1680 和 Agilent 1690 系列逻辑分析仪

台式型	1680A，1680AD	1681A，1681AD	1682A，1682AD	1683A，1683AD
以 PC 为主机型	1690A，1690AD	1691A，1691AD	1692A，1692AD	1693A，1693AD
通道数	136	102	68	34
状态速度	200MHz，在全部通道上			
定时速度	400MHz/800MHz（全/半通道）			
存储器深度	1680A 和 1690A 系列：256KB 状态；511KB 定时（1MB，半通道），256KB 跃变定时 1680AD 和 1690AD 系列：1MB 状态，2MB 定时（4MB，半通道），1MB 跃变定时			
1680 系列 I/O 和存储	2 个 IEEE1394 端口，10/100BaseT，并行端口，15G 硬盘，1.4MB 软驱，24×CD-ROM 驱动器、DIN 鼠标和键盘端口，外部 SVGA，显示端口、触发输入和触发输出 BNC			

Tecktronix 系列的逻辑分析仪包括 TLA700 系列和 TLA5000 系列，其主要性能指标见表 7-3。此系列逻辑分析仪的特点是可通过同一个逻辑分析仪探头，同时实现状态采集和定时采集，在所有通道上提供了高达 125/s 的定时分辨率。对高级处理器和总线，TLA700 系列逻辑分析仪以 1.25Gbit/s 的数据速率实现 800MHz 的状态采集功能。TLA700 系列逻辑分析仪有便携式和台式两种主机类型。

表 7-3　TLA700 系列和 TLA5000 系列逻辑分析仪

Model	TLA520x	TLA7Nx/Px/Qx	TLA7Axx
模块化主机	否	是	是
主机通道数	136	TLA715 中 272 个通道 TLA721 中 680 个通道	TLA715 中 272 个通道 TLA721 中 680 个通道

(续)

Model	TLA520x	TLA7Nx/Px/Qx	TLA7Axx
状态速率	235MHz	200MHz	400MHz
定时速率	8GHz（16KB 深度）	2GHz（2KB 深度）	8GHz（16KB 深度）
存储器深度（标配）	2MB/1MB/512KB（1/4 通道/半通道/全通道）	128KB/64KB（半通道/全通道）	512KB/256KB/128KB（1/4 通道/半通道/全通道）
最大存储器深度	32MB/16MB/8MB（1/4 通道/半通道/全通道）	128MB/64MB（半通道/全通道）	256MB/128MB/64MB（1/4 通道/半通道/全通道）

7.3.2 逻辑分析仪的应用

1. 逻辑分析仪的选用和使用要点

（1）选型依据

逻辑分析仪的选用主要根据被测数字系统的特性以及分析目标来决定。一般来讲，逻辑分析仪最重要的指标是采样的速率、数据通道数以及操作界面。

1）采集速率的选择。为了解决某一具体问题，需要多高的速率首先与测试的内容有关，同时也取决于被测系统的工作频率和所需要的测量精度。进行系统逻辑功能的测量采用状态分析，通常不需要太高的采样频率，而参数测量采用定时分析则要求有更高的时间分辨率，以获得满意的测时精度。前面曾经指出，定时分析选择采样时钟频率为被测系统数据速率的 5～10 倍，而状态分析速率则可与被测系统最高工作频率相同。

2）数据通道的选择。定时分析方式用于数字电路的各种时序关系的分析，往往使用通道不会很多，一般 64 个通道就足够了。而状态分析主要用于各种计算机和接口总线协议及软件分析，通道数的要求较多。但在超过 100 个通道以上时，应注意选配专用的探头夹具。

3）操作界面。逻辑分析仪是一种较为复杂的仪器，其测试能力的发挥和使用者的操作熟练与否有非常直接的关系。因此，选用较熟悉的界面（如 Windows 系统和汉化界面），对掌握逻辑分析仪的使用会非常有用。

（2）选用原则

目前，逻辑分析仪型号多种多样，从性能和价格两个方面考虑，可分为以下三种类型。

1）廉价型逻辑分析仪。廉价型逻辑分析仪的主要特点是功能比较简单，价格便宜。这种逻辑分析仪中的定时分析仅有简单的触发功能，可作为多通道示波器使用。状态分析的序列触发级数少于 4 级，通道数不超过 32 个，最高内部采样时钟频率通常低于 50MHz。一般这类产品仅具有有限的功能，选件也不多，常用于分析 8 位微机。便携式逻辑分析仪多属于这种类型。

2）通用型逻辑分析仪。通用型逻辑分析仪的特点是功能强，适应面广。一般这类产品的通道不少于 40 个，最高内部采样时钟频率高于 50MHz，内存容量 1KB 左右。从功能上考虑，定时分析有毛刺检测与毛刺触发。状态分析有 4 级以上的序列触发。并且一般都有多种反汇编、双 CPU 跟踪、交互分析、多总线分析，以及系统性能分析等能力。除此之外，还有大量的附件支持。常用于 8 位、16 位微机的开发、生产和故障查找。这类逻辑分析仪品种较多。

3）高性能逻辑分析仪。高性能逻辑分析仪的通道数不少于 64 个，最高内部采样时钟频率不低于 200MHz，内存容量 4KB 以上。有数据产生与输出能力，作为数据发生器时输出通道数大于 40 个。还有两个以上的数字存储示波器通道。高性能逻辑分析仪的价格比较高，为了满足不同的测试需要，通常都采用模块化结构，以便组成多种类型的逻辑分析系统。

选用逻辑分析仪时，还需特别注意附件的选择，它的功能和价格与附件有直接的关系。许多产品都有多种附件，如反汇编插件，同一台设备也带有多种微机的反汇编插件，购买时，至少要选用其中的一种。对插件式的逻辑分析仪更应注意选择。

(3) 使用要点

逻辑分析仪的工作过程是数据采集、存储、触发、显示的过程。因而逻辑分析仪使用时首先应选择合适的方式进行数据采样。对被测系统的输入数据进行采样，可以使用同步采样方式，也可以使用异步采样方式。同步采样适宜进行状态分析，需要的存储空间小，但无法检测两相邻时钟间的干扰波形；而高速的异步采样可以反映各输入通道间的时序关系，可以检测出波形中的"毛刺"干扰，并将它存储到存储器中记录下来，但占用的存储空间大。

为了将感兴趣的数据存入存储器中，必须选择恰当的触发方式，完成对待观察对象进行捕获。逻辑分析仪也可以不采用触发方式工作，像示波器的自动扫描那样，让测试工作自动循环进行，即自动产生触发后，使被测系统数据不断存入存储器。待存储器存满之后，自动进入显示过程。然后，再自动产生下一次触发，让采集存储与显示的过程自动循环地进行。

显示过程中，应针对不同的测试对象和选用的采样方式，选择合适的显示方式。由于逻辑分析仪采用了数字存储技术，数据采集工作和显示工作可分开进行，也可同时进行。必要时还可对存储的数据反复进行显示，以方便对问题的分析和研究。

2. 逻辑分析仪的应用实例

(1) 测试数字集成电路

对数字系统进行测试时，应给数字系统加入激励信号，用逻辑分析仪检测其输出或内部各部分电路的状态，即可测试其功能。通过分析信号的状态、信号间的时序关系等可进行故障诊断。逻辑定时分析仪和状态分析仪均可用于硬件电路的测试及故障诊断。下面列举几个应用实例。

1) ROM 的指标测试。逻辑分析仪可以测试器件在不同工作条件下的极限参数。图 7-14 所示为 ROM 最高工作频率测试连接示意图。数据发生器以计数方式产生 ROM 的地址，逻辑分析仪工作在状态分析方式下，将数据发生器的计数时钟送入逻辑分析仪作为数据采集时钟，ROM 的数据输出送至逻辑分析仪探头，同时，用频率计检测数据发生器的计数时钟频率。首先，让数据发生器低速工作，逻辑分析仪进行一次数据采集，并将采集到的 ROM 各单元数据存入参考存储器作为标准数据，然后逐步提高数据发生器的计数时钟频率，逻辑分析仪将每次采集到的数据与标准数据相比较，直到出现不一致为止。此时，数据发生器的计数时钟频率即为 ROM 的最高工作频率。

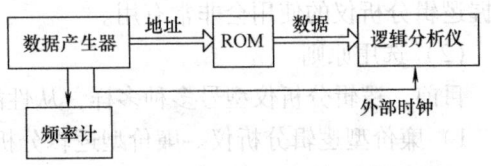

图 7-14　ROM 最高工作频率测试连接示意图

ROM 的寿命可通过改变其工作电压和温度的方法间接测试。首先，在正常温度和工作电压下，由逻辑分析仪采集数据作为标准数据，然后改变工作电压和温度，逻辑分析仪采集数据并与标准数据比较，直到两者不一致时，停止测试并记录当时的工作电压和温度等测试条件，进而计算出 ROM 的工作寿命。

2）时序关系及干扰信号的测试。利用逻辑定时分析仪，可以检测数字系统中各种信号间的时序关系、信号的延迟时间以及各种干扰脉冲等。

数字电路也经常因受到外界的干扰或器件本身的时延而产生"毛刺"，对于这种偶发的窄脉冲信号，用示波器难以捕捉到，而用定时分析仪的"毛刺"触发工作方式，可以迅速而准确地捕捉并显示出毛刺来。

计数器、译码器的测试电路如图 7-15a 所示。二进制减法计数电路由三个 D 触发器组成，输出端 $Q_0 \sim Q_2$ 在计数时钟作用下得到 $0 \sim 7$（000B ~ 111B）的状态信号，送入 3-8 译码器（74LS138）的 A、B、C 三个输入端口，用工作在定时分析方式的逻辑分析仪检测计数电路和译码器的输出 $Q_0 \sim Q_2$、$Y_0 \sim Y_7$，选择适当的分析频率，当 74LS138 的 G、G_{2A}、G_{2B} 满足片选有效的要求时，即可在逻辑分析仪的波形显示窗口看到如图 7-15b 所示的计数器和译码器输出信号时序图。

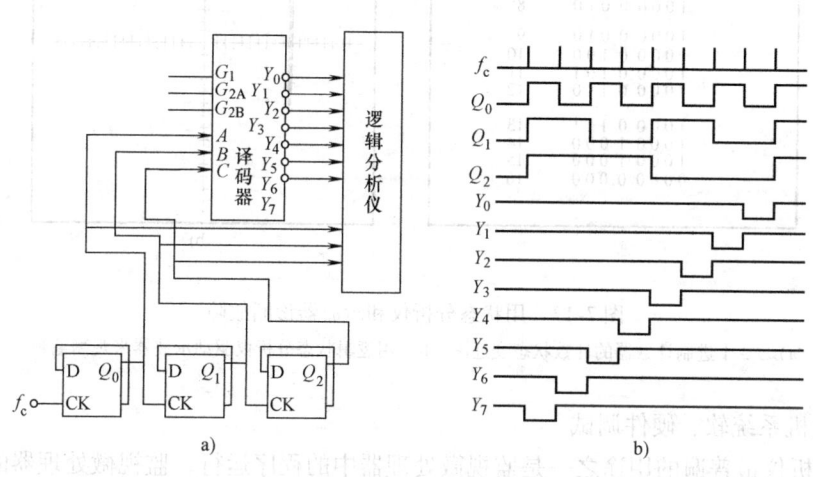

图 7-15 计数器和译码器输出信号测试
a）计数和译码电路测试连接示意图 b）计数和译码电路输出定时图

当计数电路中的 D 触发器速度较慢时，74LS138 的 A、B、C 三个输入信号间延时不一致，有可能在输出端出现引起错误动作的窄脉冲（毛刺），而逻辑分析仪的正常采样方式观察不到窄脉冲。这时，要使用毛刺检测功能，使逻辑分析仪工作在毛刺锁定方式下，在波形窗口中开启毛刺显示，即可观察到译码输出端的毛刺，如图 7-16 所示。

由图 7-16 可见，所有的毛刺都出现在输入信号的跳变沿上（见图中虚线圈）。由于计数器和译码器中采用的逻辑门、触发器性能及级数的不同造成不同的内部传输时延，在翻转过程中产生毛刺。跳变的输入信号多，产生毛刺的可能性就大。毛刺

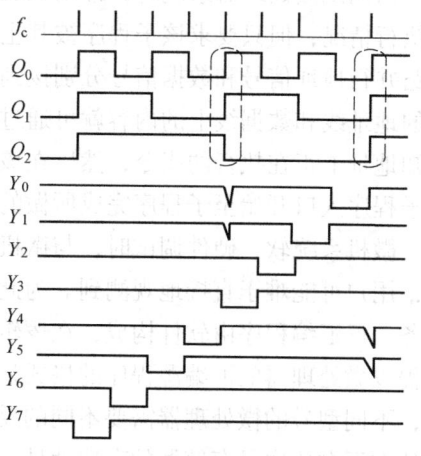

图 7-16 译码电路输出产生的毛刺

可能引起其他电路工作不正常，应尽量消除，解决的办法是采用高速集成的门电路和触发器芯片、减小器件本身的时延。

利用状态分析仪的触发输出信号去触发示波器，也可以观测、分析毛刺脉冲。例如，有一个计数周期为100的二-十进制计数器，应该在99时复位，结果总在89就复位了，如图7-17a所示。为查找原因，将状态分析仪的触发方式置于始端显示方式，触发字置88，用触发输出来触发示波器，则可发现在复位线上的状态90处有一个毛刺，导致计数器提前复位，如图7-17b所示。得知是复位线上产生的这一瞬变过程所致，这样就寻找出了故障的原因。

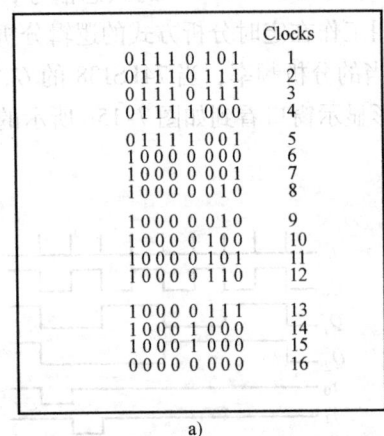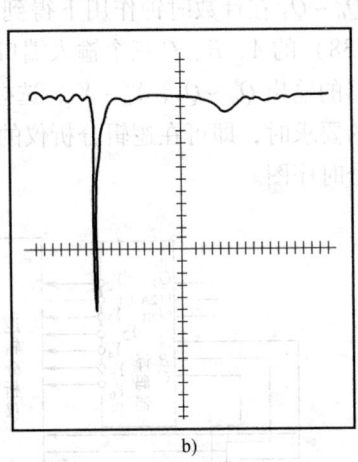

图 7-17 用状态分析仪和示波器诊断故障
a) 二-十进制计数器的计数状态变迁图　b) 用逻辑状态分析仪驱动示波器来观测毛刺

（2）微机系统软、硬件调试

逻辑分析仪最普遍的用途之一是监视微处理器中的程序运行，监视微处理器的地址、数据和控制总线，对微处理器执行的操作进行跟踪。可用逻辑分析仪排除微处理器软件中的问题，也还可用它检测硬件中的问题，或者用来排查软、硬件共同作用引起的故障。

当调试微处理器系统时，常用触发功能来跟踪软件程序的运行。例如，欲跟踪一子程序的执行情况，但只要求该子程序被其主程序的特定部分调用时才进行。可将微处理器系统的多路并行地址信号和数据信号分别接到逻辑分析仪输入探头，这样，正在运行的微处理器系统的地址线和数据线上的内容就可通过逻辑分析仪显示出来。将逻辑分析仪置于主程序中一已知地址上正在执行的指令，然后在该子程序的入口点触发。逻辑分析仪就只存储微处理器从子程序入口开始至子程序完成所做的工作，以从中分析、查找故障。

微机系统软、硬件调试时，与微机有关的地址、数据、状态、程序指令和控制信号等信息，用户可能难于直接地观测到。为此，逻辑分析仪大都提供反汇编功能帮助用户完成这项任务。反汇编程序由软件构成，在逻辑分析仪中运行，解释分析仪获取的指令和数据。程序流程以微处理器的汇编源程序的格式显示，这样为用户提供了直观而强有力的分析手段。当然，不同型号的微处理器需要不同的反汇编程序。图7-18展示了一标准反汇编程序表，其中从左至右依次是存储器的存取地址、正执行的指令、与指令有关的操作数、数据总线上的十六进制数以及存储器的读/写状态。

除了检测故障外，逻辑分析仪还可以监视微处理器的上电工作、监视中断、监视数据传

M68332EVS	STATE LISTING	INVASM			
MARKERS	OFF				
LABEL >	ADDR	68010/332 MNEMONIC		DATA	R/W
BASE >	HEX	HEX		HEX	SYMBOL
+0058	6DA4C	MOVE.L	D0, -(A7)	2F00	RD
+0059	6DA4E	MOVEQ.L	#00000001, D0	7001	RD
+0060	6DA50	ST.B	D0	50C0	RD
+0061	02FF4	0000	DATA WRITE	0000	WR
+0062	02FF6	0180	DATA WRITE	0180	WR
+0063	6DA52	LEA.L	000000, A0	41F8	RD
+0064	6DA54	0000	PGM READ	0000	RD
+0065	6DA56	LEA.L	4000(A0), A1	43E8	RD
+0066	6DA58	4000	PGM READ	4000	RD
+0067	6DA5A	LEA.L	0400(A0), A5	4BE8	RD
+0068	6DA5C	0400	PGM READ	0400	RD
+0069	6DA5E	MOVEQ.L	#00000000, D0	7000	RD
+0070	6DA60	MOVE.L	(A7)+, D0	201F	RD
+0071	6DA62	RTS		4E75	RD
+0072	02FF4	0000	DATA READ	0000	RD
+0073	02FF6	0180	DATA READ	0180	RD

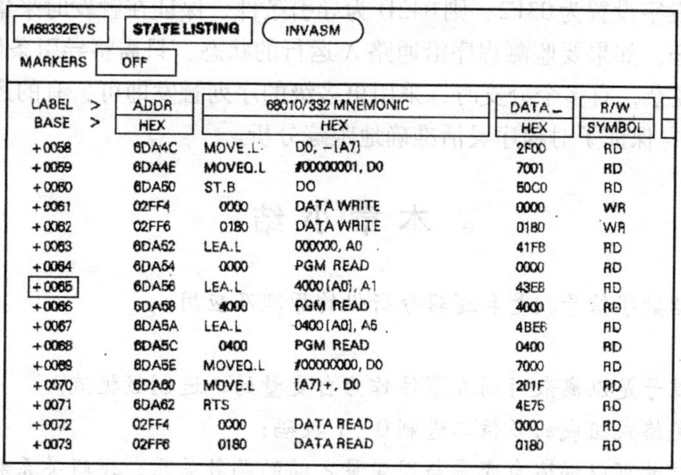

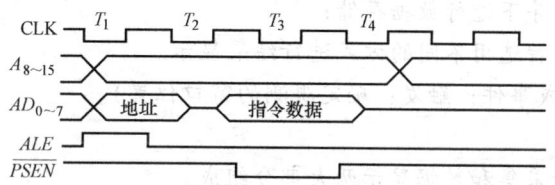

图7-18　Motorola 68332微处理机的反汇编显示

送等。

在软件测试中必须正确地跟踪指令流，逻辑分析仪一般采用状态分析方式来跟踪软件运行。图7-19是对8051单片机系统取指周期的定时图。逻辑分析仪的探头连接到8051的地址线、数据线以及控制线上。

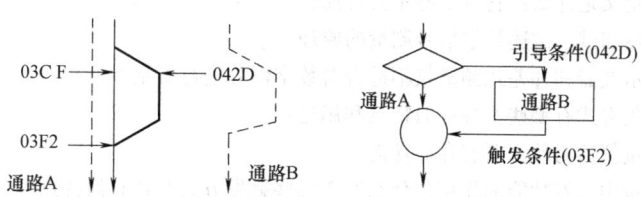

图7-19　8051取指周期信号时序关系

以 *ALE* 下降沿作为地址采集时钟，$\overline{PSEN}$的上升沿作为数据采集时钟，设置触发条件为复位结束或某数据字，即可将8051总线上传输的指令数据正确捕获。将捕获的指令数据按其指令系统反汇编即可进行软件跟踪分析。

如果程序比较复杂，程序中包含了许多子程序及分支程序，可以将分支条件或子程序入口地址作为触发字，采用多级序列触发的方式，跟踪不同条件下程序的运行情况。图7-20是一个具有两个分支的程序。

图7-20　分支程序的跟踪测试

如果要监测程序沿通路B的运行状况，可以采用两级序列触发，第一级触发字设置为

042D，第二级触发字设置为03F2，则042D为导引条件，保证在触发时采集的数据是程序沿通路B运行的状态。如果要监测程序沿通路A运行的状态，只需将导引条件设置为03CF即可。当程序更为复杂，有多个分支时，采用更多级的序列触发即可，有的逻辑分析仪序列触发可达16级以上，保证了对程序灵活准确地跟踪分析。

本章小结

本章主要介绍数字信号测量和逻辑分析仪的原理及应用。

1. 数字信号

定义：数字信号是以离散时间或事件作为自变量的二进制数据流。

特点：按一定格式组成的多位二进制0、1数码；

数字信号可以描述自变量与因变量之间的函数关系、逻辑关系和时序关系；

按时序传递，其传递方式可以是多种多样的；

往往是单次或非周期性的；

速率变化范围很宽的脉冲信号，属宽频带信号。

2. 数字信号的测量

原理：由信号采集、数据存储和显示等环节组成测量全过程。

在时钟的控制下进行信号采集；

在触发的引导下进行数据存储；

按测量的宗旨选用不同的方式进行结果显示。

（时钟：代表时间或事件；触发：确定观测的窗口位置）。

3. 逻辑分析仪

基本组成：由信号采集和数据显示两大部分组成。

工作原理：数字信号的测量原理，包括采样、触发、存储、显示等环节。

主要特点：输入通道多、记忆功能强、采集速率高、触发功能丰富、显示灵活等。

技术指标：输入通道数、时钟频率、存储容量、触发功能、显示方式。

应用领域：用于数字信号和数字系统的测量。

如：测试数字系统的逻辑功能和时序关系；微机系统的硬、软件调试；与微型计算机、数码字信号源等仪器组成数据域自动测试系统等。

思考与练习

7-1 数字信号的定义是什么？它有哪些主要特征？

7-2 什么是数据域测试？试述数字信号测量的原理。

7-3 为什么通用示波器和外差式频谱仪不适合对数字信号进行测量？

7-4 数字信号采集方式有哪些？各有何特点和用途？

7-5 数字信号测量仪器为什么要有存储功能？

7-6 数字信号测量中触发功能的作用是什么？有哪些触发方式？各有何特点。

7-7 为什么通常逻辑分析仪在负方向即触发前的最大延迟量等于存储容量，而在正方向上却可以延迟非常长的距离？

7-8 通过选择始端触发、终端触发及时钟延迟触发的延迟量，使触发点与窗口的相对位置为以下一种方式：

（1）触发字在窗口始端。
（2）触发字在窗口前端1/5处。
（3）触发字在窗口中心。
（4）触发字在窗口终端。
（5）窗口前端在触发字后面10个存储器长度处。

7-9 状态表显示和定时图显示有何主要区别？

7-10 为什么说定时显示的波形是"伪波形"？

7-11 为什么状态表显示的采样时钟要采用被测对象的时钟而不用内部时钟？

7-12 逻辑分析仪中"内时钟"和"外时钟"的所谓"内"、"外"是对什么来说的？"同步采样"和"异步采样"的所谓"同步"、"异步"是对什么来说的？

7-13 指出下列功能或特征适用于逻辑状态分析仪还是逻辑定时分析仪，或者适用于两种分析仪？
（1）内时钟采样。
（2）外时钟采样。
（3）触发限定。
（4）时钟延迟触发。
（5）毛刺显示。
（6）同步采样。
（7）异步采样。

7-14 逻辑分析仪有哪些特点？

7-15 逻辑分析仪有几种类型？它们的主要差别是什么？

7-16 结合图7-2和图7-14阐述逻辑分析仪的工作原理。

7-17 逻辑分析仪有哪几种主要工作方式？

7-18 详细分析典型逻辑状态分析仪的工作原理。

7-19 逻辑分析仪的定时分析的时间分辨力取决于哪些因素？

7-20 从采样方式、主要显示方式和主要应用目的三个方面总结逻辑状态和逻辑定时两种分析仪的区别。

7-21 逻辑分析仪的主要技术指标有哪些？

7-22 试比较逻辑分析仪和数字存储示波器的异同。

7-23 逻辑分析仪在哪些领域得到了应用？举例说明。

7-24 已知一8051单片机应用系统的硬件逻辑电路图，该单片机有16条地址线和8条数据线，其软件固化在一片EPROM中，但不了解其内容，试用逻辑分析仪剖析其内容。请说明测试的原理，并给出测试电路。

部分习题参考答案

第2章

2-10 (1) 精密度高；(2) 正确度高；(3) 精密度、正确度和准确度均高。

2-11 (a) 适合 R_x 相对 R_U 小；(b) 适合 R_x 相对 R_I 大。

2-12 (1) 9.6V；(2) −20%，−17%；(3) −0.42%，−0.42%。

2-13 (1) $\Delta U_a = \Delta U_b = \pm 0.075V$，$\gamma_a = \pm 1.76\%$，$\gamma_b = \pm 1.79\%$；(2) $\Delta U_{ab} = \pm 0.15V$，$\gamma_{ab} = \pm 214.26\%$。

2-14 (1) $\Phi = (1.2/8.1) \times 360° = 53.33°$；(2) $\Delta\Phi = \pm (0.1/8.1) \times 360° = \pm 4.44°$。

2-15 $(1200 \pm 60)\Omega$。 2-16 合格。 2-17 0.05V，−0.05V，1.01%，1%，0.5级。

2-18 2.5级量程为15V的电压表。 2-19 (1) −0.02 mA，0.02mA，2.75%；(2) 2.5级。

2-20 1.2%，4.5%。 2-21 选用(2) 0.2级10 mA量程。

2-22 表(1)(3)满足题目要求，且表(3)测量误差最小。 2-23 合格。

2-24 (1) $\pm 5.2\mu H$，$\pm 52\%$；(2) $\pm 21\mu H$，$\pm 2.6\%$；(3) $\pm 0.94mH$，$\pm 4.7\%$；(4) $\pm 2.55mH$，$\pm 2.6\%$。

2-26 0.07%。 2-27 2.5级。 2-28 存在变值系差。

2-29 (1) 1000.813，0.056；(2) 无。 2-30 查 t 分布表 $k_t = 3.25$，范围：[1000.813 ± 0.057] kHz。

2-31 (1) 10.00V ± 0.10V，10.00V ± 0.12V，10.00V ± 0.16V；(2) 86.64%，98.76%，99.95%。

2-32 (1) 正态分布；(2) 0.68269；0.9545；0.9973；(3) 1.65，1.96，2.58。

2-33 [1462.3，1464.3]。 2-34 (1) $k = \sqrt{3}$；(2) 81.6%；(3) 1.64，1.71。

2-35 有粗差数据，剔除第5个数据46.81；[46.947 ± 0.053] kΩ。

2-36 (1) 第2种方法测得的数据更为可靠；(2) 100.31kHz。 2-37 1.19V。

2-39 (1) 串联212Ω，±0.35%；(2) 并联43.9Ω，±0.38%；(3) 串联时大电阻对总电阻误差影响大，并联时小电阻对总电阻误差影响大。

2-40 ±8%。 2-41 $\gamma_x = m\gamma_A + n\gamma_B = \pm 5\% + 4.5\% = \pm 9.5\%$。

2-42 ±8%。 2-43 1.5级。

2-44 (1)(4)(5)属于A类；(2)(3)(6)属于B类。

2-45 无异常数据和无随时间变化的变值系差；A类不确定度0.042，B类不确定度0.033，扩展不确定度0.16，测量结果：(99.32 ± 0.16) kΩ。

2-46 (100.0214 ± 0.0004) V。

2-47 3.5；7.9；$U_{95} = 6.8$。 2-48 1.03%；19。

2-49 A类不确定度0.017，B类不确定度0.017，扩展不确定度0.08，测量结果：(7.52 ± 0.08) V。

2-50 $\sqrt{4[u_c(r)/r]^2 + [u_c(h)/h]^2}$。

2-51 (1) 3345.142，3345.14，3345；(2) 195.11，2.0×10^2；(3) 28。

2-52 (1) 3.3；(2) 3.30；(3) 38；(4) 7.38；(5) 52.62；(6) 35.4。

2-53 ① (90.31 ± 0.29) kΩ ② (320.0 ± 0.6) kΩ ③ (625.47 ± 0.05) mV ④ (427.8 ± 0.4) V ⑤ (7432.8 ± 0.6) kHz（提示：本题数据采用2.3.7节第四条测量结果有效位数的保留原则进行处理）。

2-54 拟合直线为 $y = 1.281x + 3.707$，最大拟合误差为 0.0424。

2-55 $y = ax^b = 0.033568x^{-0.295385}$。

2-56 指数函数 $U = ae^{b \cdot t} = 59.7401e^{1.20889t}$。

第 3 章

3-9　(1) $T=1\text{s}$, $\gamma_N = \pm \frac{1}{f_x T_0} = \pm \frac{1}{1\times 10^5 \times 1} = \pm 1\times 10^{-5}$；(2) $T=0.1\text{s}$, $\gamma_N = \pm \frac{1}{f_x T_0} = \pm \frac{1}{1\times 10^5 \times 0.1}$ $= \pm 1\times 10^{-4}$；(3) $T=10\text{ms}$, $\gamma_N = \pm \frac{1}{f_x T_0} = \pm \frac{1}{1\times 10^5 \times 0.01} = \pm 1\times 10^{-3}$。

3-12　(1) 选 1s 闸门时间最好；(2) $f_x = 7318.256\text{kHz}$，选 $T=0.1\text{s}$，显示 $N=7318.25\text{kHz}$；$f_x = 25.86293\text{MHz}$，选 $T=10\text{ms}$，显示 $N=25862.9\text{kHz}$。

3-22　(1) 测频 $\gamma_f = \pm\left(\frac{1}{f_x T_0} + \left|\frac{\Delta f_c}{f_c}\right|\right) = \pm\left(\frac{1}{10\times 10^3 \times 1} + 1\times 10^{-8}\right) = \pm 1\times 10^{-4}$；

(2) 测周 $\gamma_T = \pm\left(\frac{1}{T_x f_0} + 0.3\% + \left|\frac{\Delta f_c}{f_c}\right|\right) = \pm\left(\frac{0.1\times 10^{-6}}{100\times 10^{-6}} + 0.3\% + 1\times 10^{-8}\right) \approx \pm 0.4\% = \pm 4\times 10^{-3}$；

(3) 测多周期 $\gamma_T = \pm\left(\frac{1}{mT_x f_0} + \frac{0.3\%}{m} + \left|\frac{\Delta f_c}{f_c}\right|\right) = \pm\left(\frac{\pm 10^{-6}}{1000\times 100\times 10^{-6}} + \frac{0.3\%}{1000} + 1\times 10^{-8}\right) \approx 1.3\times 10^{-5}$。

3-23　$f_m = \sqrt{F_0 f_0} = \sqrt{1\text{Hz}\cdot 1\times 10^6 \text{MHz}} = 1\text{kHz}$。

3-24　当被测频率小于 100kHz 时宜测周。

3-25　(1) 1.5ms；(2) 10。　　　　　　3-30　1.996ns。

第 4 章

4-6　1V、0.9V、1.04V。　　　　　　4-7　1V、1.414V、0.817V。

4-8　0.558V、0.707V、0.578V。　　　4-10　4000 倍；-8.24dBm、-6.99dBm、5.44dBm、9.54dBm。

4-19　250kHz、37.024ms、9256 个。　4-20　10011001、11001100。

4-22　(1) $U_{om} = -3\text{V}$；(2) $N_1 = 2000$；(3) $T_2 = 15\text{ms}$；(4) $N_2 = 1500$；(5) $e = 0.001\text{V/字}$；(6) 3 位半。

4-23　-8.400V。　　　　　　　　　4-24　(1) -5.49600V；(2) 4 位、1mV；6 位、0.01mV。

4-25　(1) 4 位、4 位半；(2) 0.01mV；(3) ±0.5mV、±0.033%；±2.3mV、±0.153%。

4-26　±0.0040%、±0.0094%。　　　4-27　(1) ±0.03%；(2) 0.1mV/字；(3) 1μV。

4-28　$\gamma_{max} = \pm\left(\left|\frac{\Delta U}{U_x}\right| + |\gamma_{R_i}| + |\gamma_{I_0}|\right) = \pm(7.5 + 0.5 + 0.0625)\times 10^{-4} \approx \pm 0.081\%$。

4-29　1010、1011。　　　　　　　　4-31　2.2×10^{-5}、7×10^{-5}。

4-43　100V、70.7V、63.7V。　　　　4-45　12V。

4-47　20W、50W、62.5W、62.5W；80W、80W。　4-48　500VA、400W、300var。

4-51　(1) D；(2) A；(3) C；(4) C；(5) B；(6) A；(7) D；(8) D；(9) A；(10) C。

第 5 章

5-15　0.02μs/cm。　　　　　　　　5-16　355mV、251mV。

5-18　400Hz。　　　　　　　　　　5-22　20MHz、10MHz。

5-23　20Hz。　　　　　　　　　　　5-24　10.4ns。

5-31　(1) 1.2V、4kHz；(2) 0.25ms/cm。　5-44　(1) 500kHz；(2) 1V/256 = 3.9mV；(3) 500B。

5-45　100MHz、100kHz、100Hz。

5-46　A：200MSa/s（时基因数从 10ns/div 至 0.5μs/div）、100Sa/s（时基因数 1000ms/div）；
　　　B：200MSa/s（时基因数从 10ns/div 至 0.5ms/div）、100kSa/s（时基因数 1000ms/div）。

5-47　9.22μs、0.31μV。

5-49　(1) C；(2) B；(3) A；(4) B；(5) B；(6) B、D；(7) C；(8) C；(9) A；(10) D。

第 6 章

6-5　$\dfrac{10-1}{0.05} = \dfrac{9}{0.05} = 180$ 个滤波器。

6-10　较完整观测方波的频谱，至少观测到 10 次谐波，故扫频宽度 20kHz×10 = 200kHz。

6-26　$f_\mathrm{L} = f_\mathrm{x} + f_\mathrm{I} = (0 \sim 1.4)\,\mathrm{GHz} + 1.8\,\mathrm{GHz} = 1.8 \sim 3.2\,\mathrm{GHz}$；
　　　$f_\text{镜} = f_\mathrm{x} + 2f_\mathrm{I} = (0 \sim 1.4)\,\mathrm{GHz} + 2 \times 1.8\,\mathrm{GHz} = 3.6 \sim 5.0\,\mathrm{GHz}$。

6-28　1. ③；2. ③；3. ①；4. ③；5. ③；6. ④；7. ①；8. ③；9. ②；10. ③；11. ②。

参 考 文 献

[1] 田书林，王厚军，叶芃，田雨，等. 电子测量技术［M］. 北京：机械工业出版社，2012.
[2] 陈尚松，郭庆，雷加. 电子测量与仪器［M］. 北京：电子工业出版社，2009.
[3] 蒋焕文，孙续. 电子测量［M］. 2版. 北京：中国计量出版社，2007.
[4] 秦云. 电子测量技术［M］. 西安：西安电子科技大学出版社，2008.
[5] 李希文，赵建. 电子测量技术［M］. 西安：西安电子科技大学出版社，2008.
[6] 黄纪军，戴晴，李高升，朱畅. 电子测量技术［M］. 北京：电子工业出版社，2009.
[7] 杨雷，张建奇. 电子测量与传感技术［M］. 北京：北京大学出版社，2008.
[8] 杨吉祥，高礼忠，詹宏英，梅杓春. 电子测量技术基础［M］. 南京：东南大学出版社，2004.
[9] 刘国林，殷贯西，等. 电子测量［M］. 北京：机械工业出版社，2003.
[10] 李占江. 电子测量技术［M］. 北京：电子工业出版社，2007.
[11] 陈杰美，古天祥. 电子仪器［M］. 北京：国防工业出版社，1986.
[12] 邓斌. 电子测量仪器［M］. 北京：国防工业出版社，2008.
[13] 赵茂泰. 智能仪器原理及应用［M］. 北京：电子工业出版社，2009.
[14] P H 西灯汉姆. 测量科学手册［M］. 北京：机械工业出版社，1990.
[15] 陆绮荣. 电子测量技术［M］. 2版. 北京：电子工业出版社，2008.
[16] 杨龙麟. 电子测量技术［M］. 3版. 北京：人民邮电出版社，2009.
[17] 赵微存，黄进良. 电子测量技术基础［M］. 重庆：重庆大学出版社，2004.
[18] 吴政江. 电子测量仪器及其应用［M］. 武汉：武汉理工大学出版社，2006.
[19] 宋悦孝. 电子测量与仪器［M］. 2版. 北京：电子工业出版社，2009.
[20] 田华，袁振东，赵明忠，何云. 电子测量技术［M］. 西安：西安电子科技大学出版社，2005.
[21] 秦斌. 电子测量技术［M］. 北京：科学出版社，2009.
[22] 肖晓萍. 电子测量与仪器［M］. 2版. 南京：东南大学出版社，2000.
[23] 乔石琼. 电子测量与计量［M］. 北京：中国大百科全书出版社，1991.
[24] 王跃科，叶湘滨，黄芝平. 现代动态测试技术［M］. 北京：国防工业出版社，2003.
[25] 郝晓剑，勒鸿. 动态测试技术及应用［M］. 北京：电子工业出版社，2008.
[26] 刘君华. 现代检测技术与测试系统设计［M］. 西安：西安交通大学出版社，1999.
[27] 王伯雄. 测试技术基础［M］. 北京：清华大学出版社，2003.
[28] 孙圣和，等. 现代时域测量［M］. 哈尔滨：哈尔滨工业大学出版社，1995.
[29] 樊尚春，周浩敏. 信号与测试技术［M］. 北京：北京航空航天大学出版社，2002.
[30] 林德杰. 电气测试技术［M］. 北京：机械工业出版社，2006.
[31] 孙传友，孙晓斌. 感测技术基础［M］. 北京：电子工业出版社，2001.
[32] 吴道悌. 非电量电测技术［M］. 2版. 西安：西安交通大学出版社，2001.
[33] Anton F P Van Putten. 电子测量系统——理论与实践［M］. 张伦，译. 北京：中国计量出版社，2000.
[34] 王江. 现代计量测试技术［M］. 北京：中国计量出版社，1990.
[35] Л И 多夫贝塔，B B 利亚奇涅夫，T H 西拉娅. 理论计量学基础［M］. 李绍贵，译. 北京：中国计量出版社，2004.
[36] 中国计量科学研究院网站：http：//www.nim.ac.cn.
[37] 费业泰. 误差理论与数据处理［M］. 4版. 北京：机械工业出版社，2000.
[38] 肖明耀. 误差理论与不确定度（一）~（六）［J］. 计量技术，1996（7）~1996（12）.
[39] 倪育才. 实用测量不确定度评定［M］. 北京：中国计量出版社，2004.

[40] 张迎新，等. 非电量测量技术基础 [M]. 北京：北京航空航天大学出版社，2002.
[41] 李慎安. 测量不确定度表达百问 [M]. 北京：中国计量出版社，2001.
[42] 刘智敏，刘风. 现代不确定度方法与应用 [M]. 北京：中国计量出版社，1997.
[43] 吕洪国. 现代网络频谱测量技术 [M]. 北京：清华大学出版社，2000.
[44] Analog Device Company：A Technical Tutorial on Digital Signal Synthesis, 2000.
[45] Agilent Company：Agilent 8360B Series Synthesized Swept Signal Generators User Manual, 2001.
[46] Agilent Technologies：ESA Spectrum Analyzers Documentation Set, 2003.
[47] Christoph Rauscher. Fundamentals of Spectrum Analysis, Rohde & Schwarz GmbH & Co. KG, 2003.
[48] http：//www.fluke.com.
[49] http：//www.agilent.com.
[50] http：//www.ni.com.
[51] 杨小牛，等. 软件无线电原理与应用 [M]. 北京：电子工业出版社，2001.
[52] 王敏建，何世彪，蒋健敏. 无线通信测量 [M]. 南京：东南大学出版社，2001.
[53] 钟义信. 信息科学原理 [M]. 2版. 北京：北京邮电大学出版社，2002.
[54] Witt R A. 频谱和网络测量 [M]. 上海：科学技术文献出版社，1997.
[55] 董树义. 微波测量技术 [M]. 北京：北京理工大学出版社，1990.
[56] 汤世贤. 微波测量 [M]. 北京：北京理工大学出版社，1990.
[57] 范家庆，等. 扫频测量技术 [M]. 北京：电子工业出版社，1985.
[58] 顾乃级，孙续. 逻辑分析仪原理与应用 [M]. 北京：人民邮电出版社，1989.
[59] 高成，张栋，王香芬. 最新集成电路测试技术 [M]. 北京：国防工业出版社，2009.
[60] 《现代集成电路测试技术》编写组. 现代集成电路测试技术 [M]. 北京：化学工业出版社，2006.
[61] Niraj Jha, Sandeep Gupta. 数字系统测试 [M]. 王新安，等译. 北京：电子工业出版社，2007.
[62] Burkhard Schiek. Principles of Network Analyzer Calibration, Bochum, 1996.
[63] 全国法制计量管理计量技术委员会. JJF 1059.1—2012 测量不确定度评定与表示 [S]. 北京：中国标准出版社.
[64] 全国法制计量管理计量技术委员会. JJF 1001—2011 通用计量术语及定义 [S]. 北京：中国标准出版社.
[65] 詹惠琴. 虚拟仪器设计 [M]. 北京：高等教育出版社，2008.